国家出版基金项目
NATIONAL PUBLICATION FOUNDATION

大气复合污染
成因与应对机制 6

朱 彤　王会军
贺克斌　贺 泓
张小曳　黄建平
　　　曹军骥
主 编

大气复合
污染成因新进展
化学过程

New Progress in Research on Atmospheric
Compound Pollution: Chemical Processes

北京大学出版社
PEKING UNIVERSITY PRESS

图书在版编目（CIP）数据

大气复合污染成因新进展. 化学过程/朱彤等主编. 北京：北京大学出版社，2025. 4. --（大气复合污染成因与应对机制）. --ISBN 978-7-301-36176-4

Ⅰ. X51；X131.1

中国国家版本馆 CIP 数据核字第 2025YN6829 号

书　　　名	大气复合污染成因新进展：化学过程
	DAQI FUHE WURAN CHENGYIN XIN JINZHAN： HUAXUE GUOCHENG
著作责任者	朱　彤　等主编
责 任 编 辑	郑月娥
标 准 书 号	ISBN 978-7-301-36176-4
出 版 发 行	北京大学出版社
地　　　址	北京市海淀区成府路 205 号　100871
网　　　址	http://www.pup.cn　　新浪微博：@北京大学出版社
电 子 邮 箱	编辑部 lk2@pup.cn　总编室 zpup@pup.cn
电　　　话	邮购部 010-62752015　发行部 010-62750672　编辑部 010-62767347
印 刷 者	北京中科印刷有限公司
经 销 者	新华书店
	787 毫米×1092 毫米　16 开本　27.75 印张　560 千字
	2025 年 4 月第 1 版　2025 年 4 月第 1 次印刷
定　　　价	198.00 元（精装）

主 编 简 介

朱彤,北京大学环境科学与工程学院教授、青藏高原研究院院长,中国科学院院士,国务院参事,美国地球物理联合会会士,世界气象组织"环境污染与大气化学"科学指导委员会委员。长期致力于大气化学及环境健康交叉学科研究,发表学术论文 500 余篇。

王会军,南京信息工程大学教授、学术委员会主任,中国科学院院士,挪威卑尔根大学荣誉教授,中国气象学会名誉理事长,气候系统预测与变化应对全国重点实验室主任。长期从事气候变化与气候预测等研究,发表学术论文 300 余篇。

贺克斌,清华大学环境学院教授、碳中和研究院院长,中国工程院院士,国家生态环境保护专家委员会副主任,国务院学位委员会环境科学与工程学科评议组召集人,教育部科学技术委员会环境学部主任。长期致力于大气复合污染特别是 $PM_{2.5}$ 的研究,在大气颗粒物与复合污染识别、复杂源排放特征与多污染物协同控制、大气污染与温室气体协同控制方面开展深入细致的研究。

贺泓,中国科学院城市环境研究所所长、生态环境研究中心研究员,中国工程院院士。主要研究方向为环境催化与非均相大气化学过程,取得柴油车排放污染控制、室内空气净化和大气灰霾成因及控制方面系列成果。

张小曳,中国气象科学研究院研究员,中国工程院院士,IPCC 第 7 轮评估报告第一工作组联合主席,中国气象局温室气体及碳中和监测评估中心主任,灾害天气科学与技术全国重点实验室主任。在人类活动与天气和气候变化的相互作用领域做出系统性创新研究。

黄建平,兰州大学西部生态安全省部共建协同创新中心主任,中国科学院院士。长期扎根西北,专注于半干旱气候变化的机理和预测研究,带领团队将野外观测与理论研究相结合,取得了一系列基础性强、影响力高的原创性成果。

曹军骥,中国科学院大气物理研究所所长,国际气溶胶学会副主席。长期从事大气气溶胶与大气环境研究,揭示我国气溶胶基本特征、地球化学行为与气候环境效应,深入查明我国 $PM_{2.5}$ 污染来源、分布与成因特征并开发污染控制新途径等。

序

2010 年以来,我国京津冀、长三角、珠三角等多个区域频繁发生大范围、持续多日的严重大气污染。如何预防大气污染带来的健康危害、改善空气质量,成为整个社会关注的有关国计民生的主题。

中国社会经济快速发展中面临的大气污染问题,是发达国家近百年来经历的大气污染问题在时间、地区和规模上的集中体现,形成了一种复合型的大气污染,其规模和复杂程度在国际上罕见。已有研究表明,大气复合污染来自工业、交通、取暖等多种污染源排放的气态和颗粒态一次污染物,以及经过一系列复杂的物理、化学和生物过程形成的二次细颗粒物和臭氧等二次污染物。这些污染物在不利天气和气象过程的影响下,会在短时间内形成高浓度的污染,并在大范围的区域间相互输送,对人体健康和生态环境产生严重危害。

在大气复合污染的成因、健康影响与应对机制方面,尚缺少系统的基础科学研究,基础理论支撑不够。同时,大气污染的根本治理,也涉及能源政策、产业结构、城市规划等。因此,亟须布局和加强系统的、多学科交叉的科学研究,揭示其复杂的成因,厘清其复杂的灰霾物质来源,发展先进的技术,制定和实施合理有效的应对措施和预防政策。

为此,国家自然科学基金委员会以"中国大气灰霾的形成机理、危害与控制和治理对策"为主题于 2014 年 1 月 18—19 日在北京召开了第 107 期双清论坛。本次论坛由北京大学协办,并邀请唐孝炎、丁仲礼、郝吉明、徐祥德四位院士担任论坛主席。来自国内 30 多所高校、科研院所和管理部门的 70 余名专家学者,以及国家自然科学基金委员会地球科学部、数学物理科学部、化学科学部、生命科学部、工程与材料科学部、信息科学部、管理科学部、医学科学部和政策局的负责人出席了本次讨论会。

在本次双清论坛基础上,国家自然科学基金委员会于 2014 年年底批准了"中国大气复合污染的成因、健康影响与应对机制"联合重大研究计划的立项,其中"中国大气复合污染的成因与应对机制的基础研究"重大研究计划的主管科学部为地球科学部。

自 2015 年发布第一次资助指南以来,"中国大气复合污染的成因与应对机制的基础研究"重大研究计划取得了丰硕的成果,为我国大气污染防治攻坚战提供了重要的科学支撑,在 2019 年的中期考核中取得了"优"的成绩。在 2024 年的结题考核中,获得了 20 票"全优"的优异成绩。

本套丛书前 4 册汇总了 2020 年之前完成结题验收项目的研究成果,后 3 册汇总了后期完成结题验收项目的主要研究成果,是我国在大气复合污染成因与应对机制基础研究方面的最新进展总结,也为继续开展这方面研究的人员提供了很好的参考。

中国科学院院士

国家自然科学基金委员会原副主任

天津大学地球系统科学学院院长、教授

前　言

自 2014 年 1 月国家自然科学基金委员会召开第 107 期双清论坛"中国大气灰霾的形成机理、危害与控制和治理对策"以来，已经过去 11 年多了。在这 11 年中，我国政府大力实施了《大气污染防治行动计划》(2013—2017)、《打赢蓝天保卫战三年行动计划》(2018—2020)、《空气质量持续改善行动计划》(2023—2025)，主要城市空气质量取得了根本性好转。自 2013 年以来中国的空气质量改善速度空前，被联合国誉为"中国奇迹"，作为可持续发展目标(SDGs)的成功范例，与全球各个国家分享大气污染治理中"政府主导、科学支撑、多方参与"的"中国经验"。

"科学支撑"的一个重要体现，就是国家自然科学基金委员会在第 107 期双清论坛基础上启动实施了"中国大气复合污染的成因与应对机制的基础研究"重大研究计划(以下简称"重大研究计划")。本重大研究计划不仅在大气复合污染成因与控制技术原理的重大前沿科学问题上取得了系列创新成果，大大地提升了我国大气复合污染基础研究的原始创新能力和国际学术影响力，更为大气污染治理这一国家重大战略需求提供了坚实的科学支撑。

本重大研究计划旨在围绕大气复合污染形成的物理、化学过程及控制技术原理的重大科学问题，揭示形成大气复合污染的关键化学过程和关键大气物理过程，阐明大气复合污染的成因，建立大气复合污染成因的理论体系，发展大气复合污染探测、来源解析、决策系统分析的新原理与新方法，提出控制我国大气复合污染的创新性思路。

为保障本重大研究计划顺利实施，组建了指导专家组与管理工作组。指导专家组负责重大研究计划的科学规划、顶层设计和学术指导；管理工作组负责重大研究计划的组织及项目管理工作，在实施过程中对管理工作进行指导。本重大研究计划指导专家组成员包括：朱彤(组长)、王会军、贺克斌、贺泓、张小曳、黄建平、曹军骥。

针对我国大气污染治理的紧迫性以及相关领域已有的研究基础，重大研究计划主要资助重点支持项目，同时支持少量培育项目和集成项目。重大研究计划共资助了 76 个项目，包括 46 项重点支持项目、21 项培育项目、6 项集成项目、3 项战略研究项目。为提高公众对大气污染科学研究的认知水平，特以培育项目形式资助科普项目 1 项。

2016 年至今资助项目的顺利实施及重大研究计划在结束评估时获得的优异成绩，得益于来自全国 30 余家单位、76 个课题项目负责人及 1000 余名研究团队成员的全力投入。在过去 10 来年，中国大气污染得到了显著改善，离不开本重大研究计划的基础研究成果给予国家治理政策强有力的科技支撑。

重大研究计划在实施过程中，培养出一大批优秀的中青年创新人才和团队，成为我国打赢蓝天保卫战、空气质量持续改善行动的重要战略科技力量。重大研究计划还创新了大气复合污染研究系列先进技术，构建成先进、长期、稳定的观测-模拟-数据重大科研平台，将为我国空气质量的持续改善提供科技支撑。

通过重大研究计划的资助，我国大气复合污染基础研究的原始创新能力得到了极大的提升，在准确定量多种大气污染的排放、大气二次污染形成的关键化学机制、大气物理过程与大气复合污染预测方面取得了一系列重要的原创性成果。更重要的是,本重大研究计划取得的研究成果及时、迅速地为我国打赢蓝天保卫战提供了坚实的科学支撑,计划执行过程中已有多项政策建议得到中央和有关部委采纳。

2019年11月21日,本重大研究计划通过了国家自然科学基金委员会组织的中期评估,获得了"优"的成绩;2024年12月19日,本重大研究计划通过了国家自然科学基金委员会组织的结题评估,获得了20票"全优"的优异成绩。

面向未来,我国大气污染防治虽成就巨大,但任重道远。我们期待加强国际合作,在全球尺度开展大气复合污染研究,使得重大研究计划发展的大气复合污染理论及获得的治理经验能够在全球范围应用,提升全球空气污染治理能力。在全球气候变化背景下,我们将深入探索气候变化与大气复合污染交互作用的新规律、对人体健康和生态环境的协同影响;在"双碳"目标下,推动降碳减污协同治理,实现控制大气复合污染与减缓气候变化的协同。

"大气复合污染成因与应对机制"丛书共7册,其中前4册以重大研究计划2019年完成结题验收的22项重点支持项目、20项培育项目为基础,汇总了重大研究计划的研究成果。新增的第5~7册以2019—2024年完成的结题项目为基础,汇总了重大研究计划的最新研究成果。丛书中各章均由各项目负责人撰写,他们是活跃在国际前沿的优秀学者,报道了他们承担的项目在该领域取得的最新研究进展,具有很高的学术水平和参考价值。

本丛书包括以下7册:

第1册,《大气污染来源识别与测量技术原理》:共13章;

第2册,《多尺度大气物理过程与大气污染》:共9章;

第3、4册,《大气复合污染的关键化学过程》(上、下):共22章;

第5册,《大气复合污染成因新进展:物理过程》:共9章;

第6册,《大气复合污染成因新进展:化学过程》:共10章;

第7册,《大气复合污染:观测、模型及数据的集成》:共7章。

本丛书编委会由重大研究计划指导专家组成员和部分管理工作组成员构成,包括朱彤、王会军、贺克斌、贺泓、张小曳、黄建平、曹军骥、张朝林。本丛书第5~7册的主编包括朱彤、王会军、贺克斌、贺泓、张小曳、黄建平、曹军骥等重大研究计划指导专家组成员。在本丛书编制和出版过程中,汪君霞博士协助编委会和北京大学出版社与各章作者做了大量的协调工作,在此表示感谢。

中国科学院院士

北京大学环境科学与工程学院教授

目　　录

第1章 东部地区半挥发性有机物对二次有机气溶胶生成贡献的数值模拟与验证

王雪梅[1]，凌镇浩[2]，陆思华[3]，李悦[3]，吴丽晴[2]

[1]暨南大学，[2]中山大学，[3]北京大学

二次有机气溶胶（SOA）是颗粒物中的重要组分，对我国区域大气复合污染和全球气候变化都具有重要作用。然而，由于目前对 SOA 生成及其前体物转化的大气化学机制认识不足，应用既有机理和反应参数的数值模拟通常会低估 SOA 的生成，是我国大气复合污染成因研究存在很大不确定性的重要因素。

本章瞄准区域大气复合污染形成机制这一前沿领域开展研究，针对"二次有机气溶胶的关键前体物及其数值模拟与校验"这一关键科学问题，以中国东部地区为重点研究区域，对半/中等挥发性有机物（S/IVOCs）的分析检测、源成分谱测量、排放清单构建、化学演化及参数化，以及 S/IVOCs 对 SOA 生成贡献的数值模拟与验证进行创新，开展 S/IVOCs 源排放及其环境效应的系统研究，为阐释我国东部地区 SOA 形成机制，制定相关控制策略提供技术支撑与科学依据。

1.1 研究背景

近年来，由于经济快速发展和城市化高速推进，以高浓度臭氧（O_3）和细颗粒物（$PM_{2.5}$）为主要污染特征的区域性大气复合污染在我国中东部地区，特别是京津冀、长江三角洲、珠江三角洲及成渝地区等城市群区域频发，严重影响人民群众健康和生态环境[1,2]①。为有效治理大气复合污染，打赢"蓝天保卫战"，国务院先后发布了《大气污染防治行动计划》（即"大气十条"）、《打赢蓝天保卫战三年行动计划》。在实施了一系列严厉措施后，京津冀、长三角、珠三角等重点城市群区域的 $PM_{2.5}$ 污染得到了有效控制，并呈现逐年下降的趋势[3-5]。然而，在一次排放污染

---

① 为章末参考文献中的编号。

物得到有效控制的同时，二次有机气溶胶（SOA）对大气 $PM_{2.5}$ 的贡献却日益突出，成为持续防控 $PM_{2.5}$ 污染的关键[6-8]。因此，为维持 $PM_{2.5}$ 浓度的持续下降，有必要对 SOA 进行有效的管控，其重要性体现在以下三方面：1）SOA 是 $PM_{2.5}$ 的重要组分。有机颗粒物（OA）包括一次有机气溶胶（POA）和二次有机气溶胶（SOA），其对 $PM_{2.5}$ 的贡献可以达到 $20\%\sim90\%$[9,10]。北半球 37 个站点的研究结果表明，SOA 浓度占 OA 的 $60\%\sim95\%$，且其占比随着气团老化程度的增强而增加[9]。在我国东部地区的重污染事件中，SOA 占 $PM_{2.5}$ 的 $20\%\sim40\%$[6,7,11]。2）随着近年我国对 POA 的管控措施逐渐严格，SOA 对 OA 的贡献将会日益凸显。3）由于在老化过程中含氧、含氮等极性官能团的融入，SOA 具有更强的极性和吸湿性，对霾形成、气候变化和人体健康具有重要影响[2,7,12,13]。

1.1.1 SOA 生成的研究现状

SOA 的生成是大气复合污染中极其关键也是较为复杂的化学及物理过程，但是现有的空气质量模式通常仅以挥发性有机物（VOCs）作为其前体物，明显低估了 SOA 的浓度，在重污染过程甚至有数量级的差异[14]。低估的原因主要包括：1）模式缺乏合适/详尽的 SOA 形成机制，且可能存在一些未知的大气化学新机制；2）重要前体物存在缺失；3）SOA 生成速率具有不确定性[15]，如以烟雾箱实验为主的实验室模拟获得的产率可能与实际大气条件不符。因此优化空气质量模式对 SOA 的模拟能力是目前大气环境领域的一个前沿性科学问题，也是该领域的研究难点和热点，同时也是我国区域大气复合污染防控亟待解决的关键基础科学问题[2]。因此，进一步探索和补充新的关键性 SOA 前体物，明确其中的反应途径、反应速率等机理，加强若干中间态组分的模拟能力，耦合及优化影响 SOA 生成的理化因子，是提高我国 SOA 模式模拟能力的关键，也是深入认识我国区域大气复合污染形成机理的重要前提。

近年来，S/IVOCs 被认为是弥补 SOA 数值模拟缺失的重要组分[16]。在大气条件或近大气条件下，假设 OA 的浓度为 $0.1\sim100~\mu g~m^{-3}$，S/IVOCs 指的是等效饱和蒸气浓度为 $10^{-3}\sim10^{6}~\mu g~m^{-3}$ 的有机物。早期的研究通过实验室模拟结果，结合外场观测数据，利用参数化的产率计算方法验证了 S/IVOCs 是 SOA 的重要前体物，初步量化了 S/IVOCs 对 SOA 生成的贡献[16-18]。然而，在外场观测数据基础上的实验室模拟对实际大气进行了简化，且研究时间尺度较短、缺乏多代反应和产物分析，因此其不能完全真实地反映实际大气中 S/IVOCs 对 SOA 的生成转化机制。另外，结合实验室模拟所得的产率结果是在假设 S/IVOCs 完全反应的前提下探讨其对 SOA 生成的潜在贡献，缺乏对实际大气中 SOA 对 S/IVOCs 的响应关系及其关键影响因素的深入研究。因此，在实验室模拟机理研究的基础上，结合外场观测与数值模拟的研究方法成为目前 SOA 研究的主要手段[19]。

1.1.2 S/IVOCs 的来源与测量技术

S/IVOCs 存在于气态和颗粒态两相中。其一次排放源主要为燃烧源,包括机动车尾气、生物质燃烧、燃煤及船舶尾气排放等。其组分类型包括 $C_{13} \sim C_{30}$ 直链烷烃、$C_{18} \sim C_{20}$ 支链烷烃、$C_{15} \sim C_{27}$ 环烷烃、$C_{10} \sim C_{24}$ 芳香烃(含 PAHs,多环芳烃)以及少量的醛、酮、酸和二酸[20-25]。

目前研究中常用的离线采样方法,通常是用石英滤膜在前端截留颗粒物以收集颗粒物中的 S/IVOCs,用 PUF(聚氨酯泡沫)或 XAD-2/4(苯乙烯-二乙烯基苯聚合树脂)等固体吸附剂在后端捕获气相 S/IVOCs。近年来在线同步气-粒分离采样技术发展迅速,例如 TAG(Thermol Aerosol-Gas)、MOVI(Micro-Orifice Volatilization Impactor)以及由 MOVI 发展而来的 FIGAERO(Filter Inlet for Gases and Aerosols)等采样技术能够保障气-粒同步采样及测定,并省去了复杂的前处理过程[26-28]。在分析技术方面,质谱(MS)技术在灵敏度和选择性上的迅速发展,尤其是软电离离子源的使用,为 S/IVOCs 化学组分的分离和识别提供了基础。二维色谱技术、化学电离质谱(CIMS)、飞行时间质谱等被广泛应用于极性和非极性半挥发性有机化合物的测量。但由于在线仪器的搭建及调试过程复杂、运行经济成本高,其应用性会受到一定制约。综合考虑,离线技术适用于 S/IVOCs 的源采样,而在线技术适用于作为中间产物的 S/IVOCs 的采样。

1.1.3 SOA 的数值模拟研究

目前数值模型中的 SOA 生成模块主要包括两种,一是基于不同前体物的具体反应过程的模块,如 MCM(Master Chemical Mechanism)机制,然而由于不同前体物生成 SOA 的具体反应过程不明确,MCM 的模拟结果并不理想,需要将气-粒分配平衡常数提高 500 倍才能使模拟值达到观测水平[29];二是不考虑前体物的具体反应过程,仅基于气-粒分配理论从数学上建立实测的 SOA 产率与大气中颗粒有机物浓度的关系,使用参数化方式计算不同条件下 SOA 的生成,如 SORGAM(Secondary Organic Aerosol Model)以及 VBS(Volatility Basis Set)机制,这是目前利用数值模拟研究 SOA 生成的常用机制。与 SORGAM 相比,VBS 假设了更多挥发性不同的产物,较全面地代表了实际产物的特征,且考虑了包括 VOCs 和 S/IVOCs 等 SOA 前体物。近年来,VBS 机制已经被应用到全球或区域 SOA 模拟研究中[16,30-34],缩小了模拟值与实际观测值的差异,这些研究都证明了 S/IVOCs 对 SOA 生成的重要作用,并指出相比于传统 VOCs 的氧化,S/IVOCs 的氧化是 SOA

更大的来源。

然而，VBS 依旧存在其局限性：1) VBS 只考虑 VOCs 氧化生成的 S/IVOCs 以及 POA 重新释放的 SVOC；2) 基于 POA 的源清单，采用固定比值获得 S/IVO-Cs 的源排放[16,33]；3) 忽略了大气中不同源排放的气态 S/IVOCs 及其相关气相化学反应过程，且由于反应性及 SOA 产率数据缺乏，S/IVOCs 模型分类多简化为一类，导致了模拟的结果具有相当高的不确定性[30,32]。

因此，在 VBS 机制基础上，结合大气 S/IVOCs 组分信息，估算 S/IVOCs 排放量，建立能被模式完全耦合的 S/IVOCs 分类机制，是提高数值模拟能力的必要基础，是揭示 SOA 与其前体物关系，诠释 SOA 生成转化详尽机制的关键步骤。

1.2　研究目标与研究内容

1.2.1　研究目标

针对二次有机气溶胶模拟中存在的问题，本研究将以半/中等挥发性有机物组分浓度、来源识别和转化机制为突破口，准确测量重点源 S/IVOCs 排放特征与大气 S/IVOCs 的组成成分；利用先进在线分析技术，实现对含碳组分从气态前体物-最终产物的全过程测量，揭示我国东部地区大气复合 S/IVOCs 来源和转化在内的 SOA 数值模拟方法，在定量水平上分析 S/IVOCs 化学转化机制和收支平衡，提升模式对区域空气质量的预测预报能力。

1.2.2　研究内容

1. 建立 S/IVOCs 源及环境大气测量技术

针对我国典型人为源机动车尾气排放源、生物质燃烧排放源，建立源排放测试方法和全二维-GC-MS/FID 分析方法。

2. 获得重点源 S/IVOCs 排放因子和排放源成分谱

通过实验获得机动车、生物质燃烧排放源 S/IVOCs 的排放因子，识别具有指纹意义的关键示踪组分，建立重点源 S/IVOCs 排放源成分谱。

3. 环境大气 S/IVOCs 特征研究

通过外场观测获得典型城市大气 S/IVOCs 化学组成和变化特征。

4. 构建 S/IVOCs 网格化排放清单

整合研究内容 2 以及相关文献的排放因子和活动水平等基础数据，建立

S/IVOCs 排放量估算方法模型,构建中国 S/IVOCs 网格化排放清单。

5. 发展和完善大气含碳组分全过程模拟的区域空气质量模式

整合本研究和其他文献中 S/IVOCs 气相化学及生成 SOA 的转化机制成果,结合内容 4 的一次 S/IVOCs 源排放清单,建立并耦合 S/IVOCs-SOA 生成模块,以进一步发展和优化全过程模拟气态与颗粒态含碳有机物的区域空气质量模式。

6. S/IVOCs 对二次有机气溶胶生成贡献的数值模拟与验证

结合外场观测数据,通过对比 SOA 的观测与模拟浓度,评估区域空气质量模式的改进对于 SOA 模拟的提升效果,分析模拟和观测不闭合的原因与影响因素,进一步优化并逐步完善适用于研究东部地区 SOA 生成的空气质量模式。

7. 量化 SOA 污染对 S/IVOCs 的响应关系及关键影响因素

针对东部重点污染地区,在外场观测资料验证下,利用区域空气质量模式量化 SOA 生成对 S/IVOCs 变化的响应,加深理解 NO_x、OA 浓度对 S/IVOCs 生成 SOA 转化过程的影响,判别极端污染事件中影响 SOA 生成的关键因子。在此基础上,从空气质量管理的角度提出针对降低 SOA 污染的 S/IVOCs 减排优化方案。

1.3　研究方案

本研究采用实验室分析、外场观测和数值模拟相结合的方法(图 1.1),具体如下:

(1) 建立和优化机动车尾气排放源、生物质燃烧源排放的 S/IVOCs 采样测试方法,建立 S/IVOCs 的全二维-GC-MS/FID 分析方法,为观测数据的分析和数值模拟提供基础。

(2) 通过排放测试获得机动车、生物质燃烧排放源的 S/IVOCs 排放因子,建立重点源 S/IVOCs 排放源成分谱,为构建适用于区域空气质量模式、高分辨率、网格化的 S/IVOCs 一次源排放清单提供基础输入数据。

(3) 在典型城市群区域(如京津冀)开展大气环境 S/IVOCs 采样和分析测试,获取东部地区典型城市大气 S/IVOCs 化学组成和变化特征。

(4) 构建 S/IVOCs 源排放清单,更新和完善区域空气质量模型中 S/IVOCs 转化生成 SOA 的机制及相关模块,实现含碳组分从源排放、气相转化到 SOA 生成的全程模拟,通过与 SOA 观测结果的相互校验,提高模式对我国东部地区 SOA 的模拟能力。

（5）采用改进后的模式，利用敏感性实验分析方法，重点研究中国东部地区SOA对S/IVOCs的响应关系及其关键影响因素，判断SOA的主要来源，揭示极端污染事件与清洁大气环境之间S/IVOCs生成SOA转化机制的差异，获得S/IVOCs排放的优化控制对策。

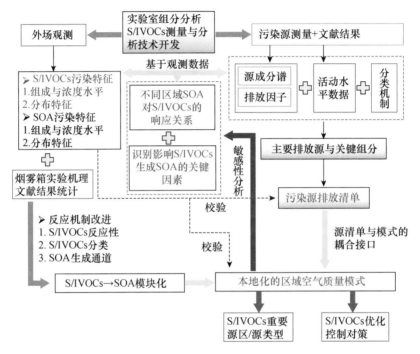

图 1.1　技术路线图

1.4　主要进展与成果

1.4.1　S/IVOCs 二维分析方法（2D-GC-MS/FID）

S/IVOCs化学组成复杂，组分数多达几千种，单一物种浓度极低，未知物种占比大。传统一维色谱由于柱容量不够，难以实现S/IVOCs的完全分离。全二维色谱分析方法可大大提高分辨率，能够将复杂的S/IVOCs组分有效分离。采用MS/FID双检测器，质谱可实现组分的定性，同时实现对有标准样品的组分定量，利用FID检测器具有等碳响应的特性，可以对无标样的化学组分进行半定量，从而实现S/IVOCs的全物种聚类测量。

全二维气相色谱（2D-GC）方法，提供了一种真正的正交分离系统。它是将分离机理不同且互相独立的两根色谱柱以串联的方式结合成二维分离系统,第 1 根色谱柱分离后的每一个馏分,经调制器聚焦后以脉冲方式进入第 2 根色谱柱中进行进一步的分离,由于色谱温度和柱极性的改变从而实现气相色谱分离特性的正交化。

建立的 2D-GC-MS/FID 的方法如图 1.2 所示。首先,经预处理后的液体样品在进样口气化后进入非极性的 DB-5(30 m×0.25 mm×0.25 μm)一维柱,各化合物组分根据其不同的沸点进行一维分离;经一维柱初步分离后的化学组分通过调制柱流经调制器聚焦,调制柱为去活熔融石英管(1.1 m×0.25 mm);随后以脉冲方式(区带转移)进入中等极性的 DB-17(1.2 m×0.18 mm×0.18 μm)二维柱,经第一维柱初步分离后的化学组分再次根据其不同的极性进行第二维分离;最后,经过二维分离后的组分以固定比例进入并联的 MS 及 FID 检测器进行分析。检测到的响应信号经数据采集软件处理后,得到三维色谱图,两个横坐标分别代表一维柱和二维柱的保留时间,纵坐标则表示检测器的信号强度,或者是二维轮廓图,如图 1.3 所示。根据三维色谱图或二维轮廓图中色谱峰的位置和峰体积,得到各组分的定性和定量信息。

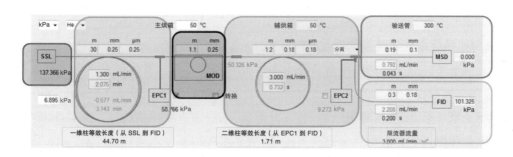

图 1.2　2D-GC-MS/FID 工作流程图

因调制器对一维柱流出物具有聚焦作用,而且调制器的脉冲周期很短,故不会造成第二维谱带的扩展,保持了第一维分离原有的分辨率。同时,二维柱的柱长比一维柱短很多,固定相的厚度也不如一维柱,因而二维柱分离速度比一维柱快得多,这保证了在较短的脉冲周期内完成第二维分离,不会导致前后两次脉冲流出的组分相互交叉或重叠。二维色谱由于增加了一个分离维度,其在分析能力上有显著提升,由于污染源及环境大气中 S/IVOCs 组分的复杂性,在一维色谱中,很多化合物不能完全分离形成共溢出,从而无法准确定性及定量。二维色谱能够实现真正的基线分离,在污染源及环境样品中可分离并识别出 500～4000 个组分峰,并由于调制器的聚焦作用,灵敏度也更高。

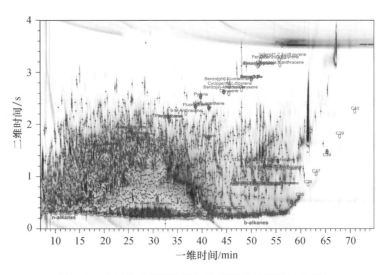

图 1.3　全二维色谱图(每个红点代表识别出的物种)

1.4.2　重点源 S/IVOCs 排放特征

1. 机动车转鼓试验测试平台

机动车转鼓试验测试平台系统由清华大学汽车安全与节能国家重点实验室提供，整个试验台由底盘测功机、冷却风扇、定容采样器(constant volume sampling, CVS)、鼓风机、尾气稀释混合器、排气分析仪、主控中心等模块构成。实验中，被试车辆在转鼓试验台上运行完整规定循环，全部尾气均被导入体积为 6 m³ 的定容稀释系统中，并以一定比例与实际大气混合，稀释气再以固定流量流出系统，进入气罐等收集装置。汽油车排放研究根据"北京循环"下汽油车排放尾气量大小，确定最终稀释比例为 20∶1。实验循环包括冷热启动两种循环，采样温度控制在 40～50℃，采集的油品包括相当于国Ⅳ标准的标准油以及增加了烯烃和芳烃的两种其他调和油，机动车的发动机包括 GDI 发动机和 PFI 发动机两种。图 1.4 为机动车转鼓试验台示意图。

柴油车排放研究使用柴油车台架进行，主要由发动机台架、稀释通道、采样和分析系统等部分构成，采用比亚迪牌柴油发动机进行实验。

2. 生物质燃烧测试平台

生物质燃烧测试平台由模拟燃烧系统、稀释系统、采样系统、数据采集与处理系统四部分构成。图 1.5 为燃烧系统示意图。以最为常用的小麦秸秆为研究样本。

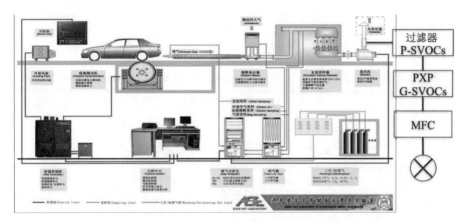

图 1.4　机动车转鼓试验测试平台

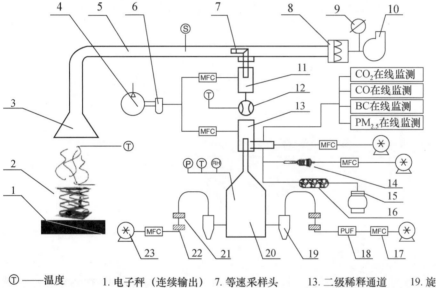

ⓣ——温度	1. 电子秤（连续输出）	7. 等速采样头	13. 二级稀释通道	19. 旋风分离器
ⓟ——压力	2. 升降台架	8. 中效过滤器	14. KI管+DNPH管	20. 停留室
ⓢ——S形皮托管	3. 空压机	9. 变频器	15. 3.2 L Canister罐	21. 前膜+膜托
ⓡⱨ——湿度	4. 空气净化器	10. 风机	16. 碱石灰	22. 后膜+膜托
	5. 烟道	11. 一级稀释通道	17. 质量流量控制器	23. 采样泵
	6. 空气净化器	12. 文丘里流量计	18. PUF采样器	

图 1.5　生物质燃烧测试平台

3. 汽油车 S/IVOCs 排放因子

汽油车转鼓试验中,选取具有代表性的汽油车行驶条件(搭载 PFI 发动机的轻型轿车使用符合国 V 标准的 F2 型汽油在冷启动条件下运行的北京工况,以下称为基准条件)下,其全组分 S/IVOCs 的总排放因子为 $94345.0 \pm 18311.8\ \mu g\ km^{-1}$ ($n=3$)。其中 $C_{13} \sim C_{35}$ 的直链烷烃(以下简称直链烷烃)总排放因子为 $1885.7 \pm$

169.5 μg km^{-1}，包含美国国家环保局推荐的 16 种有毒有害多环芳烃在内的 30 种多环芳烃类物种（以下简称多环芳烃）的排放因子为 1775.5$\pm$849.2 μg km^{-1}。由于采样过程中使用 PUF/XAD-4/PUF 三明治夹心采样器和石英滤膜对气态 S/IVOCs 及颗粒态 S/IVOCs 分别采集，采集到的气态 S/IVOCs 的排放因子为 87986.2$\pm$17353.2 μg km^{-1}，其中直链烷烃的排放因子为 1780.9$\pm$160.5 μg km^{-1}，多环芳烃的排放因子为 1758.5$\pm$843.2 μg km^{-1}；采集到的颗粒态 S/IVOCs 的排放因子为 6358.8$\pm$1834.6 μg km^{-1}，其中直链烷烃的排放因子为 104.8$\pm$9.1 μg km^{-1}，多环芳烃的排放因子为 17.0$\pm$6.1 μg km^{-1}。

图 1.6 给出了基准条件下气态及颗粒态直链烷烃、多环芳烃在 S/IVOCs 中的排放因子与总排放因子的占比。研究结果表明，仅将颗粒态 S/IVOCs 组分的源排放因子纳入模型会造成对生成的二次有机气溶胶（SOA）的低估。机动车源采样过程中的气态 S/IVOCs 是 SOA 前体物缺失的重要组成部分。

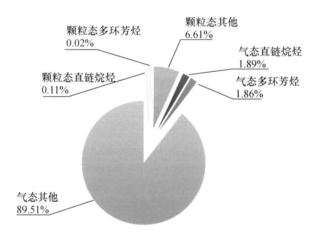

图 1.6　汽油机动车 S/IVOCs 排放因子占比

汽油车直链烷烃的排放主要集中在 C$_{13}$～C$_{25}$ 间，并且表现出明显的奇偶特征，即偶数碳数直链烷烃的排放因子高于其相邻的奇数碳数的（图 1.7）。在多环芳烃中，萘、芴、菲、蒽、1-甲基萘、2-甲基萘的排放因子较高。

4. 汽油车与柴油车 S/IVOCs 源成分谱

使用测量的挥发性分组排放因子与总排放因子的比值计算 7 种不同条件下汽油车尾气的排放源成分谱。使用 7 个排放源成分谱的均值对其进行归一化，归一化结果如表 1-1 所示。可以看到，90% 以上的归一化结果都在 50%～200% 之间。这表明，不同测试条件下，机动车尾气的 S/IVOCs 源成分谱具有较高的稳定性，可以使用源成分谱构建污染源组分排放清单。

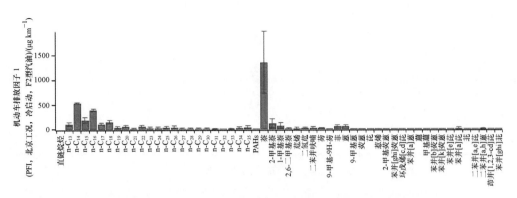

图 1.7　汽油机动车源直链烷烃及多环芳烃的排放因子

表 1-1　汽油车尾气源成分谱

挥发性 （lgC）	源成分 谱 1	源成分 谱 2	源成分 谱 3	源成分 谱 4	源成分 谱 5	源成分 谱 6	源成分 谱 7
＞ 6	109%	88%	188%	117%	76%	68%	54%
5～6	112%	101%	139%	95%	110%	62%	81%
4～5	121%	31%	149%	58%	143%	103%	95%
3～4	81%	72%	199%	126%	68%	65%	89%
2～3	67%	56%	173%	128%	96%	103%	78%
1～2	58%	43%	109%	85%	65%	207%	134%
0～1	67%	111%	132%	49%	99%	101%	141%
−1～0	60%	97%	121%	13%	127%	103%	178%
−2～−1	51%	132%	95%	9%	93%	155%	165%
−3～−2	46%	195%	131%	13%	75%	100%	140%
−4～−3	77%	102%	93%	56%	97%	133%	141%
−5～−4	74%	144%	121%	71%	92%	83%	116%
−6～−5	47%	34%	108%	13%	183%	162%	153%
−7～−6	65%	27%	59%	21%	114%	232%	182%
−8～−7	33%	15%	251%	3%	157%	153%	88%

图 1.8 展示了柴油机尾气源成分谱,其中直链烷烃和多环芳烃含量较高。在直链烷烃中,主要集中在 C_{13}～C_{18} 这部分的区域中,多环芳烃以萘、2-甲基萘、1-甲基萘排放为主。

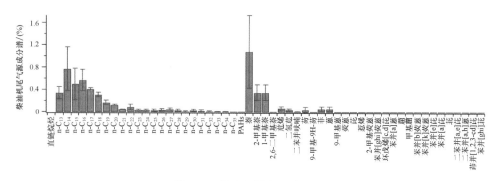

图 1.8 柴油机尾气源成分谱

5. 生物质燃烧源 S/IVOCs 排放因子

生物质燃烧实验中，选取燃烧量最高的小麦开放燃烧条件，其全组分 S/IVO-Cs 的总排放因子分别为 50143.6 ± 19543.3 μg kg^{-1}（$n=2$）。其中直链烷烃总排放因子为 496.4 ± 111.6 μg kg^{-1}，多环芳烃总排放因子为 212.6 ± 52.9 μg kg^{-1}。采集到的气态 S/IVOCs 的排放因子为 6189.2 ± 1412.3 μg kg^{-1}，其中直链烷烃的排放因子为 285.8 ± 160.5 μg kg^{-1}，多环芳烃的排放因子为 27.6 ± 30.9 μg kg^{-1}；采集到的颗粒态 S/IVOCs 的排放因子为 43954.4 ± 20955.6 μg kg^{-1}，其中直链烷烃的排放因子为 210.6 ± 81.0 μg kg^{-1}，多环芳烃的排放因子为 184.9 ± 83.7 μg kg^{-1}。

图 1.9 给出了气态及颗粒态直链烷烃、多环芳烃在 S/IVOCs 中的排放因子与总排放因子的占比。研究结果表明，与机动车源类似，仅将颗粒态 S/IVOCs 组分的源排放因子纳入模型会造成对生成的二次有机气溶胶（SOA）的低估。

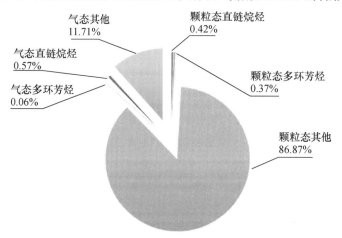

图 1.9 小麦开放燃烧 S/IVOCs 排放因子占比

图 1.10 给出了基准条件下小麦开放燃烧直链烷烃和多环芳烃的排放因子。其中直链烷烃的排放主要集中在 C$_{13}$～C$_{35}$ 间，并且表现出明显的奇偶特征。在多

环芳烃中,芘、萘、苊、菲、蒽的排放因子较高。

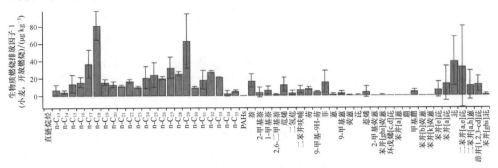

图 1.10　小麦开放燃烧源直链烷烃及多环芳烃的排放因子

6. 生物质燃烧 S/IVOCs 源成分谱

使用测量的挥发性分组排放因子与总排放因子的比值计算小麦秸秆燃烧的排放源成分谱。对生物质燃烧源成分谱的结果进行归一化处理,与机动车源结果类似,80% 以上的归一化结果都在 50%～200% 之间,表明可以使用源成分谱构建污染源排放清单。图 1.11 给出了生物质燃烧挥发性分组源成分谱。

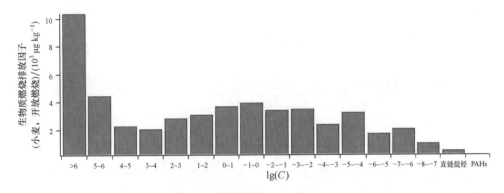

图 1.11　生物质燃烧挥发性分组源成分谱

1.4.3　S/IVOCs 的大气环境特征

1. 环境大气采样方案

采样点位于北京大学校园内理科楼顶(116°19′0.59″ E,39°59′55.9″ N),采样时间为 2017 年 11 月。

采用意大利 ECHO Hivol 大流量采样器。采样器经过流量校准后,采样流量为 200 L min⁻¹,采样时间为每天的早 8:00—晚 7:30,晚 8:00—早 7:30。

采样器由采样头(滤膜及滤膜支撑部分)、装填吸附剂的采样筒、采样筒架及硅胶密封圈组成。采样头的材料选用不吸附有机物或不与污染物发生化学反应的不锈钢材料。装填吸附剂的采样筒由内径为 60 mm、长 125 mm 的硼硅玻璃制成。吸附剂选用密度为 0.022 g cm^{-3} 的聚氨基甲酸酯泡沫（简称 PUF）、大孔树脂（XAD-4）两种吸附剂的组合，按照 PUF、XAD-4、PUF 的方式（简称 PXP 三明治）排列填充。滤膜使用石英纤维滤膜，其直径为 102 mm。滤膜对 0.3 μm 的标准粒子的节流效率不低于 99%，在气流速度为 0.45 m s^{-1} 时，单张滤膜的阻力不大于 3.5 kPa。

2. 北京环境大气 S/IVOCs 的浓度水平

外场观测结果表明，城市大气点位 S/IVOCs 的总浓度为 3172.2±1503.3 ng m^{-3}，其中气态 S/IVOCs 的浓度为 2811.9±3201.2 ng m^{-3}，颗粒态 S/IVOCs 的浓度为 1421.5±1253.6 ng m^{-3}。

3. 环境大气 S/IVOCs 的化学组成特征

图 1.12 给出了大气中 S/IVOCs 的化学组成。计算结果表明，以往研究中作为目标化合物的直链烷烃仅占总 S/IVOCs 浓度的 3.20%，多环芳烃仅占总 S/IVOCs 浓度的 1.14%。其中气态直链烷烃占比为 2.61%，颗粒态直链烷烃占比为 0.59%；气态多环芳烃占比为 0.82%，颗粒态多环芳烃占比为 0.32%。

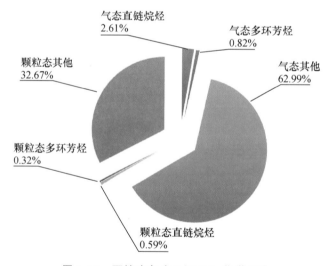

图 1.12　环境大气中 S/IVOCs 化学组成

图 1.13 给出了环境大气中各挥发性组分的浓度水平。可以看到，相较于源排放，经历了大气的化学老化过程后，高挥发性组分的占比降低，低挥发性组分的占比增加。图 1.14 给出了环境大气下直链烷烃和多环芳烃的排放浓度。其中直链烷烃的排放主要集中在 C$_{13}$～C$_{18}$ 间。在多环芳烃中，萘、1-甲基萘、2-甲基萘的环境浓度较高。

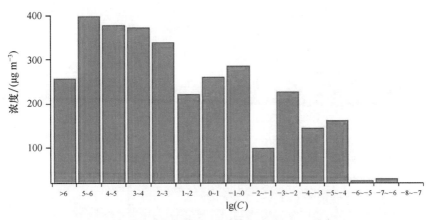

图 1.13　环境大气中 S/IVOCs 的挥发性分组

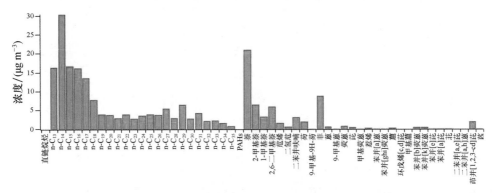

图 1.14　环境大气中直链烷烃及多环芳烃的浓度水平

4. S/IVOCs 的时间变化特征

图 1.15、图 1.16 分别给出了观测期间城市点位日间及夜间 S/IVOCs 的挥发性分组。可以看到,各挥发性组分日间 S/IVOCs 的浓度要高于夜间,且日间 S/IVOCs 组分的低挥发性段占比增加,夜间 S/IVOCs 的挥发性分组情况更接近于

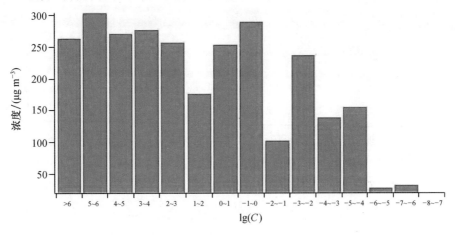

图 1.15　环境大气中日间 S/IVOCs 的挥发性分组

污染源排放的 S/IVOCs 的挥发性分组。结果反映了日间大气中的有机组分通过光化学反应生成更低挥发性的 SOA 的大气老化过程。

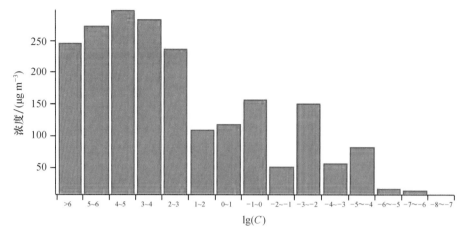

图 1.16　环境大气中夜间 S/IVOCs 的挥发性分组

1.4.4　全国主要部门 S/IVOCs 排放清单

1. S/IVOCs 源排放参数化方法的构建

本研究基于 POA 排放清单及相关活动水平数据、POA 与 S/IVOCs 排放量或排放因子的关系构建 S/IVOCs 排放清单，估算模型如公式（1.1）所示：

$$E_{\text{S/IVOCs}} = \sum_{j,k} E_{\text{OC},j,k} \times \frac{\text{OM}}{\text{OC}_j} \times \left(\frac{E_{\text{SVOCs},j}}{E_{\text{POA},j}} + \frac{E_{\text{IVOCs},j}}{E_{\text{POA},j}} \right) \tag{1.1}$$

其中 k 代表网格，j 代表源排放部门，本研究中考虑的排放部门主要包括工业（industry）、民用（residential）、交通（transportation）、电厂（power plant）、船舶（shipping），以及生物质燃烧（biomass burning）。$E_{\text{S/IVOCs}}$ 代表 S/IVOCs 的年排放量，$E_{\text{OC},j,k}$ 代表网格 k 中部门 j 的 OC（有机碳，organic carbon）年排放量，$\frac{\text{OM}}{\text{OC}_j}$ 表示部门 j 的 OM/OC 比值（有机质与有机碳的比值，the ratio of organic mass to organic carbon），$\frac{E_{\text{SVOCs},j}}{E_{\text{POA},j}}$ 和 $\frac{E_{\text{IVOCs},j}}{E_{\text{POA},j}}$ 分别表示部门 j 的 SVOCs、IVOCs 与 POA 的排放比值。

在本研究中，通过整合、对比国内外相关的外场观测、典型源排放以及数值模拟研究，获取了构建 S/IVOCs 的源排放清单所需的相关参数。然而，除本研究的数据外，由于方法所需的数据来自不同研究地区的外场观测、典型源排放以及数值模拟研究，在运用相关数据进行源清单估算时会产生一定的不确定性，因此本研究将利用统计方法和蒙特卡洛模拟量化所构建的 S/IVOCs 排放清单的不确定性。表 1-2 总结了不同部门的 $E_{\text{SVOCs}}/E_{\text{POA}}$ 和 $E_{\text{IVOCs}}/E_{\text{POA}}$ 以及 OM/OC 比值等参数的不确定性范围以及概率分布型。而这些参数的不确定通过排放模型估算所导致的 S/IV-OCs 排放量的不确定性则采用蒙特卡洛模拟方法进行评估，最后采用样本相关系数法识别 S/IVOCs 排放估算中关键不确定性来源，为未来改进排放清单提供方向。

表 1-2　排放清单估算模型估算参数的概率分布及其不确定性范围(95%置信水平)

输入参数	来源	概率分布类型	参数 1	参数 2	均值	不确定性范围（95%置信水平）
OM/OC	工业	伽马分布	111.46	0.02	1.69	(1.43,1.95)
	民用	对数正态分布	0.28	0.05	1.33	(1.26,1.42)
	交通	对数正态分布	0.34	0.05	1.39	(1.31,1.46)
	电厂	伽马分布	111.46	0.02	1.69	(1.43,1.94)
	船舶	伽马分布	111.46	0.02	1.69	(1.43,1.94)
	生物质燃烧	对数正态分布	0.43	0.09	1.51	(1.40,1.61)
E_{SVOCs}/E_{POA}	工业	对数正态分布	−0.32	0.23	0.72	(0.51,0.97)
	民用	正态分布	0.76	0.14	0.77	(0.58,0.97)
	交通	对数正态分布	−0.32	0.23	0.72	(0.51,0.97)
	电厂	对数正态分布	−0.32	0.23	0.72	(0.51,0.97)
	船舶	伽马分布	0.76	0.14	0.77	(0.58,0.97)
	生物质燃烧	伽马分布	0.76	0.14	0.77	(0.58,0.97)
E_{IVOCs}/E_{POA}	工业	对数正态分布	1.86	0.88	8.39	(1.77,25.17)
	民用	伽马分布	1.12	0.43	0.43	(0.02,1.29)
	交通	对数正态分布	1.86	0.88	8.39	(1.77,25.17)
	电厂	对数正态分布	1.86	0.88	8.39	(1.77,25.17)
	船舶	伽马分布	1.12	0.43	0.43	(0.02,1.29)
	生物质燃烧	伽马分布	1.12	0.43	0.43	(0.02,1.29)
O/C	工业	韦伯分布	0.49	2.7	0.44	(0.19,0.73)
	民用	正态分布	0.13	0.05	0.13	(0.08,0.19)
	交通	对数正态分布	−1.84	0.26	0.16	(0.11,0.21)
	电厂	韦伯分布	0.49	2.7	0.44	(0.19,0.73)
	船舶	韦伯分布	0.49	2.7	0.44	(0.19,0.73)
	生物质燃烧	对数正态分布	−1.29	0.35	0.3	(0.19,0.47)
H/C	工业	伽马分布	71.81	0.02	1.59	(1.30,1.90)
	民用	韦伯分布	1.76	32.93	1.72	(1.60,1.80)
	交通	韦伯分布	1.77	90.92	1.75	(1.71,1.78)
	电厂	伽马分布	71.81	0.02	1.59	(1.30,1.90)
	船舶	伽马分布	71.81	0.02	1.59	(1.30,1.90)
	生物质燃烧	对数正态分布	0.45	0.05	1.55	(1.48,1.62)
N/C	工业	对数正态分布	−4.02	0.76	0.02	(0.01,0.07)
	民用	对数正态分布	−4.45	1.01	0.02	(0.00,0.05)
	交通	正态分布	0.03	0.02	0.03	(0.01,0.05)
	电厂	对数正态分布	−4.02	0.76	0.02	(0.01,0.07)
	船舶	对数正态分布	−4.02	0.76	0.02	(0.01,0.07)
	生物质燃烧	对数正态分布	−3.62	0.81	0.03	(0.01,0.06)

2. 全国 S/IVOCs 源排放的时空分布特征

结合上一节中确定的相关参数以及高分辨率的 OC 排放清单,本研究构建了 2016 年全国 S/IVOCs 网格化排放清单。整体而言,2016 年中国 S/IVOCs 排放总量为 9.6 Tg,其中工业排放对总 S/IVOCs 排放的贡献最大,占比为 48.0%(4.6 Tg),其次是民用(2.9 Tg,30.2%)。对于 4 个主要城市群而言,长三角地区的总 S/IVOCs 排放量最高(801 Gg),其次是京津冀(735 Gg)和川渝(600 Gg)和珠三角(212 Gg);然而珠三角的单位面积排放量最大(5.1 Mg km^{-2}),其次是长三角(3.8 Mg km^{-2})、京津冀(3.4 Mg km^{-2})和川渝(1.1 Mg km^{-2}),这主要是由不同地区的经济发展水平和土地面积不同所引起的。S/IVOCs 排放的具体来源贡献在不同区域也存在差异,交通与民用部门对长三角地区 S/IVOCs 排放量的贡献相当,而交通部门对珠三角地区 S/IVOCs 排放量的贡献大于民用部门。由于冬季供暖需求少和农村人口数量较小,珠三角和长三角的民用部门对 S/IVOCs 排放的贡献都比京津冀与川渝地区的小。

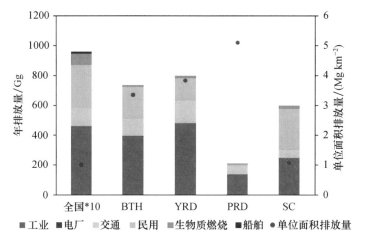

图 1.17　2016 年全国及四大城市群的 S/IVOCs 排放概况(全国排放量被除了 10)

BTH:京津冀;YRD:长三角地区;PRD:珠三角地区;SC:川渝

从空间分布上看,中国总 S/IVOCs 排放的空间分布与工业、民用和交通的分布基本一致,而不同部门 S/IVOCs 排放的空间分布特征明显不同(图 1.18),工业排放和交通排放高值都出现在大型工业企业数量较多且交通较为发达的中国东北、东部沿海和中部地区;较高的 S/IVOCs 交通排放主要出现在机动车保有量排名前五的山东、广东、河南、河北和江苏;电厂的 S/IVOCs 排放主要集中在发电量较高的广东、湖南、河南、辽宁、江苏、黑龙江等省份;生物质燃烧排放的 S/IVOCs 主要分布在植被覆盖度高、气候条件更容易引发森林火灾的南方地区。与上述部门不同的是,民用部门的 S/IVOCs 高排放区域广泛分布在人口分布密集的中国中部、东部和北部地区。此外,中国北方冬季较高的供暖需求也导致了该地区较高的民用 S/IVOCs 排放水平。

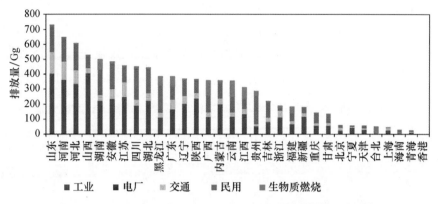

图 1.18　2016 年不同部门 S/IVOCs 排放在不同省市的分布情况

从时间变化上看,中国的 S/IVOCs 总排放量在冬季(12 月至次年 2 月)较高,占全年总排放量(各部门月排放量之和)的 31%,这主要是由于冬季 S/IVOCs 民用排放量较高所致。由于年底各企业加班加点生产以完成年度生产目标,导致工业 S/IVOCs 的排放在 12 月份最高。同时,由于较高的供暖需求,民用 S/IVOCs 排放在 12 月—次年 2 月均出现较高值。另外,由于较低的相对湿度与较多的森林火灾和秸秆燃烧,中国生物质燃烧的 S/IVOCs 排放高值主要分布在 12 月—次年 3 月。

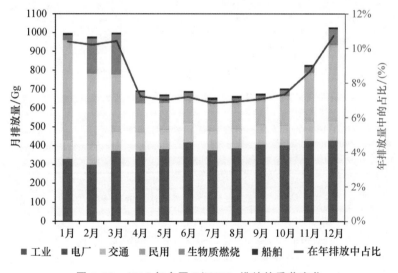

图 1.19　2016 年全国 S/IVOCs 排放的季节变化

最后本研究利用前面描述的蒙特卡洛方法以及相关系数法,对源清单进行不确定性分析,发现在 95% 置信水平内,2016 年 S/IVOCs 排放清单的不确定性范围在 −66%～153% 之间。在不同部门中,工业 S/IVOCs 排放与总 S/IVOCs 排放的相关系数最高（≈0.94），说明工业排放 S/IVOCs 的不确定性对总 S/IVOCs 排放不确定性贡献最大。在排放模型的所有输入参数中，工业、交通和电厂的 E_{IVOCs}/E_{POA} 比值是 S/IVOCs 排放估计不确定性的关键来源（相关系数≈0.82）。这主要是由于缺乏相关的具体测量数据，本研究使用车辆排放的测量比值数据进行代替计算所致。上述结果表明，为有效降低 S/IVOCs 排放清单的不确定性，亟须在未来的研究中获取来自更多部门排放的 E_{IVOCs}/E_{POA} 和 E_{SVOCs}/E_{POA} 的实际测量数据。

表 1-3　排放清单计算模型估算参数的不确定性范围及与总 S/IVOCs 排放的相关系数
（95%置信水平）

来源	相关系数（95%置信水平）						
	E_{SVOCs}	E_{IVOCs}	$E_{S/IVOCs}$	OM/OC	E_{OC}	E_{SVOCs}/E_{POA}	E_{IVOCs}/E_{POA}
工业	0.375 (−71%, 97%)	0.946 (−88%, 255%)	0.943 (−85%, 238%)	0.075 (−16%, 15%)	0.394 (−69%, 69%)	0.013 (−29%, 34%)	0.815 (−79%, 200%)
民用	0.226 (−66%, 83%)	0.247 (−97%, 264%)	0.285 (−71%, 124%)	0.017 (−6%, 7%)	0.219 (−64%, 64%)	0.052 (−25%, 26%)	0.162 (−96%, 203%)
交通	0.104 (−71%, 94%)	0.744 (−87%, 253%)	0.734 (−85%, 237%)	0.008 (−6%, 5%)	0.109 (−69%, 68%)	0.013 (−29%, 34%)	0.815 (−79%, 200%)
电厂	0.005 (−87%, 115%)	0.611 (−93%, 280%)	0.595 (−92%, 262%)	0.000 (−16%, 15%)	0.002 (−86%, 86%)	0.013 (−29%, 34%)	0.815 (−79%, 200%)
船舶	0.045 (−29%, 33%)	0.161 (−96%, 205%)	0.164 (−44%, 76%)	0.000 (−16%, 15%)	0.002 (−4%, 4%)	0.052 (−25%, 26%)	0.162 (−96%, 203%)
生物质燃烧	0.015 (−60%, 76%)	0.141 (−97%, 252%)	0.106 (−66%, 116%)	−0.004 (−7%, 7%)	−0.004 (−57%, 57%)	0.052 (−25%, 26%)	0.162 (−96%, 203%)
总计	(−54%, 65%)	(−79%, 202%)	(−66%, 153%)				

1.4.5　区域空气质量模型中 SOA 生成模块的发展与改进

1. 基于物种分类的 S/IVOCs 反应参数改进

文献调研发现，多环芳烃（PAHs）的反应速率是直链/支链烷烃、烷基环己烷、烷基苯等其他 S/IVOCs 物种反应速率的 1.5~5.5 倍[35-37]，而且同一种 S/IVOCs 在不同 NO$_x$ 浓度水平下的 SOA 产率不同[17,38,39]。然而区域空气质量模式原机制对于所有 S/IVOCs 和 OH 的氧化反应均使用一个固定的反应速率参数和 SOA 产率,导致了 S/IVOCs 生成 SOA 模拟的不确定性,因此本研究通过细分 S/IVOCs 物种为多环芳烃和其他 S/IVOCs(O-S/IVOCs)两大类,结合实验结果和文献调研获取的汽油、柴油机动车排放的 57 种 S/IVOCs 物种的排放因子及其对应的 OH 反应速率和 SOA 产率,获得优化后的 S/IVOCs 反应参数(表 1-4)。在优化 O-S/IVOCs 的反应参数时,本研究分别基于 1 种典型长链烷烃、57 种 S/IVOCs 物种、40 种除 PAHs 以外的 S/IVOCs 物种获得三组反应参数,即 4×10^{-11}、3×10^{-11}、2×10^{-11} cm^3 分子$^{-1}$ s^{-1},从而探究 O-S/IVOCs 的反应速率参数不确定性对 SOA 模拟的影响。

表 1-4　优化后的 PAHs 和其他 S/IVOCs 反应参数

序号	S/IVOCs 块状物种	k_{OH} /(cm^3 分子$^{-1}$ s^{-1})	物种数	$Y_{OH,高NO_x}$	$Y_{OH,低NO_x}$	参考文献
1	PAHs	5×10^{-11}	17	0.21	0.73	Zhao 等;Chan 等[17,36,37]
2	O-S/IVOCs	4×10^{-11}	1	0.3	0.15	Zhao 等;Loza 等[36,37,39]
		3×10^{-11}	57			
		2×10^{-11}	40			

2. S/IVOCs 生成 SOA 反应通道的补充与优化

当前数值模型中仅仅考虑了 S/IVOCs 与 OH 的氧化反应,然而除了 OH 反应通道外,S/IVOCs 还能被 NO$_3$、O$_3$、Cl 氧化[40-44]。因此,为充分研究 S/IVOCs 的演化对 SOA 生成的影响,本研究在已有 OH 反应机制的基础上,增补除 OH 外的 S/IVOCs 生成 SOA 的反应通道。基于 22 种 S/IVOCs 与 NO$_3$ 和 O$_3$ 的反应速率数据,以及蒽的臭氧氧化产率实验数据进行反应机制的参数化以获得 S/IVOCs 与 NO$_3$ 和 O$_3$ 的反应参数。由于无法获悉所有 S/IVOCs 的完整反应特性,本研究假定 PAHs 与 NO$_3$,其他 S/IVOCs 与 O$_3$、NO$_3$ 反应的 SOA 产率和 PAHs 与 O$_3$ 反应的相同,其他 S/IVOCs 与 O$_3$ 反应的反应速率比 PAHs 与 O$_3$ 的反应速率慢一个数量级(表 1-5)。

表 1-5　数值模型中 PAHs 与其他 S/IVOCs 的反应速率参数及 SOA 产率参数

S/IVOCs 块状物种	PAHs	O-S/IVOCs	参考文献
k_{OH} /(cm^3 分子$^{-1}$ s^{-1})	5.00×10^{-11}	3.00×10^{-11}	Zhao 等[36,37]
k_{O_3} /(cm^3 分子$^{-1}$ s^{-1})	1.70×10^{-17}	1.70×10^{-18}	Keyte 等;张阳[40,45]
k_{NO_3} /(cm^3 分子$^{-1}$ s^{-1})	1.70×10^{-13}	3.00×10^{-16}	Gross 和 Bertram;Keyte 等;赵楠[40,46,47]

S/IVOCs 块状物种	PAHs	O-S/IVOCs	参考文献
$Y_{OH,高NO_x}$	0.21	0.3	Chan 等；Loza 等[17,39]
$Y_{OH,低NO_x}$	0.73	0.15	Chan 等；Loza 等[17,39]
Y_{O_3}	0.15	0.15	Riva 等[43]
Y_{NO_3}	0.15	0.15	Riva 等[43]

3. 乙二醛液相机制的增补与优化

在前述机制改进工作的基础上，目前数值模型中只考虑了 SOA 生成的气相反应过程，包括 VOCs 与 OH、S/IVOCs 与 OH、NO_3 和 O_3 等不同氧化剂的气相氧化反应。而有研究表明，液相反应过程对 SOA 生成也很重要[48,49]。因此本研究在原有 SOA 生成的气相氧化反应机制基础上，将乙二醛的液相反应机制耦合到了当前使用的气相化学机制 SAPRC 中[50]，包括表面摄取、NH_4^+ 催化体积反应、OH 催化体积反应和可逆分配过程。

1.4.6 区域空气质量模型对 SOA 模拟效果的改进

1. S/IVOCs 排放输入对 SOA 模拟的影响

为分析 S/IVOCs 排放输入对 SOA 模拟的影响，本研究选取一个典型冬季污染时段(2017 年 12 月 26 日至 31 日)利用区域空气质量模型 WRF-Chem 对中国的 SOA 生成进行模拟。S/IVOCs 排放清单使用本研究在 1.4.4 节中构建的 2016 年网格化排放清单，而其他污染物包括 PM_{10}、$PM_{2.5}$、黑碳(BC)、有机碳(OC)、挥发性有机化合物(VOCs)、氮氧化物(NO_x)、SO_2、NH_3、CO 的人为源排放清单使用的是清华大学开发的 2016 年中国多分辨率排放清单(MEIC, http://meicmodel. org)。而清华大学 2010 年开发的 MIX 排放清单则用于中国台湾和其他亚洲地区的人为排放输入。另外生物质燃烧由 UCAR 的 FINN 清单(FINN, http://bai. acom. ucar. edu/Data/fire/)提供，船舶排放则由清华大学刘欢教授提供。生物排放则由 Guenther 等开发的 MEGAN 排放模型(https://sites. google. com/uci. edu/bai)计算得到。

本研究分别设置两组实验量化 S/IVOCs 排放输入对 SOA 模拟的影响，一组不考虑 S/IVOCs 排放(BASE)，另一组考虑 S/IVOCs 排放(CASE1)。如图 1.20 所示，BASE 和 CASE1 两组实验都重现了广州地化所站点 SOA 的时间变化。但是在考虑 S/IVOCs 排放后，模拟的与观测的 SOA 浓度差距缩小，模拟与观测的差异从 $-16.1\ \mu g\ m^{-3}$(BASE)减小为 $-12.2\ \mu g\ m^{-3}$(CASE1)，SOA 的模拟偏差缩小了 24%($p<0.01$)。与 BASE 相比，CASE1 中模拟的 SOA 浓度增加了 116%，

说明了 S/IVOCs 在 SOA 生成中的重要性。另一方面,由于模拟 SOA 浓度的显著增加,CASE1 中模拟的 SOA/OA 比值与观测值的差异从 -48.5%(BASE)显著下降到 -0.3%(偏差下降幅度为 99%,$p < 0.01$)。

另外,从空间分布上看,BASE 的全国平均 SOA 模拟浓度仅为 0.9 $\mu\mathrm{g\ m}^{-3}$(图 1.21)。加入 S/IVOCs 排放后(CASE1),SOA 的模拟浓度增加到 2.8 $\mu\mathrm{g\ m}^{-3}$,比 BASE 的模拟浓度增大了 1.9 $\mu\mathrm{g\ m}^{-3}$(211%)。SOA 最大的变化浓度出现在中国南部,增加了 13.8 $\mu\mathrm{g\ m}^{-3}$。在关键城市群中,SOA 增加最显著的位置集中在珠江三角洲(PRD),平均和最大的增加幅度分别为 6.1 和 7.7 $\mu\mathrm{g\ m}^{-3}$,紧随其后的分别是长江三角洲(YRD)[5.3(11.0)$\mu\mathrm{g\ m}^{-3}$],川渝地区(SC)[3.1(12.0)$\mu\mathrm{g\ m}^{-3}$]和京津冀(BTH)[2.5(5.9)$\mu\mathrm{g\ m}^{-3}$]。此外,在考虑 S/IVOCs 的排放后,SOA 的空间分布也发生了显著变化。例如,在 BASE 中,两广地区的 SOA 浓度(3~8 $\mu\mathrm{g\ m}^{-3}$)高于其他地区(0~5 $\mu\mathrm{g\ m}^{-3}$),是由冬季盛行的偏北风导致污染物从北向南的区域/跨区域传输所致。加入 S/IVOCs 排放后,CASE1 中两广地区、川渝地区和两湖地区的 SOA 浓度(8~21 $\mu\mathrm{g\ m}^{-3}$)高于其他地区(0~9 $\mu\mathrm{g\ m}^{-3}$),这与观测的 $\mathrm{PM}_{2.5}$ 空间分布特征更为相符[51,52]。

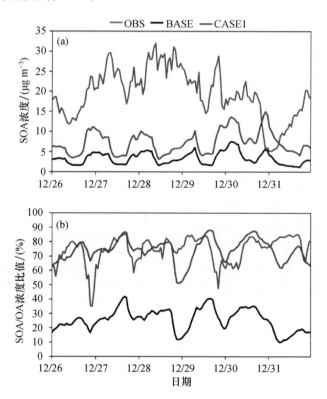

图 1.20　广州地化所站点 SOA、SOA/OA 观测值与模拟值的比较

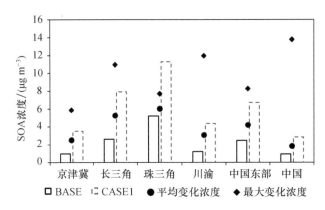

图 1.21　S/IVOCs 排放输入后 SOA 模拟浓度变化情况

2. SOA 生成机制的改进效果评估

（1）基于物种分类的 S/IVOCs 反应参数改进

如图 1.22 所示，把 PAHs 和 OH 的反应速率参数优化后耦合到模型中后，发现中国东部地区 SOA 模拟浓度平均增加了 $0.1\ \mu g\ m^{-3}$，在全国范围内 SOA 模拟浓度最大增加幅度也仅为 $0.3\ \mu g\ m^{-3}$，说明改进 PAHs 和 OH 的反应速率参数对 SOA 模拟的贡献极小。虽然 PAHs 与 OH 自由基的反应速率比 O-S/IVOCs 快，但其排放量远小于 O-S/IVOCs，导致了 PAHs 对 SOA 生成较小的贡献。

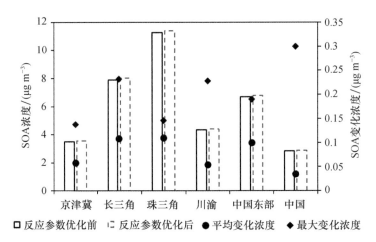

图 1.22　PAHs 的 OH 反应速率参数优化后 SOA 模拟浓度变化情况

（2）S/IVOCs 生成 SOA 反应通道的增补对 SOA 模拟的影响

改进机制后进行模拟，结果发现耦合 S/IVOCs 和 NO₃、O₃ 反应通道后，全国范围内 SOA 模拟浓度最大增加幅度出现在东部地区，仅为 $0.08\ \mu g\ m^{-3}$（图 1.23），这与 S/IVOCs 排放输入对 SOA 模拟的影响相比（平均增幅为 $1.9\ \mu g\ m^{-3}$），增补的四条氧化通道对 SOA 生成的贡献作用不大。

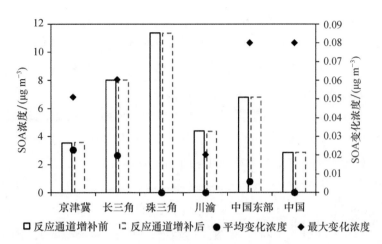

图 1.23　补充 NO_3、O_3 氧化 S/IVOCs 生成 SOA 的通道后 SOA 模拟浓度变化

（3）乙二醛液相机制的增补对 SOA 生成的影响

增补乙二醛液相机制后，模拟结果显示，京津冀、长三角、珠三角和川渝地区的 SOA 浓度平均变化幅度分别为 3.9 $\mu g\ m^{-3}$、5.1 $\mu g\ m^{-3}$、4.6 $\mu g\ m^{-3}$ 和 1.2 $\mu g\ m^{-3}$；而在全国范围内 SOA 模拟浓度最大增加幅度出现在京津冀地区，为 12 $\mu g\ m^{-3}$（图 1.24），其次长三角地区，其 SOA 模拟最大的变化浓度为 10.4 $\mu g\ m^{-3}$。另外，研究时段内京津冀、长三角、珠三角和川渝地区由乙二醛通过液相反应生成的 SOA（G-SOA）的平均模拟浓度分别为 1.9 $\mu g\ m^{-3}$、2.9 $\mu g\ m^{-3}$、1.7 $\mu g\ m^{-3}$ 和 0.2 $\mu g\ m^{-3}$。然而，G-SOA 浓度均比各地区 SOA 整体模拟浓度的变化幅度小，这是由于增加乙二醛液相机制后，通过液相反应生成的 SOA 以及总 OA 的质量都增加了，促进了原有 VOCs 和 S/IVOCs 通过气相反应生成的 SOA 从气相向颗粒相的转化。

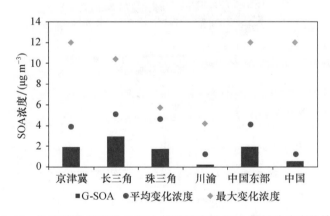

图 1.24　补充液相机制后 G-SOA 模拟浓度及 SOA 模拟浓度变化情况

3．SOA 模拟的不确定性分析

本研究基于 1.4.4 节中的源清单不确定性量化结果以及 1.4.5 节中 O-S/IVOCs 反应参数 k_{OH} 的不确定性范围设置敏感性实验进一步分析 S/IVOCs 排放及其反应参数的不确定性对模型 SOA 模拟能力的影响：以本小节第 2 点中实验为基准，设置四组敏感性实验，其中两组实验为 O-S/IVOCs 的 k_{OH} 分别取较低值和较高值，另外两组实验为 S/IVOCs 排放分别取较低值和较高值，其他设置与基准实验保持一致。如图 1.25 所示，O-S/IVOCs 的 k_{OH} 设置对全国区域平均 SOA 模拟浓度的影响产生的不确定性在 $-0.6~\mu g~m^{-3}$ 到 $0.5~\mu g~m^{-3}$ 之间。与基准实验相比，SOA 模拟浓度的不确定性在 -23% 到 18% 之间。与 PAHs 的 k_{OH} 更新相比，SOA 模拟对 O-S/IVOCs 的 k_{OH} 设置更为敏感。因此，未来需要通过实验获取更多关于未解析 S/IVOCs 物种（UCM）的反应活性，以降低模型中 O-S/IVOCs 反应参数 k_{OH} 值的不确定性，进一步提高 SOA 模拟的准确性。另外，由 S/IVOCs 排放清单的不确定性引起的全国区域平均 SOA 模拟浓度的不确定性在 $-1.3 \sim 2.9~\mu g~m^{-3}$（$-48\% \sim 104\%$）之间。与 O-S/IVOCs 的 k_{OH} 参数相比，SOA 模拟对 S/IVOCs 排放清单的不确定性更为敏感。因此，降低 S/IVOCs 排放清单的不确定性是提高模型 SOA 模拟能力的关键。

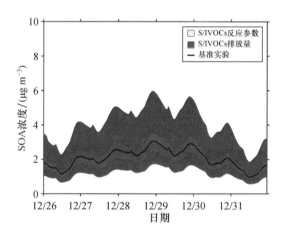

图 1.25　O-S/IVOCs 的 k_{OH}、S/IVOCs 排放量不确定性所导致的全国区域平均 SOA 模拟浓度变化

另一方面，本研究针对 S/IVOCs 与 OH 的氧化反应，使用两种不同的产率参数设置方案，分析不同产率参数对 SOA 模拟结果的影响。其中一种方案是使用随 NO_x 浓度变化的 SOA 产率（表 1-4），另一种是使用一个固定产率（1.5）。如图 1.26 所示，与使用固定产率的控制实验相比，考虑 NO_x 水平对 SOA 产率的影响后，全国 SOA 模拟浓度平均下降了 $1.1~\mu g~m^{-3}$，主要是因为与单一固定 SOA 产率相比，NO_x 相关的 SOA 产率比单一固定产率小。因此，模拟 SOA/OA 比例也

从 63.8％减小为 57.1％。另一方面,使用与 NO_x 相关的 SOA 产率后,全国 SOA 的模拟 O∶C 比值增加了 22％,从 0.68 增加到 0.83。这主要是因为在生成相同质量的不含氧 SOA 情况下,使用与 NO_x 相关的 SOA 产率后会生成更多的含氧 SOA。此外,由于排放量更大的前体物 O-S/IVOCs 的 SOA 产率在高 NO_x 条件下比低 NO_x 条件下大,随着 NO_x 浓度上升,使用与 NO_x 相关的 SOA 产率引起的 SOA 浓度下降比例会减小[图 1.26(b)]。上述结果表明,SOA 模拟对 S/IVOCs 的 SOA 产率受 NO_x 浓度的影响较为敏感。然而由于不同 S/IVOCs 物种的 SOA 产率对 NO_x 浓度水平变化的响应仍然不清楚,且许多 S/IVOCs 物种的 SOA 产率的测量结果也十分有限,因此现有模型中简单基于某几个物种的实验数据获取的 SOA 产率参数会导致 SOA 模拟的不确定性。因此,为了进一步降低模型 SOA 模拟能力的不确定性,需要更多的直接测量与实验模拟工作对 S/IVOCs 的反应参数进行研究。

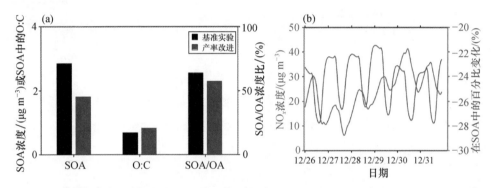

图 1.26　使用与 NO_x 相关的 SOA 产率参数后(a)全国区域平均 SOA、SOA/OA、O∶C 的变化,以及(b)全国 SOA 浓度变化比例和 NO_x 浓度的时间变化

4. 源排放与机制增补和改进对 SOA 模拟能力的总体改进效果

利用 2017 年 12 月 26 日到 31 日在广州地化所站点采样观测得到的 SOA 浓度数据对本研究的模型改进效果进行整体评估[53]。如图 1.27 所示,经过模型改进后,SOA 模拟浓度提高了 211％,SOA 模拟和观测的比例从原来的 17％提高至 54％,其中有 20％来自 S/IVOCs 排放的输入,17％来自乙二醛液相反应机制的补充,仅有 1％来自 S/IVOCs 的 OH 反应速率参数优化,而 S/IVOCs 的 NO_3 和 O_3 反应通道的增补对于 SOA 模拟的贡献可忽略不计。另外,由于 S/IVOCs 排放的不确定性和 O-S/IVOCs 的 OH 反应速率参数的不确定性带来的 SOA 模拟不确定性范围分别为 $-14％\sim30％$、$-7％\sim5％$。

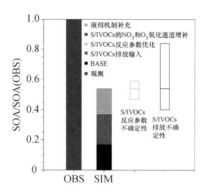

图 1.27　广州地化所站点 2017 年 12 月 26 日至 31 日模拟 SOA 占观测 SOA 比例
红色、橙色箱线图分别代表 S/IVOCs 排放不确定性和 O-S/IVOCs 的 OH 反应速率参数不确定性导致的模拟 SOA 占观测 SOA 比例的不确定范围

1.4.7　SOA 污染对 S/IVOCs 的响应及关键影响因素

1. 影响 SOA 生成的关键 S/IVOCs 排放源及源区

本研究首先基于 1.4.6 节中改进后的数值模型，以一次冬季典型污染时段（2017 年 12 月 26 日到 31 日）为例，通过设置一组基准实验和六组敏感性实验探究了 SOA 污染的关键 S/IVOCs 污染源和源区，如表 1-6 所示。

表 1-6　模拟实验设置

实验	情景设置	备注
BASE	S/IVOCs 排放	基准实验
CASE1	仅加入京津冀地区的 S/IVOCs 排放	
CASE2	仅加入长三角地区的 S/IVOCs 排放	探讨本地生成及区域传输对 SOA 生成的影响
CASE3	仅加入珠三角地区的 S/IVOCs 排放	
CASE4	削减 50% 的工业部门 S/IVOCs 排放	
CASE5	削减 50% 的民用部门 S/IVOCs 排放	探讨 SOA 污染的关键 S/IVOCs 排放源
CASE6	削减 50% 的交通部门 S/IVOCs 排放	

　　模拟结果发现，在冬季一次污染事件中，与珠三角相比，本地排放 S/IVOCs 对 SOA 生成的贡献在京津冀和长三角地区更重要，本地贡献率分别为 49% 和 46%（图 1.28）；而珠三角地区的 SOA 生成则以外来区域传输的 S/IVOCs 贡献为主，本地贡献率仅为 14%。另外，京津冀 S/IVOCs 排放对长三角、珠三角 SOA 的生成有一定贡献，贡献率分别为 8% 和 6%；而长三角 S/IVOCs 排放对珠三角 SOA 的生成贡献率为 7%。以上结果表明，在防控 SOA 污染时，需要协同控制本地以及上风向地区的 S/IVOCs 排放，尤其是珠三角地区。

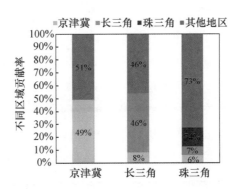

图 1.28　不同区域 S/IVOCs 排放对三大城市群 SOA 生成的贡献率

另外,影响三大城市群 SOA 生成的关键 S/IVOCs 污染源均是工业部门(图 1.29),削减该部门排放后三大城市群的 SOA 变化率都在 49% 以上,其次是民用部门,这与 S/IVOCs 的排放特征相符。然而,由于珠三角地区的 SOA 浓度受跨区域输送影响很大,尽管该地区交通部门 S/IVOCs 排放量比民用部门高,受污染时段内主导风向东北风和上风向粤东及福建地区民用部门的高 S/IVOCs 排放影响,削减珠三角上风向地区民用排放 S/IVOCs 比削减珠三角交通排放对珠三角地区 SOA 浓度的降低效果更好。以上结果表明,优先控制工业和民用 S/IVOCs 排放以及不同区域的协同控制可以带来更明显的 SOA 污染防控效果。

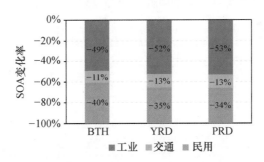

图 1.29　削减民用、工业和交通部门 50% 的 S/IVOCs 排放对三大城市群 SOA 浓度改变量的贡献率

2. 关键气象因素及生成途径贡献分析

为识别影响 SOA 污染的关键气象因素及生成途径,本研究基于改进后的数值模型,根据在广州地化所 2017 年冬季 SOA 观测结果分别选取了冬季典型污染事件(2017 年 12 月 26 日到 31 日)以及清洁无污染事件(2017 年 12 月 16 日到 21 日)进行数值模拟,其中污染时段和清洁时段内 SOA 平均观测浓度分别为 19.5 $\mu g\ m^{-3}$ 和 6.2 $\mu g\ m^{-3}$。模拟结果表明,与清洁时段相比,污染时段内风速较小、风向扰动较大,其中清洁时段内平均风速为 5.9 $m\ s^{-1}$,全程以偏北风为主(北

风占 44%，东北风占 53%，西北风占 2%），而污染时段内平均风速为 3.9 m s^{-1}。
尽管污染时段也以北风为主，但东风和东南风占比达到 9%，且期间出现风向翻转
过程，如 12 月 28 日 18 时从东北风转为东南风，因此污染时段内不利的气象条件
导致了污染物的逐渐累积，从而促进了污染事件的发生（图 1.30）。另外，污染时
段内的温度、相对湿度（15℃、63%）均比清洁时段的高（10℃、46%），促进了污染时
段 SOA 前体物和自由基间的氧化过程。另一方面，污染时段内较高的相对湿度，
使乙二醛的表面摄取系数增大，同时高湿度也会促进颗粒物的吸湿增长，从而促进
了乙二醛的液面摄取过程，导致了经乙二醛液相反应生成的 SOA 的浓度增加。如
图 1.31 所示，污染时段中地化所站点乙二醛通过液相反应生成的 SOA（G-SOA）
在总 SOA 的占比从清洁时段下的 7% 明显上升至 17%，与此对应，污染时段的
PM$_{2.5}$浓度（88 μg m^{-3}）明显高于清洁时段的浓度（60 μg m^{-3}）；而 S/IVOCs 气相
氧化生成的 SOA（SI-SOA）占比则从清洁时段下的 49% 明显下降至 41%，但 SI-
SOA 仍然在总 SOA 中占主导地位，说明 SOA 污染的关键生成途径为 S/IVOCs
的气相氧化过程，同时乙二醛的液相反应过程在污染过程中也发挥着较为明显的
作用。

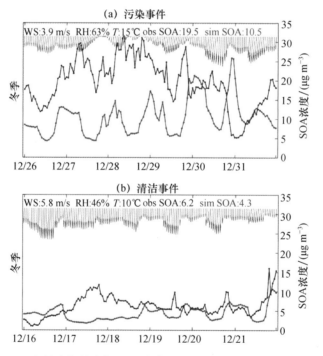

图 1.30　广州地化所站点(a)污染事件及(b)清洁事件期间 SOA 观测、
模拟浓度时间变化和气象要素模拟结果

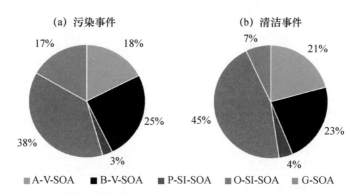

图 1.31　广州地化所站点(a)污染事件及(b)清洁事件期间不同 SOA 组分占比情况

1.4.8　本项目资助发表论文(按时间倒序)

(1) Wu L Q, Ling Z H, Shao M, et al. Roles of semivolatile/intermediate-volatility organic compounds on SOA formation over China during a pollution episode: Sensitivity analysis and implications for future studies. Journal of Geophysical Research: Atmospheres, 2021, 126: e2020JD033999.

(2) Zhang Q, Jia S G, Yang L M, et al. New particle formation (NPF) events in China urban clusters given by sever composite pollution background. Chemosphere, 2021, 262: 127842.

(3) Wu L Q, Ling Z H, Liu H, et al. A gridded emission inventory of semi-volatile and inter-mediate volatility organic compounds in China. Science of the Total Environment, 2020, 761: 143295.

(4) Jia S G, Zhang Q, Sarkar S, et al. Size-segregated deposition of atmospheric elemental car-bon (EC) in the human respiratory system: A case study of the Pearl River Delta, China. Science of the Total Environment, 2020, 708: 134932.

(5) Pang J M, Wang X M, Shao M, et al. Aerosol optical depth assimilation for a modal aerosol model: Implementation and application in AOD forecasts over East Asia. Science of the To-tal Environment, 2020, 719: 137430.

(6) Ling Z H, Xie Q Q, Shao M, et al. Formation and sink of glyoxal and methylglyoxal in a polluted subtropical environment: Observation-based photochemical analysis and impact e-valuation. Atmospheric Chemistry and Physics, 2020, 20 (19): 11451-11467.

(7) Yan F H, Chen W H, Jia S G, et al. Stabilization for the secondary species contribution to $PM_{2.5}$ in the Pearl River Delta (PRD) over the past decade, China: A meta-analysis. At-mospheric Environment, 2020, 242: 117817.

(8) Jia S G, Chen W H, Zhang Q, et al. A quantitative analysis of the driving factors affecting seasonal variation of aerosol pH in Guangzhou, China. Science of the Total Environment,

2020，725：138228.

（9）Zheng L M，Chen W H，Jia S G，et al. Temporal and spatial patterns of nitrogen wet depo-sition in different weather types in the Pearl River Delta (PRD)，China. Science of the Total Environment，2020，740：139936.

（10）Wu L L，Chang M，Wang X M，et al. Development of the Real-time On-road Emission (ROE v1.0) model for street-scale air quality modeling based on dynamic traffic big data. Geoscientific Model Development，2020，13 (1)：23-40.

（11）Zhou S Z，Wu L L，Guo J C，et al. Measurement report：Vertical distribution of atmos-pheric particulate matter within the urban boundary layer in southern China—Size-segrega-ted chemical composition and secondary formation through cloud processing and heterogene-ous reactions. Atmospheric Chemistry and Physics，2020，20 (11)：6435-6453.

（12）Huang W W，Zhao Q Y，Liu Q，et al. Assessment of atmospheric photochemical reactivity in the Yangtze River Delta using a photochemical box model. Atmospheric Research，2020，245：105088.

（13）Chen G W，Yang X，Yang H Y，et al. The influence of aspect ratios and solar heating on flow and ventilation in 2D street canyons by scaled outdoor experiments. Building and Envi-ronment，2020，185：107159.

（14）Zhang Y，Yang X，Yang H Y，et al. Numerical investigations of reactive pollutant disper-sion and personal exposure in 3D urban-like models. Building and Environment，2020，169：106569.

（15）Chen G W，Wang D Y，Wang Q，et al. Scaled outdoor experimental studies of urban ther-mal environment in street canyon models with various aspect ratios and thermal storage. Science of the Total Environment，2020，726：138147.

（16）Zhang K E，Chen G W，Zhang Y，et al. Integrated impacts of turbulent mixing and NO_x-O_3 photochemistry on reactive pollutant dispersion and intake fraction in shallow and deep street canyons. Science of the Total Environment，2020，712：135553.

（17）Zhang Y，Ou C Y，Chen L，et al. Numerical studies of passive and reactive pollutant dis-persion in high-density urban models with various building densities and height variations. Building and Environment，2020，177：106916.

（18）Wu L Q，Wang X M，Lu S H，et al. Emission inventory of semi-volatile and intermediate-volatility organic compounds and their effects on secondary organic aerosol over the Pearl River Delta region. Atmospheric Chemistry and Physics，2019，19 (12)：8141-8161.

（19）Zhang Q，Sarkar S，Wang X M，et al. Evaluation of factors influencing secondary organic carbon (SOC) estimation by CO and EC tracer methods. Science of the Total Environment，2019，686：915-930.

（20）Dai J N，Wang X M，Dai W，et al. The impact of inhomogeneous urban canopy parameters on meteorological conditions and implication for air quality in the Pearl River Delta region.

Urban Climate，2019，29：UNSP 100494.

（21）Ling Z H，He Z R，Wang Z，et al. Sources of methacrolein and methyl vinyl ketone and their contributions to methylglyoxal and formaldehyde at a receptor site in Pearl River Delta. Journal of Environmental Sciences，2019，79：1-10.

（22）Chen X，Situ S P，Zhang Q，et al. The synergetic control of NO_2 and O_3 concentrations in a manufacturing city of southern China. Atmospheric Environment，2019，201：402-416.

（23）He Z R，Wang X M，Ling Z H，et al. Contributions of different anthropogenic volatile organic compound sources to ozone formation at a receptor site in the Pearl River Delta region and its policy implications. Atmospheric Chemistry and Physics，2019，19（13）：8801-8816.

（24）Wu R S，Song X M，Chen D H，et al. Health benefit of air quality improvement in Guangzhou，China：Results from a long time-series analysis（2006—2016）. Environment International，2019，126：552-559.

（25）Chen L，Gao Y，Zhang M G，et al. MICS-Asia Ⅲ：Multi-model comparison and evaluation of aerosol over East Asia. Atmospheric Chemistry and Physics，2019，19（18）：11911-11937.

（26）Shen C，Chen X Y，Dai W，et al. Impacts of high-resolution urban canopy parameters within the WRF model on dynamical and thermal fields over Guangzhou，China. Journal of Applied Meteorology and Climatology，2019，58（5）：1155-1176.

（27）Huang G C，Liu Y，Shao M，et al. Potentially important contribution of gas-phase oxidation of naphthalene and methylnaphthalene to secondary organic aerosol during haze events in Beijing. Environmental Science & Technology，2019，53（3）：1235-1244.

（28）Pang J M，Liu Z Q，Wang X M，et al. Assimilating AOD retrievals from GOCI and VIIRS to forecast surface $PM_{2.5}$ episodes over Eastern China. Atmospheric Environment，2018，179：288-304.

（29）Chen W H，Guenther A B，Wang X M，et al. Regional to global biogenic isoprene emission responses to changes in vegetation from 2000 to 2015. Journal of Geophysical Research：Atmospheres，2018，123（7）：3757-3771.

（30）Wu R S，Zhong L J，Huang X L，et al. Temporal variations in ambient particulate matter reduction associated short-term mortality risks in Guangzhou，China：A time-series analysis（2006—2016）. Science of the Total Environment，2018，645：491-498.

（31）Jia S G，Wang X M，Zhang Q，et al. Technical note：Comparison and interconversion of pH based on different standard states for aerosol acidity characterization. Atmospheric Chemistry and Physics，2018，18（15）：11125-11133.

（32）Liu J W，Ding P，Zong Z，et al. Evidence of rural and suburban sources of urban haze formation in China：A case study from the Pearl River Delta region. Journal of Geophysical Research：Atmospheres，2018，123（9）：4712-4726.

（33）Yuan J，Ling Z H，Wang Z，et al. PAN-precursor relationship and process analysis of PAN variations in the Pearl River Delta region. Atmosphere，2018，9（10）：372.

（34）Ching J，Mills G，Bechtel B，et al. WUDAPT an urban weather，climate，and environmental modeling infrastructure for the Anthropocene. Bulletin of the American Meteorological Society，2018，99（9）：1907-1928.

（35）Zhang Q，Chang M，Zhou S Z，et al. Evaluate dry deposition velocity of the nitrogen oxides using Noah-MP physics ensemble simulations for the Dinghushan Forest，southern China. Asia-Pacific Journal of Atmospheric Sciences，2017，53（4）：519-536.

参 考 文 献

[1] Hu M，Guo S，Peng J，et al. Insight into the characteristics and sources of $PM_{2.5}$ in the Beijing-Tianjin-Hebei region，China. National Science Review，2015,2(3):257-258.

[2] 朱彤，尚静，赵德峰. 大气复合污染及灰霾形成中非均相化学过程的作用. 中国科学：化学，2010,40(12):1731-1740.

[3] Liu Y，Wang T. Worsening urban ozone pollution in China from 2013 to 2017—Part 1：The complex and varying roles of meteorology. Atmospheric Chemistry and Physics，2020,20(11):6305-6321.

[4] Zhai S，Jacob D J，Wang X，et al. Fine particulate matter（$PM_{2.5}$）trends in China，2013—2018：Separating contributions from anthropogenic emissions and meteorology. Atmospheric Chemistry and Physics，2019,19(16):11031-11041.

[5] 楚碧武，马庆鑫，段凤魁，等. 大气"霾化学"：概念提出和研究展望. 化学进展，2020,32(1):1-4.

[6] Fu J L，Li M，Zhang P，et al. Investigation of the sources and seasonal variations of secondary organic aerosols in $PM_{2.5}$ in Shanghai with organic tracers. Atmospheric Environment，2013,79:614-622.

[7] 郑玫，张延君，闫才青，等. 中国 $PM_{2.5}$ 来源解析方法综述. 北京大学学报（自然科学版），2014,50(06):1141-1154.

[8] Guo S，Hu M，Zamora M L，et al. Elucidating severe urban haze formation in China. Proceedings of the National Academy of Sciences of the United States of America，2014,111(49):17373-17378.

[9] Zhang Q，Jimenez J，Canagaratna M，et al. Ubiquity and dominance of oxygenated species in organic aerosols in anthropogenically-influenced Northern Hemisphere midlatitudes. Geophysical Research Letters，2007,34(13):L13801.

[10] Zhang M，Chen J M，Chen X Y，et al. Urban aerosol characteristics during the World Expo 2010 in Shanghai. Aerosol & Air Quality Research，2013,13(1):36-48.

[11] Guo S, Hu M, Guo Q, et al. Primary sources and secondary formation of organic aerosols in Beijing, China. Environmental Science & Technology, 2012,46(18):9846-9853.

[12] Carlton A G, Wiedinmyer C, Kroll J H. A review of secondary organic aerosol (SOA) formation from isoprene. Atmospheric Chemistry and Physics, 2009,9(173):4987-5005.

[13] Ge M, Wu L, Tong S, et al. Heterogeneous chemistry of trace atmospheric gases on atmospheric aerosols:An overview. Science Foundation in China, 2015, 23(03): 62-80.

[14] 陈文泰, 邵敏, 袁斌, 等. 大气中挥发性有机物（VOCs）对二次有机气溶胶（SOA）生成贡献的参数化估算. 环境科学学报, 2013,33(01):163-172.

[15] Zhang X, Seinfeld J H. A functional group oxidation model（FGOM）for SOA formation and aging. Atmospheric Chemistry and Physics, 2013,13(12):5907-5926.

[16] Allen L R, Neil M D, Manish K S, et al. Rethinking organic aerosols:Semivolatile emissions and photochemical aging. Science, 2007,315(5816):1259-1262.

[17] Chan A W H, Kautzman K E, Chhabra P S, et al. Secondary organic aerosol formation from photooxidation of naphthalene and alkylnaphthalenes:Implications for oxidation of intermediate volatility organic compounds（IVOCs）. Atmospheric Chemistry and Physics, 2009,9(9):3049-3060.

[18] Yuan B, Hu W W, Shao M, et al. VOC emissions, evolutions and contributions to SOA formation at a receptor site in eastern China. Atmospheric Chemistry and Physics, 2013,13 (17):8815-8832.

[19] 郭松, 胡敏, 尚冬杰, 等. 基于外场观测的大气二次有机气溶胶研究. 化学学报, 2014,72 (02):145-157.

[20] James J S, Wolfgang F R, Lynn M H, et al. Source apportionment of airborne particulate matter using organic compounds as tracers. Atmospheric Environment, 1996, 30(22): 3837-3855.

[21] Schauer J J, Kleeman M J, Cass G R, et al. Measurement of emissions from air pollution sources. 2. C_1 through C_{30} organic compounds from medium duty diesel trucks. Environmental Science & Technology, 1999,33(10):1578-1587.

[22] Schauer J J, Kleeman M J, Cass G R, et al. Measurement of emissions from air pollution sources. 3. C_1-C_{29} organic compounds from fireplace combustion of wood. Environmental Science & Technology, 2001,35(9):1716-1728.

[23] Schauer J J, Kleeman M J, Cass G R, et al. Measurement of emissions from air pollution sources. 4. C_1-C_{27} organic compounds from cooking with seed oils. Environmental Science & Technology, 2002,36(4):567-575.

[24] Schauer J J, Kleeman M J, Cass G R, et al. Measurement of emissions from air pollution sources. 1. C_1 through C_{29} organic compounds from meat charbroiling. Environmental Science & Technology, 1999,33(10):1566-1577.

[25] Schauer J J, Kleeman M J, Cass G R, et al. Measurement of emissions from air pollution

sources. 5. C_1-C_{32} organic compounds from gasoline-powered motor vehicles. Environmental Science & Technology, 2002,36(6):1169-1180.

[26] Reddy L N Y, Joel A T. Particulate organic matter detection using a micro-orifice volatilization impactor coupled to a chemical ionization mass spectrometer (MOVI-CIMS). Aerosol Science and Technology, 2010,44(1): 61-74.

[27] Lopez-Hilfiker F D, Mohr C, Ehn M, et al. A novel method for online analysis of gas and particle composition: Description and evaluation of a filter inlet for gases and AEROsols (FIGAERO). Atmospheric Measurement Techniques, 2014,7(4):983-1001.

[28] Isaacman G, Kreisberg N M, Yee L D, et al. Online derivatization for hourly measurements of gas- and particle-phase semi-volatile oxygenated organic compounds by thermal desorption aerosol gas chromatography (SV-TAG). Atmospheric Measurement Techniques, 2014,7(12):4417-4429.

[29] Johnson D, Utembe S R, Jenkin M E, et al. Simulating regional scale secondary organic aerosol formation during the TORCH 2003 campaign in the southern UK. Atmospheric Chemistry and Physics, 2006,6(2):403-418.

[30] Han Z, Xie Z, Wang G, et al. Modeling organic aerosols over east China using a volatility basis-set approach with an aging mechanism in a regional air quality model. Atmospheric Environment, 2016,124:186-198.

[31] Lin J, An J, Qu Y, et al. Local and distant source contributions to secondary organic aerosol in the Beijing urban area in summer. Atmospheric Environment, 2016,124:176-185.

[32] Shrivastava M, Fast J, Easter R, et al. Modeling organic aerosols in a megacity: Comparison of simple and complex representations of the volatility basis set approach. Atmospheric Chemistry and Physics, 2011,11(13):6639-6662.

[33] Tsimpidi A P, Karydis V A, Zavala M, et al. Evaluation of the volatility basis-set approach for the simulation of organic aerosol formation in the Mexico City metropolitan area. Atmospheric Chemistry and Physics, 2010,10(2):525-546.

[34] Pye H O T, Seinfeld J H. A global perspective on aerosol from low-volatility organic compounds. Atmospheric Chemistry and Physics, 2010,10(9):4377-4401.

[35] Zhao Y, Hennigan C J, May A A, et al. Intermediate-volatility organic compounds: A large source of secondary organic aerosol. Environmental Science and Technology, 2014,48(23):13743-13750.

[36] Zhao Y, Nguyen N T, Presto A A, et al. Intermediate volatility organic compound emissions from on-road gasoline vehicles and small off-road gasoline engines. Environmental Science and Technology, 2016,50(8):4554-4563.

[37] Zhao Y, Nguyen N T, Presto A A, et al. Intermediate volatility organic compound emissions from on-road diesel vehicles: Chemical composition, emission factors, and estimated secondary organic aerosol production. Environmental Science and Technology, 2015,49

(19):11516-11526.

[38] Chen C L, Kacarab M, Tang P, et al. SOA formation from naphthalene, 1-methylnaphtha-lene, and 2-methylnaphthalene photooxidation. Atmospheric Environment, 2016, 131: 424-433.

[39] Loza C L, Craven J S, Yee L D, et al. Secondary organic aerosol yields of 12-carbon alkanes. Atmospheric Chemistry and Physics, 2014, 14(3): 1423-1439.

[40] Keyte I J, Harrison R M, Lammel G. Chemical reactivity and long-range transport potential of polycyclic aromatic hydrocarbons—A review. Chemical Society Reviews, 2013, 42: 9333-9391.

[41] Riva M, Healy R M, Flaud P M, et al. Gas- and particle-phase products from the chlorine-initiated oxidation of polycyclic aromatic hydrocarbons. Journal of Physical Chemistry A, 2015, 119(45): 11170-11181.

[42] Riva M, Healy R M, Flaud P M, et al. Kinetics of the gas-phase reactions of chlorine at-oms with naphthalene, acenaphthene, and acenaphthylene. Journal of Physical Chemistry A, 2014, 118(20): 3535-3540.

[43] Riva M, Healy R M, Tomaz S, et al. Gas and particulate phase products from the ozonoly-sis of acenaphthylene. Atmospheric Environment, 2016, 142: 104-113.

[44] Wang D, Hildebrandt R L. Chlorine-initiated oxidation of n-alkanes under high NO_x condi-tions: Insights into secondary organic aerosol composition and volatility using a FIGAERO-CIMS. Atmospheric Chemistry and Physics Discussions, 2018: 1-26.

[45] 张阳. 多环芳烃与臭氧、NO_3 自由基的大气化学反应研究. 中国科学院研究生院, 中国科学院大学, 2011.

[46] Gross S, Bertram A K. Reactive uptake of NO_3, N_2O_5, NO_2, HNO_3, and O_3 on three types of polycyclic aromatic hydrocarbon surfaces. Journal of Physical Chemistry A, 2008, 112(14): 3104-3113.

[47] 赵楠. 典型多环芳烃经大气反应生成氧化多环芳烃和硝基多环芳烃机理的理论研究. 山东大学, 2017.

[48] Ervens B, Turpin B J, Weber R J. Secondary organic aerosol formation in cloud droplets and aqueous particles (aqSOA): A review of laboratory, field and model studies. Atmos-pheric Chemistry and Physics, 2011, 11: 11069-11102.

[49] Lim Y B, Tan Y, Perri M J, et al. Aqueous chemistry and its role in secondary organic aerosol (SOA) formation. Atmospheric Chemistry and Physics, 2010, 10(21): 10521-10539.

[50] Knote C, Hodzic A, Jimenez J L, et al. Simulation of semi-explicit mechanisms of SOA formation from glyoxal in aerosol in a 3D model. Atmospheric Chemistry and Physics, 2014, 14(12): 6213-6239.

[51] Yang Q, Yuan Q, Li T, et al. The relationships between $PM_{2.5}$ and meteorological factors in China: Seasonal and regional variations. International Journal of Environmental Research and Public Health, 2017, 14(12): 1510.

[52] Zhang Y L，Cao F. Fine particulate matter（PM$_{2.5}$）in China at a city level. Scientific Reports，2015，5：1.

[53] Guo J，Zhou S，Cai M，et al. Characterization of submicron particles by time-of-flight aerosol chemical speciation monitor（ToF-ACSM）during wintertime：Aerosol composition，sources and chemical processes in Guangzhou，China. Atmospheric Chemistry and Physics，2020：1-44.

第 2 章　中国典型城市大气新粒子化学组成及形成机制研究

王琳[1],郑军[2],姚磊[1],陆轶群[1],刘益良[1],王宇炜[1],李闯[1]

[1]复旦大学,[2]南京信息工程大学

大气成核与新粒子生成事件指大气中部分痕量气体在随机碰撞中形成分子簇、历经相变过程、最终形成纳米颗粒物的过程,是全球尺度上大气颗粒物数浓度的主要来源。

本章在上海、北京、河北保定市望都县,以及江苏南京等地开展了大气成核和新粒子生成事件的综合观测:开展了大气颗粒物数谱的高时间分辨率测量、大气新粒子生成事件中关键中性和荷电分子簇的高时间分辨率在线测量,以及成核关键前体物气体硫酸、氨气、有机胺、高氧化度有机分子(HOMs)的在线测量。本研究首次发现并证实了硫酸-二甲胺-水三元成核机制可以用于解释我国典型城市大气中的大气新粒子生成事件,并发现了三氟乙酸能够促进大气硫酸-二甲胺-水成核的速率;实现了大气1~3 nm颗粒物数谱的测量;发展了关键大气成核前体物气体硫酸、氨气和有机胺的化学电离质谱定量化方法,以及没有标准物的高氧化度有机分子的化学电离质谱半定量化方法;发展了大气新粒子生成事件中关键中性和荷电分子簇的分子水平、半定量在线测量方法;测量了羟基引发的三甲基苯氧化反应生成的高氧化度有机分子产物的分布,初步阐明了1,2,4-三甲基苯大气氧化中的自氧化反应路径。

本研究成果有望普遍解释高污染城市大气中的大气新粒子生成事件,并应用于全球气候模式,为我国的大气颗粒物污染尤其是大气颗粒物的二次形成提供潜在的防治措施。

2.1　研究背景

人类赖以生存的大气中除了气体组分,还广泛存在着固态或液态的气溶胶颗粒物。大气气溶胶颗粒物不仅能够通过反射、散射和吸收太阳辐射而对全球气候产生直接效应，而且可以通过形成云凝结核和冰核，影响云的反照率和生命周期等性质，对全球气候产生间接效应[1-3]。近年来流行病学和公共健康研究表明，颗粒物对人类健康有着显著负面影响，颗粒物污染是心血管疾病和呼吸系统疾病的重要诱因[4-6]。

大气气溶胶颗粒物来源广泛，包括各种自然源和人为源直接排放的一次气溶胶以及传统上所认为的气粒转化过程所产生的二次气溶胶。大气中部分气体分子可以通过成核过程形成分子簇和纳米颗粒物，如果这些分子簇和纳米颗粒物不与已存在颗粒物碰并而损失，则可以继续生长形成新的大气颗粒物，这种现象通常被称为大气新粒子生成事件，是一种重要的二次气溶胶形成途径[7]。此外，模型研究表明，大气新粒子生成对全球大气颗粒物数浓度的平均贡献远远高于一次排放，大气新粒子生成事件贡献了大气边界层内 5%～50% 的云凝结核[7,8]。

我国目前面临着严重的空气污染问题[9]，以气溶胶颗粒物为主要污染物的区域性甚至涉及整个东部地区的灰霾污染事件时有发生[10]。研究表明，北京地区的大气颗粒物高污染可能源自空气洁净时期的大气新粒子生成事件：在大气新粒子生成事件中较高数浓度的纳米颗粒物得以生成，并在接下来的几天时间尺度内，其粒径得以连续生长，最终形成大气颗粒物污染乃至灰霾事件[11]。尽管这一结论的广泛性和准确性有待进一步研究证实，但一个显而易见的事实是，大气新粒子生成事件在我国多个地区被观察到，对我国各个地区的大气颗粒物数浓度均有着显著贡献[12-24]。

大气成核与新粒子生成机理不仅是大气科学重要前沿基础和挑战性科学问题，而且与大气复合污染形成机理紧密联系，其解决是我国社会、经济发展的重大战略需求。在我国大气复合污染的背景下，大气新粒子生成这一领域仍然存在一系列亟待解决的科学问题：我国大气复合污染背景下大气新粒子生成事件中前体物和重要分子簇的化学身份有待揭示；特定大气环境下大气新粒子生成和生长的具体机制仍有待阐明；对大气新粒子生成和生长事件中关键气态前体物来源的认知有待进一步深入。因此，开展实验室模拟和外场观测相结合的综合研究、提升对我国典型城市大气新粒子生成事件机制的科学认识十分必要。

2.1.1 大气新粒子生成

大气新粒子生成事件的最直观体现为成核模态的颗粒物数浓度的急剧增加，并且这些成核模态的纳米颗粒物粒径会持续生长至爱根模态[25]。大气新粒子生成事件通常包括两个关键阶段：首先是气态前体物克服能量势垒形成临界分子簇的成核过程；随后是临界分子簇自发生长成为纳米尺寸颗粒物的生长过程[26]。

大气成核过程中分子之间通过随机碰撞和分子间作用力形成分子簇。这个过程中系统的熵和熔都是减少的,因此气态前体物只有克服自由能能垒才能转变为新的颗粒相。成核的另一个限制因素是开尔文效应(Kelvin 效应),这要求参与成核的物种必须具有较低的饱和蒸气压。大量的实验室研究和外场观测表明硫酸分子在典型大气环境下具有极低的饱和蒸气压,是成核的关键气态前体物[27,28]。

基于硫酸分子在成核过程中的关键作用,以气态硫酸和水分子为前体物的硫酸-水二元均相成核机制被建立。然而,该理论主要适用于低温、高湿、大气中已存在颗粒物浓度较低、气态硫酸分子浓度较高的特定环境下[29],很多其他大气环境中硫酸-水的理论成核速率不能解释所观测的实际成核速率。随着研究的深入,包括三元成核、碘化物成核,以及离子诱导成核等理论被发展起来,以解释大气中所观测到的成核现象。

三元成核机制指气态硫酸分子、水分子,以及第三分子共同参与的成核机制。研究表明硫酸-水-氨气三元成核速率高于硫酸-水二元成核,然而具体的促进倍数存在着争议;当氨气浓度在 ppb(parts per billion,10^{-9})数量级以上,硫酸-水-氨气三元成核相对硫酸-水二元成核具有明显促进,当氨气浓度在 ppb 数量级以下,则促进不明显;总体而言,实验室模拟测试所获得的硫酸-水-氨气三元成核速率还是不能很好地解释外场观测结果[30-32]。由于大气中有机胺分子的碱性强于氨气分子,有机胺分子被认为更容易与硫酸分子发生分子间作用,因此硫酸-水-有机胺三元成核理论被提出;实验室和外场观测研究随后证实了硫酸-有机胺分子簇的存在,并发现等同浓度的有机胺对大气成核的促进高于氨气[33,34];但是在远离有机胺排放源的真实大气中有机胺对成核的促进也具有相当的不确定性[35]。此外,实验室研究表明芳香酸和蒎酮酸可以促进硫酸-水[36,37]或者硫酸-有机胺-水体系[38,39]的成核速率,但有机酸在真实大气下大气新粒子生成中的作用有待更多的外场观测数据揭示。

碘化物成核被认为是近海地区大气成核的一种可能解释;观测表明,近海地区的大气新粒子生成事件通常发生在阳光充足、含碘物质浓度高的退潮时期[40]。离子诱导成核机制则被用于解释在平流层底部和对流层顶部的大气成核过程[41];该理论认为,离子可以作为核化催化剂,帮助硫酸-水体系克服核化能垒,使成核速率大大增加[42]。实验室研究表明离子诱导成核与中性成核的相对重要性与不同环境下成核总速率有紧密的联系[43],然而有模式研究表明离子诱导成核在对流层底部、中部,以及顶部都相对重要于硫酸-水二元成核[44],实验室研究和模式研究之间的差异为准确理解离子诱导成核带来了很大的不确定性。

近年来,研究表明大气中的高氧化度有机分子直接参与了大气成核过程。欧盟科学家主导的 CLOUD(cosmics leaving outdoor droplets)系列实验表明,实验室内硫酸-水-单萜烯的氧化产物成核体系所获得的质谱图谱与芬兰 Hyytiälä 北方森林地区大气成核时所测得的质谱图谱相似性极高,表明由单萜烯氧化生成的高氧化度分子是当地大气成核的关键第三分子[45];同时,实验室内所获得的成核速率也能较好地解释外场观测,包括此机制的全球模型所预测的全球气溶胶颗粒物数浓度与实测结果吻合较好[43]。

2.1.2　新生粒子的生长

成核过程所生成的分子簇和纳米颗粒物能够通过气体硫酸分子和低挥发性有机化合物的凝结、颗粒物之间的碰并过程,以及新生粒子表面的非均相反应等机制继续生长[46],这些生长机制所导致的分子簇和纳米颗粒物的生长速率与分子簇和纳米颗粒物与背景粒子碰并而损失速率的比值决定了大气新粒子生成事件能否被观测到。

凝结生长是最被普遍接受的纳米颗粒物生长机制。由于 Kelvin 效应,能够在纳米颗粒物表面凝结的气态分子必须具有极低的饱和蒸气压[46]。硫酸分子首先被认定为对纳米颗粒物生长具有贡献的气态分子,然而大量有关纳米颗粒物生长速率和气态硫酸浓度的研究表明,大气中的气态硫酸浓度不足以解释观测到的纳米颗粒物生长速率[16,22,47,48]。

成核模态颗粒物之间的内部碰并和成核模态颗粒物与已存在的背景颗粒物的外部碰并同样对颗粒物的生长有贡献。对比理论生长速率与观测结果发现,硫酸的凝结导致的生长和纳米颗粒物的碰并生长仍然不足以解释亚特兰大[47]和北京[16]实际大气新粒子生成事件中颗粒物的生长速率。因此,一个可能的解释是除硫酸以外的其他低挥发性物质(例如高氧化度有机分子)在颗粒物表面的凝结也贡献了颗粒物的生长。

颗粒物生长不仅能通过低挥发性有机物在其表面直接凝结,也能通过非均相反应发生。非均相反应对颗粒物生长的贡献通常由反应形成的颗粒相产物的挥发性决定,这种机制可能是由于非均相反应克服了 Kelvin 效应,从而促进了颗粒物的生长[46]。实验室研究表明,非均相酸碱中和反应、醛醇反应、多聚体形成反应均可以通过在颗粒相生成极低挥发性产物,促进纳米颗粒物的生长[49]。

2.1.3　国内外最新进展

有关大气新粒子生成和生长的研究进展通常建立在外场观测、实验室模拟,以及理论预测的综合研究中。目前,国外学者在这一领域处于领先地位:国外学者在沿海、南北极、森林等洁净大气地区,半农村低污染地区,以及高污染城市地区等多种复杂环境下开展了有关大气新粒子生成研究的外场观测工作[25,50],取得了大量的一手数据和资料。此外,国外学者在实验室模拟方面也有所进展,以 CLOUD 系列实验最为著名,该平台取得了一系列重大科学成果,包括硫酸-水-氨气三元成核[32]、硫酸-水-有机胺三元成核[35,51]、硫酸-水-大气高氧化度分子成核[43,45]、离子诱导成核[32],以及纯生物源前体物成核[52]等机制的实验室模拟。

我国学者在大气新粒子生成这一领域开展了长期和深入的工作[24,53]。例如,北京大学胡敏教授课题组在北京[12,14,16]和珠三角地区[13,15,20]进行了大量的观测工作,对气溶胶颗粒物的粒径谱测量、新粒子生成频次、硫酸与有机物对新粒子生长的贡献、源与汇等多个方面进行了综合性研究。清华大学蒋靖坤教授课题组通过在北京进行的气溶胶颗粒物的粒径谱和新粒子主要前体物测量[54-56],证实了季节变化[57]、背景气溶胶[58]会影响我国北方城市大气环境中新粒子生成和生长过程。南京大学丁爱军教授课题组在长三角的南京郊区 SORPES-NJU 站点展开了新粒子生成事件的观测研究,发现长三角地区的高污染环境为硫酸提供了 SO_2 源和颗粒物汇,使得新粒子生成的决定因素为太阳辐射和湿度,这更加说明了不同地区存在着不同的成核机制;同时运用 MALTE-BOX 模型结合区域空气质量模型 WRF-Chem 模拟了南京郊区 SORPES-NJU 站点和芬兰南部森林的 SMEAR Ⅱ 站点两类截然不同环境中的高氧化度有机分子浓度和新粒子生成事件,研究了 HOMs 在新粒子生成和增长中的作用[59,60]。本章也将重点介绍本章作者(复旦大学王琳教授)在 1～3 nm 颗粒物的粒径谱和大气真实成核速率 J_1 的测量基础上[22],发现硫酸-二甲胺-水三元成核机制可以解释我国典型城市大气新粒子生成的化学机制[61];本章另一主要参与作者(南京信息工程大学郑军教授)则较早在国内实现了利用化学电离质谱技术测量实际大气中的大气成核气态前体物硫酸[62]、氨气[63]和有机胺[63]。

2.2　研究目标与研究内容

大气新粒子生成和生长事件是一种重要的二次气溶胶形成途径,对全球大气颗粒物的数浓度具有显著贡献。本章针对大气新粒子生成和生长研究的瓶颈,发展大气新粒子生成事件中前体物和关键分子簇的在线定量化和半定量化测量方法,改进大气 1～3 nm 颗粒物分粒径段数浓度的测量方法,开展有关我国典型城市大气新粒子生成和生长事件的化学机制研究,揭示我国典型城市大气高氧化度有机分子的大气化学形成机制。

2.2.1 研究目标

（1）理解我国典型城市大气环境中，从气态前体物到其反应产物，再到分子簇和纳米颗粒物生成的大气成核和新粒子生成的大气化学过程，识别大气新粒子生成和生长事件中关键前体物的化学身份，阐明大气新粒子的形成机制。

（2）基于化学电离质谱技术，形成大气新粒子生成事件中前体物和关键分子簇的在线定量化和半定量化测量方法；基于二次冷凝生长技术，获得大气 $1\sim3$ nm 颗粒物分粒径段数浓度的测量能力。

（3）揭示我国典型城市大气中高氧化度有机分子的化学身份、前体物，以及大气化学形成机制。

2.2.2 研究内容

本项目研究我国典型城市大气成核和新粒子生成的机制：开展我国典型城市大气新粒子生成和生长事件的综合观测，利用多台先进观测设备的互补数据开展综合分析，研讨观测期间大气新粒子生成和生长的化学机制。确认大气新粒子生成的关键前体物和中间物种，发展这些关键前体物和中间物种的定量化或半定量化的质谱分析方法。研究这些大气新粒子生成和生长事件关键前体物的大气化学形成机制，确定其大气来源。

1. 大气成核和新粒子生成事件的综合观测

选取我国典型城市，包括北京、上海，以及南京等地区，开展大气新粒子生成和生长事件的综合观测。

综合观测包括大气新粒子生成事件关键气态前体物的测量：应用水合氢质子化学电离-飞行时间质谱技术测量挥发性有机化合物、氨气和有机胺的浓度；应用质子化乙醇化学电离-飞行时间质谱技术测量有机胺等含氮化合物的种类，并对有机胺进行定量分析；应用硝酸根化学电离-飞行时间质谱技术测定气态硫酸以及高氧化度有机分子的浓度。

综合观测包括成核过程中分子簇的测量：应用大气常压界面飞行时间质谱技术测量大气中的自然荷电正负离子的种类和数量；应用硝酸根化学电离-飞行时间质谱技术识别中性分子簇的种类，发展部分中性分子簇的定量化或半定量化方法。

综合观测包括大气新粒子生成过程中纳米颗粒物的粒径分布浓度的测量：应用纳米颗粒物粒径放大仪测量 $1\sim3$ nm 颗粒物的粒径分布浓度；应用两台扫描电迁移率粒径谱仪测量 $3\sim700$ nm 颗粒物的粒径分布浓度；应用中性团簇和空气离子谱仪测量大气中自然荷电离子的电迁移率分布和 $0.8\sim40$ nm 区间的中性团簇

和颗粒物的粒径分布。

对综合观测中多台设备的互补数据进行综合分析,获取大气新粒子生成速率和生长速率;对比大气新粒子生成和不生成时段的数据,根据关键分子簇的化学组分和新粒子生成速率判别除气体硫酸以外的关键前体物;计算不同物种对新粒子生长的贡献;判断大气新粒子生成事件的机制,包括离子诱导成核机制的相对贡献,可能的三元成核机制的第三分子,以及新粒子的生长机制。

2. 关键前体物的定量化和半定量化方法

应用 N_2O 光解生成 NO_x 的反应标定光解系统,生成动态浓度范围与实际大气浓度接近的硫酸标气,开展大气中气体硫酸的定量化测量。利用酸碱溶液中和反应过程中 pH 的变化,开展大气碱性气体的定量化测量。

结合文献资料和前期观测(2015 年冬季上海观测)结果,发现我国典型城市地区大气新粒子生成和生长可能涉及未知前体物的高氧化度有机分子。通过本项目的综合观测,尤其是硝酸根化学电离-飞行时间质谱的高分辨率质谱数据(即精确相对分子质量)确认高氧化度有机分子的分子式。

利用全氟酸以及全氟酸形成的多聚体,并通过不同质荷比范围的离子传输效率比和全氟酸及其多聚体的信号,对质谱在不同质荷比范围内的离子传输效率进行表征,实现质谱测得高氧化度有机分子信号的定量化或者半定量化。

3. 大气成核的实验室流动管反应器模拟

应用流动管反应器,研究 OH 自由基引发的一系列人类活动排放源中的烷基取代苯系挥发性有机化合物的大气氧化反应,利用水合氢质子化学电离-飞行时间质谱测量前体物的反应程度,利用硝酸根化学电离-飞行时间质谱测得数据判定是否生成了与综合观测中一致的高氧化度有机分子。

改变反应条件,例如 NO_x 在内的前体物的浓度与比例,根据系统内过氧桥环自由基的反应产物,推断高氧化度有机分子的生成机制。

2.3　研究方案

本项目的研究方法和技术路线如图 2.1 所示。整个项目分为 3 个研究模块,分别为外场综合观测、关键物种的定量化和半定量化,以及实验室模拟。外场观测是基础,目的在于揭示我国真实大气环境中大气新粒子生成和生长的基本特征;关键物种的定量化和半定量化是桥梁,承接外场观测和实验室模拟,解释外场观测的结果,指导实验室模拟工作的开展;实验室模拟为检验和反馈,考察对外场观测数据的解释是否符合机制研究。

通过三者的有机结合，本项目意图获得我国典型城市大气特征下，从气态前体物到其反应产物，再到分子簇和纳米颗粒物的大气新粒子的化学组成和形成机制。

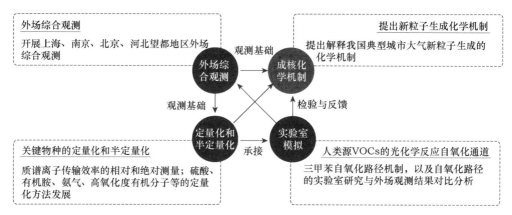

图 2.1　中国典型城市大气新粒子化学组成及形成机制研究技术路线图

2.4　主要进展与成果

2.4.1　大气新粒子生成事件中的前体物和关键分子簇的测量

1. 气体硫酸

本研究发展了基于硝酸根试剂离子-大气常压界面飞行时间质谱的大气硫酸分子在线测量方法，此方法通过硝酸根化学电离源实现待测中性硫酸分子的电离。其主要过程如以下反应式：

$$H_2SO_4 + (HNO_3)_m \cdot NO_3^- \longrightarrow (HNO_3)_n \cdot HSO_4^- + (m-n+1)HNO_3$$

$$(2.1)$$

其中 $m=0,1$ 或 2 且 $n=0,1$ 或 2，即硫酸分子发生化学电离后主要生成 HSO_4^- 离子、$HNO_3 \cdot HSO_4^-$ 离子团簇和少部分 $(HNO_3)_2 \cdot HSO_4^-$ 离子团簇。此外，大气中硫酸分子-碱性分子团簇也可以发生化学电离，生成产物绝大多数为荷电的硫酸二聚体 $H_2SO_4 \cdot HSO_4^-$ 团簇。基于上述化学电离过程，大气中气体硫酸浓度可通过如下公式计算：

$$[H_2SO_4] = \ln\left(1 + \frac{(HNO_3)_{0\sim2} \cdot HSO_4^-}{(HNO_3)_{0\sim2} \cdot NO_3^-}\right) \cdot C \qquad (2.2)$$

其中 $(HNO_3)_{0\sim2} \cdot HSO_4^-$、$(HNO_3)_{0\sim2} \cdot NO_3^-$ 分别代表相应离子或离子团簇的质谱信号强度，C 是硫酸标定系数。在化学电离过程中，试剂离子的数量一般远大于

被电离的硫酸及其团簇数量,根据泰勒展开公式可以简化为如下公式:

$$[H_2SO_4] = \frac{(HNO_3)_{0 \sim 2} \cdot HSO_4^-}{(HNO_3)_{0 \sim 2} \cdot NO_3^-} \cdot C \qquad (2.3)$$

由公式(2.3)可知,大气硫酸浓度$[H_2SO_4]$等于硫酸的归一化质谱信号乘以硫酸标定系数C,而硫酸标定系数C的数值可通过质谱标定实验确定。需要注意的是,上述公式仅考虑了硫酸单体的浓度。硫酸-碱性分子团簇浓度的计算使用相同的标定系数(假设和硫酸单体具有相同的电离效率和管路损失)。

气态硫酸分子的大气浓度范围通常在 $0.01 \sim 1$ pptv(parts per trillion by volume,10^{-12})左右,且没有商业化标气可使用,因此本研究通过光化学反应产生已知标定浓度的气态硫酸分子作为标气,此方法在前人的研究中已有报道[64]。如图 2.2 所示,将已知浓度的 N_2O 分子暴露在 185 nm 波长的紫外光下产生 NO_x(NO 和 NO_2)分子;通过 NO_x 的产率和该反应体系的光解反应动力学参数,计算获得该测量系统的光暴露信息。此后在相同的测量系统下,将水蒸气分子暴露在紫外光下产生 OH 自由基,继而与过量的气态 SO_2 分子发生一系列化学反应,最终生成已知标定浓度的气态硫酸分子。气态硫酸分子的浓度变化范围在 $0.4 \sim 8.0$ pptv 之间,可以直接应用于化学电离质谱的标定。

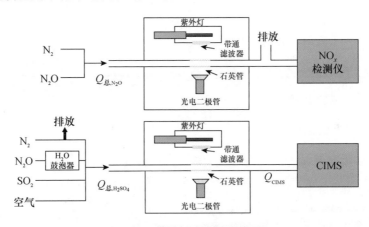

图 2.2　硫酸标定系统示意图

本研究中硫酸标定系数 C 通常为 3.79×10^9 分子 cm^{-3},该标定系数将被应用于后续外场观测中硝酸根试剂离子-大气常压界面飞行时间质谱对硫酸的定量测量。

2. 有机胺

有机胺是大气新粒子生成的重要前体物之一。本研究基于化学电离-飞行时间质谱技术,开发了以质子化乙醇作为反应试剂离子的测量方法,实现了大气有机胺的高时间分辨率、高选择性、高灵敏度和高精确度的在线测量。此化学电离方法的分子-离子反应如下：

$$(C_2H_5OH)_n \cdot H^+ + 胺 \rightarrow (C_2H_5OH)_j \cdot (胺) \cdot H^+ + (n-j)C_2H_5OH$$

$$(2.4)$$

其中，$n=1,2$ 或 3；$j=0$ 或 1。

飞行时间质谱仪的高质量分辨率（$R>3500$）有助于准确区分等同整数相对分子质量的有机胺和酰胺（图 2.3），避免了酰胺分子对有机胺测量的干扰。该方法对含有 $1\sim6$ 个碳原子的有机胺分子的检测限和测量灵敏度分别为 $0.10\sim0.50$ pptv 和 $5.6\sim19.4$ Hz $pptv^{-1}$。另外，大气湿度对有机胺的测量具有明显的影响，而大气中相关浓度的挥发性有机物的存在对有机胺的测量无影响。在为期一个月（2015 年 7 月 25 日至 8 月 25 日）的上海城市夏季大气观测中，$C_1\sim C_6$ 有机胺的平均浓度（$\pm\sigma$）分别为 15.7 ± 5.9 pptv、40.0 ± 14.3 pptv、1.1 ± 0.6 pptv、15.4 ± 7.9 pptv、3.4 ± 3.7 pptv 和 3.5 ± 2.2 pptv。

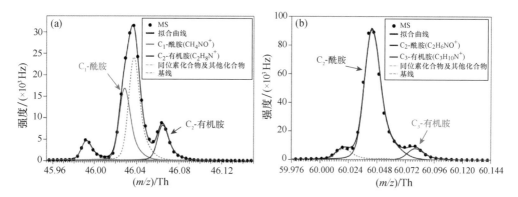

图 2.3　高分辨单峰拟合：(a) 质子化的 C_1-酰胺和 C_2-有机胺；(b) 质子化的 C_2-酰胺和 C_3-有机胺

同时，本研究发展了基于 Vocus® 型质子转移反应质谱仪的二甲胺测量方法。在出厂设置下，Vocus® 型质子转移反应质谱仪的离子通过窗口一般在 59 Th（m/z，质荷比）以上，低于这个值的离子通过效率会呈"S"形曲线逐渐下降。本研究改良了 Vocus® 型质子转移反应质谱仪的大分级四级杆（big segmented quadrupole）的射频频率和射频振幅值，获得一个适合低质荷比的离子测量窗口，从而使得质谱对于二甲胺的检测效率提高至 2.68 cps $pptv^{-1}$，检测限也得以降低至 pptv 级别。同时，二甲胺的浓度与其在 Vocus® 型质子转移反应质谱仪中的信号值很好地符合了常用有机标物在 Vocus® 型质子转移反应质谱仪标定中的线性关系，为后续使用该仪器再次测量二甲胺提供了便利（图 2.4）。在为期一个月（2018 年 12 月 14 日至 2019 年 1 月 23 日）的河北省保定市望都县冬季大气观测中，C_2-有机胺的平均浓度为 15.7 ± 5.9 pptv。

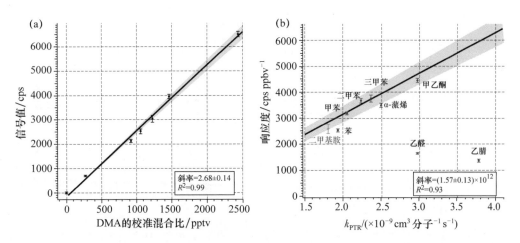

图 2.4　(a) 二甲胺(DMA)质谱信号值与对应浓度的线性关系;(b) Vocus® 型质子转移反应质谱仪对不同标物的响应度与其质子反应速率的线性关系

3. 高氧化度有机分子(HOMs)

本研究发展了基于硝酸根试剂离子-大气常压界面飞行时间质谱的大气高氧化度有机分子的在线测量方法。其主要化学电离过程如下所示:

$$HOM + (HNO_3)_{0\sim2} \cdot NO_3^- \longrightarrow HOM \cdot NO_3^- + (0\sim2)HNO_3 \quad (2.5)$$

通过式(2.5)的反应,大气中的中性高氧化度有机分子在质谱内部生成带电团簇,最终进入飞行时间质量分析器检测。依靠硝酸根试剂离子-大气常压界面飞行时间质谱的高分辨率和高质量准确度,结合同位素分析,可以获得荷电团簇的质荷比,从而可以进一步推算得到高氧化度有机分子的准确分子式。

高氧化度有机分子的定量方法主要考虑了两个因素:首先是高氧化度有机分子与试剂离子在化学电离源中发生分子-离子反应时的电离效率,其次是高氧化度有机分子电离后形成的带电离子在质谱中的传输效率。高氧化度有机分子种类众多,且很难获得标物并产生标准浓度的气体样品,因此在实际测量过程中难以逐一进行电离效率的表征。以往研究表明,拥有较多氧原子数的高氧化度有机分子在硝酸根化学电离源中具有和硫酸分子接近的电离效率[65],因此,本研究通过制备硫酸气体作为高氧化度有机分子的替代标气,获取了包括其电离效率在内的标定系数。

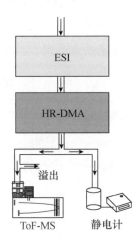

图 2.5　标定质谱绝对传输效率的装置示意图

质谱传输效率的确定通过高分辨率差分电迁移率粒径分析仪串联飞行时间质谱来实现。如图 2.5 所示,利用电喷雾离子源将标准物种电离产生相应的气态离子及分子团簇,通过高分辨率差分电迁移率粒径分析仪筛分指定质荷比位置的离子,通过气溶胶静电计获得离子的浓度,同时对比飞行时间质谱在同一质荷比位置的信号强度,从而获得飞行时间质谱在给定质荷比位置的绝对离子传输效率。

根据高氧化度有机分子(HOMs)的化学电离过程,其浓度可通过如下公式计算:

$$[HOM] = \ln\left(1 + \frac{HOM \cdot NO_3^-}{(HNO_3)_{0\sim2} \cdot NO_3^-}\right) \cdot C_{HOM} \cdot \frac{1}{T_{HOM}} \tag{2.6}$$

其中 $HOM \cdot NO_3^-$ 和 $(HNO_3)_{0\sim2} \cdot NO_3^-$ 代表相应离子和离子团簇的质谱信号强度,C_{HOM} 代表 HOMs 的标定系数,T_{HOM} 代表 HOMs 相对于试剂离子的传输效率。如上文所述,假设高氧化度有机分子在硝酸根电离源中具有和硫酸分子相近的电离效率,因此可以使用硫酸的电离效率。在硫酸的标定实验中,硫酸的标定系数本质上包含了硫酸的电离效率以及硫酸分子相对于试剂离子传输效率这两个因素,因此在使用硫酸的标定系数时应重新乘回硫酸相对于试剂离子的传输效率。上述公式则可以改写为

$$[HOM] = \ln\left(1 + \frac{HOM \cdot NO_3^-}{(HNO_3)_{0\sim2} \cdot NO_3^-}\right) \cdot C \cdot T_{SA} \cdot \frac{1}{T_{HOM}} \tag{2.7}$$

其中 C 为硫酸的标定系数,T_{SA} 为硫酸分子相对于试剂离子的传输效率。将后两项合并,可改写为

$$[HOM] = \ln\left(1 + \frac{HOM \cdot NO_3^-}{(HNO_3)_{0\sim2} \cdot NO_3^-}\right) \cdot C \cdot \frac{1}{T_x} \tag{2.8}$$

其中 T_x 为 HOMs 相对于硫酸分子的传输效率。

在化学电离过程中,试剂离子的数量一般远大于被电离的硫酸及其团簇数量。根据泰勒展开公式,上式可以简化为如下公式计算:

$$[HOM] = \frac{HOM \cdot NO_3^-}{(HNO_3)_{0\sim2} \cdot NO_3^-} \cdot C \cdot \frac{1}{T_x} \tag{2.9}$$

4. 关键分子簇

大气分子簇化学组分的识别对解析大气新粒子生成的前体物和成核机制至关重要。本研究自主设计了大气进样装置,并采用大气常压界面飞行时间质谱仪测量了大气中自然荷电的正、负离子和分子簇的化学组成。图 2.6 展示了 2015 年 12 月 17 日一个较强的新粒子生成事件发生时的大气负离子的典型质谱图。测量结果表明,相对于洁净地区如芬兰的北方森林地区,上海城市大气中负离子的浓度较低;化学组成主要为硝酸根类及其分子簇(如 NO_3^- 和 $HNO_3 \cdot NO_3^-$)、硝基苯酚($C_6H_5NO_3 \cdot NO_3^-$)和硫-氧组分物质;硫酸根离子(HSO_4^-)及其分子簇[如硫酸二聚体 $H_2SO_4 \cdot HSO_4^-$ 和三聚体($H_2SO_4)_2 \cdot HSO_4^-$]为重要的含硫物种。由于上

海城市大气中有较高的背景颗粒物浓度,会对大气离子产生较大的凝结汇,进而抑制了大气离子的浓度和分子簇的形成,因此,当 $m/z > 300$ Th 时,质谱图中没有明显的离子/分子簇的信号。此外,正离子的质谱数据同样呈现浓度较低的特点。

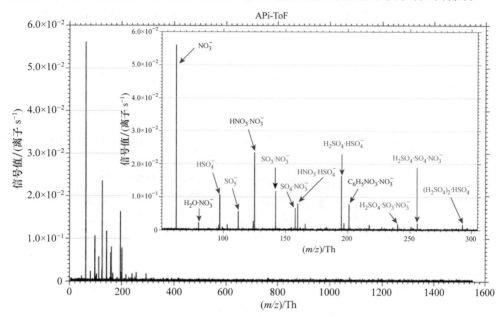

图 2.6　一个典型的较强新粒子生成事件期间(2015 年 12 月 17 日,10:00—14:00)的负离子大气常压界面飞行时间质谱图

该质谱图为 4 小时平均质谱图

　　除大气中自然荷电的离子及分子簇外,大气中的中性分子簇的形成也对大气新粒子生成至关重要。本研究利用以硝酸根及其分子簇[即 $(HNO_3)_n \cdot NO_3^-$,$n = 0,1$ 或 2]为试剂离子的大气常压界面飞行时间质谱检测大气中的中性分子和分子簇。使用在采样气流中人为添加了极少量的 C_5-全氟酸(C_4F_9COOH)标物的方法,实现质谱中高质荷比(m/z)范围的离子质量校准。在大气常压界面飞行时间质谱中,C_5-全氟酸可被检测为去质子全氟酸($C_4F_9COO^-$,$m/z = 262.9760$ Th)、全氟酸单体与硝酸根结合的离子($C_4F_9COOH \cdot NO_3^-$,$m/z = 325.9716$ Th)和全氟酸二聚体($C_4F_9COOH \cdot C_4F_9COO^-$,$m/z = 526.9593$ Th)。这些质谱峰被用于质谱中高质荷比段的校准,有助于高质荷比段物种的化学组成的精准识别。

　　图 2.7 展示了 2016 年 2 月 6 日新粒子生成期间,大气常压界面飞行时间质谱测得的上海城市大气中中性分子/分子簇的质量亏损(mass defect)图。由图 2.7 所示,大量的中性分子/分子簇被仪器测量到,但由于城市大气中极端复杂的化学成分和质谱检测器质量分辨率的限制,只能对所测得的部分物种进行精准识别。已识别的物种包括只含有硫元素和氧元素的物种(如硫酸单体,二聚体,三聚体和

四聚体）、硫酸-二甲胺的分子簇，以及其他的有机物（包括高氧化度有机分子）。其中硫酸分子簇尤其是硫酸二聚体和硫酸-二甲胺的多个分子簇的测量和识别对确定上海城市大气中新粒子成核阶段的化学机理至关重要。另外，众多的含氧有机物及有机物分子簇的测量也有助于探索新粒子生成之后粒径生长的机理。

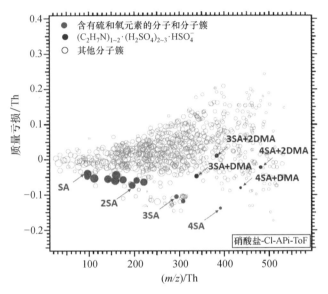

图 2.7　2016 年 2 月 6 日 11:00—13:00 大气新粒子生成事件期间，硝酸根试剂离子-大气常压界面飞行时间质谱所测得的中性分子/分子簇的质量亏损图

SA 和 DMA 分别代表硫酸和二甲胺分子；实心红色圆球为 S-O 组分物质，实心蓝色圆球为 SA-DMA 分子簇；圆球的尺寸与该物质在质谱中信号的对数成正比

2.4.2　大气 1～3 nm 颗粒物数谱测量方法

1. 采样

纳米颗粒物在采样与传输过程中，极易通过扩散作用而损失，并且靠近采样管管壁的颗粒物损失相对显著，而靠近管路中央的颗粒物透过效率相对较高。此外，采样过程中的管路的弯折或者管径变化，以及过高的采样流速都会导致湍流，造成纳米颗粒物的损失显著增加，进而给测量结果带来较大的不确定性。

本研究基于大流量采样和管路中心取样的设计思路，设计了用于环境大气纳米颗粒物的高效采样装置。如图 2.8 所示，通过一根长度为 1.3 m、外径为 10.0 mm 的主采样管从环境大气中直接采样。主采样管伸出建筑物外长度约 1.0 m，并略微向下倾斜。主采样管的采样流速为 10.0 L min^{-1}，在确保采样管中不发生湍流的情况下，增加纳米颗粒物的透过效率。在采样管的末端，插入一根外径为 1/4 英寸(0.635 cm)、长度为 10.0 cm 的细采样管，并从主采样管的样流中心

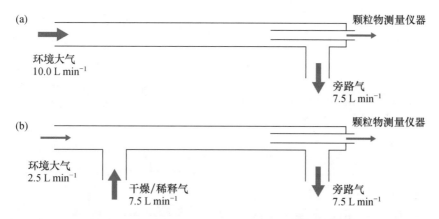

图 2.8　(a) 纳米颗粒物高效采样装置示意图;(b) 纳米颗粒物稀释采样装置示意图

采样,流速为 2.5 L min^{-1},剩余的 7.5 L min^{-1} 气体通过旁路排出。细采样管的末端连接颗粒物测量仪器,细采样管出口与颗粒物测量仪器之间的距离尽可能短。当颗粒物浓度较高(大于 10^5 cm^{-3})或环境相对湿度较高(RH>70%)时,需要使用洁净干燥空气对待测气体进行稀释,将待测气体的颗粒物浓度或相对湿度稀释到仪器正常运行的范围。该采样装置可以极大地提高纳米颗粒物的传输效率,以 1 nm 的颗粒物为例,其在管路中的透过效率高于 95%。

2. 荷电

对于利用颗粒物电迁移率性质而进行粒径筛分的仪器而言,颗粒物的荷电过程及荷电平衡状态对颗粒物粒径分布的测量至关重要。只有准确了解不同粒径颗粒物的荷电比例,才可以通过数据反演,得到颗粒物的粒径分布。通常使用气溶胶中和器对颗粒物进行荷电,常用的气溶胶中和器主要包括:放射性气溶胶中和器、软 X 射线气溶胶中和器、电晕放电气溶胶中和器等。近年来,随着放射性物品的严格管制,软 X 射线气溶胶中和器逐步替代放射性气溶胶中和器,被广泛应用于颗粒物的荷电,但是软 X 射线对颗粒物进行荷电的机理还不完全清楚,纳米颗粒物的荷电状态与理论计算结果之间的差异有待进一步研究。

本研究测量了不同载气种类、载气流速和相对湿度条件下,软 X 射线气溶胶中和器中产生离子的电迁移率和质荷比。以高纯氮气为例,随着载气在中和器中停留时间的增加,产生离子的电迁移率粒径不会发生显著变化(图 2.9),但产生的离子浓度将显著降低。而当使用高纯空气和过滤掉颗粒物的实验室空气为载气时,得到的电迁移率谱图与高纯氮气条件下的电迁移率谱图相比有显著差异。该差异是由于不同载气条件下,载气中的杂质组分的不同导致的。

进一步研究相对湿度对产生离子特性的影响,发现随着相对湿度的增加,得到阴离子会朝电迁移率粒径增加的方向迁移(图 2.10)。通过分析离子特征峰对应

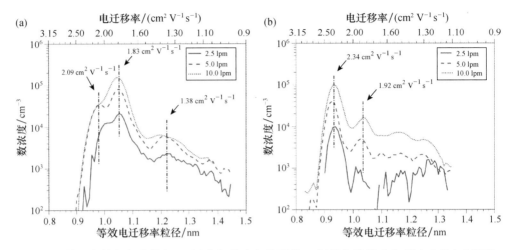

图 2.9　使用高纯氮气为载气，不同载气流速条件下软 X 射线气溶胶中和器产生的(a)阳离子和(b)阴离子的电迁移率谱图

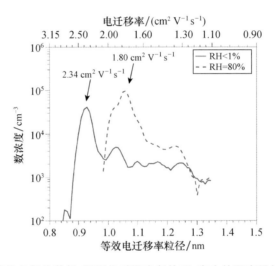

图 2.10　使用高纯氮气为载气，不同相对湿度条件下，产生的阴离子的电迁移率谱图

的化学组分，发现在高相对湿度条件下，部分酸根阴离子会结合水分子生长为粒径更大的分子团簇。而相对湿度对阳离子的影响并不显著，以环氧硅烷为代表的有机物阳离子与水分子的结合能力较弱，相对湿度的增加并不会使相应阳离子的离子电迁移率粒径增加(图 2.11)。

3. 筛分

纳米颗粒物粒径筛分技术主要包括两种：基于荷电颗粒物在电场中不同的电迁移率进行筛分；在工作液体不同过饱和度情况下，根据不同的颗粒物切割粒径进行筛分。两种技术分别对应的商业化仪器是扫描电迁移率粒径谱仪和颗粒

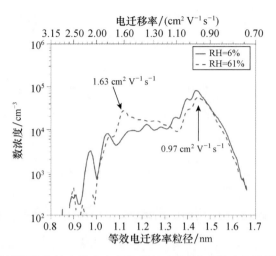

图 2.11　使用过滤掉颗粒物的实验室空气为载气,不同相对湿度条件下,产生的阳离子的电迁移率谱图

物粒径放大仪。

通过实验对比扫描电迁移率粒径谱仪和颗粒物粒径放大仪对 3 nm 以下颗粒物的筛分性能发现,两者均有各自的优势和缺点。扫描电迁移率粒径谱仪使用差分电迁移率粒径分析仪对颗粒物进行粒径筛分,通过设置合适的差分电迁移率粒径分析仪鞘气流速和样流流速,对于 1.4 nm 颗粒物的粒径分辨率可以达到 5 以上。但是随着颗粒物粒径的减小,颗粒物在差分电迁移率粒径分析仪筛分过程中的扩散效应会导致其透过效率显著降低(图 2.12),对于电迁移率粒径为 1.0～1.1 nm 的颗粒物,在筛分过程中的透过效率低于 1%。

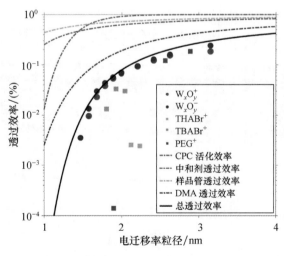

图 2.12　不同化学组分颗粒物[包括金属钨氧化物($W_xO_y^+$)、四庚基溴化铵($THABr^+$)、四丁基溴化铵($TBABr^+$)、聚乙二醇(PEG^+)]在二甘醇-扫描电迁移率粒径谱仪各模块中的透过效率

其中,紫色虚线代表颗粒物筛分过程中在差分电迁移率粒径分析仪中的透过效率

颗粒物粒径放大仪基于工作液体的过饱和度与颗粒物切割粒径的对应关系进行颗粒物筛分。该方法的一个显著优势是颗粒物在筛分过程中损失较小，因而比较适用于低浓度颗粒物的检测。本研究对粒径为 1 nm 的颗粒物的检测效率高于 15%，而对于粒径大于 2 nm 的颗粒物，检测效率＞80%。同时，颗粒物粒径放大仪可以通过增加工作液体二甘醇的过饱和度来优化仪器的最小检测粒径，研究中实现了应用颗粒物粒径放大仪于粒径小于 1 nm 的离子的检测。

4. 检测

纳米颗粒物的检测受到多个因素的影响，包括颗粒物化学组分和工作液体对纳米颗粒物测量的影响。广泛使用的商业化仪器使用金属颗粒物或盐类颗粒物进行标定，相对而言，盐类颗粒物的化学组分与真实大气环境中纳米颗粒物的化学组分较为接近。

本研究表明，金属氧化物颗粒物的检测效率显著高于碳氢化合物为代表的有机物颗粒物（图 2.13）。另一方面，纳米颗粒物的检测不仅受到颗粒物化学组分的影响，也受到不同工作液体（正丁醇、丙三醇或二甘醇）的影响。实验表明工作液体的表面张力越大，饱和蒸气压越低，在不诱发均相成核前提下所能活化颗粒物的粒径就越小。因此，当前用于 3 nm 以下颗粒物测量的仪器，大多是依托二甘醇为工作液体。然而，本研究表明基于水和正丁醇为工作液体的检测器都可应用于 3 nm 以下颗粒物的检测：通过优化仪器运行条件，增加仪器饱和室和冷凝室的温差来提升工作液体的过饱和度，可以增强仪器对纳米颗粒物的检测能力。

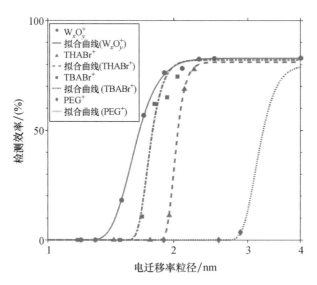

图 2.13　颗粒物粒径放大仪对金属钨氧化物（$W_xO_y^+$）、四庚基溴化铵（$THABr^+$）、四丁基溴化铵（$TBABr^+$）、聚乙二醇（PEG^+）颗粒物阳离子的检测效率曲线

随着颗粒物粒径的减小,颗粒物的荷电状态对颗粒物测量的影响变得显著。一般来讲,对于相同粒径的颗粒物,荷电颗粒物比中性颗粒物更容易被活化并被检测到。图 2.14 是携带不同电荷数目的聚乙二醇颗粒物在颗粒物粒径放大仪中的检测效率,结果表明随着携带电荷数目的增加,仪器对颗粒物的检测效率明显提升,说明携带电荷数目的增加可以促进颗粒物与工作液体之间的相互作用。

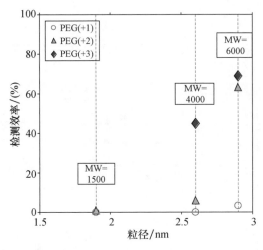

图 2.14　颗粒物粒径放大仪对携带不同电荷数目的聚乙二醇颗粒物的检测效率

使用的 3 种聚乙二醇颗粒物的相对分子质量依次为 1500、4000、6000

2.4.3　我国典型城市大气新粒子生成事件的机制

1. 上海大气硫酸-二甲胺-水三元成核

本研究发现,硫酸-二甲胺-水的三元中性成核是上海城市大气中新粒子生成事件的主导化学机制。此外,不排除高氧化度有机分子参与部分成核过程的可能。通过对大气自然荷电颗粒物的测量发现正、负离子的诱导核化速率与总核化速率的比值仅分别为 0.03% 和 0.05%。因此,相较于大气中性成核的贡献,大气离子诱导成核的贡献较小。

本研究观测到了大气新粒子生成速率($J_{1.7}$)与硫酸二聚体 $H_2SO_4 \cdot HSO_4^-$ 的强相关性。上海城市大气中硫酸二聚体的浓度明显高于目前已有的世界其他地区的外场观测结果。以往的研究已揭示被硝酸根试剂离子-大气常压界面飞行时间质谱检测到的硫酸二聚体信号来源于大气中被二甲胺或者其他未知碱性分子稳定后的中性硫酸二聚体[35,61]。在硝酸根试剂离子使待测分子簇荷电的过程中,二甲胺或者其他未知碱性分子会从含有两个硫酸分子的硫酸-二甲胺分子簇中挥发出来;并且一个 HSO_4^- 将会替代分子簇中的一个中性 H_2SO_4 分子。因而质谱检

测到的信号为 $H_2SO_4 \cdot HSO_4^-$。在实际大气中,最有可能稳定中性硫酸二聚体的分子为二甲胺。图 2.15 展示了新粒子生成事件期间测量到的硫酸二聚体浓度与新粒子生成速率之间的关系。当硫酸二聚体的浓度高于 $1 \times 10^4\ \mathrm{cm}^{-3}$ 时,硫酸二聚体浓度与新粒子生成速率之间呈现良好的正相关($r = 0.75, p < 0.001$)。由此可见,被质谱检测到的 $H_2SO_4 \cdot HSO_4^-$ 信号所对应的大气中性分子簇的形成对大气新粒子生成的发生起到决定性的作用。

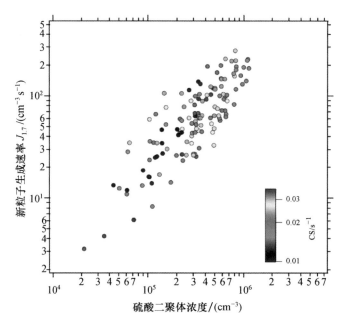

图 2.15　新粒子生成速率($J_{1.7}$)与质谱检测到的硫酸二聚体浓度之间的关系
图中的颜色标度分别对应凝结汇(CS)

　　研究表明,观测中硫酸单体与硫酸二聚体的浓度比值接近 CLOUD 烟雾箱硫酸-二甲胺-水三元成核实验的模拟值(图 2.16)。图中数据表明,实际测量的硫酸二聚体与单体的比例远远高于其在离子反应区域中诱导成簇的比例。大气新粒子生成事件期间,当硫酸单体浓度达到 $1 \times 10^7\ \mathrm{cm}^{-3}$ 时,上海城市大气中硫酸二聚体与单体的比例高于已报道的世界其他地区的观测结果约一个数量级。与瑞士 CLOUD 烟雾箱实验中硫酸-二甲胺-水三元成核模拟实验的研究结果比较,可以发现大气新粒子生成事件期间,当硫酸单体浓度高于约 $7 \times 10^6\ \mathrm{cm}^{-3}$ 时,上海大气中硫酸二聚体与单体的比例非常接近于 CLOUD 模拟实验中硫酸-二甲胺-水三元成核所得的相应比例。针对动力学限制条件下的硫酸-二甲胺系统,大气分子簇动力学模型模拟的结果表明随着凝结汇的不断升高,硫酸二聚体与单体的比例逐渐降低(图 2.16)。因此,凝结汇对新粒子生成起到一定的抑制作用。

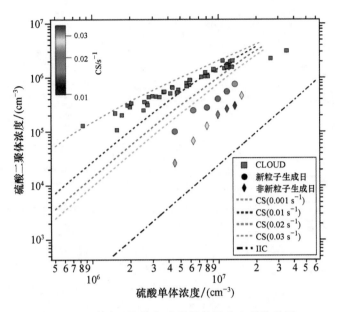

图 2.16　硫酸二聚体与硫酸单体浓度之间的关系

灰色的方块为 CLOUD 烟雾箱硫酸-二甲胺-水三元成核模拟实验的测量数据;彩色虚线为不同凝结汇条
件下,大气分子簇动力学模型模拟的结果;黑色虚线为在离子反应区域中,离子诱导成簇推导的理论最
大硫酸二聚体与单体的比例;整个强化观测的数据被分为新粒子生成日和非新粒子生成日,硫酸单体的
浓度被分成线性的不同区间,不同区间中的硫酸二聚体的浓度为该区间硫酸二聚体的浓度的中位值;其
中,实心圆点和菱形分别代表新粒子生成日和非新粒子生成日数据

　　研究发现,外场观测中硫酸单体与大气新粒子生成速率的关系符合 CLOUD 烟
雾箱中硫酸-二甲胺-水三元成核实验的模拟结果。图 2.17 比较了短期强化观测[图
2.17(a)]和长期观测[图 2.17(b)]中测量到的上海城市大气硫酸单体浓度与大气新
粒子生成速率的关系,以及瑞士 CLOUD 烟雾箱模拟的硫酸-水、硫酸-氨-水和硫酸-
二甲胺-水成核系统中硫酸单体浓度与新粒子生成速率的关系。图中数据表明在相
同硫酸单体浓度条件下,上海城市大气中观测到的新粒子生成速率远远高于硫酸-水
和硫酸-氨-水模拟实验中的新粒子生成速率,但是接近于硫酸-二甲胺-水三元成核系
统的测量结果。该结果进一步证明了在所观测到的新粒子生成事件发生时,稳定中
性硫酸二聚体的分子为二甲胺,而非其他碱性分子。此外,观测期间新粒子生成事件
发生时的平均温度和平均相对湿度分别为 278 ± 8 K 和 $36\% \pm 7\%$。该温度和湿度与
CLOUD 烟雾箱硫酸-二甲胺-水的模拟实验条件 (278 K 和 38% RH) 非常接近。因
此,温度和湿度不会显著影响外场观测中的新粒子生成速率。

　　研究中识别了多个硫酸-二甲胺分子簇。图 2.17 展示了大气新粒子生成事件
期间测量到的 2SA·DMA·SA⁻、2SA·2DMA·SA⁻、3SA·2DMA·SA⁻ 和
3SA·2DMA·SA⁻ 分子簇(SA 代表硫酸分子,DMA 代表二甲胺分子),与

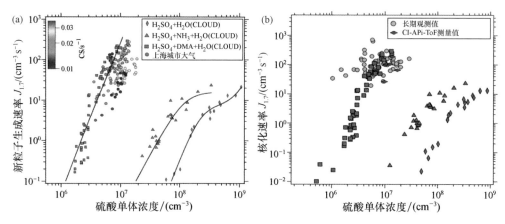

图 2.17 外场观测结果和 CLOUD 烟雾箱模拟实验中硫酸单体浓度与新粒子生成速率关系的比较

灰色的菱形、三角形和正方形数据点分别对应 38% RH 和 278 K 条件下 CLOUD 模拟实验硫酸-水、硫酸-氨-水和硫酸-二甲胺-水的结果；(a) 2015 年 12 月至 2016 年 2 月强化观测期的外场测量数据；(b) 2014 年 3 月至 2015 年 11 月长期观测期间的外场测量数据，硫酸浓度选取成核过程开始与顶峰之间的平均值

CLOUD 烟雾箱硫酸-二甲胺-水的模拟实验所观察到的主要分子簇一致。该证据进一步证明了在所观测到的新粒子生成事件发生时，稳定中性硫酸二聚体的碱性分子为二甲胺。由于二甲胺分子可能会在试剂离子与中性硫酸-二甲胺分子簇碰撞荷电过程中挥发，因此在实际大气中硫酸-二甲胺分子簇中可能含有更多的二甲胺分子。此外，没有观测到硫酸与氨的分子簇，表明氨在成核初期的贡献较小。

最后，观测统计结果表明在新粒子生成日，二甲胺和硫酸的浓度均高于非新粒子生成日（图 2.18），再次证明了硫酸和二甲胺在新粒子生成中起着关键性的作用。

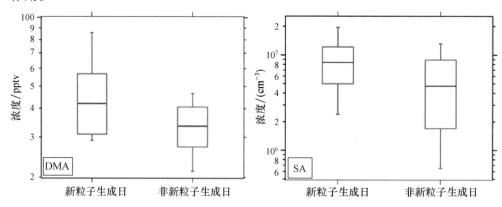

图 2.18 新粒子生成日和非新粒子生成日的二甲胺和硫酸浓度比较

对于新粒子生成日，统计数据为新粒子生成开始时间和到达峰值时间之间的平均值；针对非新粒子生成日，统一选择的时间为当地时间 09:00—12:00；水平红线表示中位值；蓝色盒子的上下界限分别对应 75 和 25 分位数；竖直线的上下限分别对应 90 和 10 分位数

2. 我国其他典型城市大气硫酸-二甲胺-水三元成核

本研究团队联合清华大学、北京化工大学和芬兰赫尔辛基大学等相关研究团队在北京城区、南京等地区开展了一系列强化外场观测。北京城市大气观测表明在新粒子生成事件发生时,硫酸二聚体的信号明显升高,而且硫酸二聚体与核化速率具有良好的正相关,此现象与上海城市大气中观测到的现象一致[图 2.19(a)]。通过对大气离子和分子簇化学组分的识别,发现了一系列硫酸-二甲胺分子簇[图 2.19(b)],表明硫酸-二甲胺-水的成核机制也可解释北京城市大气中观测到的新粒子生成事件。因此,硫酸-二甲胺-水的三元成核机制也适用于北京城市大气,同样是北京城市大气新粒子生成的主导机制。不同城市的研究表明该化学机制具有广泛的普遍性,可用于解释我国典型特大城市中的新粒子生成事件。

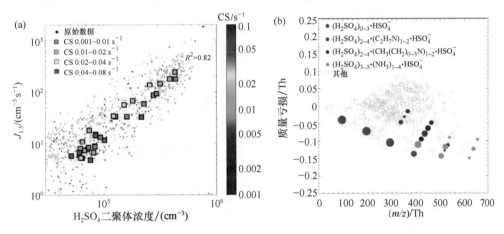

图 2.19　新粒子生成事件期间(a)北京城市大气中硫酸二聚体浓度与新粒子生成速率的关系,(b)大气自然荷电离子和分子簇的化学组分[66]

3. 其他分子参与的硫酸-二甲胺-水三元成核

硫酸-二甲胺团簇的形成主要基于酸碱之间的稳定作用。理论和实验研究表明硫酸和二甲胺的结合最具优势,但大气中存在的其他酸性或碱性分子是否能够参与大气新粒子生成仍存在争论。

本研究表明三氟乙酸参加了上海市大气新粒子生成的过程。图 2.20 展示了2018 年 1 月 9 日上海市大气新粒子生成事件中所观测到的分子和团簇的质量亏损图。该图中硫酸的单体和二聚体团簇(红色)、三氟乙酸(蓝色),以及荷负电的(SA)·(DMA)$_1$·(TFA)$_1$ 和(SA)$_1$·(DMA)$_2$·(TFA)$_1$ 团簇(绿色;SA 代表硫酸分子,DMA 代表二甲胺分子,TFA 代表三氟乙酸分子)可以被清晰识别,表明三氟乙酸可以参与硫酸-二甲胺成核。此外,图中仍然存在其他未知化学组分的分子或团簇(空心圆),这些分子或团簇也可能有助于大气新粒子生成过程,仍需深入分析。

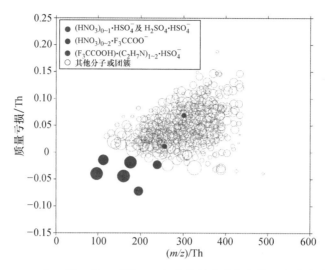

图 2.20 2018 年 1 月 9 日 9 时至 16 时，上海城市大气新粒子生成事件中通过硝酸根试剂离子-大气常压界面飞行时间质谱识别的分子和团簇的质量亏损图

数据点的大小与其浓度的对数成正比

从定量角度出发，本研究测量了 2018 年 1 月 9 日大气新粒子生成事件期间硫酸二聚体和硫酸单体的浓度，由图 2.21 可知，实测的硫酸二聚体浓度和硫酸单体

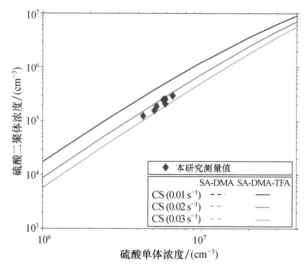

图 2.21 大气分子簇动力学模型预测的硫酸二聚体浓度和硫酸单体浓度的相关性，以及上海城市大气外场观测数据（灰色菱形点）

不同颜色、不同类型的曲线代表不同凝结汇条件下，大气分子簇动力学模型对硫酸-二甲胺体系和硫酸-二甲胺-三氟乙酸体系的预测结果（需要注意的是：硫酸-二甲胺体系和硫酸-二甲胺-三氟乙酸体系下硫酸二聚体和硫酸单体的相关性结果十分接近，即实线和虚线近乎重合）。大气分子簇动力学模型中设定大气条件为：温度 280 K，$[\text{TFA}] = 5.0 \times 10^6 \text{ cm}^{-3}$，$[\text{DMA}] = 1.5 \times 10^9 \text{ cm}^{-3}$，分子碰撞效率为 0.5

浓度的相关性与大气分子簇动力学模型在凝结汇约为 $0.02 \sim 0.03 \ \mathrm{s}^{-1}$ 条件下的模拟结果吻合较好。此外,模拟结果表明三氟乙酸虽然参与到硫酸-二甲胺成核过程中,但对硫酸二聚体浓度和硫酸单体浓度之间的关系影响不大。

图 2.22 展示了大气分子簇动力学模型所预测的 $(SA)_1 \cdot (DMA)_{1 \sim 2} \cdot (TFA)_1$ 团簇总浓度和硫酸单体浓度的相关性,以及在上海大气新粒子生成事件期间的实测值。由图可知,实测的 $(SA)_1 \cdot (DMA)_{1 \sim 2} \cdot (TFA)_1$ 团簇总浓度和硫酸单体浓度的相关性与大气分子簇动力学模型在凝结汇约为 $0.02 \ \mathrm{s}^{-1}$ 条件下的模拟结果吻合较好。结合图 2.20 针对关键成核团簇的定性识别及图 2.21 关于大气新粒子生成事件期间硫酸二聚体和硫酸单体浓度的定量测量,可以认为在 2018 年 1 月 9 日上海城市大气新粒子生成事件期间存在着硫酸-二甲胺-三氟乙酸成核途径,即在特定大气条件下,三氟乙酸可以参与到大气成核过程中。

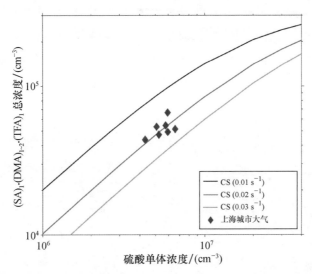

图 2.22　大气分子簇动力学模型预测的 $(SA)_1 \cdot (DMA)_{1 \sim 2} \cdot (TFA)_1$ 团簇总浓度和硫酸单体浓度之间的相关性,以及上海城市大气外场观测数据(灰色菱形点)

不同颜色的实线代表不同凝结汇条件下,大气分子簇动力学模型预测的对硫酸-二甲胺-三氟乙酸体系的预测结果。大气条件在大气分子簇动力学模型中被设定为:温度 280 K,$[\mathrm{TFA}] = 5.0 \times 10^6 \ \mathrm{cm}^{-3}$,$[\mathrm{DMA}] = 1.5 \times 10^9 \ \mathrm{cm}^{-3}$,分子碰撞效率为 0.5

4. 高氧化度有机分子在新生成粒子生长中的作用

大气极低挥发性物种可以通过在颗粒物表面上的冷凝沉降过程对新生成粒子的生长作出贡献。气体硫酸分子通过凝结作用对颗粒物生长速率的贡献可以由下述公式评估,即当经过 Δt 时间使颗粒物粒径从 $d_{\mathrm{p,始}}$ 增长至 $d_{\mathrm{p,终}}$ 所需的硫酸分子数浓度 C_v 为[67]:

$$C_{\rm v} = \frac{2\rho_{\rm v}d_{\rm v}}{\alpha_m m_{\rm v}\Delta t} \cdot \sqrt{\frac{\pi m_{\rm v}}{8kT}} \cdot \left[\frac{2x_1+1}{x_1(x_1+1)} - \frac{2x_0+1}{x_0(x_0+1)} + 2\ln\left(\frac{x_1(x_0+1)}{x_0(x_1+1)} \right) \right]$$

$$(2.10)$$

其中，$\rho_{\rm v}$ 和 $d_{\rm v}$ 分别为硫酸分子处于颗粒态时的密度和直径；$m_{\rm v}$ 为气态硫酸分子的质量；k 为玻耳兹曼常数；α_m 为质量容纳系数，此处设置为 1；$x_1 = d_{\rm v}/d_{\rm p,终}$，$x_0 = d_{\rm v}/d_{\rm p,始}$。在计算过程中，硫酸分子处于颗粒态时的密度设为 1830 kg m^{-3}，其相对分子质量为 98.078。

高氧化度有机分子通过凝结作用对颗粒物生长速率贡献的评估方法与硫酸分子类似。在计算过程中，高氧化度有机分子处于颗粒态时的密度设为 1500 kg m^{-3}，相对分子质量被统一设置为 300。需要指出的是，在评估高氧化度有机分子对颗粒物生长的贡献时，需要考虑 Kelvin 效应。

本研究以 2019 年 1 月 21 日的一个上海大气新粒子生成事件为例，展示了大气颗粒物的粒径分布随时间的变化而变化，以及颗粒物的最大数浓度粒径随时间变化而变化（图 2.23）。该新粒子生成事件中，颗粒物生长速率 GR$_{<3\,\rm nm}$、GR$_{3\sim7\,\rm nm}$ 和 GR$_{7\sim15\,\rm nm}$ 的实际观测值分别为 1.3、4.4 和 4.5 nm h^{-1}。

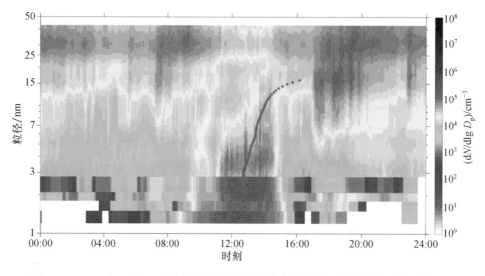

图 2.23　2019 年 1 月 21 日上海大气新粒子生成事件中的颗粒物粒径分布的变化图
蓝色圆点展示了用于计算颗粒物生长速率的数据点

图 2.24 则展示了根据前文所述方法所估算的该典型大气新粒子生成事件中，硫酸和氧化有机分子对不同粒径颗粒物生长速率的贡献。可以看出：硫酸分子大致可以解释 3 nm 以下颗粒物的生长过程。但随着颗粒物粒径的变大，硫酸分子对生长速率的贡献越来越低；此时氧化有机分子尤其是高氧化度有机分子的贡献开始变得越来越重要。但目前硝酸根离子-大气常压界面飞行时间质谱所观测的有

机物种的浓度仍不能完全解释实测的颗粒物生长速率。

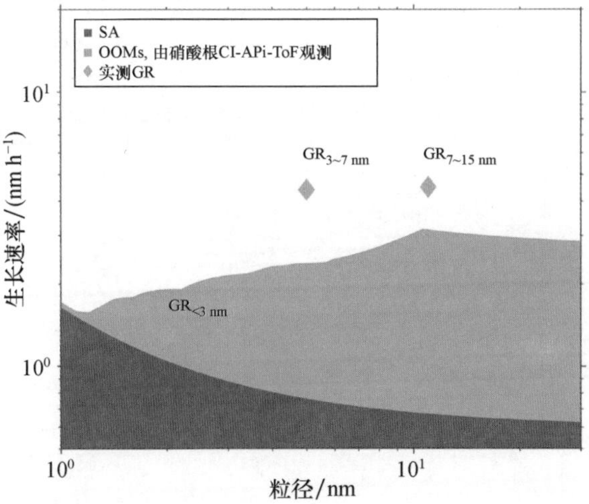

图 2.24　2019 年 1 月 21 日上海大气新粒子生成事件中,硫酸和氧化有机
分子对不同粒径的颗粒物生长速率的贡献

绿色菱形为实测的 $GR_{<3\ nm}$、$GR_{3\sim7\ nm}$ 和 $GR_{7\sim15\ nm}$

2.4.4　高氧化度有机分子的生成机制

　　三甲基苯是城市大气中最为常见的苯系挥发性有机化合物之一。三甲基苯及其氧化产物的挥发性与其他常见苯系挥发性有机化合物相比更差,更有助于向颗粒相的转移,因此本研究测量了 OH 自由基引发的三甲基苯氧化反应的高氧化度有机分子产物,并选择三甲基苯中大气含量最高的 1,2,4-三甲基苯,着重研究了该分子的大气自氧化反应路径。

　　研究通过测量 RO_2 自由基在 NO_x 不存在的情况下形成的羰基终结产物、羟基终结产物和过氧化羟基终结产物的分子识别,推导出 1,2,4-三甲基苯反应体系中可能存在的 8 种 RO_2 自由基;这 8 种 RO_2 自由基可以分为四类,同一类中的 2 种 RO_2 自由基分子式相差 2 个氧原子,暗示反应体系中可能存在 RO_2 自由基的自氧化反应。本研究开展了氘代-1,2,4-三甲基苯与 OH 自由基的氧化实验,使用氘原子取代 1,2,4-三甲基苯上某一个甲基内的所有氢,得到分子式为 $C_9H_9D_3$ 的 3 种同位素取代物,分别在 1 号位、2 号位、4 号位甲基上存在氘代位点。通过自氧化反应、羰基化终结反应前后分子式中的氘原子数的变化,证实了自氧化路径的存在。

　　结合已有文献中理论计算所得的对分子内氢迁移有推动作用的官能团[68,69]和同位素分子研究中所测的只含两个氘的反应产物,本研究推导出若干基于不同起

始 RO_2 自由基的自氧化路径。例如图 2.25，自氧化路径起始于 1,2,4-三甲基苯的氧化生成的 $C_9H_{13}O_5$ 过氧桥环自由基，这一过氧桥环自由基自氧化路径符合 1,2,4-(1-羟代甲基)-三甲基苯与 OH 自由基氧化实验的实验结果。

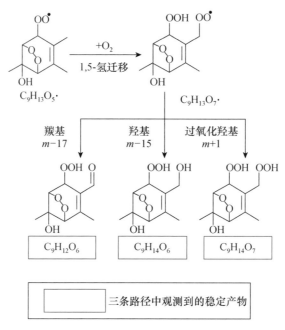

图 2.25 一条路径起始于 $C_9H_{13}O_5\cdot$ 过氧桥环自由基的自氧化反应路径及其后续终结反应

研究中观测到了大量的含有 18 个碳的 C_{18} 氧化产物，其拥有 24～30 个氢原子和 8 个或更多的氧原子。图 2.26 展示了 C_{18} 产物的分布情况，可以看到含有 26 个或 28 个氢原子的物质的信号最大，同时 1,3,5-三甲基苯产生了最多的 C_{18} 产物。前人研究一般认为 $C_{18}H_{26}O_{8\sim15}$ 和 $C_{18}H_{28}O_{9\sim15}$，以及 $C_{18}H_{30}O_{12\sim15}$ 分别形成于两个 $C_9H_{13}O_x$ 的积聚反应、一个 $C_9H_{13}O_x$ 和 $C_9H_{15}O_x$ 的积聚反应，以及两个 $C_9H_{15}O_x$ 的积聚反应[70]。但是由于含有 26 个氢原子的 C_{18} 氧化产物分子结构之中必定会有碳碳双键，所以它们会像不饱和烃类一样与羟基自由基发生反应，并最终生成含有 26 个或 28 个氢原子的新 C_{18} 氧化产物；而含有 28 个氢原子的 C_{18} 氧化产物也有可能通过同样的途径生成新的含有 28 个或 30 个氢原子的 C_{18} 氧化产物。所以，C_{18} 氧化产物的生成途径和老化过程实际上极为复杂，值得进行更深入的研究。此外，$C_{18}H_{24}O_{8\sim13}$ 也有着很低的信号，说明氢迁移产生的过氧自由基也会发生积聚反应。

本研究测量了氮氧化物对氧化产物的影响。图 2.27 展示了在 3 种不同的实验情况下 1,2,4-三甲基苯的 C_9 产物分布情况。一旦引入氮氧化物之后，不含氮的高氧化度有机分子的生成量立刻减少到约原来的 20%；但是在低氮氧化物和高氮氧化物浓度之间，不含氮的高氧化度有机分子的生成量没有进一步显著减少。随

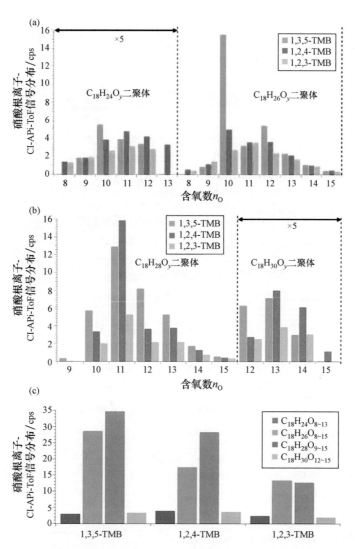

图 2.26　（a）硝酸根试剂离子-大气常压界面飞行时间质谱测得的三甲基苯与 OH 自由基氧化反应产物 $C_{18}H_{24}O_{8\sim13}$ 和 $C_{18}H_{26}O_{8\sim15}$ 的信号分布；（b）硝酸根试剂离子-大气常压界面飞行时间质谱测得的三甲基苯与 OH 自由基氧化反应产物 $C_{18}H_{28}O_{9\sim15}$ 和 $C_{18}H_{30}O_{12\sim15}$ 的信号分布；（c）硝酸根试剂离子-大气常压界面飞行时间质谱测得的三甲基苯氧化实验中 C_{18} 产物的信号分布

着氮氧化物的引入，除了含有 24 个氢的 C_{18} 二聚体产物外，所有的二聚体产物的产量都有了大幅的下降，而含有 30 个氢的二聚体产物更是没有被测到。这说明，氮氧化物的引入极大地与过氧自由基的自氧化路径产生竞争。

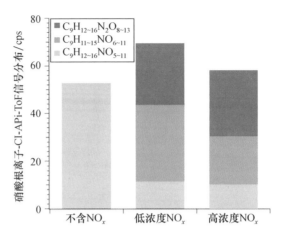

图 2.27　不同氮氧化物条件下，1, 2, 4-三甲基苯的氧化反应中的不含氮原子的、含有一个氮原子的和含有两个氮原子的 C$_9$ 产物的分布情况

2.4.5　本项目资助发表论文（按时间倒序）

（1）Hu X Y，Yang G，Liu Y L，et al. Atmospheric gaseous organic acids in winter in a rural site of the North China Plain. Journal of Environmental Sciences，2022，113：190-203.

（2）Liu Y L，Attoui M，Li Y Y，et al. Characterization of a Kanomax© fast condensation particle counter in the sub-10 nm range. Journal of Aerosol Science，2021，155：105772.

（3）Liu Y L，Attoui M，Chen J M，et al. Performance comparison of SMPSs with soft X-ray and Kr-85 neutralizers in a humid atmosphere. Journal of Aerosol Science，2021，154：105756.

（4）Zheng J，Zhang Y C，Ma Y，et al. Radiatively driven NH$_3$ release from agricultural fields during the wintertime slack season. Atmospheric Environment，2021，247：118228.

（5）杨栋森，蔡润龙，蒋靖坤，等. 基于二甘醇的气溶胶粒径谱仪在测量 3 nm 以下颗粒物时的性能比较. 大气与环境光学学报，2020，15(6)：470-485.

（6）陆轶群，杨干，刘益良，等. 北京城市大气高含氧有机分子的定量测量. 大气与环境光学学报，2020，15(6)：461-469.

（7）Wang Y W，Yang G，Lu Y Q，et al. Detection of gaseous dimethylamine using Vocus proton-transfer-reaction time-of-flight mass spectrometry. Atmospheric Environment，2020，243：117875.

（8）Shi X，Ge Y，Zheng J，et al. Budget of nitrous acid and its impacts on atmospheric oxidative capacity at an urban site in the central Yangtze River Delta region of China. Atmospheric Environment，2020，238：117725.

（9）Zhang B W，Hu X Y，Yao L，et al. Hydroxyl radical-initiated aging of particulate squalene. Atmospheric Environment，2020，237：117663.

（10）Ma Y，Huang C C，Jabbour H，et al. Mixing state and light absorption enhancement of black carbon aerosols in summertime Nanjing. Atmospheric Environment，2020，222：117141.

（11）Liu Y L，Attoui M，Yang K J，et al. Size-solved chemical composition analysis of ions produced by a commercial soft X-ray aerosol neutralizer. Journal of Aerosol Science，2020，147：105586.

（12）Wang X K，Hayeck N，Brüggemann M，et al. Chemical characteristics and brown carbon chromophores of atmospheric organic aerosols over the Yangtze River channel：A cruise campaign. Journal of Geophysical Research：Atmospheres，2020，125：e2020JD032497.

（13）Wang Y W，Mehra A，Krechmer J E，et al. Oxygenated products formed from OH-initiated reactions of trimethylbenzene：Autoxidation and accretion. Atmospheric Chemistry and Physics，2020，20(15)：9563-9579.

（14）施晓雯，戈逸峰，张玉婵，等. 2017 年春季常州 HONO 观测及对大气氧化能力影响的评估. 环境科学，2020，41(3)：111-119.

（15）Lu Y Q，Liu L，Ning A，et al. Atmospheric sulfuric acid-dimethylamine nucleation enhanced by trifluoroacetic acid. Geophysical Research Letters，2020，47：e2019GL085627.

（16）李栩婕，施晓雯，马嫣，等. 南京北郊四季 $PM_{2.5}$ 中有机胺的污染特征及来源解析. 环境科学，2020，41(2)：537-553.

（17）Lu Y Q，Yan C，Fu Y Y，et al. A proxy for atmospheric daytime gaseous sulfuric acid concentration in urban Beijing. Atmospheric Chemistry and Physics，2019，19(3)：1971-1983.

（18）Hong J，Xu H B，Tan H B，et al. Mixing state and particle hygroscopicity of organic-dominated aerosols over the Pearl River Delta Region in China. Atmospheric Chemistry and Physics，2018，18(19)：14079-14094.

（19）Mao J B，Yu F Q，Zhang Y，et al. High-resolution modeling of gaseousmethylamines over a polluted region in China：Source-dependent emissions and implications to spatial variations. Atmospheric Chemistry and Physics，2018，18(11)：7933-7950.

（20）Yao L，Garmash O，Bianchi F，et al. Atmospheric new particle formation from sulfuric acid and amines in a Chinese megacity. Science，2018，361(6399)：278-281.

（21）Ma Y，Li S，Zheng J，et al. Size-resolved measurements of mixing state and cloud-nucleating ability of aerosols in Nanjing，China. Journal of Geophysical Research：Atmospheres，2017，112(17)：9430-9450.

（22）Wang X K，Hayeck N，Brüggemann M，et al. Chemical characteristics of organic aerosols in Shanghai：A study by ultra-high-performance liquid chromatography coupled with orbitrap mass spectrometry. Journal of Geophysical Research：Atmospheres，2017，122(12)：11703-11722.

（23）Yuan C，Ma Y，Diao Y W，et al. CCN activity of secondary aerosols from terpene ozonolysis under atmospheric relevant conditions. Journal of Geophysical Research：Atmospheres，2017，122(8)：4654-4669.

（24）Chen H F，Wang M Y，Yao L，et al. Uptake of gaseous alkylamides by suspended sulfuric acid particles：Formation of ammonium/aminium salts. Environmental Science & Technology，2017，51（20）：11710-11717.

参 考 文 献

[1] Haywood J，Boucher O. Estimates of the direct and indirect radiative forcing due to tropospheric aerosols：A review. Reviews of Geophysics，2000，38（4）：513-543.

[2] Andreae M，Crutzen P. Atmospheric aerosols：Biogeochemical sources and role in atmospheric chemistry. Science，1997，276（5315）：1052-1058.

[3] IPCC. Climate Change 2013：The Physical Science Basis. United Kingdom and New York：Cambridge University Press，USA，2013.

[4] Chow J C. Health effects of fine particulate air pollution：Lines that connect. Journal of the Air and Waste Management Association，2006，56（6）：707-708.

[5] Dockery D，Pope A，Xu X，et al. An association between air pollution and mortality in six US cities. The New England Journal of Medicine，1993，329：1753-1759.

[6] Laden F，Schwartz J，Speizer F E，et al. Reduction in fine particulate air pollution and mortality：Extended follow-up of the Harvard Six Cities study. American Journal of Respiratory and Critical Care Medicine，2006，173（6）：667-672.

[7] Spracklen D V，Carslaw K S，Kulmala M，et al. Contribution of particle formation to global cloud condensation nuclei concentrations. Geophysical Research Letters，2008，35：L06808.

[8] Merikanto J，Spracklen D，Mann G，et al. Impact of nucleation on global CCN. Atmospheric Chemistry and Physics，2009，9（21）：8601-8616.

[9] Chan C K，Yao X. Air pollution in mega cities in China. Atmospheric Environment，2008，42（1）：1-42.

[10] Huang R J，Zhang Y，Bozzetti C，et al. High secondary aerosol contribution to particulate pollution during haze events in China. Nature，2014，514（7521）：218-222.

[11] Guo S，Hu M，Zamora M L，et al. Elucidating severe urban haze formation in China. Proceedings of the National Academy of the Sciences of the United States of America，2014，111（49）：17373-17378.

[12] Wu Z，Hu M，Liu S，et al. New particle formation in Beijing，China：Statistical analysis of a 1-year data set. Journal of Geophysical Research，2007，112：D092209.

[13] Liu S，Hu M，Wu Z，et al. Aerosol number size distribution and new particle formation at a rural/coastal site in Pearl River Delta（PRD）of China. Atmospheric Environment，2008，42（25）：6275-6283.

[14] Yue D，Hu M，Wu Z，et al. Characteristics of aerosol size distributions and new particle

formation in the summer in Beijing. Journal of Geophysical Research，2009，114：D00G12.

[15] Gong Y，Hu M，Cheng Y，et al. Competition of coagulation sink and source rate：New particle formation in the Pearl River Delta of China. Atmospheric Environment，2010，44 (27)：3278-3285.

[16] Yue D L，Hu M，Zhang R Y，et al. The roles of sulfuric acid in new particle formation and growth in the mega-city of Beijing. Atmospheric Chemistry and Physics，2010，10(10)：4953-4960.

[17] Shen X J，Sun J Y，Zhang Y M，et al. First long-term study of particle number size distributions and new particle formation events of regional aerosol in the North China Plain. Atmospheric Chemistry and Physics，2011，11(4)：1565-1580.

[18] Gao J，Chai F，Wang T，et al. Particle number size distribution and new particle formation：New characteristics during the special pollution control period in Beijing. Journal of Environmental Sciences，2012，24(1)：14-21.

[19] Guo H，Wang D W，Cheung K，et al. Observation of aerosol size distribution and new particle formation at a mountain site in subtropical Hong Kong. Atmospheric Chemistry and Physics，2012，12(20)：9923-9939.

[20] Yue D L，Hu M，Wang Z B，et al. Comparison of particle number size distributions and new particle formation between the urban and rural sites in the PRD region，China. Atmospheric Environment，2013，76：181-188.

[21] Herrmann E，Ding A J，Kerminen V M，et al. Aerosols and nucleation in eastern China：First insights from the new SORPES-NJU station. Atmospheric Chemistry and Physics，2014，14(4)：2169-2183.

[22] Xiao S，Wang M Y，Yao L，et al. Strong atmospheric new particle formation in winter in urban Shanghai，China. Atmospheric Chemistry and Physics，2015，15(4)：1769-1781.

[23] Zhang Y M，Zhang X Y，Sun J Y，et al. Characterization of new particle and secondary aerosol formation during summertime in Beijing，China. Tellus B：Chemical and Physical Meteorology，2017，63(3)：382-394.

[24] Chu B，Kerminen V-M，Bianchi F，et al. Atmospheric new particle formation in China. Atmospheric Chemistry and Physics，2019，19(1)：115-138.

[25] Kulmala M，Vehkamäki H，Petäjä T，et al. Formation and growth rates of ultrafine atmospheric particles：A review of observations. Journal of Aerosol Science，2004，35(2)：143-176.

[26] Zhang R，Khalizov A，Wang L，et al. Nucleation and growth of nanoparticles in the atmosphere. Chemical Reviews，2012，112(3)：1957-2011.

[27] Weber R J，Marti J J，McMurry P H，et al. Measured atmospheric new particle formation rates：Implications for nucleation mechanisms. Chemical Engineering Communications，2007，151(1)：53-64.

[28] Sipilä M，Berndt T，Petäjä T，et al. The role of sulfuric acid in atmospheric nucleation. Science，2010，327(5970)：1243-1246.

[29] Kulmala M，Pirjola L，Mäkelä J. Stable sulphate clusters as a source of new atmospheric particles. Nature，2000，404：66-69.

[30] Ball S M，Hanson D R，Eisele F L，et al. Laboratory studies of particle nucleation：Initial results for H_2SO_4，H_2O，and NH_3 vapors. Journal of Geophysical Research：Atmospheres，1999，104(D19)：23709-23718.

[31] Benson D R，Erupe M E，Lee S H. Laboratory-measured H_2SO_4-H_2O-NH_3 ternary homogeneous nucleation rates：Initial observations. Geophysical Research Letters，2009，36：L15818.

[32] Kirkby J，Curtius J，Almeida J，et al. Role of sulphuric acid，ammonia and galactic cosmic rays in atmospheric aerosol nucleation. Nature，2011，476(7361)：429-433.

[33] Berndt T，Stratmann F，Sipilä M，et al. Laboratory study on new particle formation from the reaction OH + SO_2：Influence of experimental conditions，H_2O vapour，NH_3；and the amine tert-butylamine on the overall process. Atmospheric Chemistry and Physics，2010，10(15)：7101-7116.

[34] Zhao J，Smith J N，Eisele F L，et al. Observation of neutral sulfuric acid-amine containing clusters in laboratory and ambient measurements. Atmospheric Chemistry and Physics，2011，11(21)：10823-10836.

[35] Almeida J，Schobesberger S，Kurten A，et al. Molecular understanding of sulphuric acid-amine particle nucleation in the atmosphere. Nature，2013，502(7471)：359-363.

[36] Zhang R，Suh I，Zhao J，et al. Atmospheric new particle formation enhanced by organic acids. Science，2004，304(5676)：1487-1490.

[37] Zhang R，Wang L，Khalizov A F，et al. Formation of nanoparticles of blue haze enhanced by anthropogenic pollution. Proceedings of the National Academy of the Sciences of the United States of America，2009，106(42)：17650-17654.

[38] Fang X，Hu M，Shang D，et al. Observational evidence for the involvement of dicarboxylic acids in particle nucleation. Environmental Science & Technology Letters，2020，7(6)：388-394.

[39] Lu Y，Liu L，Ning A，et al. Atmospheric sulfuric acid-dimethylamine nucleation enhanced by trifluoroacetic acid. Geophysical Research Letters，2020，47：L085627.

[40] Rauch H，Lemmel H，Baron M，et al. Measurement of a confinement induced neutron phase. Nature，2002，417(6889)：630-632.

[41] Lee S H，Reeves J M，Wilson J C，et al. Particle formation by ion nucleation in the upper troposphere and lower stratosphere. Science，2003，301(5641)：1886-1889.

[42] Yu F，Turco R P. From molecular clusters to nanoparticles：Role of ambient ionization in tropospheric aerosol formation. Journal of Geophysical Research：Atmospheres，2001，106

(D5)：4797-4814.

[43] Riccobono F, Schobesberger S, Scott C E, et al. Oxidation products of biogenic emissions contribute to nucleation of atmospheric particles. Science, 2014, 344(6185)：717-721.

[44] Lu K, Zhang Y, Su H, et al. Oxidant $(O_3 + NO_2)$ production processes and formation regimes in Beijing. Journal of Geophysical Research, 2010, 115：D07303.

[45] Schobesberger S, Junninen H, Bianchi F, et al. Molecular understanding of atmospheric particle formation from sulfuric acid and large oxidized organic molecules. Proceedings of the National Academy of the Sciences of the United States of America, 2013, 110(43)：17223-17228.

[46] Zhang K M, Wexler A S. A hypothesis for growth of fresh atmospheric nuclei. Journal of Geophysical Research：Atmospheres, 2002, 107(D21)：AAC 15-1-16.

[47] McMurry P H, Fink M, Sakurai H, et al. A criterion for new particle formation in the sulfur-rich Atlanta atmosphere. Journal of Geophysical Research, 2005, 110：D22S02.

[48] Boy M, Kulmala M, Ruuskanen T, et al. Sulphuric acid closure and contribution to nucleation mode particle growth. Atmospheric Chemistry and Physics, 2005, 5(4)：863-878.

[49] Wang L, Khalizov A F, Zheng J, et al. Atmospheric nanoparticles formed from heterogeneous reactions of organics. Nature Geoscience, 2010, 3(4)：238-242.

[50] Holmes N S. A review of particle formation events and growth in the atmosphere in the various environments and discussion of mechanistic implications. Atmospheric Environment, 2007, 41(10)：2183-2201.

[51] Kurten A, Jokinen T, Simon M, et al. Neutral molecular cluster formation of sulfuric acid-dimethylamine observed in real time under atmospheric conditions. Proceedings of the National Academy of the Sciences of the United States of America, 2014, 111(42)：15019-15024.

[52] Kirkby J, Duplissy J, Sengupta K, et al. Ion-induced nucleation of pure biogenic particles. Nature, 2016, 533(7604)：521-526.

[53] Wang Z, Wu Z, Yue D, et al. New particle formation in China：Current knowledge and further directions. Science of the Total Environment, 2017, 577：258-266.

[54] Cai R, Yan C, Yang D, et al. Sulfuric acid-amine nucleation in urban Beijing. Atmospheric Chemistry and Physics, 2021, 21(4)：2457-2468.

[55] Li X, Zhao B, Zhou W, et al. Responses of gaseous sulfuric acid and particulate sulfate to reduced SO_2 concentration：A perspective from long-term measurements in Beijing. Science of the Total Environment, 2020, 721：137700.

[56] Cai R, Chandra I, Yang D, et al. Estimating the influence of transport on aerosol size distributions during new particle formation events. Atmospheric Chemistry and Physics, 2018, 18(22)：16587-16599.

[57] Deng C, Fu Y, Dada L, et al. Seasonal characteristics of new particle formation and growth

in urban Beijing. Environ Sci Technol，2020，54(14)：8547-8557.

[58] Deng C，Cai R，Yan C，et al. Formation and growth of sub-3 nm particles in megacities： Impact of background aerosols. Faraday Discussions，2021，226：348-363.

[59] Qi X，Ding A，Roldin P，et al. Modelling studies of HOMs and their contributions to new particle formation and growth：Comparison of boreal forest in Finland and a polluted environment in China. Atmospheric Chemistry and Physics，2018，18(16)：11779-11791.

[60] Qi X M，Ding A J，Nie W，et al. Aerosol size distribution and new particle formation in the western Yangtze River Delta of China：2 years of measurements at the SORPES station. Atmospheric Chemistry and Physics，2015，15(21)：12445-12464.

[61] Yao L，Garmash O，Bianchi F，et al. Atmospheric new particle formation from sulfuric acid and amines in a Chinese megacity. Science，2018，361(6399)：278-281.

[62] Zheng J，Yang D，Ma Y，et al. Development of a new corona discharge based ion source for high resolution time-of-flight chemical ionization mass spectrometer to measure gaseous H_2SO_4 and aerosol sulfate. Atmospheric Environment，2015，119：167-173.

[63] Zheng J，Ma Y，Chen M，et al. Measurement of atmospheric amines and ammonia using the high resolution time-of-flight chemical ionization mass spectrometry. Atmospheric Environment，2015，102：249-259.

[64] Kurten A，Rondo L，Ehrhart S，et al. Calibration of a chemical ionization mass spectrometer for the measurement of gaseous sulfuric acid. Journal of Physical Chemistry A，2012，116(24)：6375-6386.

[65] Hyttinen N，Kupiainen-Maatta O，Rissanen M P，et al. Modeling the charging of highly oxidized cyclohexene ozonolysis products using nitrate-based chemical ionization. Journal of Physical Chemistry A，2015，119(24)：6339-6345.

[66] Yan C，Yin R，Lu Y，et al. The synergistic role of sulfuric acid，bases，and oxidized organics governing new-particle formation in Beijing. Geophysical Research Letters，2021，48：L091944.

[67] Nieminen T，Lehtinen K E J，Kulmala M. Sub-10 nm particle growth by vapor condensation—Effects of vapor molecule size and particle thermal speed. Atmospheric Chemistry and Physics，2010，10(20)：9773-9779.

[68] Wang S，Wu R，Berndt T，et al. Formation of highly oxidized radicals and multifunctional products from the atmospheric oxidation of alkylbenzenes. Environmental Science & Technology，2017，51(15)：8442-8449.

[69] Otkjaer R V，Jakobsen H H，Tram C M，et al. Calculated hydrogen shift rate constants in substituted alkyl peroxy radicals. Journal of Physical Chemistry A，2018，122(43)：8665-8673.

[70] Molteni U，Bianchi F，Klein F，et al. Formation of highly oxygenated organic molecules from aromatic compounds. Atmospheric Chemistry and Physics，2017，18(3)：1909-1921.

第 3 章　重污染期间二次硫酸盐不同化学过程来源的定量识别

宋宇[1],王恬恬[1],刘明旭[1],王炜罡[2],刘明元[2],葛茂发[2]

[1]北京大学,[2]中国科学院化学研究所

硫酸盐是大气颗粒物的重要组分,重污染期间日均浓度可以高达 $100~\mu g~m^{-3}$。教科书中传统的化学机制均无法解释该观测现象。提出科学合理的硫酸盐生成新机制,成为近些年来极具挑战性的研究。本研究采用数值模拟方法,对硫酸盐生成机制进行解析。首先,明确重污染硫酸盐生成主要来源为气溶胶表界面锰催化氧化反应(92.3%±3.5%),其次为气溶胶液相中 H_2O_2 氧化反应(4.2%±3.6%)和气相氧化反应(3.1%±0.5%),其他途径(气溶胶液相 O_3 氧化、NO_2 氧化、过渡金属催化氧化和云雾液相氧化等)对硫酸盐生成的总贡献仅有 0.3%。此外,基于集成过程速率分析方法,发现硫酸盐的物理传输、化学生成、沉降去除呈现空间非均匀性。硫酸盐污染带内排放的 SO_2 有 20% 通过化学过程转化为颗粒物硫,其中78.4% 转化为硫酸盐,21.6% 转化为羟基甲磺酸盐。研究成果可望对未来环境健康、大气化学和气候变化等研究产生重要影响。

3.1　研究背景

近些年来,我国发生多起大气 $PM_{2.5}$ 重污染事件(日均 $PM_{2.5}$ 浓度大于 $150~\mu g~m^{-3}$ 为重度或者严重污染,见新标准 HJ 633—2012)。2013 年 1 月,我国中东部地区暴发严重大气污染,受影响面积达到 130 万 km^2,当时北京 $PM_{2.5}$ 小时浓度接近 $1000~\mu g~m^{-3}$[1]。在 2013 年 12 月、2014 年 2 月、2015 年 7 月和 11—12 月相继发生大范围的重度污染事件。大气重污染不仅降低大气能见度,而且对人们的身体健康带来严重损害。重污染事件中,二次无机盐离子(主要包含硫酸根、硝酸根和铵根)占有重要的比例,可以达到 40%~60%[1,2],例如,2013 年 1 月硫酸盐、硝酸盐和铵盐小时浓度分别接近 300、200、$150~\mu g~m^{-3}$。

　　但是，大气化学模拟系统现存机制并不能完整解释重污染时段二次无机盐的来源，尤其严重低估硫酸盐的生成量。其实，这个问题已经存在二十多年了，过去的研究均发现东亚地区在秋冬季节，存在硫酸盐模拟值比观测值系统偏低的情况，科研工作者长期认为污染源清单的不准确性可能为主要原因[3-6]。近年来，大家开始认识到现存硫酸盐的化学机制可能不完善、不准确，并不能解释中国地区大气重污染期间二次硫酸盐的生成[1]，即硫酸盐的生成途径不清楚。

　　硫酸盐生成过程比较复杂。目前，现存大气化学机制中，硫酸盐来源分为气相反应和液相反应[7]。气相反应为气态 SO_2 被 OH 自由基氧化生成气态硫酸，进而凝结成核，并与氨反应生成硫酸盐。液相反应包含在云雾液滴中溶解的四价硫（S(Ⅳ)）在过渡重金属元素催化作用下被氧气氧化，以及被溶解的过氧化氢（H_2O_2）、臭氧（O_3）、二氧化氮（NO_2）和有机过氧化物等氧化生成液态硫酸；随后液态硫酸和溶解的氨反应生成硫酸盐。

　　国外科研工作者一直利用实验室手段研究硫酸盐的非均相生成。Grassian 研究组发现气态 SO_2 可以在矿质气溶胶表面生成硫酸盐，并指出该反应是有限的，即硫酸盐在矿质气溶胶表面饱和后（生成不溶水的 $CaSO_4$，饱和吸收率为每平方厘米 10^{15} 个 SO_2 分子）不再继续[8,9]。Hung 和 Hoffmann[10] 发现在酸性液滴表面，SO_2 在氢离子的作用下可直接和氧气发生反应生成硫酸。这种反应只需要很低的能量即可进行，并且可以持续，有可能是重要的硫酸盐生成途径。

　　针对中国二次硫酸盐生成的问题，He 等人通过实验室研究[1]，认为 NO_2 可以在矿质气溶胶表面促进 SO_2 向硫酸盐的转化。Huang 等通过改进数值模拟系统[11]，发现矿质气溶胶通过提高云雾碱性、过渡元素催化氧化、矿质表面非均相反应等途径促进硫酸盐的生成，并针对不同氧化途径解析出对硫酸盐生成的贡献。Zheng 等和 Wang 等利用数值模拟[2,12]，认为非均相反应是重要的新机制。Xue 等采用 OBM 模型认为[13]，在雾发生阶段，pH 为 5.6 时，液相反应中溶解的 NO_2 是氧化四价硫的重要途径。但是，需要指出的是，重污染发生阶段，大气水汽通常没有达到过饱和，云雾很难发生，而且没有云雾发生的时候，气溶胶仅通过水汽吸湿，其酸度会很高，远低于 5.6[2,7]。

　　综上所述，硫酸盐某种重要的生成机制可能缺失；或者，硫酸盐现存生成机制需要修正，即某种化学反应、某化学物种浓度水平可能并没有真实反映它们在中国大气中的实际情况。

　　具体而言，目前硫酸盐的生成机制存在如下科学问题：

　　（1）新的硫酸盐生成机制不清楚。目前通过实验室方法提出的新机制主要是非均相反应。比如，SO_2 和 NO_2 在矿质气溶胶表面协同反应生成硫酸盐[1]，以及 SO_2 在气溶胶表面酸催化作用下（吸湿后的二次无机盐、二次有机酸等）直接和氧气发生反应生成硫酸[10]。需要测试相关参数化方案以进一步明确新机制的贡献。

（2）过渡重金属催化氧化促进硫酸盐形成的机制缺陷很多。主要包含：重金属的大气化学反应没有考虑（可影响其不同价态的分布，进而影响硫酸盐生成的催化速率）；多种重金属共存的联合催化效应没有考虑。此外，我国大气重金属实际排放量在模拟系统中也没有得到反映等。

（3）硫酸盐在矿质气溶胶表面非均相生成的参数化存在缺陷。现存研究通常不考虑硫酸盐在矿质气溶胶表面的饱和效应[8,9]（饱和吸收率为每平方厘米 10^{15} 个 SO_2 分子），结果可能严重夸大矿质气溶胶促进硫酸盐生成的作用。需要在气溶胶热力学平衡计算中考虑这一点。

（4）重污染天气硫酸盐不同生成途径的贡献未知。由于在重污染期间，硫酸盐本身的生成机制存在问题，就无法准确地识别不同机制的贡献。

（5）其他影响重污染期间硫酸盐形成的物理化学因子不清晰。主要包含：碱性矿物质和氨对硫酸盐形成的影响[14]，它们可提高液相 pH，影响 SO_2 的吸收和氧化；高相对湿度对硫酸盐形成的影响，会改变气溶胶表面及体相的酸碱度，进而影响液相对 SO_2 的吸收和氧化；可能存在酸催化非均相反应；等等。

针对上述问题，诊断硫酸盐形成机制上的缺陷，改进完善现存机制，新增国内外实验室重要成果，重新评估重污染期间硫酸盐不同生成途径的贡献等研究是十分必要的。这也是目前科学研究的难点。

本研究将在作者目前已有的工作基础上（详见研究基础部分），采用外场观测和数值模拟相结合的方法进行研究。第一，进行重污染个例观测，获取我国典型区域颗粒物中的硫酸盐（同步包含其他化学组分）、大气氨及酸性气体和气象因子（含地面及高空风温湿）等数据。第二，依据观测结果，采用一维大气化学盒子模型，诊断现存硫酸盐形成机制的问题，着重从实际大气中过渡元素、碱性矿质的浓度水平入手，对硫酸盐液相生成途径中的铁锰催化、云雾液滴 pH 等计算方法进行修正。第三，选择科学合理的实验室成果，作为硫酸盐形成的新增机制，通过参数化方案的模拟设计，确定其贡献大小。第四，耦合一维盒子模型到三维大气化学模型中，依据观测和作者工作基础，加入准确的重金属、氨和矿质气溶胶排放及其大气化学反应，研究修改和新增的硫酸盐形成机制在重污染时段中的重要性。分析这些机制的主要控制因子，包含界面吸收系数、气溶胶数谱（为非均相反应计算表面积）以及前体物（SO_2，NO_x，NH_3）排放等。

本研究的目的是建立一套科学合理反映我国重污染条件下硫酸盐形成的大气化学机制，定量识别不同途径对硫酸盐形成的贡献，并探讨这些机制的主要控制因子。本研究成果可以应用到灰霾，尤其小风静稳天气下的重污染预报预警中，也有助于评估我国硫酸盐气溶胶的气候效应。

3.2　研究目标与研究内容

大气化学模式在东亚地区，尤其我国东部，一直存在秋冬季节严重低估硫酸盐的问题，该现象在近年发生重污染天气时尤其明显。

3.2.1　研究目标

本研究旨在利用外场观测和数值模拟相结合的方法，通过改进和新增化学机制，明晰重污染条件下高浓度硫酸盐形成的主要途径，并解析它们对硫酸盐的贡献。将重点探讨四价硫液相氧化途径中的缺陷，新增国内外实验室发现的硫酸盐形成的新机制，侧重气溶胶酸性表面的非均相反应。最终达到对高浓度硫酸盐形成的化学机制的定量识别，为未来重污染灰霾预报和硫酸盐气候效应评估提供科学基础。

3.2.2　研究内容

本研究拟科学揭示硫酸盐的大气化学形成机制，以回答现存机制无法解释重污染天气高浓度硫酸盐的问题。具体内容包括：

（1）建立较为完整的重污染观测数据库。在我国华北、长三角和中部选择 3 个代表性观测点，在秋冬季节进行细颗粒物化学组分的观测（除硫酸盐和重金属离子外，也测量硝酸盐及铵盐等离子、有机物和元素），同步测量大气氨、二氧化硫和氮氧化物等气态污染物，以及垂直方向上风、水汽、温度和大气压力等气象因子。为小规模观测，观测次数为数个即可（以实现车载观测）。

（2）改进现存的硫酸盐形成机制。拟在作者现存研究基础上，修改完善矿质气溶胶提高云雾液滴碱性而增强液相 S(IV) 溶解及氧化的作用、过渡金属 Fe(III) 和 Mn(II) 对液相 S(IV) 的催化氧化作用（含过渡元素不同价态间的大气化学反应、排放以及联合催化）等。

（3）新增硫酸盐形成机制。拟加入气态二氧化硫在酸性气溶胶表面转化为硫酸的新机制[10]，以及二氧化硫和二氧化氮在矿质气溶胶表面协同反应生成硫酸盐的新机制[1]。前者着重参数化方案研究；后者着重硫酸盐在矿质气溶胶表面的饱和效应研究。

（4）定量识别重污染天气硫酸盐不同形成机制的贡献及影响因子。通过对硫元素跟踪计算的方法,解析不同氧化途径对硫酸盐的贡献。通过参数敏感性测试确定主要影响因子,着重研究碱性矿质气溶胶对硫酸-硝酸-氨三元竞争反应的影响,相对湿度和大气稳定层结等对硫酸盐形成的作用。

3.3　研究方案

本研究拟采用外场观测和数值模拟相结合的方法,展开外场观测,收集重污染天气细颗粒物的化学组分、氨和酸性气体等气态污染数据、风温湿垂直廓线等气象数据。为避免源清单、气象模拟不准确的问题,先采用一维盒子模型,结合观测资料诊断现存硫酸盐形成机制的问题。改进现存机制,增加非均相新机制,分析改进机制和新增机制的重要性,直到模拟结果和观测闭合。将一维模型耦合到三维模型,模拟识别现存和新增机制,以及其他氧化途径对硫酸盐形成的贡献。分析影响的主要因子,如氨和矿质等碱性物质、硫酸-硝酸-氨的三元竞争、相对湿度和大气稳定层结等。

具体技术路线为:

(1) 外场观测。选取华北、长三角和中部为代表的 3 个观测点(考虑到课题合作基础,初步为北京、无锡和武汉),在秋冬季节重污染天气(可由作者搭建的空气质量预报系统获取)进行细颗粒物($PM_{2.5}$)化学成分的观测,包含水溶性离子(常规离子和铁锰等过渡重金属离子)、有机物和黑碳、元素等,此外,采用飞行时间气溶胶化学组分在线分析质谱仪(ToF-ACSM)进行细颗粒物硫酸盐、硝酸盐和铵盐、有机物的测量。同步测量水汽、温度和大气压力等气象要素,以及 SO_2、NO_x、O_3 和 NH_3 等气态污染物,以及气相 H_2O_2。上述仪器大部分可以采用车载观测。在北京大学超级观测站,将采用激光诱导荧光方法测量 OH 和 HO_2 自由基,以及进行 VOCs 的高分辨率测量。考虑到数据的完整性,北京大学超级观测站的数据将用来重点分析,以确定参与硫酸盐形成的氧化剂水平。

(2) 现存机制问题的判别。选取一维大气化学盒子模型(可采用三维空气质量模型中次网格计算模块),输入观测数据(可避免三维模型中源清单、气象模拟不准确的问题),测试模型中现存机制的硫酸盐产量。和观测结果进行比较,判别可能存在的硫酸盐形成机制问题。在北京大学超级观测站,将利用 HO_x 测量数据分析验证 SO_2 气相氧化的准确性。

(3) 现存机制的改进。现存机制主要存在如下问题:中国人为源,尤其燃煤过程中产生的矿质气溶胶和过渡重金属的作用在国际流行模式中没有被充分考虑,依然采用很低的默认值。但是,碱性矿质在云雾中可以提高液滴碱性,增加四价硫的溶解，重金属 Fe(III) 和 Mn(II) 对四价硫的联合催化作用没有被考虑。加入重金属联合催化机制，逐步输入 Ca^{2+}、Fe^{3+} 和 Mn^{2+} 等观测结果，再次诊断改进现存机制后硫酸盐的浓度水平。注意，由于硫酸铵和硝酸铵会在热力学平衡下重新分配，因此，改动硫酸盐产量的同时也会改变硝酸盐产量。

（4）新机制的增加。拟增加合作单位中科院化学所研发的非均相生成机制和气溶胶液态水液相反应机制。对包含 Hung 和 Hoffmann[10] 提出的酸性气溶胶表面硫酸盐形成的非均相机制以及 He 等人提出的 SO_2 和 NO_2 在矿质气溶胶表面协同反应生成硫酸盐的机制[1]等，将通过诊断方法，判断其合理性后再进一步考虑是否加入区域光化学模型。

（5）一维盒子模型在三维模型中的耦合。一维盒子模型尽量为三维模型中次网格计算模块，这样可避免输入输出接口的不匹配。耦合后测试计算的稳定性。如果存在大气逆温现象（重污染发生的主要气象原因之一），需要测试选择合理的边界层方案，甚至修改湍流交换系数的参数化方案，以获取满意的逆温边界层模拟。选取计算个例进行三维大气化学模拟测试。如果模拟结果和观测闭合，进行其他个例的模拟分析；如果不闭合，和一维模拟比较并诊断原因，尤其关注修改新增的化学机制是否在三维模拟中被激活，如需要对一维模型重新测试。

（6）定量识别不同化学机制对硫酸盐形成的贡献。在三维模拟中，选择重要的硫酸盐形成机制，以参与这些机制反应的硫元素进行示踪计算，对相应硫酸盐产量进行分类存储。最终可以获取不同形成机制（含现存机制的改进以及新机制的增加）对硫酸盐的贡献。硫酸盐的总氧化产量和示踪产量即可大致认为是气相氧化产量。当然，也可单独对气相反应机制进行独立示踪。

（7）分析影响硫酸盐的主导因素以及不确定性。模拟不同机制对硫酸盐的贡献。针对氨、矿质气溶胶（影响云雾碱性、液相和非均相酸性气体的吸收等）两种碱性排放源，SO_2 和 NO_x 两种前体物排放源，依据不同缩放比例进行测试，分析对硫酸盐的影响。综合分析，判断主要因子。

以非均相吸收系数、矿质气溶胶中重金属和 $CaCO_3$ 含量为变量，和以前体物源强为变量，通过参数情景组合，模拟分析二次无机盐生成的不确定性。

具体研究流程见图 3.1。

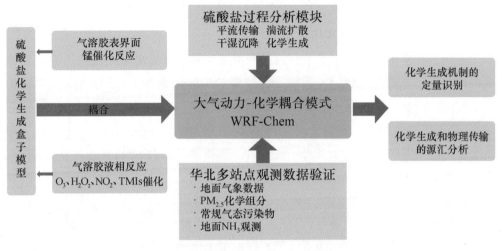

图 3.1　重污染期间二次硫酸盐形成机制研究流程

3.4　主要进展与成果

3.4.1　重污染硫酸盐形成新机制的认知

1. 硫酸盐化学生成新机制简述

新机制包含气溶胶表界面和气溶胶液相两部分的硫酸盐化学生成途径。气溶胶表界面反应为中科院化学所根据烟雾箱实验提出的气溶胶表界面锰催化反应方案,气溶胶液相反应采用云水化学的反应机制。该液相模块参考 WRF-Chem 云雾液相化学模块的迭代算法,其中气溶胶含水量、pH、离子强度采用热力学平衡模型在线计算的结果。仅当 RH 高于 35% 时,才启动气溶胶表界面反应和气溶胶液相反应。

热力学平衡模型采用 ISORROPIA-II,计算体系为 NH_4^+-SO_4^{2-}-NO_3^--K^+-Ca^{2+}-Mg^{2+}-Na^+-Cl^--H_2O。考虑到 forward 模式对于气体和颗粒物组分、气溶胶酸碱度的计算结果更为准确,研究选取亚稳态假设下(溶液始终处于过饱和状态,没有固态物质析出)的 forward 模式。由于华北地区冬季重污染期间天然沙尘含量相对少,因而仅考虑人为源一次颗粒物中的铁锰贡献。根据文献,铁和锰在人为源一次颗粒物中的比重分别为 3.0% 和 0.3%。只有溶解的 Fe(III) 和 Mn(II) 才具有催化作用。依据观测数据,设定人为源一次颗粒物中铁和锰的溶解度分别为 10% 和 50%。所有溶解的锰均为 Mn(II),而溶解的铁包含 Fe(II) 和 Fe(III)。Fe(III) 在日间会与超氧自由基反应转化为 Fe(II),夜间 Fe(II) 会被 H_2O_2 氧化转化为 Fe(Ⅲ)，因而 Fe(Ⅱ)在日间占主导，Fe(Ⅲ)在夜间占主导。

2. 气溶胶表界面锰催化反应

本研究合作单位中科院化学所通过烟雾箱实验研究提出了气溶胶表界面锰催化的硫酸盐形成的新机制。实验在控温控湿的烟雾箱中开展，通过改变颗粒物种子(氯化钠和硫酸铵)的粒径、气溶胶相 Mn^{2+} 浓度，以及烟雾箱中的 SO_2 和 NH_3 浓度，开展了多组实验。实验发现，当温度控制为 298 K，在 O_2、气溶胶相 Mn^{2+} 和气溶胶液态水共同存在的情况下，观测到了颗粒物质量浓度和粒径的快速增长。实验中硫酸盐的生成速率在 $14.1 \sim 24.5 \ \mu g \ m^{-3} \ h^{-1}$，颗粒物粒径在 50 min 内可以由约 60 nm 增长到 $82 \sim 105$ nm。烟雾箱中观测到的硫酸盐生成速率不能通过以往的液相锰催化反应来解释(即使不考虑离子强度的抑制作用)。此外，实验中硫酸盐与水的拉曼峰面积比随着种子粒径的减小而增大，表明反应速率与表面积-体积比相关，呈现出表面反应的特征。

通过调整 SO_2 和 Mn^{2+} 浓度，实验发现硫酸盐生成速率与 SO_2 和 Mn^{2+} 浓度成线性关系，表明该反应关于 SO_2 和 Mn^{2+} 都是一级反应。实验结果表明氯化钠种子的增长速率远高于硫酸铵种子的增长速率，可能是气溶胶酸度对该反应存在抑制作用。通过控制气溶胶 pH，发现反应速率随着 pH 的降低而降低。通过控制烟雾箱实验温度($278 \sim 298$ K)，发现该反应速率随着温度的降低而降低。此外，还研究了离子强度对该反应的反应速率的影响，不同于液相过渡金属催化反应，随着离子强度的升高该反应的速率并没有明显的降低。而且在低温情况下，离子强度对该反应存在促进作用，当离子强度高于某一个与温度相关的阈值时，反应速率会增大。在温度为 278 K 和 283 K 的情况下，当离子强度分别高于 $14.2 \ mol \ L^{-1}$ 和 $15.3 \ mol \ L^{-1}$ 时，离子强度导致该反应的速率分别加快 10.0 ± 1.5 和 10.6 ± 0.11 倍。

反应示意图如图 3.2 所示，SO_2 首先在含有 Mn^{2+} 的含水气溶胶表面被吸附，然后在表层快速发生锰催化反应，生成的硫酸盐最终被分散到整个气溶胶液相中。反应的中间产物 Mn(Ⅲ)氧化 SO_2，由于具有较高的水解常数，Mn(Ⅲ)主要以 $Mn(OH)_2^+$ 和 $Mn(OH)^{2+}$ 的形式存在，并且其浓度与气溶胶酸度及 Mn(Ⅱ)浓度相关。在高离子强度的条件下，高浓度的电解液可以通过形成配合物或离子对作为新的活化中心，来加速离子和中性分子的反应速率。而这些中间产物的能垒可能受到温度变化的影响，从而导致离子强度增强效应的阈值与温度相关。值得注意的是，离子强度对液相锰催化反应起到抑制作用，而对气溶胶表界面锰催化起到促进作用。原因可能是液相锰催化为离子与离子之间的反应，而表界面锰催化为离子与分子之间的反应，因而二者的反应速率在高离子强度下表现出不同的变化规律。

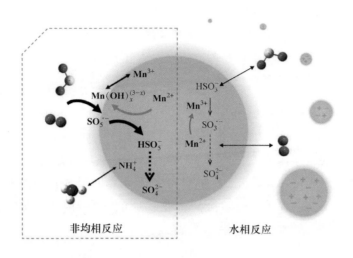

图 3.2　气溶胶表界面锰催化反应示意图

实验结果表明,硫酸盐生成速率与气溶胶酸度、温度、气溶胶液相离子强度和 Mn^{2+} 浓度、气相 SO_2 浓度和气溶胶表面积浓度相关,基于实验数据得到了硫酸盐生成速率($\mu g\ m^{-3}\ min^{-1}$)表达式如式(3.1)~(3.4)所示:

$$d[SO_4^{2-}]/dt = k \times f(H^+) \times f(T) \times f(I) \times [Mn^{2+}] \times [SO_2(g)] \times A \quad (3.1)$$

$$f(H^+) = -1/(1 + a[H^+] + b[H^+]^2) \quad (3.2)$$

$$f(T) = e^{-\frac{E}{R}\left(\frac{1}{T} - \frac{1}{T_0}\right)} \quad (3.3)$$

$$f(I) = \begin{cases} 1, & I < 1.52911 \times 10^{-41} \times e^{\frac{T}{2.99919}} + 13.8704 \\ 10.3, & I \geqslant 1.52911 \times 10^{-41} \times e^{\frac{T}{2.99919}} + 13.8704 \end{cases} \quad (3.4)$$

式(3.1)中,$k = 11079.30$ 是反应速率常数;$[Mn^{2+}]$ 是气溶胶液相中 Mn^{2+} 浓度($mol\ L^{-1}$);$[SO_2(g)]$ 是气相 SO_2 浓度(ppbv);A 是气溶胶表面积浓度($nm^2\ cm^{-3}$);$f(H^+)$ 是关于 H^+ 浓度($mol\ L^{-1}$)的函数,如式(3.2)所示,其中 $a = -8.83 \times 10^{17}$, $b = -7.84 \times 10^{21}$;$f(T)$ 是关于温度的函数,如式(3.3)所示,其中 $E/R = 11576.08\ K$;$f(I)$ 是离子强度增强因子[见式(3.4)]。

外场观测也为气溶胶表界面锰催化反应提供了证据。2016 年 12 月北京、天津、保定和唐山 4 个站点锰浓度范围分别为 14.1~227.8、14.5~163.7、20.4~327.0 和 18.2~127.5 ng m^{-3}。硫酸盐浓度与锰浓度呈现同步变化的规律。由于仅有可溶性锰可起到催化作用,2015 年 1 月 1 日至 15 日可溶性锰与硫酸盐质量浓度的时间序列表明,保定、天津和济南 3 个站点可溶性锰浓度范围分别为 22.1~74.9、17.1~108.7 和 15.1~83.1 ng m^{-3},硫酸盐与可溶性锰时间变化规律相似,同时在重污染时期达到高值。此外,基于分粒径的硫酸盐和锰浓度观测数据,发现重污染时期硫酸盐和锰的粒径分布相似,二者都集中于 $0.4 \sim 1.4~\mu m$ 的粒径段上,并在 $1~\mu m$ 附近达到峰值,表明硫酸盐的形成可能与锰密切相关。电镜观测也发现了重污染时期单颗粒中铁和锰元素被硫元素围绕,表明硫酸盐可以在含有铁和锰的颗粒物上形成。

3. 气溶胶液相中的硫酸盐生成反应

本研究在 WRF-Chem 中加入了气溶胶液相中 S(Ⅳ) 的反应。气溶胶液相硫酸盐生成反应主要考虑了 O_3 氧化、H_2O_2 氧化、NO_2 氧化和过渡金属催化(锰催化/铁催化/铁锰联合催化)反应。其中实验室研究表明液相体系的离子强度可以影响 O_3 氧化、H_2O_2 氧化和过渡金属催化反应的速率,因此根据实验室研究得到的参数化方案,在模型中考虑了气溶胶液相离子强度效应对上述反应的影响。

对于多相反应,总体反应速率不仅取决于化学反应速率,还取决于反应物在不同介质之间的质量输运。参考以往研究,采用标准阻力模型来考虑质量输运的影响。液相氧化剂浓度可以根据亨利平衡由其气相浓度计算得到。对于半径小于 $2.5~nm$ 的颗粒物,液相传质通常可以忽略。

由于传统的观测方法通常会将羟基甲磺酸(HMS)误认为硫酸盐,重污染时期外场观测中发现的高浓度的硫酸盐中可能包含了一部分 HMS,因而除上述液相硫酸盐形成途径外,本研究还在模型中加入了气溶胶液相 HCHO 与 S(Ⅳ) 生成 HMS 的反应。此外,还考虑了离子强度效应对该反应的影响,由于该反应与 H_2O_2 氧化类似,均为分子与离子的反应,因而假设离子强度对该反应的影响也与 H_2O_2 氧化类似,直接采用了 H_2O_2 氧化反应的离子强度效应表达式。本研究中考虑了 HMS 对气溶胶含水量和酸度的影响,假设颗粒物硫中主要包含硫酸盐和 HMS,并根据模拟结果计算了 HMS 和硫酸盐在颗粒物硫中的占比。

4. 硫酸盐过程分析模块

化学传输中物质浓度的变化速率可以通过如下的质量连续方程来表示：

$$\frac{\partial C}{\partial t} = -\nabla \cdot (\bar{V}C)_{adv} + \nabla \cdot (K_e \nabla C)_{diff} + (P_{chem} - L_{chem}) + E +$$

$$\left(\frac{\partial C}{\partial t}\right)_{dry} + \left(\frac{\partial C}{\partial t}\right)_{wdep} + \left(\frac{\partial C}{\partial t}\right)_{cloud} + \left(\frac{\partial C}{\partial t}\right)_{aer} \qquad (3.5)$$

其中,C 为化学物种浓度,$\bar{V}$ 为三维风矢量,K_e 为湍流扩散系数。右边各项依次代表平流过程(包括水平和垂直平流)、湍流扩散过程、化学生成与损失过程、源排放、干沉降、湿沉降、云相过程和气溶胶相过程。由于欧拉模型应用分裂算子的数值方法将每个物种的连续方程分解为几个简单的仅包含一两个过程的常微分或偏微分方程,因而集成过程速率(IPR)分析方法可以应用在网格化的欧拉模型中,来获得各个物理化学过程对于污染物浓度变化的贡献。

本研究将分析以下过程对硫酸盐浓度的贡献,包括总平流传输(TADV)、总湍流扩散(TDIF)、干沉降(DRYD)、湿沉降(WETD)和化学生成(CHEM)。总平流传输又进一步划分为水平平流传输(HADV)和垂向平流传输(VADV),其贡献量取决于风速以及硫酸盐的浓度梯度。总湍流扩散又进一步划分为水平湍流扩散(HDIF)和垂向湍流扩散(VDIF)。湿沉降指的是伴随着降水过程的云中和云下硫酸盐的清除过程。

基于质量守恒,IPR 分析方法可以通过对比硫酸盐浓度的改变量与所有过程贡献量之和来进行验证。通过对 2015 年 1 月华北地区 3 个随机站点硫酸盐浓度的改变量与各过程贡献量之和的时间序列验证,发现硫酸盐改变量与各个过程贡献量之和一致,证明本研究的硫酸盐过程分析模块具有闭合性。

3.4.2　重污染硫酸盐形成的大气环境特征

1. 颗粒物与气态前体物组分模拟与验证

研究使用华北地区 25 个站点的气象参数(两米气温、两米相对湿度、十米风速和十米风向)观测数据对模拟结果进行了评估。结果显示,WRF-Chem 模拟结果较好地再现了华北地区重污染期间的气象特征。华北重污染期间的低风速(1.9 ± 1.2 m s^{-1})、高逆温出现频率(90%)和高相对湿度(66.9% $\pm$ 21.5%)会通过减弱污染物的传输扩散、促进二次颗粒物的非均相生成,而有利于重污染的发生。

(1)硫酸盐

模拟分析为 2015 年 1 月和 2016 年 12 月重污染期间硫酸盐浓度的平均值。实验 I 为基于原始版本的 WRF-Chem 的模拟,硫酸盐浓度在华北大部分地区均低于 5 μg m^{-3},仅在湖北中部小范围内超过 5 μg m^{-3}。实验 II 中加入了气溶胶表界面锰催化反应后,硫酸盐模拟浓度大幅提升,形成了一个沿燕山和太行山脉的由东北至西南方向的硫酸盐浓度高值区,硫酸盐浓度可以超过 20 μg m^{-3},其中河北中部硫酸盐浓度超过 30 μg m^{-3},表明气溶胶表界面锰催化反应可能在重污染期间硫酸盐的化学生成中起到了重要作用。实验 III 在实验 II 的基础上加入了多个气溶胶液相硫酸盐生成反应和 HMS 的生成反应,结果显示硫酸盐浓度相比于实验 II 略微降低。原因可能是加入的气溶胶液相硫酸盐形成机制作用有限,而 HMS 生成反应会消耗 SO$_2$,与硫酸盐生成反应存在竞争关系,从而导致实验 III 中硫酸盐浓度稍低于实验 II。由于研究将日均 PM$_{2.5}$ 浓度超过 150 μg m^{-3} 作为重污染的判断条件,而重污染期间硫酸盐在 $PM_{2.5}$ 中的占比通常可以达到 $15\%\sim20\%$,因而将实验Ⅲ中硫酸盐浓度超过 $20~\mu g~m^{-3}$ 的区域定义为硫酸盐污染带。该污染带北起燕山山脉,南至河南省西南部,覆盖了河北省东部和南部、山东省西北部和河南省中部和北部地区,面积可达 20 万 km^2。

由于传统的观测方法通常把 HMS 误认为硫酸盐,因而研究中认为观测的硫酸盐浓度实际为颗粒物硫的浓度(以硫酸盐计),其中包含硫酸盐和 HMS。2015年 1 月重污染期间,华北地区 7 个站点(北京、天津、唐山、保定、衡水、济南、郑州)颗粒物硫的平均观测浓度为 $15.9\sim32.8~\mu g~m^{-3}$,其中北京站点最低($15.9\pm9.9~\mu g~m^{-3}$),唐山站点最高($32.8\pm22.6~\mu g~m^{-3}$)。2016 年 12 月各站点重污染期间颗粒物硫的平均观测浓度为 $23.2\sim34.7~\mu g~m^{-3}$,其中北京站点浓度最低($23.2\pm16.7~\mu g~m^{-3}$),新乡站点浓度最高($34.7\pm22.5~\mu g~m^{-3}$)。

实验Ⅰ中颗粒物硫(仅为硫酸盐)的模拟浓度相比于观测值存在较大的低估。2015 年 1 月重污染期间,各个站点低估 $82\%\sim92\%$,平均低估 89%;2016 年 12 月重污染期间,各个站点低估 $84\%\sim93\%$,平均低估 90%。表明传统的硫酸盐形成途径(气相和液相氧化)只能解释重污染期间硫酸盐生成量的 10% 左右,这与以往研究的结果相近。增加 SO_2 的排放和改善气象模拟,发现硫酸盐浓度仍然没有太大的提升,表明模式对硫酸盐的低估可能不是由于源排放或者气象因素导致的。重污染期间氧化剂的浓度较低并且较少出现云雾,导致传统的气相氧化和液相氧化生成途径作用有限,无法解释重污染期间高浓度的硫酸盐,表明重污染期间硫酸盐存在未知的形成机制。

实验Ⅱ中加入了气溶胶表面的非均相催化氧化反应后,颗粒物硫(仅为硫酸盐)模拟值在整个区域内有较大的提升。2015 年 1 月重污染期间,实验Ⅱ颗粒物硫模拟浓度与观测值在各个站点的归一化偏差为 $-38\%\sim25\%$,平均为 -6%;2016 年 12 月重污染期间,实验Ⅱ相比于观测值在各个站点的归一化偏差为 $-19\%\sim20\%$,平均为 -3%。总体上,实验Ⅱ硫酸盐模拟值在华北地区多个站点都与观测结果较为接近,表明气溶胶表面的锰催化反应可能是重污染期间硫酸盐形成的重要途径。

实验Ⅲ中颗粒物硫的模拟浓度为硫酸盐与 HMS 模拟浓度之和(假设 HMS 的相对分子质量与硫酸盐相等)。如图 3.3 所示,实验Ⅲ相比于实验Ⅱ颗粒物硫的模拟浓度提升不大,2015 年 1 月和 2016 年 12 月重污染期间实验Ⅲ模拟值相比于实验Ⅱ模拟值分别提升 15%($11\%\sim35\%$)和 14%($10\%\sim19\%$)。实验Ⅲ中各站点 2015 年 1 月重污染期间颗粒物硫模拟浓度的均值为 $13.6\sim39.2~\mu g~m^{-3}$。除济南和衡水站点外,其他站点模拟与观测值的归一化偏差都在 $\pm30\%$ 以内($-25\%\sim21\%$)。济南和衡水站点相比于观测值分别高估 39% 和 32%,这可能与观测数据、

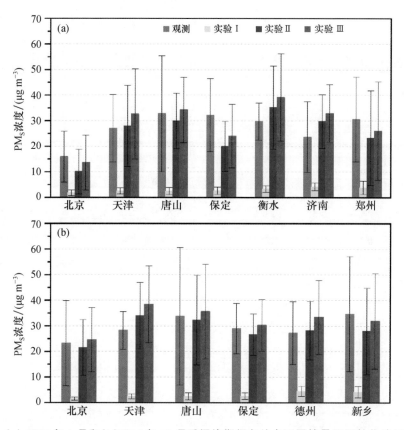

图 3.3　(a) 2015 年 1 月和(b)2016 年 12 月重污染期间各站点不同情景下颗粒物硫(PM$_S$)的模拟值与观测值对比

气象模拟和排放清单等的误差有关。2016 年 12 月各站点颗粒物硫的模拟浓度在重污染期间的均值为 24.6～38.4 $\mu g\ m^{-3}$。天津站点硫酸盐浓度的模拟值比观测值高估 36%，德州站点比观测值高估 23%，其他站点模拟与观测值的归一化偏差都在±10% 以内(−8%～6%)，表现出了较好的一致性。图 3.4 展示了各个站点 2015 年 1 月颗粒物硫的观测值与模拟值的时间序列，模拟值基本上再现各个站点在各个污染过程中硫酸盐浓度的变化情况。综上所述，实验Ⅲ中模式模拟的颗粒物硫浓度基本上可以反映观测值大小和时空变化情况，为分析重污染期间硫酸盐形成机制提供了基础。

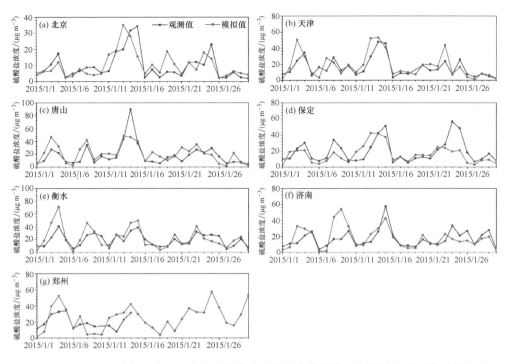

图 3.4 2015 年 1 月华北地区 7 个观测站点硫酸盐浓度模拟值（实验Ⅲ）与观测值时间序列

各重污染个例硫酸盐污染带内平均的 HMS 浓度（以硫酸盐计）为 1.8～8.1 $\mu g\ m^{-3}$，颗粒物硫浓度为 18.9～42.1 $\mu g\ m^{-3}$。HMS 浓度在颗粒物硫浓度中的占比为 9%～21%，平均为 14%，接近于 2014 年冬季重污染事件中外场观测的结果（17%±7%）。此外，研究基于集成过程速率（IPR）方法定量了硫酸盐生成速率和 HMS 生成速率在颗粒物硫总生成速率中的占比。结果显示，重污染期间硫酸盐污染带内平均的 HMS 生成速率在颗粒物硫总生成速率中的占比为 24.6%±7.0%（图 3.5）。值得注意的是，由于除化学生成外，物理传输、扩散和清除等过程也会对 HMS 和硫酸盐浓度产生影响，因而 HMS 与颗粒物硫的浓度比和生成速率比并不相等。

图 3.5 重污染期间硫酸盐和 HMS 生成速率在颗粒物硫总生成速率中的占比

各重污染个例中 HMS 的生成速率在颗粒物硫的总化学生成速率中的占比为 17.6%～34.7%,其中个例 3 和个例 8 中占比最高,分别为 34.4% 和 34.7%(图 3.6)。由于甲醛与 S(Ⅳ) 生成 HMS 的反应为气溶胶液相反应,因而 HMS 生成量与气溶胶含水量有关,而气溶胶含水量又极大地受相对湿度影响。个例 3 和个例 8 是所有污染个例中相对湿度最高的,平均相对湿度分别为 67.1% 和 64.1%。在较高的相对湿度下,个例 3 和个例 8 中平均气溶胶含水量分别达到 81.3 和 109.9 μg m^{-3},有利于气溶胶液相中 HMS 的生成。该反应在生成 HMS 的同时会消耗甲醛。在未加入该反应时(实验Ⅱ)各重污染个例甲醛浓度为 2.2～4.3 ppb,加入该反应后(实验Ⅲ)甲醛浓度明显降低,各重污染个例甲醛浓度为 1.5～3.0 ppb。各重污染个例中甲醛模拟浓度降低了 14.3%～44.1%,平均降低 26.0%。个例 3 和个例 8 中 HMS 生成速率占比最高,因而甲醛降幅最大(分别为 44.1% 和 29.3%)。

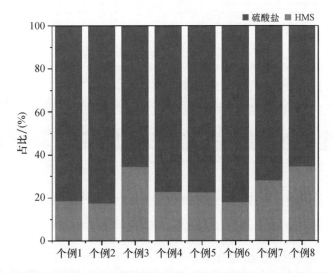

图 3.6　各重污染个例中硫酸盐和 HMS 生成速率在颗粒物硫总生成速率中的占比

(2) 其他颗粒物组分

硝酸盐和铵盐模拟的准确性会对相关的气溶胶物理化学特征(如气溶胶含水量、pH 和离子强度)产生较大的影响。图 3.7 展示了重污染期间硝酸盐和铵盐在华北多个站点的模拟与观测值对比。2015 年 1 月重污染期间,各个站点硝酸盐观测和模拟值分别为 19.7～35.6 和 18.2～43.7 μg m^{-3},铵盐观测和模拟值分别为 11.4～25.4 和 10.7～25.2 μg m^{-3}。2016 年 12 月重污染期间,各个站点硝酸盐观测和模拟值分别为 30.9～45.4 和 24.5～68.5 μg m^{-3},铵盐观测和模拟值分别为 19.6～23.4 和 16.3～32.1 μg m^{-3}。总体上模型可以较好地反映华北地区重污染期间硝酸盐和铵盐的浓度大小和时空变化情况。重污染期间硝酸盐和铵盐的高估主要出现在山东省的济南和德州站点,其他站点模拟与观测值差距较小。山东地区硝酸盐和铵盐的高估可能与观测、排放清单和气象模拟的误差有关,由于硫酸盐污染带的主体部分主要在河北东部和南部以及河南北部,因而山东地区硝酸盐和铵盐的高估可能对硫酸盐污染带内整体的气溶胶物理化学特征的影响不大。

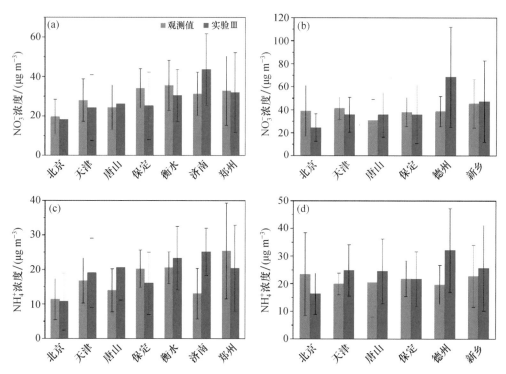

图 3.7　重污染期间各个站点 PM$_{2.5}$ 中硝酸盐和铵盐模拟值与观测值的对比

其中(a)和(c)分别为 2015 年 1 月重污染期间硝酸盐和铵盐的观测和模拟值对比;(b)和(d)分别为 2016 年 12 月重污染期间硝酸盐和铵盐的观测和模拟值对比

　　为正确分析铁锰催化反应在硫酸盐形成中的作用,需要评估模式模拟的铁锰浓度的准确性。研究使用 2016 年 12 月华北地区 6 个站点 PM$_{2.5}$ 中总锰和总铁质量浓度日均观测值来对模型模拟结果进行校验。图 3.8 展示了 2016 年 12 月重污染期间各站点 PM$_{2.5}$ 中总锰和总铁质量浓度的模拟值与观测值的对比。各站点重污染期间总锰和总铁的平均观测浓度分别为 62.0～138.1 ng m^{-3} 和 0.6～1.9 μg m^{-3},其中唐山最高(总锰和总铁浓度分别为 138.1$\pm$76.2 ng m^{-3} 和 1.9$\pm$0.9 μg m^{-3})、德州最低(总锰和总铁浓度分别为 62.0$\pm$18.2 ng m^{-3} 和 0.6$\pm$0.2 μg m^{-3})。总锰和总铁的模拟值分别为 64.7～131.8 ng m^{-3} 和 0.8～1.5 μg m^{-3},也表现为唐山站点最高、德州站点最低的规律。总锰和总铁在各个站点的模拟值基本上与观测值吻合,表明本研究中采用的锰和铁的模拟方案可以较好地再现锰和铁的浓度大小和时空分布情况,为评估铁锰催化反应在硫酸盐形成中的作用提供了基础。

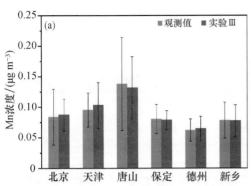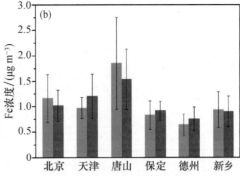

图 3.8 2016 年 12 月重污染期间各站点 $PM_{2.5}$ 中 (a) 总锰和 (b) 总铁模拟值与观测值的对比

Cl^-、Na^+、K^+、Ca^{2+} 和 Mg^{2+} 模拟情况会对气溶胶 pH 的模拟产生影响。2015 年 1 月重污染期间华北地区各个站点 Cl^-、Na^+、K^+、Ca^{2+} 和 Mg^{2+} 模拟与观测值的归一化偏差分别为 -7.4%、-24.9%、-8.9%、-23.5% 和 -12.4%。总体上，模型可以再现 Cl^-、Na^+、K^+、Ca^{2+} 和 Mg^{2+} 的浓度大小和空间分布情况。

（3）气态前体物组分

研究使用华北地区 9 个观测站点 SO_2、NO_2 和 O_3 的小时浓度观测值对模拟结果进行了校验。SO_2 作为硫酸盐的前体物，其模拟的可靠性是分析硫酸盐生成机制的前提。2015 年 1 月和 2016 年 12 月重污染期间华北地区各个观测站点 SO_2 月均值为 $57.6\sim157.4~\mu g~m^{-3}$ 和 $23.3\sim87.3~\mu g~m^{-3}$，重污染期间较高浓度的 SO_2 为硫酸盐的形成提供了大量的前体物。2015 年 1 月和 2016 年 12 月各站点 SO_2 模拟值分别为 $84.6\sim133.2~\mu g~m^{-3}$ 和 $29.1\sim95.0~\mu g~m^{-3}$。模拟值与观测值的归一化偏差仅为 -2.1%，两者偏差小于 2 倍范围的数据占总数据量的 77%。总体上，重污染期间 SO_2 的模拟值与观测值十分接近，而且模型再现了 SO_2 观测值在不同站点之间的差异。

2015 年 1 月重污染期间各站点 NO_2 观测和模拟值分别为 $75.8\sim118.1$ 和 $68.9\sim93.4~\mu g~m^{-3}$，2016 年 12 月重污染期间各个站点 NO_2 观测和模拟值分别为 $57.8\sim112.6$ 和 $68.5\sim116.9~\mu g~m^{-3}$。模拟值与观测值的归一化偏差为 -12.7%，两者偏差小于 2 倍范围的数据占总数据量的 91%。

2015 年 1 月重污染期间各个站点 O_3 浓度的观测值和模拟值分别为 $6.8\sim17.9$ 和 $8.0\sim16.3~\mu g~m^{-3}$。2016 年 12 月重污染期间各个站点 O_3 浓度观测值和模拟值分别为 $6.1\sim32.1$ 和 $6.2\sim26.4~\mu g~m^{-3}$。模式能够再现重污染期间 O_3 浓度大小和空间分布情况，一定程度上表明了模型对于大气氧化性模拟的可靠性。

NH_3 模拟的准确性会影响气溶胶 pH 模拟的准确性。研究使用 2015 年 1 月华北地区 8 个站点的 NH_3 月均浓度观测值对模型模拟结果进行校验。8 个 NH_3

观测站点主要集中于京津冀地区,表现为由北到南 NH_3 浓度逐渐降低的趋势。北部的阳坊和兴隆站点 NH_3 浓度较低(2.9 和 0.4 $\mu g\ m^{-3}$),而南部的沧州和栾城站点 NH_3 浓度较高(20.2 和 17.5 $\mu g\ m^{-3}$)。模型可以较好地反映 NH_3 浓度大小和空间变化特征。从 NH_3 模拟值的空间分布来看,由于密集的农业活动(农田施肥和畜牧养殖),NH_3 浓度的高值区主要集中于华北地区,包括河南省、河北省中南部和山东西部。河北南部和河南省大部分地区 NH_3 浓度高于 10 $\mu g\ m^{-3}$。

2. 气溶胶物理与化学特征

气溶胶表面积浓度主要与颗粒物数浓度和粒径分布有关,华北冬季重污染期间较高的相对湿度有利于颗粒物的吸湿增长。气溶胶表面积浓度的高值区主要集中在河北、河南和山东。华北地区大部分地区气溶胶表面积浓度超过了 10 $cm^2\ m^{-3}$。华北地区较高的气溶胶表面积浓度为气溶胶表界面反应提供了大量的反应场所。气溶胶含水量主要与相对湿度和气溶胶中的吸湿性组分含量有关。重污染期间华北大部分地区气溶胶含水量超过 50 $\mu g\ m^{-3}$,表明气溶胶处于潮解状态,有利于气溶胶表面 SO_2 的非均相摄取。值得注意的是,重污染气溶胶含水量相比于云雾液滴含水量(0.1~0.3 $g\ m^{-3}$)低了 3 个数量级,因而相比于云雾液相硫酸盐形成途径,气溶胶液相反应的反应场所太小。

气溶胶 pH 是表征气溶胶液相酸度的重要参数。气溶胶 pH 通常采用基于外场观测数据使用气溶胶热力学模型来计算。一般认为在 metastable 假设下采用 forward 方法是较为合理的气溶胶 pH 计算方法。本研究发现,气溶胶 pH 的高值区主要在华北平原(包括北京、天津、河北中部和南部、山东西部和河南)(4~4.6),此外辽宁西部以及内蒙古和山西交界处气溶胶 pH 也比较高(>4.2)。华北平原由于密集的农业活动(农田施肥和畜牧养殖),排放了大量的 NH_3,因而成为 NH_3 浓度的高值区。由于较高的 NH_3 浓度,华北平原地区气溶胶 pH 大致在 4~4.6 之间,高于周边地区。其中北京西南部和河南中部气溶胶 pH 较高(4.4~4.6),河北南部、天津和山东西部气溶胶 pH 大致处于 4~4.4 之间。除华北平原、辽宁西部以及内蒙古和山西交界处气溶胶 pH 较高外,其他区域气溶胶 pH 均低于 4。研究中计算的气溶胶 pH 与以往文献中基于外场观测数据和热力学模型计算的结果(4~5 之间)十分接近,为正确评估各硫酸盐形成机制的占比提供了基础。

气溶胶液态水是一种电解质溶液,它可以被高度浓缩,具有很高的离子强度。这种高浓度的化学环境会使液相化学反应速率常数与纯水状态下不同,从而影响液相化学反应速率。目前所知的离子强度影响反应速率的机制主要是通过影响反应物和生成物的活度系数实现。模拟区域内气溶胶离子强度大致处于 20~50 $mol\ L^{-1}$,基本呈现北高南低的空间分布特征。其中京津冀地区离子强度大致处于 40~50 $mol\ L^{-1}$,山东和河南大致处于 30~40 $mol\ L^{-1}$。较高的离子强度会对气溶胶液相反应速率产生较大的影响,本研究基于以往的实验室结果,在模式中考虑了离子强度对各气溶胶液相反应速率的影响。

3.4.3　基于盒子模型的硫酸盐化学生成产率分析

液相反应最初是针对云雾液相提出的。由于气溶胶含水量通常为数十到数百微克每立方米,比云雾液态水含量($0.1\sim0.3$ g m^{-3})低 $3\sim4$ 个数量级,因而当二者反应速率相等时,气溶胶液相硫酸盐的产率会比云雾液相低 $3\sim4$ 个数量级。但气溶胶液相较高的酸度和离子强度可能对一些反应的速率产生影响,此外,由于含水量差异,气溶胶液相中过渡金属离子浓度会较大,进而影响过渡金属催化氧化反应速率。因此,需要综合考虑酸度、含水量和离子强度等影响,以科学评估气溶胶液相和云雾液相中硫酸盐的产率。典型条件下,假设气溶胶液态水含量为 150 μg m^{-3},云雾液态水含量为 0.15 g m^{-3}。云雾液滴与含水气溶胶处于同样的大气条件下,可假设具体参数[参数取值:H_2O_2(g)$=0.1$ ppb;SO_2(g)$=40$ ppb;NO_2(g)$=66$ ppb;O_3(g)$=1$ ppb;可溶性锰$=42$ ng m^{-3};可溶性铁$=18$ ng m^{-3};AWC$=150$ μg m^{-3};LWC$=0.15$ g m^{-3};$T=275$ K;气溶胶半径$=0.15$ μm]。

液相 H_2O_2 氧化反应中硫酸盐的产率在 pH 大于 2 时几乎不随 pH 而变化。若不考虑离子强度的影响,气溶胶液相和云雾液相中 H_2O_2 氧化反应速率相等,该反应在气溶胶液相中的产率比云雾液相低 3 个数量级。云雾液相中硫酸盐的产率超过 200 μg m^{-3} h^{-1},气溶胶液相中仅为 0.2 μg m^{-3} h^{-1}。早期水相实验提出了 H_2O_2 液相氧化速率与离子强度之间的指数关系式,当离子强度在 $0\sim5$ mol L^{-1} 时,液相 H_2O_2 氧化反应的速率随离子强度先降低后升高。当离子强度为 5 mol L^{-1} 时,反应速率增长为原来的 1.4 倍,此时气溶胶液相 H_2O_2 氧化反应硫酸盐产率为 0.3 μg m^{-3} h^{-1}。由于实验条件的限制,早期实验给出的离子强度公式适用范围仅为 $0\sim5$ mol L^{-1},而重污染期间气溶胶液相离子强度可达 $30\sim50$ mol L^{-1},将离子强度公式外扩到 30 mol L^{-1},气溶胶液相 H_2O_2 氧化反应的速率将增长 7 个数量级,此时大气中 H_2O_2 的浓度可能成为该反应的限制因素。烟雾箱实验认为当离子强度为 14 mol L^{-1} 时,气溶胶液相 H_2O_2 氧化反应的速率将增长到 $33\sim51$ 倍。假设增强因子为 50,气溶胶液相 H_2O_2 氧化反应中硫酸盐的产率为 11.6 μg m^{-3} h^{-1},高于重污染期间缺失的硫酸盐的生成速率($\approx2\sim3$ μg m^{-3} h^{-1}),但值得注意的是该速率只是特定条件下的静态的硫酸盐生成速率,由于该反应在生成硫酸盐的同时会伴随着 H_2O_2 的消耗,大气中较低的 H_2O_2 浓度可能会限制反应的持续进行,因而需要在化学传输模式中进一步检验。

液相 O_3 氧化反应中硫酸盐的产率随 pH 升高而升高。以往观测研究指出,华北冬季云雾液相 pH 通常为 5～7 之间,此时云雾液相中 O_3 氧化反应的硫酸盐的产率为 $(1\sim1.1)\times10^4\ \mu g\ m^{-3}\ h^{-1}$。而气溶胶 pH 通常在 4～5 之间,气溶胶液相中 O_3 氧化反应的硫酸盐产率仅为 $1.3\times10^{-5}\sim1.1\times10^{-3}\ \mu g\ m^{-3}\ h^{-1}$,远低于云雾液相中的产率。液相 O_3 氧化速率随离子强度的升高而升高,当离子强度处于 $0\sim1.2\ mol\ L^{-1}$ 之间时,反应速率与离子强度成线性关系。当离子强度为 $1.2\ mol\ L^{-1}$ 时,液相 O_3 氧化速率将上升到稀溶液时的 3.3 倍,此时气溶胶液相 O_3 氧化反应的硫酸盐产率仍然较低($4.4\times10^{-5}\sim3.6\times10^{-3}\ \mu g\ m^{-3}\ h^{-1}$)。若将离子强度公式的范围外扩到 $30\ mol\ L^{-1}$,液相 O_3 氧化反应的速率将升高 59 倍,但气溶胶液相该反应的硫酸盐产率依然较低,仅为 $7.8\times10^{-4}\sim6.5\times10^{-2}\ \mu g\ m^{-3}\ h^{-1}$。表明受含水量和液相体系酸度的限制,即便考虑离子强度的增强作用,气溶胶液相中 O_3 氧化反应的硫酸盐的产率仍然比云雾液相低许多。本研究合作单位的烟雾箱实验结果也表明,即使在气溶胶高离子强度条件下,O_3 氧化反应生成硫酸盐的速率依然很小。因此,气溶胶液相 O_3 氧化对硫酸盐生成的贡献可能会很小,这也需要化学传输模型进一步检验。

液相 NO_2 氧化反应中的硫酸盐产率随 pH 升高而升高,云雾液相中(pH≈5～7)该反应的硫酸盐产率为 $1.2\times10^2\sim2.3\times10^4\ \mu g\ m^{-3}\ h^{-1}$;气溶胶液相受含水量和酸度的限制,该反应的硫酸盐产率为 $0.01\sim0.1\ \mu g\ m^{-3}\ h^{-1}$。以往实验室研究未提及离子强度对该反应的影响,气溶胶液相的高离子强度可能会使该反应的速率大幅加快,但本研究合作单位的烟雾箱实验结果表明,高离子强度下该反应的速率仍然非常低。考虑到大气中 NO_2 实际浓度较高,以及气溶胶含水量和酸度均较低等因素,气溶胶液相 NO_2 氧化反应在重污染期间硫酸盐形成的角色,需要利用化学传输模型评估。

液相铁锰联合催化反应的速率随 pH 呈先上升后下降的趋势。计算发现,不考虑离子强度,在同一 pH 下,当 pH 低于 3 时,气溶胶液相中铁锰联合催化反应的硫酸盐产率高于云雾液相;当 pH 高于 4 时,二者相等。原因在于,低 pH 下,气溶胶含水量比云雾液相低 3 个数量级导致气溶胶液相 Fe^{3+} 和 Mn^{2+} 的浓度比云雾液相高 3 个数量级,因而气溶胶液相硫酸盐产率高于云雾液相;高 pH 下,Fe^{3+} 与 $Fe(OH)_3$ 存在沉淀溶解平衡,导致其浓度受 pH 限制,此时云雾液相和气溶胶液相 Fe^{3+} 浓度大致相等,而 Mn^{2+} 浓度的差异抵消了含水量对产率的影响,因此气溶胶液相和云雾液相硫酸盐产率相等。云雾液相中(pH≈5～7)该反应的硫酸盐产率为 $2.1\times10^{-2}\sim1.9\times10^{-7}\ \mu g\ m^{-3}\ h^{-1}$;气溶胶液相中(pH≈4～5)该反应的硫酸盐产率为 $0.02\sim6.3\ \mu g\ m^{-3}\ h^{-1}$。遗憾的是,实验室研究发现,高离子强度下过渡金属催化反应的速率会受到明显的限制。当离子强度为 $0\sim1\ mol\ L^{-1}$ 时,反应速率随离子强度的升高而降低;当离子强度为 $1\ mol\ L^{-1}$ 时,反应速率降至稀溶液时

的 1%，此时气溶胶液相铁锰联合催化反应的硫酸盐产率仅为 $2.1\times10^{-4}\sim6.3\times10^{-2}~\mu g~m^{-3}~h^{-1}$。若将离子强度公式的范围外扩到 $30~mol~L^{-1}$，反应速率将降至稀溶液时的 0.04%，此时气溶胶液相中硫酸盐产率仅为 $2.6\times10^{-3}\sim8.6\times10^{-6}~\mu g~m^{-3}~h^{-1}$。因此，气溶胶液相的高离子强度可能会导致气溶胶液相铁锰联合催化反应的硫酸盐产率大幅降低，导致该反应对重污染期间硫酸盐形成的贡献可能很小。

液相锰催化反应速率随 pH 升高而升高。气溶胶液相较低的含水量导致较高的 $[Mn^{2+}]$，将抵消低含水量对硫酸盐产率的影响，因而理论上不考虑离子强度影响时，同一 pH 下，气溶胶液相中该反应的硫酸盐产率与云雾液相相等。云雾液相中（pH≈5～7）该反应的硫酸盐产率为 $(72\sim1.4)\times10^{4}~\mu g~m^{-3}~h^{-1}$；气溶胶液相中（pH≈4～5）该反应的硫酸盐产率为 $7\sim72~\mu g~m^{-3}~h^{-1}$。若考虑离子强度的影响，当离子强度为 $1~mol~L^{-1}$ 时，气溶胶液相中锰催化反应的硫酸盐产率降低 2 个数量级，仅为 $0.07\sim0.7~\mu g~m^{-3}~h^{-1}$；若将离子强度公式的范围外扩到 $30~mol~L^{-1}$，气溶胶液相硫酸盐产率降低到 $3\times10^{-3}\sim3\times10^{-2}~\mu g~m^{-3}~h^{-1}$。因而气溶胶液相锰催化反应可能因受离子强度的限制，而对硫酸盐形成的贡献很有限。

不同 pH 下云雾液相与气溶胶液相中的铁催化反应，在低 pH 和高 pH 下反应机制不同，因而在不同 pH 下速率表达式不同，该反应的硫酸盐产率随 pH 的上升呈现升高再降低再升高的趋势。云雾液相中（pH≈5～7）该反应的硫酸盐产率为 $14\sim279~\mu g~m^{-3}~h^{-1}$；不考虑离子强度效应时气溶胶液相中（pH≈4～5）该反应的硫酸盐产率仅为 $9\times10^{-7}\sim0.01~\mu g~m^{-3}~h^{-1}$；若考虑离子强度的影响，该反应的速率将进一步降低。当离子强度为 $1~mol~L^{-1}$ 时，气溶胶液相中该反应的硫酸盐产率将降低 2 个数量级；若将离子强度适用范围外扩到 $30~mol~L^{-1}$，气溶胶液相中该反应的硫酸盐产率降低 4 个数量级。因此，气溶胶液相铁催化反应对重污染期间硫酸盐形成的作用可能也很小。

综合上述分析，除 H_2O_2 氧化外，其他气溶胶液相反应的硫酸盐产率都较低。其中，气溶胶液相 O_3 氧化、NO_2 氧化和铁催化反应主要受含水量和酸度的限制；气溶胶液相铁锰联合催化和锰催化反应主要受气溶胶液相高离子强度的抑制。气溶胶液相 H_2O_2 氧化反应的速率在高离子强度下大幅提升，导致硫酸盐的产率比较可观，但该反应中伴随着硫酸盐生成将会消耗 H_2O_2，大气中较低的 H_2O_2 含量可能无法支撑该反应的持续发生。这些反应均需要在化学传输模型中进行评估。

值得注意的是，O_3 氧化、NO_2 氧化和锰催化反应的硫酸盐产率均随 pH 升高而升高，铁催化反应在 pH 为 4～7 之间时，硫酸盐产率也随 pH 升高而升高。需要指出的是，随着硫酸盐的生成，气溶胶酸度会增强，因而以上反应可能存在自限制。假设标准条件下，大气中 NH_3 浓度为 50 ppb，初始时刻颗粒物组分为氯化钠，浓度为 10 μg m^{-3}，颗粒物达到饱和吸湿，含水量与颗粒物干质量比为 2∶1，此时随着硫酸铵的生成，气溶胶 pH 将变化。当硫酸铵生成量为 1 μg m^{-3} 时，气溶胶 pH 由 7 迅速降至 3.9；当硫酸铵生成量为 10 μg m^{-3} 时，气溶胶 pH 降至 3.1；此后气溶胶 pH 减缓，最终稳定在 2.8。表明随着液相反应中硫酸盐的生成，液相体系的 pH 将会迅速降低，进而抑制大多数气溶胶液相反应的进行。

由于较高的含水量和较低的酸度，除铁锰联合催化氧化外，其他的云雾液相反应的硫酸盐产率都比较高。但是重污染期间常有逆温出现，大气比较稳定导致垂向湍流交换弱，因而近地面排放的硫酸盐前体物往往难传输到高空，而高空云中生成的硫酸盐也难以传输到地面。此外，大多数重污染事件中大气并未达到过饱和（RH 超过 100%），近地面没有雾的形成。因此，云雾液相反应可能不会是重污染期间硫酸盐形成的有效途径，这也是基于传统硫酸盐形成机制的模式无法再现重污染期间的高浓度的硫酸盐的原因之一。

图 3.9 中对比了气溶胶表界面锰催化反应和各气溶胶液相反应的硫酸盐产率。在考虑离子强度效应的情况下，重污染气溶胶典型 pH 处于 4～5 之间时，气

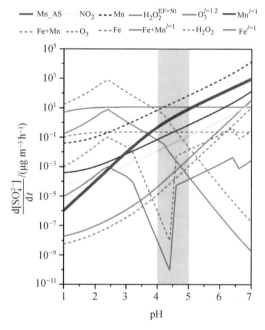

图 3.9 典型重污染条件下各硫酸盐生成反应的硫酸盐产率随气溶胶 pH 的变化

阴影区表示华北重污染期间典型的气溶胶 pH 范围（4～5）。O$_3$、H$_2$O$_2$、NO$_2$、Fe+Mn、Mn 和 Fe 分别表示气溶胶液相 O$_3$ 氧化、H$_2$O$_2$ 氧化、NO$_2$ 氧化、铁锰联合催化氧化、锰催化和铁催化反应。Mn_AS 表示气溶胶表界面锰催化反应。对于液相 H$_2$O$_2$ 氧化、O$_3$ 氧化和过渡金属催化反应，虚线为不考虑离子强度的情况，实线为考虑离子强度的情况（离子强度取实验室给出的各反应的离子强度效应适用范围的上限值）。气溶胶表面积浓度为 15 cm^2 m^{-3}，其余参数取值见本节描述

溶胶液相 H_2O_2 氧化反应中硫酸盐生成速率最快（$11.6\ \mu g\ m^{-3}\ h^{-1}$），气溶胶表界面锰催化反应次之（$0.5 \sim 8.5\ \mu g\ m^{-3}\ h^{-1}$）。气溶胶液相锰催化反应的硫酸盐产率只在 pH 高于 4.5 时可以超过 $0.2\ \mu g\ m^{-3}\ h^{-1}$，其他反应的硫酸盐产率均小于 $0.1\ \mu g\ m^{-3}\ h^{-1}$。对于气相氧化反应，假设大气中 OH 自由基浓度为 1×10^6 分子 cm^{-3}，SO_2 浓度为 40 ppb，则气相氧化反应的硫酸盐产率为 $0.6\ \mu g\ m^{-3}\ h^{-1}$。但这仅仅是正午时的情况，由于夜间 OH 自由基浓度极低，因而夜间硫酸盐生成的气相反应几乎不能发生，因此气相氧化对重污染期间硫酸盐化学生成的贡献有限。气溶胶表界面锰催化反应速率与重污染期间模式中缺失的硫酸盐生成速率（$2 \sim 3\ \mu g\ m^{-3}\ h^{-1}$）处于同一数量级。不同于气溶胶液相 H_2O_2 氧化会受到氧化剂含量的限制，气溶胶表界面锰催化反应以 O_2 为氧化剂，使反应不会因氧化剂限制而无法持续。此外，随着硫酸盐的生成，颗粒物吸湿增长会导致气溶胶表面积增加，而且会加强对锰氧化物的老化，从而进一步促进气溶胶表界面锰催化反应的发生。该反应直到酸度增强而减缓。

图 3.9 中采用实验室给出的各反应的离子强度效应适用范围的上限值，以表征气溶胶高离子强度下的反应速率。重污染时气溶胶液相离子强度通常可达 $30 \sim 50\ mol\ L^{-1}$，超过了实验室中给出的离子强度效应的适用范围。因而图 3.9 中可能会对 O_3 和 H_2O_2 氧化速率低估，而对铁锰联合催化氧化和锰催化氧化速率高估。实验Ⅲ中假设实验室中给出的离子强度关系式可以外扩，不考虑离子强度适用范围的限制，采用模式中 ISORROPIA 在线计算的离子强度来计算反应速率。因而实验Ⅲ可能会高估气溶胶液相 O_3 氧化和 H_2O_2 氧化的作用，而低估气溶胶液相铁锰联合催化氧化和锰催化氧化的作用。为评估实验Ⅲ将离子强度效应适用范围外扩带来的不确定性，实验Ⅴ中采用离子强度适用范围的上限值计算反应速率。

3.4.4　华北地区重污染硫酸盐化学生成的解析

2015 年 1 月和 2016 年 12 月重污染期间不同化学生成途径对硫酸盐化学生成的贡献如图 3.10 所示。硫酸盐生成主要来源于 3 个化学途径，按贡献大小依次为气溶胶表界面锰催化反应（$92.3\% \pm 3.5\%$）、气溶胶液相中 H_2O_2 氧化反应（$4.2\% \pm 3.6\%$）、气相氧化反应（$3.1\% \pm 0.5\%$）。气溶胶表界面锰催化氧化反应是重污染期间硫酸盐生成最重要的途径，若硫酸盐生成速率在颗粒物硫总生成速率中的占比为 75.4%，则可以得到气溶胶表界面锰催化反应对颗粒物硫的贡献为 $69.5\% \pm 4.8\%$。除此之外的其他途径（气溶胶液相 O_3 氧化、NO_2 氧化、过渡金属催化氧化和云雾液相氧化）对硫酸盐的总贡献仅有 0.3%。其中气溶胶液相 O_3 氧化对硫酸盐的贡献为 $0.2\% \pm 0.1\%$，气溶胶液相 NO_2 氧化对硫酸盐的贡献为 $0.1\% \pm 0.1\%$。对于气溶胶液相过渡金属催化氧化途径，在其他条件不变的情况下,逐一测试了3种机制(液相锰催化、铁催化和铁锰联合催化)的贡献。结果显示,3个气溶胶液相过渡金属催化反应对硫酸盐生成的贡献都极低,按其大小依次为锰催化(0.08%±0.05%)、铁锰联合催化(0.05%±0.09%)和液相铁催化(0.01%±0.02%)。此外,云雾液相氧化途径对硫酸盐生成几乎没有贡献。

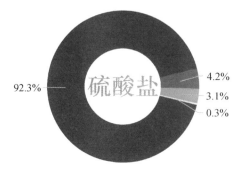

■ Mn_AS ■ H₂O₂_AW ■ 气相氧化反应　　其他反应途径

图 3.10　重污染期间各硫酸盐生成途径的产率在硫酸盐总产率中的占比(硫酸盐污染带内平均)
Mn_AS 为气溶胶表界面锰催化氧化反应,H₂O₂_AW 为气溶胶液相中 H₂O₂ 氧化反应,其他反应途径
包括云雾液相化学反应、气溶胶液相 O₃ 氧化、NO₂ 氧化和过渡金属催化反应

各气溶胶液相反应对硫酸盐生成的贡献都较小。最近的烟雾箱实验发现高离子强度下气溶胶液相 H_2O_2 氧化 S(IV) 生成硫酸盐的速率快速增加。在给定的大气条件下,当气溶胶 pH 为 4~5 时,气溶胶液相 H_2O_2 氧化反应(离子强度效应增强因子为 50)的硫酸盐产率是气溶胶表界面锰催化反应的 1.4~23.2 倍。实验Ⅲ中采用给出的离子强度效应关系式,且假设公式适用范围可外扩,在华北地区重污染期间 30~50 mol L^{-1} 的离子强度下,实验Ⅲ中离子强度导致该反应速率的增强倍数将远高于 50。然而,模式模拟结果表明,即使考虑了离子强度效应,气溶胶液相 H_2O_2 氧化对重污染期间硫酸盐生成的贡献也仅有 4.2%±3.6%。原因在于,基于给定条件得到的硫酸盐产率,只是特定大气条件下的静态速率,实际中随着反应的进行会消耗 H_2O_2,因而大气中 H_2O_2 含量决定了该反应中硫酸盐的最大生成量。实验Ⅲ中区域平均的 H_2O_2 浓度(0.1 ppb)相比于实验Ⅱ(0.6 ppb)降低了 90%,表明该反应中伴随着硫酸盐的生成,H_2O_2 被大量消耗,限制了反应的持续进行。2016 年冬季北京地区 H_2O_2 的收支分析表明冬季重污染期间 H_2O_2 的产率为 0.5 ppb d^{-1},因此气溶胶液相 H_2O_2 氧化反应的最大硫酸盐产率为 0.1 $\mu g\ m^{-3}$ h^{-1},远低于重污染期间硫酸盐污染带内的平均生成速率(2.3 $\mu g\ m^{-3}\ h^{-1}$)。此外,值得注意的是,实验Ⅱ模拟的 H_2O_2 存在高估,可能是因为原本模型中未考虑 H_2O_2 的非均相消耗,而在实验Ⅲ中由于气溶胶液相 H_2O_2 氧化反应的加入,重污染期间 H_2O_2 模拟浓度为 0.1 ppb,与北京地区重污染期间的观测值接近。

气溶胶液相 O_3 氧化的占比仅为 $0.2\% \pm 0.1\%$，气溶胶液相 NO_2 氧化的占比仅为 $0.1\% \pm 0.1\%$。液相 O_3 和 NO_2 氧化反应的速率随着气溶胶 pH 的升高而升高。产率分析表明，若要使硫酸盐产率达到 $0.3~\mu g~m^{-3}~h^{-1}$，对于液相 NO_2 氧化反应，气溶胶 pH 需高于 5.4；对于液相 O_3 氧化反应，气溶胶 pH 需高于 6.2（不考虑离子强度）。然而基于观测数据用热力学模型计算的结果表明华北冬季重污染期间气溶胶 pH 通常在 $4 \sim 5$ 的范围，因而以上反应对重污染期间硫酸盐生成的贡献微小。液相 O_3 氧化速率随离子强度升高而升高，实验Ⅲ中采用离子强度在适用范围外扩，发现在华北地区重污染期间 $30 \sim 50~mol~L^{-1}$ 的离子强度下，实验Ⅲ中离子强度对反应速率的增强倍数可以达到 $59 \sim 98$ 倍。即便如此，臭氧对重污染期间硫酸盐生成的贡献仍然十分有限，表明气溶胶较低的 pH 和含水量对该反应产生了较强的抑制作用。对于气溶胶液相 NO_2 氧化反应，本研究合作单位的烟雾箱实验结果显示，高离子强度下 NO_2 氧化反应的速率没有明显的增加。因而气溶胶液相 NO_2 氧化反应的速率可以采用稀溶液中的 NO_2 氧化速率表达式。

气溶胶液相锰催化反应、铁催化反应和铁锰联合催化反应对重污染硫酸盐的贡献均低于 0.1%。限制气溶胶液相过渡金属催化反应的因素主要是气溶胶液相离子强度。实验室研究表明液相锰催化反应的反应速率随离子强度而降低，根据离子强度效应表达式，当离子强度为 $1~mol~L^{-1}$ 时，反应速率将为稀溶液情况下的 1%。本研究实验Ⅲ中假设公式适用范围可外扩，模式计算的华北地区重污染期间平均的气溶胶离子强度在 $30 \sim 50~mol~L^{-1}$，在该离子强度下液相过渡金属催化反应速率相比于稀溶液将会降低 4 个数量级。虽然将离子强度范围直接外扩可能会造成对液相锰催化途径占比的低估，但当离子强度为 $1~mol~L^{-1}$ 时，反应速率已经受到明显抑制。

气相氧化在硫酸盐生成中的贡献占比为 $3.1\% \pm 0.5\%$，值得注意的是，实验Ⅰ中原始版本的 WRF-Chem 模拟结果显示气相氧化可以解释约 10% 的硫酸盐生成，高于实验Ⅲ中气相反应的占比，原因可能是实验Ⅲ中增加了多个硫酸盐形成机制，各个机制之间的竞争作用导致气相反应生成量的减小，因此实验Ⅲ的结果应该可以反映实际情况中气相反应的占比。

云雾液相化学途径对重污染期间近地面硫酸盐浓度的贡献为 0，原因可能是重污染期间大气层结稳定，通常有逆温发生，因而边界层内垂向混合弱，导致近地面排放的 SO_2 等污染物难以传输到高空；同时高空云中生成的硫酸盐也难以传输到地面。此外，重污染时近地面极少有雾形成。雾的形成需要达到过饱和即相对湿度要高于 100%，而大多数重污染事件中相对湿度并未达到 100%，因此云雾液相化学反应可能不是重污染期间硫酸盐形成的重要途径。

各重污染个例中污染带内平均的硫酸盐浓度和化学生成速率有所不同。个例

1 硫酸盐化学生成速率最大（3.3 $\mu g\ m^{-3}\ h^{-1}$），个例 7 化学生成速率最小（2.0 $\mu g\ m^{-3}\ h^{-1}$）。虽然个例 1 硫酸盐化学生成速率最快，但个例 8 硫酸盐浓度最高（34.0 $\mu g\ m^{-3}$）。硫酸盐浓度变化取决于化学生成和物理传输扩散等过程的综合作用。个例 8 中较高浓度的硫酸盐可能与不利的气象扩散条件有关。个例 6 硫酸盐浓度最低，污染带内均值为 17.1 $\mu g\ m^{-3}$，与个例 6 中较低的硫酸盐化学生成速率相对应（2.1 $\mu g\ m^{-3}\ h^{-1}$）。各个例硫酸盐污染带内气溶胶 pH 均值为 4.2～4.4，差别不大。

各重污染个例中不同化学机制对硫酸盐形成的贡献结果表明，气溶胶表界面锰催化反应在所有个例中都是硫酸盐形成最主要的机制，占比为 87.3%～96.5%，其中个例 2 占比最低，而个例 7 占比最高。气溶胶液相 H_2O_2 氧化反应在硫酸盐形成中的占比为 0.9%～9.3%，不同个例之间差别较大，与各个例中 H_2O_2 浓度相关。未加入该反应时（实验Ⅱ）各重污染个例 H_2O_2 模拟浓度为 0.5～0.8 ppb。个例 1、2、5、6 中 H_2O_2 浓度较高（0.7～0.8 ppb），个例 3、4、7、8 较低（0.5～0.6 ppb）。与 H_2O_2 浓度相对应，气溶胶液相 H_2O_2 氧化反应的占比在个例 1、2、5、6 中较高（2.9%～9.3%）；在个例 3、4、7、8 中较低（0.9%～2.2%）。气溶胶液相 H_2O_2 氧化反应在生成硫酸盐的同时会伴随着 H_2O_2 的消耗。加入该反应后 H_2O_2 模拟浓度大幅降低，实验Ⅲ中各重污染个例 H_2O_2 模拟浓度仅为 0.01～0.3 ppb，相比于实验Ⅱ降幅为 69%～98%。表明虽然液相 H_2O_2 氧化 S(Ⅳ) 的反应速率很快，但是 H_2O_2 的生成速率成为该反应的限制因素。气相氧化的占比在各个例中差别不大（2.4%～3.9%）。液相 O_3 氧化在和液相 NO_2 氧化各个例中占比均较低，分别为 0.1%～0.2% 和 0～0.3%。气溶胶液相过渡金属催化氧化的 3 个途径中，锰催化的占比为 0～0.2%，铁催化的占比为 0～0.1%，铁锰联合催化的占比为 0～0.3%。

3.4.5 重污染硫酸盐源汇过程分析

硫酸盐浓度的变化是由一系列物理和化学过程的综合作用导致的。其中化学过程主要指排放进入大气的 SO_2 通过氧化反应生成硫酸盐的过程，物理过程主要指与平流和湍流等大气运动有关的传输、扩散和沉降等过程。以往观测研究中通常把单个站点观测到的硫酸盐浓度上升归因于化学生成，缺乏对区域物理传输作用的考虑。基于欧拉观测方法，难以定量本地生成和区域传输对污染物浓度的贡献。本研究采用集成过程速率（IPR）分析方法，在 WRF-Chem 中开发了针对硫酸盐的过程分析模块，定量了重污染期间各物理化学过程在硫酸盐的源和汇中的作用。考虑的源汇过程包含水平平流传输、垂向平流传输、水平湍流扩散、垂向湍流扩散、干沉降、湿沉降和化学生成。通常，化学生成属于源过程，而干湿沉降属于汇过程。

2015 年 1 月华北地区日均 $PM_{2.5}$ 浓度(7 个观测站点平均)超过 150 μg m^{-3} 的重污染天数共有 10 天,包含了 4 次重污染事件:1 月 3 日至 4 日(个例 1)、1 月 8 日至 10 日(个例 2)、1 月 13 日至 15 日(个例 3)和 1 月 23 日至 24 日(个例 4)。硫酸盐浓度与 $PM_{2.5}$ 浓度的时间变化趋势接近,随着污染加重,硫酸盐浓度快速升高,个例 3 中华北地区 7 个站点硫酸盐浓度平均值超过 40 μg m^{-3}。模式可以较好地捕捉到各个污染个例中硫酸盐浓度的大小和时间变化情况。

各过程对区域硫酸盐形成的贡献速率为区域内所有网格点贡献速率的均值。硫酸盐污染带内各过程对硫酸盐形成的贡献如图 3.11 所示。个例 1 中化学生成贡献了 90% 的硫酸盐来源,干沉降在硫酸盐的汇中的占比为 75%,此外还有 18% 的硫酸盐的汇是通过垂向平流传输过程向高空输送,其他过程的贡献均小于 10%。个例 2 中 96% 的硫酸盐来源于化学生成过程,76% 的硫酸盐的汇通过干沉降过程,此外,水平平流传输也在硫酸盐的汇中有 13% 的贡献。个例 3 中化学生成对硫酸盐来源的贡献可达 96%,干沉降对硫酸盐的汇的贡献可达 82%,其他物理传输和扩散过程对硫酸盐影响均小于 10%。个例 4 不同于前 3 个个例,垂向湍流混合也是较为重要的硫酸盐来源,在硫酸盐来源中的占比为 31%,化学生成贡献了 67% 的硫酸盐来源;个例 4 中硫酸盐的汇主要为干沉降(78%)和垂向平流传输(17%)。

总体上,硫酸盐污染带内硫酸盐的来源主要为化学生成过程(67%～96%),硫酸盐的汇主要为干沉降过程(75%～82%)。与平流传输和湍流扩散过程相关的区域传输相比于单个站点对区域尺度硫酸盐形成的影响非常小。重污染期间华北地区平均观测风速为 1.9 m s^{-1},以南风为主。对于持续 3 天的污染过程,硫酸盐由南到北的传输距离约为 500 km;而硫酸盐污染带在南北方向的长度达到 800 km。因而在硫酸盐污染带内区域传输的作用很小,硫酸盐来源主要为化学生成过程。

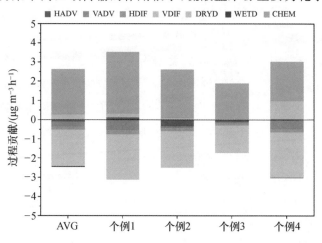

图 3.11　重污染期间硫酸盐污染带内各物理化学过程对硫酸盐浓度变化的贡献

化学生成在一天内均为硫酸盐的来源；干沉降、湿沉降和总平流传输在一天内均为硫酸盐的汇；而总湍流扩散既可作为硫酸盐的源，也可作为硫酸盐的汇。下午（14:00—16:00）湍流扩散是污染带内硫酸盐的主要来源，其中垂向湍流扩散在其中起主导作用（平均为 1.6 $\mu g\ m^{-3}\ h^{-1}$），水平湍流扩散影响较小（平均为 $-0.03\ \mu g\ m^{-3}\ h^{-1}$）。在除下午 14:00—16:00 的其他时间，化学生成都是污染带内硫酸盐的主要来源。干沉降在一天内都是硫酸盐最主要的汇。总平流传输对硫酸盐形成的影响较小，湿沉降的影响几乎可以忽略。各过程贡献的日变化与气象参数的日变化情况密切相关。两米气温呈现夜间低、日间高的日变化规律，并在下午 14:00 达到峰值。两米相对湿度与气温的日变化相反，呈夜间高、日间低的变化规律，在下午 15:00 达到一天中的最低值。十米风速的日变化与气温的日变化相似，呈现夜间低、日间高的变化规律，一天中风速最大值出现在下午 15:00 前后。十米风向在一天中的均值均表现为南风。模式模拟可以较好地再现各个气象参数的日变化情况。

硫酸盐的化学生成速率在夜间高于日间，原因可能是夜间相比于日间有更高的相对湿度。日间较低的相对湿度抑制了气溶胶液相和表界面反应，从而降低硫酸盐生成速率。日间气溶胶液相反应和表界面锰催化反应在硫酸盐化学生成中的占比均低于夜间，硫酸盐的化学生成主要来源于 SO_2 的气相氧化途径，因而化学生成速率较慢。与化学生成速率不同，硫酸盐的干沉降速率在日间高于夜间，6:00—18:00 干沉降导致的硫酸盐的去除速率均值为 2.5 $\mu g\ m^{-3}\ h^{-1}$，而 19:00 至次日 5:00 仅为 1.3 $\mu g\ m^{-3}\ h^{-1}$。日间干沉降作用较大的原因可能是日间相比于夜间湍流活动较强。与干沉降变化规律相似，垂向湍流扩散也在日间有较大的速率。但垂向湍流扩散在上午起到降低硫酸盐浓度的作用，而在下午起到升高硫酸盐浓度的作用。

总平流传输为水平平流传输和垂向平流传输之和，其在一天内均为硫酸盐的汇，并且夜间的作用大于日间。水平平流传输速率在下午较高，起到降低硫酸盐浓度的作用，对污染带内硫酸盐形成的贡献为 $-0.3\ \mu g\ m^{-3}\ h^{-1}$（13:00—18:00 平均）。水平平流传输速率在下午较高的原因可能是与下午较大的水平风速有关。模拟和观测的华北地区平均风速均在下午 15:00 左右达到峰值（观测和模拟值分别为 3.1 和 2.8 $m\ s^{-1}$）。下午较大的风速加快了污染物通过水平平流向污染带外的传输，因而水平平流在下午对硫酸盐有较大的负贡献。与水平平流作用相反，垂向平流传输在下午是近地表硫酸盐的来源，对污染带内硫酸盐形成的贡献为 0.3 $\mu g\ m^{-3}\ h^{-1}$（13:00—18:00 平均）。由于下午水平平流的负作用大部分被垂向平流的正作用抵消，因而总平流传输对硫酸盐降低的贡献在下午较小。在夜间以及上午垂向平流传输是硫酸盐的汇，而水平平流传输的作用相比于垂向平流较小，因而总平流传输在夜间和上午对硫酸盐降低的贡献高于下午。总平流传输在 19:00 至次日 12:00 导致的硫酸盐降低的速率均值为 $-0.5\ \mu g\ m^{-3}\ h^{-1}$,小于干沉降导致的硫酸盐浓度降低的速率。

各个过程对硫酸盐形成的贡献速率之和在 9:00—16:00 为负值(硫酸盐在该时段内呈降低趋势),在 17:00 至次日 8:00 为正值(硫酸盐浓度在该时段内呈上升趋势)。因而硫酸盐浓度在夜间高于日间,与以往观测研究中的日变化规律吻合。硫酸盐的变化是各个过程综合作用的结果。在 17:00 至次日 8:00 较高的硫酸盐化学生成速率与较低的硫酸盐干沉降速率造成了硫酸盐在该时段的累积,硫酸盐平均累积速率为 $1.1\ \mu g\ m^{-3}\ h^{-1}$。在 9:00—16:00 各过程的净速率为负值,原因主要是由化学生成速率的降低和干沉降速率的增加导致的,在此阶段硫酸盐的平均降低速率为 $-1.7\ \mu g\ m^{-3}\ h^{-1}$。虽然下午高层的硫酸盐通过垂向湍流扩散过程起到增加硫酸盐浓度的作用,但仍然不能抵消该时段化学生成速率降低和干沉降速率增加导致的硫酸盐浓度的降低。

综上,研究主要结果可以简练为:

(1) 明确气溶胶表界面锰催化为重污染硫酸盐的主要化学生成途径:基于合作者的实验室研究成果,完善了现有化学传输模拟中的硫酸盐模拟模块,主要包含气溶胶表界面锰催化氧化反应和多个气溶胶液相反应。通过数值模拟,发现气溶胶表界面锰催化反应是华北重污染期间硫酸盐形成最主要的机制,在近地面硫酸盐化学生成中的占比为 $92.3\%\pm3.5\%$。

(2) 揭示华北地区重污染硫酸盐的化学生成与物理传输的空间不均匀性:基于 IPR 方法,在 WRF-Chem 中开发了一个针对硫酸盐的过程分析模块,定量计算了华北重污染期间各物理化学过程对硫酸盐浓度变化的贡献,讨论了不同空间尺度上硫酸盐的来源和去除机制。

3.4.6 本项目资助发表论文(按时间倒序)

(1) Wang W G, et al. Sulfate formation is dominated by manganese-catalyzed oxidation of SO_2 on aerosol surfaces during haze events. Nature Communications,2021,12:1993.

(2) Xu T T, et al. Temperature inversions in China derived from sounding data from 1976 to 2015. Tellus Series B—Chemical and Physical Meteorology,2021,73(1):1-18.

(3) Wang T T, et al. Why is the Indo-Gangetic Plain the region with the largest NH_3 column in the globe during pre-monsoon and monsoon seasons? Atmospheric Chemistry and Physics,2020,20(14):8727-8736.

(4) Liu M X, et al. Trends of precipitation acidification and determining factors in China during 2006—2015. Journal of Geophysical Research:Atmospheres,2020,125(6):e2019JD031301.

（5）Xu T T, et al. Investigation of the atmospheric boundary layer during an unexpected summertime persistent severe haze pollution period in Beijing. Meteorology and Atmospheric Physics，2020，132（1）：71-84.

（6）Wang T T, et al. Sulfate formation apportionment during winter haze events in North China. Environmental Science & Technology，2022，56（12）：7771-7778.

（7）Xu Z Y,et al. High efficiency of livestock ammonia emission controls in alleviating particulate nitrate during a severe winter haze episode in northern China. Atmospheric Chemistry and Physics，2019，19（8）：5605-5613.

（8）Liu M X, et al. Ammonia emission control in China would mitigate haze pollution and nitrogen deposition，but worsen acid rain. Proceedings of the National Academy of Sciences of the United States of America，2019，116（16）：7760-7765.

（9）Liu M X,et al. Rapid SO$_2$ emission reductions significantly increase tropospheric ammonia concentrations over the North China Plain. Atmospheric Chemistry and Physics，2018，18（24）：17933-17943.

（10）Liu M X, et al. Fine particle pH during severe haze episodes in northern China. Geophysical Research Letters,2017,44（10）:5213-5221.

参 考 文 献

[1] He，et al. Scientific Reports，2014，4：4172，10.1038/srep04172.

[2] Zheng，et al. Atmospheric Chemistry and Physics，2015，15：2031-2049.

[3] Song and Carmichael. Atmospheric Environment，1999，33：2203-2218.

[4] Kim，et al. Atmospheric Environment，2006，40：2139-2150.

[5] Jiang，et al. Atmospheric Chemistry and Physics，2013，13：7937-7960.

[6] Park，et al. Atmospheric Chemistry and Physics，2014，14：2185-2201.

[7] Seinfeld J H and Pandis S N. Atmospheric Chemistry and Physics：From Air Pollution to Climate Change. New York：Wiley，2006：1203.

[8] Preszler P，et al. Physical Chemistry Chemical Physics，2007，9：3432-3439.

[9] Usher，et al. Chemical Reviews，2003，103：4883-4939.

[10] Hung and Hoffmann. Environmental Science and Technology，2015，49：13768-13776.

[11] Huang，et al. Journal of Geophysical Research：Atmospheres，2014，119：14165-14179.

[12] Wang，et al. Journal of Geophysical Research：Atmospheres，2014，119：10425-10440.

[13] Xue，et al. Environmental Science and Technology，2016，50：7325-7334.

[14] Hsu，et al. Journal of Geophysical Research：Atmospheres，2014，119：6803-6817.

第 4 章 重污染天气细颗粒物表界面多相反应与老化机制研究

付洪波[1],马庆鑫[2],何广智[2],赵祎龙[1]

[1]复旦大学,[2]中国科学院生态环境研究中心

颗粒物表界面的多相反应影响大气中痕量气体成分、颗粒物吸湿特性及大气氧化性,进而影响气溶胶的气候效应及健康效应。大气颗粒物的多相反应是大气化学研究的热点和前沿课题,相关研究对理解我国大气重污染形成机制具有重要的科学意义。

本章基于先进气溶胶表征技术,结合外场观测和实验室模拟,研究了接近我国大气污染真实条件下的关键多相反应过程,获取关键化学反应的动力学参数,并评估其对我国重污染天气的贡献。研究成果丰富了大气多相反应机制,加深了对我国高湿度、强氧化性大气复合污染的理解,为我国大气复合污染的防控提供了理论支撑。

4.1 研究背景

二次组分是细粒子的重要成分,对重污染天气的形成具有重要贡献。本章针对我国大气复合污染细颗粒物模式模拟不准确这一关键科学问题,开展气溶胶表界面多相反应研究,深入理解重污染环境下二次细粒子生成和老化新机制。以气-液界面光化学烟雾箱为依托,结合质子转移反应飞行时间质谱(PTR-ToF-MS)、掠射角激光诱导荧光光谱(GALIF)及原位傅里叶漫反射红外光谱(DRIFTS)等技术,准确获取典型颗粒物表面、关键气-液界面反应动力学参数,辨别活性中间物种,推测主要二次细粒子生成及老化机制。在此基础上,结合长三角外场观测,探索颗粒物表界面多相反应生成二次细粒子的潜势及区域气候效应。本研究既是国际大气化学领域具有挑战性的学术前沿,又是我国重污染天气科学有效控制工作取得突破的重要基础性科学问题。本研究有助于发展适合我国国情的空气质量数

值新模式,对研究区域大气复合污染成因具有重要的科学意义。

4.1.1 我国大气复合污染现状及研究意义

我国大气科学工作者在京津冀、长三角、珠三角、四川盆地等重点区域开展了地面长期定位观测、典型污染过程综合观测,结合卫星反演数据,发现我国近年来区域性重霾污染天气短时间内细颗粒物呈爆发式增长,表现为时间上具有突发性和持续性,空间上具有跨省、跨区域蔓延的特征[1-2]。2013 年 1 月大气污染事件中,细颗粒物浓度在几个小时内积累至 $200\sim500\ \mu g\ m^{-3}$,硫酸盐浓度高达 $70\sim130\ \mu g\ m^{-3}$;多个城市雾、霾污染持续 20 多天,污染面积达 130 万 km^2[2-3]。我国多个研究单位对重霾污染形成过程加强综合观测研究,初步认识了燃煤、扬尘、机动车尾气、生物质燃烧、二次颗粒物形成等造成细颗粒物污染严重,提出了区域大气复合污染机制概念初级模型[4-14]。但是,对细颗粒物爆发增长的诱因、发生和发展机制还不清楚[15-18]。2013 年 1 月以后,我国雾、霾污染呈恶化趋势。特别是 2015 年冬季,北京先后两次红色预警,天津、上海、杭州等城市多次黄色预警,外场观测中发现 $PM_{2.5}$ 浓度迅速增加,呈爆发增长趋势,增加了大气复合污染成因与机制研究的迫切性。

4.1.2 国内外研究现状和发展动态分析

1. 气溶胶颗粒表面多相反应研究现状

气态前体污染物(SO_2、NO_x、VOCs)能被大气氧化性物种(OH、H_2O_2、O_3 等)氧化生成二次物种(SO_4^{2-}、NO_3^-、SOA 等),而矿尘、海盐、黑碳等颗粒物表面的非均相化学反应可能是更重要的消耗通道[19-26]。在矿尘颗粒物主导的大气环境中,尤其是在高湿度环境中 O_2/H_2O_2 的协同作用下,SO_2 通过 $Fe(III)$、$Mn(IV)$ 等过渡金属氧化生成硫酸盐是最重要的反应机制[20,22]。对流层光化学反应是影响气溶胶表面多相过程的关键因素[21,27]。二次细颗粒物研究的不确定性很大程度来源于 SOA,SOA 的前体物 VOCs 数量多达上千种,SOA 生成过程中的中间产物难以准确分析和定量[19,28-29]。全球范围内,异戊二烯和萜烯类物质是自然源 SOA 的重要前体物,但在城市区域内存在大量的人为源 VOCs,其在 SOA 生成过程中的角色还不明确[25-26]。研究发现,颗粒物包含的光活性物质,在缺少气相氧化剂的情况下光敏化转换人为源 VOCs,生成含有氧化程度较高的低挥发性有机物,可能是大气环境中 SOA 生成的新途径[21]。迄今为止,关于二次物种转化和生成机制已经取得了一定进展。然而,大量的观测数据与模式结果依然存在较大偏差[28]。针对复合型大气污染特征,我国科技工作者先后开展了多组分协同非均相反应机制的研究[30-31]。He 等发现 NO_2 和 SO_2 在多组分矿质颗粒物表面反应时具有协同效应，即 NO_2 能促进 SO_2 向硫酸盐的转化。在 O_2 存在下，NO_x 作为催化剂，促进 SO_2 在颗粒物表面转化为硫酸盐[30]。该机理被 2013 年 1 月华北强霾污染事件的观测数据所证实，即 NO_x 降低了 SO_2 的环境容量，在高浓度的 NO_x 共存下，促进了 SO_2 形成硫酸盐颗粒物。迄今为止，对于多组分共存体系的"协同效应"以及混合颗粒物表面的"耦合效应"对气-粒转换过程的影响机制的研究非常有限，相关工作亟待开展。

2. 气-液界面非均相反应化学研究进展

气-液界面化学由于具有广泛的环境意义，已引起大气科学家的广泛关注，是大气科学的前沿和热点研究方向[32]。研究表明，气-液界面介质密度在从气相到液相几个埃($\text{\AA}$，$1\text{\AA}=0.1$ nm)距离内迅速增加几个数量级以上，使气-液界面呈现特殊的物理化学性质[21,32-33]。气-液界面具有典型的二维反应环境，其厚度为分子水平，不同于体相分子的各向同性排列，邻近界面的分子的几何排列具有空间不对称结构，因而能承载异于体相(气相/液相)的特殊化学反应。通过气-液界面光敏化反应产生的复杂的气-粒交换，可能是对流层大气 SOA 生成的重要通道。Ciuraru 等用模拟太阳光源辐射含有脂肪酸/腐殖质的有机液膜，发现通过脱氢反应产生异戊二烯，生成量与生物源数量级相同[34-35]。该研究证明界面光化学是海洋大气边界层非生物源异戊二烯的重要来源，为我国城市大气污染 SOA 形成机制提供了新的研究思路。总体上看，痕量气体与液相气溶胶反应方面的研究进展不大。研究发现，光照条件下，含有痕量光敏剂的液体气溶胶表面，能够快速吸收挥发性有机物，如异戊二烯、丙二烯等，发生界面氧化过程，引起颗粒物的快速长大，并伴随颗粒物光学性质的显著变化[36-38]。高湿环境下的大气液相化学可能存在挥发性有机物快速反应，诱导细颗粒物老化的新机制。随着老化程度的进行，细颗粒物的尺寸及理化性质(如：吸湿性和光学性质)会发生改变。多相反应也影响到颗粒物的混合形态。重污染天气下的气溶胶颗粒，经大气老化后多为复杂的混合形态，与清洁天气单一形态的气溶胶颗粒形成鲜明对比。迄今，多相反应过程对颗粒物相态的影响仍不清楚。

4.1.3　我国重污染大气污染特征及本研究简介

1. 我国大气复合污染特征与气溶胶多相化学

外场观测表明，在雾、霾形成及演化过程中 $PM_{2.5}$ 浓度的迅速提高常常伴随着较高的相对湿度(RH)[1,39-40]。Tao 等通过卫星数据反演，发现华北平原雾、霾总是与区域性的湿空气的大范围注入有关，同一污染时段雾、霾总是相伴发生，并相互转换[40]。2013 年北京雾、霾期间,硫酸盐的生成速率与相对湿度呈明显的正相关[39-40]。在高湿环境下,气溶胶粒子表面发生水的单层或多层吸附而形成液膜,甚至会导致颗粒物本身发生相态的改变。液膜的形成为多相反应的发生提供了重要平台。当前的数值模式对多相过程中液态水的处理多基于云滴和雨滴等稀溶液的实验室和外场观测结果,采用简单的一级反应,缺乏颗粒物表面多组分气体"协同效应"、混合颗粒物"耦合效应",及气-液界面化学及中间过程的考虑。因此,开展高湿条件下界面化学的实验室模拟研究,获取与液态水相关的反应动力学参数及关键反应,对准确模拟雾、霾期间二次气溶胶的形成具有重要作用。目前,对我国重污染天气条件下的颗粒物吸湿增长、活化过程及光学特性变化仍缺乏系统认识,制约了对雾霾重污染天气形成、发展和消退过程的理解,研究气溶胶表界面化学对超细粒子老化的作用机制及其气候效应具有重要意义。

2. 研究任务

外场观测表明,长江三角洲地区近年频发的雾霾污染颗粒物浓度较高[41],从颗粒物表界面多相反应机制研究入手,研究长三角大气雾、霾污染成因,有望取得大气多相化学反应理论上的新突破,可为我国大气复合污染机制的厘清,赋予更多的理论内涵。综上所述,在初期工作基础上,结合我们以往的科研积累,针对尚未被理解的我国大气复合污染气溶胶多相化学的关键问题,本研究以长江三角洲地区典型雾、霾污染天气为研究背景,系统、深入地开展气溶胶表界面化学机制及老化过程的研究。针对我国大气重污染天气高湿度、高粒子浓度负荷的污染特征,以实验室模拟与外场观测相结合,开展了以下 4 个方面的研究:1) 研究多组分气体"协同效应"和混合颗粒物表面"耦合效应"对气-粒转换过程的影响;2) 研究关键气-液界面二次物种的非均相转化过程;3) 研究颗粒物表界面反应对超细粒子老化的影响机制;4) 探索长三角地区颗粒物表界面多相化学对二次细粒子增量的贡献及潜在气候效应。本研究既是国际大气化学研究中具有挑战性的学术前沿,又是我国重污染天气科学有效控制工作取得突破的重要基础性科学问题,有助于发展基于多相反应新机制的、本土化的空气质量数值新模式,对于研究区域大气复合污染成因具有重要科学意义。

4.2　研究目标与研究内容

基于我国大气复合污染高浓度颗粒物负荷、高湿度污染特征,在外场观测数据基础上,有针对性地开展实验室模拟研究。阐明高湿度环境下气溶胶表界面多相化学反应机制,理解颗粒物表面多相反应对气溶胶老化过程的影响,探索典型颗粒

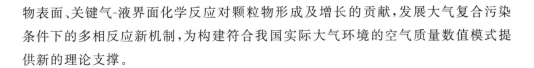

物表面、关键气-液界面化学反应对颗粒物形成及增长的贡献,发展大气复合污染条件下的多相反应新机制,为构建符合我国实际大气环境的空气质量数值模式提供新的理论支撑。

4.2.1 研究目标

(1) 掌握我国长江三角洲地区大气污染特征:长三角重点城市细粒子分布特征与重污染天气形成与消散规律。

(2) 揭示颗粒物表界面多相化学反应机制:典型颗粒物表面、关键气-液界面二次粒子形成机制。

(3) 阐明颗粒物表界面多相化学反应对环境的影响:颗粒物表界面对超细颗粒物的吸湿增长、光学特性影响机制。

(4) 促进新技术、新手段的应用与人才培养:建立气-液烟雾箱、掠射角激光诱导荧光光谱等技术在大气化学中的应用;培养大气化学领域优秀青年人才。

4.2.2 研究内容

本研究采用外场观测与实验室模拟相结合的总技术路线,依托光化学烟雾箱(Chamber)、掠射角激光诱导荧光光谱及原位傅里叶漫反射红外光谱等技术集成,模拟研究了大气复合污染环境下典型气溶胶颗粒的表面,关键气-液界面多相(光)反应作用下的二次细粒子的生成及老化过程。结合长三角地区的外场观测,探索了颗粒物多相反应对重污染天气细粒子的贡献及其潜在气候效应。具体开展了以下研究内容:

1. 长三角地区大气复合污染特征的外场观测研究

在长三角重点城市(上海、杭州、南京)进行长期定点综合观测,并进行夏季光化学烟雾、春秋季农村秸秆燃烧等重污染时段的加强观测,获得关键气态前体物(SO_2、NO_x、NH_3、VOCs 等)时空变化特征,在线分析粒径分布、颗粒物比表面积及质量浓度;采用中性簇团/空气离子粒径谱仪(NAIS)、纳米凝结核计数器(Airmodus A11)等研究新粒子生成;利用气溶胶飞行质谱(ATOFMS)结合透射电镜能谱仪(TEM-EDS)分析点颗粒物化学成分及混合特征,结合膜采样比较研究不同污染天气类型细颗粒物理化特征;研究细粒子吸湿增长及光学特性,理解相对湿度对粒径变化及能见度的影响。重点分析关键物种、气象要素、区域污染源分布等内在关系,阐明细颗粒物爆发增长与重污染天气形成及消散的特征规律。

2. 典型颗粒物表面二次细粒子生成实验室模拟研究

基于外场观测数据,利用傅里叶漫反射红外光谱、奴森池-质谱,研究典型气态前体物（SO_2、NO_x、NH_3、VOCs 等）在颗粒物表面形成二次细粒子的过程。阐明气态前体物、固相细粒子等物种消长规律及定量关系。研究"惰性"（SiO_2 等）或"活性"（Fe_2O_3、Al_2O_3 等）表面、干/湿颗粒物表面的多相转换过程，准确测量反应常数、表面摄取系数，原位考察辐射光波长、氧分压、关键共存气态物种影响下的动力学特征；阐明多组分共存体系的"协同效应"以及混合颗粒物表面"耦合效应"对反应动力学特征的影响。

3. 关键气-液界面二次细粒子生成实验室模拟研究

基于外场观测数据，利用气-液界面光化学烟雾箱，模拟研究典型气相前体物在关键有机成分（HULIS、脂肪酸等）表面的光化学转换。考察湿度、光辐射强度、有无气相氧化剂及共存物种对气-液界面反应的影响。准确测量反应常数、表面摄取系数、气-粒分配系数、光量子效率等动力学参数。基于掠射角激光诱导荧光技术，对比气-液界面、液相有机物种浓度变化，定量鉴别"界面效应"对化学反应的促进作用。运用激光瞬态荧光光解指纹技术结合顺磁光谱，辨别活泼自由基等中间物种（三线态、RO_2、OH 等）。阐述光化学体系可能包含的自由基反应，定量鉴别中间产物，理解气-液界面化学反应生成二次细粒子的过程机制。

4. 颗粒物表界面多相化学的长三角大气污染潜势研究

综合长三角大气污染特征研究的外场观测数据及实验室模拟研究的多相化学微观机制，分析关键气态前体物和颗粒物污染物之间的复合界面和动力学及其对颗粒物吸湿性和光学特性的影响，发展包括气-粒转化、核化、增长等关键过程的多相反应新机制。建立重污染过程中硫酸盐、硝酸盐、SOA 等二次气溶胶组分与前体物、颗粒物数浓度、总比表面积之间的响应关系，探索在典型的气象条件下（如高湿、强氧化性、强日照等）的颗粒物生成途径，阐明重污染天气细粒子形成与颗粒物表界面多相反应的关系。结合颗粒物吸湿性及光学特征，理解不同阶段颗粒物表界面多相反应对重污染大气能见度降低的贡献。

4.3　研究方案

4.3.1　长三角地区重污染天气污染特征的外场观测研究

兼顾主要污染源及大气监测网点分布，在上海、南京、杭州等污染严重的长三角中心城市设置采样点。对典型污染天气进行样品采集及在线连续观测（昼夜、季节变化、不同污染类型）。

4.3.2　典型颗粒物表面二次气溶胶生成的多相化学过程

模拟气溶胶样品置于 DRIFTS 的样品池中,通过反应气体,用傅里叶红外光谱(FTIR)实现静态或动态反应过程的原位监测,连续观察颗粒物表面物种形成过程。利用配备的 Praying Mantis TM 扩散漫反射装置,实现低温、控压和加光(通过配套光纤)等条件实验;运用长光程怀特池原位监测气相反应物及产物的浓度变化。

4.3.3　关键气-液界面二次细粒子生成实验室模拟研究

拟采用气-液光化学烟雾箱,模拟气-液界面二次细粒子光化学生成。气-液烟雾箱体积 3 m³,用特氟龙(Teflon,FEP)制成;通过蠕动泵泵入包含光活性物质的溶液模拟产生气-液接触面积约为 1.57 m²。采用美国的温度、湿度传感器,压差传感器控制烟雾箱内的温度、湿度和压力。

4.3.4　气-液界面化学反应过程机制研究

气-液界面光化学反应机制的研究主要在一个石英反应器($D=2$ cm,$L=5$ cm)中,溶液量 7 mL,产生一个 10 cm² 气-液界面。光源由一个 100 W 的氙灯(CHF-XM150)提供,氙灯距离液膜 10~15 cm,用水浴过滤掉光源中的红外部分,使到达液面的光通量与太阳光相仿,并用 150~300 sccm(标况下,mL min⁻¹)纯净空气持续流过液面。此装置可模拟低风速下的有机膜覆盖的静止液面。

4.4　主要进展与成果

4.4.1　云过程对沙尘铁溶解和二氧化硫非均相转化的影响

沙尘对海洋表层的生物有效铁的贡献量,不仅受沙尘自然属性的影响,也受大气传输过程的影响。在远程传输过程中,重力沉降、光还原、酸化、云过程等都倾向于混合并改变气溶胶的理化特征,促进铁的溶解。由于铁的溶出受 pH 控制,酸化是影响铁溶解最重要的大气过程。沙尘吸收大量人为源或自然源的有机、无机酸,会引起沙尘表面 pH 急剧下降,伴随着在沙尘表面的水相中大量铁的溶出。与酸化息息相关的是云过程,沙尘表面水相在云水的蒸发/凝聚过程中伴随剧烈的 pH 振荡,从而影响沙尘表面铁的溶解。伴随着水相的蒸发,沙尘表面水减少,至仅含一层薄薄的水膜于表面时,其通常被称为气溶胶状态。若水相蒸发,沙尘表面的薄水膜中 pH 会降低,甚至会低于 2。相反,一旦相对湿度大于露点,气溶胶状态下的沙尘会转变为云滴的状态,表面 pH 增高。于是,气溶胶/云滴状态的循环对应的是 pH 2 与 pH 5～6。气溶胶状态下沙尘表层会有强酸性(如 pH＝2.2)的水膜,云滴状态下的沙尘表层会有弱酸性、接近中性(如 pH＞4～5)的水膜。在沙尘传输的过程中,典型的沙尘气溶胶在干/湿沉降前,一般会经历数次凝结/蒸发的循环。这些凝结/蒸发循环会引起沙尘表面水膜的 pH 振荡,会极大地改变铁的物相,使得铁在溶解态与颗粒态之间相互转换。这些过程会改变沙尘的矿物形态、物理化学性质,从而改变沙尘中铁的存在形态。

二氧化硫(SO_2)是重要的人为源污染气体,主要产生于化石燃料的燃烧与火山爆发。SO_2 能够在矿物气溶胶的表面非均相转化为亚硫酸盐与硫酸盐,硫酸盐可以通过光散射改变大气直接辐射强迫,并形成云凝结核对气候产生间接影响,是气候变化的关键驱动因子。另外,硫酸盐被认为是中国近些年雾霾形成的主要诱因。模式计算表明,在云和雾滴的气相或液相中的均相氧化,不足以解释外场观察到的存在于大颗粒表面的大量硫酸盐。全球范围内 SO_2 浓度是高估的,而硫酸盐浓度是低估的,说明矿物颗粒表面的非均相转换是 SO_2 生成硫酸盐的更重要的途径,且存在尚未被发现的气-粒转换途径。有研究表明,各种金属氧化物中,在铁(氢)氧化物表面的 SO_2 转化率最高,故铁(氢)氧化物具极强的非均相氧化 SO_2 的能力。且值得注意的是,铁具有催化 O_2 氧化 S(Ⅳ)的能力,尤其是在相对较高的 pH 条件下。

据此,我们对标准黏土伊利土(IMt-2)、绿脱土(NAu-2)、蒙脱土(SWy-2)与亚利桑那商业标准沙尘(ATD)这 4 种矿物颗粒进行了模拟云过程实验,研究了 6 天的模拟云过程(pH 振荡,2 vs 5～6)对沙尘中铁溶解度变化的影响。将云过程前后的沙尘样品进行原位漫反射傅里叶变换红外光谱(DRIFTS)实验,以了解云过程对沙尘非均相转化 SO_2 活性的影响。实验测定了 pH 振荡过程中沙尘溶出的铁浓度;用高分辨透射电镜研究云过程前后沙尘的矿物形态变化;用 CBD 化学提取法与 Mössbauer 谱来分析云过程对铁物相的改变。另外,为了研究云过程中形成的含铁纳米颗粒的形态,以一个模拟的结晶沉降实验来得到析出的颗粒,并对形成的新颗粒进行 TEM 观察、粒度分布分析与 Mössbauer 谱分析。

在该模拟实验中,沙尘悬浮液在 pH 振荡(2 vs 5～6)循环 3 次(144 h)过程中的溶出铁(Fe_s)总量、溶解态 Fe(Ⅱ)与 Fe(Ⅲ)浓度如图 4.1 所示。尽管不同沙尘样品的矿物组成不同,但各种样品被观察到了相似的溶解曲线。在第一个 24 h 的模拟气溶胶 pH 2 阶段,IMt-2 能够在 0.1 h 内迅速溶出 12.8 $\mu mol\ g^{-1}$ 的溶出铁,之后溶解速率放缓,24 h 后的总溶出铁为 22.9 $\mu mol\ g^{-1}$。在第一个 pH 5 阶段,当模拟沙尘表面吸水后由气溶胶状态转变为云滴状态,pH 增加至 5～6,5 min 内,悬浮液中溶解态的铁浓度急剧减少至 2.6 $\mu mol\ g^{-1}$,且在之后的整个 24 h 期间内,始终都低于 5 μmol g^{-1}。在第二个 24 h 的 pH 2 阶段，溶解态的总铁含量能够在 5 min 内迅速增到 15.5 μmol g^{-1}，且在 4 h 后达到 26.5 μmol g^{-1}，大于其在第一个 pH 2 阶段达到的最高值 22.9 μmol g^{-1}。当溶液 pH 再次调至 5～6，总溶解态的铁浓度迅速降至 2.5 μmol g^{-1}，且在整个中性 pH 阶段，一直维持在这样极低的浓度。在第三个 24 h 的 pH 2 阶段，溶解态的总铁含量再次呈现出与第一次、第二次 pH 循环过程相同的变化趋势，该 pH 2 阶段的溶解态的总铁含量最终达到 29.4 μmol g^{-1}，当 pH 增至中性条件，溶解态的铁含量再次降至 2 μmol g^{-1} 以下。

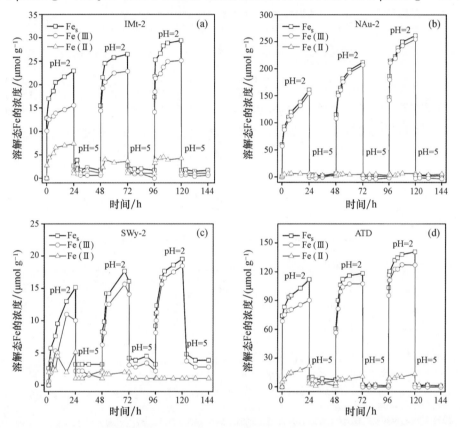

图 4.1　144 h pH 振荡循环溶液中，各种沙尘悬浮液中溶出的 Fe$_s$、Fe(Ⅱ)、Fe(Ⅲ)浓度

若将 pH 振荡溶解过程中的所有中性 pH 的阶段去掉，沙尘中铁随时间的溶出过程如图 4.2 所示。铁溶解仅发生于 pH 2 的阶段，除去 pH 为 5 的阶段后，铁的溶解曲线几乎呈现出平滑连续的曲线。当 pH 增高，铁溶解浓度急剧下降；当 pH 降低后，又能快速地再次溶出。以 ATD 为例，当 pH 从 2 增加到 5～6，溶解态的铁能迅速地从 108.0 μmol g^{-1} 减少至 9.5 μmol g^{-1}。而每当再次降低 pH 时，溶出铁浓度一般会在 5 min 内迅速增加，在第二个 pH 2 阶段，5 min 内快速溶出 80.6 μmol g^{-1}；第三个 pH 2 阶段，5 min 内快速溶出 103.5 μmol g^{-1}。之后溶出速率放缓，最终在第二与第三个 pH 2 阶段的 24 h 后，分别达到 118.4 μmol g^{-1} 与 140.8 μmol g^{-1}。

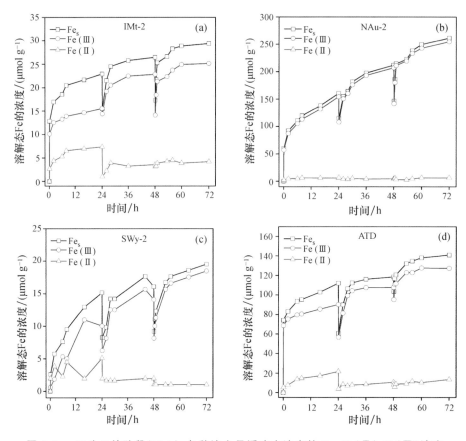

图 4.2　pH 为 2 的阶段(72 h)，各种沙尘悬浮液中溶出的 Fe_s、$Fe(II)$、$Fe(III)$ 浓度

　　本模拟云过程的溶解实验中，沙尘的溶出铁浓度变化与之前研究者发表的结果相似。这些结果均表明，沙尘中铁的溶解只发生在低 pH 的气溶胶状态下，一旦大气环境的湿度增加，使得表层水膜的 pH 增高至中性条件，已经溶出的溶解态的铁会降低至检测限。出现这种现象是因为，在有氧条件下，当 pH>4 时，仅有非常少部分的铁能够保持在溶解的状态。Shi 等[12]研究指出，溶解铁的量急剧减少是由于铁离子沉降析出为含铁的纳米颗粒，这些纳米颗粒具有极高的化学活性，且化学成分接近于水铁矿。一旦 pH 再次降低，溶解铁量快速增加，这是由于这些沉积的纳米态含铁颗粒能够在酸性环境下快速溶出。

　　随溶解时间变化，悬浮液中溶出的 $Fe(III)$ 浓度与总铁浓度呈现出相同的变化趋势，$Fe(III)$ 浓度在 pH 2 阶段会持续增加，在 pH 5 阶段迅速下降。但悬浮液中溶出的 $Fe(II)$ 浓度呈现出了不同的趋势，在第二与第三个 pH 2 阶段的 $Fe(II)$ 浓度比第一个 pH 2 阶段的 $Fe(II)$ 浓度小。例如：在第一个 pH 2 阶段，检测到 IMt-2 与 ATD 溶出的 $Fe(II)$ 在总溶出铁中平均占比分别为 28.7% 和 13.7%；在第二个 pH 2 阶段，溶出的 $Fe(II)$ 在总溶出铁中平均占比分别降至 16.8% 与 9.4%；在第三个 pH 2 阶段,溶出的 Fe(Ⅱ)在总溶出铁中平均占比分别降至 12.0% 与 6.4%。溶解态 Fe(Ⅱ)相对含量的减少是由于溶解态氧的氧化作用。由于 Fe(Ⅱ) 比 Fe(Ⅲ)更易溶出,在第一个 pH 2 阶段,溶出了大量的 Fe(Ⅱ)。由于当 pH>2 时 Fe(Ⅱ)会快速地氧化为 Fe(Ⅲ),溶出的 Fe(Ⅱ)在 pH 5 阶段被快速氧化,在接下来的 pH 5 阶段以 Fe(Ⅲ)形式析出。虽然有大量的外场观测与实验室研究证实,沙尘从起源地传输到远海的过程中 Fe(Ⅱ)的相对含量会增加,但这应该是由于光还原作用与有机配合物的化学还原作用的结果。

模拟云过程(CP)实验前后,所有样品的 TEM 图像、能量色散 X 射线(EDX) 谱和选区电子衍射(SAED)谱如图 4.3 所示。CP 反应前的 IMt-2、NAu-2、SWy-2 三种黏土颗粒通常是微米级尺寸,呈堆叠的片层状。基于单颗粒分析,黏土中的铁均匀分布在含铝的八面体或含硅的四面体的铝硅酸盐片层颗粒中。CP 反应前的 ATD 颗粒尺寸相对较大,大部分成分是含铁量低的铝硅酸盐组分;在这些铝硅酸盐表面,发现有一些尺寸为几百纳米的富铁颗粒。通过高分辨电镜结果,分析晶格条纹及衍射图,发现这些纳米态富铁晶体是 α-Fe$_2$O$_3$ 颗粒。

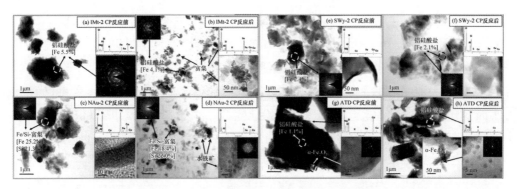

图 4.3　CP 反应前后,各种矿尘颗粒的 TEM 图像、EDX 谱图、SAED 衍射谱图

CP 反应后的 IMt-2、NAu-2、SWy-2、ATD 颗粒均尺寸变小,表明模拟云过程使得颗粒物发生破碎而分裂为更小的颗粒。颗粒物尺寸变小可能会影响其非均相反应活性与酸促进条件下的铁溶解,尤其是 IMt-2、NAu-2、SWy-2 三种黏土呈现出纳米级的细小颗粒。而在 ATD 样品中的 α-Fe$_2$O$_3$ 表面,通过高分辨透射电镜观察到了直径约为 5 nm 的圆球形富铁纳米颗粒,其有明显而简单的晶格点阵分布,通过 PCPDF Win 软件来比对 d 值,证实这些颗粒是水铁矿颗粒。

对于水铁矿颗粒,最早提出的化学组成是 Fe$_5$HO$_8$·4H$_2$O,随后有人分别提出 Fe$_6$(O$_4$H$_3$)$_3$ 和 Fe$_2$O$_3$·2FeOOH·2.6H$_2$O。之后 Schwertmann 和 Cornell 添加了 5Fe$_2$O$_3$·9H$_2$O。以上各化学式的 OH$^-$ 和含水量都不同,目前还没有统一的化学式来表示水铁矿。Janney 根据水铁矿衍射线条数定义了 2LFh 和 6LFh 两种典型水铁矿,介于两者结晶度之间的水铁矿分别有 3LFh、4LFh 和 5LFh。2LFh 结晶度很弱,两个宽峰的 d 值分别是 0.15 和 0.25～0.26 nm;6LFh 结晶度相对较好,6 个峰的 d 值分别约为 0.15、0.15、0.17、0.20、0.22 和 0.25 nm。由于水铁矿结晶弱,化学组成仍然不确定,其确切的结构模型还没有完全建立。

但这些纳米颗粒只能在 ATD 颗粒中赤铁矿晶体的表面被观察到,却并未在 IMt-2 或 ATD 颗粒中的黏土成分,即铝硅酸盐的表面观察到。因此,我们推测在这样的模拟云过程的溶解作用下,这些水铁矿颗粒只能够由赤铁矿这样的富铁的铁氧化物晶体转化而成,而不能由贫铁的铝硅酸盐晶体转化形成。推测云过程后的颗粒物中,贫铁的纳米态铝硅酸盐晶体是来自颗粒物的破碎分裂作用,而一些纳米态的针铁矿颗粒是来自溶解态的铁的析出结晶作用,但只能形成于铁氧化物表面,如赤铁矿。这些铁氧化物纳米颗粒容易黏附于沙尘表面。推测这些纳米颗粒中的铁即是沙尘酸性条件下最快最先溶出的部分。

模拟云过程实验前后,用 CBD 化学提取法测得沙尘中的自由铁(包含 Fe_A 和 Fe_D)与结构铁含量的变化如图 4.4 所示。CP 反应前的 IMt-2、NAu-2、SWy-2、ATD 样品中,Fe_A 在总铁含量中占比(Fe_A/Fe_T)分别为 0.7%、0.5%、0.7%、3.8%;CP 反应后 Fe_A/Fe_T 分别增加到了 1.8%、1.2%、1.7%、24.2%。对于 IMt-2、NAu-2、SWy-2、ATD,Fe_A 的量分别增加了 2.6、2.9、2.5、6.4 倍,而各种样品中 Fe_D 含量没有明显的改变。对于 ATD 样品,Fe_A 含量从 3.8% 显著增加至 24.2%,伴随着结构铁含量从 60.7% 减少至 42.5%。ATD 中的 Fe_D 含量仅有很小的变化,从 35.5% 减至 33.3%。根据此实验结果推测,在模拟云过程中,ATD 中高活性的 Fe_A 主要由铝硅相晶格中的结构铁转化而来,可能是来自颗粒物的物理破碎作用,或是由于云过程中铁的溶解使得铁相态发生化学改变。

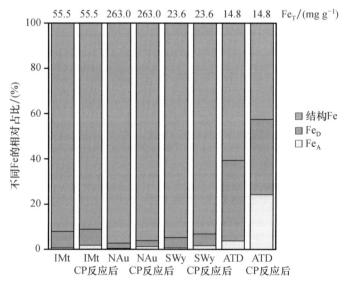

图 4.4　CBD 化学提取法测得 CP 反应前后各样品中自由铁与结构铁含量

针对 CP 反应前后的铁形态变化,用 Mössbauer 谱分析沙尘中铁的化学价态与铁原子所处的化学结构,常温条件下采集到的 Mössbauer 谱图如图 4.5 所示。CP 反应前的 IMt-2 中的 Fe(Ⅲ)与 Fe(Ⅱ)均是位于铝硅酸盐晶格中,且这两个主要组分分别占据峰面积总量的 66.03% 与 33.97%。CP 反应后,IMt-2 的 Mössbauer 谱图仍然是呈现出两个中心四级对峰的成分。一个四级对峰的 $IS=0.36 \text{ mm s}^{-1}$,$QS=0.26 \text{ mm s}^{-1}$;另一个四级对峰的 $IS=0.41 \text{ mm s}^{-1}$,$QS=1.22 \text{ mm s}^{-1}$。在自然环境中,当在鉴别含铁化合物时,即使微量的外来化学元素的取代作用都会引起 Mössbauer 谱参数发生改变。基于之前的研究结果,这两个组分分别代表的是嵌于铝硅酸盐晶体中的 Fe(Ⅲ)与 Fe(Ⅱ)。在 CP 反应后,IMt-2 中的 Fe(Ⅱ)所占百分比从 33.97% 降至 31.45%,而 Fe(Ⅲ)所占的百分

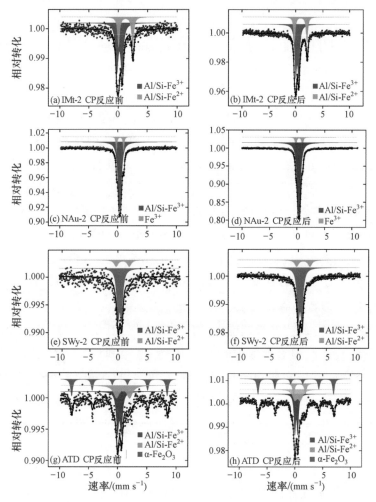

图 4.5　常温条件下,测得的 CP 反应前后样品的 Mössbauer 谱图,分别是 CP 反应前后的 IMt-2(a 和 b)、NAu-2(c 和 d)、SWy-2(e 和 f)、ATD(g 和 h)

比从 66.03% 增至 68.55%。CP 反应前的 NAu-2 与 SWy-2 样品，铝硅酸盐晶格中 Fe(Ⅱ)含量分别是 12.85%、18.34%；而 CP 反应后其中的 Fe(Ⅱ)含量减少至 11.56%、17.09%。CP 反应前的 NAu-2 与 SWy-2 样品，铝硅酸盐晶格中 Fe(Ⅲ) 含量分别是 87.15%、81.66%；而 CP 反应后其中的 Fe(Ⅲ)含量增加至 88.44%、82.91%。

利用红外漫反射在线监测 SO_2 被沙尘表面吸附的过程，并得到系统中产物的生成情况，在 CP 反应前后的 IMt-2、NAu-2、SWy-2、ATD 表面进行相同条件下的 45 min 非均相反应，随反应时间测得的 4000～1250 cm^{-1} 与 1250～1000 cm^{-1} 范围的 DRIFTS 图谱分别如图 4.6(a)～(d) 与 (e)～(h)所示。通入 SO_2 后，在 CP 反应前后的 IMt-2 颗粒表面都观察到波长范围为 3600～2800 cm^{-1} 与 1700～1500 cm^{-1} 宽域的吸收峰，根据参考文献，这些峰都可归于表面的 OH 与 H_2O 的吸收峰。在 CP 反应前后的 IMt-2 颗粒表面的峰强度均随反应时间而增强，但增强的速率不同。高斯拟合曲线后，在 1250～1000 cm^{-1} 波长范围内，在 CP 反应前的 IMt-2 颗粒表面观察到了极弱的 1100 cm^{-1} 波长的振动峰；而在 CP 反应后的 IMt-2 颗粒表面，出现位于 1088 cm^{-1} 与 1077 cm^{-1} 的表征亚硫酸盐与亚硫酸氢盐物种的主吸收峰、位于 1100 cm^{-1} 的表征颗粒表面的自由硫酸离子的吸收峰，以及一个弱的中心位于 1167 cm^{-1} 的表征配位在颗粒表面的硫酸物种的吸收峰。硫酸根离子可以通过一或两个氧原子与矿物表面形成单配位或双配位的硫酸盐配位结构。在 CP 反应前后的 ATD 颗粒表面观察到了与 IMt-2 样品相似的谱图，表明在与 SO_2 反应后的沙尘颗粒表面有相似的产物。对于 CP 反应后的 IMt-2 与 ATD 样品，测得的表征 OH、H_2O、S—O 键产物的峰均强于 CP 反应前的 IMt-2 与 ATD 样品表面观测到的峰。这也表明，CP 反应后的 IMt-2 与 ATD 比其原样有更强的吸湿能力与更强的 SO_2 转换能力。推测云过程可能是通过增加吸湿性进而促进沙尘颗粒对 SO_2 的转换能力。

在 4000～1250 cm^{-1} 波长范围内，CP 反应前与 CP 反应后的 NAu-2 与 SWy-2 样品均呈现出了相似的表面吸收谱图[(图 4.6(b)和(c)]。对于 CP 反应前的 NAu-2 与 SWy-2 样品，表征 OH 与 H_2O 的 3600～2800 cm^{-1} 峰随时间快速增加，表明即使是 CP 反应前的 NAu-2 与 SWy-2 样品也具有较强的吸湿性。而对于 CP 反应后的 NAu-2 与 SWy-2 样品，相比 CP 反应前的样品，新出现了 3661 cm^{-1} 特征峰，在 3450、3161、3113、3005、2889 cm^{-1} 的 3500～2700 cm^{-1} 吸收峰，以及中心在 2131 cm^{-1} 处的宽吸收峰。文献一般把 2100 cm^{-1} 左右的吸收峰归于液相水的吸收峰，而其他的所有吸收峰均是各种表面 OH 的峰。进一步仔细区分：3450 cm^{-1} 峰被对应的是非均相反应生成的副产物水；其他小于 3600 cm^{-1} 的峰可被认为对应扰动的表面 OH 物种；3661 cm^{-1} 峰在文献中被认为对应在铝硅晶

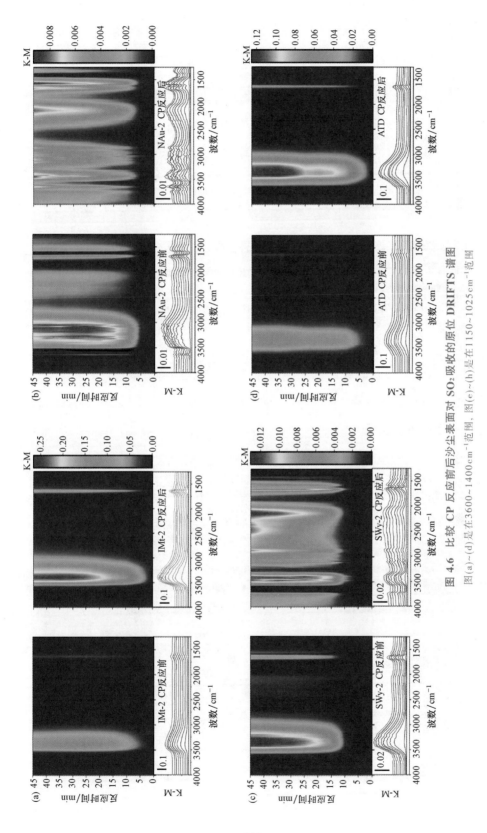

图 4.6　比较 CP 反应前后沙尘表面对 SO₂ 吸收的原位 DRIFTS 谱图

图(a)~(d)是在3600~1400 cm⁻¹ 范围，图(e)~(h)是在1150~1025 cm⁻¹ 范围

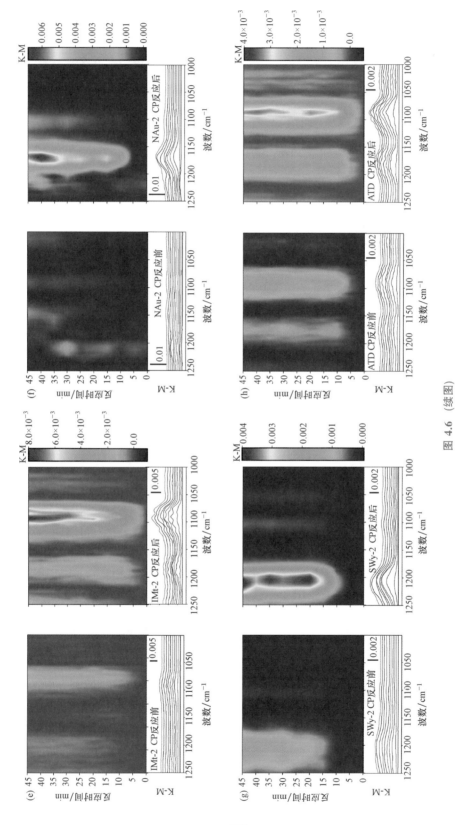

图 4.6（续图）

格相铁表面的单配位或双配位的 OH 物种。1250～1000 cm^{-1} 波长范围内，在 CP 反应后的 NAu-2 与 SWy-2 表面，分别观察到了 1170 cm^{-1} 与 1220 cm^{-1} 的宽吸收峰，这两个吸收峰均可被认为是 H_2SO_4、HSO_4^-、硫酸盐的生成区域。CP 反应后，样品表征 OH 与 H_2O 峰位的改变，表明 CP 反应改变了沙尘表面的与 SO_2 发生反应的活性键位。之前的研究已经证实，矿物氧化物表面的 OH 键是生成 HSO_3^-、SO_3^{2-} 的活性反应位。气态 SO_2 不能与 O_2 直接反应，但能在这些表面活性位生成 HSO_3^-/SO_3^{2-}，并进一步氧化成 HSO_4^-/SO_4^{2-}。谱图分析表明，云过程不只能够通过增加沙尘吸湿性来增强对 SO_2 的吸收，还能够通过改变矿物表面的 OH 活性键位来增强其对 SO_2 的氧化作用。

溶解在大气液相中的 SO_2 主要以 $SO_2 \cdot H_2O$、HSO_3^-、SO_3^{2-} 三种形式存在。在云或雾中，液相 S(Ⅳ) 被氧化成 S(Ⅵ)，是液相化学的重要的化学转化过程，也是降水酸化的主要途径之一。S(Ⅳ) 液相氧化反应包含 O_3 氧化、H_2O_2 氧化、有机过氧化物 ROOH 氧化、催化氧化。本研究中，45 min 内，所有样品表征形成的表征硫酸盐的红外谱图面积随时间的变化如图 4.7 所示。谱图的面积表征着沙尘对 SO_2 的吸收量，同时反映着生成物的浓度变化。在各样品中，生成物的量随着反应时间进行而增加。与 CP 反应前的沙尘相比，反应后的沙尘表面生成了更多的硫酸盐化合物，且硫酸盐的生成速率更快。在本实验条件下，表面生成物的量会在反应的起初 10 min 内迅速增加，然后随反应的进行，增长速率放缓。随着反应进行，沙尘表面的活性位点，如 OH 键位，会随着吸收 SO_2 生成 HSO_3^-/SO_3^{2-} 而减少，使得反应速率下降，大部分样品在 15 min 后达到饱和。由图 4.7 可看出，CP 反应后的沙尘表面比反应前的沙尘的饱和浓度更高，且持续反应的时间更长。尤其是 CP 反应后的 NAu-2 与 IMt-2，它们对 SO_2 的吸附在 45 min 内一直保持较快的生成速率，且在 45 min 内未达饱和状态。结果表明，云过程不只增加了沙尘对 SO_2 的吸附量，也增加了沙尘与 SO_2 的反应时间。不同沙尘对 SO_2 的摄取系数取决于其矿物组成，及其矿物成分表面的活性 OH 位点。在 CP 反应后的沙尘表面，硫酸盐生成量显著大于 CP 反应前的沙尘表面。CP 反应后的 IMt-2、NAu-2、SWy-2、ATD 样品的 SO_2 摄取系数 γ_{geo} 分别是 3.21×10^{-8}、3.86×10^{-8}、3.03×10^{-8}、1.82×10^{-8}，是 CP 反应前样品 γ_{geo} 的 4.7、19.2、2.7、2.0 倍。通过 BET 比表面积测定，发现 CP 反应后，沙尘样品的比表面积显著增大。所以 γ_{geo} 值的增大可能是由于沙尘颗粒比表面积的增大。

根据 CP 反应后矿物颗粒的比表面积进一步计算 SO_2 摄取系数 γ_{BET} 发现，CP 反应后的 IMt-2、NAu-2、SWy-2、ATD 样品的 SO_2 摄取系数 γ_{BET} 分别是 3.81×10^{-13}、2.08×10^{-12}、3.61×10^{-13}、1.48×10^{-12}，是 CP 反应前样品 γ_{BET} 的 2.2、4.1、1.5、1.4 倍。γ_{BET} 值显著增大，证实了 CP 反应增强沙尘对 SO_2 的吸附氧化

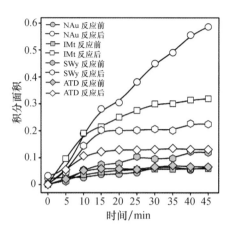

图 4.7　比较 CP 反应前后各种样品与 SO_2 反应产生的谱图的面积

能力,不只是由于云过程使得沙尘破碎而表面积增大,也是由于 CP 反应作用改变了沙尘表面的化学性质。表明 CP 反应具有改变沙尘颗粒表面属性的能力,该过程修饰并增加了沙尘表面的活性位点,使得沙尘表面活性增强而吸附更多的 SO_2。矿物颗粒对 SO_2 的摄取系数(γ_{geo}、γ_{BET})与其含铁量无关。对比 CP 反应前后样品表面的 γ_{geo} 与 γ_{BET},计算出反应前后摄取系数的增大倍数,发现各种样品的 γ_{geo} 与 γ_{BET} 增大倍数值与各沙尘样品中的总含铁量有关,沙尘的含铁量越大,摄取系数增大倍数越多,即 NAu-2(23.6%)＞IMt-2(5.5%)＞SWy-2(2.6%)＞ATD(1.5%)。考虑到铁的特殊化学属性,据此结果推测云过程中,沙尘对 SO_2 吸附氧化能力的增强是由于沙尘中铁的活性/有效性的改变。因此 CP 反应促进 SO_2 转换的作用应该被更细致地研究,这有助于模型中对于大气硫酸盐气溶胶生成的估算。为进一步弄清机理,我们进行了相关表征实验,关注云过程对沙尘中铁物相的改变。在 pH 1 的溶解实验中,CP 反应前后的 IMt-2 和 ATD 样品中溶出的总溶解态的铁 Fe_s 浓度与溶解态的 Fe(Ⅱ)占总溶出铁百分比(Fe(Ⅱ)/Fe_s)随溶解时间的变化分别如图 4.8(a)与(b)所示。尽管 ATD 的含铁量(1.48%)比 IMt-2 的含铁量(5.55%)少,且 ATD 的 Fe(Ⅱ)含量(29%)比 IMt-2 的 Fe(Ⅱ)含量(34%)少,但 ATD 比 IMt-2 溶出更多的铁。而这与文献中得到的结论一样,沙尘中铁的溶解度并不与总铁含量成正相关的关系。由于 ATD 中的 $\alpha\text{-}Fe_2O_3$ 很难溶解,ATD 中铁的高溶解度主要是源于铝硅酸盐的溶解。铝硅酸盐晶体的不同结构,尤其是铁在铝硅晶体中的化学键态,会影响铁的溶出。一些研究者指出,铁以取代镁、钾元素的离子键形式存在,会比以取代硅、铝的共价键形式更易溶解,因此 ATD 中的铝硅相铁比 IMt-2 中的铝硅相铁,会更多地以离子键形式存在,ATD 中的铁更易溶解。

溶解结果也发现,CP 反应后的沙尘样品比 CP 反应前的原始样品溶解出更多的铁量,即有更高的铁溶解度。在 pH＝1 的硫酸溶液中溶解 36 h 后,CP 反应后的

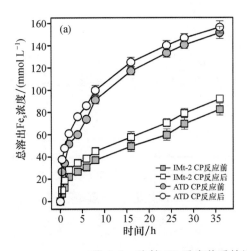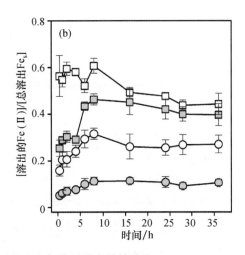

图 4.8　比较 CP 反应前后的沙尘在 pH 1 条件下溶出的铁浓度

（a）总溶出铁 Fe_s 浓度；（b）溶解态的 Fe(Ⅱ)占总溶出铁百分比（Fe(Ⅱ)/Fe_s）随溶解时间的变化

IMt-2 与 ATD 分别溶解出 91.8 μmol L^{-1} 与 156.2 μmol L^{-1} 的溶解态铁,而同一时间 CP 反应前的 IMt-2 与 ATD 分别溶解出 82.4 μmol L^{-1} 与 149.3 μmol L^{-1} 的溶解态铁。但对于 CP 反应前后样品,此溶解浓度的不同,似乎是在溶解的最初 1 h 内产生的;在 1 h 后的时间里,铁的溶出量变化曲线是相似的。CP 反应后的 IMt-2 与 ATD 在起初的 1 h 内溶出铁浓度分别为 18.6 μmol L^{-1} 与 47.9 μmol L^{-1},比 CP 反应前的 IMt-2 与 ATD 溶出的铁明显多。CP 反应前的 IMt-2 与 ATD 在起初的 1 h 内溶出铁浓度分别为 12.4 μmol L^{-1} 与 34.3 μmol L^{-1}。结果表明,在溶解实验初期,CP 反应后的沙尘样品比 CP 反应前的沙尘样品更易溶出,这部分更快溶出的铁是云过程中产生的 Fe_A。CP 反应对沙尘颗粒的分裂破碎作用对沙尘中铁的溶出也起了重要的作用,因为酸促进的铁溶解作用是发生于颗粒物表面的,由于细颗粒比粗颗粒具有更高的比表面积,故细颗粒中的铁更易溶出。CP 反应后的 IMt-2 与 ATD 样品中溶出铁的 Fe(Ⅱ)/Fe_s 比率分别为 36.9% 与 8.8%,相比 CP 反应前的 IMt-2 与 ATD 样品中溶出铁的 Fe(Ⅱ)/Fe_s 比率(为 52.6% 和 24.7%)更小。这个结果与 Mössbauer 谱的分析结果相一致,表明 CP 反应后的沙尘中,Fe(Ⅱ)的百分比含量会明显下降,这应该是由于沙尘中的 Fe(Ⅱ)比 Fe(Ⅲ)更易溶出,故反应过程中相对含量更多的 Fe(Ⅱ)溶出,在 pH 5 的酸性条件下,在有氧时进一步被氧化为 Fe(Ⅲ)。模拟 CP 反应实验过程,在沙尘样品浓度为 1 g L^{-1} 的溶液中,第三个即最后一个 pH 2 阶段结束时(120 h),IMt-2 与 ATD 中铁的总溶解度分别达到了 2.97% 与 53.28%。假设继续进行第四次 pH 振荡溶解实验,毫无疑问的是,在第四个 pH 2 阶段,IMt-2 与 ATD 的悬浮液中的铁溶解度,会在经历前几个小时后,大于第三个 pH 2 阶段的最终值 2.97% 和 53.28%。然而,值得注

意的是，CP反应后的 IMt-2 与 ATD 在 pH 1 条件下，1 h 内仅溶出了总铁量的
1.49% 与 9.18%。也就是说，如果将 CP 反应后的 IMt-2 与 ATD 过滤风干取出后
的样品进行溶解实验，其中铁溶解度会偏低。故并非所有在 pH 5 条件下沉降出的
含铁颗粒都是能够在 pH 1 的强酸性环境下被快速溶出，且过滤风干过程会强化颗
粒物的晶格，影响析出颗粒的溶解性。故有必要进一步研究在 pH 5 条件下析出的
新生成含铁颗粒的物理化学特性。

在云过程模拟实验中，随 pH 提高，沙尘中溶出的溶解铁会结晶析出为非溶解
的状态。把澄清溶解液的 pH 由 2 升至 5，无色的澄清透明的溶解液体逐渐变为肉
眼可见的黄色澄清透明溶液，然后在溶液中出现细小的黄色颗粒絮凝物，絮凝物逐
渐增大，并最终变为橙色的絮状颗粒物。该过程是可逆的，当通过在悬浮液中加入
稀硫酸将 pH 降低至 2，析出的固体絮状物会快速溶解，悬浮液中的橙黄色逐渐褪
去，最后成为最初状态的澄清溶液。在该过程中，随着 pH 变化，含铁晶体析出后
即快速溶解。因此，我们认为在这种状态下析出的含铁晶体是具有高活性的，是能
够模拟在云过程中沙尘表面水膜中铁的状态的。在各种 pH 条件下，分别采集几
滴溶液滴到 TEM 的铜网上自然风干，进行 TEM 观察。当 pH 为 1 或 2 时，没有
检测到颗粒物；当 pH 大于 3 时，能够检测到尺寸大于数十微米的大型絮条状物
质，无法用 TEM 进行高分辨观察。最好的结果是当 pH 为 3 时，采集含有橙黄色
絮状颗粒的悬浮液滴到 TEM 的铜网上风干，用 TEM 观察这些纳米级新生成颗粒
的形态，测定其化学组成，TEM 图像如图 4.9 所示。

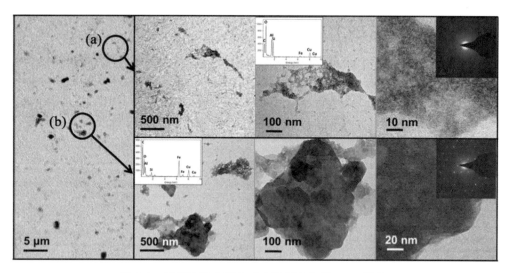

图 4.9　结晶实验中新生成含铁颗粒物的 TEM 图像

包含 EDX 与 SAED 结果，分别为(a) 结晶程度差的铝硅酸盐颗粒，(b) 结晶程度好的铝硅酸盐颗粒

通过对单颗粒的形态与其中元素 EDX 的测定，可以将这些新形成的颗粒归为

两类。一类是含铁量低而富含 Si/Al 的弱晶相的颗粒物,这样的颗粒物一般呈现出尺寸为几百纳米的不规则形态。另一类颗粒物的尺寸较大,直径在 $1 \sim 3\ \mu m$,含铁量高,Si/Al 含量低,高分辨电镜发现这些颗粒物的晶格条纹明显。通过颗粒物的元素组成与 SAED 信息比对,用软件模糊判断这类颗粒物的化学组成为 $Na_{0.42}Fe_3Al_6B_{309}Si_6O_{18}(OH)_{3.65}$。尽管这个判定结果并不十分准确,但说明了在自然过程中,低 pH 情况下大量的铝、硅等元素会与铁元素一起溶出,而 pH 增大的过程中,析出沉淀得到的含铁颗粒物一般是与铝、硅等元素结合在一起的,并非单质的铁(氢)氧化物。在铁析出结晶的过程中,Si/Al 会掺杂进晶体结构中,Si/Al 含量越高,新形成的铁氧化物晶形结构越弱。推测在自然的大气环境中,更多的是形成第一类的弱晶格相的贫铁的铝硅酸盐晶体。故在沙尘的云过程中,不仅会生成纳米态针铁矿颗粒,更多的会生成含铁的结晶程度差的铝硅酸盐纳米颗粒。

在 pH 增加的模拟云过程中,用动态光散射测定悬浮液中析出的铁胶体与含铁颗粒的粒径分布,结果如图 4.10 所示。不同 pH 条件下,生成颗粒的粒径分布呈现出不同粒径范围,当 pH 低于 2.0 时,肉眼可见溶解液是澄清的,其中的所有颗粒物均小于 100 nm;当 pH 大于 2.0 时,粒径分布是高度分散的。在 pH 由 1.0 增至 3.0 的过程中,占百分比最大的颗粒粒径从 51 nm 增大至 150 nm。当 pH 大于 3.0 时,形成了大量粒径大于 $1\ \mu m$ 的颗粒,这应该是由于铁胶体与铁纳米颗粒絮凝聚合而形成的大颗粒。结合粒径范围变化与 TEM 分析,结果证实:提高溶解液的 pH 不仅会促进铁胶体的聚合絮凝,而且会有利于其结晶成岩过程。对 IMt-2 在硫酸溶液中溶出 $191\ \mu mol\ L^{-1}$ 浓度的溶解铁溶液,测定溶液中溶解态的铁胶体的微观尺寸,4 次重复实验所得的结果发现,$0.22 \sim 0.45\ \mu m$ 粒径范围的铁胶体仅占总溶解态的 $6.6\% \pm 3.2\%$,表明大部分溶解态的铁胶体粒径均小于 $0.22\ \mu m$。

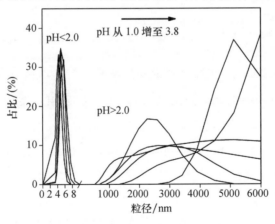

图 4.10　用动态光散射测得的在 pH 增加(1.0 至 3.8)过程中悬浮液中析出的铁胶体与纳米或微米态的含铁颗粒的粒径分布

且发现通过 0.22 μm 与通过 0.1 μm 滤膜后的溶解液中，铁浓度是相同的，表明溶解液中能通过 0.22 μm 滤膜的溶解态的铁的尺寸一般都小于 0.1 μm。该结果与粒度分布仪测出的结果是能够互相验证的。

将析出的颗粒过滤收集并自然风干，进行 Mössbauer 谱分析，所得的谱图与参数对应的鉴定结果如图 4.11 所示。常温条件下，Mössbauer 谱分辨出了两个中心四级对峰，其中一个组分占总峰面积的 48.4％，其 IS 与 QS 值分别为 0.45 mm s^{-1} 与 0.75 mm s^{-1}；另一个占总峰面积的 51.6％，其 IS 与 QS 值分别为 0.24 mm s^{-1} 与 0.76 mm s^{-1}。根据参考文献，这两个组分都被认为是铝硅酸盐中的 Fe(Ⅲ)。该结果与 TEM 的分析结果相契合，表明在云过程中产生的含铁纳米颗粒是结晶程度较差的铝硅酸盐，而在其中的铁元素主要是以 Fe(Ⅲ)形式存在。

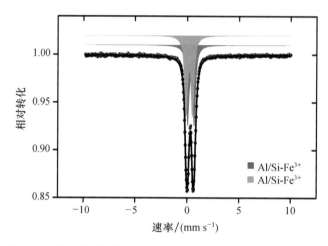

图 4.11　结晶实验过程中析出的含铁颗粒物的 Mössbauer 谱图及其对应的铁形态

4.4.2　矿质氧化物表面的非均相反应

1. 加湿条件下 SO$_2$ 和 NH$_3$ 在矿质氧化物表面的非均相反应研究

在前期研究中，我们发现 NH$_3$ 共存促进了矿质氧化物表面含硫物种的生成，且这种促进效应因氧化物表面性质不同存在差异：在酸性的 γ-Al$_2$O$_3$、TiO$_2$ 表面，亚硫酸盐是主要产物，NH$_3$ 对亚硫酸盐的促进效应更明显；在碱性的 MgO 和氧化性的 α-Fe$_2$O$_3$ 表面，NH$_3$ 的存在主要促进了硫酸盐的生成。其反应机理可能是 SO$_2$ 共存导致 Lewis 酸位点产生的 NH$_3$ 向 Brønsted 酸位点吸附的 NH$_4^+$ 转化，同时极大地促进了其生成。SO$_2$ 和 NH$_3$ 的复合效应在酸性氧化物表面强于碱性氧化物。但这些研究都是在干燥条件下进行的，而关于 H$_2$O 如何影响这种协同效应仍不清楚，因此，在本研究中，我们进一步考察了不同湿度对 SO$_2$ 和 NH$_3$ 在矿质氧化物表面的非均相反应过程的影响。本研究以 α-Fe₂O₃ 和 γ-Al₂O₃ 为例，考察不同湿度下水汽预先吸附饱和后对 SO₂ 和 NH₃ 的非均相反应过程的影响。如图 4.12 所示，对于 α-Fe₂O₃，表面吸附水的红外振动峰（3565、1640 cm⁻¹）随着湿度的提高而增强，表面物种的吸附状态和吸附量也随之发生了改变。对比干态下的反应，湿度提高导致双齿硫酸盐（1243、1159 cm⁻¹）的红外吸收峰发生红移（1223、1131 cm⁻¹），表明其覆盖度降低；聚合硫酸盐（1294 cm⁻¹）和自由硫酸根（1095 cm⁻¹）的生成量降低；与此同时，吸附在 Brønsted 酸位点上的 NH₄⁺（3024、2842、1429 cm⁻¹）和少量 Lewis 酸位点的配位 NH₃（3214 cm⁻¹）也在减少。注意到 1223 cm⁻¹ 处的硫酸盐的峰强度发生了轻微的提高，表明酸化过程中液相 SO₄²⁻ 离子向 HSO₄⁻ 转化。因此在本研究中，表面吸附水量的提高抑制了 NH₃ 的吸附，表面酸性增强，进而促进了硫酸盐的质子化转变。

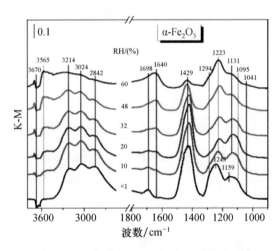

图 4.12　不同相对湿度条件下 H₂O 预先吸附饱和后，200 ppm SO₂ 和 100 ppm NH₃ 在 α-Fe₂O₃ 表面共存反应 60 min 后的红外光谱图

为了进一步探究 NH₃ 的吸附量与硫酸盐的质子化转变之间的变化关系，我们分别对比了低湿度（20％ RH）和高湿度（60％ RH）条件下所属红外峰及其积分面积随时间的变化关系，通过 Gaussian-Lorentzian 分峰拟合（$R^2 > 0.99$），发现在低湿度（20％ RH）下，1223 cm⁻¹ 处的红外峰先增强达到峰值后又缓慢下降；而在高湿度（60％ RH）下，1223 cm⁻¹ 处的红外峰增长至平台并且始终维持该值。这是因为在低湿度下，反应初始 NH₃ 的吸附较低，表面呈酸性，故 1223 cm⁻¹ 的峰迅速增长，随着 NH₃ 的覆盖度提高，表面碱性增强，故 1223 cm⁻¹ 的峰强度再次下降；对于高湿度，表面 NH₃ 的吸附始终比较弱，即表面始终保持相对酸性的环境，而且高湿度下 NH₃ 的积分面积低于低湿度，这就导致 1223 cm⁻¹ 的峰可以一直增长并保持该值，说明湿度确实是通过降低 NH₃ 的吸附改变样品表面的酸性进而改变

SO_4^{2-} 的吸附状态。

如图 4.13(a)所示，SO_2 和 NH_3 在 γ-Al_2O_3 表面随湿度变化的反应过程有别于在 α-Fe_2O_3 表面。干态条件下，NH_3 的吸附物种，包括 Brønsted 酸位点吸附的 NH_4^+（3035、2825、1461 cm^{-1}）和少量 Lewis 酸位点配位的 NH_3（3207 cm^{-1}）占据了 γ-Al_2O_3 表面；仅微弱的亚硫酸盐的吸附峰出现在 1080 和 960 cm^{-1}。一旦通入水汽，伴随着 H_2O 的吸附峰（3400、1640 cm^{-1}）的增强，Brønsted 酸位点吸附的 NH_4^+ 的峰强度迅速降低，同时 SO_2 的化学吸附物种发生变化，1080 cm^{-1} 处的吸附峰蓝移至 1180 cm^{-1} 处。通过（NH_4）$_2SO_4$ 标定 γ-Al_2O_3 表面的红外出峰位置可以确认 1180 cm^{-1} 处的红外峰归属为硫酸盐，以上结果表明水汽通入导致吸附态的亚硫酸盐向硫酸盐转化。另外随着湿度的提高，位于 960 cm^{-1} 的亚硫酸盐的峰也在增长，表明吸附态的亚硫酸盐的水溶化程度增强。

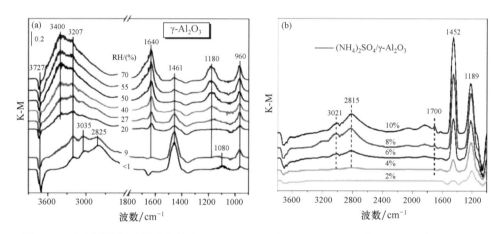

图 4.13　(a) 不同相对湿度条件下 200 ppm SO_2 和 100 ppm NH_3 在 γ-Al_2O_3 表面同时反应 60 min 后的红外光谱图；(b)（NH_4）$_2SO_4$ 标定 γ-Al_2O_3 表面的红外峰

为了进一步探究不同湿度下 SO_2 和 NH_3 之间的相互影响，我们考察了 SO_2 和 NH_3 单独在 α-Fe_2O_3 和 γ-Al_2O_3 表面反应随湿度的变化关系。如图 4.14(a)所示，对于 α-Fe_2O_3，在 SO_2 单独反应的红外光谱上观察到明显的硫酸盐的吸收峰（1225、1155 cm^{-1}）且峰强随湿度的提高而降低；而 NH_3 单独反应时仅检测到吸附在 Lewis 酸位点的配位 NH_3（1200 cm^{-1}），其吸附量随湿度的提高而减少。实验结果表明 H_2O 的加入抑制了 SO_2 和 NH_3 在 α-Fe_2O_3 表面的吸附。在 γ-Al_2O_3 表面，SO_2 单独反应随湿度的变化关系同 NH_3 共存的情况类似，即吸附态的亚硫酸盐向水溶性的亚硫酸盐和硫酸盐转化；从图 4.14(b)可以发现，低湿度下，NH_3 在 γ-Al_2O_3 表面的吸附形式包括 Brønsted 酸位点的 NH_4^+（1456 cm^{-1}）和 Lewis 酸位点的配位 NH_3（1261 cm^{-1}），一旦提高湿度，只观察水的吸附峰，即抑制了 NH_3 的吸附。

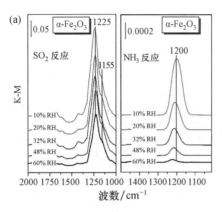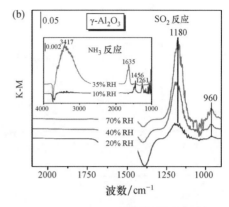

图 4.14　200 ppm SO_2 和 100 ppm NH_3 在(a) α-Fe_2O_3,(b) γ-Al_2O_3 表面单独反应随湿度变化关系的红外光谱图

将原位池内 SO_2/NH_3 反应相同时间后的样品采集并萃取,采用离子色谱进一步定量分析。在 α-Fe_2O_3 表面,相对于单独反应,SO_2 和 NH_3 共存促进了表面硫酸盐和铵盐的生成,然而随着相对湿度的提高,SO_4^{2-} 和 NH_4^+ 的生成量均降低,而且 SO_2 和 NH_3 之间的协同效应明显减弱,尤其是在较高的湿度下,NH_3 共存相对于 SO_2 单独反应几乎没有影响,这说明水通过覆盖表面活性位点在 SO_2 与 NH_3 的非均相反应过程中起着主导作用。在 γ-Al_2O_3 表面,随着反应湿度的提高,硫酸根的生成量提高而铵盐的生成量在降低,通过红外光谱(IR)结果可知,提高的硫酸根可能是由表面吸附的亚硫酸盐转化而来;铵盐生成量的降低同 α-Fe_2O_3 表面类似,即 H_2O 与 NH_3 发生竞争吸附。

为了探究不同湿度下 SO_2 和 NH_3 在 α-Fe_2O_3 和 γ-Al_2O_3 表面的反应动力学过程,首先需确定氧化物表面生成物种的稳定性。为此,我们将 α-Fe_2O_3 和 γ-Al_2O_3 预先吸附 200 ppm SO_2 和 100 ppm NH_3 饱和,N_2 吹扫去除物理吸附物种至表面不再发生变化,之后通入 H_2O,平均每个湿度保持 30 min,确保反应达到稳态。如图 4.15 所示,对于 α-Fe_2O_3 而言,随着湿度的提高表面生成的 SO_4^{2-}(1225、1131 cm^{-1})和 NH_4^+(1429、3035、2824 cm^{-1})变化很小,表明二者在加水的条件下可以稳定存在于 α-Fe_2O_3 表面。相反,湿度的提高导致 γ-Al_2O_3 表面的 SO_3^{2-}(1180、960 cm^{-1})发生了很大的变化,即向水溶性的亚硫酸盐和水溶性的硫酸盐发生转化;3220 cm^{-1} 处红外峰的增强说明 $SO_2 \cdot H_2O$ 复合物也可能在该过程中产生,即表面 SO_2 吸附物种可能发生溶出过程[43];而 NH_4^+(1456、3035、2825 cm^{-1})的吸附峰强度随湿度的提高明显降低,说明该物种在发生损失。以上结果表明加湿条件下 α-Fe_2O_3 的表面产物可以稳定存在而 γ-Al_2O_3 的表面产物稳定性很差，因此以下重点分析 SO_2 和 NH_3 在 $\alpha\text{-Fe}_2O_3$ 表面的反应动力学。

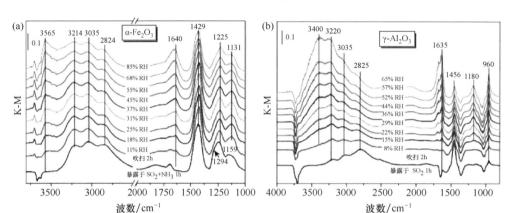

图 4.15　不同湿度下 H_2O 在 (a) SO_4^{2-} 涂层的 $\alpha\text{-Fe}_2O_3$ 和 (b) SO_3^{2-} 涂层的 $\gamma\text{-Al}_2O_3$ 表面吸附的红外光谱图

　　图 4.16 给出了 $\alpha\text{-Fe}_2O_3$ 表面 SO_4^{2-} 和 NH_4^+ 的积分面积随湿度的变化关系，可以看出，SO_4^{2-} 和 NH_4^+ 的形成过程基本分为两个阶段。在阶段 I，SO_4^{2-} 和 NH_4^+ 的生成量随时间线性增加，直至表面吸附饱和缓慢达到阶段 II。对于 SO_4^{2-} 而言，阶段 I 持续了 $5\sim8$ min，而 NH_4^+ 则持续了 $15\sim20$ min，且持续时间取决于湿度，湿度越高，持续时间越长。NH_4^+ 较 SO_4^{2-} 具有更长的阶段 I，可能是由于 $\alpha\text{-Fe}_2O_3$ 表面呈酸性。图 4.16(c) 对比了 SO_2 和 NH_3 共存及 SO_2 单独反应时在低湿度（12% RH）和高湿度（60% RH）下的 SO_4^{2-} 积分面积随时间变化，可以看到两种情况下 SO_4^{2-} 的初始生成速率基本一致，故下面我们只探讨共存条件下 SO_4^{2-} 和 NH_4^+ 的生成动力学过程。

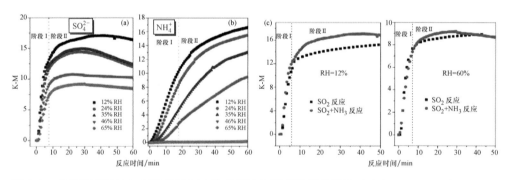

图 4.16　不同湿度下 (a) SO_4^{2-} 和 (b) NH_4^+ 的积分面积随时间的变化，(c) 200 ppm SO_2＋100 ppm NH_3 和 200 ppm SO_2 单独反应时分别在 12% RH 和 60% RH 时 SO_4^{2-} 的积分面积对比

其中 SO_4^{2-} 的积分区域为 $1354\sim910$ cm^{-1}，NH_4^+ 的积分区域为 $1515\sim1347$ cm^{-1}

　　根据 DRIFTS 积分面积计算 SO_4^{2-} 和 NH_4^+ 的初始生成速率，需标定对应积分

面积与生成量之间的转换因子（f）。如图 4.17（a）所示，采用离子色谱分析校正法，回归出 SO_4^{2-} 的转换因子为 6.47×10^{15} ions/int.abs，NH_4^+ 的转化因子为 4.84×10^{16} ions/int.abs，其中 ions/int.abs 指代单位积分面积生成的离子个数。之后，我们通过转换因子可得到离子的生成速率，如图 4.17（b）所示，硫酸根和铵根的初始生成速率随 RH 的提高而降低，表明吸附水对 $\alpha\text{-}Fe_2O_3$ 表面产物的生成具有抑制作用。

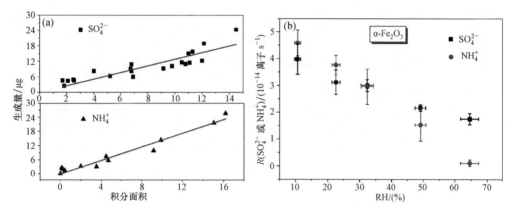

图 4.17 （a）SO_4^{2-} 和 NH_4^+ 的积分面积与生成量之间的校正曲线；（b）湿度对 SO_4^{2-} 和 NH_4^+ 的初始生成速率的影响

本研究中，SO_2 和 NH_3 在 DRIFTS 实验中始终处于流动状态，其反应浓度始终保持不变，而 O_2 浓度相对于二者是大大过量的，可看作常数；反应初始阶段，氧化物表面存在过量的活性位点，也可假定为常数。因此，为了确定 SO_2 和 NH_3 的反应级数，只需固定其中一种气体的浓度，改变另外一种气体的反应浓度即可，然后分别对 SO_4^{2-} 和 NH_4^+ 的初始生成速率 $d[SO_4^{2-}]/dt$、$d[NH_4^+]/dt$ 与对应的 SO_2 和 NH_3 的气体浓度求对数，结果表明，SO_2 在 10%、35% 和 55% 的相对湿度下，反应级数分别为 1.06 ± 0.04（σ）、1.26 ± 0.07（σ）和 1.23 ± 0.07（σ）；NH_3 在 10% 和 35% RH 下的反应级数分别为 1.41 ± 0.17（σ）和 0.98 ± 0.09。结果表明 SO_2 和 NH_3 在 $\alpha\text{-}Fe_2O_3$ 表面的非均相反应过程均为一级反应。

根据一级反应，可获得 SO_2 和 NH_3 的初始摄取系数（γ）。表 4-1 列出了不同湿度下 SO_2 和 NH_3 在 $\alpha\text{-}Fe_2O_3$ 表面的摄取系数及 SO_4^{2-} 和 NH_4^+ 的初始生成速率。可以看到，在 10% RH 时，SO_2 和 NH_3 均具有最大的 γ_{BET} 和 γ_{geo}，随着 RH 的提高，摄取系数随之下降。SO_2 在矿质氧化物表面的摄取已多有研究，Usher 等人采用努森池（Knudsen Cell）发现 SO_2 在 $\alpha\text{-}Fe_2O_3$ 和 $\gamma\text{-}Al_2O_3$ 表面的 γ_{BET} 分别在 10^{-5} 和 10^{-4} 数量级，比本研究测得的结果高 $3 \sim 4$ 个数量级。Li 和 Ullerstam 等发现 O_3 氧化的 SO_2 在碳酸钙和矿尘表面的 γ_{BET} 在 10^{-7} 数量级。另外，Konh 等

人测得的 SO_2 在硝酸盐修饰的 α-Fe_2O_3 表面的 γ_{BET} 在 $10^{-7} \sim 10^{-6}$ 范围内。他们关于 γ_{BET} 的测试结果均比本研究中的结果偏大，而 γ_{geo} 基本处于同一数量级。这很可能是由于测试方法及反应条件的差异所致，例如，努森池测的是反应气体的损失速率而 DRIFTS 测的是表面物种的生成速率。为了探究低浓度的 SO_2 和 NH_3 在 α-Fe_2O_3 表面反应随湿度的变化规律，本研究将 1 ppm（或 0.1 ppm）SO_2 和 0.5 ppm（或 0.05 ppm）NH_3 通入 α-Fe_2O_3 的反应体系，发现在整个反应时段内，样品表面均未被 SO_4^{2-} 和 NH_4^+ 饱和，且两者的生成速率与 SO_2 和 NH_3 的摄取系数及湿度呈负相关关系，与高浓度时随湿度的变化规律一致。此外，更低的反应气体浓度导致更高的摄取系数，这是由于低浓度下的饱和效应可以忽略。

表 4-1 　α-Fe_2O_3 表面 SO_4^{2-} 和 NH_4^+ 的初始生成速率及 SO_2 和 NH_3 的初始摄取系数

RH /（%）	反应物	生成速率 /（10^{14} 离子 s^{-1}）	A_{BET} /（m^2 g^{-1}）	γ_{BET} /（10^{-8}）	A_{geo} /（10^{-5} m^2）	γ_{geo} /（10^{-3}）
10.60 ± 0.96	SO_2	3.98 ± 0.56	0.81	3.66 ± 0.52	1.73	1.71 ± 0.24
	NH_3	4.59 ± 0.48	0.81	4.46 ± 0.47	1.73	2.08 ± 0.21
22.57 ± 1.30	SO_2	3.12 ± 0.46	0.81	2.86 ± 0.42	1.73	1.34 ± 0.20
	NH_3	3.77 ± 0.36	0.81	3.67 ± 0.35	1.73	1.71 ± 0.16
32.30 ± 1.89	SO_2	3.00 ± 0.22	0.81	2.75 ± 0.21	1.73	1.29 ± 0.09
	NH_3	2.96 ± 0.66	0.81	2.88 ± 0.64	1.73	1.34 ± 0.29
49.07 ± 1.67	SO_2	2.16 ± 0.12	0.81	1.98 ± 0.11	1.73	0.93 ± 0.05
	NH_3	1.53 ± 0.60	0.81	1.49 ± 0.58	1.73	0.69 ± 0.27
64.50 ± 2.78	SO_2	1.75 ± 0.21	0.81	1.61 ± 0.02	1.73	0.75 ± 0.09
	NH_3	0.10 ± 0.12	0.81	0.10 ± 0.11	1.73	0.05 ± 0.05

前期研究发现 SO_2 吸附于 Lewis 碱位点（暴露的氧原子）形成化学吸附的亚硫酸盐，而 NH_3 易于吸附在 Lewis 酸位点（金属原子）形成配位 NH_3 或 Brønsted 酸位点形成吸附的 NH_4^+，即 SO_2 和 NH_3 可以通过酸碱相互作用协同吸附在样品表面。另外，表面吸附的水也可促进 SO_2 的吸附，产生的 H^+ 可以与碱性的 NH_3 结合形成 NH_4^+。我们知道 Fe_2O_3 中 Fe^{III} 具有催化氧化作用，即 SO_3^{2-}/HSO_3^- 可以被 Fe^{III} 氧化为 SO_4^{2-}/HSO_4^-，Fe^{III} 被还原为 Fe^{II}，之后被表面氧物种再次氧化恢复到 Fe^{III}。Baltrusaitis 等提出 O_2 在氧空位活化形成的氧原子是 Fe_2O_3 表面 SO_4^{2-} 形成的主要氧化剂，见（R1.1）～（R1.7）。

$$SO_2 + NH_3 + Fe^{III} - OH^- \longrightarrow Fe^{III} - SO_3^{2-} - NH_4^+ \tag{R1.1}$$

$$SO_2 + NH_3 + Fe^{III} - O^{2-} \longrightarrow NH_3 - Fe^{III} - SO_3^{2-} \tag{R1.2}$$

$$SO_2 + H_2O \longrightarrow HSO_3^- + H^+ \tag{R1.3}$$

$$NH_3 + H^+ \longrightarrow NH_4^+ \tag{R1.4}$$

$$(Fe^{III} \cdots SO_3^{2-}/HSO_3^-) + H_2O \longrightarrow 2Fe^{II} + SO_4^{2-}/HSO_4^- + 2H^+ \tag{R1.5}$$

$$2Fe^{II} + O_2 + 2H^+ \longrightarrow 2Fe^{III} + [O] + H_2O \qquad (R1.6)$$

$$SO_3^{2-} + [O] \longrightarrow SO_4^{2-} + e^- \qquad (R1.7)$$

这表明 Fe^{III} 位点、OH 位点、氧空位是 SO_2 和 NH_3 的主要吸附或氧化位点。SO_4^{2-} 和 NH_4^+ 的初始生成速率随湿度的提高而下降，表明两者和 H_2O 分子之间存在竞争吸附。Baltrusaitis 等也发现了相同的现象，即伴随着湿度的提高，SO_4^{2-} 的生成量降低，他们认为是 H_2O 阻断了活性位点即氧空位，进而抑制了表面 SO_2 分子的催化氧化。研究表明，H_2O 在矿尘表面的初始摄取系数为 $(4.2\pm0.7) \times 10^{-2}$，远大于 SO_2 和 NH_3 的初始摄取系数。Mogili 等发现 α-Fe_2O_3 表面 H_2O 分子实现单层吸附的相对湿度为 10%。本研究中样品预先被不同湿度下（10% RH～70% RH）的 H_2O 吸附饱和，之后再暴露到反应气氛中，这就意味着 H_2O 分子比 SO_2 和 NH_3 抢先占据活性位点，因此抑制了 SO_2 和 NH_3 的吸附，并且这种抑制效应随着湿度的提高愈加明显。

加湿条件下，SO_2 在 γ-Al_2O_3 表面的反应不同于 α-Fe_2O_3。DRIFTS 结果显示，表面吸附态的亚硫酸盐在水汽存在条件下转化为水溶性的硫酸盐和水溶性的亚硫酸盐，并且随着湿度的提高，水溶态硫酸盐的生成量轻微地提高，说明水对硫酸盐的生成具有微弱的促进作用，即该过程可能涉及液相氧化反应。此外，红外光谱显示亚硫酸盐的水溶化过程中还伴随有 $SO_2 \cdot H_2O$ 复合物的出现，即（R1.8）：

$$SO_3^{2-} \cdot H_2O(a) + H_2O \rightleftharpoons SO_2 \cdot H_2O(a) + 2OH^- \qquad (R1.8)$$

NH_3 在 γ-Al_2O_3 表面的吸附随湿度的变化规律同 α-Fe_2O_3 类似，很大程度归因于 H_2O 覆盖了 NH_3 吸附的活性位点，如 Lewis 酸位点和羟基。尽管（R1.4）也能促进 NH_4^+ 的形成，然而由于 NH_3 在水中具有较大的溶解性，很容易随水汽流失，因此 NH_3 在氧化物表面的吸附量可能被低估了。

离子色谱（IC）结果显示 SO_2 和 NH_3 在 α-Fe_2O_3 和 γ-Al_2O_3 表面的协同作用随湿度提高而减弱。早期的研究认为 NH_3 对硫酸根的促进作用取决于可接触到的氧化物表面积而非吸附水的含量，因此在本研究中，由于水覆盖了表面的活性位点，抑制了 SO_2 和 NH_3 之间的协同吸附，即抑制了 ^+H_4N-SO_3^{2-} 复合物的形成，导致协同效应减弱。

2. NH_3 的非均相反应过程及其对二次颗粒物形成的影响

大气环境是多种气体污染物共存的复杂体系，研究共存条件下的非均相反应过程对进一步认识大气化学过程具有重要的意义。我们在前期研究中结合实验室研究和外场观测证实了 NO_2 共存对 SO_2 在矿质氧化物表面的非均相反应过程具有明显的促进作用，并发现 NH_3 共存也对 SO_2 的非均相转化具有促进作用。因此，继续考察了 NO_2 共存对 NH_3 以及 $SO_2 + NH_3$ 的非均相反应过程的影响，选取

了 α-Fe$_2$O$_3$、α-Al$_2$O$_3$、CaO、MgO 等模型氧化物作为矿尘颗粒的代表，采用原位漫反射红外光谱考察了 1 ppm NO$_2$/1 ppm NH$_3$/1 ppm SO$_2$ 在以上氧化物表面的非均相反应过程，反应时间均为 8.5～9 h，每个反应均重复 2～3 次，并借助离子色谱定量分析了表面物种的生成量。

图 4.18 为 NO$_2$ 在各矿质氧化物表面非均相反应随时间变化的红外光谱图。当硝酸盐离子吸附到样品表面后，由 D_{3h} 对称模式降为 C_{2v} 对称模式，并且 1650～1200 cm^{-1} 范围内的 ν_3 振动峰分裂为两个吸附峰，一个位于波数较高的区域（$\nu_{3,高}$），另一个位于波数较低的区域（$\nu_{3,低}$）。由于硝酸盐吸附构型（单齿、双齿、桥式）不同，ν_3 的振动频率也会相应有所改变。一般而言，单齿硝酸盐的"$\nu_{3,高}$"模式的振动峰频率较高，在 1570～1460 cm^{-1} 范围内，双齿硝酸盐和桥式硝酸盐则分别位于 1600～1500 cm^{-1} 和 1660～1590 cm^{-1} 范围内；"$\nu_{3,低}$"振动模式通常位于 1330～1220 cm^{-1} 区域。从图中可以看出，3 种氧化物表面双齿和桥式硝酸盐是主要的吸附构型，虽然样品预先经过 573 K 的高温处理 2 h，反应过程中仍伴有水分子的吸附，故在 CaO、MgO 和 Fe$_2$O$_3$ 表面还出现了少量的水溶性硝酸盐物种。相比而言，NO$_2$ 在酸性 α-Al$_2$O$_3$ 表面反应较弱，这一方面由其酸性性质决定，另一方面可能源于其过低的比表面积。

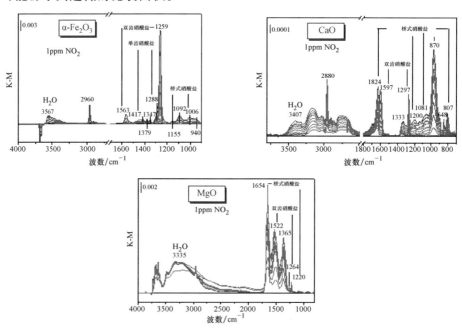

图 4.18　室温（303 K）下 1 ppm NO$_2$ 在不同矿质氧化物表面非均相反应的红外光谱图

图 4.19 为 NO$_2$ 和 NH$_3$ 在矿质氧化物表面共存反应时的红外光谱图。可以看出，在酸性的 Al$_2$O$_3$ 和 Fe$_2$O$_3$ 表面，NH$_3$ 主要吸附在 Lewis 酸位点形成配位 NH$_3$（1614～1607、1233～1185 cm^{-1}），另外在 Fe$_2$O$_3$ 表面还出现了少量的

Brønsted 酸位点吸附的 NH_4^+（1447 cm^{-1}）；NH_3 的出现明显促进了 Fe_2O_3 表面单齿硝酸盐的生成。在碱性的 CaO 和 MgO 表面，NO_2 和 NH_3 共存对硝酸盐的吸附构型基本没有影响，且几乎观测不到 NH_3 本身的红外吸收峰。为了更加清楚地分析 NO_2 和 NH_3 单独和共存时表面生成物种的变化情况，我们将 3 种情况下反应相同时间（8.5 h）的红外光谱图进行对比，如图 4.20 所示。NO_2 和 NH_3 在酸性 Fe_2O_3 和 Al_2O_3 表面存在协同吸附的效应，尤其是在 Fe_2O_3 表面；而在 CaO 和 MgO 表面，这种效应不明显。另外，二者共存明显促进了表面水分子的吸附，说明 NO_2 和 NH_3 共存增强了矿质氧化物表面的吸湿性。进一步对比 NO_2 和 NH_3 单独及共存反应时氧化物表面产物的红外峰积分面积，可以发现二者在过渡金属氧化物 Fe_2O_3 表面存在明显的复合效应；而在碱性的 CaO 和 MgO 表面该现象不明显。然而离子色谱定量分析显示在碱性氧化物表面 NO_2 和 NH_3 同样存在复合效应。红外光谱与离子色谱结果差异可能源于，红外光谱是表面敏感的分析技术而离子色谱可以对体相物种定量分析。

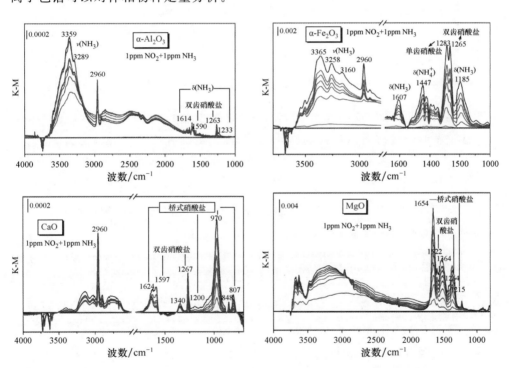

图 4.19　室温（303 K）下 1 ppm NO_2 和 1 ppm NH_3 在矿质氧化物表面共存反应的红外光谱图

为了进一步探究 SO_2、NO_2、NH_3 共存时在矿质氧化物表面的相互作用机制，我们将 3 种气体同时通入反应体系，如图 4.21 所示。随着反应时间的延长，在氧化物表面均出现了硫酸盐、硝酸盐和铵盐的红外吸收峰。前期研究表明，在没有任何强氧化剂（如 O_3、H_2O_2）存在的常温条件下，SO_2 在 Al_2O_3、CaO、MgO 表面的主

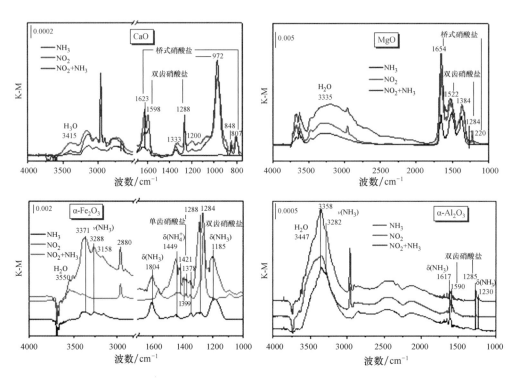

图 4.20　室温下（303 K）1 ppm NO₂ 和 1 ppm NH₃ 单独和共存反应 8.5 h 后的红外光谱对比图

要产物是亚硫酸盐，而加入 NO₂ 后，三者表面均产生了大量的硫酸盐，说明 NO₂ 共存促进了亚硫酸盐向硫酸盐的转化，这与前期的研究结果一致。另外，相较于 SO₂ 和 NH₃ 共存反应，SO₂、NO₂、NH₃ 共存时样品表面 NH₃ 的吸附[3360～3190 cm⁻¹，$\nu(NH_3)$；3040～2791 cm⁻¹，$\nu(NH_4^+)$；1461、1431 cm⁻¹，$\delta(NH_4^+)$]明显增强，说明 NO₂ 的引入一方面通过促进 SO_4^{2-} 的生成提高了样品表面酸性，另一方面通过本身吸附提高了表面酸性。

图 4.22 采用离子色谱定量分析了 SO₂、NO₂、NH₃ 单独及共存条件下，矿质氧化物表面 SO_4^{2-}、NO_3^- 和氨吸附物种的生成量。而当 SO₂ 和 NO₂ 共存时表面 SO_4^{2-}、NO_3^- 的生成量较 SO₂ 或 NO₂ 单独反应时大大增加，即二者复合效应对阴离子生成的促进作用非常明显；加入 NH₃ 后 SO_4^{2-} 的生成量微弱地增加，而 NO_3^- 的生成量反倒有所下降，这可能是由于 NO₂ 和 NH₃ 与 SO₂ 反应的同时产生竞争作用，即 NH₃ 倾向于夺取与 NO₂ 反应的 SO₂，致使 NO_3^- 的生成量降低。虽然 NO₂ 和 NH₃ 之间也存在复合效应，但 NH₃ 对 SO₂ 的亲和力更强，这可从图 4.22（c）看出，NH_4^+ 的生成量在 SO₂＋NH₃ 共存情况下远大于 NO₂＋NH₃ 共存。然而以上是在三者浓度为 1∶1∶1 的情况下，当改变三者之间的浓度比例，如图 4.22（d），NH₃ 浓度过量时，α-Fe₂O₃ 表面 SO_4^{2-}、NO_3^- 的生成量均显著提升，说明富 NH₃ 的条件下，NO₂ 和 SO₂ 在氧化物表面的非均相转化过程增强。

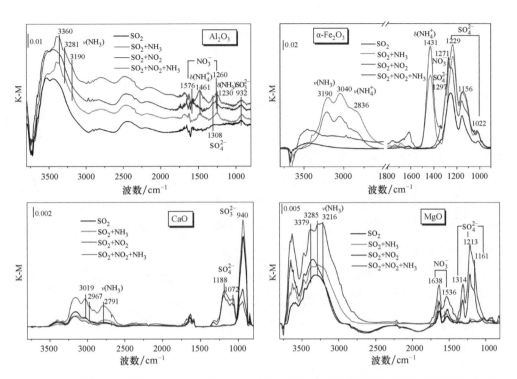

图 4.21　室温(303 K)下 1 ppm NO₂ 和 1 ppm NH₃ 在矿质氧化物表面同时反应的红外光谱图

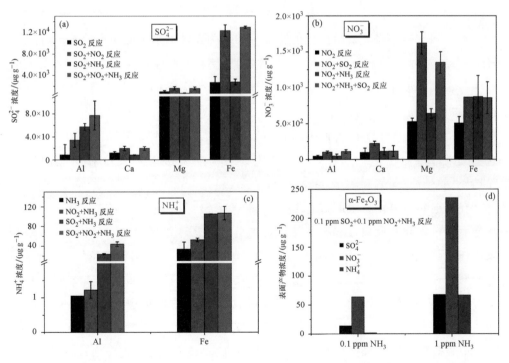

图 4.22　1 ppm SO₂、1 ppm NO₂ 和 1 ppm NH₃ 单独和共存反应相同时间(8.5 h)后表面 (a) SO₄²⁻、(b) NO₃⁻ 和 (c) NH₄⁺ 吸附物种的生成量；(d) 0.1 ppm 和 1 ppm NH₃ 浓度下，0.1 ppm SO₂、0.1 ppm NO₂ 和 NH₃ 共存反应 α-Fe₂O₃ 表面物种的生成量

3. SO$_2$ 在矿质氧化物表面的非均相反应研究

目前,对 SO$_2$ 在矿质氧化物表面的非均相反应已经取得了一些研究进展。研究发现 SO$_2$ 在 Al$_2$O$_3$、TiO$_2$、CaO、MgO 等矿质氧化物表面反应,仅在碱性的氧空位或羟基位点上形成亚硫酸盐,在 Fe$_2$O$_3$ 表面由于 Fe^{III} 的氧化性可直接将 SO$_2$ 转化为 SO$_4^{2-}$。大气环境中的一些其他气体如 O$_3$、NO$_2$、H$_2$O$_2$、NH$_3$ 等会促进 SO$_2$ 在矿尘表面的非均相反应过程,并且矿质氧化物的形貌、晶型结构、酸碱性、氧化性等都会对 SO$_2$ 在其表面的反应产生影响。然而,这些研究多是在暗反应条件下进行的,光对 SO$_2$ 非均相反应的影响相关实验室研究较少。因此,我们对光照对 SO$_2$ 在典型矿质颗粒物表面的非均相反应的影响进行了研究。

利用 DRIFTS 技术在线分析颗粒物表面在反应过程中发生的变化。图 4.23 为干态条件下 SO$_2$ 在 TiO$_2$、CaO 及 α-Al$_2$O$_3$ 表面吸附的原位红外光谱在暗反应及光反应条件下的对比图,可以看到在这几种氧化物表面,光照均可促进 SO$_2$ 向硫酸盐的转化。图 4.23(a)为 5 ppm SO$_2$ 通入样品池后在 TiO$_2$ 表面原位反应 6 h 后的光谱图,包括不加光的暗反应过程和加光的光反应过程。在光谱上峰值为正,表示在样品表面有新物质生成;而峰值为负则表示原样品表面在此波数对应的物种有所消耗。反应过程中 TiO$_2$ 表面光谱正负峰均有出现。对于暗反应的谱图可以看出在 1100～1000 cm^{-1} 范围内有微弱的峰出现,对应的峰位置波数为 1074 cm^{-1},文献中将在此范围内的特征峰归属为亚硫酸盐或亚硫酸氢盐（SO$_3^{2-}$ 或 HSO$_3^-$）。说明反应过程中只产生了少量的亚硫酸盐,与文献结果一致。从图中可以明显看出,与暗反应明显不同,SO$_2$ 非均相光反应的出峰位置主要集中在 1400～1100 cm^{-1} 范围内,且峰强度增强。其中主要红外峰的波数为 1325、1291、1175 和 1145 cm^{-1},分别归属为硫酸盐的凝聚态、双齿硫酸盐和桥式硫酸盐等。从这些结果可以看出,加光对 SO$_2$ 在氧化物表面进行吸附和反应有明显的促进作用。

在其他矿质氧化物表面如 CaO 和 α-Al$_2$O$_3$,SO$_2$ 也会发生类似的非均相反应,其暗反应过程和光反应过程的红外光谱图分别如图 4.23(b)和(c)所示。在 CaO 表面,暗反应下观察到 934 和 849 cm^{-1} 处红外吸收峰,可归属为亚硫酸盐吸收峰。但光照条件下,934 和 849 cm^{-1} 处红外吸收峰明显减弱,而新增了 1187、1139 和 1087 cm^{-1} 处的强烈吸收,归属为硫酸盐吸收峰,表明光照促进了硫酸盐在 CaO 表面的生成。在 α-Al$_2$O$_3$ 表面,暗反应下几乎没有反应,没有观察到明显的含硫物种的红外吸收峰。而光照下,在 1260 cm^{-1} 处有强度明显的吸收峰出现,并且在此 1260 cm^{-1} 波数归属为硫酸盐伸缩振动峰。因此,我们可以看出,在黑暗条件下,SO$_2$ 在 TiO$_2$、CaO 及 α-Al$_2$O$_3$ 表面的吸附主要产物为亚硫酸盐物种;但是有光照

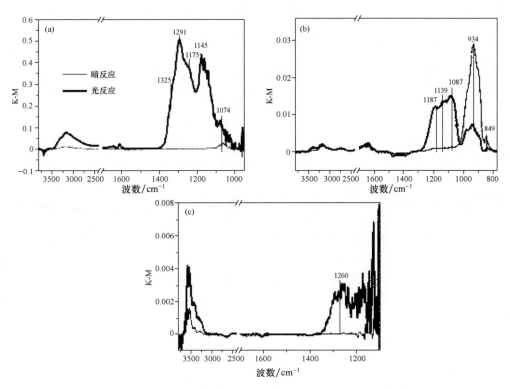

图 4.23　暗反应及光反应条件下，SO$_2$ 在 (a) TiO$_2$、(b) CaO、(c) α-Al$_2$O$_3$ 表面反应时间 6 h 红外光谱对比 (反应条件：5 ppm SO$_2$，总流量 100 mL min^{-1})

作用在颗粒物表面时，则主要产物为硫酸盐物种，即光照可促进 SO$_2$ 向硫酸盐的转化。

　　为了进一步比较光照对 SO$_2$ 在矿质颗粒物表面产物随时间的变化规律，我们将图 4.23 中表面产物的特征红外吸收峰积分进行半定量分析，积分结果如图 4.24 所示。可以看到硫酸盐积分面积随反应时间的变化趋势，并且反应 6 h 时的结果与红外光谱结果是一致的，光照条件下的硫酸盐生成量比黑暗条件下均大大增加；但是对亚硫酸盐而言，不同氧化物上结果却不尽相同，光照能促进 TiO$_2$ 表面亚硫酸盐的生成，但 CaO 表面有光照时的亚硫酸盐的量比暗反应条件下少得多，可能是由氧化物的酸碱性不同所致。

　　图 4.25 是 SO$_2$ 在氧化铁表面的非均相反应情况。Fe$_2$O$_3$ 是大气颗粒物中常见的一种氧化物，与其他氧化物不同，它的氧化性比较强，我们没有观察到光照对 SO$_2$ 在 Fe$_2$O$_3$ 表面非均相反应有明显的作用。如图 4.25(a) 所示，光反应及暗反应条件下，反应 6 h 后的红外光谱图基本一致，都在 1232、1138 和 1050 cm^{-1} 处出现硫酸盐吸收峰，无亚硫酸盐峰出现。并且在氧化铁表面无消耗峰出现，表明颗粒物表面羟基几乎不参与反应，这主要由于氧化铁中的铁元素通过二价和三价的循

环转化实现了对 SO_2 的氧化。此外，根据图 4.25(b) 给出的有无光照条件下的表面产物的红外积分面积的对比图可以看出，两种条件下的硫酸盐生成量并无明显差别，即光照对 SO_2 在 $\alpha\text{-}Fe_2O_3$ 表面的非均相反应没有明显的影响。

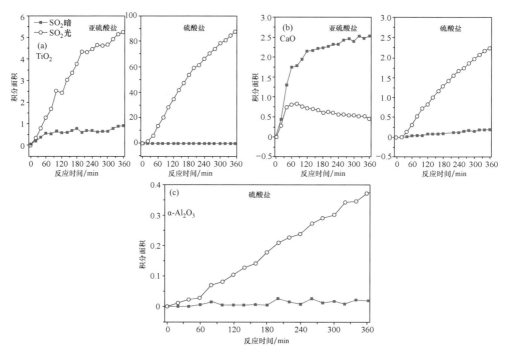

图 4.24　暗反应及光反应条件下，SO_2 在 (a) TiO_2、(b) CaO、(c) $\alpha\text{-}Al_2O_3$ 表面反应时间 6 h 红外光谱对比 (反应条件：5 ppm SO_2，总流量 100 mL min^{-1})

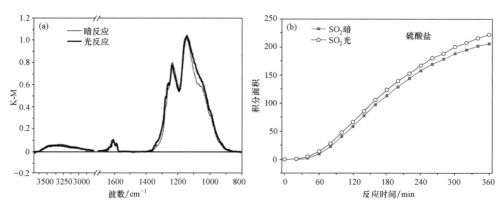

图 4.25　暗反应及光反应条件下，SO_2 在 $\alpha\text{-}Fe_2O_3$ 表面 (a) 反应时间 6 h 红外光谱对比 (反应条件：5 ppm SO_2，总流量 100 mL min^{-1}) 和 (b) 硫酸盐红外光谱积分面积对比图

　　根据上述有无光照条件下 SO_2 在 4 种矿质氧化物表面的红外光谱结果看来，光照可促进 SO_2 在 TiO_2、CaO 及 $\alpha\text{-}Al_2O_3$ 表面向硫酸盐的转化。TiO_2 是一种常

见的 n 型半导体氧化物,光照下可产生电子和空穴,进而与空气中的其他组分反应生成 OH 自由基等氧化剂,氧化 SO₂ 生成硫酸盐,故而光照对 SO₂ 在 TiO₂ 表面的促进作用比其他氧化物更为强烈。前面研究表明,矿质氧化物的酸碱性、氧化性等会影响 SO₂ 的吸附形态和吸附容量。CaO 是一种强碱性氧化物,光照可促进 SO₂ 转化为硫酸盐;Al₂O₃ 是一种两性氧化物,其碱性比 CaO 稍弱,故而光照的促进作用也有所降低。但是光照对 SO₂ 在 Fe₂O₃ 上的反应无明显影响,可能是因为氧化铁是一种强氧化性氧化物,不需要借助其他氧化剂,其自身就可以将 SO₂ 氧化成硫酸盐,因此光照不会影响 SO₂ 在其表面的氧化。由此我们可以推测出光照反应可能促进亚硫酸盐向硫酸盐转化。

　　本研究以 TiO₂ 为例,研究不同湿度下水汽预先吸附后对 SO₂ 非均相反应过程的影响。如图 4.26 所示,对于 TiO₂,随着湿度的提高,表面物种的吸附状态和吸附量随之发生了改变。暗反应时,从光谱来看,随着湿度的增加,硫酸盐(1196、1131 cm⁻¹)的生成量先增加后减小,而亚硫酸盐的量却逐渐减小,以上结果表明水汽共存导致吸附态的亚硫酸盐向硫酸盐转化。光反应下,对比干态下的反应,湿度提高导致双齿硫酸盐(1242、1175 cm⁻¹)的红外吸收峰发生红移[20% RH(1231、1153 cm⁻¹),67% RH(1217、1133 cm⁻¹)],说明其覆盖度降低;聚合硫酸盐(1293 cm⁻¹)的生成量降低。另外随着湿度的提高,位于 1060 cm⁻¹ 的亚硫酸盐的峰在增强,表明吸附态的亚硫酸盐水溶化程度增强。

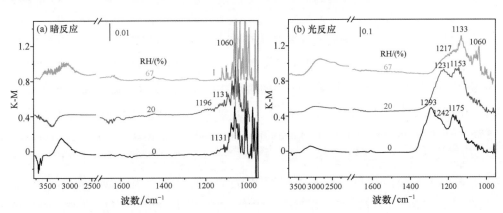

图 4.26　不同相对湿度条件下 H₂O 预先吸附饱和后,5 ppm SO₂ 在 TiO₂ 表面共存反应 6 h 的红外光谱图

总流量 100 mL min⁻¹;(a) 暗反应,(b) 光反应

　　为了进一步探究含硫物种的生成情况与湿度之间的变化关系,我们利用离子色谱检测对比了不同湿度条件下反应 6 h 后生成的 SO₃²⁻ 和 SO₄²⁻ 的量随湿度的变化关系。如图 4.27,通过对比发现,在暗反应下随着湿度增加,亚硫酸盐逐渐减少,而硫酸盐干态下生成量很少,有水存在时硫酸盐的生成增加,但湿度增加对硫

酸盐生成的影响不大,但在光谱中 67% RH 下并无硫酸盐的红外特征吸收峰出现,说明水能促进 TiO_2 表面 SO_2 向硫酸盐的转化,但过多的水改变了硫酸盐的吸附形态使之在红外上表现不出来红外活性;在光反应条件下,随湿度增加,亚硫酸盐生成量逐渐增多而硫酸盐生成量则减少,以上结果与红外光谱的结果一致,说明光反应下湿度对 SO_2 在 TiO_2 表面非均相反应的影响是不同的,可能是影响机制的不同造成的。

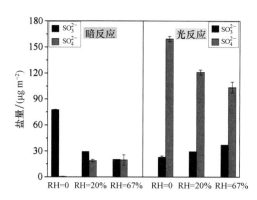

图 4.27 离子色谱测得的不同湿度下 TiO_2 表面产生的 SO_3^{2-} 和 SO_4^{2-} 的量

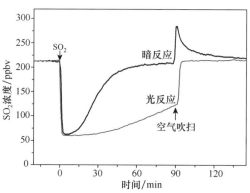

图 4.28 SO_2 在暗反应及光反应条件下在 TiO_2 上的摄取曲线

干燥条件;$T = 303$ K,$[SO_2]_0 = 210 \pm 5$ ppb;样品质量 $= 5.005 \pm 0.022$ mg

前期研究发现,SO_2 吸附在颗粒物表面发生氧化反应生成亚硫酸盐和硫酸盐,为了进一步研究 SO_2 在颗粒物表面的动力学行为,我们利用流动管反应装置考察了在不同反应条件下 SO_2 在颗粒物上的摄取。图 4.28 显示了黑暗及光照条件下 SO_2 在 TiO_2 上的摄取动力学。SO_2 与 TiO_2 非均相反应初始时刻,SO_2 浓度急剧下降,随反应进行逐渐恢复。TiO_2 表面吸附或反应位点的消耗导致了 SO_2 摄取逐渐减小的变化趋势。暗反应与光反应条件下 TiO_2 上 SO_2 浓度下降近似,说明在 TiO_2 样品上反应活性位点与是否光照没有直接的关系。当反应进行到 70 min 时,暗反应的 SO_2 浓度逐渐恢复到原始浓度,TiO_2 表面吸附或反应位点的消耗导致了 SO_2 摄取逐渐减小的变化趋势;但是光反应下 SO_2 的摄取仍然很高,可能是因为表面的 SO_3^{2-} 在光照下逐渐被氧化成 SO_4^{2-}。当反应进行到 90 min 的时候,将反应管推回到原始位置,可以发现暗反应下 SO_2 浓度突然升高,然后再逐渐下降恢复到初始时刻的浓度;但是光反应下却没有浓度的突升,说明暗反应下 TiO_2 表面有较多物理吸附的 SO_2,但是光反应下主要生成化学吸附的含硫物种,物理吸附较少。

在流动管反应中,利用几何面积求取的摄取系数 γ_{geo} 取决于样品的涂层厚度,即一定质量范围内，γ_{geo} 与样品质量成正相关关系，因此通过 γ_{geo} 与质量的响应关系可以确定 SO_2 的渗透厚度，继而获得线性范围内的 γ_{geo}（图 4.29）。然而，SO_2 在具有多孔结构的颗粒外表面会发生气相扩散进入颗粒内表面，故 γ_{geo} 仅代表的是 SO_2 摄取的最高限值。这里我们还需要求取以 BET 作为活性表面积的摄取系数 γ_{BET}，其反映了 SO_2 在颗粒物表面的真实摄取，又称之为真实摄取系数 γ_t。从图可以看出，黑暗中 SO_2 摄取系数的斜率为 $(1.19 \pm 0.105) \times 10^{-5}$，在紫外光照下略微上升到 $(1.43 \pm 0.095) \times 10^{-5}$，并且 $\gamma_{暗反应,BET} = (1.227 \pm 0.566) \times 10^{-6}$，$\gamma_{光反应,BET} = (1.425 \pm 0.632) \times 10^{-6}$，表明光对 SO_2 在 TiO_2 上的初始摄取只有微弱的促进作用。

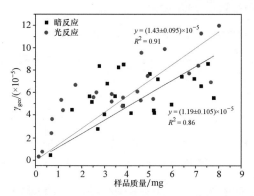

图 4.29　干态条件下 TiO_2 的 γ_{geo} 与质量的响应关系

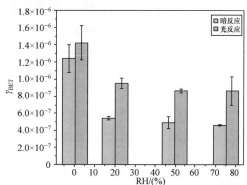

图 4.30　不同相对湿度下 TiO_2 上 SO_2 的摄取系数

同时对不同 RH 条件下 SO_2 在 TiO_2 上的摄取进行了详细考察，摄取系数（γ_{BET}）总结在图 4.30 中，误差代表至少 3 次实验的标准偏差。SO_2 在 TiO_2 上的 γ_{BET} 随 RH 的增加而减小，当 RH 从 0.4% 增加到 20% 时，$\gamma_{暗反应,BET}$ 从 $(1.24 \pm 0.17) \times 10^{-6}$ 减小到 $(5.37 \pm 0.23) \times 10^{-7}$，$\gamma_{光反应,BET}$ 从 $(1.42 \pm 0.21) \times 10^{-6}$ 减小到 $(9.42 \pm 0.72) \times 10^{-7}$。但是，随着 RH 从 20% 增加到 75%，$SO_2$ 在 TiO_2 上的摄取系数变化不大，说明在达到一定 RH 条件后，SO_2 在 TiO_2 上的摄取与湿度无关。由此，我们可以认为吸附水在 TiO_2 表面会阻碍 SO_2 在 TiO_2 上的吸附和硫酸盐的生成。

4.4.3　NO_2 在颗粒物表面非均相转化生成 HONO 的外场证实

本研究选择在上海市杨浦区的复旦大学（31°18′N,121°29′E）第四教学楼楼顶作为采样点（图 4.31），楼顶高度约为 20 m。采样点周边分布有商业区、办公区和居民区，受到来自餐饮、交通、建筑、工业、地壳和海洋源等的共同影响，但是并不被某一特定污染源主导，可代表典型的城市环境。采样点南部 150 m 处为中环路，车辆密集。仪器安装在楼顶固定站的恒温房间内。为了避免采样过程中颗粒物随着气流进入气路对测量造成干扰，在采气口的前端安装了颗粒物除尘装置。

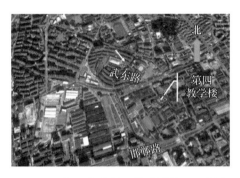

图 4.31　复旦大学第四教学楼楼顶采样点

　　观测期间的 $PM_{2.5}$ 浓度、大气能见度、温度、湿度、风速和风向的时序变化如图 4.32 所示。观测期间的风速为 $0\sim9$ m s^{-1}，平均风速为 3.2 m s^{-1}，盛行风为北风。大气温度和湿度的变化范围分别为 $14\sim26$℃ 和 $22\%\sim97\%$，平均值分别为 20.4℃ 和 76%。观测期间大部分时间段的大气能见度小于 10 km，经历了霾污染。根据《环境空气质量指数技术规定》的规定，当空气相对湿度小于 80% 且能见度小于 10 km 时定义为霾天；湿度大于 90% 且能见度小于 10 km 的定义为雾天；湿度位于 $80\%\sim90\%$ 之间且能见度小于 10 km 时定义为雾霾天。按照该标准，将监测时段划分为 3 个阶段：灰霾天（P1）、雾霾和雾天（P2）和清洁天（P3）阶段。P1 和 P2 阶段 $PM_{2.5}$ 的浓度变化范围为 $18\sim169$ μg m^{-3} 和 $7\sim138$ μg m^{-3}，清洁天 P3 阶段 $PM_{2.5}$ 的浓度为 $7\sim82$ μg m^{-3}。空气相对湿度 P1 和 P2 阶段高于 P3 阶段，风速 P3 阶段高于 P1 和 P2 阶段。5 月 21 号、26 号和 27 号为阴雨天（P4 阶段），下

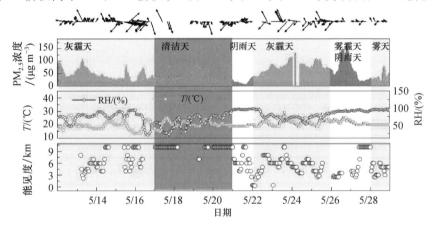

图 4.32　观测期间 $PM_{2.5}$ 浓度、能见度、温度、湿度、风速、风向时序变化

雨期间由于降水的冲刷作用，$PM_{2.5}$ 浓度较低，为 $7 \sim 36\ \mu g\ m^{-3}$。

　　观测期间 HONO 和相关污染物的浓度变化如图 4.33 所示。HONO 的浓度范围为 $0.48 \sim 5.84$ ppb，最高浓度出现在 5 月 24 日的凌晨，此时正在经历严重的灰霾污染。整个观测期间 HONO 的平均浓度为 2.31 ppb，其中灰霾和雾霾天阶段 HONO 的浓度高于清洁天：P1（2.80 ppb）＞P2（2.35 ppb）＞P3（1.78 ppb）。NO_2 的平均浓度为 36.63 ppb，其中 P1、P2 和 P3 阶段分别为 46.46、32.67 和 30.77 ppb。O_3 的平均浓度为 47.71 ppb，P3 阶段的浓度（56.03 ppb）高于 P1（46.96 ppb）和 P2 阶段（40.13 ppb）。这是由于灰霾天和雾霾天阶段颗粒物浓度较高，颗粒物的消光作用使得到达近地面的太阳辐射减弱，导致近地面光化学反应减弱，O_3 的生成量减少。$HONO/NO_2$ 的比值通常用来表征 NO_2 非均相转化的程度，3 个阶段的 $HONO/NO_2$ 为：P1（8.03%）＞P2（7.48%）＞P3（5.18%）。

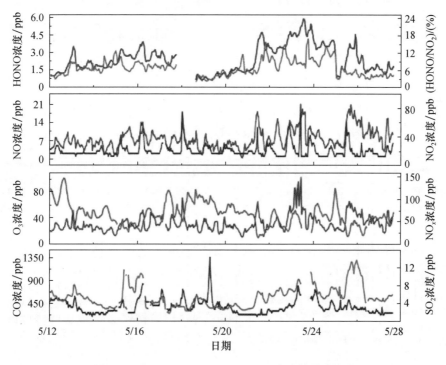

图 4.33　HONO、NO_x、O_3、SO_2、CO 浓度的时序变化

　　图 4.34 为 HONO 和相关污染物的日变化趋势。HONO 浓度夜间累积，昼间浓度较低。这是由于 HONO 在太阳光照射下极易光解，而夜间紫外光辐射强度大大减弱，光解作用受抑制，此时 HONO 的生成占据优势地位。而且，夜间大气边界层相对稳定，有利于 HONO 在近地面的累积。早晨 6—8 点 HONO 的浓度有明显的增加，这是由于观测点位靠近城市主干道（中环路），HONO 的浓度受早高峰时段机动车排放的影响。早高峰过后 HONO 浓度迅速降低，直到 15 点 HONO

浓度一直维持在较低的水平。16 点以后太阳光强逐渐减弱，HONO 浓度开始出现缓慢地上升。17 点以后进入交通高峰期，HONO 浓度上升，一直到夜间 23 点HONO 浓度一直保持平稳的上升。NO$_2$ 浓度的日变化特征为夜间浓度升高，昼间浓度较低，尤其是 11 点至 15 点之间由于较强的空气湍流，NO$_2$ 在空气中被稀释，早晚高峰期出现浓度峰值。O$_3$ 为典型的二次光化学反应的产物，表现了明显的日变化趋势，即夜间浓度低，白天浓度高，最高值出现在午后。

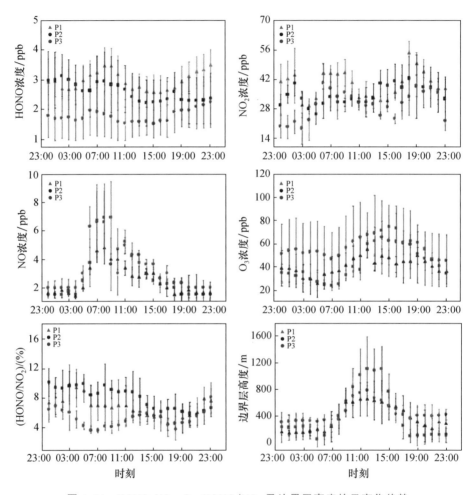

图 4.34　HONO、NO$_x$、O$_3$、HONO/NO$_2$ 及边界层高度的日变化趋势

　　HONO/NO$_2$ 夜间升高，尤其是在前半夜 HONO/NO$_2$ 出现持续性升高，说明该时间段 NO$_2$ 非均相反应较强烈，导致 HONO 大量产生。由于晚高峰期间近地面累积了大量的前体物 NO$_2$，NO$_2$ 在各种界面发生非均相反应。而且，夜间大气边界层较稳定，污染物在大气中的对流稀释作用较弱，HONO 容易在近地面累积。由于昼间存在 HONO 的光解，昼间 HONO/NO$_2$ 比夜间低。但是，在 P3 阶段的午后时分 HONO/NO$_2$ 出现了显著的增加。由于昼间 HONO 被快速光解，此时

HONO/NO$_2$的增加意味着有强烈的 NO$_2$非均相转化和 HONO 的生成。午后时分太阳光强烈,能够促进 NO$_2$在光敏剂(二氧化钛、腐殖酸等)和黑碳颗粒物表面的非均相转化,显著提高 HONO 产率。

由于监测点位距离主干道邯郸路和武东路的距离分别为 150 m 和 120 m,监测期间的风速为 1~7 m s^{-1},估算来自道路的气流到达监测点位的时间约为 17 s 至 2.5 min,低于夜间 HONO 在大气中的寿命(约 3 h)。因此,监测点位的 HONO 有可能受到来自机动车排放的影响。通常用 HONO/NO$_x$ 比值表征新鲜排放气团中 HONO 的排放因子。在估算机动车对 HONO 的排放的贡献时,通常选取 Kurtenbach 等在交通隧道外场观测实验中观测的值(0.65%)作为机动车的排放因子。图 4.35 为计算得出的夜间机动车排放的 HONO 与实际 HONO 浓度比值([HONO]$_{排放}$/[HONO])的频率分布图。观测期间[HONO]$_{排放}$/[HONO]的比值大部分小于 20%,平均值为 12.5%。该结果表明,虽然机动车排放对夜间 HONO 的浓度有一定贡献,但不是夜间 HONO 的主要来源。

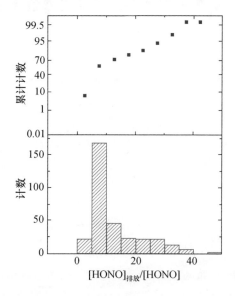

图 4.35　[HONO]$_{排放}$/[HONO]的频率分布

NO 和 OH 是夜间 HONO 均相生成的最重要的途径。由于生成的 HONO 可进一步与 OH 反应消耗掉,因此实际该反应净生成 HONO 的速率可表示为

$$R_{net} = k_{NO+OH}[NO][OH] - k_{HONO+OH}[HONO][OH] \qquad (4.1)$$

其中 k_{NO+OH} 和 $k_{HONO+OH}$ 分别为 NO 和 OH 自由基,以及 HONO 和 OH 自由基反应的速率常数,在 298 K 条件下分别为 $9.8×10^{-12}$ cm^3 分子$^{-1}$ s^{-1} 和 $6.0×10^{-12}$ cm^3 分子$^{-1}$ s^{-1}。本研究没有直接测量 OH 自由基的浓度,采用了 Lelieveld 报道的模拟浓度,即 $1.0×10^6$ 分子 cm^{-3}。

夜间 HONO、NO 及 R_{net} 的变化趋势如图 4.36 所示。在前半夜,由于 NO 的浓度较低(1.79 ppb),R_{net} 的值很小(均值约为 0.0080 ppb h^{-1})。午夜之后,随着 NO 浓度的增加,R_{net} 开始增长。凌晨 0 点至 6 点之间 R_{net} 的平均值为 0.020 ppb h^{-1}。由于 R_{net} 很大程度上取决于 OH 自由基的浓度,而本研究中 OH 自由基的浓度为估算值,因此 R_{net} 的计算存在不确定性。假定 OH 自由基的浓度在 $\pm 50\%$ 的范围内变动,对 R_{net} 的变化范围进行了估算。当 OH 自由基的浓度变化范围为 $-50\% \sim +50\%$ 时,计算得到的 R_{net} 范围为 $0.0070 \sim 0.021$ ppb h^{-1}。

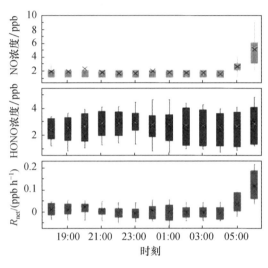

图 4.36 夜间 NO、HONO 和 R_{net} 的变化趋势

夜间 HONO 与 NO_2 的相关性较好,相关系数为 $0.63 (p < 0.01)$,说明 NO_2 是夜间 HONO 生成的重要前体物。夜间 $HONO/NO_2$ 的平均值为 6.2%,远远高于文献报道的机动车尾气的 HONO 排放系数($< 1\%$),说明 NO_2 在大气中经过了强烈的非均相转化。与直接排放相比,NO_2 的非均相反应可能是夜间 HONO 生成的主要来源。在城市或郊区,夜间大气中 $HONO/NO_2$ 值在 $2\% \sim 10\%$ 之间,在少数轻污染的地区有更小的值。本研究中,$HONO/NO_2$ 在 P1(8.03%)和 P2(7.48%)阶段的比值大于 P3 阶段(5.18%),反映了雾霾天气下 NO_2 的非均相转化较强烈。

NO_2 的非均相反应可以发生在各种表面上,如地面、颗粒物表面、建筑物表面等。本研究以 $PM_{2.5}$ 的浓度作为气溶胶表面积的一个表征,研究了颗粒物表面非均相过程对 HONO 生成的作用。图 4.37(a)表明,NO_2 的非均相转化率随着 $PM_{2.5}$ 浓度的增加而增加,说明颗粒物表面可能是 NO_2 非均相转化的重要介质。关于 NO_2 的非均相转化主要是发生在地表还是颗粒物表面,科学界仍存在争议。在一些较干净地区的观测中发现地表面的非均相反应是 HONO 生成的最主要来源。例如,在珠江三角洲郊区的研究中发现,夜间 HONO 的非均相生成主要来自地表面 NO_2 的非均相反应。在德国的研究中也表明,颗粒物表面的非均相反应对夜间 HONO 的生成并不重要。但是,在重污染地区,颗粒物表面对 HONO 的生成发挥着不可忽视的作用。因此,在重污染地区,颗粒物负荷较高,颗粒物表面的非均相过程在 HONO 的生成中可能发挥着重要作用。

研究表明,表面含水量是影响 NO_2 非均相转化和 HONO 生成的重要因素。颗粒物表面的含水量与 RH 密切相关,本研究分析了 $HONO/NO_2$ 和相对湿度的关系[图 4.37(b)]。$HONO/NO_2$ 值在 RH 为 $40\%\sim75\%$ 之间时呈现增长趋势,NO_2 的非均相转化效率增加;而当 $RH>75\%$ 时,$HONO/NO_2$ 的值逐渐降低,NO_2 的非均相反应效率降低。新形成的颗粒物往往呈疏水性,表面含水量较低,使得 NO_2 在气溶胶表面的水解反应较弱;随着 RH 在一定范围内的增加,NO_2 在表面的水解反应就会因为有更多的水吸附在表面而变得容易进行;但是当 RH 增加到一定程度,颗粒物表面水含量较高时,HONO 可被表面的水分子摄取并以 NO_2^- 的形式存在,因而释放到大气中的 HONO 减少,$HONO/NO_2$ 的值降低。

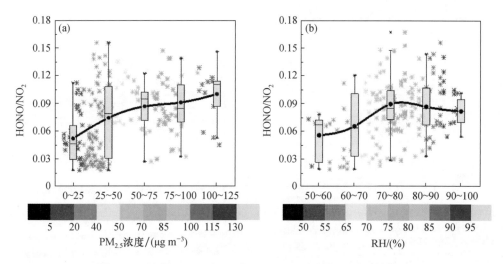

图 4.37　夜间 $HONO/NO_2$ 与(a)$PM_{2.5}$ 浓度和(b)RH 的关系

为了对上海市 HONO 的非均相生成进行研究,我们选取了一些典型的夜间 HONO 生成案例,以估算 NO_2 向 HONO 的非均相生成速率。选取的个例满足以下标准:1)在目标个例中,HONO 浓度和 $HONO/NO_2$ 均呈现递增的趋势;2)期间气象条件尤其是地面风应保持稳定。条件 1)说明夜间存在 HONO 的累积,条件 2)避免了由于气流传输导致的污染物浓度变化,使得选取的数据更能反映该点位的化学生成过程。图 4.38 为发生在 2016 年 5 月 16 日夜间的非均相生成案例。在这个案例中,HONO 浓度由 3.48 ppb 增加到 4.46 ppb。

通过选取夜间 HONO 非均相生成案例,计算得到灰霾和雾霾天(P1+P2)期

间的 C_{HONO} 平均值为 1.58×10^{-2} h^{-1}，高于清洁天的平均值（0.93×10^{-2} h^{-1}）。灰霾和雾霾天阶段颗粒物负荷较高，能提供较大的活性反应界面，导致有更高的转化率。另外，污染天气下气溶胶在老化过程中经历了吸湿增长，表面的液膜不仅可以提供丰富的反应活性界面，而且还可以导致表面反应活性的变化，促进 NO_2 的非均相转化。图 4.39 为上海市和其他城市 C_{HONO} 的对比。本研究得到的 C_{HONO} 低于珠江三角洲郊区观测的值（2.40×10^{-2} h^{-1}），但是高于济南（0.68×10^{-2} h^{-1}）、西安（0.91×10^{-2} h^{-1}）和香港东涌（0.52×10^{-2} h^{-1}）的观测值。

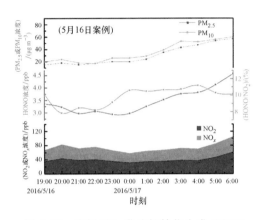

图 4.38　夜间 NO_2 非均相转化生成 HONO　　　图 4.39　不同区域观测的 NO_2 非均相转化速率

本研究通过详细的收支情况来分析昼间 HONO 的源与汇，计算得到昼间 OH 自由基的浓度在雾霾天和清洁天阶段分别为 5.74×10^6 和 7.06×10^6 分子 cm^{-3}。文献报道的我国城市地区夏季昼间大气中 OH 自由基浓度的范围为（$0.5 \sim 2$）$\times 10^7$ 分子 cm^{-3}，本研究的结果与文献报道的结果较吻合。图 4.40 为昼间 HONO源和汇的强度变化。$R_{未知}$ 的日变化呈现日出后逐渐增大，在正午附近达到峰值，而后逐渐降低的趋势。观测期间 R_{emi}、R_{NO+OH}、R_{net} 和 $R_{未知}$ 在雾霾天（P1+P2）和清洁天（P3）阶段分别为 0.28、0.83、0.62、2.98 ppb h^{-1} 以及 0.21、1.15、0.30、1.78 ppb h^{-1}，说明昼间存在大量的 HONO 未知来源。L_{pho}、$L_{HONO+OH}$ 和 L_{dep} 在雾霾天阶段分别为 4.39、0.72 和 0.19 ppb h^{-1}，清洁天分别为 3.48、0.19 和 0.09 ppb h^{-1}。

需要注意的是，昼间未知来源的计算存在一定的不确定性。假定昼间 HONO干沉降速率为 2 cm s^{-1}，有效的混合层高度为 200 m 来计算 HONO 的干沉降损失，因为 HONO 在白天会迅速光解（HONO 白天寿命为 $10 \sim 20$ min），大部分都不能到达 200 m 以上的高度。实际上这里用来计算干沉降的方法往往低估了HONO 的沉降，因为假定的混合层高度应该远大于 HONO 由于其快速光解可以输送到的准确高度，这种影响可以通过使用一个更大的沉降速率得以部分减少。OH 自由基浓度是白天 $R_{未知}$ 估算的重要参数，本节 OH 自由基浓度的计算采用经

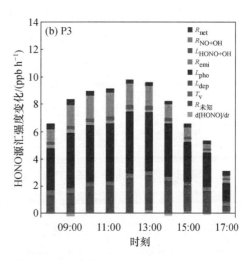

图 4.40 昼间 HONO 的源汇强度变化

验公式,尽管此经验方程早已在城市站点验证其可用性,但仍需注意,用经验方程式计算的 OH 自由基浓度可能会有一些不确定性。

由于白天太阳辐射的作用会导致一系列光化学反应的发生,本研究使用 $R_{未知}$ 与相关参数之间的相关性分析了光反应过程对未知来源的作用,并分析了未知源生成过程中涉及的不同表面的作用。

(1) NO_2 在气溶胶表面和地表面的非均相反应。$[NO_2] \times [PM_{2.5}]$ 和 $[NO_2] \times (S/V)_g$ 分别表示 NO_2 在颗粒物表面和地表面的非均相暗反应。假设昼间混合边界层较稳定且混合均匀,可视 $(S/V)_g$ 为一个恒定的值,则 $[NO_2]$ 可以代表地表面的非均相反应。相关性分析结果显示,$R_{未知}$ 与 $[NO_2] \times [PM_{2.5}]$ 和 $[NO_2]$ 的相关性均较弱,相关系数分别为 0.09 和 0.23。说明当考虑气溶胶表面的作用后,相关性变强,由此说明颗粒物表面对未知来源起到重要的作用。

(2) 光照在非均相反应中的作用。$J(NO_2) \times [NO_2]$ 和 $J(NO_2) \times [NO_2] \times [PM_{2.5}]$ 分别表示地表面和气溶胶表面 NO_2 的光促进过程。结果表明,当考虑太阳光辐射的作用,$R_{未知}$ 与 NO_2 的光解率 $J(NO_2)$ 加入分析后,$R_{未知}$ 与 $J(NO_2) \times [NO_2]$ 和 $J(NO_2) \times [NO_2] \times [PM_{2.5}]$ 的相关性显著提高,表明光照可以促进 NO_2 非均相反应生成 HONO。考虑光照的作用后,相对于颗粒物表面来说,地表面的非均相反应与 $R_{未知}$ 的相关系数增加更显著,由此说明地表面的 NO_2 光促进过程相对于颗粒物表面更显著。但总体来说,两者与 $R_{未知}$ 的相关系数差别较小,分别为 0.53 和 0.50,因此 NO_2 在颗粒物表面的光促进化学反应对昼间 HONO 的产生同样也起到重要作用。

关于 HONO 的非均相生成主要发生在颗粒物表面还是地表面,国际上仍存在争议。早期的研究认为,颗粒物的比表面积远低于地表的表面积,因此颗粒物表面的非均相过程可能不重要。一些外场观测结果也表明地表面的非均相过程在昼间 HONO 的生成中占据重要角色。例如，在珠江三角洲郊区的观测中，颗粒物表面的反应不是新垦地区昼间 HONO 的主要非均相来源。在塞浦路斯的观测中，颗粒物表面的光促进化学反应对昼间 HONO 的贡献可以忽略。但是，随着研究的深入，发现颗粒物表面对昼间 HONO 的生成也可能发挥重要作用。模拟实验表明，颗粒物中的有机离子可催化 NO_2 在颗粒物表面的反应，显著提高 HONO 的产率。Colussi 等发现颗粒物在太阳光的照射下可产生大量的二羧酸阴离子，从而促进 NO_2 在颗粒物表面发生歧化反应产生 HONO，NO_2 在颗粒物表面的摄取系数高达 $10^{-4} \sim 10^{-3}$。这些结果表明，在颗粒物污染较严重（颗粒物浓度高且成分较复杂）的区域，对流层气溶胶的光促进非均相反应的作用可能比以往认为的更重要。近年来，我国雾霾污染较严重，尤其是在发达的地区，细颗粒物浓度超标严重，颗粒物的成分较复杂。研究结果表明，华北平原、珠江三角洲、泰山和北京地区的 $PM_{2.5}$ 中有机酸（二羧酸、酮羧酸、α-二羰基化合物、脂肪酸和苯甲酸等）浓度较高。外场观测数据和卫星数据也显示中国东部地区大气有机酸和二羰基化合物含量极高。在光照条件下，有机酸的存在可强烈地促进 NO_2 与颗粒物表面的水分发生歧化反应产生 HONO。在北京的观测中发现，昼间 HONO 的未知来源与颗粒物表面的 NO_2 光促进非均相过程具有正相关关系（$r = 0.62$），且该相关性比未知来源与地表面的 NO_2 光促进非均相反应（$r = 0.33$）的相关性强。经参数化计算得到 NO_2 在颗粒物表面的摄取系数高达 10^{-4}，高于在腐殖酸、黑碳、固体有机物表面的摄取系数。该研究结果具有重要的启示意义：对于重污染区域，颗粒物负荷较高且成分复杂，颗粒物对 HONO 的生成可能起重要作用。

4.4.4　本项目资助发表论文（按时间倒序）

(1) Li R, Cui L L, Zhao Y L, et al. Long-term trends of ambient nitrate（NO_3^-）concentrations across China based on ensemble machine-learning models. Earth System Science Data，2021，13(5)：2147-2163.

(2) Sun T M, Li R, Meng Y, et al. Size-segregated atmospheric humic-like substances（HU-LIS）in Shanghai：Abundance, seasonal variation, and source identification. Atmosphere，2021，12(5)：526.

(3) Meng Y, Li R, Cui L L, et al. Phosphorus emission from open burning of major crop residues in China. Chemosphere，2021，288(2)：132568.

(4) Cui L L, Ma Q W, Li R, et al. High-resolution estimation of ambient sulfate concentration over Taiwan Island using a novel ensemble machine-learning model. Environmental Science and Pollution Research，2021，28(20)：26007.

(5) Li R, Zhao Y L, Fu H B, et al. Substantial changes in gaseous pollutants and chemical com-

positions in fine particles in the North China Plain during the COVID-19 lockdown period: Anthropogenic vs. meteorological influences. Atmosphere Chemical and Physics, 2021, 21 (11): 8677-8692.

(6) Chen T Z, Liu J, Ma Q X, et al. Measurement report: Effects of photochemical aging on the formation and evolution of summertime secondary aerosol in Beijing. Atmospheric Chemistry and Physics, 2021, 21(2): 1341-1356.

(7) Chu B W, He H, Chen T Z, et al. Effect of relative humidity on SOA formation from aromatic hydrocarbons: Implications from the evolution of gas- and particle-phase species. The Science of the Total Environment, 2021, 773: 145015.

(8) Chu B W, He H, Liu C G, et al. Secondary organic aerosol formation potential from ambient air in Beijing: Effects of atmospheric oxidation capacity at different pollution levels. Environmental Science & Technology, 2021, 55(8): 4565-4572.

(9) Liu Y, Chu B W, Zhao Y Q, et al. Comprehensive study about the photolysis of nitrates on mineral oxides. Environmental Science & Technology, 2021, 55(13): 8604-8612.

(10) Li R, Zhao Y L, Zhou W H, et al. Developing a novel hybrid model for the estimation of surface 8 h ozone (O_3) across the remote Tibetan Plateau during 2005—2018. Atmospheric Chemistry and Physics, 2020, 20(10): 6159-6175.

(11) Meng Y, Li R, Zhao Y L, et al. Chemical characterization and sources of $PM_{2.5}$ at a high-alpine ecosystem in the Southeast Tibetan Plateau, China. Atmospheric Environment, 2020, 235: 117645.

(12) Li R, Cui L L, Fu H B, et al. Satellite-based estimation of full-coverage ozone (O_3) concentration and health effect assessment across Hainan Island. Journal of Cleaner Production, 2020, 244: 118773.

(13) Li R, Cui L L, Fu H B, et al. Estimating high-resolution PM_1 concentration from Himawari-8 combining extreme gradient boosting-geographically and temporally weighted regression (XGBoost-GTWR). Atmospheric Environment, 2020, 229: 117434.

(14) Wu Y, Li R, Cui L L, et al. The high-resolution estimation of sulfur dioxide (SO_2) concentration, health effect and monetary costs in Beijing. Chemosphere, 2020, 241: 125031.

(15) Meng Y, Li R, Fu H B, et al. The sources and atmospheric pathway of phosphorus to a high alpine forest in Eastern Tibetan Plateau, China. Journal of Geophysical Research: Atmospheres, 2020, 125(4): e2019JD031327.

(16) Cui L L, Liang J H, Fu H B, et al. The contributions of socioeconomic and natural factors to the acid deposition over China. Chemosphere, 2020, 253: 126491.

(17) Chen T Z, Liu J, Liu Y C, et al. Chemical characterization of submicron aerosol in summertime Beijing: A case study in southern suburbs in 2018. Chemosphere, 2020, 247: 125918.

(18) Zhang P, Chen T Z, Liu J, et al. Impacts of mixed gaseous and particulate pollutants on

secondary particle formation during ozonolysis of butyl vinyl ether. Environmental Science & Technology，2020，54(7)：3909-3919.

(19) Li R，Cui L L，Liang J H，et al. Estimating historical SO_2 level across the whole China during 1973—2014 using a random forest model. Chemosphere，2020，247：125839.

(20) Zhang P，Chen T Z，Liu J，et al. Impacts of mixed gaseous and particulate pollutants on secondary particle formation during ozonolysis of butyl vinyl ether. Environmental Science & Technology，2020，54(7)：3909-3919.

(21) Liang L L，Zhang G，He H，et al. Efficient conversion of NO to NO_2 on SO_2-aged MgO under atmospheric conditions. Environmental Science & Technology，2020，54（19）：11848-11856.

(22) Li R，Cui L L，Zhao Y L，et al. Estimating monthly wet sulfur（S）deposition flux over China using an ensemble model of improved machine learning and geostatistical approach. Atmospheric Environment，2019，214：116884.

(23) Chu B W，Wang Y L，Yang W W，et al. Effects of NO_2 and C_3H_6 on the heterogeneous oxidation of SO_2 on TiO_2 in the presence or absence of UV-Vis irradiation. Atmospheric Chemistry and Physics，2019，19(23)：14777-14790.

(24) Li R，Cui L L，Zhao Y L，et al. Size-segregated water-soluble N-bearing species in the land-sea boundary zone of East China. Atmospheric Environment，2019，218：116990.

(25) Jiang H T，Liu Y C，Xie Y，et al. Oxidation potential reduction of carbon nanomaterials during atmospheric-relevant aging：Role of surface coating. Environmental Science & Technology，2019，53(17)：10454-10461.

(26) Cui L L，Li R，Fu H B，et al. Formation features of nitrous acid in the offshore area of the East China Sea. Science of the Total Environment，2019，682：138-150.

(27) Li J L，Li R，Cui L L，et al. Spatial and temporal variation of inorganic ions in rainwater in Sichuan province from 2011 to 2016. Environmental Pollution，2019，254：112941.

(28) Wang Z Z，Wang T，Fu H B，et al. Enhanced heterogeneous uptake of sulfur dioxide on mineral particles through modification of iron speciation during simulated cloud processing. Atmospheric Chemistry and Physics，2019，19(19)：12569-12585.

(29) Ma Q X，Zhong C，Liu C，et al. A comprehensive study of the hygroscopic behavior of mixtures of oxalic acid and nitrate salts：Implication for the occurrence of atmospheric metal oxalate complex. ACS Earth and Space Chemistry，2019，3(7)：1216-1225.

(30) Zhang P，Chen T Z，Liu J，et al. Impacts of SO_2，relative humidity，and seed acidity on secondary organic aerosol formation in the ozonolysis of butyl vinyl ether. Environmental Science & Technology，2019，53(15)：8845-8853.

(31) Li R，Cui L L，Zhao Y L，et al. Wet deposition of inorganic ions in 320 cities across China：Spatio-temporal variation，source apportionment，and dominant factors. Atmospheric Chemistry and Physics，2019，19(17)：11043-11070.

（32）Meng Y，Zhao Y L，Li R，et al. Characterization of inorganic ions in rainwater in the megacity of Shanghai：Spatiotemporal variations and source apportionment. Atmospheric Research，2019，222：12-24.

（33）Chen T Z，Liu Y C，Ma Q X，et al. Significant source of secondary aerosol：Formation from gasoline evaporative emissions in the presence of SO_2 and NH_3. Atmospheric Chemistry and Physics，2019，19(12)：8063-8081.

（34）Li R，Cui L L，Meng Y，et al. Satellite-based prediction of daily SO_2 exposure across China using a high-quality random forest-spatiotemporal Kriging (RF-STK) model for health risk assessment. Atmospheric Environment，2019，208：10-19.

（35）Cui L L，Li R，Zhang Y C，et al. A geographically and temporally weighted regression model for assessing intra-urban variability of volatile organic compounds (VOCs) in Yangpu district，Shanghai. Atmospheric Environment，2019，213：746-756.

（36）Yang W W，Ma Q X，Liu Y C，et al. The effect of water on the heterogeneous reactions of SO_2 and NH_3 on the surfaces of alpha-Fe_2O_3 and gamma-Al_2O_3. Environmental Science：Nano，2019，6(9)：2749-2758.

（37）Li R，Fu H B，Cui L L，et al. The spatiotemporal variation and key factors of SO_2 in 336 cities across China. Journal of Cleaner Production，2019，210：602-611.

（38）Ma Q X，Liu C，Ma J Z，et al. A laboratory study on the hygroscopic behavior of $H_2C_2O_4$-containing mixed particles. Atmospheric Environment，2019，200：34-39.

（39）Li R，Wang Z Z，Cui L L，et al. Air pollution characteristics in China during 2015—2016：Spatiotemporal variations and key meteorological factors. Science of the Total Environment，2019，648：902-915.

（40）Ma Q X，Wang L，Chu B W，et al. Contrary role of H_2O and O_2 in the kinetics of heterogeneous photochemical reactions of SO_2 on TiO_2. Journal of Physical Chemistry A，2019，123(7)：1311-1318.

（41）王铃，马庆鑫，贺泓. 光照对 SO_2 在矿质氧化物表面非均相反应的影响. 环境科学学报，2018，38(03)：1155-1162.

（42）Yang W W，Ma Q X，Liu Y C，et al. Role of NH_3 in the heterogeneous formation of secondary inorganic aerosols on mineral oxides. Journal of Physical Chemistry A，2018，122(30)：6311-6320.

（43）Cui L L，Duo B，Zhang F，et al. Physiochemical characteristics of aerosol particles collected from the Jokhang Temple indoors and the implication to human exposure. Environmental Pollution，2018，236：992-1003.

（44）Cui L L，Li R，Zhang Y C，et al. An observational study of nitrous acid (HONO) in Shanghai，China：The aerosol impact on HONO formation during the haze episodes. Science of the Total Environment，2018，630：1057-1070.

参 考 文 献

[1] Huang R，Zhang Y，Bozzetti C，et al. High secondary aerosol contribution to particulate pollution during haze events in China. Nature，2014，514：218-222.

[2] Sun Y L，Jiang Q，Wang Z F，et al. Investigation of the sources and evolution processes of severe haze pollution in Beijing in January 2013. J Geophys Res，2014，119：4380-4398.

[3] Wang L Q，Wei Z，Yang J，et al. The 2013 severe haze over southern Hebei，China：Model evaluation，source apportionment，and policy implications. Atmos Chem Phys，2014，14：3151-3173.

[4] 王启元，曹军骥，甘小凤，等. 成都市灰霾与正常天气大气 $PM_{2.5}$ 的化学元素特征. 环境化学，2010，29：644-648.

[5] Zheng G，Duan F，Su H，et al. Exploring the severe winter haze in Beijing：The impact of synoptic weather，regional transport and heterogeneous reactions. Atmos Chem Phys，2015，15：2969-2983.

[6] Zhang X，Wang Y，Niu T，et al. Atmospheric aerosol compositions in China：Spatial/temporal variability，chemical signature，regional haze distribution and comparisons with global aerosols. Atmos Chem Phys，2012，12：779-799.

[7] Zahran S，Laidlaw M A，McEimurry S P，et al. Linking source and effect：Resuspended soil lead，air lead，and children's blood lead levels in Detroit，Michigan. Environ Sci Techonl，2013，47：2839-2845.

[8] Wang H，Chen H. Understanding the recent trend of haze pollution in eastern China roles of climate change. Atmos Chem Phys，2016，16：4205-4211.

[9] Wang Q，Zhuang G，Huang K，et al. Probing the severe haze pollution in three typical regions of China：Characteristics，sources and regional impacts. Atmos Environ，2015，120：76-88.

[10] Wang M，Cao C，Li G，et al. Analysis of a severe prolonged regional haze episode in the Yangtze River Delta，China. Atmos Environ，2015，102：112-121.

[11] Wang Y，Zhang Q，Jiang J，et al. Enhanced sulfate formation during China's severe winter haze episode in January 2013 missing from current models. J Geophys Res Atmos，2013，119：10425-10440.

[12] Shi Y，Chen J M，Hu D W，et al. Airborne submicron particulate（PM_1）pollution in Shanghai，China：Chemical variability，formation/dissociation of associated semi-volatile components and the impacts on visibility. Sci Total Environ，2014，473：199-206.

[13] Quan J，Zhang Q，He H，et al. Analysis of the formation of fog and haze in North China Plain（NCP）. Atmos Chem Phys，2011，11：8205-8214.

[14] Andersson A，Deng J，Du K，et al. Regionally-varying combustion sources of the January 2013 severe haze events over Eastern China. Environ Sci Technol，2015，49：2038-2043.

[15] Zhang Z H，Hong Y C，Liu N. Association of ambient particulate matter 2.5 with intensive care unit admission due to pneumonia：A distributed lag non-linear model. Sci Rep，2017，7：8679.

[16] 高健，王淑兰，柴发合. 我国大气灰霾污染特征及污染控制建议——以 2013 年 1 月大气灰霾污染过程为例. 环境与可持续发展，2013，4：16-24.

[17] Wang Y S，Yao L，Wang L L，et al. Mechanism for the formation of the January 2013 heavy haze pollution episode over central and eastern China. Sci China：Earth Sci，2014，57：14-25.

[18] 贺泓，王新明，王自发，等. 大气灰霾追因与控制. 中国科学院院刊，2013，3：344-352.

[19] Zhang R，Wang G，Guo S，et al. Formation of urban fine particulate matter. Chem Rev，2015，115：3803-3855.

[20] Courtney R，Usher A E，Grassian V H. Reactions on mineral dust. Chem Rev，2003，103：4883-4940.

[21] George C，Ammann M，D'Anna B，et al. Heterogeneous photochemistry in the atmosphere. Chem Rev，2015，115：4218-4258.

[22] Brand C，Eldik V. Transition-metal-catalyzed oxidation of sulfur（Ⅳ）oxides-atmospheric-relevant processes and mechanisms. Chem Rev，1995，95：119-190.

[23] Laskin A，Gaspar D J，Wang W H，et al. Reactions at interfaces as a source of sulfate formation in sea-salt particles. Science，2003，301：340-344.

[24] Rosenfeld D，Lahav R，Khain A，et al. The role of sea spins cleansing air pollution over ocean via cloud processes. Science，2002，297：1667-1670.

[25] Ammann M，Kalberer M，Jost D T，et al. Heterogeneous production of nitrous acid on soot in polluted air masses. Nature，1998，395：157-160.

[26] Mellouki A，Wallington T J，Chen J. Atmospheric chemistry of oxygenated volatile organic compounds：Impacts on air quality and climate. Chem Rev，2015，115：3984-4014.

[27] Fu H B，Lin J，Shang G F，et al. Solubility of iron from combustion source particles in acidic media is linked to iron speciation. Environ Sci Technol，2012，46：11119-11127.

[28] Intergovernmental Panel on Climate Change（IPCC）. Climate Change 2007：The Physical Science Basis. Contribution of Working Group Ⅰ to the Fourth Assessment Report of the Intergovernmental Panel on Climate Change，edited by Solomon S et al. Cambridge，UK：Cambridge Univ Press，2007.

[29] Ramanathan V，Crutzen P J，Kiehl J T，et al. Atmosphere-aerosols，climate，and the hydrological cycle. Science，2001，294：2119-2124.

[30] He H，Wang Y S，Ma Q，et al. Mineral dust and NO_x promote the conversion of SO_2 to sulfate in heavy pollution days. Sci Reports，2014，4：4172-4177.

[31] Cheng Y，Zheng G，Wei C，et al. Reactive nitrogen chemistry in aerosol water as a source of sulfate during haze events in China. Sci Adv，2016，2：1-11.

[32] Donaldson D J，Vaida V. The influence of organic films at the air-aqueous boundary on atmospheric processes. Chem Rev，2006，106：1445-1461.

[33] Kim M J，Farmer D K，Bertram T H. A controlling role for the air-sea interface in the chemical processing of reactive nitrogen in the coastal marine boundary layer. Natl Acad Sci USA，2014，111：3943-3948.

[34] Ciuraru R，Fine L，Pinxtern M，et al. Unravelling new processes at interfaces：Photochemical isoprene production at the sea surface. Environ Sci Technol，2015，49：6753-6765.

[35] Ciuraru R，Fine L，Pinxteren M，et al. Photosensitzed production of functionalized and unsaturated organic compounds at the air-sea interface. Sci Rep，2015，5：12741-12751.

[36] Rossignol S，Aregahegn K Z，Tinel L，et al. Glyoxal induced atmospheric photosensitized chemistry leading to organic aerosol growth. Environ Sci Technol，2014，48：3218-3227.

[37] D'Anna B，Jammoul A，George C，et al. Light-induced ozone depletion by humic acid films and submicron aerosol particles. J Geophys Res，2009，114：D12301.

[38] Graber E R，Rudich Y. Atmospheric HULIS：How humic-like are they? A comprehensive and critical review. Atmos Chem Phys，2006，6：729-753.

[39] Sun Y L，Wang Z F，Fu P Q，et al. The impact of relative humidity on aerosol composition and evolution processes during wintertime in Beijing，China. Atmos Environ，2013，77：927-934.

[40] Tao M，Chen L，Tao J. Satellite observation of regional haze pollution over the North China Plain. J Geophys Res，2012，117：D12203.

[41] Han D M，Wang Z，Cheng J P，et al. Volatile organic compounds（VOCs）during non-haze and haze days in Shanghai：Characterization and secondary organic aerosol（SOA）formation. Environ Sci Pollution Res，2017，24：18619-18629.

[42] Goodman A L，Bernard E T，Grassian V H. Spectroscopic study of nitric acid and water adsorption on oxide particles：Enhanced nitric acid uptake kinetics in the presence of adsorbed water. J Phys Chem A，2001，105（26）：6443-6457.

[43] Nanayakkara C E，Pettibone J，Grassian V H. Sulfur dioxide adsorption and photooxidation on isotopically-labeled titanium dioxide nanoparticle surfaces：Roles of surface hydroxyl groups and adsorbed water in the formation and stability of adsorbed sulfite and sulfate. Phys Chem Chem Phys，2012，14（19）：6957-6966.

[44] Fu H，Wang X，Wu H，et al. Heterogeneous uptake and oxidation of SO_2 on iron oxides. J Phys Chem C，2007，111（16）：6077-6085.

[45] Baltrusaitis J，Cwiertny D M，Grassian V H. Adsorption of sulfur dioxide on hematite and goethite particle surfaces. Phys Chem Chem Phys，2007，9（41）：5542-5554.

第5章 重污染天气下二次气溶胶的垂直分布、生成机制和数值模拟研究

孙业乐,李颖,潘小乐,徐惟琦,周维

中国科学院大气物理研究所

大气污染垂直分布与气态前体物和气象要素之间的耦合作用对阐明二次气溶胶生成机制,改进和提高数值模式模拟具有重要意义。本章基于北京325米气象塔建成完备的垂直探测吊舱系统,实现了地面至240 m高度气溶胶化学组分、光学特性、气态污染物浓度和气象要素等垂直连续观测和固定高度的长期连续观测。通过开展冬季和夏季垂直观测,获取了低层大气气溶胶理化特性的典型垂直廓线,阐明了二次气溶胶组分垂直变化与前体物以及气象要素的关系,揭示了二次无机组分硝酸盐与硫酸盐在不同季节的垂直变化差异及其影响因素,不同类型二次有机气溶胶(SOA)和一次有机气溶胶垂直变化对排放、前体物以及气象因子垂直变化的响应机制等;基于气溶胶质谱含硫碎片,建立了定量估算液相SOA重要组分羟甲基磺酸盐的方法;基于气溶胶挥发性、氧碳比和玻璃转化温度(T_g)之间的关系建立了预测T_g的参数化方案,并将该新方案耦合于化学传输模式WRF-Chem,对我国SOA的玻璃转化温度和相态分布进行了模拟,表明半固态和固态在湿度较小的区域或对流层上层广泛存在,化学输送模式应考虑SOA相态对气-粒转化等气溶胶关键多相过程的影响。本研究的观测数据和研究成果为深入理解二次气溶胶复杂的生成机制提供了重要科学支撑,有助于改进并提高数值模式模拟和预测气溶胶多相过程及其大气环境效应。

5.1 研究背景

《大气污染防治行动计划》实施以来,我国空气质量大幅改善,但大气污染仍十分严峻,尤其是秋冬季,细颗粒物浓度远高于世界卫生组织最新指导值。重污染的形成过程极为迅速,往往呈现爆发性增长特征,数小时之内$PM_{2.5}$质量浓度可以从

几十微克/立方米攀升至几百微克/立方米，形成中度至重度污染[1-4]。颗粒物爆发性增长过程中的大气化学和大气物理过程仍存在较大争议，如爆发性增长主要来自本地排放还是区域输送、物理累积还是快速化学转化，以及气溶胶和边界层相互作用的影响机制等诸多科学问题仍然不清晰。重污染形成机理不清晰、气溶胶与边界层之间的复杂相互作用直接导致我国当前空气质量数值预报模式对重污染模拟仍存在较大不确定性。

5.1.1　二次气溶胶垂直分布研究

二次气溶胶是细颗粒物的主要成分。当前二次气溶胶的研究大部分集中在地面，而重污染天气下二次气溶胶的垂直分布、输送及与边界层物理要素的相互作用研究相对缺乏。Sun 等[5]通过北京地面和 260 m 高度处气溶胶化学组分同步观测发现，二次无机和有机气溶胶组分的变化趋势总体一致，而地面一次有机气溶胶受局地排放源影响，其贡献量显著高于 260 m 处。研究也发现，二次硝酸盐和硫酸盐受气象和前体物浓度的垂直差异影响导致垂直分布有显著差别。Han 等[6]通过分析天津 255 米气象塔所采集的 4 个不同高度处 PM_{10} 样品的化学组分也发现地面一次排放源的影响随高度的增加而降低，而受区域输送影响更大的二次组分贡献量则随高度的增加而升高。上述研究结果表明不同高度化学组分分布特征可以反映本地源和区域输送源的相对贡献，同时气态前体物和气象要素的垂直差异会对二次气溶胶的生成机制产生影响。然而，我国尤其是大城市内气溶胶化学组分的垂直观测相对匮乏，进而限制了数值模式在垂直方向上的模拟和验证。另一方面，重污染期间通常小风静稳，污染物如何在中低层大气实现大范围的区域输送，输送过程中的稀释和生成量贡献如何，重污染和大气边界层的相互作用等一系列科学问题仍有待回答。如考虑非均相化学反应后，WRF-CMAQ 模式对 2013 年 1 月重污染的模拟有了显著提高，然而对 1 月 12—13 日污染峰值仍然存在严重低估[7]。后续研究发现造成该低估的主要原因可能是忽略了低层大气中的区域输送[2,8,9]。区域输送伴随着污染物的稀释和生成两个主要过程。先前研究发现 SOA 的生成非常迅速，在半天之内生成量便可达到峰值[10,11]。针对二次气溶胶的输送和转化机制，国外已经开展了广泛的研究，如大型观测实验 MILAGRO[12]、CARES[13] 和 CalNex[14] 等，而我国华北地区有关重污染期间二次气溶胶的观测和研究往往基于单个站点，缺乏城市和郊区站点实时连续、同步在线观测，尤其是气溶胶质谱的同步观测。因此，区域输送过程中二次气溶胶的生成量难以表征，这也给数值模式的验证带来了很大的不确定性。如 Zhao 等[15]对我国东部有机气溶胶进行数值模拟发现，考虑有机气溶胶输送过程中的老化可以使模拟值增加 40%，进而大幅缩小模式和观测之间的差异。

5.1.2　二次气溶胶生成机制和老化研究

我国科学家针对华北地区重污染的来源和成因开展了广泛的研究[16-19]。研究发现,重污染期间颗粒物化学成分发生显著变化,特别是二次无机组分如硫酸盐、硝酸盐和铵盐的贡献量显著增加,有机物则相应降低[1,2,20,21]。尽管有机物相对贡献降低,SOA 仍是大气颗粒物的重要组成成分,冬季可贡献总有机气溶胶的30%～50%,而夏季则高达 60%～70%[22-24]。研究发现,重污染期间二次有机气溶胶的贡献量甚至与二次无机气溶胶(SIA)相当,突出了二次有机气溶胶在重污染形成中的重要作用[25]。SIA 的生成转化机制相对较为清楚,但也存在一定的争议。如诸多研究表明,重污染期间硫酸盐的快速增长主要是由于 SO_2 的非均相氧化生成导致[1,2,26,27],而高浓度的 NO_2 则是促进 SO_2 向硫酸盐快速转化的一个关键因素[20,28-30]。但新几年的研究也发现,H_2O_2 氧化或者过渡金属的催化氧化等也是硫酸盐快速增长的重要原因[31-33]。相对于 SIA,有机气溶胶生成机制更为复杂。大气中含有成百上千种有机化合物,其相对分子质量、官能团、吸水性等千差万别[34]。通常认为,大气中挥发性有机物(VOCs)白天光化学氧化(如 OH 自由基氧化)和夜间 NO_3 自由基氧化是二次有机气溶胶的重要生成来源[35-37]。重污染期间挥发性和半挥发性有机气体分子的气-粒转化可能是大气二次有机气溶胶的另一个重要的来源[38,39],特别是重污染期间往往伴随高的相对湿度,有利于挥发性有机气体特别是有一定水溶性的有机气体分子的气-粒转化,进而促进了 SOA 的生成。

重污染天气下高浓度的二次有机气溶胶生成和老化机制及物理/化学属性演变规律尚未完全厘清。Heald 等[40]通过分析多套气溶胶质谱(AMS)外场观测数据发现,有机气溶胶在大气中的老化(如羧基化和醇化等)、挥发和混合等过程可以简单地用 van Krevelen 图,即氢碳比(H：C)vs. 氧碳比(O：C)进行表征,而且总体上沿斜率 -1(H：C vs. O：C)变化。烟雾箱实验中有机气溶胶老化总体也遵循类似规律,但与实际大气的老化程度存在较大差别[41],这种差异需要同时具有高 O：C 和 H：C 的有机气溶胶去解释,但目前对该类有机气溶胶知之甚少。O：C 是表征有机气溶胶老化程度的一个直接参数,通常有机气溶胶老化程度越高,O：C 越大,挥发性越低。Jimenez 等[24]首次建立了有机气溶胶 O：C 和挥发性之间的框架模型,并揭示了有机气溶胶 3 种老化过程(官能团化、碎裂化和聚合化)中 O：C 和挥发性之间的关系。Donahue 等[42]随后将 O：C 引入波动性基准集(volatility basis set,VBS)模型,建立了二维 VBS 模型,该模型可以更好地去约束数值模式中有机气溶胶的化学性质及其演化过程[43]。由于 AMS 元素分析受颗粒相液态水的影响较大，O∶C 在有些情境下可能存在较大不确定性。为此，Kroll 等[44]提出用有机气溶胶氧化态（OS＝2×O∶C－H∶C）和碳原子数（n_C）来表征有机气溶胶的生成和演化过程。由于 O∶C、OS、挥发性、n_C、有机气溶胶的相态等均直接或间接相关[45]，Li 等[46]基于分子通道概念发展了基于分子组成预测有机气溶胶挥发性，以及基于相对分子质量和 O∶C 预测 SOA 相态的新方法[47]，该方法已成功与 VBS 模型结合，并引入全球大气化学模式中，首次模拟出有机气溶胶相态的全球空间分布[48]。

5.1.3 二次气溶胶数值模拟研究

当前数值模式对 SOA 的浓度模拟仍存在显著低估，也难以准确反映二次有机气溶胶的物理/化学属性（如相态、O∶C 和挥发性），进而影响 SOA 生成、老化和生命周期的模拟及其与重污染天气反馈机制的评估。虽然考虑了有机气溶胶的挥发性，特别是引入了 VBS 模型理论后，化学传输模式对 SOA 浓度的模拟效果有了一定程度的提高，但在一些地区，如受人为污染影响较为严重的下游地区[49]，模式模拟值与实际观测值仍存在较大差异[50,51]。这种差异一方面是由于排放源的不确定性导致，另一方面则是因为目前对 SOA 前体物及生成老化机制的认知有限所致。特别是我国目前化学传输模式关于有机气溶胶生成机制的模拟多数基于一维 VBS 模型，尚未耦合最新 SOA 生成和老化机制。传统观点认为二次有机气溶胶呈均匀混合的液相，而实验室研究和外场观测都表明，SOA 还可呈半固态和固态[52-56]。如在芬兰 Hyytiälä 森林的新粒子生成事件中，SOA 可以固态形式存在[52]；在中纬度等较为干旱地区 SOA 大部分以半固态形态存在[48]。因此，目前模式普遍采用的基于热力学平衡的气-粒分配方案仍存在一定的不足，而基于动力学平衡的气-粒分配方案的新有机气溶胶模式有待于进一步发展[57]。关于 SOA 的挥发性，实验室研究表明，不同实验手段测得的 SOA 挥发性分布存在巨大差异。例如，挥发/扩散实验可测出 SOA 生成实验无法观测到的低挥发性有机产物，这些产物具有二聚体的性质，且这些二聚体可再次断裂形成有机单体[58-60]。因此可逆的聚合反应会显著影响实际大气中有机气溶胶的挥发性分布以及低挥发性产物的生成。SOA 相态、气-粒分配动力学平衡以及聚合过程在空气质量模式中的缺失导致目前 SOA 模拟结果无法反映 SOA 实际生成机制。特别是我国重污染天气下二次有机气溶胶的浓度远高于欧美等发达国家，如何将最新的二次有机气溶胶生成和老化机制耦合至数值模式对改进 SOA 的模拟能力具有重要的意义。

本章主要开展二次气溶胶垂直探测和城郊同步观测，探究其垂直分布特征、演变规律及其与边界层要素的相互作用，阐明二次有机气溶胶的生成转化机制，建立关联有机气溶胶挥发性、氧化态、碳原子数和相态等重要属性的概念框架模型，改进和提高数值模式对 SOA 的浓度、垂直和水平分布的模拟能力,量化 SOA 生成转化机制和区域输送对重污染形成的影响。

5.2　研究目标与研究内容

5.2.1　研究目标

(1) 阐明北京冬季和夏季重污染期间二次气溶胶的浓度和化学成分的垂直分布特征及其演变规律,揭示边界层气象要素对二次气溶胶垂直分布的影响机制。

(2) 建立有机气溶胶氧化态、碳原子数、挥发性与相对分子质量的概念框架模型,评估光化学反应、液相反应和气-粒转化机制对二次有机气溶胶生成和转化的影响。

(3) 改进 SOA 物理/化学属性(相态、挥发性和氧化态)的模拟,并量化基于动力学平衡的气-粒分配方案对 SOA 浓度模拟的影响。

5.2.2　研究内容

1. 二次气溶胶垂直分布特征、演变规律及其与边界层要素的相互作用

基于北京 325 米气象塔,利用气象塔吊舱系统、飞行时间化学组分在线监测仪(ToF-ACSM)和高分辨飞行时间气溶胶质谱仪(HR-ToF-AMS)等开展典型重污染天气下化学组分(有机物、硫酸盐、硝酸盐、铵盐和氯化物)的垂直观测,结合气态污染物(NO_x、NO_y、SO_2、O_3 和 CO)和气象数据,研究二次气溶胶化学组分(硫酸盐、硝酸盐、铵盐和二次有机气溶胶)在低层大气的垂直分布特征和演变规律,阐明气象要素和气态污染物对二次气溶胶生成机制垂直差异的影响。

2. 重污染天气下,二次有机气溶胶生成老化机制

重点研究典型有机分子化合物的气-粒转化以及夏季光化学和冬季液相反应对二次有机气溶胶生成和转化的影响,构建用于描述有机气溶胶老化过程的概念框架模型,并参数化至数值模式。研究二次有机气溶胶在重污染生消过程中的变化规律,评估气-粒转化对夏季和冬季 SOA 生成的影响机制。同时进一步研究夏季光化学反应强烈时段和冬季重污染高湿阶段不同类型二次有机气溶胶的转化过程,特别是高浓度 O_x(=NO_2 + O_3)对低氧化的有机气溶胶(LO-OOA)和高湿对高氧化的有机气溶胶(MO-OOA)的生成机制的影响。

构建有机物氧化态与碳原子数概念框架模型图,拓展估算有机气溶胶挥发性的新方法,即 $\lg C_0 = f(n_C, n_O, n_N, n_S)$,建立挥发性、相对分子质量和 O：C 概念模型,描述有机气溶胶的生成和老化机制,并将 SOA 物理/化学属性之间的相互约束关系引入 WRF-Chem 模式,改进和提高数值模式对二次有机气溶胶的模拟。

3. 二次有机气溶胶物理/化学属性的数值模拟

发展可预报 SOA 相态(液相、半固态和固态)以及基于动力学平衡的气-粒分配方案。结合同步观测的气态和颗粒物态有机物分子以及氧化态(OS 或 O：C)和挥发性分布,验证改进后的 VBS 模型对 SOA 浓度特别是物理/化学属性(包括挥发性和氧化态)的模拟能力。将改进后的 VBS 模型耦合到区域空气质量模式 WRF-Chem 中,模拟我国 SOA 的相态分布及其对 SOA 形成的影响。

5.3　研究方案

在中国科学院大气物理研究所铁塔分部和华北乡村典型站点开展大气气溶胶系列综合观测实验和垂直观测实验,获取大气污染物化学成分、粒径分布、气态和颗粒态有机分子组成、气态前体物、光学特性参数及气象要素等实时在线数据。通过观测数据的集成分析,结合数值模式的改进和模拟,深入研究二次有机气溶胶的垂直分布特征、演化机制及其与气象要素的耦合作用;揭示二次气溶胶的生成机制、老化过程、区域输送及其对重污染形成的影响。

5.3.1　综合观测实验

北京城市站点综合观测实验:利用 HR-ToF-AMS 实时在线测定颗粒物化学组分(有机物、硫酸盐、硝酸盐、铵盐和氯化物)和粒径分布,FIGAERO-高分辨率飞行时间化学电离质谱(HR-ToF-CIMS)测定气态和颗粒物有机分子组成,黑碳仪(AE33)测定大气黑碳(BC),腔衰减相位单次散射反照率仪(CAPS PM$_{ssa}$)测定大气颗粒物消光系数和散射系数。地面同步观测还有气态污染物,包括 O_3、SO_2、NO、NO_2、CO 和 NO_y,气象数据(风、温、湿)和湍流数据则直接从北京 325 米气象塔获取。

吊舱系统垂直观测:综合观测实验期间,基于空气质量数值模式预报,选取典型重污染生消过程,利用气象塔吊舱系统,放置 ToF-ACSM、黑碳仪、CAPS PM$_{ssa}$ 和气体分析仪等,开展地面至 260 m 之间颗粒物化学组分(有机物、硫酸盐、硝酸盐、铵盐、氯化物和黑碳)、消光系数和散射系数、气态污染物(CO、SO_2、O_3 和

NO_x)的垂直精细观测。夏季和冬季分别获取不少于 60 条精细垂直廓线。

华北乡村站点综合观测：利用 HR-ToF-AMS、ToF-ACSM 和单颗粒质谱等实时测定颗粒物化学组分(有机物、硫酸盐、硝酸盐、铵盐和氯化物)和单颗粒成分与混合状态等;同步观测还有黑碳和主要气态污染物(O_3、SO_2、NO_x、CO 和 NO_y)。

5.3.2　综合观测实验数据集成分析

对地面和气象塔 ToF-ACSM 和 HR-ToF-AMS 观测的数据进行解析,获得颗粒物化学组分浓度以及有机气溶胶谱图和误差矩阵。运用正矩阵因子分解法(PMF)和多线性引擎(ME2)对有机气溶胶谱图进行源解析,识别和定量一次和二次有机气溶胶组分,特别是具有不同挥发性和氧化态的二次有机气溶胶组分;同时运用元素分析方法定量有机气溶胶的元素组成(O∶C、H∶C、N∶C 和 OM∶OC),获得有机气溶胶及其组分的总体氧化态数据。探究二次气溶胶在重污染天气下的垂直结构及其变化规律,并结合气态污染物,研究气象要素(如温度和湿度)、气态前体物(如 NO_x 和 SO_2)和氧化剂(如 O_3 等)对二次组分生成的影响。对 HR-ToF-CIMS 数据进行处理,识别和解析重污染期间主要的气态和颗粒物态有机分子,同时与气溶胶质谱解析的二次有机气溶胶组分进行比对分析,识别 SOA 的主要有机分子组成;基于识别的多种有机分子化合物,构建有机气溶胶氧化态(OS 和 O∶C)与碳原子数,有机分子化合物挥发性与相对分子质量的概念模型,重点分析夏季光化学反应强烈阶段和冬季重污染高湿阶段有机气溶胶概念框架图的变化与差异,探究有机分子化合物官能团化、碎裂化和聚合化 3 种机制对有机气溶胶氧化态和挥发性的影响。

对吊舱垂直观测数据进行分析,获取颗粒物化学组分、消光系数和气态污染物等的垂直廓线。重点研究重污染生消过程中垂直分布特征、变化及其与气象要素的耦合作用,同时结合激光雷达反演的边界层高度,研究垂直分布与边界层高度变化的关系。详细表征一次和二次气溶胶组分的垂直分布差异,定量评估本地排放和区域输送对不同高度颗粒物化学组分的贡献。

5.3.3　二次有机气溶胶数值模拟

采用 WRF-Chem 模式对 SOA 进行数值模拟。SOA 的模拟采用 VBS 方案,该方法可计算 VOCs、中等挥发性有机物(IVOCs)以及半挥发性有机物(SVOCs)在大气中氧化生成 SOA 及其老化的过程。发展相态参数化方案:首先,发展基于挥发性预测 SOA 玻璃转化温度 T_g 的新方法,其中挥发性为 VBS 方案中对 SOA 的挥发性分档;其次,量化颗粒相液态水对 T_g 的影响;最后,由 Vogel-Tammann-

Fulcher 公式求出 SOA 的黏性和相态，其为温度的函数。将上述相态预测方法模块化以及基于动力学平衡的气-粒转化方案耦合于 WRF-Chem 模式，量化相态对 SOA 浓度的影响。

5.4 主要进展与成果

5.4.1 北京气溶胶化学组分垂直分布及其对重污染形成的影响

1. 北京冬季气溶胶化学组分垂直分布

图 5.1 为北京冬季 3 个不同高度（地面、140 m 和 240 m）$PM_{2.5}$ 和有机气溶胶的平均化学组成以及各化学组分在 140 m、240 m 高度上质量浓度与地面质量浓度比值（分别为 $r_{140\ m/地面}$ 和 $r_{240\ m/地面}$）的概率分布图。如图所示，3 个不同高度 $PM_{2.5}$ 的平均化学组成差异并不十分显著，垂直差异一般小于 2%。其中，硝酸盐（NO_3^-）对 $PM_{2.5}$ 的贡献随高度略有增加的趋势，而黑碳（BC）的贡献则随高度略有减小。然而，从垂直比值的概率分布图上可以看到，各化学组分在不同时段里存在较为显著的垂直差异。如图 5.1(c)所示，硫酸盐（SO_4^{2-}）、硝酸盐及 BC 在 140 m

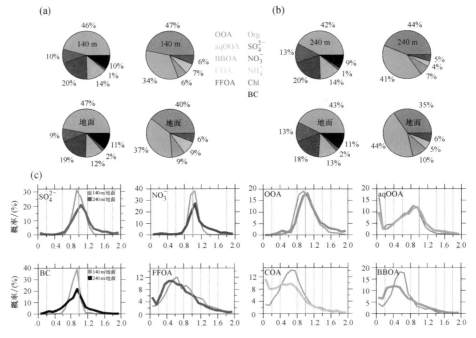

图 5.1 (a)(b) 不同高度与地面 $PM_{2.5}$ 的平均化学组成、有机气溶胶的平均组成；(c) 各组分与有机气溶胶在 240 m、140 m 高度上的质量浓度与地面的质量浓度比值的概率分布图

高度上与地面质量浓度比值的概率分布为较为标准的正态分布,峰值接近 1。图 5.2 所示的这 3 种组分的垂直比值 $r_{140\ m/地面}$ 在一天中各个时段内都接近于 1,说明这 3 种组分在地面至 140 m 高度范围内基本是均匀分布的。然而,硫酸盐、硝酸盐和 BC 的垂直比值 $r_{240\ m/地面}$ 的概率分布则表现出了更多的变化。

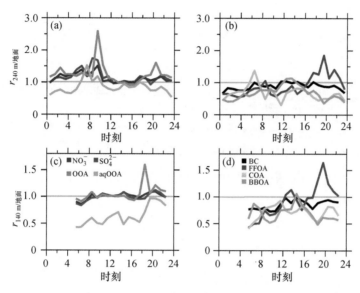

图 5.2　PM$_{2.5}$ 组分与有机气溶胶组分在 240 m(a～b)和 140 m (c～d)高度上质量浓度与地面质量浓度比值的日变化

虽然硫酸盐、硝酸盐和 BC 的浓度垂直比值 $r_{240\ m/地面}$ 相当一部分时间大于 1.2,但在 BC<0.6 的范围内的频率更高。如图 5.2 所示,硫酸盐与硝酸盐的垂直比值 $r_{240\ m/地面}$ 在一天中的各个时段几乎都是大于 1 的,这可能与 240 m 高度区域输送影响更大、光化学生成更强以及气-粒分配更为有利有关。另外,硫酸盐、硝酸盐垂直比值 $r_{240\ m/地面}$ 的高值与 BC 垂直比值 $r_{240\ m/地面}$ 的低值主要出现在夜间以及清晨,这个时段内边界层内往往有逆温层存在。上述结果表明,二次无机组分在地面至 140 m 的高度上垂直混合较为均匀,但地面与 240 m 高度之间存在较为显著的不同。相较之下,有机气溶胶的垂直差异比二次无机组分以及 BC 更加显著。如图 5.1 所示,高空氧化性有机气溶胶(OOA)对有机气溶胶的贡献显著高于地面。例如,在相同的观测时段内,地面 OOA 的占比为 40%,而在 140 m 高度,其占比则增加至 47%。与 OOA 相反,液相反应二次有机气溶胶(aqOOA)往往在地面有更高的占比,例如当地面 aqOOA 占比为 44% 时,同时段 240 m 高度其占比仅为 34%。OOA 与 aqOOA 在不同高度上与地面质量浓度的垂直比值概率分布也表现出了显著的差异,进一步阐明了这两类二次有机气溶胶不同的来源和生成机制。如,除了在 240 m 高度上的浓度垂直比值 $r_{240\ m/地面}$ 大于 1.4 的频率略高以外,OOA

在不同高度上的浓度垂直比值均接近标准的正态分布且峰值都接近于 1。相比之下，aqOOA 在不同高度上的浓度垂直比值在大部分时候都是小于 1 的，这说明 aqOOA 的垂直差异较之于 OOA 更加显著。根据之前的研究结果，液相氧化生成 aqOOA 的生成效率与 VOCs 的浓度以及相对湿度的大小密切相关[61]，因此，地面更高的 aqOOA 浓度可能与更高的挥发性有机前体物和相对湿度有关，而当夜间边界层降低导致 VOCs 浓度和相对湿度进一步增加以后，液相反应生成 aqOOA 更为明显。

3 种一次有机气溶胶（POA）的浓度垂直比值的分布范围相比于两类 SOA 更加分散，且峰值都小于 1，其中 $r_{140\ m/地面}$ 峰值大约在 0.6～0.8 之间，$r_{240\ m/地面}$ 大约在 0.4～0.6 之间。这种不同的垂直分布差异主要是因为 POA 的浓度变化主要受到本地排放源的影响，而 POA 的浓度垂直差异主要受垂直混合作用的影响[62]。如图 5.2 所示，3 种 POA 浓度垂直比值表现出了一致的日变化特征：白天温度升高，垂直扩散作用强，边界层向上发展，高空的 POA 浓度逐渐与地面接近，垂直比值逐渐增加，而在下午边界层高度最大时段，POA 的浓度垂直比值也达到了最大值。而在夜间，由于边界层高度的降低，垂直混合作用逐渐减弱，地面由于受到较强的本地排放源影响，浓度会显著高于高空，POA 的浓度垂直比值也随之减小。然而，与化石燃料排放相关的有机气溶胶（FFOA）在傍晚至夜间（18:00—22:00）的浓度垂直比值是大于 1 的，这与其他两种 POA 的浓度垂直比值显著不同。考虑到北京已经禁止燃煤，该结果说明北京城区夜间较高浓度的 FFOA 很可能是来自周边地区燃煤排放的区域输送[63]。

不同于 POA 浓度垂直比值在早晨（8:00—10:00）边界层高度增加的过程中逐渐增加至接近于 1，大多数二次组分，包括 OOA 和二次无机组分，其浓度的垂直比值在这个时段内都出现了快速且显著的增加。通常，二次无机组分与 OOA 在夜间的浓度垂直比值都比白天更高，这可能与高空更强的夜间氧化生成有关，如夜间 240 m 高度比地面具有更高的 O_3 浓度。另外，夜间高空相对地面温度更低，有利于污染物从气态向颗粒态分配，促进颗粒物的生成，这也可能是二次无机组分和 OOA 的浓度垂直比值在夜间更高的原因之一。因为 POA 主要来源于地面的本地排放，而夜间相对稳定的边界层结构阻碍了地面排放的 POA 进行充分的垂直混合，因此夜间 POA 的浓度垂直比值通常低于白天。在清晨日出以后，太阳辐射加热地面，大气层逐渐开始升温，夜间稳定边界层内的逆温层开始减弱消散，地面与高空的垂直混合作用逐渐增强，夜间积累于逆温层之内的 POA 向上混合，同时夜间残留层里更高浓度的二次无机组分与 OOA 也向下混合，这也就解释了二次无机组分与 OOA、POA 浓度垂直比值在清晨时段内的变化。上述研究结果说明边界层结构的变化对于颗粒物化学组分，包括一次组分和二次组分的垂直分布特征有重要的影响。

2. 北京冬季一次气溶胶和二次气溶胶垂直廓线分布

基于地面至 240 m 高度范围内连续垂直观测所测得的 60 组垂直廓线,进一步分析了各化学组分以及各种污染物之间比值的垂直分布情况,例如:NO_3^-/SO_4^{2-}、SIA/SOA、SOA/POA、aqOOA/OOA 及 BC/CO 等,探究各化学组分垂直变化特征和影响因素,发现重污染生消过程中,垂直廓线变化复杂,但总体可分为五大类(图 5.3)。

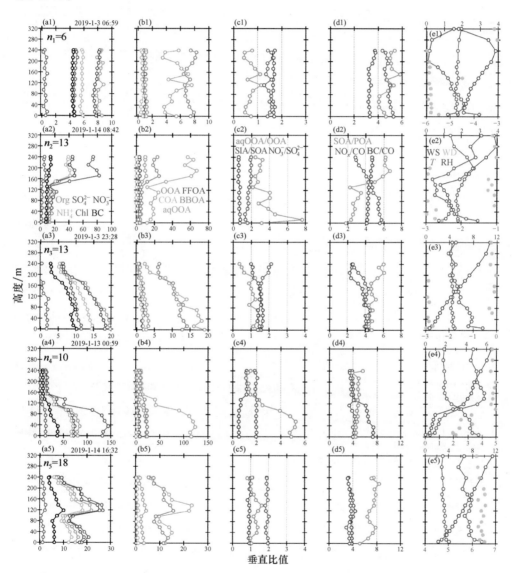

图 5.3　北京气溶胶化学组分 5 种典型的垂直廓线类型

第一类廓线(占 10%)为垂直分布均匀型,这类廓线一般出现在温度垂直递减率相对较大（$-5.0\sim9.0℃\ km^{-1}$）、垂直湍流较强的时段内，见图 5.3(a)。这类廓线中，$PM_{2.5}$ 的浓度垂直差异不显著，一般小于 5%，二次无机组分在垂直方向被充分混合，且 NO_3^-/SO_4^{2-} 以及 SIA/SOA 比值在垂直方向上的变化也很小，分别稳定在 ≈2 和 $1.5\sim2$。尽管一次污染物浓度垂直变化较为明显，但是不同一次污染物之间的比值垂直变化却很小，例如 BC/CO、NO_x/CO 等，在垂直方向上都较为稳定，进一步说明了这类廓线中，大气污染物在垂直方向上的分布基本是均匀的。不同于无机组分，有机气溶胶仍然表现出了一些垂直变化，如 aqOOA 的浓度垂直变化相对其他有机组分更为明显，SOA/POA 的比值也常出现上层略高于地面的情形。总之，这类廓线中大气污染物在垂直方向上混合较为充分，垂直差异较小，低边界层内大气污染物来源以及颗粒物的化学组成总体类似。

第二类廓线的特点是城市上层的 $PM_{2.5}$ 浓度高于地面（占 22%）。这类廓线往往都出现在边界层内存在逆温层，且逆温层上下存在明显的风切变的情况下。如图 5.3(b)所示，细颗粒物浓度在 140 m 高度以上出现了显著的增加，同时在该高度上存在一个明显的逆温层，此时的混合层高度也较低，约为 $240\sim300$ m。除了烹饪有机气溶胶(COA)以外的所有颗粒物化学组分在逆温层之上的浓度都显著高于地面，这很可能与夜间残留层较高浓度的颗粒物向下垂直传输有关。另外，140 m 高度以上，相对湿度以及臭氧浓度也显著高于地面。逆温层之上更高的相对湿度和臭氧浓度说明了高空的液相氧化生成过程很可能更强，尤其是硫酸盐和 aqOOA 的生成。事实上，这一类的廓线大约有 70% 都是出现在清晨（大约在 6:00—7:00），也就是夜间逆温层逐渐开始消散、边界层高度逐渐升高且垂直混合作用逐渐增强的时段。由于此类廓线往往都伴随着明显的稳定逆温层结，因此不同污染物之间的比值，例如 SOA/POA、aqOOA/OOA、BC/CO 和 NO_x/CO，往往也会出现明显的垂直变化。如图 5.3(b)所示，二次有机气溶胶与一次有机气溶胶的比值 SOA/POA 在大约 120 m 高度处发生了显著的改变，从 120 m 之下的 2.6 左右迅速增加至 120 m 以上的 6.0 左右，氮氧化物与一氧化碳的比值 NO_x/CO 也从 53.3 迅速增加至 57.3，说明此时高空与地面的污染物存在显著不同的来源与组成。尽管之前有研究表明，夜间高空残留层中，五氧化二氮(N_2O_5)的非均相水解反应是夜间硝酸盐主要生成途径[64,65]，并在清晨逆温层消散之后通过向下的垂直输送影响次日地面硝酸盐浓度[66-68]，然而垂直观测结果并未体现出这样的变化趋势，大多数时间里，硝酸盐与硫酸盐的比值 NO_3^-/SO_4^{2-} 并未表现出随高度增加的趋势。研究发现，这一类垂直廓线出现时，相对湿度往往都较低且垂直变化小，此外，夜间边界层内 NO 也处于相对较高的浓度水平，而较高浓度的 NO 会通过与 N_2O_5 竞争 O_3 而大大阻碍其发生非均相反应，从而阻碍硝酸盐的夜间生成。因此，夜间残留层中较低的相对湿度和较高浓度 NO 很可能会使 N_2O_5 的非均相水解反应受到抑制[69]，硝酸盐的夜间生成微弱，这与之前关于北京冬季夜间 N_2O_5 非均相氧化对硝酸盐浓度影响较小的结论是一致的[70,71]。

第三类廓线的特点是 $PM_{2.5}$ 浓度整体上随高度增加而逐渐减小（占 22%），见图 5.3(c)。这类廓线往往都出现在较为清洁的时段，混合层高度相对较高（220～1630 m 之间变化），而污染物的垂直分布主要是受到了垂直湍流扩散作用的影响。硝酸盐与硫酸盐的比值 NO_3^-/SO_4^{2-} 以及二次无机盐与二次有机气溶胶的比值 SIA/SOA 垂直变化都不明显。但这类廓线中，地面 POA 对有机气溶胶的贡献均显著高于城市上层，主要是因为 POA 受到地面本地排放的影响更为显著。

第四类廓线的特点是 $PM_{2.5}$ 浓度在某一个高度处出现显著降低，导致其浓度垂直梯度变化在所有廓线中是最大的，见图 5.3(d)。这类垂直廓线一般出现在污染的形成阶段或清除阶段。在这些时段内，往往都存在较强的逆温层，混合层高度降低至 111～250 m，且逆温层上下存在性质截然不同的两种气团，边界层也因此被直接分为上下两层。如图 5.3(d)所示，黑碳气溶胶与一氧化碳的比值 BC/CO 在逆温层上下发生了显著的改变，逆温层之下，BC/CO 比值在 5.5～8.2 之间，而逆温层之上，则在 2.8～6.3 之间。颗粒物各化学组分在 140 m 高度处的质量浓度相比于地面降低了约 60%～70%，而从地面至 240 m 高度处则降低了 83%～92%。污染物如此显著的浓度垂直差异，主要是因为在 140 m 高度左右存在一个强逆温层，逆温层上下风向分别为西北风和西南风，相对湿度分别为 30% 和 75%，这种气象差异直接导致了逆温层上下颗粒物的化学组成存在显著不同。研究发现，从地面到 240 m，硝酸盐与硫酸盐的比值 NO_3^-/SO_4^{2-} 从 0.5 左右增加至 1.2，说明在高空硫酸盐对颗粒物的贡献显著降低，相应的硝酸盐贡献显著增加。地面与高空有机气溶胶的组成也存在显著差异。其中，由地面至 240 m 高度处，相对湿度由 56%～75% 减小至 25%～50%，同时 aqOOA 的浓度由 95 $\mu g\ m^{-3}$ 左右显著降低至 11 $\mu g\ m^{-3}$ 左右，说明除了气象要素的垂直变化所导致的 aqOOA 浓度垂直差异之外，逆温层之下较高的相对湿度对 aqOOA 液相生成的有效促进，也对其垂直分布产生了显著的影响。

第五类廓线的特点是中间高度出现短暂的浓度比值高值，其他部分则跟第三类廓线类似，见图 5.3(e)。

综上所述，北京城区冬季一次污染物与二次污染物的垂直分布复杂，且受到多种因素的共同影响。其中，地面较强的本地排放是影响一次有机气溶胶垂直分布的主要因素，当逆温层存在时，由于垂直混合作用变弱、边界层高度降低而导致的积累效应会进一步加大 POA 的垂直差异。二次无机组分主要是在区域尺度上生成，其浓度的垂直变化主要是受到边界层结构变化的影响，尤其是当有强逆温层存在且逆温层上下为性质迥异的气团时，二次无机组分的垂直差异最为显著。而二次有机气溶胶的垂直差异则与前体物 VOCs 以及气象要素的垂直差异密切相关。例如，地面相对更高的相对湿度会更有利于 aqOOA 的液相生成，从而导致 aqOOA 出现较为显著的浓度垂直差异。本研究观测结果中所呈现出来的大气污染物复杂的垂直差异充分说明了仅用地面观测和分析来代表整个边界层中的污染特征研究往往具有较大不确定性，进一步证实了垂直观测在大气污染物来源以及重污染天气形成机制研究中的重要性。

3. 北京冬季重污染生消过程中的气溶胶化学组分的垂直变化

图 5.4 显示了 2019 年 1 月 12—13 日一次严重污染天气过程中，各组分质量浓度以及质量分数占比的变化过程，包括地面观测和垂直观测。此次污染过程持续了大约 15 个小时，$PM_{2.5}$ 的最高浓度超过了 500 $\mu g\ m^{-3}$，根据污染的形成和演化，可将污染划分为 3 个不同的阶段，即快速形成阶段、静稳维持阶段以及清除阶段。1 月 12 日下午 14：00 左右，风向逐渐转为西南风，颗粒物中几乎所有的化学组

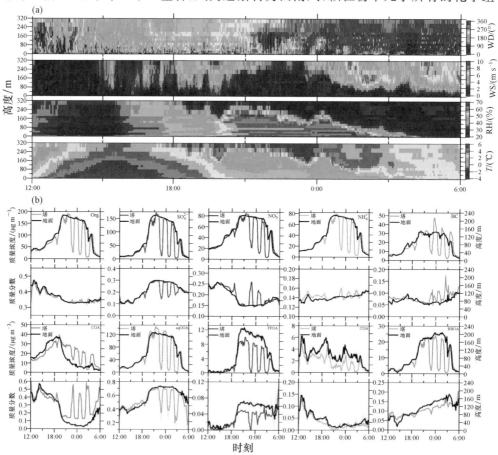

图 5.4　重污染天气过程中，(a) 0～320 m 高度范围内气象要素与 (b) $PM_{2.5}$ 中各化学组分与有机气溶胶质量浓度及占比的时间序列

分浓度都开始逐渐增加,此时混合层高度稳定在 400～600 m 的范围内。同时,城市上层的各化学组分浓度也出现了同步增加,进一步证实北京污染形成过程往往始于区域输送[2,72]。截至 18:00 左右,地面和高空化学组分浓度出现快速的增加,期间强逆温层形成并伴随高湿,混合层高度由 500 m 骤降至 200 m。在此次污染形成的前两个阶段,颗粒物的化学组分出现显著变化,其中,硫酸盐在颗粒物中的占比由 0.1 持续增加至 0.3,有机气溶胶与硝酸盐占比则相应下降。有机气溶胶的组成也发生了显著改变,与光化学相关的 OOA 对有机气溶胶的贡献逐渐减小,而与液相相关的 aqOOA 的占比则逐步增加。在重污染形成的第一个阶段,FFOA 与氯盐在 $PM_{2.5}$ 中的贡献很小(分别为 1% 和 1.4%),但 18:00 之后,二者的占比显著增加(分别为 6.5% 和 2.6%)。该结果说明在此次重污染天气形成的早期阶段,污染物浓度的增加主要是由来自北京西南方向上的区域输送导致的,而在重污染天气形成的后期,污染物浓度的增加可能主要是因为北京西南周边地区的近距离区域传输,因为在这些周边地区,燃煤仍然是主要的能源供应方式,另外一个佐证是颗粒物中硫酸盐的贡献也显著增加[73,74]。ISORROPIA-Ⅱ 模型[75]估计的气溶胶液态水含量(ALWC)在重污染天气形成和演化过程中由 60 $\mu g\ m^{-3}$ 快速增加至 260 $\mu g\ m^{-3}$,同时气溶胶的 pH 稳定在 3.8～4.1 之间,说明硫酸盐和 aqOOA 的液相生成对于重污染天气的形成也有重要贡献[72,76]。

夜间 20:00,高空风向开始转为西北风,来自西北方向的清洁气团与来自西南方向的污染气团相互叠加,导致低边界层中出现了明显的分层。随着污染过程的进一步发展,混合层高度从 300 m 左右进一步降低至约 100 m,同时逆温层也不断向地面发展,高度由 200 m 左右降低至小于 100 m。此时,地面至 100 m 之内的边界层处于极度静稳的状态之下,地面风速小于 2 $m\ s^{-1}$ 且伴随高相对湿度(60%～80%)。在这样的边界层结构之下,各化学组分呈现出显著的垂直差异。如所有的组分在 240 m 高度上的质量浓度都降低至小于 10 $\mu g\ m^{-3}$,然而此时地面各组分的质量浓度还维持在相当高的浓度水平。逆温层上下颗粒物及有机气溶胶的化学组成也显著不同。特别是硝酸盐与硫酸盐的比值 NO_3^-/SO_4^{2-} 由地面至 240 m 高度显著增加,由 0.5 增加至 2 左右,而 aqOOA/OOA 则由 5 左右降至 1 左右,说明在逆温层之下,硫酸盐和 aqOOA 对颗粒物质量浓度的贡献显著高于城市上层。污染持续约 6 个小时后,高空风向逐渐转为西北风,尽管地面相对湿度一直维持在大于 70% 的水平,混合层高度也进一步降低,但几乎所有化学组分和有机气溶胶浓度都同步降低约 10%。

凌晨 2:00 过后,随着高空的清洁冷空气逐渐向下渗透,逆温层开始消散,垂直混合显著增强,地面的颗粒物浓度迅速降低。同时,各组分在地面与高空的垂直差异也随着冷空气的入侵而逐渐消除,各组分的比值,例如 NO_3^-/SO_4^{2-} 和 aqOOA/

OOA,在垂直方向上也逐渐分布均匀。在4个小时之内,地面PM$_{2.5}$的质量浓度降低至 10 $\mu g\ m^{-3}$ 以下,同时伴随着硫酸盐占比的显著减小以及硝酸盐和有机气溶胶占比的相应增加。二次有机气溶胶的改变更加显著,主要体现为OOA对有机气溶胶贡献的显著增加。总之,研究结果表明,在这一次严重污染天气过程中,各化学组分快速的垂直变化和显著的垂直浓度差异主要是受到了边界层结构变化和气象条件改变的影响;化学过程对颗粒物垂直差异也有一定的影响,但是影响相对较小。

4. 北京夏季气溶胶化学组分垂直变化及其与冬季比对

图5.5给出了北京夏季和冬季240 m和地面之间的气溶胶化学组分的浓度垂直比值($r_{240\ m/地面}$)分布图。在夏季,硝酸盐的比值普遍高于其他无机物,表明城市上层硝酸盐生成潜力更大[5,62]。相对而言,冬季二次无机物的垂直比值普遍高于1,可能受南部和西南部污染地区的区域输送和残留层的影响所致[77]。所有POA因子在240 m处的浓度都明显低于地面,同时冬季的比值总体上低于夏季,因为夏季的垂直对流增强,削弱了这两个高度的差异。MO-OOA在城市边界层显示出最高的垂直比值,尤其是在夏季,说明240 m处OA更为老化。然而,LO-OOA的垂直变化在两个季节是不同的,冬季LO-OOA的比值大于1。一个可能的解释是夏季和冬季LO-OOA的形成机制不同。在夜间,LO-OOA主要来自人为VOCs的NO$_3$自由基氧化,而在夏季,LO-OOA可能有很大一部分来自生物源VOCs的氧化[78]。事实上,以前研究发现,随着城市高度的增加,单萜类和倍半萜类衍生的SOA减少,来自甲苯氧化的人为SOA增加[79]。

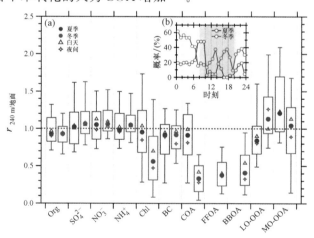

图5.5　(a) 夏季和冬季在240 m与地面的PM$_{2.5}$化学组分和OA因子的浓度垂直比值分布特征(比值=240 m/地面)。整个时期的中位数、白天和夜间的中位数用不同的形状标记。还显示了每个组分的第25和75百分位数,以及第10和90百分位数。(b) 整个时期内吊篮位于240 m处的概率分布的昼夜变化

边界层、气象条件和湍流动量的变化可显著影响大气成分的垂直变化[77]。在夏季,温度在全天显示出负的垂直梯度,而相对湿度在白天和夜间呈现不同的垂直廓线。如图 5.6 所示,相对湿度首先随着高度的增加而下降,然后在夜间保持低值,而在白天则随着高度的增加而明显增加。特别是观测到白天 40 m 以下和夜间 80 m 以下的负梯度,这可能是受城市冠层的建筑物和植被的影响。ALWC 的垂直变化与 RH 相似,气溶胶 pH 在白天显示出约 0.3 个单位的垂直增长,而在夜间没有明显变化(≈2.8)。RH、ALWC 和 pH 的垂直变化与冬季有很大的不同,其 RH 呈现轻微的单调下降,而温度呈现轻微的逆温。这种差异是导致夏季和冬季之间气溶胶和气体物种垂直差异的主要因素之一。

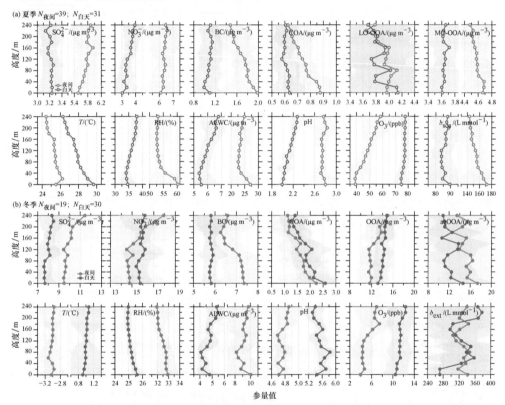

图 5.6　(a)夏季和(b)冬季垂直观测期间,包括 SO_4^{2-}、NO_3^- 和 BC 在内的 $PM_{2.5}$ 化学组分,包括 COA、LO-OOA(或 OOA)和 MO-OOA(或 aqOOA)在内的 OA 因子,包括 T 和 RH、ALWC 和 pH 水平在内的气象变量,臭氧(O_3)和散射系数(b_{sca},或消光系数 b_{ext})的平均垂直廓线

蓝色和红色表示根据边界层高度划分的白天和夜间,阴影区域代表平均值±方差的区间,图中还给出了垂直廓线统计数量

在夏季,气溶胶组分的垂直差异相对较小,但不能忽略不计。包括 BC 和 COA 在内的一次组分随着高度的增加而减少,并且在夜间显示出比白天更大的垂直梯度,这与本地排放的增强和较弱的垂直对流一致。尽管在整个时期内,硫酸盐和

MO-OOA 似乎对高湿度下的液相过程不敏感，但硫酸盐在夜间高湿度下仍显示出正的垂直梯度，可能源于区域输送或残留层中 SIA 的积累，而 MO-OOA 的弱垂直差异表明，液相氧化在初夏可能对 SOA 的产生没有效果。LO-OOA 呈现出微弱的负垂直梯度，表明 LO-OOA 在夏季可能主要由本地的生物气溶胶组成，抵消了光化学相关产物的正梯度效应。MO-OOA 与 LO-OOA 之比的垂直廓线显示了一个微弱的正斜率，证实了城市高空 OA 老化的增强。

冬季的垂直廓线也显示在图 5.6 中。在近 100 m 处观察到气态污染物如 CO 和一些气溶胶组分的明显垂直变化（例如，BC 在夜间 100 m 以上显示出显著的减少），尽管 RH 和 T 的变化相对较小。先前研究表明，冬季气溶胶种类的垂直变化主要受气象条件的影响，如逆温逆湿等[77,80]。然而，一次和二次组分的不同垂直变化也表明了其他因素的影响。例如，SIA 在 100 m 以下变化不大，然后随着高度的增加而明显增加，这表明区域输送和城市冠层以上的二次生成的影响，而硝酸盐在夜间显示出最大的变化，可能是由于 N_2O_5 非均相反应在夜间形成的潜力更大[81]。另外，所有一次组分在冬季随着高度的增加而普遍减少，其负梯度比夏季更大，表明冬季的稳定边界层受到局部污染诱发的显著垂直变化。aqOOA 与 OOA 的比值在夏季和冬季之间呈现相反的垂直分布，表明由于 VOCs 排放的不同，这两个季节的 SOA 形成机制不同。此外，SIA 与 SOA 的比率增加，也表明夏季和冬季随着高度的增加，SIA 的贡献也在增加。虽然 SIA 比 SOA 产生得更快是一个原因，但由于 SIA 而非 SOA 组分的区域传输是另一个解释。

5. 垂直观测揭示夏季硝酸盐生成机制

硝酸盐是北京细颗粒物的主要成分，几乎在所有季节的污染形成中都发挥着重要作用。与先前研究一致，北京夏季垂直观测也发现硝酸盐对 $PM_{2.5}$ 的高贡献。特别是，硝酸盐与硫酸盐的比例随着相对湿度的增加而大幅增加，而在冬季则观察到相反的趋势，说明两个季节中硝酸盐的形成机制有所不同。NO_2 与 OH 的光化学反应和 N_2O_5 的非均相反应是硝酸盐的两种主要形成途径，然而它们对北京不同高度的硝酸盐的贡献仍有争议[71,82]。本研究发现 pH 是影响硝酸盐分配的一个关键因素[83]。根据热动力学模型 ISORROPIA 估算表明，夏季的平均 pH 为 2.6±1.0，远低于冬季的 pH（4.6±1.0）。此外，夏季的 pH 随着相对湿度的增加而从 1～4 明显增加，而冬季的 pH 对相对湿度和温度的变化不敏感。图 5.7(a) 和 (b) 显示了夏季颗粒硝酸盐随 pH 的 S 形分布。随着 pH 和 RH 的增加，颗粒相中的硝酸盐比例从 0 到 1 明显增加，而且夜间的增加对气溶胶 pH 的变化比白天更加敏感。这解释了夏季高相对湿度下硝酸盐的大量增加，因为与高 pH 相关的气-粒分配升高。此外，在整个夏季期间，240 m 处的环境相对湿度普遍高于地面（51.4%±31.5% vs. 46.1%±26.5%），导致硝酸盐在高空的气-粒分配更大（图

5.7）。这进一步支持了 240 m 处的硝酸盐浓度高于地面的结果。因此,在夏季,硝酸盐与硫酸盐的比率以及 SIA 与 SOA 的比率也随着高度的增加而增加。尽管臭氧在夜间表现出明显的正梯度,而且 N_2O_5 的非均相反应预期会很高,但硝酸盐相对均匀的垂直分布表明,这种机制似乎对城市边界层中,至少地面至 240 m 这一高度硝酸盐的垂直变化没有很大影响。

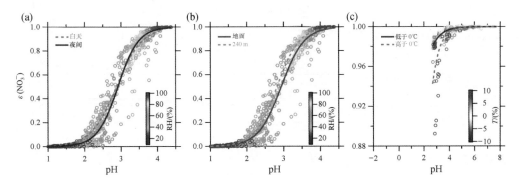

图 5.7　ISORROPIA-Ⅱ 热力学模型模拟的颗粒相中的硝酸盐比例 $\varepsilon(NO_3^-)$ 随气溶胶 pH 的变化

（a）、（b）夏季观测时颜色表示 RH 的高低,（c）冬季观测时颜色表示 T 的高低。曲线由理论方程 $\varepsilon(NO_3^-)$ $=\dfrac{1}{1+e^{\frac{a-pH}{b}}}$ 拟合(其中 a 和 b 是拟合常数)

相对而言,冬季颗粒物中的硝酸盐比例普遍在 88％ 以上,表明由于温度低和气溶胶酸度弱,硝酸盐几乎全部分布在颗粒相。较低的温度导致了较高的气-粒分配和硝酸盐的形成,这与 Shah 等[84]使用 GEOS-Chem 模型模拟的冬季结果一致。这些结果表明,气-粒分配对相对湿度和 pH 的依赖是影响夏季硝酸盐形成和垂直差异的关键因素,而其在冬季硝酸盐形成中的作用可以忽略不计。

5.4.2　有机气溶胶挥发性及生成机制

1. 有机气溶胶的挥发性分布及其对二次有机气溶胶生成的影响

2018 年北京夏季,有机气溶胶共解析出 4 个组分,分别是 HOA、COA、LO-OOA 和 MO-OOA。HOA 在 50℃ 时的质量浓度为 1.5 $\mu g\ m^{-3}$,约挥发 27％,当加热到 226℃ 时约剩余 10％。HOA 的 T_{50}(质量减少 50％ 所对应的温度)约为 70℃,与 SOAR-1 和 MILAGRO 两次大型观测的结果类似[85],但略高于深圳[86]和巴黎($T_{50}=49\sim54$℃)[87]。尽管随着温度的增加,HOA 的质量浓度从环境中的 1.8 $\mu g\ m^{-3}$ 减小到 226℃ 时的 0.17 $\mu g\ m^{-3}$,但 HOA 的占比在加热过程中基本保持不变,约为 15％,高于深圳的观测结果[86],但与伦敦的观测结果相似(16％)[88]。

相比于 HOA 而言，COA 展现出较高的 T_{50}（≈90℃），小于深圳[86]和巴黎[87]等站点的观测结果，表明北京 2018 年夏季的 COA 相对于其他站点而言具有更高的挥发速率，可能是由于不同的烹饪方式和习惯造成的。如图 5.8 所示，当温度范围是 50～120℃时，COA 的剩余质量分数（MFR）在相同温度下高于 HOA，表明相比于 COA 而言，HOA 包含更多的具有高饱和浓度（C^*）的组分。项目利用热力学方法对 HOA 和 COA 的挥发性分布进行了计算，结果表明饱和浓度大于 $10~\mu g~m^{-3}$ 的化学组分在 HOA 中的占比是 51%，高于 COA 中的 37%，这或许可以间接支持关于 HOA 和 COA 的热分析图的变化趋势。

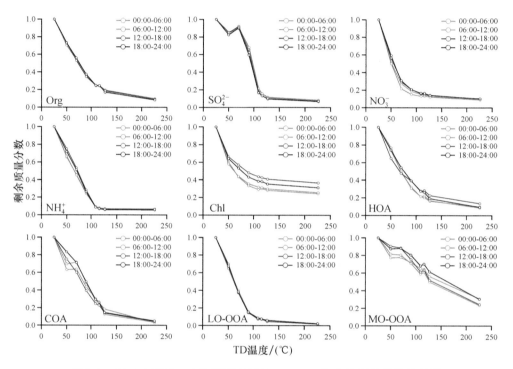

图 5.8　2018 年夏季 4 个不同时间段的 NR-PM₁ 和有机组分的热分析图

当温度上升到 50℃，LO-OOA 的质量浓度为 $4.4~\mu g~m^{-3}$，剩余 67%，与深圳（70%）[86]和巴黎[87]等站点的观测结果类似。当温度上升到 226℃时，LO-OOA 的质量浓度从环境中的 $5.7~\mu g~m^{-3}$ 下降到 $0.17~\mu g~m^{-3}$，其对于 OA 的贡献从 45% 减小到 15%，表现出最快的减小速率。与 LO-OOA 不同的是，MO-OOA 的 MFR 表现出最慢的减小速率，其质量浓度随着温度的增加从环境的 $3.8~\mu g~m^{-3}$ 变化到 226℃ 时的 $0.8~\mu g~m^{-3}$，这对应着 MO-OOA 在 OA 中的占比从环境中的 27% 增加到 226℃时的 60%，成为不挥发的有机物中最重要的组成成分。先前研究结果表明，这种不挥发的有机物可能与类腐殖质（HULIS）有关[89]。但值得注意的是，即使相比于其他有机组分，MO-OOA 表现出最慢的随温度升高而下降的速率，但其在北京夏季的挥发速率仍然快于其他站点,比如 MO-OOA 在温度为 50℃时表现出 16％的减小,但是在深圳和墨西哥等地的观测中,其减小量只有 1％～10％[85,86]。这些结果可能表明,相对于之前在其他站点的观测而言,北京夏季的MO-OOA 具有多挥发性,这可能与不同的 SOA 的组分和化学性质有关。

对于有机组分而言,MO-OOA 的平均饱和浓度为 $C^* = 0.70\ \mu g\ m^{-3}$,蒸发焓和质量调节系数分别是 $\Delta H = 57\ kJ\ mol^{-1}$ 和 $a_m = 0.31$。LVOCs 占 MO-OOA 的40％(图 5.9),与圣特维尔(44％,$\Delta H = 89\ kJ\ mol^{-1}$,$a_m = 1$)的观测结果相似[90],但小于巴黎的观测结果[87],表明相比于其他站点,北京的 MO-OOA 具有相对多的挥发性物质。LO-OOA 的饱和浓度为 $C^* = 1.58\ \mu g\ m^{-3}$,具有 30％的 LVOCs,小于 MO-OOA 的占比,结果表明新鲜氧化的 SOA 具有多的挥发性,可能通过气-粒分配影响 OA 的质量浓度[90]。平均而言,SVOCs 占 HOA 的 67％,与巴黎的观测结果相似(37％)[87],但高于柴油车的直接排放结果[91],也大于直接在路边的观测结果(60％)[92]。这些结果表明,北京夏季的 HOA 是挥发性相对较高的有机物。一个原因可能是不同观测环境下不同燃料类型的使用[92],另外一个原因是北京较低的柴油车的排放(柴油车在凌晨 0:00—6:00 才被允许进入六环)。此外,EL-VOCs 占据 13％的 HOA,这种极端不挥发物质的占比低于雅典观测到的 HOA(30％)[93],但与巴黎的结果类似(11％～13％)[87]。这种具有极端不挥发物质的占比表明,尽管 HOA 中的 SVOCs 占据 67％,且被认为是最易挥发的 OA 组分之一[86,87],但不挥发的组分仍然占据 HOA 的很大比重。值得注意的是,由于 COA和 HOA 具有不同的挥发性分布,因此,二者的饱和浓度不能直接被比较。COA

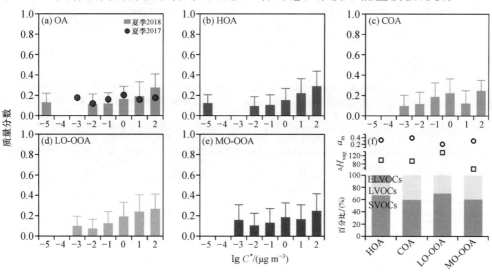

图 5.9　2018 年夏季有机物和各个有机组分的挥发性分布

蒸发焓、累计系数、SVOCs、LVOCs 和 ELVOCs 的占比也都在(f)图中展现

的饱和浓度为 $C^* = 0.79\ \mu\mathrm{g\ m}^{-3}$（$\Delta H = 95\ \mathrm{kJ\ mol}^{-1}$，$a_\mathrm{m} = 0.39$），与 MO-OOA 相似，可能是由于 COA 包含挥发性低的脂肪酸的缘故[94]。LVOCs 在 COA 中的占比为 40%，远远低于雅典和巴黎（63%～75%）的观测结果[87,93]，表明相比于其他站点而言，COA 在北京来说包含更多的挥发性组分，可能是由于不同烹饪油的使用以及不同的烹饪方式所造成的差别。

2. 北京冬季重污染期间二次有机气溶胶的生成和演化机制

如图 5.10 所示，2016 年冬季北京一次重污染过程中 OA 的变化和形成机制被深入分析。OA 占 PM_1 质量浓度的 40%～49%，从日平均百分比来看 SOA 贡献普遍大于 POA（整个观测平均值为 58%＞42%），表明冬季二次过程对于污染期间高浓度 OA 的贡献。尤其是在 12 月 20—21 日和 27 日，SOA 的贡献超过 60%；相对应地，这两个时段内 OA 的源解析结果中，与液相过程相关的因子 aqOOA 的百分比明显增加。此外，aqOOA 与高的相对湿度表现出很好的一致性，表明 aqOOA 可能与液相氧化过程相关。

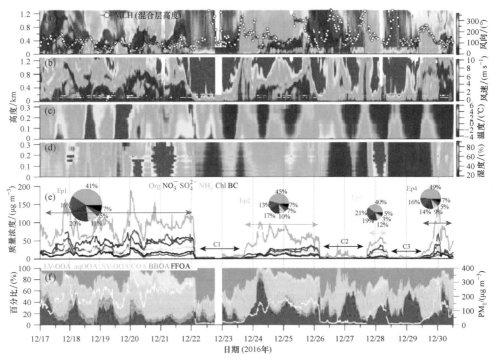

图 5.10　(a) 风向，(b) 风速，(c) 温度和 (d) 湿度垂直廓线的时间序列；(e) PM_1 各化学组分，(f) 不同 OA 因子百分比和 PM_1 质量浓度（灰线）的时间序列

对有机气溶胶进行 PMF 来源解析，共得到 6 个因子（图 5.11）：3 个一次来源——化石燃料燃烧源 FFOA，餐饮源 COA，生物质燃烧源 BBOA；3 个二次来源——半挥发性二次源 SV-OOA，低挥发性二次源 LV-OOA 和液相过程相关的

二次源 aqOOA。FFOA 谱图表现出明显的 $C_nH_{2n-1}^+$ 和 $C_nH_{2n+1}^+$ 碎片信号(质荷比 m/z 为 27、29、41、43、55、57 等)及质荷比大于 150 的多环芳烃(PAHs)碎片信号，如 m/z 152、165、178、189 和 202 等[95,96]。由于与燃煤相关的有机气溶胶(CCOA)和 HOA 谱图及日变化的相似性，本研究解析到的 FFOA 是燃煤源 CCOA 和机动车源 HOA 的混合。但考虑到重污染红色预警期间，市政府部门对机动车进行了严格的单双号限行，因此 CCOA 对 FFOA 的贡献可能会大于 HOA。事实上，本研究的确发现，与 HOA($r^2=0.69$)相比，此次解析到的 FFOA 谱图与之前研究中的 CCOA 源谱的相关性($r^2=0.86$)更好。COA 谱图表现出较高的 f_{55}/f_{57}[97]，并且与之前研究解析出来的 COA 源谱有很好的一致性($r^2=0.82\sim0.94$)，表明北京城市地区 COA 源谱的稳定性。一般用 $C_6H_{10}O^+$ 与 $C_5H_8O^+$ 来作为 COA 源的示踪碎片离子。BBOA 的谱图与之前报道的 BBOA 源谱相关性为 $0.46\sim0.75$，并且与生物质燃烧的示踪物碎片 $C_2H_4O_2^+$(m/z 60)和 $C_3H_5O_2^+$(m/z 73)变化趋势一致(图 5.11)。此外，BBOA 的谱图中大质荷比部分，有明显的 PAHs 碎片信号，说明在北京地区冬季的生物质燃烧是除燃煤之外，另一个重要的 PAHs 排放源[98,99]。本次观测期间，以燃煤源为主的 FFOA 是 POA 中质量浓度最高的组分($9.9\ \mu g\ m^{-3}$)，占到 OA 的 18%。与清洁时期相比，污染时期各 POA 因子的质量浓度均表现出显

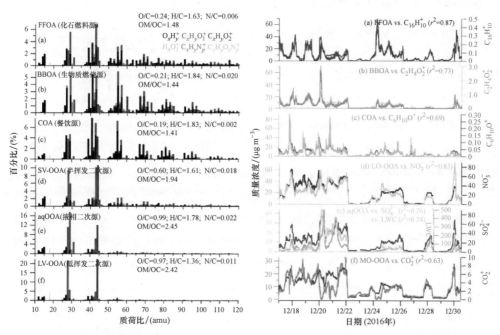

图 5.11　PMF 源解析得到 6 个 OA 因子：(a) 化石燃料燃烧源，(b) 生物质燃烧源，(c) 餐饮源，(d) 半挥发性二次有机气溶胶，(e) 液相过程相关的二次有机气溶胶和(f) 低挥发二次有机气溶胶的质谱谱图(左侧)和时间序列图(右侧)

著的增加：FFOA(13.8 vs. $1.6\ \mu g\ m^{-3}$)，COA(10.0 vs. $2.1\ \mu g\ m^{-3}$)和 BBOA(7.5 vs. $0.3\ \mu g\ m^{-3}$)。其中 FFOA 与 BBOA 增加比 COA 显著，表明污染时期一次源中 FFOA 和 BBOA 的重要性。从后向轨迹的分析结果来看，BBOA 主要受来自西南方向气团的影响，而 FFOA 同时受到本地源和来自河北省的偏南气团的影响[99]。

解析得到的 3 个 SOA 因子均表现出较高的 m/z 44 信号，与之前在城市地区的观测结果类似[100-103]。其中，SV-OOA 的 O：C 最低(为 0.6)且与硝酸盐相关性最好，表明它们可能有着相似的生成途径和半挥发的特性。在污染期间，SV-OOA 对 OA 的贡献要明显高于 LV-OOA($28\%\sim34\%$ vs. $12\%\sim25\%$)；但是在清洁期间却正好相反，LV-OOA 约为 SV-OOA 的 3 倍，表明在不同的污染条件下，主导 SOA 的生成途径可能会很不相同。此次污染过程中解析出一个跟液相过程相关的 aqOOA 因子，它与硫酸盐($r^2=0.76$)和气溶胶中液态水含量($r^2=0.74$)都有很好的相关性。aqOOA 谱图与之前报道的 aqOOA 较为相似，m/z 29(CHO^+)、m/z 43($C_2H_3O^+$)和 m/z 44(CO_2^+)贡献较大，但主要碎片的相对贡献和 O：C($0.62\sim0.99$)却有着一定的差异，表明液相过程及其前体物的复杂性。整个观测期间，aqOOA 质量浓度占 OA 的 10%，但在高相对湿度(90%)时期，贡献可到 35%，表明了液相过程在高相对湿度条件下对 SOA 生成的重要性。

图 5.12 总结了北京城市站点多次冬季 AMS 观测结果，注意到不同年份不同季节观测得到的 OA 因子落在相似的区域内，表明了 PMF 源解析方法的普适性和北京地区 OA 来源的相对稳定性。如图 5.12(a)所示，由于 OA 谱图中的 m/z 44(CO_2^+，来自羰基基团)与 m/z 43($C_2H_3O^+$ 和 $C_3H_7^+$)来自不同的官能团，因此 f_{44} 与 f_{43} 的比值可以用来描述大气中 OA 的氧化过程[100]。各 POA 因子(包括 HOA、COA、CCOA 和 BBOA)处于三角形的底部($f_{44}<0.051$)，表现出较低的氧化性和直接排放的一次源特征。相对而言，3 个 OOA 因子则具有较高的 f_{44}，并且落在两个不同的区域：1) LV-OOA 区，f_{44}(>0.21)显著高于其他 OA 因子，因此常用 LV-OOA 来代表区域输送或者高度氧化、低挥发性的 OOA[24,104]；2) SV-OOA 和 aqOOA 区，f_{44}($=0.09\sim0.16$)介于 POA 和 LV-OOA 之间，表明新鲜氧化的特性。实际上，从图 5.12 可知，虽然 aqOOA 的 CO_2^+ 信号与 SV-OOA 相当(因此落在相似的 f_{44} 区域)，但由于它具有高于其他 OOA 的 CHO^+(m/z 29)信号，因此计算得到的 O：C 远高于 SV-OOA 且与 LV-OOA 相当，表明 aqOOA 已经被高度氧化的特性[98,105]。从下文的分析可知，液相过程有利于羟基(—OH)官能团的生成，因此在与 SV-OOA 有相当羧基的情况下，较高的羟基含量使得 aqOOA 表现出更高的 O：C。将本次观测中的 OA 用相对湿度着色后，可以看出 aqOOA 集中在该三角图的中间区域，从而可以与 SV-OOA 区分开；更重要的是，

aqOOA 与加州弗雷斯诺(Fresno)采集的雾水中 OA 处于相同的区域内,表明该区域很可能与 OOA 的液相生成过程相关[106]。但还需要更多的观测数据做支撑,才能使得对该区域的讨论更具有普遍性和统计意义。

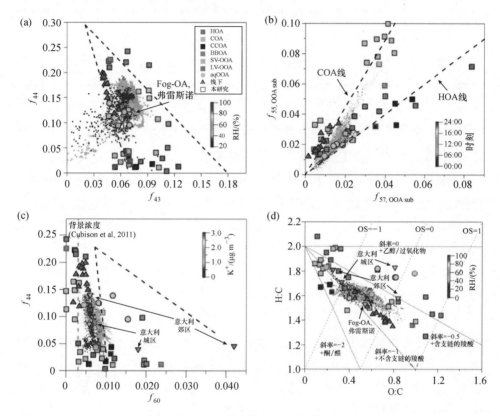

图 5.12　(a) f_{44}/f_{43},图中三角形虚线参考自本章文献[100];(b) f_{55}/f_{57},图中"V"字形虚线参考自[97];(c) f_{44}/f_{60},图中背景浓度(棕色虚线)和"V"字形虚线参考自[101];(d) van Krevelen 图[40]

　　图 5.12(c)中 f_{44} 与 f_{60} 的比值用来研究大气中 BBOA 的氧化趋势[101]。不同观测时段解析出来的 BBOA 都位于图中偏右的部分,表现出明显高于其他 POA因子和背景浓度的 f_{60}(=0.019~0.024)。本次观测中 f_{60} 相对较高时段,也观测到了较高的 K^+(一般被用作生物质燃烧的示踪物),表明北京地区冬季会明显受到生物质燃烧的影响[107]。aqOOA 谱图中含有较高的 f_{60},表明 OOA 的液相氧化过程可能有 BBOA 的参与并作为前体物,这个结果与意大利城区和郊区站点关于BBOA 和 aqOOA 的观测结论一致[108]。相反,LV-OOA 和 SV-OOA 谱图中的 f_{60}则接近于背景浓度(≈0.003),表明可能来自不同的来源或者在氧化的过程中失去了 BBOA 示踪碎片的特征[24]。

　　图 5.12(d)中的 van Krevelen 图进一步给出了北京冬季 OA 氧化过程中官能

团化的具体路径[40]。各 POA 因子处于左上方区域,表现出高 H：C、低 O：C、$\overline{OS}$ 小于 -1 的低氧化态、一次排放的特征[44]。这些一次排放的 OA 在大气中被不断氧化的过程中,由于生成的产物官能团不同,会沿着不同的官能团化路径(斜率不同的线),到达偏右下方的区域。一般地,如果有机分子中净加入 O 原子,即保持 H 原子个数不变,会沿着斜率为 0 的线生成羟基或过氧官能团。而在羧化的过程中,由于失掉 2 个 H 原子的同时增加了 2 个 O 原子,当没有碎片化和其他过程时会沿着斜率为 -1 的路径氧化,而有碎片化过程时(指 C—C 键的断裂)会沿着斜率为 -0.5 的路径进行[40]。平均来看,本次观测中的 OA 沿着红色虚线(斜率为 -0.3)官能团化,表明 OA 在氧化过程中除了羧酸和羰基的生成,必然有羟基和过氧官能团的生成,才使得平均态的氧化路径斜率大于 -0.5。

aqOOA 与其他 OOA 因子明显不同,处于偏右上方区域,表现出同时具有较高的 H：C 和 O：C 的特征,表明了与 SV-OOA 和 LV-OOA 不同的氧化路径。具体地,1) 从 POA 向 aqOOA 的氧化,呈现出较大的斜率,这与意大利郊区观测到的从 BBOA 向 SOA 的液相氧化沿着斜率接近于 0 的途径一致[108],表明可能存在羟基的生成[109]。其中,有一个 BBOA 落在该 aqOOA 区域,表明类似的氧化性质,因此相比于其他 POA 因子,BBOA 作为 aqOOA 前体物的潜在可能性最大。2) 从图 5.11 中的谱图可以看出,aqOOA 具有较高的 m/z 29(CHO$^+$)信号。实验室中通过对多种标准物质的谱图比对,发现要产生较高的 f_{CHO}^+($>6\%$)信号,标准物质必须至少含有一个羟基(—OH)[110],这进一步表明羟基的生成。3) OA 中 f_{29} 的占比随着相对湿度($>60\%$之后)的增加呈现出显著增加的趋势,再次证实了北京地区冬季 SOA 的液相氧化过程中伴随着大量羟基生成的事实。

3. 羟甲基磺酸盐(HMS)及其生成机制

羟甲基磺酸盐(HMS)是液相反应过程的关键标志物,对大气中硫收支有重要影响。本研究通过高分辨率气溶胶质谱仪和单颗粒质谱的实时测量以及离线滤膜分析,对北京和华北平原乡村地区(河北固城站)的 HMS 进行了全面表征。结果发现河北固城 HMS 的质量浓度范围为 $0.12\sim11.63~\mu g~m^{-3}$,平均($\pm1\sigma$)质量浓度为 $2.58\pm2.56~\mu g~m^{-3}$。相比之下,北京同期观测的 HMS 质量浓度平均值为 $1.70\pm2.68~\mu g~m^{-3}$,范围为 $0.11\sim10.92~\mu g~m^{-3}$。固城站点的平均 HMS 质量浓度高于北京地区,造成这一现象的原因可能是因为在固城地区较高的平均相对湿度(固城为 $68\%\pm24\%$,北京为 $49\%\pm21\%$)、相对较高的 pH(固城为 5.0,北京为 4.2),以及更频繁的雾过程促进了 HMS 的形成。这一点与 HMS 浓度随着相对湿度的增加而显著增加相一致。此外,较高浓度的 SO_2 和 HCHO 等 HMS 前体物可能是固城站点 HMS 较高质量浓度的另一种解释。研究还发现北京秋季 HMS 质量浓度($0.55\pm0.60~\mu g~m^{-3}$)远低于冬季。由于北京观测中两个季节的平均相对湿度相似(秋季：50%±22%，冬季：49%±21%)，造成这一现象的原因可能是秋季略低的 pH(北京秋季为 4.0，北京冬季为 4.2)和秋季更高的温度导致的。

　　图 5.13 给出了固城和北京 3 次观测中 HMS 与总颗粒硫($n_{硫酸盐}$＋n_{HMS})的摩尔比(f_{HMS})以及 HMS 与 OA 的质量浓度比值($R_{HMS/OA}$)的比较。2019 年冬季固城地区平均 f_{HMS} 为 0.16±0.06，高于北京同期观测的(0.12±0.08)，表明颗粒态硫在乡村地区以 HMS 形式存在较多。这与更频繁的雾事件和更高的前体物浓度相一致，如 SO_2 在固城地区浓度远高于北京地区(5.18±2.67 ppb vs. 1.91±1.27 ppb)，pH 也高于北京地区，这些条件促进了更多 HMS 的形成[111]。该观测结果也与模型模拟结果一致，即在 HCHO 和 SO_2 排放量高的地区观察到高浓度的 HMS[112]。研究还发现，在固城冬季和北京冬季观测中，HMS 对总颗粒硫的贡献可高达约 30%，突出了 HMS 在华北平原地区硫收支中的重要作用。此外，f_{HMS} 表现出明显的季节差异，北京冬季的值高于秋季(北京冬季：0.12，北京秋季：0.07)，可以解释为由于气象条件和前体物的差异而导致的 HMS 生成速率有所不同[113]。伴随大气污染防治行动计划的持续实施，颗粒物硫酸盐持续减少，HMS 在硫收支中的作用预期将更加重要。

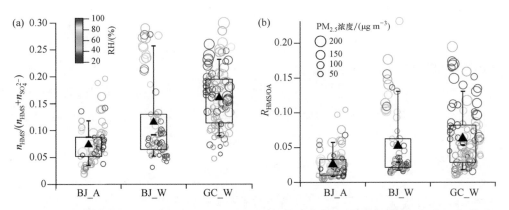

图 5.13　北京秋冬季和固城冬季(a)HMS 与总颗粒硫的摩尔比，以及(b)HMS 与有机物的质量浓度比的箱形图

　　基于气溶胶质谱含硫碎片离子，对北京和固城地区 HMS 进行了定量估算，同时与离子色谱离线测量的 HMS 进行了对比。结果发现，基于 Song 等[114]和 Chen 等[115]的方法估算的 OS 与在固城地区实际测量的 HMS 有很高的相关性(r^2 = 0.69 和 0.73)，而北京地区实测的 HMS 与估算的 OS 的相关性甚至更高(r^2 = 0.91 和 0.92)。但图 5.14 也显示固城冬季和北京秋季观测中 HMS 与 OS 的关系斜率不同。其中，在固城冬季 HMS 与 OS 的斜率分别为 0.76 和 0.98，表明 HMS 是主要的 OS 化合物。相比之下，北京 HMS 与 OS 的斜率较低(0.46 和 0.62)，表明秋季城市地区的 OS 更复杂，这是由于在城市地区有更复杂的生物源或人为

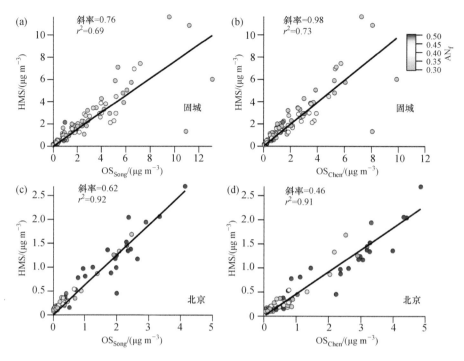

图 5.14　北京秋季和固城冬季观测中估算 OS 与 HMS 的散点图

源[116-118]。Schueneman 等[119]的研究认为 Chen 等[115]提出的 OS 的估算方法适用于中低酸度(pH＞0)和低硝酸盐贡献(AN$_f$＜0.3)条件下的外场观测。然而,我们的研究表明,OS 的估算不受华北平原外场观测结果中 AN$_f$ 的影响。例如,当 AN$_f$ 大于 0.3 时,北京的 OS 也与 HMS 高度相关。这一结果可能表明,使用 HR-ToF-AMS 碎片估算 OS 质量浓度不仅取决于颗粒酸度和 AN$_f$,还取决于具有不同污染水平的化学环境。

5.4.3　SOA 相态参数化方案及模式改进

SOA 的相态与玻璃转化温度(T_g)有关:当大气实际温度低于 T_g 时,无定形状态的分子链无法运动,SOA 呈玻璃态(固态,注意不同于结晶过程);反之呈半固态或液态。本研究建立了预测 SOA 玻璃转化温度的方法[120]:

$$T_{g,i} = 288.70 - 15.33 \times \lg(C^{*,i}) - 0.33 \times [\lg(C^{*,i})]^2$$

变量 $C^{*,i}$ 为 VBS 方案对 SOA 的挥发性分档。在干燥情况下,各挥发性分档的 SOA 混合后其玻璃转化温度可由 Gordon-Taylor 公式求出(Gordon-Taylor 常数 k_{GT} 取 1):

$$T_{g,\mathrm{org}} = \sum_i w_i T_{g,i}$$

其中 w_i 为各挥发性分档内 SOA 浓度占 SOA 总浓度的比例。在湿润条件下,

SOA 吸收的水可由有机气溶胶吸湿性参数(κ)以及 SOA 浓度计算得到。SOA 与这部分液态水混合后的玻璃转化温度也由 Gordon-Taylor 公式求出,Gordon-Taylor 常数 k_{GT} 取 2.5。最后,SOA 的黏性(viscosity)可由 Vogel-Tammann-Fulcher (VTF)公式求出,其为温度的函数。通过修改 WRF-Chem 中 chem_driver.F、module_data_mosaic_asect.F、module_mosaic_soa_vbs.F 等源程序,成功将上述 SOA 黏性参数化方案耦合于 WRF-Chem 模型。

采用 WRF-Chem 模型第 3.7.1 版,模拟区域采用二重嵌套,分别覆盖东亚大部分地区和中国东部,水平分辨率分别为 81 km 和 27 km。模拟时间段为 2018 年 5 月 20 日至 6 月 30 日。中国人为源 2016 年排放清单来自清华大学多尺度排放清单模型 MEIC(http://www.meicmodel.org/),空间分辨率为 $0.25° \times 0.25°$,数据逐月给出。除中国大陆外,东亚其他地区使用 MIX 清单(http://www.meicmodel.org/)。生物源排放方案采用 MEGAN 模型在线计算。化学场初始和边界条件由 MOZART-4 全球模式提供,每 6 h 更新一次。气相化学机制采用 MOZART-4,气溶胶机制采用 MOSAIC 方案。通过对二次有机气溶胶在干燥情景下玻璃转化温度($T_{g,org}$)的模拟发现,在我国大部分地区 $T_{g,org}$ 为 285~300 K,沿海领域以及偏远地区 $T_{g,org}$ 较高,污染较严重的城市地区 $T_{g,org}$ 较低。$T_{g,org}$ 的分布与 SOA 浓度及其挥发性分布有关。SOA 浓度越高的地区,例如京津冀以及中国中部地区等地,其 SOA 挥发性较高。这是由于 SOA 浓度越高时,越多的半挥发性(SVOCs)以及中等挥发性(IVOCs)的有机物会经气-粒分配进入颗粒相,导致 SOA 挥发性较高。另外,这些城市群离排放源较近,SOA 还未长时间老化,也导致其挥发性较高。考虑到挥发性与 $T_{g,org}$ 呈反相关,京津冀以及中国中部地区等 SOA 挥发性较高的地区,$T_{g,org}$ 较低。北京 $T_{g,org}$ 模拟值为 290 K,与先前利用北京挥发性分布观测值计算的 $T_{g,org}$(≈292 K)符合得很好。

考虑 SOA 吸收的液态水后,SOA 与液态水混合后的玻璃转化温度($T_{g,mix}$)在我国大部分地区模拟值为 200~290 K,远低于干燥情景下模拟的玻璃转化温度,说明相对湿度对相态有显著影响,$T_{g,mix}$ 的空间分布与 RH 空间分布相近。SOA 黏性的空间分布也与 RH 空间分布相近,在 RH 较低的我国北方地区 SOA 黏性较大,南方地区 RH 较高,SOA 黏性较小。模拟时间段内北京 RH 模拟值约为 40%,SOA 黏性模拟值约为 10^7 Pa·s。北京亚微米气溶胶相态外场观测结果表明,北京在 RH 低于约 60% 时,亚微米气溶胶呈半固态[121]。若不考虑亚微米气溶胶无机组分及其吸收的液态水对 SOA 黏性的影响,北京 SOA 黏性模拟值与外场观测结果吻合。当亚微米气溶胶内无机组分与有机组分均匀时,无机盐吸收的液态水会显著影响 SOA 的黏性。敏感试验表明,若考虑无机盐吸收的液态水,SOA 黏性在液态水含量较少的地区例如中国西北部等地下降较少,而在中国东南部等液态水含量较高的地区下降较多。

垂直模拟结果表明，模拟时段内我国大部分地区 SOA 黏性随高度的增加而减小，对流层中上层 SOA 主要呈固态。通过模拟水分子以及有机分子的气-粒分配过程，表明水分子以及有机分子在高黏性 SOA 内部质量传递过程中的混合时间可长于 1 h，目前空气质量模式中气-粒分配瞬时完成的假定是导致 SOA 模拟浓度与实际观测存在偏差的原因之一，空气质量模式应考虑气溶胶相态在 SOA 生成过程中的作用。

5.4.4 本项目资助发表论文（按时间倒序）

(1) Li Y, Du A, Lei L, et al. Vertically resolved aerosol chemistry in the low boundary layer of Beijing in summer. Environ Sci Technol, 2022, 56 (13): 9312-9324.

(2) Du W, Wang W, Liu R, et al. Insights into vertical differences of particle number size distributions in winter in Beijing, China. Sci Total Environ, 2022, 802: 149695.

(3) Chen C, Zhang Z, Wei L, et al. The importance of hydroxymethane sulfonate (HMS) in winter haze episodes in North China Plain. Environ Res, 2022, 211: 113093.

(4) Chen C, Qiu Y, Xu W, et al. Primary emissions and secondary aerosol processing during wintertime in rural areas of North China Plain. J Geophys Res, 2022, 127 (7): e2021JD035430.

(5) Xu W, Chen C, Qiu Y, et al. Organic aerosol volatility and viscosity in the North China Plain: Contrast between summer and winter. Atmos Chem Phys, 2021, 21 (7): 5463-5476.

(6) Sun J, Xie C, Xu W, et al. Light absorption of black carbon and brown carbon in winter in North China Plain: Comparisons between urban and rural sites. Sci Total Environ, 2021, 770: 144821.

(7) Lei L, Zhou W, Chen C, et al. Long-term characterization of aerosol chemistry in cold season from 2013 to 2020 in Beijing, China. Environ Pollut, 2021, 268: 115952.

(8) Lei L, Sun Y, Ouyang B, et al. Vertical distributions of primary and secondary aerosols in urban boundary layer: Insights into sources, chemistry, and interaction with meteorology. Environ Sci Technol, 2021, 55 (8): 4542-4552.

(9) Du W, Dada L, Zhao J, et al. A 3D study on the amplification of regional haze and particle growth by local emissions. Npj Clim Atmos Sci, 2021, 4 (1): 4.

(10) Zhou W, Xu W, Kim H, et al. A review of aerosol chemistry in Asia: Insights from aerosol mass spectrometer measurements. Environ Sci Process Impacts, 2020, 22 (8): 1616-1653.

(11) Xu W Q, He Y, Qiu Y M, et al. Mass spectral characterization of primary emissions and implications in source apportionment of organic aerosol. Atmos Meas Tech, 2020, 13 (6): 3205-3219.

(12) Wang J, Li J, Ye J, et al. Fast sulfate formation from oxidation of SO$_2$ by NO$_2$ and HO-

NO observed in Beijing haze. Nat Commun, 2020, 11 (1): 2844.

(13) Sun Y L, He Y, Kuang Y, et al. Chemical differences between PM_1 and $PM_{2.5}$ in highly polluted environment and implications in air pollution studies. Geophys Res Lett, 2020, 47 (5): e2019GL086288.

(14) Sun Y, Lei L, Zhou W, et al. A chemical cocktail during the COVID-19 outbreak in Beijing, China: Insights from six-year aerosol particle composition measurements during the Chinese New Year holiday. Sci Total Environ, 2020, 742: 140739.

(15) Qiu Y, Xu W, Jia L, et al. Molecular composition and sources of water-soluble organic aerosol in summer in Beijing. Chemosphere, 2020, 255: 126850.

(16) Zhou W, Gao M, He Y, et al. Response of aerosol chemistry to clean air action in Beijing, China: Insights from two-year ACSM measurements and model simulations. Environ Pollut, 2019, 255: 113345.

(17) Zhao J, Qiu Y M, Zhou W, et al. Organic aerosol processing during winter severe haze episodes in Beijing. J Geophys Res: Atmos, 2019, 124 (17-18): 10248-10263.

(18) Xu W Q, Xie C H, Karnezi E, et al. Summertime aerosol volatility measurements in Beijing, China. Atmos Chem Phys, 2019, 19 (15): 10205-10216.

(19) Xu W Q, Sun Y L, Wang Q Q, et al. Changes in aerosol chemistry from 2014 to 2016 in winter in Beijing: Insights from high-resolution aerosol mass spectrometry. J Geophys Res: Atmos, 2019, 124 (2): 1132-1147.

(20) Xie C H, Xu W Q, Wang J F, et al. Vertical characterization of aerosol optical properties and brown carbon in winter in urban Beijing, China. Atmos Chem Phys, 2019, 19 (1): 165-179.

(21) Xie C H, Xu W Q, Wan J F, et al. Light absorption enhancement of black carbon in urban Beijing in summer. Atmos Environ, 2019, 213: 499-504.

(22) Song S J, Gao M, Xu W Q, et al. Possible heterogeneous chemistry of hydroxymethane sulfonate (HMS) in northern China winter haze. Atmos Chem Phys, 2019, 19 (2): 1357-1371.

(23) Qiu Y M, Xie Q R, Wang J F, et al. Vertical characterization and source apportionment of water-soluble organic aerosol with high-resolution aerosol mass spectrometry in Beijing, China. ACS Earth Space Chem, 2019, 3 (2): 273-284.

(24) 孙业乐. 城市边界层理化结构与大气污染形成机制研究进展. 科学通报, 2018, 63 (14): 1374-1389.

(25) Zhou W, Zhao J, Ouyang B, et al. Production of N_2O_5 and $ClNO_2$ in summer in urban Beijing, China. Atmos Chem Phys, 2018, 18 (16): 11581-11597.

(26) Zhou W, Wang Q Q, Zhao X J, et al. Characterization and source apportionment of organic aerosol at 260 m on a meteorological tower in Beijing, China. Atmos Chem Phys, 2018, 18 (6): 3951-3968.

（27）Zhou W，Sun Y，Xu W，et al. Vertical characterization of aerosol particle composition in Beijing，China：Insights from 3-month measurements with two aerosol mass spectrometers. J Geophys Res，2018，123（22）：13016-13029.

（28）Zhang Y Y，Tang A H，Wang D D，et al. The vertical variability of ammonia in urban Beijing，China. Atmos Chem Phys，2018，18（22）：16385-16398.

（29）Sun Y L，Xu W Q，Zhang Q，et al. Source apportionment of organic aerosol from 2-year highly time-resolved measurements by an aerosol chemical speciation monitor in Beijing，China. Atmos Chem Phys，2018，18（12）：8469-8489.

（30）Song S J，Gao M，Xu W Q，et al. Fine-particle pH for Beijing winter haze as inferred from different thermodynamic equilibrium models. Atmos Chem Phys，2018，18（10）：7423-7438.

参 考 文 献

［1］Zheng G J，Duan F K，Su H，et al. Exploring the severe winter haze in Beijing：The impact of synoptic weather，regional transport and heterogeneous reactions. Atmos Chem Phys，2015，15（6）：2969-2983.

［2］Sun Y L，Jiang Q，Wang Z F，et al. Investigation of the sources and evolution processes of severe haze pollution in Beijing in January 2013. J Geophys Res：Atmos，2014，119（7）：4380-4398.

［3］Guo S，Hu M，Zamora M L，et al. Elucidating severe urban haze formation in China. Proc Natl Acad Sci USA，2014，111（49）：17373-17378.

［4］Zhang R，Wang G，Guo S，et al. Formation of urban fine particulate matter. Chem Rev，2015，115（10）：3803-3855.

［5］Sun Y，Du W，Wang Q，et al. Real-time characterization of aerosol particle composition above the urban canopy in Beijing：Insights into the interactions between the atmospheric boundary layer and aerosol chemistry. Environ Sci Technol，2015，49（19）：11340-11347.

［6］Han S，Zhang Y，Wu J，et al. Evaluation of regional background particulate matter concentration based on vertical distribution characteristics. Atmos Chem Phys，2015，15（19）：11165-11177.

［7］Zheng B，Zhang Q，Zhang Y，et al. Heterogeneous chemistry：A mechanism missing in current models to explain secondary inorganic aerosol formation during the January 2013 haze episode in North China. Atmos Chem Phys，2015，15（4）：2031-2049.

［8］Wang Z，Li J，Wang Z，et al. Modeling study of regional severe hazes over mid-eastern China in January 2013 and its implications on pollution prevention and control. Sci China Earth Sci，2014，57（1）：3-13.

[9] Wang L T, Wei Z, Yang J, et al. The 2013 severe haze over southern Hebei, China: Model evaluation, source apportionment, and policy implications. Atmos Chem Phys, 2014, 14 (6): 3151-3173.

[10] DeCarlo P F, Ulbrich I M, Crounse J, et al. Investigation of the sources and processing of organic aerosol over the Central Mexican Plateau from aircraft measurements during MILA-GRO. Atmos Chem Phys, 2010, 10 (12): 5257-5280.

[11] de Gouw J, Jimenez J L. Organic aerosols in the Earth's atmosphere. Environ Sci Technol, 2009, 43: 7614-7618.

[12] Molina L T, Madronich S, Gaffney J S, et al. An overview of the MILAGRO 2006 Campaign: Mexico City emissions and their transport and transformation. Atmos Chem Phys, 2010, 10 (18): 8697-8760.

[13] Zaveri R A, Shaw W J, Cziczo D J, et al. Overview of the 2010 carbonaceous aerosols and radiative effects study (CARES). Atmos Chem Phys, 2012, 12 (16): 7647-7687.

[14] Holzinger R, Goldstein A H, Hayes P L, et al. Chemical evolution of organic aerosol in Los Angeles during the CalNex 2010 study. Atmos Chem Phys, 2013, 13 (19): 10125-10141.

[15] Zhao B, Wang S, Donahue N M, et al. Quantifying the effect of organic aerosol aging and intermediate-volatility emissions on regional-scale aerosol pollution in China. Sci Rep, 2016, 6: 28815.

[16] 张小曳, 孙俊英, 王亚强, 等. 我国雾-霾成因及其治理的思考. 科学通报, 2013, 58 (13): 1178-1187.

[17] 王跃思, 姚利, 王莉莉, 等. 2013 年元月我国中东部地区强霾污染成因分析. 中国科学 地球科学, 2014, 44 (1): 15-26.

[18] Zhang L, Wang T, Lv M, et al. On the severe haze in Beijing during January 2013: Unraveling the effects of meteorological anomalies with WRF-Chem. Atmos Environ, 2015, 104: 11-21.

[19] 缪育聪, 郑亦佳, 王姝, 等. 京津冀地区霾成因机制研究进展与展望. 气候与环境研究, 2015, 20 (3): 356-368.

[20] Wang Y, Yao L, Wang L, et al. Mechanism for the formation of the January 2013 heavy haze pollution episode over central and eastern China. Sci China Earth Sci, 2014, 57 (1): 14-25.

[21] Jansen R C, Shi Y, Chen J, et al. Using hourly measurements to explore the role of secondary inorganic aerosol in $PM_{2.5}$ during haze and fog in Hangzhou, China. Adv Atmos Sci, 2014, 31 (6): 1427-1434.

[22] Huang X F, He L Y, Hu M, et al. Highly time-resolved chemical characterization of atmospheric submicron particles during 2008 Beijing Olympic Games using an aerodyne high-resolution aerosol mass spectrometer. Atmos Chem Phys, 2010, 10 (18): 8933-8945.

[23] Sun J，Zhang Q，Canagaratna M R，et al. Highly time- and size-resolved characterization of submicron aerosol particles in Beijing using an aerodyne aerosol mass spectrometer. Atmos Environ，2010，44（1）：131-140.

[24] Jimenez J L，Canagaratna M R，Donahue N M，et al. Evolution of organic aerosols in the atmosphere. Science，2009，326（5959）：1525-1529.

[25] Huang R-J，Zhang Y，Bozzetti C，et al. High secondary aerosol contribution to particulate pollution during haze events in China. Nature，2014，514：218-222.

[26] Quan J，Liu Q，Li X，et al. Effect of heterogeneous aqueous reactions on the secondary formation of inorganic aerosols during haze events. Atmos Environ，2015，122：306-312.

[27] Liu X，Sun K，Qu Y，et al. Secondary formation of sulfate and nitrate during a haze episode in megacity Beijing，China. Aerosol Air Qual Res，2015，15（6）：2246-2257.

[28] He H，Wang Y，Ma Q，et al. Mineral dust and NO_x promote the conversion of SO_2 to sulfate in heavy pollution days. Sci Rep，2014，4：4172.

[29] Wang G，Zhang R，Gomez M E，et al. Persistent sulfate formation from London Fog to Chinese haze. Proc Natl Acad Sci USA，2016，113（48）：13630-13635.

[30] Cheng Y，Zheng G，Wei C，et al. Reactive nitrogen chemistry in aerosol water as a source of sulfate during haze events in China. Sci Adv，2016，2（12）：e1601530.

[31] Wang J，Li J，Ye J，et al. Fast sulfate formation from oxidation of SO_2 by NO_2 and HONO observed in Beijing haze. Nat Commun，2020，11（1）：2844.

[32] Wang W，Liu M，Wang T，et al. Sulfate formation is dominated by manganese-catalyzed oxidation of SO_2 on aerosol surfaces during haze events. Nat Commun，2021，12（1）：1993.

[33] Liu T，Clegg S L，Abbatt J P D. Fast oxidation of sulfur dioxide by hydrogen peroxide in deliquesced aerosol particles. Proc Natl Acad Sci USA，2020，117（3）：1354-1359.

[34] Atkinson R，Arey J. Atmospheric degradation of volatile organic compounds. Chem Rev，2003，103（12）：4605-4638.

[35] Rollins A W，Browne E C，Min K-E，et al. Evidence for NO_x control over nighttime SOA formation. Science，2012，337（6099）：1210-1212.

[36] Brown S S，Stutz J. Nighttime radical observations and chemistry. Chem Soc Rev，2012，41（19）：6405-6447.

[37] Ziemann P J，Atkinson R. Kinetics，products，and mechanisms of secondary organic aerosol formation. Chem Soc Rev，2012，41（19）：6582-6605.

[38] Liu J，Zhang X，Parker E T，et al. On the gas-particle partitioning of soluble organic aerosol in two urban atmospheres with contrasting emissions：2. Gas and particle phase formic acid. J Geophys Res，2012，117：D00V21.

[39] Zhang X，Liu J，Parker E T，et al. On the gas-particle partitioning of soluble organic aerosol in two urban atmospheres with contrasting emissions：1. Bulk water-soluble organic

carbon. J Geophys Res，2012，117：D00V16.

[40] Heald C L，Kroll J H，Jimenez J L，et al. A simplified description of the evolution of organic aerosol composition in the atmosphere. Geophys Res Lett，2010，37 (8)：L08803.

[41] Chen Q，Heald C L，Jimenez J L，et al. Elemental composition of organic aerosol：The gap between ambient and laboratory measurements. Geophys Res Lett，2015，42：4182-4189.

[42] Donahue N M，Epstein S A，Pandis S N，et al. A two-dimensional volatility basis set：1. Organic-aerosol mixing thermodynamics. Atmos Chem Phys，2011，11 (7)：3303-3318.

[43] Donahue N M，Kroll J H，Pandis S N，et al. A two-dimensional volatility basis set - Part 2：Diagnostics of organic-aerosol evolution. Atmos Chem Phys，2012，12 (2)：615-634.

[44] Kroll J H，Donahue N M，Jimenez J L，et al. Carbon oxidation state as a metric for describing the chemistry of atmospheric organic aerosol. Nature Chem，2011，3 (2)：133-139.

[45] Donahue N，Robinson A，Trump E，et al. Volatility and aging of atmospheric organic aerosol. In Atmospheric and Aerosol Chemistry，McNeill V F，Ariya P A，Eds. Springer Berlin Heidelberg，2014，339：97-143.

[46] Li Y，Pöschl U，Shiraiwa M. Molecular corridors and parameterizations of volatility in the chemical evolution of organic aerosols. Atmos Chem Phys，2016，16 (5)：3327-3344.

[47] Shiraiwa M，Berkemeier T，Schilling-Fahnestock K A，et al. Molecular corridors and kinetic regimes in the multiphase chemical evolution of secondary organic aerosol. Atmos Chem Phys，2014，14 (16)：8323-8341.

[48] Shiraiwa M，Li Y，Tsimpidi A P，et al. Global distribution of particle phase state in atmospheric secondary organic aerosols. Nat Commun，2017，8：15002.

[49] Tsigaridis K，Daskalakis N，Kanakidou M，et al. The AeroCom evaluation and intercomparison of organic aerosol in global models. Atmos Chem Phys，2014，14 (19)：10845-10895.

[50] Han Z，Xie Z，Wang G，et al. Modeling organic aerosols over east China using a volatility basis-set approach with aging mechanism in a regional air quality model. Atmos Environ，2016，124(Part B)：186-198.

[51] Jo D S，Park R J，Kim M J，et al. Effects of chemical aging on global secondary organic aerosol using the volatility basis set approach. Atmos Environ，2013，81：230-244.

[52] Virtanen A，Joutsensaari J，Koop T，et al. An amorphous solid state of biogenic secondary organic aerosol particles. Nature，2010，467 (7317)：824-827.

[53] Koop T，Bookhold J，Shiraiwa M，et al. Glass transition and phase state of organic compounds：Dependency on molecular properties and implications for secondary organic aerosols in the atmosphere. Phys Chem Chem Phys，2011，13 (43)：19238-19255.

[54] Vaden T D，Imre D，Beránek J，et al. Evaporation kinetics and phase of laboratory and ambient secondary organic aerosol. Proc Natl Acad Sci USA，2011，108 (6)：2190-2195.

[55] Renbaum-Wolff L，Grayson J W，Bateman A P，et al. Viscosity of α-pinene secondary or-

ganic material and implications for particle growth and reactivity. Proc Natl Acad Sci USA，2013，110（20）：8014-8019.

[56] Bateman A P，Gong Z，Liu P，et al. Sub-micrometre particulate matter is primarily in liquid form over Amazon rainforest. Nature Geosci，2016，9：34-37.

[57] Li Y，Shiraiwa M. Timescales of secondary organic aerosols to reach equilibrium at various temperatures and relative humidities. Atmos Chem Phys，2019，19（9）：5959-5971.

[58] Kolesar K R，Chen C，Johnson D，et al. The influences of mass loading and rapid dilution of secondary organic aerosol on particle volatility. Atmos Chem Phys，2015，15（16）：9327-9343.

[59] Cappa C D，Jimenez J L. Quantitative estimates of the volatility of ambient organic aerosol. Atmos Chem Phys，2010，10（12）：5409-5424.

[60] Trump E R，Donahue N M. Oligomer formation within secondary organic aerosols：Equilibrium and dynamic considerations. Atmos Chem Phys，2014，14（7）：3691-3701.

[61] Zhao J，Qiu Y M，Zhou W，et al. Organic aerosol processing during winter severe haze episodes in Beijing. J Geophys Res：Atmos，2019，124（17-18）：10248-10263.

[62] Zhou W，Sun Y，Xu W，et al. Vertical characterization of aerosol particle composition in Beijing，China：Insights from 3-month measurements with two aerosol mass spectrometers. J Geophys Res，2018，123（22）：13016-13029.

[63] Sun Y，Lei L，Zhou W，et al. A chemical cocktail during the COVID-19 outbreak in Beijing，China：Insights from six-year aerosol particle composition measurements during the Chinese New Year holiday. Sci Total Environ，2020，742：140739.

[64] Yun H，Wang W，Wang T，et al. Nitrate formation from heterogeneous uptake of dinitrogen pentoxide during a severe winter haze in southern China. Atmos Chem Phys，2018，18（23）：17515-17527.

[65] Zhou W，Zhao J，Ouyang B，et al. Production of N_2O_5 and $ClNO_2$ in summer in urban Beijing，China. Atmos Chem Phys，2018，18（16）：11581-11597.

[66] Wang H，Lu K，Guo S，et al. Efficient N_2O_5 uptake and NO_3 oxidation in the outflow of urban Beijing. Atmos Chem Phys，2018，18（13）：9705-9721.

[67] Brown S S，Ryerson T B，Wollny A G，et al. Variability in nocturnal nitrogen oxide processing and its role in regional air quality. Science，2006，311（5757）：67-70.

[68] Benton A K，Langridge J M，Ball S M，et al. Night-time chemistry above London：Measurements of NO_3 and N_2O_5 from the BT Tower. Atmos Chem Phys，2010，10（20）：9781-9795.

[69] Tham Y J，Wang Z，Li Q，et al. Heterogeneous N_2O_5 uptake coefficient and production yield of $ClNO_2$ in polluted northern China：Roles of aerosol water content and chemical composition. Atmos Chem Phys，2018，18（17）：13155-13171.

[70] Wang H，Lu K，Chen X，et al. High N_2O_5 concentrations observed in urban Beijing：Im-

plications of a large nitrate formation pathway. Environ Sci Technol Lett，2017，4 (10)：416-420.

[71] Chen X，Wang H，Lu K，et al. Field determination of nitrate formation pathway in winter Beijing. Environ Sci Technol，2020，54 (15)：9243-9253.

[72] Sun Y L，Wang Z F，Fu P Q，et al. Aerosol composition，sources and processes during wintertime in Beijing，China. Atmos Chem Phys，2013，13 (9)：4577-4592.

[73] Sun Y，Zhuang G，Tang A A，et al. Chemical characteristics of $PM_{2.5}$ and PM_{10} in haze-fog episodes in Beijing. Environ Sci Technol，2006，40 (10)：3148-3155.

[74] Liu P，Zhang C，Xue C，et al. The contribution of residential coal combustion to atmospheric $PM_{2.5}$ in northern China during winter. Atmos Chem Phys，2017，17 (18)：11503-11520.

[75] Nenes A，Pandis S N，Pilinis C. ISORROPIA：A new thermodynamic equilibrium model for multiphase multicomponent inorganic aerosols. Aquat Geochem，1998，4 (1)：123-152.

[76] Li P，Yan R，Yu S，et al. Reinstate regional transport of $PM_{2.5}$ as a major cause of severe haze in Beijing. Proc Natl Acad Sci USA，2015，112 (21)：E2739-E2740.

[77] Lei L，Sun Y，Ouyang B，et al. Vertical distributions of primary and secondary aerosols in urban boundary layer：Insights into sources，chemistry，and interaction with meteorology. Environ Sci Technol，2021，55 (8)：4542-4552.

[78] Mehra A，Canagaratna M，Bannan T J，et al. Using highly time-resolved online mass spectrometry to examine biogenic and anthropogenic contributions to organic aerosol in Beijing. Faraday Discuss，2021，226：382-408.

[79] Ren H，Hu W，Wei L，et al. Measurement report：Vertical distribution of biogenic and anthropogenic secondary organic aerosols in the urban boundary layer over Beijing during late summer. Atmos Chem Phys，2021，21 (17)：12949-12963.

[80] Wang Q Q，Sun Y L，Xu W Q，et al. Vertically resolved characteristics of air pollution during two severe winter haze episodes in urban Beijing，China. Atmos Chem Phys，2018，18 (4)：2495-2509.

[81] Wang H，Lu K，Chen X，et al. Fast particulate nitrate formation via N_2O_5 uptake aloft in winter in Beijing. Atmos Chem Phys，2018，18 (14)：10483-10495.

[82] Fan M Y，Zhang Y L，Lin Y C，et al. Important role of NO_3 radical to nitrate formation Aloft in urban Beijing：Insights from triple oxygen isotopes measured at the tower. Environ Sci Technol，2021，56 (11)：6870-6879.

[83] Guo H，Sullivan A P，Campuzano-Jost P，et al. Fine particle pH and the partitioning of nitric acid during winter in the northeastern United States. J Geophys Res，2016，121：10355-10376.

[84] Shah V，Jaegle L，Thornton J A，et al. Chemical feedbacks weaken the wintertime response of particulate sulfate and nitrate to emissions reductions over the eastern United

States. Proc Natl Acad Sci USA, 2018, 115 (32): 8110-8115.

[85] Huffman J A, Docherty K S, Aiken A C, et al. Chemically-resolved aerosol volatility measurements from two megacity field studies. Atmos Chem Phys, 2009, 9 (18): 7161-7182.

[86] Cao L M, Huang X F, Li Y Y, et al. Volatility measurement of atmospheric submicron aerosols in an urban atmosphere in southern China. Atmos Chem Phys, 2018, 18 (3): 1729-1743.

[87] Paciga A, Karnezi E, Kostenidou E, et al. Volatility of organic aerosol and its components in the megacity of Paris. Atmos Chem Phys, 2016, 16 (4): 2013-2023.

[88] Xu L, Williams L R, Young D E, et al. Wintertime aerosol chemical composition, volatility, and spatial variability in the greater London area. Atmos Chem Phys, 2016, 16 (2): 1139-1160.

[89] Wu Z, Poulain L, Wehner B, et al. Characterization of the volatile fraction of laboratory-generated aerosol particles by thermodenuder-aerosol mass spectrometer coupling experiments. J Aerosol Sci, 2009, 40 (7): 603-612.

[90] Kostenidou E, Karnezi E, Hite Jr J R, et al. Organic aerosol in the summertime southeastern United States: Components and their link to volatility distribution, oxidation state and hygroscopicity. Atmos Chem Phys, 2018, 18 (8): 5799-5819.

[91] May A A, Presto A A, Hennigan C J, et al. Gas-particle partitioning of primary organic aerosol emissions: (2) Diesel vehicles. Environ Sci Technol, 2013, 47 (15): 8288-8296.

[92] Saha P K, Khlystov A, Grieshop A P. Downwind evolution of the volatility and mixing state of near-road aerosols near a US interstate highway. Atmos Chem Phys, 2018, 18 (3): 2139-2154.

[93] Louvaris E E, Florou K, Karnezi E, et al. Volatility of source apportioned wintertime organic aerosol in the city of Athens. Atmos Environ, 2017, 158: 138-147.

[94] Mohr C, Huffman J A, Cubison M J, et al. Characterization of primary organic aerosol emissions from meat cooking, trash burning, and motor vehicles with high-resolution aerosol mass spectrometry and comparison with ambient and chamber observations. Environ Sci Technol, 2009, 43 (7): 2443-2449.

[95] Dzepina K, Arey J, Marr L C, et al. Detection of particle-phase polycyclic aromatic hydrocarbons in Mexico City using an aerosol mass spectrometer. Int J Mass Spectrom, 2007, 263: 152-170.

[96] Canagaratna M R, Onasch T B, Wood E C, et al. Evolution of vehicle exhaust particles in the atmosphere. J Air Waste Manage Assoc, 2010, 60 (10): 1192-1203.

[97] Mohr C, DeCarlo P F, Heringa M F, et al. Identification and quantification of organic aerosol from cooking and other sources in Barcelona using aerosol mass spectrometer data. Atmos Chem Phys, 2012, 12 (4): 1649-1665.

[98] Sun Y L, Du W, Fu P Q, et al. Primary and secondary aerosols in Beijing in winter: Sources, variations and processes. Atmos Chem Phys, 2016, 16 (13): 8309-8329.

[99] Elser M, Huang R J, Wolf R, et al. New insights into PM$_{2.5}$ chemical composition and sources in two major cities in China during extreme haze events using aerosol mass spectrometry. Atmos Chem Phys, 2016, 16 (5): 3207-3225.

[100] Ng N L, Canagaratna M R, Zhang Q, et al. Organic aerosol components observed in Northern Hemispheric datasets from aerosol mass spectrometry. Atmos Chem Phys, 2010, 10 (10): 4625-4641.

[101] Cubison M J, Ortega A M, Hayes P L, et al. Effects of aging on organic aerosol from open biomass burning smoke in aircraft and laboratory studies. Atmos Chem Phys, 2011, 11 (23): 12049-12064.

[102] Sun Y L, Zhang Q, Schwab J J, et al. A case study of aerosol processing and evolution in summer in New York City. Atmos Chem Phys, 2011, 11 (24): 12737-12750.

[103] He L Y, Huang X F, Xue L, et al. Submicron aerosol analysis and organic source apportionment in an urban atmosphere in Pearl River Delta of China using high-resolution aerosol mass spectrometry. J Geophys Res, 2011, 116 (D12): D12304.

[104] Ulbrich I M, Canagaratna M R, Zhang Q, et al. Interpretation of organic components from Positive Matrix Factorization of aerosol mass spectrometric data. Atmos Chem Phys, 2009, 9 (9): 2891-2918.

[105] Xu W, Han T, Du W, et al. Effects of aqueous-phase and photochemical processing on secondary organic aerosol formation and evolution in Beijing, China. Environ Sci Technol, 2017, 51 (2): 762-770.

[106] Kim H, Collier S, Ge X, et al. Chemical processing of water-soluble species and formation of secondary organic aerosol in fogs. Atmos Environ, 2019, 200: 158-166.

[107] Li L, Ren L, Ren H, et al. Molecular characterization and seasonal variation in primary and secondary organic aerosols in Beijing, China. J Geophys Res, 2018, 123 (21): 12394-12412.

[108] Gilardoni S, Massoli P, Paglione M, et al. Direct observation of aqueous secondary organic aerosol from biomass-burning emissions. Proc Natl Acad Sci USA, 2016, 113 (36): 10013-10018.

[109] Lim Y B, Tan Y, Perri M J, et al. Aqueous chemistry and its role in secondary organic aerosol (SOA) formation. Atmos Chem Phys, 2010, 10 (21): 10521-10539.

[110] Canagaratna M R, Jimenez J L, Kroll J H, et al. Elemental ratio measurements of organic compounds using aerosol mass spectrometry: Characterization, improved calibration, and implications. Atmos Chem Phys, 2015, 15 (1): 253-272.

[111] Wei L, Fu P, Chen X, et al. Quantitative determination of hydroxymethane sulfonate using ion chromatography and UHPLC-LTQ-orbitrap mass spectrometry: A missing source

of sulfur during haze episodes in Beijing. Environ Sci Technol Lett，2020，7（10）：701-707.

[112] Moch J M，Dovrou E，Mickley L J，et al. Global importance of hydroxymethane sulfonate in ambient particulate matter：Implications for air quality. J Geophys Res，2020，125（18）：e2020JD032706.

[113] Ma T，Furutani H，Duan F，et al. Contribution of hydroxymethane sulfonate（HMS）to severe winter haze in the North China Plain. Atmos Chem Phys，2020，20（10）：5887-5897.

[114] Song S J，Gao M，Xu W Q，et al. Possible heterogeneous chemistry of hydroxymethane sulfonate（HMS）in northern China winter haze. Atmos Chem Phys，2019，19（2）：1357-1371.

[115] Chen Y，Xu L，Humphry T，et al. Response of the aerodyne aerosol mass spectrometer to inorganic sulfates and organosulfur compounds：Applications in field and laboratory measurements. Environ Sci Technol，2019，53（9）：5176-5186.

[116] Huang D D，Li Y J，Lee B P，et al. Analysis of organic sulfur compounds in atmospheric aerosols at the HKUST supersite in Hong Kong using HR-ToF-AMS. Environ Sci Technol，2015，49（6）：3672-3679.

[117] Tolocka M P，Turpin B J. Contribution of organosulfur compounds to organic aerosol mass. Environ Sci Technol，2012，46（15）：7978-7983.

[118] Tao S，Lu X，Levac N，et al. Molecular characterization of organosulfates in organic aerosols from Shanghai and Los Angeles urban areas by nanospray-desorption electrospray ionization high-resolution mass spectrometry. Environ Sci Technol，2014，48（18）：10993-11001.

[119] Schueneman M K，Nault B A，Campuzano-Jost P，et al. Aerosol pH indicator and organosulfate detectability from aerosol mass spectrometry measurements. Atmos Meas Tech，2021，14（3）：2237-2260.

[120] Li Y，Day D A，Stark H，et al. Predictions of the glass transition temperature and viscosity of organic aerosols from volatility distributions. Atmos Chem Phys，2020，20（13）：8103-8122.

[121] Liu Y，Wu Z，Wang Y，et al. Submicrometer particles are in the liquid state during heavy haze episodes in the urban atmosphere of Beijing，China. Environ Sci Technol Lett，2017，4（10）：427-432.

第6章 大气活性卤素化合物反应机制及其对大气氧化性和二次污染物的影响

王炜罡[1],唐明金[2],王哲[3],范慈慈[1],彭超[2],陈怡[3]

[1] 中国科学院化学研究所,[2] 中国科学院广州地球化学研究所,[3] 香港科技大学

二次细颗粒物对我国霾的形成具有重要贡献,而二次细颗粒物的产生与大气氧化过程紧密相关。本章重点开展活性卤素化合物的反应机制及其对大气氧化性和二次污染物的影响研究,结合外场观测、实验室研究和模式模拟3个方面,为系统评估大气活性卤素化合物对大气氧化性和二次污染物的影响及污染治理提供基础科学支撑。

6.1 研究背景

随着我国经济的快速发展、城市化和工业化进程的加速,霾事件频发,大气环境及空气质量面临着前所未有的压力。已有研究表明,二次细颗粒物对我国霾的形成具有重要贡献[1,2],而二次细颗粒物的产生与大气氧化过程紧密相关。自然以及人为排放的一次污染物进入大气后通过复杂的物理及化学过程生成二次无机和有机气溶胶,并伴随臭氧等光氧化剂的形成,显著影响大气氧化性。目前对于大气氧化性的研究主要集中在 OH、NO_3 自由基以及臭氧等参与的反应过程,而针对活性卤素的研究相对较少。

活性卤素化合物(reactive halogen species,RHS)是一类在大气化学中起着重要作用的卤素化合物,包括 XY、XNO_2、$XONO_2$ 等,其中 X 和 Y 代表卤素原子(Cl、Br 等)。活性卤素化合物通过参加大气化学过程,影响甲烷、臭氧、颗粒物等的源和汇,进而影响大气直接和间接辐射强迫,此外对大气硫循环和汞循环也有重要影响[3-6]。活性卤素化合物中含氯物种来源广泛,在极地地区、海洋边界层、火山

烟羽中均有发现,其全球大气排放达到 23 Tg a^{-1},其中 8.4 Tg 为活性组分。此外,在城市区域及污染工业区大气中也普遍存在活性含氯化合物。总体而言,Cl 原子一方面来源于一次排放含氯物种的光解,如海洋排放、城市垃圾焚烧、工业生产、日常生活消毒、生物质燃烧等过程;另一方面则来自大气中二次生成的含氯物种,如 ClNO$_2$ 的光解。大气中 Br 原子则主要来自短链碳溴化合物的光解及海盐气溶胶的脱溴反应。卫星观测结果表明,在极地对流层广泛存在 BrO[7],北极的气球探测[8]和高纬度的航测[9]也都直接证明了 BrO 的存在。BrO 是造成极地地区太阳升起时低层臭氧完全损耗的关键性物种[10]。大量活性溴物种的显著增加促使低层臭氧快速损耗,而这些活性含溴物种主要源于海盐表面溴成分自催化的非均相释放过程[11]。在许多极地大气观测中还发现有 IO 等含碘物种的存在,且 IO$_x$ 对极地臭氧具有重要的影响[12]。国内对于活性卤素物种的研究仅有少量报道,主要集中于极地地区含溴及含碘化合物的空间分布及大气气溶胶中含氯物种的观测[13-16]。

而研究发现含氯活性卤素化合物广泛分布在沿海城市乃至内陆地区,如美国南部沿海区域[17-20]、北美大陆中部[21,22]、欧洲大陆郊区[23]和工业化城镇及发电厂附近[24]、伦敦城区[25]、中国香港及珠三角[26,27]以及华北平原[28-30]等地,外场观测中均检测到 ClNO$_2$ 的存在,浓度最高可达 4.7 ppbv。ClNO$_2$ 通过夜间积累,在晨间会迅速光解形成 Cl 原子[3,22,25],Volkamer 等在墨西哥城的外场观测中发现,ClNO$_2$ 的光解速率在早上 7 点和 9 点分别为 5×10^{-5} 和 5×10^{-4} s^{-1},在正午达到最高值 9×10^{-4} s^{-1},其对大气氧化能力的额外贡献相当于 13% 的 OH 自由基[31]。大气化学模式模拟也证实 ClNO$_2$ 光解对这些地区大气氧化性和臭氧生成有重要贡献[27,28]。

Finlayson-Pitts 等[32]首次发现室温下 N$_2$O$_5$ 和 ClONO$_2$ 与 NaCl 固体颗粒物发生非均相反应可生成 ClNO$_2$ 和 Cl$_2$,提出 N$_2$O$_5$ 及 ClONO$_2$ 与对流层中含氯颗粒物的非均相反应可能是活性氯化合物的重要来源,对污染地区大气氧化性和二次污染物的形成可能有重要影响。

$$N_2O_{5(g)} + Cl^-_{(a)} \longrightarrow ClNO_{2(g)} + NO^-_{3(a)} \tag{6.1}$$

$$ClNO_2 + h\nu \longrightarrow Cl + NO_2 \tag{6.2}$$

ClNO$_2$ 等活性卤素化合物光解产生的 Cl 原子,一方面将与挥发性有机物(VOCs)反应从而影响 VOCs 的降解以及 O$_3$ 和二次有机气溶胶(SOA)的生成;另一方面,Cl 原子将与 O$_3$ 反应生成 ClO[反应(6.3)],继而与 HO$_2$ 和 NO$_2$ 反应分别生成 HOCl 和 ClONO$_2$[反应(6.4)和(6.5)]。

$$Cl + O_3 \longrightarrow ClO + O_2 \tag{6.3}$$

$$ClO + HO_2 \longrightarrow HOCl + O_2 \tag{6.4}$$

$$ClO + NO_2 + M \longrightarrow ClONO_2 + M \qquad (6.5)$$

在大气中 $ClONO_2$ 主要与气溶胶颗粒物发生非均相反应,其产物包括 HNO_3、$HOCl$、Cl_2 和 $BrCl$ 等[反应(6.6)、(6.7)和(6.8)],而 $HOCl$、Cl_2 和 $BrCl$ 光解又将重新产生 Cl 原子。反应(6.7)以及(6.8)尤其重要,因为这两个反应为颗粒物中的 Cl^- 和 Br^- 转化为活性卤素化合物提供了新的反应途径。

$$ClONO_{2(g)} + H_2O_{(a)} \longrightarrow HOCl_{(g)} + HNO_{3(a)} \qquad (6.6)$$

$$ClONO_{2(g)} + Cl^-_{(a)} \longrightarrow Cl_{2(g)} + HNO_{3(a)} \qquad (6.7)$$

$$ClONO_{2(g)} + Br^-_{(a)} \longrightarrow BrCl_{(g)} + HNO_{3(a)} \qquad (6.8)$$

Bertram 和 Thornton[33] 系统分析和探讨了反应条件对 N_2O_5 非均相反应的影响,并提出了关于摄取系数和 $ClNO_2$ 产率与颗粒物中液态水、NO_3^- 和 Cl^- 关系的参数化方程,但是该参数化方案未考虑颗粒物中有机组分的作用。研究发现[34-37],颗粒物及其表面所含的有机物可在很大程度上降低 N_2O_5 的非均相摄取和 $ClNO_2$ 的产率。目前对 N_2O_5 与简单无机气溶胶颗粒物非均相反应的机理、动力学和 $ClNO_2$ 产率已经有了较好的了解,但是关于成分更为复杂的气溶胶颗粒物的 N_2O_5 非均相摄取和 $ClNO_2$ 非均相生成的科学认识还很有限。

早期的研究[38]认为 $ClNO_2$ 与颗粒物的非均相反应非常慢,但是 Roberts 等人[39,40]发现 $ClNO_2$ 与酸性含氯颗粒物的非均相反应较快并且将生成 Cl_2。美国科学家[41]对我国华北地区的 Cl_2 也进行了初步测量,发现该地区大气存在高浓度的 Cl_2,对 VOCs 氧化和臭氧生成有重要作用。但在我国真实大气中活性卤素如 $ClNO_2$ 的生成转化方面开展的研究工作十分有限。2010 年以来,香港理工团队先后在香港多个站点进行了 $ClNO_2$ 观测研究,2014 年夏季在河北望都和山东泰山也进行了初步观测。这些实验发现在华北和华南地区大气中都含有高浓度的 $ClNO_2$。

目前关于 $ClNO_2$ 在真实大气颗粒物表面非均相生成的参数化方案存在很大不确定性。早期,实验室研究已经测量了不同成分单一及混合气溶胶表面的 $ClNO_2$ 产率,并建立了用于模式研究的经验参数化方案。但之后的研究发现外场观测到的 $ClNO_2$ 的生成与前期实验室研究结果存在较大差异,比如在山东济南的外场观测发现[42],虽然实际大气颗粒物中的 Cl^- 含量较大,但是 $ClNO_2$ 的产率仅为 $0.014 \sim 0.082$,远低于基于实验室研究所提出的参数化方案的计算结果。这说明目前对实际大气中 $ClNO_2$ 生成的化学机制和影响因素的认识还有很大的不确定性。基于 N_2O_5 等非均相过程的实验室研究,国外研究者将该过程考虑到化学传输模式中,并利用改进后的模式评估了该过程对空气质量的影响。早期研究通常只考虑了 N_2O_5 的非均相水解过程,如 Dentener[43]、Riemer[44] 等采用简化的摄取系数(固定值 0.1),Lowe[45] 和 Archer-Nicholls[46] 等人利用实验室测得参数化经验公式，模拟发现 N_2O_5 非均相反应对对流层 NO_x 和 O_3 总量、VOCs 氧化和硝酸盐颗粒物生成都有重要影响。近年来，许多欧美研究者也将 $ClNO_2$ 的生成及其光解释放的 Cl 原子与 VOCs 的反应考虑到空气质量模型中，发现 $ClNO_2$ 的非均相生成及其光化学反应对区域 NO_x、O_3 和活性氯循环有重要作用，可以导致美国得克萨斯州地表 O_3 浓度增加 1～2 ppb[47]，美国月均 8 小时 O_3 浓度增加 3%～4%[48]，北半球地区（包括欧洲和中国在内）8 小时平均 O_3 浓度升高 7.0 ppb[49]。以往这些研究大多集中在北美和欧洲地区，针对亚洲和中国地区的研究工作仍十分有限。香港理工团队的研究将 N_2O_5 的非均相摄取、$ClNO_2$ 的生成和 Cl 原子化学统一结合到 WRF-Chem 模型中，模拟结果发现这些非均相和光化学过程会导致华北地区和长三角地区 O_3 浓度升高 5%～6%[50]，使珠三角地区 O_3 浓度增加高达 7.2 ppbv[51]。这些研究表明了 $ClNO_2$ 非均相过程及其相关的 Cl 原子化学对区域大气氧化性有重要的影响。

与 N_2O_5 非均相反应和 $ClNO_2$ 非均相生成相比，关于对流层 $ClONO_2$ 非均相反应和 Cl_2 非均相生成的研究更为有限，虽然对平流层中 $ClONO_2$ 非均相反应的认识已经非常深入[52]。Deiber 等[53]研究了不同温度下 $ClONO_2$ 与不同成分的液体（纯水、NaCl 溶液和 NaBr 溶液）的非均相反应，发现其主要产物为 Cl_2 和 BrCl；但是，该研究所使用的液滴中 NaCl 和 NaBr 的离子强度很低，不能代表实际大气颗粒物的真实情况（实际大气颗粒物离子强度一般很高，且成分更为复杂）。此外，Tang 等[54]研究了室温下 $ClONO_2$ 与矿质气溶胶颗粒物的非均相反应，但是该反应不会生成 Cl_2，对对流层活性氯化合物生成的影响较小。

活性卤素化合物具有较高的反应活性，其与 VOCs 化学反应动力学的研究主要集中在针对 Cl 原子参与的反应。VOCs 与 Cl 原子的反应速率一般显著高于其与 OH 自由基的反应速率，如甲烷、乙烷、丙烷、正丁烷等烷烃与 OH 自由基的反应速率常数比 Cl 原子平均小了两个数量级[55-59]；乙烯、丙烯、1-丁烯等烯烃与 OH 自由基的反应速率常数比 Cl 原子平均小了一个数量级[57,59,60]；生物源排放的代表类物质，如异戊二烯、α-蒎烯、β-蒎烯、柠檬烯与 OH 自由基的反应速率常数比 Cl 原子小了一个数量级[57,59,61,62]；半挥发性有机物（IVOCs）正辛烷、正壬烷、正癸烷与 OH 自由基的反应速率常数比 Cl 原子平均小了两个数量级[58,59]；此外，多环芳烃如萘、苊、苊烯等与 OH 自由基的反应速率常数也比 Cl 原子小了一个数量级[63]。虽然 OH 自由基与 Cl 原子的浓度比例在 45～119 之间，但 Pszenny 等[64]在对 30 种非甲烷烃动力学活性的研究中发现，相对于 OH 自由基单独存在的情况，Cl 原子的存在会使非甲烷烃的动力学活性平均增加 16%～30%。Br 原子与 Cl 原子相比，它们与非甲烷烃的反应速率常数平均会低 2～3 个数量级[65]，针对它们的动力学研究相对较少。

国内关于活性卤素化合物的研究主要集中在 Cl 原子的动力学反应常数测定上。吴海等人[66,67]测量了几种醛酮类物质与 Cl 原子的反应动力学,发现空气中异丙醇与 OH 自由基和 Cl 的反应产物主要为丙酮、乙醛和甲醛。近年来,中科院化学所团队开展了系列活性卤素大气氧化过程的模拟研究,包括:获取 Cl 原子与 3-甲基-3-丁烯-2-酮等含氧 VOCs 的反应速率常数,同时研究了其气相产物并分析了相应的反应机理[68];通过对不饱和醇与 Cl 原子及臭氧的研究发现,一系列不饱和醇与 Cl 原子的反应速率常数要平均比臭氧的高出 8 个数量级[69];通过开发的微波放电-化学转化检测的方法,采用绝对速率法测定了不饱和醇与 Cl 原子的反应速率常数,其速率比 OH 自由基反应要快一个数量级[70]。

虽然 RHS 得到广泛的关注,但是其与 VOCs 反应生成二次颗粒物的研究非常有限[71]。Cai 等[72]以人为源甲苯为例,用烟雾箱研究了 Cl 原子与甲苯的反应,研究发现伴随 SOA 生成的同时,会有部分无机氯化物生成,二者在颗粒物中处于混合的状态。Cai 等[73]以生物源 α-蒎烯、β-蒎烯和 d-柠檬烯为例,用烟雾箱研究了其与 Cl 原子的反应,研究发现 3 种萜烯与 Cl 原子反应均生成大量的 SOA,其产率可与臭氧、NO_3 自由基氧化生成的产率相当。同时发现 SOA 的氧化曲线与初始反应物质的浓度相关。在沿海区域及工业区域,3 种典型单萜烯被 Cl 原子氧化所生成的 SOA 可能是有机气溶胶的一个重要来源。IVOCs 包含长链烷烃、多环芳烃等,是模式中尚未被收录的 SOA 前体物之一[74]。其在大气中的反应活性及反应后生成的 SOA 等仍受到广泛关注。Riva 等[75]研究了由 Cl 原子引发的多环芳烃(PAHs)的氧化反应,发现多环芳烃的氧化主要有摘氢和 Cl 原子的加成两种途径,该研究还发现多环芳烃与 Cl 原子反应,生成 SOA 的产率很高,且大部分产物会分配到颗粒相。总体来说,对于 Cl 原子与 VOCs 的气相氧化过程的研究已取得一定的认识,但仍主要集中在反应速率常数和初始反应途径等方面,对于不同环境条件下的氧化机制、二次颗粒物形成过程及其物化性质的科学认识还非常有限。

目前不同大气化学反应机制中对 Cl 原子相关的化学过程考虑也有较大差异,大多数的反应机制并未详细考虑 Cl 原子的无机和有机化学过程。Tanaka 等[76]最先开发了包括 13 个反应的氯化学模块并加入 CB04 化学机制;Carter 等[77]也将基本的 $ClNO_2$ 非均相生成和 Cl 原子与 VOCs 反应结合到了 SAPRC07 机制中;Sarwar 等[48]将氯反应模块增加到 25 个反应用于 CB05 化学机制并模拟了 N_2O_5 及 $ClNO_2$ 非均相过程对 O_3 生成的影响。作为最广泛应用的大气化学机制之一的大气气相化学反应机理(master chemical mechanism,MCM),其对 Cl 原子相关化学反应的描述仍不完善。早期 MCM 版本仅考虑了 Cl 原子与部分烷烃的反应,Riedel 等[78]在此基础上增加了另外 13 种 VOCs 与 Cl 原子的反应,用于评估

ClNO$_2$ 对洛杉矶地区大气光化学污染的影响。香港理工团队开发了一个包含 200 多个 Cl 相关反应的氯化学模块(包括烯烃、芳香族化合物、炔烃、醛、酮、醇等)[79]，并应用新的化学模块开展了 MCM 箱模式模拟，结果表明在香港地区，特别是清晨时段，ClNO$_2$ 光解产生的 Cl 原子会显著增强该地区大气氧化性和 O$_3$ 生成[80]。然而，目前反应模块所采用的反应数据大部分是估算值，如采用 OH 自由基反应速率按固定比例进行估算等，缺少 Cl 原子与各反应物的反应动力学数据。

本章主要包括外场观测、实验室研究和模式模拟 3 个方面：选择在不同地区，通过对 Cl$_2$、ClNO$_2$ 等活性卤素化合物的浓度分布开展阶段性外场观测，初步掌握其大气浓度变化特征及空间分布。进一步结合实验室手段重点研究 N$_2$O$_5$ 和 ClNO$_2$ 与代表性大气颗粒物的非均相化学反应、Cl 原子与典型 VOCs 的光化学反应等，获取活性卤素化合物的产率和生成速率、气相光氧化过程中关键化学过程的动力学参数、二次颗粒物的生成产率及其物化特性等关键参数。在此基础上，结合模式模拟将外场观测数据及实验室研究结果参数化，建立完备的参数化方案供大气化学数值模式使用，从而为系统评估大气活性卤素化合物对大气氧化性和二次污染物的影响提供科学依据。

6.2　研究目标与研究内容

结合外场观测、实验室研究和模式模拟 3 个方面，系统开展活性卤素的光化学反应与非均相反应研究，并结合外场观测对 ClNO$_2$、Cl$_2$ 等活性卤素化合物参与的大气氧化过程进行模式模拟，从而系统地对区域大气氧化性的影响进行评估，为定量大气活性卤素化合物对大气氧化性和二次污染物的影响提供科学依据。

6.2.1　研究目标

(1) 掌握不同地区大气活性卤素代表物种 Cl$_2$、ClNO$_2$ 等的时空分布特征；通过实验室和外场观测研究，确定 N$_2$O$_5$ 与代表性大气颗粒物非均相反应的摄取系数和 ClNO$_2$ 的产率，构建适合该地区大气环境的参数化方案；探索大气颗粒物非均相反应的反应机理、反应速率和反应产物。

(2) 通过烟雾箱模拟，研究获取活性卤素化合物与不同种类 VOCs 在不同环境条件下的一系列气相反应参数，如动力学常数、臭氧生成潜势、气相产物等，结合大气化学模式模拟，推测其反应机制，探究卤素化合物对大气氧化性和臭氧生成的定量影响。

(3) 研究 Cl、Br 原子与不同种类 VOCs 在不同环境条件下生成的二次颗粒物

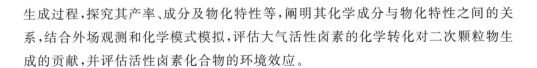

生成过程,探究其产率、成分及物化特性等,阐明其化学成分与物化特性之间的关系,结合外场观测和化学模式模拟,评估大气活性卤素的化学转化对二次颗粒物生成的贡献,并评估活性卤素化合物的环境效应。

6.2.2　研究内容

1. 大气活性卤素分布特征与转化规律

了解典型城市和区域大气中以 Cl_2、$ClNO_2$ 为代表的大气活性卤素的时空分布和变化特征,研究高活性卤素化合物与前体物包括 N_2O_5 和含 Cl^- 气溶胶等的相互关系;量化真实大气中 Cl_2、$ClNO_2$ 等各种活性卤素的生成与转化速率,并研究城市烟羽输送过程中影响其生成和转化的主要因素;结合 O_3、VOCs 及二次产物的同步观测和相互关系分析,评估其生成和转化过程对大气氧化性和二次污染物的影响。在现有技术基础上发展并优化基于化学电离质谱技术的代表性大气活性卤素的外场及实验室测量技术。

2. 大气活性卤素化合物的非均相反应

建立和优化气溶胶流动管实验技术,用于研究 N_2O_5 和 $ClONO_2$ 与代表性大气颗粒物的非均相化学反应。测定不同条件下 N_2O_5 和 $ClONO_2$ 与代表性大气颗粒物非均相反应的摄取系数,研究颗粒物化学成分、混合状态和相对湿度对非均相摄取系数的影响;测量不同条件下这些非均相反应所生成的活性卤素化合物(以 $ClNO_2$、Cl_2 为代表)的产率,阐明这些活性卤素化合物的产率与颗粒物化学成分(主要为 Cl^- 和 Br^- 的含量)和相对湿度的关系;重点考察我国大气颗粒物中典型有机组分对非均相反应的摄取系数和反应产物的影响。在此基础上,将实验室研究结果参数化,建立完备的参数化方案供大气化学数值模式使用。

3. 活性卤素化合物与 VOCs 的光化学反应研究

利用双反应器烟雾箱系统,研究活性卤素化合物(以 Cl 原子为主)与不同类型 VOCs(包括生物源排放的代表物异戊二烯及单萜烯类等、人为源排放的代表物苯系物等)和 IVOCs(主要是长链烷烃等)在不同环境条件下(如不同气态污染物条件、不同温度、有无种子条件等)的光化学反应过程。测定气相动力学参数,分析气相产物成分(重点关注含氧有机物),考察气态污染物(O_3 等)在光化学反应过程中的变化;获取不同环境条件对活性卤素化合物光化学反应的影响规律。进一步研究活性卤素化合物与 VOCs 光化学反应的二次有机颗粒物(SOA)生成过程,并探究 SOA 的物化特性,如产率、成分及化学组成等。分析不同反应条件对生成 SOA 产率、成分等性质的影响,获得具体的如吸湿增长因子、复折射率等物化参数。

4. 活性卤素非均相和光化学反应对大气氧化性影响研究

基于本研究外场和实验室获得的参数化方案和动力学数据，改进和完善现有化学模式中有关 $ClNO_2$ 和 Cl 原子的化学机理，构建箱化学模式，并开展模式模拟和敏感性分析，评估 Cl_2、$ClNO_2$ 等非均相过程，以及 Cl、Br 原子对大气氧化性、臭氧以及二次气溶胶的影响。

6.3 研究方案

以大气活性卤素化合物的浓度及分布、来源和对大气氧化性和二次污染物的影响为主线，紧密结合外场观测、实验室研究和模式模拟 3 个方面，系统开展活性卤素的光化学反应与非均相反应研究，获取活性卤素的气相反应速率、气相反应机制及二次颗粒物生成等关键信息，探索表界面反应途径、液态水以及协同作用对非均相反应的影响，结合外场实验对 Cl_2、$ClNO_2$ 和 $BrNO_2$ 等活性卤素化合物的观测结果通过模式模拟对区域大气氧化性的影响进行评估，为深入认识大气活性卤素化合物对大气氧化性和二次污染物的影响提供科学依据（图 6.1）。

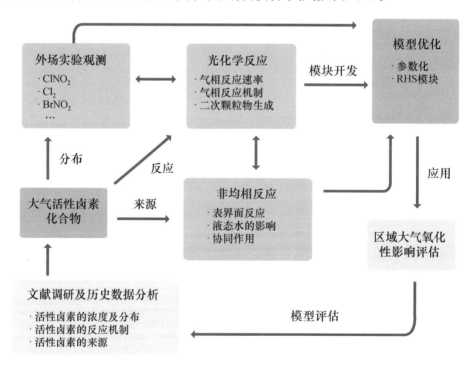

图 6.1　项目整体技术路线图

6.4　主要进展与成果

6.4.1　活性卤素化合物综合外场观测

1. 沿海地区硝基酚类及活性有机卤素的分布和污染特征

大气硝基酚类物质是棕碳的重要组成成分,对大气光化学辐射和气候有重要的影响。除此之外,硝基酚的光解会产生 HONO 以及 OH 自由基,并且会产生二次有机气溶胶,从而影响大气氧化性和细颗粒物的形成。本项目团队利用高时间分辨率及低检测限的 HR-ToF-CIMS 于 2018 年秋冬季在香港沿海鹤咀观测站对多种气相硝基酚组分进行了监测,成功测量了 12 种单硝基酚和 4 种双硝基酚,并首次观测发现了 2 种含氯单硝基酚类物质。对于含氯硝基酚,为了确保分子识别的准确性,对它们的同位素峰进行了分析。如图 6.2 所示,$C_6H_4NO_3{}^{37}Cl \cdot NO_3^-$ 和 $C_6H_4NO_3{}^{35}Cl \cdot NO_3^-$ 以及 $C_6H_3NO_3{}^{37}Cl_2 \cdot NO_3^-$ 和 $C_6H_3NO_3{}^{35}Cl_2 \cdot NO_3^-$ 都具有极好的相关性,且同位素比率对于 $C_6H_4NO_3Cl$ 和 $C_6H_3NO_3Cl_2$ 分别为 0.32 和 0.65,与理论数值 0.33 和 0.65 一致,因此证实所检测组分为含氯硝基酚。

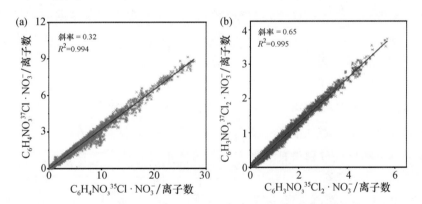

图 6.2　(a) ToF-CIMS 检测的 $C_6H_4NO_3{}^{37}Cl \cdot NO_3^-$ 和 $C_6H_4NO_3{}^{35}Cl \cdot NO_3^-$ 的信号相关性;(b) $C_6H_3NO_3{}^{37}Cl_2 \cdot NO_3^-$ 和 $C_6H_3NO_3{}^{35}Cl_2 \cdot NO_3^-$ 的信号相关性

18 种硝基酚的种类和浓度分布如图 6.3(a) 所示,在整个观测期间总硝基酚的浓度为 1.04～122.11 ppt,总的单硝基酚的浓度高于总的双硝基酚,总的含氯硝基酚的浓度最低。对于同一类别的硝基酚类组分,随着取代基团的增加而浓度出现降低的趋势。除此之外,结合后向轨迹分析发现来自中国中部以及珠三角地区的气团通常会导致香港地区高浓度硝基酚的形成,来自中国东部的气团引起的硝基酚的浓度居其次,而海洋气流下的硝基酚的浓度则较低,该现象的主要原因是人为活动会促进硝基酚以及硝基酚前体物的排放，从而使得从污染严重区域传输至香港的气团中高浓度硝基酚的形成。如图 6.3(c)所示，18 种硝基酚均具有极强的日变化特性：单硝基酚呈现光化学产物的特性，即日间高夜间低的现象；双硝基酚和含氯硝基酚则呈现夜间高日间低的特性。

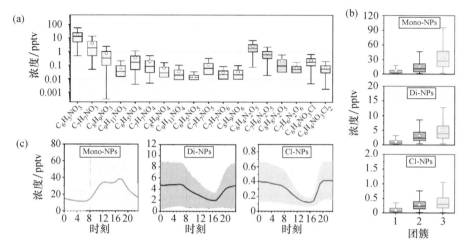

图 6.3　(a) 2018 年观测期间检测到的硝基酚的平均浓度；(b) 不同气流轨迹下单硝基酚、双硝基酚以及含氯单硝基酚的浓度；(c) 单硝基酚、双硝基酚以及含氯单硝基酚的日变化

利用示踪物分析法以及光化学箱模型，我们发现所有的硝基酚的来源均受二次氧化主导。单硝基酚为生物质燃烧等排放的苯系物在日间被 OH 自由基以及 NO_3 自由基氧化所形成，并且由于光解效应的影响而在日间出现双峰现象。单硝基酚可以进一步被 OH 自由基以及 NO_3 自由基氧化形成双硝基酚类物质，并且由于双硝基酚在日间的光解速率大于其形成速率导致双硝基酚的高值出现在夜间。通过箱式模型模拟单硝基酚和双硝基酚的收支平衡发现 NO_3 自由基在单硝基酚以及双硝基酚的形成过程中具有极其重要的作用。对于单硝基酚，由于其在 NO_3 自由基与酚类反应中的产率远高于 OH 自由基与酚类反应的产率，从而使得即使在日间，NO_3 自由基氧化也是单硝基酚形成的主要途径。而对于双硝基酚，夜间的高浓度 NO_3 自由基则是促使其夜间高浓度形成的主要原因。

对于 $C_6H_4NO_3Cl$ 和 $C_6H_3NO_3Cl_2$，目前没有关于它们在大气中的检测报道，本次观测中 $C_6H_4NO_3Cl$ 和 $C_6H_3NO_3Cl_2$ 的浓度分别为 0.004～1.19 ppt 和 n.d.（未检出）～0.88 ppt。$C_6H_4NO_3Cl$ 和 $C_6H_3NO_3Cl_2$ 的形成机制目前不完善，示踪物分析法显示它们的形成受二次形成所主导，且浓度受 NO_3 自由基控制，如图 6.4 所示。现在研究未曾报道一个完整的实验室研究说明含氯硝基苯酚的来源，推测它们应由氯苯、二氯苯或者氯酚、二氯酚在 NO_2 存在条件下被 NO_3 自由基氧化所形成。

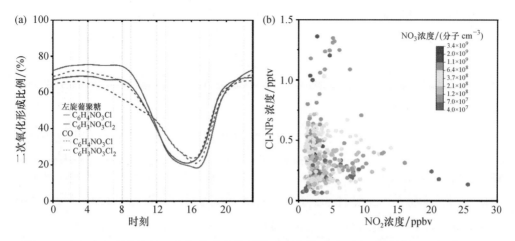

图 6.4　(a) 含氯硝基酚的二次氧化形成比例的日变化图;(b) 含氯硝基酚与 NO_2 以及 NO_3 自由基的相关性分析

Cl 原子氧化反应未被考虑为含氯硝基酚中含氯官能团引入的原因如下:首先是苯＋Cl 反应速率较低,约 1.76×10^{-16} 分子 cm^{-3} s^{-1},且 Cl 原子在实际大气中的浓度也较低,因此不利于反应进行;其次,Cl 原子氧化苯酚以及硝基苯酚具有较高的反应速率,但其反应通路主要是 Cl 原子摘氢形成 HCl,而将 Cl 原子加成到苯环上形成氯苯却不容易,所以,从酚或者硝基苯酚被 Cl 原子氧化能否引入含氯官能团具有很大的不确定性,目前的研究结果更多的是来源于理论计算,实验室直接检测结果较少,所以也不能排除可以从 Cl 氧化产生含氯硝基酚。氯苯和二氯苯可以来源于生物质燃烧以及化工厂废气排放,在实际大气中已经多次被观测到和报道。图 6.5 中所展示的反应步骤除最后一步之外,其他的反应过程都已经被之前的研究所证实,而最后一步反应是类比硝基酚的形成机制推测给出,所以具有一定的参考价值。此外由相关性分析发现 $C_6H_3NO_3Cl_2$ 的前体物主要来源于生物质燃烧,而 $C_6H_4NO_3Cl$ 的前体物除生物质燃烧外,还受其他人为污染源排放如机动车尾气排放等影响。因此,为了更加深入地了解含氯硝基酚的来源,需要加强在实验室对氯苯以及氯酚类物质的大气氧化过程的模拟。

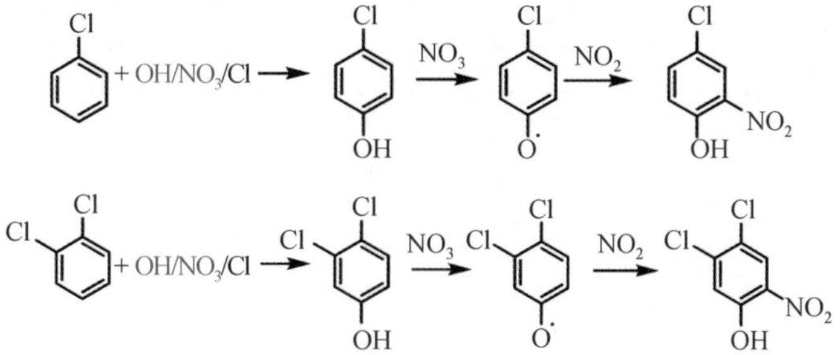

图 6.5　研究推测的含氯硝基酚的形成机制

硝基酚的光解能够产生 HONO，因此本研究利用 PBM 模拟分析了硝基酚光解对 HONO 形成的贡献。除硝基酚光解对 HONO 的贡献之外，硝酸盐的光解、NO_2 的非均相反应、光增强 NO_2 非均相反应以及 NO 与 OH 自由基的均相反应对 HONO 的贡献也被加入模型中进行对照分析(图 6.6)。结果表明，此次观测中的硝基酚生成 HONO 的平均速率可达到 13.6 pptv h^{-1}，低于 NO＋OH 以及硝酸盐光解对 HONO 的贡献，高于 NO_2 的非均相反应以及光增强的 NO_2 非均相反应对 HONO 的贡献。硝基酚对白天 HONO 形成的贡献占比大于 10％，且在下午的贡献会高于上午，在 16：00 能达到 24％。导致这一现象的主要原因是本次观测到的硝基酚在下午会出现持续的高值，且 OH 自由基以及 NO 的浓度所主导的 OH＋NO 对 HONO 的贡献在下午急剧下降。综上可知，硝基酚的光解对本次观测中 HONO 的形成有着不可忽略的贡献。

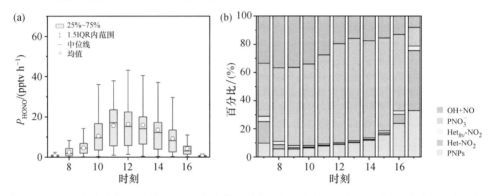

图 6.6　(a) 硝基酚光解产生 HONO 速率的日变化；(b) 均相 OH＋NO 反应、硝酸盐光解、光增强 NO_2 非均相反应、NO_2 非均相反应以及硝基酚(PNPs)光解对 HONO 形成的贡献占比

除上述的两种含氯硝基酚类外，本次观测还检测到多种含氯含氧有机物，如图 6.7 和图 6.8 所示。$C_3H_6O_6Cl_2$、$C_3H_5O_4Cl_3$ 以及 $C_3H_5Cl_2NO_6$ 具有跟含氯硝基酚相似的时间序列，即在夜间出现高值，但它们的浓度相对偏低，日均总浓度最大为 0.001 pptv，出现在夜间 23：00。与含氯硝基酚之间较好的相关性表明它们的形成也受二次氧化所主导并且受 NO_3 自由基所控制。$C_3H_3O_2Cl$、$C_2H_3O_2Cl$、$C_4H_5O_4Cl$ 和 $C_2H_2O_2Cl_2$ 展现出光化学产物特征，在白天出现最高值，总浓度处于 0.002～0.017 pptv 范围内；推测它们可能来源于 Cl 原子与大气挥发性有机物的氧化反应或者 OH 自由基对含氯挥发性有机物的氧化。$C_3H_3O_3Cl$ 和 $C_3H_5O_3Cl$ 浓度相当，介于 0.0002～0.005 pptv 之间，没有明显的日变化特征，因此推测它们可能来源于一次排放。通过相关性分析发现 $C_3H_3O_3Cl$ 可能来源于生物质燃烧，而 $C_3H_5O_3Cl$ 来源于燃煤或者船舶排放。这些含氯含氧有机物的检测有利于分析 Cl 原子在实际大气化学中的作用，以及含氯有机物在实际大气中的演化过程。

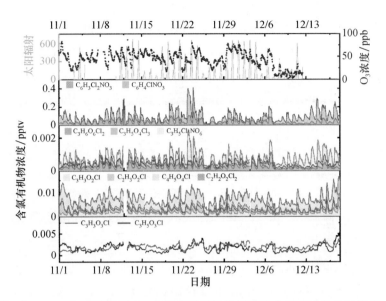

图 6.7　2018 年观测期间 O₃、太阳辐射以及检测到的含氯有机物的时间序列

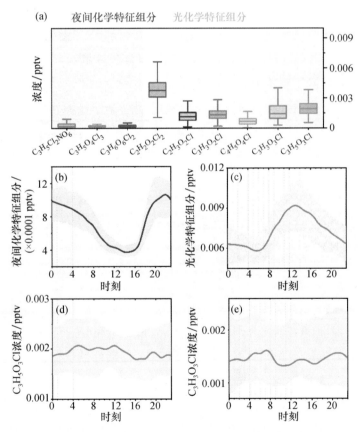

图 6.8　(a) 含氯含氧有机物的平均浓度分布；(b) 夜间化学特征组分的日变化趋势；(c) 光化学特征组分的日变化趋势；(d) $C_3H_5O_3Cl$ 的日变化趋势；(e) $C_3H_3O_3Cl$ 的日变化趋势

2. 典型地区 ClNO₂ 和活性卤素变化特征及非均相过程

活性卤素化合物在大气化学过程中起着非常重要的作用，通过参与大气光化学反应，促进臭氧、颗粒物等二次污染的形成。研究团队在前期化学离子化质谱测量技术基础上，进一步开发和改进了高分辨率化学电离质谱（ToF-CIMS）测量大气中多种活性卤素（如 $ClNO_2$、Cl_2、HCl、Br_2、$BrNO_2$ 和含氯有机物等）的方法，特别是针对我国城市地区高污染环境条件下各种活性物种的准确测量和干扰因素的排除进行了优化。

在 ToF-CIMS 系统中，采用 I^- 和 NO_3^- 作为离子源分别进行了无机活性卤素和有机含卤素化合物的测量。利用 I^- 和 NO_3^- 使被测物质离子化，形成各种负离子后（如 $IClNO_2^-$ 在 m/z 208 和 210、ICl_2^- 在 m/z 197 和 199、IBr_2^- 在 m/z 287 和 289 等）经飞行时间质谱进行高分辨率的测量（图 6.9）。由于缺乏各种活性卤素的标定源，研究团队还搭建了多种活性卤素的标定系统。通过定量控制 N_2O_5 在 NaCl 表面的反应合成 $ClNO_2$ 标定源，通过 Cl_2 和 Br_2 渗透管在特氟龙恒温炉产生标准浓度的 Cl_2 和 Br_2 气体，而两者通过反应器可以生成特定浓度的 BrCl 标准气。利用标定系统在野外实验中对 ToF-CIMS 仪器系统进行了准确的标定，并通过比较不同卤素同位素分子信号比例进一步证实了所测物种的分子同位素分布符合理论值（图 6.10），排除了可能的相近质荷比分子的干扰。

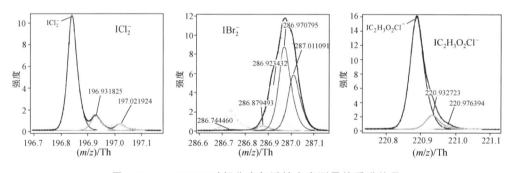

图 6.9　ToF-CIMS 对部分大气活性卤素测量的质谱信号

利用优化改进后的仪器系统，研究团队与北京化工大学、上海环科院、南京大学及北京大学深圳研究生院合作，先后在华北、长三角和珠三角等典型城市和背景站点开展了野外观测实验。对 N_2O_5、$ClNO_2$、Cl_2 等活性氮氧化物和活性卤素物种进行在线测量。观测期间，在所有观测站点均发现了夜间大气中存在的高浓度 $ClNO_2$，其最高浓度在北京、上海、深圳和香港等分别达到 0.8 ppbv、1.4 ppbv、1.7 ppbv 和 2.0 ppbv。而 Cl_2、Br_2、$BrNO_2$ 和 BrCl 等活性卤素物种的浓度分别高达 260 pptv、0.6 pptv、0.8 pptv 和 0.4 pptv。其中 $ClNO_2$ 浓度最高，是最主要的大气活性卤素物种。$ClNO_2$ 浓度呈现明显的日变化特征，在日落之后开始累积上升,并在多个地区观测到持续的夜间积累过程,在日出前或者日出后的上午达到最高值,之后由于光解损失开始逐步下降,于中午降至检测限附近,并维持在较低的浓度水平。日间 $ClNO_2$ 的光解提供了大量的活性 Cl 原子,极大地促进了早上 VOCs 的氧化和大气光化学过程,对大气氧化能力和臭氧生成都有重要贡献。

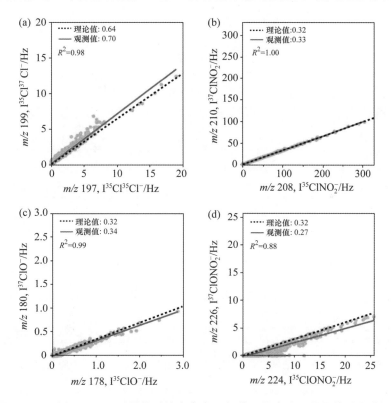

图 6.10　利用 I-CIMS 测量的活性卤素离子与其同位素分子信号的对比验证

在北京、南京和深圳地区大气中 Cl_2 浓度也呈现与 $ClNO_2$ 相似的日变化特征,从日落时段开始累积,午夜后一直维持较高浓度,而在日出后由于光解损失浓度逐渐降低,到下午阶段达到浓度低值。早期国外研究曾认为主要是 $ClNO_2$ 的非均相摄取产生了 Cl_2;而研究团队经过深入分析观测数据,认为存在其他的反应路径,即由 N_2O_5 摄取后通过非均相反应直接产生 Cl_2,无需 $ClNO_2$ 的再摄取过程。结果表明 $ClNO_2$、硝酸盐和 Cl_2 的生成是 N_2O_5 在颗粒物表面摄取后引起的平行竞争反应,同时有机气溶胶组分会影响这一非均相化学过程。与其他地区 $ClNO_2$ 和 Cl_2 同时呈现夜间生成和浓度积累的特征相反,上海地区观测的 Cl_2 在日间会出现明显峰值,说明光化学反应,例如 O_3 在含 Cl 气溶胶上的光解和非均相过程对 Cl_2 的日间生成有重要贡献。Br_2 和 BrCl 呈现明显的光化学日变化特征,与 O_3 浓度变化相似,均在下午左右达到浓度峰值,说明日间光化学反应是 Br_2 和 BrCl 的重要来源。结果与 2020 年香港理工大学在华南地区沿海背景站鹤咀的观测结果相似,Cl_2 和 Br_2 等都呈现明显的光化学日变化特征,浓度高值大多出现在中午附近。虽然本研究在城市大气中 Br_2 和 BrCl 的浓度低于华北冬季乡村地区的观测结果,但含 Br 物种的日间峰值仍然可以更多地参与大气化学反应,促进大气氧化能力和加快二次污染物的生成。同时沿海地区在海盐气溶胶丰富的沿海地区日间光化学反应对活性卤素的产生有重要的贡献。

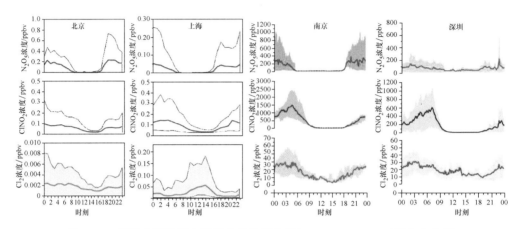

图 6.11 我国典型地区大气活性卤素等物种(N_2O_5、Cl_2、$ClNO_2$)日变化特征

研究还定量评估了夜间高浓度 $ClNO_2$ 生成在第二天日出后光解过程对 Cl 原子的生成和大气氧化性的影响。图 6.12 示例了珠三角东部沿海背景站观测和模拟计算结果。结果表明,$ClNO_2$ 是清晨启动大气光化学的重要自由基源,日出后(即当地时间 06:00 左右),$ClNO_2$ 的快速光解导致很高的 Cl 原子生成速率(最大小时平均速率 $\approx 4.5 \times 10^6 \ cm^{-3} \ s^{-1}$),远高于早上臭氧光解过程中的 OH 生成,尽管臭氧光解作用在日出后变得越来越重要,但在早晨,$ClNO_2$ 光解作用是重要的自由基来源,对于清晨驱动 VOCs 氧化具有重要作用。通过对比 Cl 原子和 OH 自由基对 VOCs 氧化贡献随时间变化特征可以看出,在日出后的 4 小时内,Cl 原子

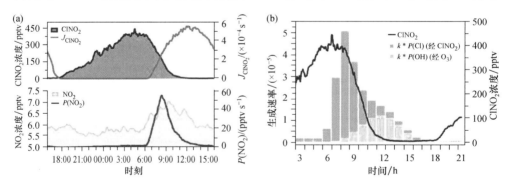

图 6.12 日出后夜间积累的 $ClNO_2$ 的光解对 Cl 原子和 NO_2 生成的贡献,及 Cl 原子与 OH 自由基对烷烃类 VOCs 氧化速率的贡献对比

对烷烃类 VOCs 的氧化速率远远高于 OH 自由基的氧化速率。而早上 10 点之后随着 OH 自由基浓度升高和 $ClNO_2$ 光解损失,OH 自由基氧化过程才逐渐开始占主导地位。气溶胶非均相反应造成的卤素活化和 Cl 原子产生,将显著增强 VOCs 的氧化速率,从而促进 O_3 和二次有机气溶胶生成,并对沿海城市地区空气质量产生重要影响。

　　同时本研究也总结和对比了国际及国内其他地区对活性氮氧化物和卤素的观测结果。我国各城市地区和郊区观测总体均表现出相对较高的 $ClNO_2$ 和 Cl_2 的浓度,特别是受污染事件影响条件下,远高于国外其他地区的研究结果。高浓度的氮氧化物和气溶胶表面积促进了 N_2O_5 的非均相过程,而丰富的人为源和海洋源卤素为 $ClNO_2$ 的产生提供了足够的前体物。在内陆地区夜间非均相反应对 Cl_2 等活性卤素的产生有重要作用,而沿海地区海盐气溶胶参与的日间非均相及光化学反应对活性卤素的生成有重要贡献。

6.4.2　活性卤素与有机物大气氧化过程的机制研究

1. Cl 原子引发的 $C_{10\sim14}$ 正构烷烃气相反应动力学研究

　　长链烷烃是中等挥发性有机物(IVOCs)的代表性化合物,一旦释放到大气中,就会通过与各种活性物质发生反应而降解。为了评估正构烷烃在大气环境中的降解过程,研究室温下 Cl 原子与正构烷烃($C_{10}\sim C_{14}$)反应的动力学数据具有重要意义。为了保证实验结果的准确性,所有实验均在室温(298 ± 0.2 K)和 760 Tor 的 100 L 聚四氟乙烯烟雾箱中进行。这些反应的动力学和产物由质子转移反应-质谱法(PTR-QMS)测定。使用间二甲苯、反式-2-丁烯和乙苯作为参考化合物,通过相对速率法获得速率常数,正癸烷到正十四烷的速率常数依次为:(4.82 ± 0.32)$\times$ 10^{-11} cm^3 分子$^{-1}$ s^{-1}、(5.02 ± 0.33)$\times10^{-11}$ cm^3 分子$^{-1}$ s^{-1}、(5.12 ± 0.29)$\times$ 10^{-11} cm^3 分子$^{-1}$ s^{-1}、(5.30 ± 0.30)$\times10^{-11}$ cm^3 分子$^{-1}$ s^{-1}、(5.68 ± 0.34)$\times$ 10^{-11} cm^3 分子$^{-1}$ s^{-1}。正构烷烃与 Cl 原子的反应活性随链长的增加而增加: k_1(正癸烷)$<k_2$(正十一烷)$<k_3$(正十二烷)$<k_4$(正十三烷)$<k_5$(正十四烷)。

　　采用 PTR-QMS 对正构烷烃与 Cl 原子反应的气相产物进行检测。该方法可有效区分产物中的醛和酮(酮形成质荷比为 $m+30$ 的离子,而醛通常被夺走 H^+,形成质荷比为 $m-1$ 的离子,其中 m 是物种的相对分子质量)。C_{10} 正构烷烃与 Cl 原子反应的气相产物以癸醛(产率 5.92%)和癸醇(产率 8.87%)为主,同时庚醛 ($m/z=113$,8.05%)、庚醇($m/z=115$,5.71%)和己醇($m/z=101$,5.65%)都有较高产率。C_{10} 正构烷烃与 Cl 原子反应是通过摘取 H 原子,反应位点包括内部 H 原子和末端 H 原子两种,即甲基 H 原子和亚甲基 H 原子,如图 6.13 所示。其中,

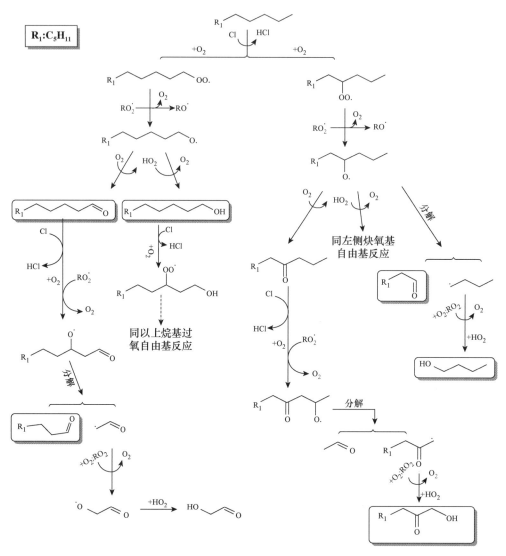

图 6.13 正十烷与 Cl 原子反应的反应机制

一些含氧化合物在摘甲基 H 原子后保留了碳链，这些碳链是与其他物质如 O_2 的后续反应形成的。氧化产物继续与 Cl 原子反应，然后分解形成短链含氧产物。摘亚甲基 H 原子的反应与摘甲基 H 原子的反应相似。

C_{12} 正构烷烃与 Cl 原子的反应产物主要为辛醛（$m/z=127, 3.82\%$）和己醛（$m/z=99, 5.25\%$）。还检测到一些低浓度的产物，包括丙醛（$m/z=57, 1.75\%$）、己醇（$m/z=101, 1.61\%$）、1-羟基-丙醛（$m/z=104, 1.39\%$）、1-羟基-丁醛（$m/z=132, 1.90\%$）、1-羟基-戊酮（$m/z=132, 0.94\%$）和 1-羟基-己酮（$m/z=146, 0.73\%$）。

图 6.14 给出了 $C_{11}\sim C_{14}$ 正构烷烃与 Cl 原子反应的产物结构和反应机理。与

C_{10} 反应相似，$C_{11} \sim C_{14}$ 正构烷烃也通过摘取 H 通道与 Cl 原子反应，但不同的是 $C_{11} \sim C_{14}$ 烷烃与 Cl 反应分解成小分子产物，而不生成保留主链长度的产物。当 $C_{11} \sim C_{14}$ 正构烷烃与 Cl 原子和 O_2 反应生成烷氧基自由基时，烷氧基自由基主要经历 3 种反应途径：1) 与 O_2 反应生成羰基化合物和 HO_2，然后羰基化合物继续与 Cl 原子反应。2) 分子内氢转移反应生成含羟基官能团的烷基自由基。3) 直接分解反应。上述反应途径最终可与多种醛酮形成稳定的化合物，通过后续气相反应以及形成低聚物等途径贡献 SOA 的生成。

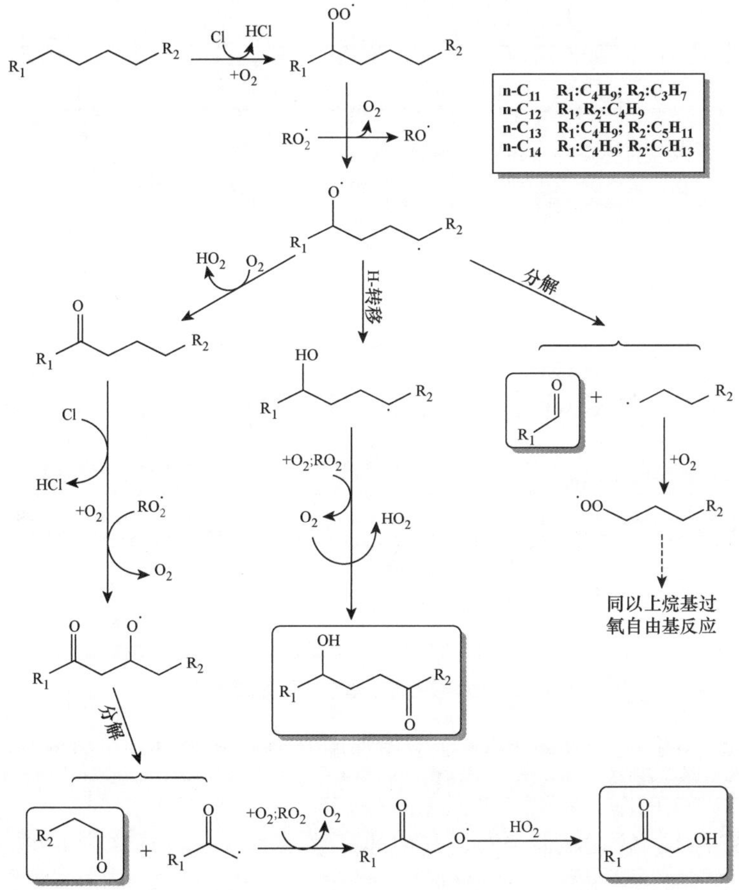

图 6.14　$C_{11} \sim C_{14}$ 烷烃与 Cl 原子反应的反应机制

由于与 OH 自由基和 Cl 原子反应，各种正构烷烃的大气寿命是相当的，都在几个小时的范围内。氯原子的反应占总消耗量的 60% 左右。沿海海洋边界层中特别是在清晨时 Cl 原子的浓度可达 1.3×10^5 分子 cm^{-3}，与 Cl 原子反应的损失比与 OH 反应的损失要大得多。因此，长链烷烃与氯原子的反应在大气中，特别是在氯原子浓度比较高的区域起着重要的作用。

2. Br 原子与醛气相反应机制研究

醛是对流层化学中普遍存在的关键成分，它们既可以由生物排放和不完全燃烧产生，也可以通过大气氧化二次生成。Br 原子对其去除有重要贡献。在 298±0.2 K 和 1 atm 条件下，开展了正戊醛、正己醛与 Br 原子的动力学实验。

表 6-1 总结了实验获取的反应相对速率以及计算得到的速率常数值。正戊醛、正己醛与 Br 原子分别反应的速率常数为 $(1.82\pm0.25)\times10^{-11}$ cm^3 分子$^{-1}$ s^{-1} 和 $(2.04\pm0.28)\times10^{-11}$ cm^3 分子$^{-1}$ s^{-1}。

根据计算，正戊醛、正己醛与 Br 原子反应的大气寿命分别为 2.2 h 和 1.9 h，与 OH 自由基和 Cl 原子反应的大气寿命相当，都在几个小时的范围内。因此，直链醛与 Br 原子的反应在大气中同样起着重要的作用。

表 6-1　正戊醛和正己醛分别与 Br 原子反应的速率常数

醛类物质	参比物[①]	k_a/k_r	k_a[②]	$\bar{k}_a$[②]
正戊醛	反式-2-丁烯	1.919±0.004	1.82±0.15	1.82±0.25
		2.073±0.006	1.97±0.16	
	α-蒎烯	0.771±0.002	1.71±0.34	
		0.805±0.002	1.79±0.35	
正己醛	反式-2-丁烯	2.131±0.008	2.02±0.16	2.04±0.28
		2.127±0.014	2.02±0.16	
	α-蒎烯	0.930±0.004	2.07±0.41	
		0.918±0.001	2.04±0.40	

①：Br 原子与反式-2-丁烯和 α-蒎烯反应的速率常数分别为 $(9.50\pm0.76)\times10^{-12}$ cm^3 分子$^{-1}$ s^{-1}[189]、$(2.22\pm0.44)\times10^{-11}$ cm^3 分子$^{-1}$ s^{-1}[190]。

②：10^{-11} cm^3 分子$^{-1}$ s^{-1}。

3. Cl 原子引发 $C_{12}\sim C_{14}$ 正烷基环己烷的反应研究

$C_{12}\sim C_{14}$ 环状化合物是 IVOCs 未识别的复杂混合物中最多的组分。$C_{12}\sim C_{14}$ 的正烷基环己烷在大气中有一定的浓度，己基环己烷的大气浓度约为 1.3 μg m^{-3}，这 3 种正烷基环己烷在柴油卡车尾气中的排放速率为 14.9~26.2 μg km^{-1}。因此针对 $C_{12}\sim C_{14}$ 的正烷基环己烷开展了其与 Cl 原子反应的速率常数、SOA 产率及产物分析。

在 298±0.2 K 下己基环己烷、庚基环己烷、辛基环己烷与 Cl 原子反应的速率常数分别是 $(5.11\pm0.28)\times10^{-10}$ cm^3 分子$^{-1}$ s^{-1}、$(5.56\pm0.30)\times10^{-10}$ cm^3 分子$^{-1}$ s^{-1} 和 $(5.74\pm0.31)\times10^{-10}$ cm^3 分子$^{-1}$ s^{-1}。$C_{12}\sim C_{14}$ 正烷基环己烷一旦被释放到大气中，它们的主要降解途径都是与 OH 自由基和 Cl 原子反应。己基环己烷、庚基环己烷、辛基环己烷与 Cl 原子反应的大气寿命分别是 10.87、9.99 和 9.68 h。同样地，我们得到了这 3 种正烷基环己烷与 OH 自由基（OH 自由基的典型大气平

均浓度为 1.0×10^6 分子 cm^{-3}）反应的大气寿命,分别为 15.96、14.54 和 13.55 h。因此,从大气寿命和反应速率常数来看,Cl 原子在正烷基环己烷的大气降解中的作用比 OH 自由基更重要。

在图 6.15 中,无论是低浓度 NO_x 条件还是高浓度 NO_x 条件,SOA 产率都随着碳原子数的增加而增加。在高浓度 NO_x 条件下,Cl 原子引发的己基环己烷的 SOA 产率比 OH 自由基引发的高 20% 左右,可能是由于 Cl 原子对于甲基上的摘氢反应比 OH 自由基更有利,而高浓度 NO_x 条件下更容易生成蒸气压比仲碳上取代的硝酸酯更低的伯碳取代的硝酸酯,因此导致了高浓度 NO_x 条件下 Cl 原子引发的 SOA 产率更高的现象。此外,在低浓度 NO_x 条件下己基环己烷产生的 SOA 化学成分信息中发现了四聚体,是 OH 自由基引发的己基环己烷体系的 SOA 所没有的,这个现象可能是低浓度 NO_x 条件下 Cl 原子引发的 SOA 产率稍微比 OH 自由基引发的 SOA 产率高的原因。

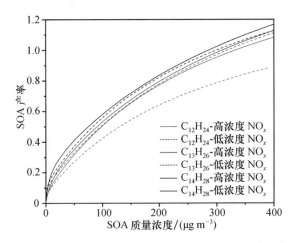

图 6.15　不同实验条件下 SOA 产率的二产物拟合曲线

在低浓度 NO_x 条件下,己基环己烷的最终 SOA 产率显著低于庚基环己烷和辛基环己烷的 SOA 产率,己基环己烷实验中的气相产物的产率是庚基环己烷和辛基环己烷实验的接近 2 倍。高浓度 NO_x 条件下,己基环己烷实验中的气相产物的产率降低了,同时伴随着更高的 SOA 产率。这些现象的可能原因是不同的 SOA 质量浓度水平影响了气-粒分配行为。

我们使用 ChemCalc 确定了 ESI-ToF-MS 质谱图中上百种颗粒相产物。ESI-ToF-MS 的质谱图结果表明,在低浓度 NO_x 条件下 Cl 原子引发的正烷基环己烷的氧化都生成了明显的单体、二聚体、三聚体和四聚体。然而在相同温度下,OH 自由基引发己基环己烷生成的颗粒相产物中却并没有发现明显的四聚体。造成这个现象的可能原因是相较于 OH 自由基而言,Cl 原子与正烷基环己烷的速率常数更快,因此能快速生成更多的 RO_2 自由基,能够通过促进 RO_2+RO_2 的反应途径而生成更多的低聚物。在高浓度 NO_x 条件下，仍能生成二聚体甚至三聚体，与前文中高浓度 NO_x 条件下较高的 SOA 产率相吻合。

此外，我们使用基于 MCM3.3.1 的零维光化学箱式模型（F0AM）来模拟烟雾箱中 Cl 原子引发己基环己烷的氧化反应，从而评估 $RO_2 + RO_2$、$RO_2 + HO_2$、$RO_2 + NO$ 这 3 条反应通道的重要性。通过模型模拟发现：在低浓度 NO_x 条件下，$RO_2 + RO_2$ 反应途径占主导；而在高浓度 NO_x 条件下，$RO_2 + NO$ 的反应途径占主导。

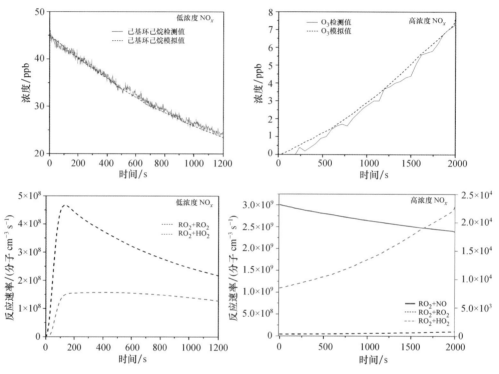

图 6.16　使用基于 MCM3.3.1 的零维光化学箱式模型（F0AM）模拟烟雾箱中 Cl 原子引发的己基环己烷的氧化反应

4. Cl 原子引发 $C_{12} \sim C_{14}$ 正烷基环己烷生成 SOA 的挥发性研究

挥发性是 SOA 最重要的物理性质之一，因为它决定了化学组分在气相和颗粒相的分配并影响 SOA 的大气命运。本项目团队研究了 Cl 原子引发 $C_{12} \sim C_{14}$ 正烷基环己烷生成 SOA 的挥发性。研究表明 NO_x 的存在提高了 Cl 原子引发正烷基环己烷氧化生成的 SOA 的整体挥发性。以己基环己烷的 SOA 为例，图 6.17（a）是其在不同光照时间下的 VFR（110℃）。图 6.17（b）和图 6.18 是 Cl 原子引发 $C_{12} \sim C_{14}$ 烷基环己烷氧化生成 SOA 的挥发性分布。

在反应的前 60 min 内，SOA 挥发性增长速率最快，然后随着光照时间的增加而减缓。高浓度 NO_x 条件下 SOA 的 VFR（110℃）比低浓度 NO_x 条件下的大 0.1

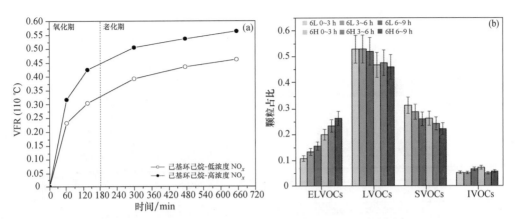

图 6.17　(a) 高浓度 NO_x 和低浓度 NO_x 条件下 VFR(110℃)随光照时间的变化;(b) Cl 原子引发己基环己烷氧化生成 SOA 的挥发性分布随老化时间的变化, L 和 H 分别代表高浓度 NO_x(蓝色)和低浓度 NO_x(橙色)条件

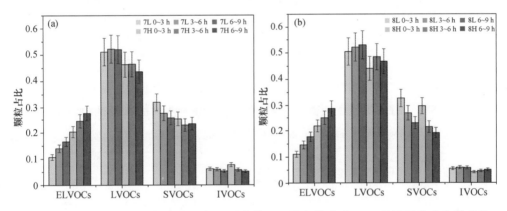

图 6.18　Cl 原子引发(a)庚基环己烷和(b)辛基环己烷氧化生成 SOA 的挥发性分布随老化时间的变化, L 和 H 分别代表高浓度 NO_x(蓝色)和低浓度 NO_x(橙色)条件

左右。无论是低浓度 NO_x 还是高浓度 NO_x 条件下的 SOA, LVOCs 都是其中占比最大的部分。

此外, SOA 的质量浓度在光照时间≈3 h 达到最高后开始下降, 而高浓度 NO_x 条件下 SOA 质量浓度的表观壁损失速率慢于低浓度 NO_x 条件下的。在对照组中, 低浓度 NO_x 条件下的 SOA 质量浓度与光照时的表观壁损失速率相似; 而高浓度 NO_x 条件下的 SOA 质量浓度每小时约下降 8%, 是光照时的 1.8 倍左右。可能是由于 NO_x 和臭氧的反应性非均相摄取, 使它们继续参与颗粒相的反应, 还有可能是光照老化时气相反应产生的低挥发性产物不断生成, 从而分配到颗粒相使 SOA 浓度增加。

图 6.19(a)展示了高质量浓度(≈200 $\mu g\ m^{-3}$)和低质量浓度(≈70 $\mu g\ m^{-3}$)下的己基环己烷 SOA 的挥发性分布。从图中可以看出, SOA 质量浓度对其挥发性

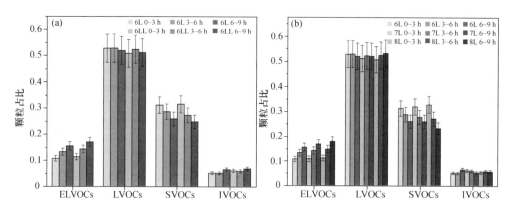

图 6.19 （a）不同质量浓度的己基环己烷 SOA 的挥发性比较；（b）不同前体物生成的 SOA 的挥发性比较

并没有太大的影响。

因此，在 SOA 质量浓度被稀释后，颗粒相的低扩散速率使 SVOCs 和 IVOCs 无法从颗粒相挥发到气相中，才导致了高低浓度 SOA 的挥发性分布基本一致的现象。以低浓度 NO_x 条件为例，我们比较了这 3 种正烷基环己烷 SOA 的挥发性分布。随着光老化时间的增加，ELVOCs 的增长速率和 SVOCs 的降低速率随着前体物碳原子数量的增加而增加。这个现象可能是由前体物的挥发性决定的：当单体拥有稍微更低的挥发性时，其生成二聚体时将会对挥发性分布造成更大的影响。

6.4.3 水对活性卤素大气氧化机制的影响

1. 水分子对丙酮与氯原子气相反应的影响

近些年，大量的研究已经表明水可以通过降低或者增加反应能垒影响大气反应。本节从反应能垒和动力学方面研究水对丙酮和 Cl 原子反应的催化作用。

在丙酮和 Cl 原子的反应中存在 3 条反应路径，分别是摘 H 反应、摘—CH_3 反应、加成/消除反应，并且摘 H 反应被视为最有利的反应通道，其反应势垒最低，为 $5.16 \ \mathrm{kcal \ mol^{-1}}$。

一个水分子的加入使得丙酮与 Cl 原子反应的势能面比无水情况下的反应复杂，导致了以下 10 个双分子反应，共涉及 3 种产物：$CH_3COCH_2 + HCl + H_2O$、$CH_3CO + CH_3Cl + H_2O$、$CH_3COCl + CH_3 + H_2O$。主要反应路径势能图列于图 6.20 和图 6.21 中。

$$Cl \cdot H_2O + CH_3COCH_3 \longrightarrow CH_3COCH_2 + HCl + H_2O \quad (1a,1b) \quad (6.9)$$

$$CH_3COCH_3 \cdot H_2O + Cl \longrightarrow CH_3COCH_2 + HCl + H_2O \quad (1c,1d) \quad (6.10)$$

$$Cl \cdot H_2O + CH_3COCH_3 \longrightarrow CH_3CO + CH_3Cl + H_2O \quad (2a) \quad (6.11)$$

$$CH_3COCH_3 \cdot H_2O + Cl \longrightarrow CH_3CO + CH_3Cl + H_2O \quad (2b,2c)(6.12)$$

$$Cl \cdot H_2O + CH_3COCH_3 \longrightarrow CH_3COCl + CH_3 + H_2O \quad (3a) \quad (6.13)$$

$$CH_3COCH_3 \cdot H_2O + Cl \longrightarrow CH_3COCl + CH_3 + H_2O \quad (3b,3c)(6.14)$$

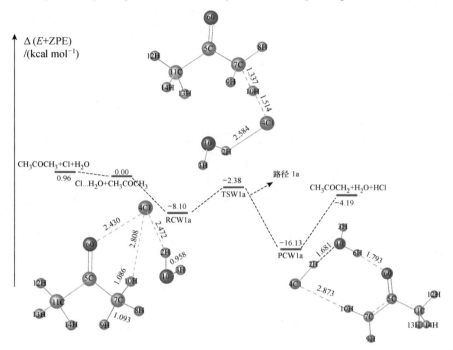

图 6.20　丙酮与 Cl 原子反应路径 1a 的势能面

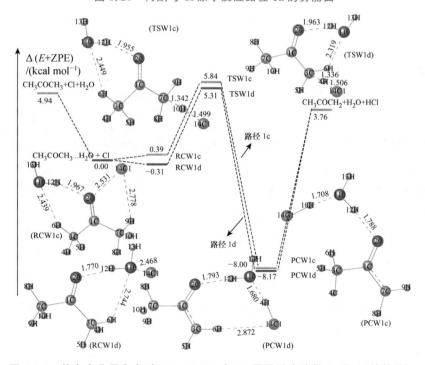

图 6.21　单个水分子存在时，CH_3COCH_3 与 Cl 原子反应路径 1c 和 1d 的势能面

水分子存在条件下，开始于 $Cl \cdot H_2O + CH_3COCH_3$，最终得到产物为 $CH_3COCH_2 + HCl + H_2O$ 的反应路径势能图。对于路径 1a 和 1b，如图 6.20 所示，路径 1a 经过过渡态 TSW1a，基于势垒高度 5.72 kcal mol^{-1}，生成产物 $CH_3COCH_2 + HCl + H_2O$。在 TSW1a 过渡态中，水分子仅作为旁观者存在。此外，与没有水分子存在时的反应相比：$Cl + CH_3COCH_3 \longrightarrow CH_3COCH_2 + HCl$，路径 1a 的势垒增加了 0.56 kcal mol^{-1}。这表明路径 1a 在能量上是不可行的。与路径 1a 中的过渡态 TSW1a 涉及的直接摘 H 不同，路径 1b 主要通过双质子转移机制得到过渡态 TSW1b，其能量高于 $Cl \cdot H_2O$ 和 CH_3COCH_2 反应物，为 26.96 kcal mol^{-1}。在这一机制中，水分子不仅作为受体，接受丙酮提供的 H 原子，同时也作为供体，向 Cl 原子提供 H 原子。相比于无水条件下，丙酮与 Cl 原子的反应，在有水条件下，路径 1b 的反应具有更高的能垒，为 35.06 kcal mol^{-1}。因此，水分子可通过在 $Cl \cdot H_2O$ 和 CH_3COCH_3 反应中增加 $CH_3COCH_2 + HCl + H_2O$ 生成的反应能垒来抑制反应的进行。

路径 1c 和 1d 的势能图如图 6.21。路径 1c 和路径 1d 分别通过二元配合物 $CH_3COCH_3 \cdot H_2O + Cl$ 形成具有不同构型的前体复合物 RCW1c 和 RCW1d。双环结构 RCW1c 的结合能为 0.39 kcal mol^{-1}，单环结构 RCW1d 的结合能为 -0.31 kcal mol^{-1}。RCW1c 经过势垒高度为 5.45 kcal mol^{-1} 的过渡态 TSW1c($C_7H_{10}Cl_{14}$)，生成 $CH_3COCH_2 + HCl + H_2O$。相似地，与 RCW1d 相比，TSW1d 的能垒为 5.62 kcal mol^{-1}。与裸反应路径 1 相比，反应路径 1c 和反应路径 1d 的能垒增加，因此水分子通过反应路径 1c 和 1d 对丙酮与 Cl 原子的反应产生了负催化作用。

总体而言，水分子的催化不足以改变反应的主要路径，主要的反应路径仍然是 $CH_3COCH_2 + HCl(+H_2O)$ 的生成路径（路径 1，路径 1a～1d）。因此，本研究对主要反应路径（路径 1，1a～1d）进行了进一步的动力学计算，在 298.2 K 时，$k_1 = 1.08 \times 10^{-12}$ cm^3 分子$^{-1}$ s^{-1}，$k'_{RCW1} = 8.46 \times 10^{-15}$ cm^3 分子$^{-1}$ s^{-1}，路径 1 在总有效速率常数中占比为 99.2231%，路径 1a～1d 在总有效速率常数中占比为 0.7769%。

与裸反应相比，直接 H 转移反应路径（1a、1c 和 1d）的能垒变化不大，但双质子转移路径（1b）的能垒增加了许多。从动力学的角度来看，如果考虑对流层中前体物的浓度，我们发现在 216.69～298.15 K 的温度范围内，水分子抑制了反应的进行，使有效速率常数降低了 3～4 个数量级。目前的研究限于气相反应，实际环境中的液相甚至多相反应值得进一步研究。

2. OVOCs 非均相化学过程及液相 Cl 原子氧化机理的理论和模式模拟

挥发性有机化合物当被潮解颗粒物或云滴吸收时，会参与到水相化学中形成低挥发性的 SOA，其中乙二醛（Gly）和甲基乙二醛（Mgly）是两种重要的液相 SOA

前体物。大气活性自由基和氧化剂,包括 OH、O_3、NO_3 和 Cl 原子等会溶解在气溶胶水或者云雾水中,氧化乙二醛和甲基乙二醛等 OVOCs,从而造成高氧化态和低挥发性产物的形成。目前对液相不同自由基氧化过程和机制的认识还不全面,所以项目调研和总结了乙二醛和甲基乙二醛的液相反应机制,详细讨论两者在液相条件下的非自由基反应和自由基反应。一般来说,乙二醛和甲基乙二醛在水中首先发生水合反应,形成二氧戊环聚集体。甲基乙二醛在 pH 较高时易发生醇醛缩合,低聚物通过不断增加单元体而形成 SOA。乙二醛和甲基乙二醛的水合产物也可以与硫酸、硝酸、铵盐发生液相反应,生成有机硫酸酯、有机硝酸酯以及含氮有机化合物。另外,乙醛和甲基乙醛也可以与 OH、O_3、NO_3 和 Cl 等自由基反应,通过形成有机酸和低聚物形成 SOA。其中,甲酸、乙酸、草酸、丙酮酸和乙醛酸生成量较丰富。此外,在液相中,乙二醛和甲基乙二醛可发生交叉反应,交叉的低聚化对增加 SOA 的产量具有一定的贡献作用。

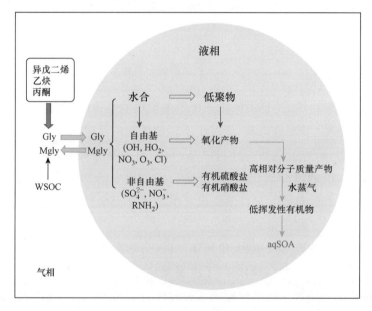

图 6.22　乙二醛和甲基乙二醛的非均相摄取和液相 SOA 形成途径的示意图

　　为了进一步定量评估羰基化合物在气态和气溶胶上的多相化学机制的重要性,项目团队还基于大气气相化学反应机理(master chemical mechanism,MCM),构建了可直接嵌入 MCM 机理的二元羰基化合物非均相模块。该非均相模块综合考虑了以乙二醛和甲基乙二醛为代表的羰基化合物的表面反应摄取、可逆的气液相分配以及非可逆液相反应等过程。改进后的模型机制可明显改善大气化学模型对实际大气中乙二醛和甲基乙二醛等浓度和变化趋势的模拟。项目团队利用开发和改进的基于观测约束的大气化学箱模型,模拟分析了珠三角地区 VOCs、OVOCs 的大气氧化和 SOA 的生成转化过程。研究揭示了乙二醛和甲基乙二醛的非均相过程对珠三角地区 SOA 生成贡献超过 20％，对气溶胶污染的形成有重要贡献(图 6.23)。该结果有助于完善对污染大气中非均相化学过程的认识，改进的非均相模块也有助于改善空气质量模型对 SOA 的模拟。

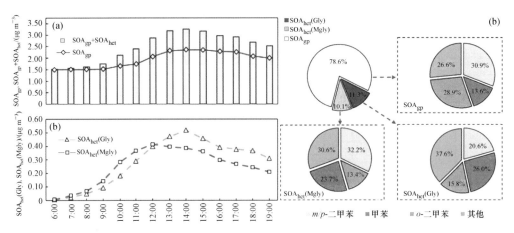

图 6.23　利用改进羰基化合物非均相模块的大气化学模型模拟结果。(a) 通过气相氧化、气-粒分配过程和非均相过程生成的 SOA 平均日变化；(b) 乙二醛和甲基乙二醛非均相过程生成 SOA 的日变化；(c) 不同反应过程对 SOA 生成的贡献比例和主要 VOCs 前体物贡献

借助量子化学方法，项目团队还开展了多相模型模拟研究，模拟了两种典型液相 SOA 前体物的化学反应机制，探讨了不同前体物的反应速率和贡献。应用密度泛函理论(DFT)，研究了包括 OH 自由基、NO_3 自由基、Cl 原子和 O_3 等引发的乙二醛和甲基乙二醛的液相氧化反应，获取反应过程中的物理化学参数，如反应势垒、电子能量等，并计算基元反应的反应速率。从分子水平研究了不同自由基引发的乙二醛和甲基乙二醛的液相反应。

采用理论模拟计算对反应物、中间体、过渡态和产物的几何构型进行优化。此外，对反应涉及的每个过渡态均进行了内禀反应坐标(IRC)计算，各驻点的单点能在更精确的水平下计算。模拟计算了 4 种自由基引发的乙二醛和甲基乙二醛液相氧化反应，得到各反应的势能剖面图(图 6.24)。从图可知，同一自由基与乙二醛和甲基乙二醛反应需要越过的势垒值相似。从热力学和动力学的角度对比发现，氯原子引发的乙二醛和甲基乙二醛的 H 原子摘取反应所需要的能量最低，相比于 OH、NO_3、O_3 更容易发生。相比其他氧化剂，臭氧引发的乙二醛和甲基乙二醛的反应最难发生，反应启动能量较高。

在量子化学信息的基础上，利用 TST 方法，计算各基元反应的速率常数。在 $220 \sim 380$ K 温度范围内，乙二醛和甲基乙二醛与 OH 自由基、NO_3 自由基、O_3 和 Cl 原子各分支反应的速率常数随温度的上升逐渐增加。同一温度下，速率常数的大小排序为 $k_{Cl} > k_{OH} > k_{NO_3} > k_{O_3}$。也就是说，在这 4 组反应中 Cl 原子引发反应

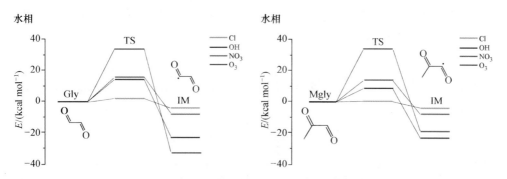

图 6.24　不同自由基引发的乙二醛和甲基乙二醛的势能剖面图

的速率常数是最大的,其次是 OH 和 NO_3 引发反应的速率常数,而 O_3 引发反应的速率常数最小。从热力学和动力学的角度可知,氯原子引发的乙二醛和甲基乙二醛的 H 原子抽提反应相比于 OH、NO_3、O_3 更容易发生。在我国南北方观测到的大量人为源 Cl 预期对大气光化学和多相化学过程有重要贡献。理论模拟结果为后期进一步通过比对观测和实验结果,分析探讨不同活性卤素对 SOA 生成和大气光化学污染的影响提供了依据。

3. 活性卤素化合物的扩散系数

多相反应通常由多个发生在不同相态以及表界面上的物理和化学过程组成,其中气体分子向颗粒物的扩散是所有多相反应的第一步,有时候甚至是决速步骤。气体分子向颗粒物的扩散速度取决于气体分子的浓度梯度和气体扩散系数,所以气体扩散系数对于准确认识多相反应至关重要。活性卤素化合物在平流层臭氧损耗以及对流层光化学污染中起着关键作用,同时也是重要的温室气体和毒害物质。大气多相反应影响着活性卤素化合物在大气中的迁移、转化和降解,但是目前还没有关于活性卤素化合物气体扩散系数的数据库;此外,相关研究也不清楚常用的理论计算方法(如 Fuller 公式)能否准确估算活性卤素化合物的气体扩散系数。

根据 Fuller 公式,气体分子的扩散系数可以由以下公式进行计算:

$$D(X,A) = \frac{1.0868 \cdot T^{1.75}}{\sqrt{m(X,A)} \cdot (\sqrt[3]{V_X} + \sqrt[3]{V_A})^2} \tag{6.15}$$

其中 $D(X,A)$ 为气体 X 在气体 A 中的扩散系数(单位为 $Torr\ cm^{-2}\ s^{-1}$),T 为温度(单位为 K),$m(X,A)$ 是分子对 X-A 的折合质量($g\ mol^{-1}$),V_X 和 V_A 分别是气体 X 和 A 的无量纲扩散体积。其中分子对 X-A 的折合质量 $m(X,A)$,可由以下公式计算:

$$m(X,A) = \frac{2}{\left(\dfrac{1}{m_X} + \dfrac{1}{m_A}\right)} \tag{6.16}$$

其中 m_X 和 m_A 分别为 X 和 A 的摩尔质量（g mol^{-1}）。分子的扩散体积可由其包含的原子扩散体积组成，如下所示：

$$V = \sum n_i \cdot V_i \tag{6.17}$$

其中 n_i 是分子中包含的各原子数，V_i 为各原子的扩散体积。表 6-2 列出了常见原子和部分结构的扩散体积。如果一个分子的扩散体积可在该表中找到，则不需要使用上述公式来计算其扩散体积。由于在空气中测量和估算的扩散系数与在 N_2 和 O_2 中非常接近，因此不区分在空气、N_2 和 O_2 中测得的扩散系数，并且假设在 N_2 和 O_2 中估算的扩散系数与在空气中是相同的。

表 6-2　不同原子、官能团和小分子的扩散体积

物质	C	H	O	N	S	芳环
V	15.9	2.31	6.11	4.54	22.9	−18.3
物质	F	Cl	Br	I		杂环
V	14.7	21	21.9	29.8		−18.3
物质	He	Ne	Ar	Kr	Xe	H_2
V	2.67	5.98	16.2	24.5	32.7	6.12
物质	D_2	N_2	O_2	空气	CO	CO_2
V	6.84	18.5	16.3	19.7	18	26.9
物质	NH_3	H_2O	SF_6	SO_2	Cl_2	Br_2
V	20.7	13.1	71.3	41.8	38.4	69

基于上述科学问题，通过系统全面的文献调研，收集了 61 种活性有机卤素化合物的气体扩散系数，并建立了第一个关于活性有机卤素化合物气体扩散系数的数据库。与此同时，系统评估了 Fuller 公式是否能够准确预测活性卤素化合物的气体扩散系数。图 6.25 为在不同温度条件下，$CHCl_3$ 在空气中、CH_3Cl 在 CH_4 中、CH_3CH_2Cl 在 CH_3Cl 中以及 CCl_4 在空气中扩散系数的实测值和估算值的对比结果。从图中可以看出，$CHCl_3$ 在空气中和 CH_3Cl 在 CH_4 中扩散系数的实测值和估算值基本一致；而 CH_3CH_2Cl 在 CH_3Cl 中以及 CCl_4 在空气中扩散系数的估算值均是略高于实测值的。研究结果表明：大部分活性卤素化合物扩散系数的实测值和估算值之间的差异小于 10%，很少有数据误差超过 20%。更重要的是整个数据涵盖的温度范围由 273 K 至 478 K。上述结果表明，使用 Fuller 公式计算活性卤素化合物的扩散系数与温度之间的关系是可靠的。

表 6-3 总结了温度为 298 K 时，活性有机卤素化合物气体扩散系数的实测值（D_m）与使用 Fuller 公式得到的估算值（D_e）之间的对比。从表中可以看出，CH_3I、$CH_3CH_2CH_2Cl$、1-氯丁烷、2-氯丁烷、2-溴丁烷这些化合物的估算值（D_e）与实测值

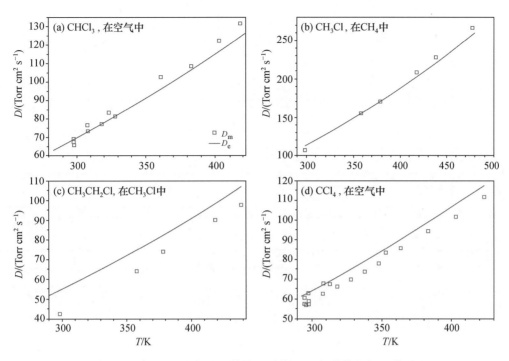

图 6.25　不同温度下扩散系数的实测值(D_m)与估算值(D_e)的对比

(D_m)之间的误差小于±1%；对于 CH_2Br_2 和六氟苯这两种化合物的误差值为±9%；其他化合物的估算值(D_e)与实测值(D_m)之间的误差则在上述两个误差值范围之间。该结果表明，各活性有机卤素化合物扩散系数的估算值与实测值均吻合较好，最大误差仅为±9%。这一结果也进一步证实了使用 Fuller 公式可以准确地估算活性卤素化合物的气体扩散系数。

表 6-3　298 K 有机卤素化合物气体扩散系数的实测值(D_m)与估算值(D_e)的对比

气体	D_m	D_e	D_e/D_m
CH_3I	312	316	1.01
CH_2F_2	348	332	0.95
CH_2Cl_2	303	293	0.97
CH_2Br_2	268	292	1.09
$CHCl_3$	251	255	1.02
CH_3CH_2Br	298	291	0.98
CH_3CH_2I	261	269	1.03
CH_3CHF_2	302	277	0.92
CH_2ClCH_2Cl	277	254	0.92
$CH_3CH_2CH_2Cl$	255	252	0.99
$CH_3CH_2CH_2Br$	239	252	1.06
$CH_3CHBrCH_3$	245	252	1.03
$CH_3CH_2CH_2I$	232	236	1.02
CH_3CHICH_3	232	236	1.02
$CH_3CHBrCH_2Cl$	231	225	0.98

气体	D_m	D_e	D_e/D_m
1-氯丁烷	223	225	1.01
2-氯丁烷	225	225	1.00
1-溴丁烷	221	224	1.02
2-溴丁烷	224	224	1.00
1-碘丁烷	211	213	1.01
2-碘丁烷	221	213	0.97
1-氯戊烷	209	204	0.98
1-氟己烷	195	193	0.99
1-溴己烷	186	188	1.01
2-溴己烷	189	188	0.99
3-溴己烷	188	188	1.00
氟苯	226	208	0.92
氯苯	216	202	0.94
溴苯	220	202	0.92
六氟苯	182	166	0.91
4-氟甲苯	202	191	0.95

6.4.4 含卤素颗粒物吸湿特性研究

颗粒物的液态水含量显著影响气体分子向颗粒物的摄取，从而影响活性卤素化合物的多相化学过程。海盐气溶胶主要来源于海浪飞溅过程，是大气中年均排放量最大的气溶胶之一，对大气化学、辐射平衡和气候变化有非常重要的影响。无机海盐颗粒物最长可在大气中停留 1～2 周，在这个过程中海盐颗粒物会与大气中的活性自由基和痕量气体发生均相和多相反应，比如海盐颗粒物中的液相卤素粒子（Cl^-、Br^- 和 I^-）可被转化为易光解的卤素物种（比如 Cl_2 和 $ClNO_2$），这个过程被称为卤素活化。这些卤素化合物光解后产生的卤素自由基能够和大气中的挥发性有机物反应，从而影响大气中臭氧的含量。

海盐中最主要的成分为 NaCl，全面理解 NaCl 颗粒物的理化性质有助于增加对海盐颗粒物理化性质的认识。但是作为多种无机盐的混合物，海盐颗粒物中还广泛存在其他含氯化合物，如 KCl、$MgCl_2$ 和 $CaCl_2$ 等，这些物质的存在可能会导致海盐颗粒物的理化性质和 NaCl 有所差别。除此之外，海洋浮游生物排放的二甲基硫进入大气后会和大气中的 OH 自由基、卤素（Cl、Br 和 I）和卤氧化物自由基（ClO、BrO 和 IO）以及 O_3 等通过一系列大气氧化反应产生甲磺酸，通过与 NaCl 和海盐颗粒物发生非均相反应进而促进甲磺酸盐颗粒物的形成，贡献海盐颗粒物的化学组成。但是目前对这些物质的吸湿性和云凝结核活性的科学认识还比较有限，阻碍了更好地认识活性卤素化合物的多相化学过程。

基于以上背景,本研究使用了蒸气吸附分析仪(vapor sorption analyzer, VSA)、吸湿性串级微分电迁移率分析仪(humidity tandem differential mobility analyzer,HTDMA)以及云凝结粒子计数器(cloud condensation nucleation counter,CCNc)3 种手段系统研究了几种代表性含氯化合物,包括 NaCl、KCl、$CaCl_2$、$MgCl_2$ 和人工海盐颗粒物以及甲磺酸盐颗粒物与水的相互作用,揭示了不同相对湿度及温度对典型含氯颗粒物及甲磺酸盐液态水含量的影响。

1. NaCl、KCl 和海盐的吸湿性及温度的作用

使用 VSA 测定了 NaCl、KCl 和海盐颗粒物在不同相对湿度时的质量增长因子,简而言之,该系统包括自动进样器、高精度称量天平、湿度控制室、质量流量计(MFC)、气体传输和混合气路以及两个单独的相对湿度传感器(可以指示两个室的湿度)等。自动进样器可用于将样品加载或卸载到天平;高精度称量天平用于准确测量样品的质量,是吸附分析系统的重要组成部分;质量流量计 MFC1 和 MFC2 用于控制湿度室内的相对湿度,总流速为 200 mL min^{-1},MFC3 控制吹扫气体,流速为 10 mL min^{-1}。该仪器的温度控制范围为 5～85℃,温度控制精度为 0.1℃;相对湿度控制范围为 0～98%,相对湿度控制精度为 1%。其质量测定范围为 0～100 mg,质量测定灵敏度优于 0.1 μg,能够准确测定由于相对湿度改变导致的颗粒物质量的微小变化,获得不同相对湿度下颗粒物的质量吸湿增长因子。

NaCl 和海盐颗粒物在不同相对湿度时的质量增长因子如表 6-4 和图 6.26 所示。在相对湿度由<1%上升至 70%的过程中,NaCl 颗粒物始终不吸收水分,当相对湿度超过 70%后,NaCl 颗粒物的质量出现了显著增长,并且随着相对湿度的增大而不断增大,本研究测得 NaCl 颗粒物在相对湿度为 90%时的质量增长因子为 7.29±0.04。海盐颗粒物的吸湿性与 NaCl 略有不同,当相对湿度增大至 70%时,海盐颗粒物的质量出现了微弱的增长,此时海盐颗粒物的质量增长因子为 1.36±0.03;当相对湿度增大至 90%时,海盐颗粒物的质量增长因子也迅速增大至 6.51±0.04。

表 6-4　使用 VSA 测得 NaCl 和海盐颗粒物的质量增长因子

RH/(%)	NaCl	海盐颗粒物
<1	1.00±0.01	1.00±0.01
10	1.00±0.01	1.00±0.01
20	1.00±0.01	1.00±0.01
30	1.00±0.01	1.00±0.01
40	1.00±0.01	1.00±0.01
50	1.00±0.01	1.00±0.01
60	1.00±0.01	1.02±0.01
70	1.00±0.01	1.36±0.03
80	4.39±0.02	3.98±0.02
90	7.29±0.04	6.51±0.04

此外，从图 6.26 看出，当相对湿度超过 75％时，NaCl 颗粒物的质量增长因子总是略高于海盐颗粒物。具体来说，NaCl 颗粒物在相对湿度为 80％和 90％时的质量增长因子分别为 4.39 ± 0.02 和 7.29 ± 0.04，而海盐颗粒物在同样相对湿度时的质量增长因子分别为 $3.98\pm0.02(80\% \text{ RH})$ 和 $6.51\pm0.04(90\% \text{ RH})$。之前的研究也发现，在相对湿度超过 80％时，海盐颗粒物的质量增长因子比 NaCl 的质量增长因子低了 15％～20％，造成这一结果的可能原因是海盐中存在 $MgCl_2$ 和 $CaCl_2$ 等物质。

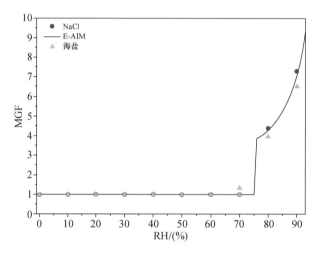

图 6.26　NaCl 和无机海盐颗粒物在不同相对湿度下的质量增长因子

之后使用 VSA 研究了 NaCl 和 KCl 颗粒物在 278～308 K 范围内的潮解点（DRH），结果如表 6-5。研究表明温度对 NaCl 和 KCl 颗粒物潮解点的影响是不同的，在 278～308 K 温度范围内，NaCl 颗粒物的潮解点没有显著变化，基本在 75％～76％之间，这说明 NaCl 颗粒物的潮解点不受温度的影响；然而当温度从 278 K 升高至 308 K 时，KCl 颗粒物的潮解点从 87％左右降低至 83％，这说明 KCl 颗粒物的潮解点与温度之间存在负相关关系。

表 6-5　VSA 测得的 NaCl 和 KCl 颗粒物在不同温度下的潮解点

盐	T/K	DRH/（％）	盐	T/K	DRH/（％）
	278	76.0		278	86.7
	283	75.7		283	86.3
	288	75.3 ± 1.2		288	85.9 ± 0.3
NaCl	293	75.3 ± 1.1	KCl	293	85.1 ± 0.3
	298	75.1 ± 1.1		298	84.3 ± 0.3
	303	75.2 ± 1.0		303	83.6 ± 0.3
	308	75.0 ± 1.0		308	83.0 ± 0.3

此外，还使用 HTDMA 测定了室温下 100 nm 的 NaCl 和海盐气溶胶颗粒物在

不同相对湿度(30%～90%)下的吸湿增长因子。其基本原理如下:1) 将干燥的多分散气溶胶通入第一个差分电迁移率分析仪(DMA1),以获得粒径基本一致的单分散气溶胶;2) 将获得的单分散气溶胶通过加湿系统,以准确调节和控制其相对湿度;3) 使用扫描电迁移率颗粒物粒径谱仪(DMA2+CPC)测定气溶胶粒径分布随相对湿度的变化,从而获得不同相对湿度(0～90%)下气溶胶颗粒物的粒径吸湿增长因子。

如图 6.27 所示,当相对湿度增大至 75% 之前,NaCl 和海盐气溶胶均不吸湿;当相对湿度达到 75% 时,两者粒径出现显著增长;随着相对湿度的进一步增大,粒径也不断增大,NaCl 和海盐气溶胶在相对湿度为 90% 时的吸湿增长因子分别为 2.37±0.01 和 2.22±0.02。同样地,由于海盐颗粒物中含有 $MgCl_2$ 和 $CaCl_2$ 等物质,海盐颗粒物在相对湿度超过 75% 时,吸湿增长因子总是略低于 NaCl,比如测得 100 nm 的 NaCl 和海盐气溶胶颗粒物在相对湿度为 90% 时的吸湿增长因子分别为 2.29 和 2.20。为了验证这一猜想,在下一小节内容中,项目团队继续研究了其他两种含氯化合物,即 $MgCl_2$ 和 $CaCl_2$ 的吸湿性。

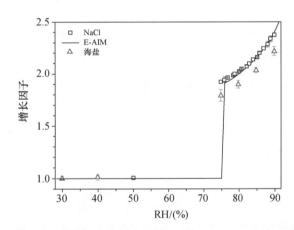

图 6.27　HTDMA 测得的 NaCl 和海盐气溶胶在不同相对湿度下的吸湿增长因子

2. $MgCl_2$ 和 $CaCl_2$ 的吸湿性及温度的作用

首先使用 VSA 测量了 $MgCl_2 \cdot 6H_2O$ 颗粒物的潮解点及质量增长因子。发现其潮解点在 5～30℃ 范围内几乎不变,具体为 30.5%～33.5%;当相对湿度从 40% 增大至 90% 时,室温下的质量增长因子由 1.344±0.057 逐渐增大至 3.681±0.178,对应的液态水含量与溶质的摩尔比(water to solute ratio,WSR)由 9.89±0.42 增大至 36.26±1.76。表 6-6 总结了 $MgCl_2 \cdot 6H_2O$ 颗粒物在 25℃ 及 5℃ 下的 VSA 测量结果。

表 6-6　$MgCl_2 \cdot 6H_2O$ 颗粒物在 25 及 5℃下的质量增长因子及水盐摩尔比（WSR）

RH/（%）	25℃		5℃	
	m/m_0	WSR	m/m_0	WSR
<1	1.000 ± 0.001	—	1.000 ± 0.001	—
10	1.000 ± 0.001	—	1.000 ± 0.001	—
20	1.000 ± 0.001	—	1.000 ± 0.001	—
30	1.001 ± 0.001	—	1.000 ± 0.001	—
40	1.344 ± 0.057	9.89 ± 0.42	1.327 ± 0.082	9.69 ± 0.60
50	1.489 ± 0.062	11.52 ± 0.48	1.473 ± 0.090	11.34 ± 0.69
60	1.677 ± 0.072	13.65 ± 0.58	1.667 ± 0.100	13.52 ± 0.82
70	1.951 ± 0.084	16.74 ± 0.72	1.950 ± 0.117	16.72 ± 1.00
80	2.433 ± 0.117	22.18 ± 1.06	2.465 ± 0.148	22.54 ± 1.35
90	3.681 ± 0.178	36.26 ± 1.76	3.972 ± 0.244	36.55 ± 2.43

　　$CaCl_2 \cdot 6H_2O$ 颗粒物的 VSA 实验结果相对于 $MgCl_2 \cdot 6H_2O$ 颗粒物更为复杂，可以观测到相转变过程：当干燥至相对湿度 <1% 时，$CaCl_2 \cdot 6H_2O$ 颗粒物转变为 $CaCl_2 \cdot 2H_2O$ 颗粒物；相对湿度升至 10% 时，颗粒物质量不变；当继续升至 20% 时，二水合物又转变为六水合物；之后随着相对湿度继续增大，颗粒物质量逐渐增加，表明 $CaCl_2 \cdot 6H_2O$ 颗粒物在相对湿度升至 30% 的过程中发生了潮解，转变为 $CaCl_2$ 液滴。进一步的测量得到 $CaCl_2 \cdot 6H_2O$ 颗粒物的潮解点 $\approx 28.5\%$ RH；$CaCl_2 \cdot xH_2O$ 在不同相对湿度下的质量增长因子及对应的 WSR 如图 6.28 及表 6-7 所示。

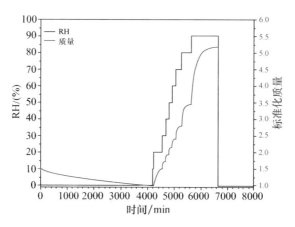

图 6.28　室温下 $CaCl_2 \cdot xH_2O$ 颗粒物在不同相对湿度下的质量增长因子

　　随后使用 HTDMA 测定了室温下 $MgCl_2$ 和 $CaCl_2$ 气溶胶颗粒物（100 nm）的吸湿增长因子，结果如表 6-8 所示。结果表明这两种氯盐气溶胶颗粒物均表现出较强的吸湿性，它们在相对湿度为 90% 时的吸湿增长因子均为 1.7 左右。此外，这两种氯盐气溶胶颗粒物均没有表现出显著的固液相变，而是在相对湿度很低时（低至 10%)就表现出显著的吸湿增长,并且它们的吸湿增长因子随相对湿度的增大而不断增大。

表 6-7　室温下 $CaCl_2 \cdot xH_2O$ 颗粒物不同相对湿度下的质量增长因子及水盐摩尔比

RH/(%)	m/m_0	WSR
<1	1.000 ± 0.001	—
10	1.000 ± 0.001	—
20	1.448 ± 0.072	—
30	1.724 ± 0.007	7.97 ± 0.03
40	1.929 ± 0.008	9.64 ± 0.04
50	2.144 ± 0.010	11.40 ± 0.05
60	2.408 ± 0.012	13.55 ± 0.07
70	2.786 ± 0.015	16.64 ± 0.09
80	3.448 ± 0.020	22.05 ± 0.13
90	5.194 ± 0.030	36.30 ± 0.21

表 6-8　HTDMA 测得的 $MgCl_2$ 和 $CaCl_2$ 气溶胶颗粒物在室温下的吸湿增长因子

RH/(%)	$MgCl_2$	$CaCl_2$
<5	1.00 ± 0.01	1.00 ± 0.01
10	1.03 ± 0.01	1.05 ± 0.01
20	1.08 ± 0.01	1.11 ± 0.02
30	1.15 ± 0.01	1.17 ± 0.01
40	1.18 ± 0.01	1.22 ± 0.01
50	1.23 ± 0.01	1.27 ± 0.01
60	1.29 ± 0.01	1.33 ± 0.01
70	1.36 ± 0.01	1.40 ± 0.01
75	1.41 ± 0.01	1.45 ± 0.01
80	1.46 ± 0.01	1.51 ± 0.01
85	1.57 ± 0.02	1.59 ± 0.02
90	1.71 ± 0.03	1.71 ± 0.03

本研究表明 100 nm 的 $MgCl_2$ 气溶胶颗粒物在相对湿度较低时(低至 10%)便开始吸湿增长,并且其吸湿增长因子随相对湿度的增大而持续增大,没有表现出显著的相变,如图 6.29 所示,这可能是因为本研究中产生的 $MgCl_2$ 气溶胶为无定形态。测得 $MgCl_2$ 气溶胶在相对湿度为 50%、70%、80%、85% 和 90% 时的吸湿增长因子分别为 1.23 ± 0.01、1.36 ± 0.01、1.46 ± 0.01、1.57 ± 0.02 和 1.71 ± 0.03。此外,在相对湿度超过 50% 时,本研究得到的吸湿增长因子与已有文献报道值一致性良好,误差范围不超过 6%。

本研究测量得到的 100 nm 的 $CaCl_2$ 气溶胶颗粒物在不同相对湿度下的吸湿增长因子如图 6.30 所示。结果表明 $CaCl_2$ 气溶胶颗粒物同样呈现出连续吸湿的增长趋势,$CaCl_2$ 气溶胶颗粒物在相对湿度为 60%、75%、80% 和 90% 时的吸湿增长因子分别为 1.33±0.01、1.45±0.01、1.51±0.01 和 1.71±0.03，该结果略高于文献报道值，但最大误差不超过 8%。

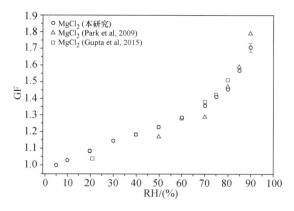

图 6.29　HTDMA 测得的 MgCl₂ 在不同相对湿度下的吸湿增长因子

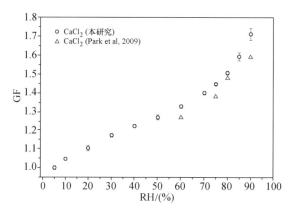

图 6.30　HTDMA 测得的 CaCl₂ 在不同相对湿度下的吸湿增长因子

综上所述，NaCl 和海盐气溶胶颗粒物在相对湿度为 90% 时的吸湿增长因子分别为 2.29 和 2.20；而 MgCl₂ 和 CaCl₂ 气溶胶颗粒物在相对湿度为 90% 时的吸湿增长因子均为 1.7 左右，显著低于 NaCl，表明海盐气溶胶颗粒物吸湿性弱于 NaCl 的部分原因可能是其中含有相对弱吸湿能力的物种，如 MgCl₂ 和 CaCl₂ 所致，以上实验结果也进一步验证了前面的结果。

3. 甲磺酸盐的吸湿性和云凝结核活性

甲磺酸盐是二甲基硫(DMS)大气氧化的重要产物，并普遍存在于海洋气溶胶中；外场观测研究也表明随着海洋区域生物源排放量的增加，气溶胶吸湿能力及云凝结核活性(CCN)也明显增大，可能是气溶胶中甲磺酸盐比例增加所致。然而，目前对于甲磺酸盐与水的相互作用的研究很少，尚不清楚甲磺酸盐的存在会在多大程度上影响海盐气溶胶颗粒的吸湿性及 CCN 活性。基于此原因，首先使用蒸气吸附分析仪和吸湿性串级差分电迁移率分析仪两种测量手段,对 3 种代表性的甲磺酸盐(包括甲磺酸钠、甲磺酸钾和甲磺酸钙)在亚饱和条件下的吸湿特性进行了研究。

图 6.31 为不同相对湿度条件下 3 种甲磺酸盐颗粒物的质量变化,具体来说,25℃下甲磺酸钠、甲磺酸钾和甲磺酸钙 90% RH 下相对于干态下(RH<1%)的质量变化分别为 4.002±0.053、3.479±0.031 和 3.663±0.019。此外甲磺酸钠的潮解点为 70%~71% RH,在 15~35℃区间内没有表现出明显的温度相关性。

通过对甲磺酸盐在不同相对湿度条件下质量变化的测量,进一步计算得到其水盐摩尔比(WSR),结果如表 6-9 所示。在 70% RH 以上,3 种甲磺酸盐颗粒物均发生了潮解,甲磺酸钠在 75%、80%、85%和 90% RH 下的 WSR 分别为 8.0±0.1、10.1±0.1、13.4±0.1 和 19.7±0.3;甲磺酸钾在 75%、80%、85%和 90% RH 下的 WSR 分别为 5.4±0.3、8.8±0.1、12.2±0.1 和 18.5±0.2;甲磺酸钙在 75%、80%、85%和 90% RH 下的 WSR 分别为 7.6±0.1、9.4±0.1、12.1±0.1 和 17.0±0.1。其中甲磺酸钠的 WSR 计算结果与已有研究结果比较一致,而甲磺酸钙 WSR 结果明显小于已有研究结果。

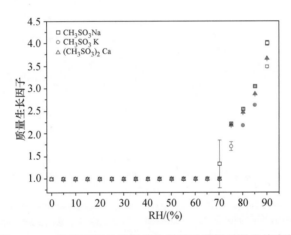

图 6.31　3 种甲磺酸盐的质量生长因子随相对湿度的变化

采用 HTDMA 进一步研究了 3 种甲磺酸盐气溶胶颗粒物在不同相对湿度条件下的直径变化,结果如图 6.32 所示。甲磺酸钠气溶胶在 70% RH 下发生潮解,且在 70%、80%和 90% RH 下的吸湿增长因子分别为 1.12±0.03、1.28±0.01 和 1.48±0.02;相似地,甲磺酸钾气溶胶在 75% RH 下开始吸湿增长,在 70%、80%和 90% RH 下的吸湿增长因子分别为 1.20±0.04、1.31±0.03 和 1.53±0.04;而对于甲磺酸钙,在整个相对湿度范围内表现出连续吸湿行为,在 40%、60%、80%和 90% RH 下的吸湿增长因子分别为 1.08±0.01、1.21±0.01、1.43±0.01 和 1.65±0.02。完整的吸湿增长因子数据如表 6-10 所示。

表 6-9 25℃下 3 种甲磺酸盐在不同相对湿度的质量增长因子(m/m_0)与水盐摩尔比(WSR)

RH /(%)	CH₃SO₃Na		CH₃SO₃K		(CH₃SO₃)₂Ca	
	m/m_0	WSR	m/m_0	WSR	m/m_0	WSR
<1	1.000±0.001		1.000±0.001		1.000±0.001	
5	1.000±0.001		1.000±0.001		1.000±0.001	
10	0.999±0.001		1.000±0.001		1.000±0.001	
15	1.000±0.001		1.000±0.001		1.000±0.001	
20	1.000±0.002		1.000±0.001		1.000±0.001	
25	0.999±0.002		1.000±0.001		1.000±0.001	
30	0.999±0.002		1.000±0.001		1.000±0.001	
35	0.999±0.002		1.000±0.001		1.000±0.001	
40	0.999±0.002		1.001±0.001		1.000±0.001	
45	0.999±0.003		1.010±0.002		1.000±0.001	
50	0.998±0.003		1.013±0.003		1.000±0.001	
55	0.999±0.004		1.015±0.004		1.000±0.001	
60	0.998±0.004		1.019±0.005		0.999±0.001	
65	0.998±0.004		1.026±0.006		1.000±0.001	
70	1.330±0.531		1.045±0.011		1.000±0.001	
75	2.217±0.024	8.0±0.1	1.718±0.100	5.4±0.3	2.185±0.009	7.6±0.1
80	2.541±0.024	10.1±0.1	2.189±0.011	8.8±0.1	2.464±0.011	9.4±0.1
85	3.046±0.017	13.4±0.1	2.634±0.010	12.2±0.1	2.888±0.013	12.1±0.1
90	4.002±0.053	19.7±0.3	3.479±0.031	18.5±0.2	3.663±0.019	17.0±0.1

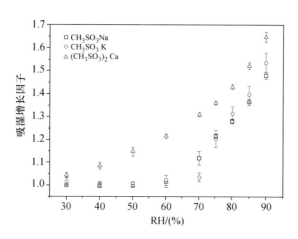

图 6.32 不同相对湿度下 3 种甲磺酸盐气溶胶的吸湿增长因子

此外,使用云凝结核粒子计数器等设备研究了以上代表性甲磺酸盐在过饱和条件下的云凝结核活性。仪器工作原理为:首先通过高压氮气雾化产生气溶胶颗粒,雾化器瓶中的溶液浓度通常在 $0.2\sim0.4$ g L^{-1},发生的湿气溶胶(流速约 3000 mL min^{-1})通过硅胶扩散干燥器进行干燥,然后分成两路。一路通过 HE-PA 过滤器进入废气排出;另一路(流速为 800 mL min^{-1})通过 3 个串联的硅胶扩散干燥器,以此将 RH 进一步降低至＜5%。之后,干燥的气溶胶先通过 RH 传感器(以监测气溶胶 RH)、气溶胶中和器和静电分级器,然后通过差分电迁移率分析仪(DMA,TSI 3081)筛选出单分散气溶胶。之后气溶胶分为两路:一路(300 mL min⁻¹)进入凝结粒子计数器(CPC,TSI 3775)中以测量总粒子数浓度([CN]),另一路(500 mL min⁻¹)进入云凝结核计数器(CCNc,CCN-100,droplet measurement technologies),以监测被激活为云滴的气溶胶颗粒的浓度([CCN])。

表 6-10　不同相对湿度下 3 种甲磺酸盐的吸湿增长因子

RH/(%)	CH_3SO_3Na	CH_3SO_3K	$(CH_3SO_3)_2Ca$
30	1.00±0.01	1.01±0.02	1.04±0.01
40	1.00±0.01	1.01±0.01	1.08±0.01
50	1.00±0.01	1.01±0.01	1.15±0.02
60	1.02±0.03	1.02±0.02	1.21±0.01
70	1.12±0.03	1.03±0.02	1.31±0.01
75	1.22±0.01	1.20±0.04	1.36±0.01
80	1.28±0.01	1.31±0.03	1.43±0.01
85	1.36±0.01	1.40±0.04	1.52±0.01
90	1.48±0.02	1.53±0.04	1.65±0.02

通过测量不同过饱和度下的粒子活化比例([CCN]/[CN]),即可得到不同初始粒径下的临界过饱和度,进而得到不同化学组成气溶胶颗粒物的吸湿参数 κ。50 nm 初始干粒径下的不同组成气溶胶的 CCN 活化曲线如图 6.33 所示。

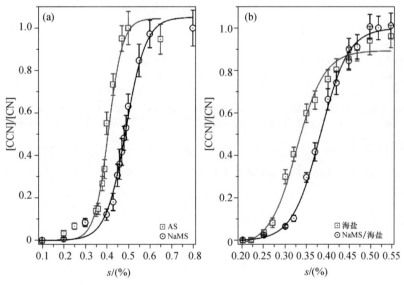

图 6.33　50 nm 初始干粒径气溶胶颗粒物在不同过饱和度下的 CCN 活化比例:
(a) 硫酸铵(AS)和甲磺酸钠(NaMS);(b) 海盐和质量比 1∶1 甲磺酸钠/海盐混合物

通过得到不同组成气溶胶的 CCN 活化曲线，即可进一步得到 κ 因子，结果如表 6-11 所示。本研究首先测量得到了 50 nm 和 60 nm 初始粒径下的甲磺酸钠、甲磺酸钙以及甲磺酸钾的临界过饱和度，50 nm 下甲磺酸钠、甲磺酸钙以及甲磺酸钾的临界过饱和度分别约为 0.50%、0.55% 和 0.49%，表明甲磺酸钠和甲磺酸钾的 CCN 活性比较相似，并且强于甲磺酸钙。相应地，三者的 κ 因子分别为 0.46 ± 0.02、0.37 ± 0.01 和 0.47 ± 0.02。此外，本研究通过测量质量比为 1∶1 和 1∶10 的内混 NaMS/NaCl 和 NaMS/海盐的 CCN 活性，研究了甲磺酸盐对海洋气溶胶颗粒 CCN 活性的影响。发现对于质量比为 1∶1 的两种混合物，测得的 κ 与使用简单混合法则估算的 κ 非常吻合。当 NaMS 与 NaCl 或海盐的质量比为 1∶10 时，NaMS 的存在对 NaCl 和海盐颗粒的 CCN 活性影响很小，甚至可以忽略不计。由于甲磺酸盐对海洋气溶胶颗粒总量的贡献相对较小，因此甲磺酸盐对海洋气溶胶 CCN 活性的影响可能很小。

表 6-11　不同干粒径下甲磺酸盐及与 NaCl、海盐内混气溶胶的临界过饱和度及 κ 因子

气溶胶	D_m/nm	s_c/(%)	κ	κ 均值	κ 计算值
NaMS	50	0.448~0.501	0.44~0.47	0.46 ± 0.02	—
	60	0.361~0.377	0.45~0.49		
Ca(MS)$_2$	50	0.546~0.554	0.36~0.37	0.37 ± 0.01	
	60	0.403~0.424	0.36~0.40		
KMS	50	0.486~0.497	0.45~0.47	0.47 ± 0.02	—
	50	0.363~0.380	0.44~0.49		
NaCl	40	0.413~0.433	1.16~1.27	1.22 ± 0.09	
	50	0.285~0.318	1.10~1.37		
NaMS/NaCl（1∶1）	50	0.380~0.392	0.72~0.77	0.75 ± 0.02	0.82
NaMS/NaCl（1∶10）	50	0.323~0.335	0.99~1.06	1.03 ± 0.03	1.14
海盐	50	0.339~0.342	0.95~0.97	0.96 ± 0.01	—
NaMS/海盐（1∶1）	50	0.392~0.400	0.69~0.72	0.71 ± 0.01	0.71
NaMS/海盐（1∶10）	50	0.330~0.335	0.99~1.02	1.01 ± 0.01	0.92

考虑到甲磺酸盐是海洋气溶胶中一类重要的组成部分，而现有的气溶胶热力学模型中尚未考虑该类物种的影响，本研究发现甲磺酸盐的吸湿性低于 NaCl 和海盐，进一步明确了甲磺酸盐对海盐气溶胶吸湿性的影响。本研究对于系统认识甲磺酸盐的吸湿性以及改进气溶胶热力学模型具有重要意义。

4. 盐尘颗粒物的吸湿性

由干旱及半干旱地区表层土壤经风蚀产生的盐尘矿物气溶胶，是对流层气溶胶的主要成分。大气中的矿物气溶胶能够通过散射和吸收太阳光的直接辐射以及地面间接辐射，影响其作为云凝结核及冰核的形态与吸湿性。同时，矿物气溶胶的非均相反应能够显著改变对流层中反应性微量气体的丰度，促进硝酸盐和硫酸盐

等二次气溶胶的形成,进而在空气质量、辐射强迫以及生物地球化学循环等方面发挥重要作用。

已有研究测定了北美地区盐碱地矿物颗粒的吸湿性和 CCN 活性,而关于其他地区的相关研究还十分有限。例如,我国华北和西北地区分布着大面积的干旱和半干旱盐碱地,是全球盐尘矿物气溶胶的主要来源之一。基于这一科学问题,本研究测定了来自中国不同地区盐尘矿物颗粒的矿物组成、化学成分和吸湿性,并将测量的吸湿性参数与热力学模型 ISORROPIA-II 预测的吸湿性参数进行了对比分析。本研究通过购买和实地采样两种方式采集了 13 个中国干旱和半干旱地区地表土壤样品,这些盐尘矿物颗粒样品信息如表 6-12 所示,包括样品的采样省份、样品编号以及具体的采样地理位置。具体为:1) 5 个中国地质科学院的标准样品(GBW07449、GBW07450、GBW07447、GBW07448 和 GBW07454);2) 7 个盐湖表层土壤样品(playas topsoil);3) 1 个黄河三角洲区域的农田表层土壤样品(agricultural topsoil)。

表 6-12　盐尘矿物颗粒样品信息汇总

采样省份	样品编号	地理位置	其他
新疆	XJ-1	N. A.	GBW07449
	XJ-2	N. A.	GBW07450
	XJ-3	92°49′17″E,43°36′32″N	表层土壤样品
	XJ-4	91°11′14″E,42°39′54″N	表层土壤样品
	XJ-5	89°14′42″E,42°41′18″N	表层土壤样品
	XJ-6	91°31′3″E,42°37′16″N	表层土壤样品
内蒙古	IM-1	N. A.	GBW07447
	IM-2	101°23′10″E,41°59′38″N	表层土壤样品
	IM-3	105°41′51″E,38°50′42″N	表层土壤样品
青海	QH	N. A.	GBW07448
宁夏	NX	105°0′33″E,37°38′38″N	表层土壤样品
陕西	SX	N. A.	GBW07454
山东	SD	118°58′39″E,37°45′36″N	农田表层土壤样品

利用 X 射线粉末衍射分析技术(XRD)测定了所有盐尘矿物颗粒的矿物学组成,并基于 κ 值法计算了每个样品中不同矿物组分的相对质量分数。图 6.34 为 XJ-1、XJ-5 和 IM-3 样品的 XRD 衍射谱图。盐尘矿物颗粒中主要的矿物成分包括石英、钾长石、钠长石、白云母、方解石、大量的黏土矿物(如高岭石、绿泥石和伊利石)以及铁氧化物(如赤铁矿、针铁矿和黄铁矿)。XJ-3、XJ-6 以及 IM-3 这 3 种矿物中还含有文石、硬石膏和金红石。此外,利用 XRD 所鉴定的矿物组成中含有海盐和芒硝两种可溶性的矿物,在 IM-3 中检测到芒硝,在 XJ-1、XJ-3、XJ-4、XJ-5、XJ-6、IM-2、NX 和 SD 这 8 种样品中均检测到了海盐。文献报道表明,海盐和芒硝的主要化学成分为 $NaCl$ 和 Na_2SO_4,而室温下 $NaCl$ 和 Na_2SO_4 的潮解点分别为 75% 和 85%。因此,当环境湿度达到潮解点时,含有海盐和芒硝的盐尘矿物颗粒可能

会由于特定成分达到潮解点而大量吸水,因此颗粒物的质量显著增加。

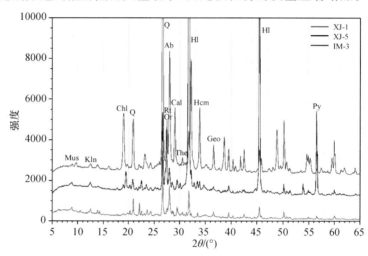

图 6.34　XJ-1、XJ-5 和 IM-3 的 XRD 衍射图

此外,使用离子色谱仪(IC)测定了所有样品中 12 种水溶性无机离子含量,这些离子包括 5 种水溶性阳离子(Na^+、K^+、Ca^{2+}、Mg^{2+} 和 NH_4^+)和 7 种水溶性阴离子(F^-、Br^-、Cl^-、NO_2^-、NO_3^-、PO_4^{3-} 和 SO_4^{2-}),结果如表 6-13 所示。不同盐尘矿物中水溶性无机离子的质量分数差异可达 2 个数量级,最低含量小于 0.5%(XJ-2 和 SX),最高含量大于 84%(NX)。对于阴离子而言,Cl^- 和 SO_4^{2-} 是两种主要组分,但不同来源的样品之间其含量存在较大差异;F^-、Br^-、NO_2^- 和 PO_4^{3-} 在所有样品中的含量均可忽略不计;而 NO_3^- 仅在 XJ-1、XJ-4 和 XJ-5 这 3 种样品中检测到,其质量分数小于 0.3%。在阳离子中,一般 Na^+ 含量最高,部分样品中 Ca^{2+} 和 Mg^{2+} 贡献也相当显著,K^+ 含量一般相对较少。

表 6-13　不同盐尘矿物样品的水溶性无机离子质量分数(%)

样品	Na^+	K^+	Ca^{2+}	Mg^{2+}	NO_3^-	Cl^-	SO_4^{2-}
XJ-1	4.47	0.10	0.02	1.18	0.21	2.96	12.08
XJ-2	0.07	0.05	0.03	0.33	n. d.	0.00	0.02
XJ-3	2.39	0.05	0.04	0.45	n. d.	0.93	4.97
XJ-4	3.26	0.02	0.02	0.33	0.21	3.41	0.71
XJ-5	24.07	0.04	0.48	0.55	0.29	21.45	9.73
XJ-6	0.03	0.01	0.11	6.51	n. d.	0.00	34.11
IM-1	0.76	0.05	0.04	0.44	n. d.	0.56	2.12
IM-2	4.71	0.10	0.72	0.81	n. d.	2.29	14.13
IM-3	13.43	0.04	0.04	0.92	n. d.	0.95	34.24
QH	0.06	0.05	0.04	0.40	n. d.	0.02	0.21
NX	35.37	0.15	0.34	0.06	n. d.	38.70	9.58
SX	0.03	0.04	0.03	0.35	n. d.	n. d.	n. d.
SD	2.65	0.03	0.41	1.90	n. d.	5.08	7.54

颗粒物的质量增长因子定义为给定相对湿度下颗粒物的质量与<1%相对湿度下的质量比。本研究使用蒸气吸附分析仪(VSA)测定了所有盐尘暴颗粒物在不同相对湿度(0~90%)下的质量增长因子,结果如图 6.35 所示。

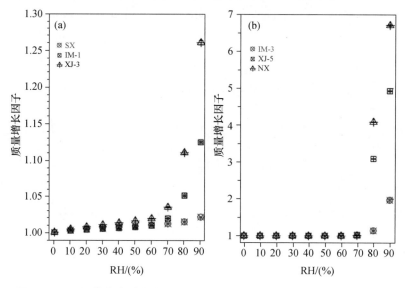

图 6.35　不同的盐尘矿物样品(a)SX、IM-1 和 XJ-3 与(b)IM-3、XJ-5 和 NX 在不同相对湿度下的质量增长因子

研究发现所有样品的吸湿性都发生了变化,质量增长因子最小仅为 1.02,最大则可达 6.7。根据不同盐尘暴颗粒物间质量增长因子的差异,将这 13 种盐尘暴颗粒物划分为低吸湿性组(XJ-2、XJ-3、XJ-6、IM-1、QH 和 SX)、中吸湿性组(XJ-1、XJ-4、IM-2、IM-3 和 SD)以及高吸湿性组(XJ-5 和 NX)。低吸湿性组的质量增长因子均低于 1.03,中吸湿性组介于 1.6~2.0,高吸湿性组分别约为 4.9 和 6.7。

结合 XRD 结果,在低吸湿性组样品中,除了 XJ-3 外其余样品均未检测到海盐或芒硝;中、高吸湿性组样品都含有大量的海盐或芒硝,这表明具有水溶性特征的海盐和芒硝对盐尘矿物颗粒的吸湿性起着重要作用。此外,在中、高吸湿性组中,绝大部分样品在 RH 达到 80% 前就已发生潮解,质量增长因子大于 1.26%,推测这些样品吸湿性主要受海盐(NaCl 的潮解点约 75%)影响。然而,IM-3 样品却显著不同,在 80% RH 条件下质量增长因子为 1.14,90% RH 条件下质量增长因子为 1.97。IM-3 是所有样品中唯一含有水溶性矿物芒硝的样品,推测该样品的潮解主要受芒硝(Na_2SO_4 的潮解点约 85%)的影响,其发生潮解的相对湿度为 80%~90%。此外,SD 样品在 70% RH 下质量增长因子达到 1.16,这一结果显著高于其他样品(不足 1.04),推测这可能与 SD 样品中含有较多的 Na^+ 和 Mg^{2+} 有关,因为镁盐在较低相对湿度下就可以发生潮解。SD 样品的 XRD 分析并未识别出含镁盐的矿物,这可能与 Mg^{2+} 的存在形态有关。

将所有样品在 90% RH 条件下的质量增长因子与 Na^+ 质量分数和阳离子总和的质量分数进行相关性分析，如图 6.36 所示。结果发现吸湿性与 Na^+ 和阳离子总和的质量分数均具有显著的相关性，这主要是由于 Na^+ 是盐尘暴颗粒物的主要成分。此外，由图 6.37 可知，90% RH 条件下的质量增长因子与 Cl^-（R^2 为 0.974）以及 Cl^- 和 SO_4^{2-} 总和（R^2 为 0.924）的质量分数也具有较好的相关性（除 XJ-6 和 IM-3 外）。推测 XJ-6 和 IM-3 这两个样品的吸湿性可能主要受 SO_4^{2-} 的影响。上述结果表明，化学成分对盐尘暴颗粒物的吸湿性有较为重要的影响，这一结果与北美的盐尘暴颗粒物的研究吻合。

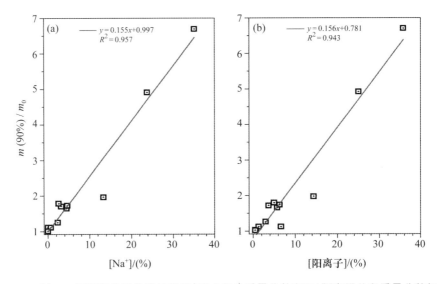

图 6.36　90% RH 下测量的质量增长因子与(a) Na^+ 质量分数和(b)阳离子总和质量分数相关性

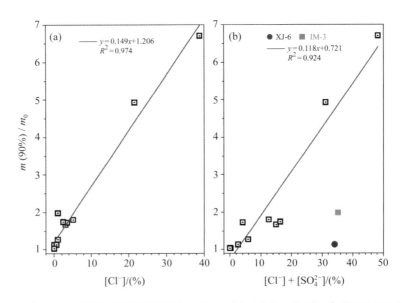

图 6.37　90% RH 下测量的质量增长因子与(a) $[Cl^-]$ 和(b) $[Cl^-]+[SO_4^{2-}]$ 质量分数的相关性

为了进一步明确盐尘暴颗粒物的吸湿性与化学成分之间的关系,借助 ISOR-ROPIA-Ⅱ 模型,将可溶性离子的质量分数作为模型中的输入数据,在"反向"模式下运行计算得到盐尘暴颗粒物在 90% RH 条件下的质量增长因子,并与测量值进行对比分析。表 6-14 总结了 13 个盐尘暴颗粒物在 90% RH 条件下质量增长因子的测量值和模拟值。由图 6.38 可知,除 XJ-5、XJ-6 和 NX 外,模拟值与测量值的误差均在 20% 以内,这表明 ISORROPIA-Ⅱ 模型在预测盐尘矿物颗粒的吸湿性方面具有较高的准确性。对于 XJ-5 和 NX 样品,模型计算的质量增长因子分别比实际测量的低 31% 和 24%;而 XJ-6 样品质量增长因子模拟值比测量值高 97%。

表 6-14　不同盐尘矿物颗粒在 90% RH 条件下质量增长因子测量值、模拟值、模拟值/测量值以及 κ 因子

样品	吸湿性	MGF_m	MGF_c	MGF_c/MGF_m	κ
XJ-1	中	1.6569	1.415	0.85	0.190
XJ-2	低	1.0312	1.000	0.97	0.009
XJ-3	低	1.2602	1.256	1.00	0.075
XJ-4	中	1.7183	1.410	0.82	0.207
XJ-5	高	4.9258	3.390	**0.69**	1.134
XJ-6	低	1.1212	2.208	**1.97**	0.035
IM-1	低	1.1237	1.121	1.00	0.036
IM-2	中	1.7353	1.428	0.82	0.212
IM-3	中	1.9732	2.313	1.17	0.281
QH	低	1.0215	1.007	0.99	0.006
NX	高	6.7060	5.064	**0.76**	1.648
SX	低	1.0212	1.000	0.98	0.006
SD	中	1.7910	1.624	0.91	0.229

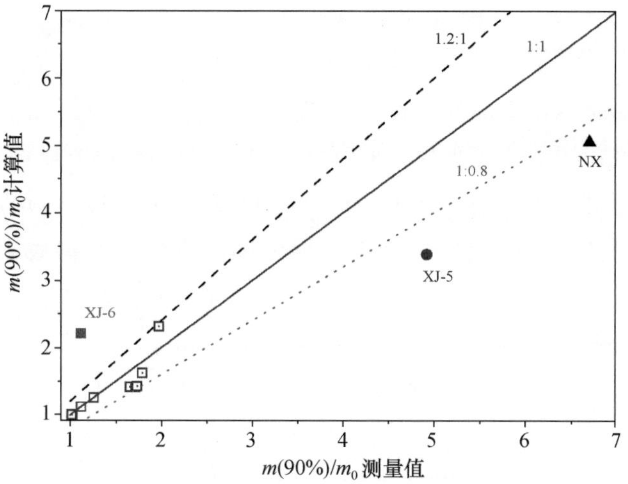

图 6.38　在 90% RH 条件下的质量增长因子 $(m_{90\%}/m_0)$ 与 ISORROPIA-Ⅱ 计算的质量增长因子之间的对比

综上,盐尘矿物气溶胶在大气对流层中起着重要作用。通过测定 13 种来自中国不同地区的盐尘颗粒物的吸湿性,发现其在 90% RH 条件下质量增长因子为 1.02~6.7,相应的吸湿性参数 κ 的范围为<0.01 至>1.0。从矿物组成角度分析,含有海盐和芒硝两种可溶性矿物的盐尘矿物样品吸湿性较强;从化学成分角度分析,发现 Na^+、Cl^- 和 SO_4^{2-} 与盐尘矿物颗粒在 90% RH 条件下的质量增长因子均具有显著的相关性。此外,ISORROPIA-Ⅱ 模型在预测盐尘矿物样品的吸湿性方面具有较高的准确性,预测误差小于 20%。上述结果表明,某些矿质颗粒物可能具有一定乃至较强的吸湿性,这可能将改变对矿质颗粒物吸湿性的科学认识,进而帮助更好地了解矿质颗粒物在大气化学和气候系统中的作用。

6.4.5 $ClNO_2$ 非均相生成及对大气环境的影响

大气硝酰氯($ClNO_2$)是一种重要的活性含氮化合物,可在夜间临时储存 NO_x,然后在日间发生光解反应并将 NO_x 重新释放至大气中,进而影响大气光化学反应和 O_3 的形成。另一方面,$ClNO_2$ 也是大气中 Cl 原子的重要来源,对大气氧化性和光化学反应有重要贡献。大气中 $ClNO_2$ 的主要来源是 N_2O_5 与海盐气溶胶的非均相反应,因此受人为污染影响比较严重的沿海地区是 $ClNO_2$ 生成的热点区域;然而,内陆城市也陆续观测到高浓度的 $ClNO_2$,其中内陆地区大气中的 Cl 离子可能来源于煤和生物质的燃烧、垃圾焚烧和融雪剂的使用等。

1. $ClNO_2$ 在大气气溶胶中的产率和参数化

利用高分辨质谱对大气痕量气体的非均相化学过程进行在线观测是国内外学术界的研究难点和热点之一。外场观测研究主要通过观测大气中的 N_2O_5 和 $ClNO_2$ 浓度结合配套数据对其摄取系数及产率进行间接推算,方法包括产物生成速率法和稳态平衡法。但这些方法对真实大气环境有各自的简化处理,因而具有一定的不确定性。为了更好地研究 $ClNO_2$ 在真实大气气溶胶表面的产率,本研究开发了可应用于高污染环境下的 $ClNO_2$ 非均相产率的直接测量方法。本研究利用气溶胶流动管并耦合迭代化学模式,测量 N_2O_5 在实际气溶胶表面的摄取过程和 $ClNO_2$ 的产率(图 6.39)。本研究还通过实验室实验以及模式模拟,定量研究了该装置中各项参数对产率测定的影响,包括停留时间分布,管壁损失,以及在高氮氧化物、高臭氧条件下于反应器中发生的二次生成及滴定过程。经过这些测试,证实了本方法可以得到更为精准的实际大气气溶胶表面的 N_2O_5 摄取系数和 $ClNO_2$ 的产率,尤其是对于大气污染较为严重的地区。

在此基础上本研究总结和对比了前期在不同地区 N_2O_5 和 $ClNO_2$ 的观测结果,分析了 $ClNO_2$ 产率在不同条件下的变化特征。结果表明,在我国大气环境中

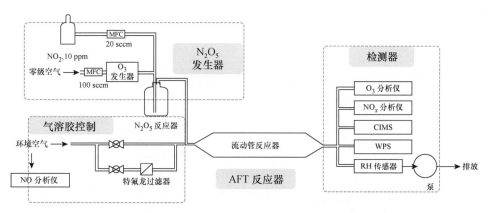

图 6.39　用于直接测量实际大气气溶胶上 N_2O_5 非均相摄取系数和 $ClNO_2$ 非均相产率的在线流动管系统

颗粒物中的 Cl 离子对 N_2O_5 非均相摄取过程的促进作用不显著,这导致了参数化方案高估了 N_2O_5 在真实气溶胶表面的非均相摄取系数。而与大气模式常用的 BT09 的 $ClNO_2$ 产率参数化方案进行对比,也发现该参数化方案存在明显高估。为此,团队利用流动管实验数据对参数化方案中的反应速率常数进行了重新拟合,获得以实际观测为基础的新参数化方案($\varphi_{ClNO_2} = 1/(1+105 \times [H_2O]/[Cl^-])$)。新参数化方案可以大大改善在大气环境中高 $[H_2O]/[Cl^-]$ 条件下 $ClNO_2$ 在气溶胶表面非均相反应产率的模拟,但在低 $[H_2O]/[Cl^-]$ 条件下的变化仍然存在较大的误差。

为进一步研究 $ClNO_2$ 在不同环境条件下的大气非均相化学产率及对大气氧化性的影响,研究团队对珠三角东部杨梅坑背景站 2019 年秋季大气观测到的 $ClNO_2$ 进行了产率计算,结果发现 $ClNO_2$ 产率 φ 在 0.31~0.98 范围内,平均值为 0.73。该结果比我国其他地区测定的 $ClNO_2$ 的产率相对较高,高于华北地区和其他城市大气中所测得的 $ClNO_2$ 产率。表明该地区大气非均相化学过程活跃,高浓度的人为污染物和丰富的海盐气溶胶有利于 N_2O_5 非均相化学转化及 $ClNO_2$ 的生成。该沿海背景站大气气溶胶中含有大量的海盐气溶胶成分,观测期间 Cl 离子平均浓度在 0.04 $\mu g\ m^{-3}$,对应于气溶胶液态水中 Cl 含量为 0.27 $mol\ L^{-1}$。我们也对观测得到的 $ClNO_2$ 产率随气溶胶水含量和氯成分 $[Cl^-]/[H_2O]$ 的变化特征进行了分析,并对实验室研究获得的参数化方案 BT09 和本研究流动管实验改进后的参数化方案进行了对比(图 6.40)。受干净的背景气团影响下,观测获得的 $ClNO_2$ 产率与前期实验室研究得到的参数化方案模拟结果较为一致,却明显高估了受城市污染气团影响下 $ClNO_2$ 的产率。而本研究改进后的参数化方案的模拟结果与实际大气中污染气团中的测量值更为一致,说明改进后的参数化方案可以更好地表现污染大气中 $ClNO_2$ 的产率,并可以用于空气质量模型以更准确模拟氮氧化物非均相过程和卤素活化过程。

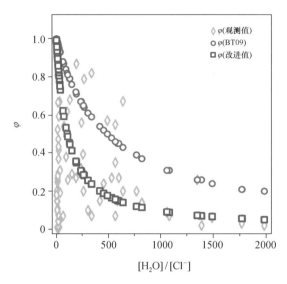

图 6.40　观测获得的实际大气气溶胶上 $ClNO_2$ 非均相产率
与实验室参数化方案及改进后参数化估算的产率的对比

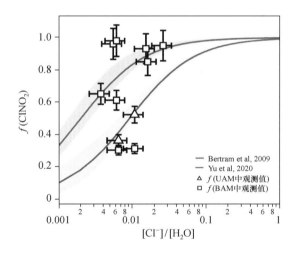

图 6.41　珠三角地区观测 $ClNO_2$ 产率随气溶胶上［Cl^-］/
［H_2O］含量比值的变化关系，及与不同参数化方案的对比

　　在综合多个研究结果基础上，本研究认为我国污染大气气溶胶中［Cl^-］含量对 $ClNO_2$ 的生成促进作用可能被高估，可能由于气溶胶中 Cl 形态分布不均，或者其他成分对 Cl 的反应性存在抑制作用。为此，在进一步考虑了有机物抑制及其他物种可能的影响基础上提出了进一步的 $ClNO_2$ 产率的参数化：

$$\varphi(\mathrm{ClNO_2}) = \cfrac{1}{1 + \cfrac{k_3[\mathrm{H_2O}]}{k_4[\mathrm{Cl^-}]} + \cfrac{k_5[\mathrm{Y^-}]}{k_4[\mathrm{Cl^-}]}} \qquad (6.18)$$

并且用实际观测结果对各项参数进行了重新拟合。改进的参数化方案可以更好地估算 $\mathrm{ClNO_2}$ 在高产率下的数值,并可以用于空气质量模式,从而改进对氮氧化物和活性卤素非均相过程的模拟,提高区域空气质量模拟和预测准确性。

2. 矿质气溶胶非均相反应研究

矿质气溶胶是地球大气中一种重要的大气颗粒物,研究表明在沙尘暴事件期间 $\mathrm{N_2O_5}$ 非均相反应对硝酸盐颗粒的形成有重要影响。为了评估矿质气溶胶与 $\mathrm{N_2O_5}$ 的非均相反应对 $\mathrm{ClNO_2}$ 生成的贡献,开展了一系列实验室模拟研究,定量分析了 $\mathrm{N_2O_5}$ 与来自中国不同地区多个矿质气溶胶样品非均相反应的 $\mathrm{ClNO_2}$ 产率,并探讨了颗粒物成分和含水量对 $\mathrm{ClNO_2}$ 产率的影响。此外,进一步使用三维化学传输模型(GEOS-Chem)评估了在 2017 年 5 月沙尘暴事件期间 $\mathrm{N_2O_5}$ 与矿质气溶胶的非均相反应对 $\mathrm{ClNO_2}$ 和臭氧的影响。

图 6.42 展示了 $\mathrm{N_2O_5}$ 与矿质气溶胶非均相反应的实验装置。该装置主要由 3 部分组成:1) $\mathrm{N_2O_5}$ 的产生;2) 气体-颗粒物的非均相反应;3) $\mathrm{N_2O_5}$ 和 $\mathrm{ClNO_2}$ 的在线检测。通过臭氧与 $\mathrm{NO_2}$ 的反应来产生 $\mathrm{N_2O_5}$,具体流程如下:将一定流速的合成空气流过汞灯,在汞灯 184.95 nm 紫外辐射下氧气发生光解产生臭氧;使用珀耳帖冷却器将光解模块的温度稳定在 35℃,以产生稳定的臭氧浓度;将臭氧/合成空气、$\mathrm{NO_2}$ 气体通入温度恒定的 PFA 反应器发生混合并发生反应生成 $\mathrm{N_2O_5}$,其停留时间约为 70 s;然后,使用加湿氮气气流(2500 mL min^{-1})稀释 $\mathrm{N_2O_5}$ 气体(110 mL min^{-1}),最终气体的总流速为 2610 mL min^{-1}。

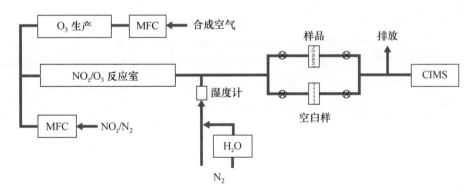

图 6.42　$\mathrm{N_2O_5}$ 与盐尘颗粒物非均相反应研究装置的示意图

反应前将 $\mathrm{N_2O_5}$ 混合气体直接通过空白 PTFE 滤膜,可测得 $\mathrm{N_2O_5}$ 和 $\mathrm{ClNO_2}$ 的初始浓度。然后将 $\mathrm{N_2O_5}$ 气体通过覆载矿质颗粒物的 PTFE 滤膜,此时可以测量到与矿质颗粒物发生非均相反应后 N_2O_5 和 $ClNO_2$ 的浓度变化，从而计算 $ClNO_2$ 产率。实验中矿质气溶胶的质量范围为 $0.6 \sim 7.3$ mg。当 N_2O_5 通过反应器之后，CIMS 以 2200 mL min^{-1} 的流速采样，其余气体通过旁路排出。本研究使用了 I 离子模式化学电离质谱仪检测 N_2O_5 及 $ClNO_2$ 的浓度变化，从而得到非均相反应的速率常数和活性卤素化合物的生成产率。该化学电离质谱仪的灵敏度高，检测限可达 $2 \sim 3$ pptv，反应体系中所使用的 N_2O_5 浓度为 $0.4 \sim 1.0$ ppbv，接近于实际大气水平。

为了获取不同相对湿度下 CIMS 测量 N_2O_5 的响应曲线，通过 NO_2 和 O_3 混合发生 N_2O_5 并配合气体加湿系统来实现 CIMS 的标定。N_2O_5 的发生源浓度可以通过 CEAS 仪器定量，该设备的检测限为 2.7 pptv，不确定度约为 25%，时间分辨率为 5 s。随后也测定了不同湿度下 CIMS 测量 $ClNO_2$ 的标准曲线，具体过程为：将 10 ppmv 的 Cl_2 气通过含有 $NaNO_2$ 和 NaCl 的溶液以产生 $ClNO_2$，然后将生成的 $ClNO_2$ 与不同湿度的加湿气混合，采样至 CIMS 仪器，从而得到 $ClNO_2$ 的标定曲线。为了量化 $ClNO_2$ 的浓度，将 $ClNO_2$ 的发生气直接输送至腔衰减相移光谱仪（CAPS）以测量背景 NO_2 浓度；随后气体可以选择性通过 365℃ 的加热模块，将 $ClNO_2$ 完全热分解为 NO_2，然后使用 CAPS 确定总 NO_2 浓度。通过计算是否通过热解离模块时测得 NO_2 浓度的差异可以定量 $ClNO_2$ 浓度。CAPS 仪器对 NO_2 的检测限为每分钟 0.2 ppbv，不确定度约为 10%。

8 个盐尘颗粒物样品来自中国北方 5 个不同省份，包括宁夏、新疆、山东、内蒙古和陕西。根据氯离子含量，可将这 8 个样品分为三类，包括 2 个高氯离子含量样品（H1 和 H2）、4 个中等氯离子含量样品（M1、M2、M3 和 M4）和 2 个低氯离子含量样品（L1 和 L2）。其具体信息如表 6-15 所示。

表 6-15 盐尘暴颗粒物中可溶性钠、氯、硫酸盐的质量分数以及在 75% 相对湿度下的液态水含量（液态水相对于干颗粒质量之比）

类别	编号	样品名	Na^+	Cl^-	SO_4^{2-}	$H_2O(75\%)$
高氯	H1	NX	0.3537	0.3870	0.0958	1.3093
	H2	XJ-5	0.2407	0.2145	0.0973	1.7066
中氯	M1	SD	0.0265	0.0508	0.0754	0.3911
	M2	XJ-4	0.0326	0.0341	0.0071	0.0428
	M3	IM-2	0.0471	0.0229	0.1413	0.2106
	M4	IM-3	0.1343	0.0095	0.3424	0.0174
低氯	L1	XJ-3	0.0239	0.0093	0.0497	0.0475
	L2	SX	0.0003	n. d.	n. d.	0.0126

　　图 6.43 为 N_2O_5 与不同氯含量样品发生非均相反应时，N_2O_5 的消耗量及 $ClNO_2$ 的生成量随时间的变化结果。以 H1 颗粒物为例：非均相反应开始之前 （0~10 min），N_2O_5 浓度稳定在 350 pptv 左右，$ClNO_2$ 浓度低于系统检测限。反应至 10 min 时，将反应气切换至载有颗粒物的滤膜中，N_2O_5 浓度迅速下降至 150 pptv 左右，同时 $ClNO_2$ 浓度上升至 150 pptv 左右，表明 H1 样品与 N_2O_5 的非均相反应显著消耗了 N_2O_5，同时生成了 $ClNO_2$。为了验证 N_2O_5 在线发生装置的稳定度，在反应一段时间（40、75 和 105 min 处）后再次将反应气切换至空白滤膜，可以看到 N_2O_5 和 $ClNO_2$ 均能回到反应前的浓度，这一结果表明该 N_2O_5 在线发生装置稳定度良好。

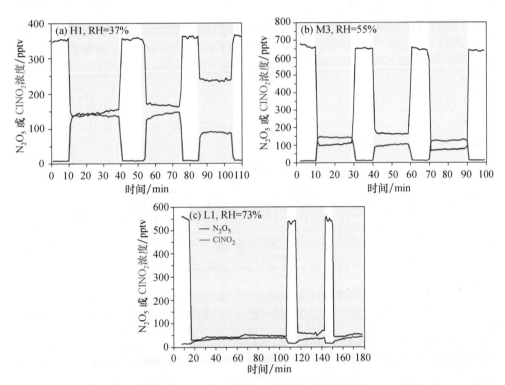

图 6.43　N_2O_5 与不同含氯样品非均相反应过程中 N_2O_5 及 $ClNO_2$ 浓度随时间的变化

　　通过 N_2O_5 的消耗量及 $ClNO_2$ 的生成量，进一步计算不同颗粒物在不同相对湿度下的 $ClNO_2$ 产率，即 $\varphi(ClNO_2) = \Delta[ClNO_2]/\Delta[N_2O_5]$。共测量了 N_2O_5 与 8 种不同样品在 4 个 RH 条件下非均相反应的 $\varphi(ClNO_2)$，每个实验至少重复了 3 次，相关结果详见表 6-16。

表 6-16　N_2O_5 在不同湿度条件下与不同颗粒物非均相反应中的 $ClNO_2$ 产率

样品	18% RH	36% RH	56% RH	75% RH
H1	0.402±0.138	0.663±0.039	0.774±0.028	0.697±0.311
H2	0.560±0.046	0.474±0.026	0.494±0.042	0.378±0.069
M1	0.271±0.038	0.271±0.030	0.418±0.053	0.543±0.086
M2	0.166±0.018	0.246±0.041	0.316±0.046	0.418±0.052
M3	0.223±0.061	0.251±0.050	0.211±0.025	0.120±0.050
M4	0.179±0.075	0.133±0.007	0.205±0.021	0.181±0.044
L1	0.037±0.006	0.030±0.015	0.045±0.025	0.048±0.008
L2	0.012±0.003	0.005±0.004	0.024±0.042	0.041±0.039

　　结果表明,反应后不同盐尘暴颗粒物的 $ClNO_2$ 产率存在着很大的差异(<0.05 到 ≈ 0.77),但高氯物种显著高于中氯物种,而低氯物种的 $ClNO_2$ 产率最低。通过讨论不同相对湿度($18\%\sim75\%$)对颗粒物 $ClNO_2$ 产率的影响,发现有如下两个主要特征:

　　一是在低相对湿度(18%)时,共有 4 个样品(H1、H2、M1 和 M3)有较大的 $ClNO_2$ 产率(>0.2)。由于 NaCl 的潮解相对湿度约为 75%,因此 $ClNO_2$ 非均相生成所需的液体水不可能来自 NaCl 的潮解。而之前的研究表明,在低相对湿度下盐尘暴颗粒中氯化物水溶液的出现可能是由于 $CaCl_2$ 和 $MgCl_2$ 的存在所致,它们在干燥条件下为无定形态,可以在极低相对湿度下摄取水分。通过进一步分析离子色谱数据,可以看出在 18% RH 下具有较高 $ClNO_2$ 产率的 4 个样品中可溶性钙镁离子的含量显著大于其他 4 个颗粒物样品(M2、M4、L1 和 L2)。这一结果也进一步支持了上述推论,即低相对湿度下 $CaCl_2$ 和 $MgCl_2$ 的存在有助于 $ClNO_2$ 的生成。

　　二是相对湿度对 $ClNO_2$ 生成的影响在不同颗粒物中呈现不同特征。如表 6-16 所示,随着相对湿度的增加,$ClNO_2$ 产率可能增加、减小以及维持不变,这主要是由于 N_2O_5 与盐尘暴颗粒物非均相反应的复杂机理所致。在一定相对湿度下,N_2O_5 可以与水、可溶性氯离子和不溶性矿物反应,只有与可溶性氯离子反应才会生成 $ClNO_2$。RH 对 $ClNO_2$ 产率的影响可能有以下几个原因:1) 随着 RH 的增加,N_2O_5 与不溶性矿物的非均相反应活性可以增强、抑制或基本保持不变;2) RH 的增加会促进颗粒物摄取水分,进一步稀释氯离子浓度,从而导致 $ClNO_2$ 产率下降;3) 液态水含量的增加会促进颗粒物中氯离子的溶解,从而促进 $ClNO_2$ 的生成。以上 3 种机理共同决定盐尘暴颗粒物与 N_2O_5 非均相反应中 $ClNO_2$ 产率随相对湿度的变化趋势。

　　图 6.44 给出了不同相对湿度下 $ClNO_2$ 产率随各颗粒物中氯离子含量的变化情况。总体而言,在所有相对湿度条件下,$ClNO_2$ 产率均与颗粒物的氯离子含量

成正相关,并且在氯离子质量分数小于 10％时,ClNO₂ 产率随颗粒物的氯离子含量变化敏感性更强。

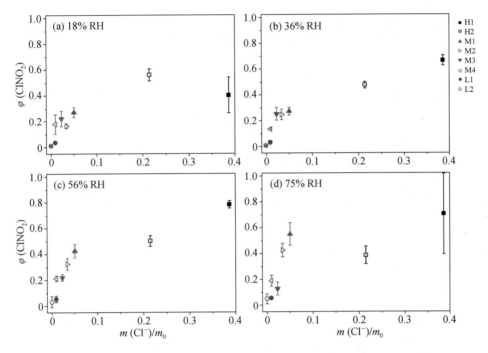

图 6.44　不同相对湿度条件下 ClNO₂ 产率与矿质颗粒物氯含量的依赖关系

进一步对比了现有的两种 ClNO₂ 产率参数化方案预测值与本研究中 ClNO₂ 产率实测值。两种参数化方案分别为 BT09(Bertram and Thornton,2009)及 Yu20(Yu et al,2020)方案,均是基于颗粒物成分及液态水含量来预测 ClNO₂ 产率,计算公式如下所示:

$$\varphi(ClNO_2) = \left\{ 1 + \frac{k(H_2O) \cdot [H_2O_{(aq)}]}{k(Cl^-) \cdot [Cl^-]} \right\}^{-1} \tag{6.19}$$

其中$[H_2O_{(aq)}]/[Cl^-]$为溶液相中液态水和水溶性氯离子浓度之比。BT09 和 Yu20 方案中 $k(H_2O)/k(Cl^-)$ 分别为 $1/(483 \pm 175)$ 和 $1/(105 \pm 37)$。两种方案的 ClNO₂ 产率预测值与本研究 ClNO₂ 产率实测值如图 6.45 所示,目前的 N₂O₅ 摄取系数参数化方案均显著高估了 ClNO₂ 的非均相生成产率。该差异可能是由以下几种原因造成:1) 即使在约 75％相对湿度(本实验最高相对湿度)下,盐尘暴颗粒物中的氯离子也可能不会完全溶解,因此计算可能会高估$[Cl^-]/[H_2O_{(aq)}]$,从而高估 ClNO₂ 产率。2) 盐尘暴颗粒物中含有大量不溶性矿物成分,例如黏土矿物对 N₂O₅ 具有很强的反应性。然而这两个参数化方案均没有考虑到 N₂O₅ 与不溶性矿物的非均相反应,因此结果可能会高估 ClNO₂ 产率。3) 在计算过程中假设盐尘暴颗粒物为均匀内混,但不同颗粒物间和颗粒内的不均一性也可能导致 ClNO₂

产率实测值和预测值之间存在差异。综上所述，尽管研究表明 N_2O_5 和盐尘暴颗粒物的非均相反应可能是我国内陆地区 $ClNO_2$ 的重要来源，但影响 $ClNO_2$ 非均相生成的潜在机制尚未得到很好的阐明。

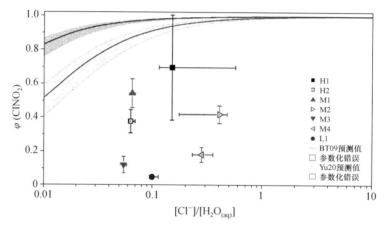

图 6.45　相对湿度为 75% 条件下，$ClNO_2$ 产率预测值与实测值随 $[Cl^-]/[H_2O_{(aq)}]$ 变化情况

黑色与橙色线分别为 BT09 和 Yu20 方案 $ClNO_2$ 产率预测值，阴影部分为误差范围

本研究进一步使用 GEOS-Chem 模型（version 12.9.3）对实验室得到的 $ClNO_2$ 产率参数化方案进行耦合，评估 N_2O_5 在矿质气溶胶表面的非均相反应对我国内陆地区大气 $ClNO_2$ 的影响。该模型详细耦合了臭氧-NO_x-VOCs-气溶胶-卤素化学，并采用 NASA 的 MERRA2 同化的再分析气象场驱动，模型运转空间分辨率为 $0.25° \times 0.3125°$。本次模拟研究覆盖了整个东亚地区（$60° \sim 150°E$，$10°S \sim 55°N$），动力学边界场的分辨率为 $4° \times 5°$。人为排放源清单采用清华大学的 MEIC 清单以及中国的含 HCl 以及气溶胶氯离子的排放清单。对于 N_2O_5 摄取系数 $\gamma(N_2O_5)$ 采用最新的参数化方案，对于矿质气溶胶则采用经典的 0.02 定值来约束，$ClNO_2$ 产率 $\varphi(ClNO_2)$ 在标准模式里面设置为 0。

由于矿质颗粒物中的 Cl^- 浓度尚不清楚，目前无法参数化矿质颗粒物的 $\varphi(ClNO_2)$，因此在模拟中本研究选取了固定的 $\varphi(ClNO_2)$ 值，即 0.1。该值处于本研究测量的 $\varphi(ClNO_2)$ 范围的低值区间（<0.05 至 ≈ 0.77）。目的是初步评估作为 $ClNO_2$ 潜在来源的 N_2O_5 矿质气溶胶表面非均相反应途径是否可能对对流层化学产生重要影响。本次模拟重点关注 2017 年 5 月 2 日至 7 日发生在东亚地区的一次大型沙尘暴事件，此次沙尘暴在中国范围内造成高浓度的沙尘污染，其中颗粒物每小时最大平均浓度高于 $1000~\mu g~m^{-3}$。结果表明，由于北方沙尘的严重影响和该地区的高 NO_x 排放特点，N_2O_5 和盐尘暴颗粒物的非均相反应途径对华中地区 $ClNO_2$ 生成影响最大，每周平均夜间最大地表 $ClNO_2$ 浓度增加了 85 pptv，在某些极端天气下甚至可以增加至 240 pptv。这表明 N_2O_5 和沙尘颗粒物的非均相反应

可能是中国中部和东北部对流层 $ClNO_2$ 的重要来源。

　　此外,在考虑将矿质颗粒物作为 $ClNO_2$ 的额外来源后,同一时期中国地表空气中每日最大 8 小时平均臭氧混合比(MDA8)增加了 0.32 ppbv。由于本研究的模拟中假设 $ClNO_2$ 产率为 0.1,处于测量结果范围内的较低值($<$0.05 到 $\approx$0.77),并且模拟时间段选取的是夏季,在此情况下相对于冬春季夜间较短,$ClNO_2$ 更难积累。因此,在冬季和春季沙尘事件中,推测该反应途径可能对 $ClNO_2$ 和臭氧生成产生更大的影响,从而对我国内陆地区大气 $ClNO_2$ 有显著贡献。

6.4.6　本项目资助发表论文(按时间倒序)

(1) Wang K, et al. Reactions of C_{12}-C_{14} n-alkyl cyclohexanes with Cl atoms: Kinetics and secondary organic aerosol formation. Environmental Science & Technology, 2022, 56(8):4859-4870.

(2) Guo J, et al. Assessment of the H_2O_2 budget at an urban site concerning the HO_2 underprediction and the vertical transport from residual layers. Atmospheric Environment, 2022, 272:118952.

(3) Shi B, et al. Study on the reaction of 3-methyl-2-butenal and 3-methylbutanal with Cl atoms: Kinetics and reaction mechanism. Journal of Environmental Sciences, 2022, 116:25-33.

(4) Chen Y, et al. Secondary formation and impacts of gaseous nitro-phenolic compounds in the continental outflow observed at a background site in South China. Environ Sci Technol, 2022, 56(11):6933-6943.

(5) Zhang W Y, et al. Light absorption properties and potential sources of brown carbon in Fenwei Plain during winter 2018—2019. Journal of Environmental Sciences, 2021, 102:53-63.

(6) Fan C C, et al. Impact of the water molecule on the gas-phase reaction between acetone and Cl atoms. ACS Earth Space Chem, 2021, 5(4):920-930.

(7) Peng C, et al. Interactions of organosulfates with water vapor under sub- and supersaturated conditions. Atmos Chem Phys, 2021, 21:7135-7148.

(8) Yu C, et al. Measurement of heterogeneous uptake of NO_2 on inorganic particles, sea water and urban grime. Journal of Environmental Sciences, 2021, 106:124-135.

(9) Chen J, et al. Simultaneous Gd_2O_3 clusters decoration and O-doping of g-C_3N_4 by solvothermal-polycondensation method for reinforced photocatalytic activity towards sulfamerazine. Journal of Hazardous Materials, 2020, 2021(402):123780.

(10) Peng C, et al. Large variations in hygroscopic properties of unconventional mineral dust. ACS Earth and Space Chemistry, 2020, 4(10):1823-1830.

(11) Fan C C, et al. A combined experimental and theoretical study on the gas phase reaction of OH radicals with ethyl propyl ether. Journal of Physical Chemistry A, 2020, 124(4):721-

730.

(12) Li J L, et al. Temperature effects on optical properties and chemical composition of second-ary organic aerosol derived from n-dodecane. Atmospheric Chemistry and Physics, 2020, 20(13):8123-8137.

(13) Peng C, et al. Tropospheric aerosol hygroscopicity in China. Atmospheric Chemistry and Physics, 2020, 20:13877-13903.

(14) Shi B, et al. Atmospheric oxidation of $C_{10\sim14}$ n-alkanes initiated by Cl atoms: Kinetics and mechanism. Atmospheric Environment, 2020, 222:117166.

(15) Guo L Y, et al. Comprehensive characterization of hygroscopic properties of methane sul-fonates. Atmospheric Environment, 2020, 224:117349.

(16) Zhang H H, et al. Hygroscopic properties of sodium and potassium salts as related to sa-line mineral dusts and sea salt aerosols. Journal of Environmental Sciences, 2020, 95:65-72.

(17) Li R, et al. Heterogeneous reaction of NO_2 with hematite, goethite and magnetite: Impli-cations for nitrate formation and iron solubility enhancement. Chemosphere, 2020, 242:125273.

(18) Chen L X D, et al. On mineral dust aerosol hygroscopicity. Atmospheric Chemistry and Physics, 2020, 20:13611-13626.

(19) 王海潮, 等. 硝酰氯的大气化学, 化学进展, 2020, 32(10):1535-1546.

(20) Tang M J, et al. A review of experimental techniques for aerosol hygroscopicity studies. Atmospheric Chemistry and Physics, 2019, 19(19):12631-12686.

(21) Tang M J, et al. Water adsorption and hygroscopic growth of six anemophilous pollen spe-cies: The effect of temperature. Atmospheric Chemistry and Physics, 2019, 19(4):2247-2258.

(22) Chang D, et al. Characterization of organic aerosols and their precursors in southern China during a severe haze episode in January 2017. Science of the Total Environment, 2019, 691:101-111.

(23) Guo L Y, et al. A comprehensive study of hygroscopic properties of calcium- and magnesi-um-containing salts: Implication for hygroscopicity of mineral dust and sea salt aerosols. Atmospheric Chemistry and Physics, 2019, 19(4):2115-2133.

(24) Tang M J, et al. Hygroscopic properties of saline mineral dust from different regions in China: Geographical variations, compositional dependence, and atmospheric implications. Journal of Geophysical Research: Atmospheres, 2019, 124(20):10844-10857.

(25) Shi B, et al. Kinetics and mechanisms of the gas-phase reactions of OH radicals with three C_{15} alkanes. Atmospheric Environment, 2019, 207:75-81.

(26) Gu W J, et al. Compilation and evaluation of gas phase diffusion coefficients of halogenated organic compounds. Royal Society Open Science, 2018, 5(7):171936.

（27）Jia X H，et al. Phase transitions and hygroscopic growth of $Mg(ClO_4)(2)$，$NaClO_4$，and $NaClO_4 \cdot H_2O$：Implications for the stability of aqueous water in hyperarid environments on Mars and on Earth. ACS Earth and Space Chemistry，2018，2(2)：159-167.

参 考 文 献

[1] Huang R J，Zhang Y，Bozzetti C，et al. High secondary aerosol contribution to particulate pollution during haze events in China. Nature，2014，514(7521)：218.

[2] Zhang R，Wang G，Guo S，et al. Formation of urban fine particulate matter. Chem Rev，2015，115(10)：3803-3855.

[3] Simpson W R，Brown S S，Saiz-Lopez A，et al. Tropospheric halogen chemistry：Sources，cycling，and impacts. Chemical Reviews，2015，115(10)：4035-4062.

[4] Osthoff H D，Roberts J M，Ravishankara A R，et al. High levels of nitryl chloride in the polluted subtropical marine boundary layer. Nature Geoscience，2008，1(5)：324-328.

[5] 葛茂发，马春平. 活性卤素化学. 化学进展，2009，21(0203)：307-334.

[6] Faxon C，Allen D. Chlorine chemistry in urban atmospheres：A review. Environmental Chemistry，2013，10(3)：221-233.

[7] Wagner T，Platt U. Observation of tropospheric BrO from the GOME satellite. Nature，1998，395：486-490.

[8] Fitzenberger R，Bösch H，Camy-Peyret C，et al. First profile measurements of tropospheric BrO. Geophysical Research Letters，2000，27(18)：2921-2924.

[9] McElroy C，McLinden C，McConnell J. Evidence for bromine monoxide in the free troposphere during the arctic polar sunrise. Nature，1999，397(6717)：338.

[10] Foster K L，Plastridge R A，Bottenheim J W，et al. The role of Br_2 and BrCl in surface ozone destruction at polar sunrise. Science，2001，291(5503)：471-474.

[11] Wennberg P. Atmospheric chemistry：Bromine explosion. Nature，1999，397(6717)：299-301.

[12] Hebestreit K. Halogen oxides in the mid-latitude marine boundary layer. Dissertation，Institut füur Umweltphysik，Universitäat Heidelberg，2001.

[13] Xu S，Xie Z，Li B，et al. Iodine speciation in marine aerosols along a 15000-km round-trip cruise path from Shanghai，China，to the Arctic Ocean. Environmental Chemistry，2010，7(5)：406-412.

[14] Lai S C，Hoffmann T，Xie Z Q. Iodine speciation in marine aerosols along a 30000 km round-trip cruise path from Shanghai，China to Prydz Bay，Antarctica. Geophysical Research Letters，2008，35(21)：L21803.

[15] 张凯，王跃思，温天雪，等. 北京大气 PM_{10} 中水溶性氯盐的观测研究. 环境科学，2006，

27(5)：825-830.

[16] 王炜罡，姚立，葛茂发，等. 对流层活性卤素化学：充满机遇和挑战的研究领域. 地球科学进展，2005，20(11)：1199-1209.

[17] Simon H，Kimura Y，McGaughey G，et al. Modeling the impact of ClNO₂ on ozone formation in the Houston area. Journal of Geophysical Research：Atmospheres，2009，114(D7)：D00F03.

[18] Riedel T P，Bertram T H，Crisp T A，et al. Nitryl chloride and molecular chlorine in the coastal marine boundary layer. Environ Sci Technol，2012，46(19)：10463-10470.

[19] Young C J，Washenfelder R A，Edwards P M，et al. Chlorine as a primary radical：Evaluation of methods to understand its role in initiation of oxidative cycles. Atmospheric Chemistry and Physics，2014，14(7)：3427-3440.

[20] Faxon C，Bean J，Ruiz L. Inland concentrations of Cl₂ and ClNO₂ in Southeast Texas suggest chlorine chemistry significantly contributes to atmospheric reactivity. Atmosphere，2015，6(10)：1487.

[21] Thornton J A，Kercher J P，Riedel T P，et al. A large atomic chlorine source inferred from mid-continental reactive nitrogen chemistry. Nature，2010，464(7286)：271-274.

[22] Mielke L H，Furgeson A，Osthoff H D. Observation of ClNO₂ in a mid-continental urban environment. Environ Sci Technol，2011，45(20)：8889-8896.

[23] Phillips G J，Tang M J，Thieser J，et al. Significant concentrations of nitryl chloride observed in rural continental Europe associated with the influence of sea salt chloride and anthropogenic emissions. Geophysical Research Letters，2012，39(10)：L10811.

[24] Riedel T P，Wagner N L，Dub W P，et al. Chlorine activation within urban or power plant plumes：Vertically resolved ClNO₂ and Cl₂ measurements from a tall tower in a polluted continental setting. Journal of Geophysical Research：Atmospheres，2013，118(15)：8702-8715.

[25] Bannan T J，Booth A M，Bacak A，et al. The first UK measurements of nitryl chloride using a chemical ionization mass spectrometer in central London in the summer of 2012，and an investigation of the role of Cl atom oxidation. Journal of Geophysical Research：Atmospheres，2015，120(11)：5638-5657.

[26] Tham Y J，Yan C，Xue L，et al. Presence of high nitryl chloride in Asian coastal environment and its impact on atmospheric photochemistry. Chinese Science Bulletin，2013，59(4)：356-359.

[27] Wang T，Tham Y J，Xue L，et al. Observations of nitryl chloride and modeling its source and effect on ozone in the planetary boundary layer of southern China. Journal of Geophysical Research：Atmospheres，2016，121(5)：2476-2489.

[28] Tham Y J，Wang Z，Li Q，et al. Significant concentrations of nitryl chloride sustained in the morning：Investigations of the causes and impacts on ozone production in a polluted region of northern China. Atmospheric Chemistry and Physics，2016，16(23)：14959-14977.

［29］Wang X，Wang H，Xue L，et al. Observations of N_2O_5 and $ClNO_2$ at a polluted urban surface site in North China：High N_2O_5 uptake coefficients and low $ClNO_2$ product yields. Atmospheric Environment，2017，156：125-134.

［30］Tham Y J，Wang Z，Li Q，et al. Heterogeneous N_2O_5 uptake coefficient and production yield of $ClNO_2$ in polluted northern China：Roles of aerosol water content and chemical composition. Atmos Chem Phys，2018，18(17)：13155-13171.

［31］Volkamer R，Sheehy P，Molina L，et al. Oxidative capacity of the Mexico City atmosphere—Part 1：A radical source perspective. Atmospheric Chemistry and Physics，2010，10(14)：6969-6991.

［32］Finlayson-Pitts B J，Ezell M J，Pitts J N. Formation of chemically active chlorine compounds by reactions of atmospheric NaCl particles with gaseous N_2O_5 and $ClNO_2$. Nature，1989，337：241-244.

［33］Bertram T H，Thornton J A. Toward a general parameterization of N_2O_5 reactivity on aqueous particles：The competing effects of particle liquid water，nitrate and chloride. Atmospheric Chemistry and Physics，2009，9：8351-8363.

［34］Ryder O S，Ault A P，Cahill J F，et al. On the role of particle inorganic mixing state in the reactive uptake of N_2O_5 to ambient aerosol particles. Environmental Science & Technology，2014，48：1618-1627.

［35］Ryder O S，Campbell N R，Morris H，et al. Role of organic coatings in regulating N_2O_5 reactive uptake to sea spray aerosol. Journal of Physical Chemistry A，2015，119：11683-11692.

［36］Ryder O S，Campbell N R，Shaloski M，et al. Role of organics in regulating $ClNO_2$ production at the air-sea interface. Journal of Physical Chemistry A，2015，119：8519-8526.

［37］Gaston C J，Thornton J A，Ng N L. Reactive uptake of N_2O_5 to internally mixed inorganic and organic particles：The role of organic carbon oxidation state and inferred organic phase separations. Atmospheric Chemistry and Physics，2014，14：5693-5707.

［38］Behnke W，George C，Scheer V，et al. Production and decay of $ClNO_2$ from the reaction of gaseous N_2O_5 with NaCl solution：Bulk and aerosol experiments. J Geophys Res：Atmos，1997，102：3795-3804.

［39］Roberts J M，Osthoff H D，Brown S S，et al. N_2O_5 oxidizes chloride to Cl_2 in acidic atmospheric aerosol. Science，2008，321：1059-1069.

［40］Roberts J M，Osthoff H D，Brown S S，et al. Laboratory studies of products of N_2O_5 uptake on Cl-containing substrates. Geophysical Research Letters，2009，36：L20808，doi：20810. 21029/22009gl040448.

［41］Liu X，Qu H，Huey L G，et al. High levels of daytime molecular chlorine and nitryl chloride at a rural site on the North China Plain. Environ Sci Technol，2017，51(17)：9588-9595.

［42］Wang X F，Wang H，Xue L K，et al. Observations of N_2O_5 and $ClNO_2$ at a polluted urban surface site in North China: High N_2O_5 uptake coefficients and low $ClNO_2$ product yields. Atmospheric Environment, 2017, 156:125-134.

[43] Dentener F J, Crutzen P J. Reaction of N_2O_5 on tropospheric aerosols: Impact on the global distributions of NO_x, O_3, and OH. Journal of Geophysical Research: Atmospheres, 1993, 98(D4): 7149-7163.

[44] Riemer N, Vogel H, Vogel B, et al. Impact of the heterogeneous hydrolysis of N_2O_5 on chemistry and nitrate aerosol formation in the lower troposphere under photosmog conditions. Journal of Geophysical Research: Atmospheres, 2003, 108(D4): 4144.

[45] Lowe D, Archer-Nicholls S, Morgan W, et al. WRF-Chem model predictions of the regional impacts of N_2O_5 heterogeneous processes on night-time chemistry over north-western Europe. Atmospheric Chemistry and Physics, 2015, 15(3): 1385-1409.

[46] Archer-Nicholls S, Lowe D, Utembe S, et al. Gaseous chemistry and aerosol mechanism developments for version 3.5.1 of the online regional model, WRF-Chem. Geoscientific Model Development, 2014, 7(6): 2557-2579.

[47] Simon H, Kimura Y, McGaughey G, et al. Modeling heterogeneous $ClNO_2$ formation, chloride availability, and chlorine cycling in Southeast Texas. Atmospheric Environment, 2010, 44(40): 5476-5488.

[48] Sarwar G, Simon H, Bhave P, et al. Examining the impact of heterogeneous nitryl chloride production on air quality across the United States. Atmospheric Chemistry and Physics, 2012, 12(14): 6455-6473.

[49] Sarwar G, Simon H, Xing J, et al. Importance of tropospheric $ClNO_2$ chemistry across the Northern Hemisphere. Geophysical Research Letters, 2014, 41(11): 4050-4058.

[50] Zhang L, Li Q, Wang T, et al. Combined impacts of nitrous acid and nitryl chloride on lower-tropospheric ozone: New module development in WRF-Chem and application to China. Atmos Chem Phys, 2017, 17(16): 9733-9750.

[51] Li Q, Zhang L, Wang T, et al. Impacts of heterogeneous uptake of dinitrogen pentoxide and chlorine activation on ozone and reactive nitrogen partitioning: Improvement and application of the WRF-Chem model in southern China. Atmospheric Chemistry and Physics, 2016, 16(23): 14875-14890.

[52] Ammann M, Cox R A, Crowley J N, et al. Evaluated kinetic and photochemical data for atmospheric chemistry: Volume VI—heterogeneous reactions with liquid substrates. Atmospheric Chemistry and Physics, 2013, 12:8045-8228.

[53] Deiber G, George C, Le Calve S, et al. Uptake study of $ClONO_2$ and $BrONO_2$ by halide containing droplets. Atmospheric Chemistry and Physics, 2004, 4:1291-1299.

[54] Tang M J, Keeble J, Telford P J, et al. Heterogeneous reaction of $ClONO_2$ with TiO_2 and SiO_2 aerosol particles: Implications for stratospheric particle injection for climate engineering. Atmospheric Chemistry and Physics, 2016, 16:15397-15412.

[55] Simpson W R, Brown S S, Saiz-Lopez A, et al. Tropospheric halogen chemistry: Sources, cycling, and impacts. Chemical Reviews, 2015, 115:4035-4062.

[56] Saiz-Lopez A, von Glasow R. Reactive halogen chemistry in the troposphere. Chemical Society Reviews, 2012, 41:6448-6472.

[57] Atkinson R, Baulch D L, Cox R A, et al. Evaluated kinetic and photochemical data for atmospheric chemistry: Volume II—gas phase reactions of organic species. Atmospheric Chemistry and Physics, 2006, 6:3625-4055.

[58] Atkinson R, Arey J. Atmospheric degradation of volatile organic compounds. Chemical Reviews, 2003, 103(12): 4605-4638.

[59] Atkinson R. Gas-phase tropospheric chemistry of volatile organic compounds: 1. Alkanes and alkenes. Journal of Physical and Chemical Reference Data, 1997, 26(2): 215-290.

[60] Ezell M J, Wang W, Ezell A A, et al. Kinetics of reactions of chlorine atoms with a series of alkenes at 1 atm and 298 K: Structure and reactivity. Physical Chemistry Chemical Physics, 2002, 4(23): 5813-5820.

[61] Timerghazin Q K, Ariya P A. Kinetics of the gas-phase reaction of atomic chlorine with selected monoterpenes. Physical Chemistry Chemical Physics, 2001, 3(18): 3981-3986.

[62] Finlayson-Pitts B J, Keoshian C J, Buehler B, et al. Kinetics of reaction of chlorine atoms with some biogenic organics. International Journal of Chemical Kinetics, 1999, 31(7): 491-499.

[63] Riva M, Healy R M, Flaud P-M, et al. Kinetics of the gas-phase reactions of chlorine atoms with naphthalene, acenaphthene, and acenaphthylene. Journal of Physical Chemistry A, 2014, 118(20): 3535-3540.

[64] Pszenny A A P, Fischer E V, Russo R S, et al. Estimates of Cl atom concentrations and hydrocarbon kinetic reactivity in surface air at Appledore Island, Maine (USA), during International Consortium for Atmospheric Research on Transport and Transformation/Chemistry of Halogens at the Isles of Shoals. Journal of Geophysical Research: Atmospheres, 2007, 112(D10): D10S13.

[65] Bierbach A, Barnes I, Becker K H. Rate coefficients for the gas-phase reactions of bromine radicals with a series of alkenes, dienes, and aromatic hydrocarbons at 298 ± 2 K. International Journal of Chemical Kinetics, 1996, 28(8): 565-577.

[66] 吴海, 张逸, 牟玉静. 正丁醛与氯原子反应的动力学和机理研究. 环境科学学报, 2005, 25(2): 143-147.

[67] 吴海, 张逸, 牟玉静. 异丙醇与 OH 自由基和 Cl 反应产物的研究. 环境化学, 2004, 23(1): 1-6.

[68] Wang J, Zhou L, Wang W, et al. Gas-phase reaction of two unsaturated ketones with atomic Cl and O_3: Kinetics and products. Physical Chemistry Chemical Physics, 2015, 17(18): 12000-12012.

[69] Gai Y, Ge M, Wang W. Kinetics of the gas-phase reactions of some unsaturated alcohols with Cl atoms and O_3. Atmospheric Environment, 2011, 45(1): 53-59.

[70] Wang L, Ge M, Wang W. Kinetic study of the reaction of chlorine atoms with 3-methyl-3-buten-1-ol. Chinese Science Bulletin, 2009, 54(20): 3808-3812.

[71] Ofner J, Balzer N, Buxmann J, et al. Halogenation processes of secondary organic aerosol and implications on halogen release mechanisms. Atmospheric Chemistry and Physics, 2012, 12(13): 5787-5806.

[72] Cai X, Ziemba L D, Griffin R J. Secondary aerosol formation from the oxidation of toluene by chlorine atoms. Atmospheric Environment, 2008, 42(32): 7348-7359.

[73] Cai X, Griffin R J. Secondary aerosol formation from the oxidation of biogenic hydrocarbons by chlorine atoms. Journal of Geophysical Research: Atmospheres, 2006, 111(D14): D14206.

[74] Tkacik D S, Presto A A, Donahue N M, et al. Secondary organic aerosol formation from intermediate-volatility organic compounds: Cyclic, linear, and branched alkanes. Environ Sci Technol, 2012, 46(16): 8773-8781.

[75] Riva M, Healy R M, Faud P-M, et al. Gas- and particle-phase products from the chlorine-initiated oxidation of polycyclic aromatic hydrocarbons. Journal of Physical Chemistry A, 2015, 119(45): 11170-11181.

[76] Tanaka P L, Allen D T, McDonald-Buller E C, et al. Development of a chlorine mechanism for use in the carbon bond IV chemistry model. Journal of Geophysical Research: Atmospheres, 2003, 108(D4): 4145.

[77] Carter W. Development of the SAPRC-07 chemical mechanism. Atmospheric Environment, 2010, 44(40): 5324-5335.

[78] Riedel T P, Wolfe G M, Danas K T, et al. An MCM modeling study of nitryl chloride ($ClNO_2$) impacts on oxidation, ozone production and nitrogen oxide partitioning in polluted continental outflow. Atmospheric Chemistry and Physics, 2014, 14(8): 3789-3800.

[79] Xue L K, Saunders, Wang T, et al. Development of a chlorine chemistry module for the Master Chemical Mechanism. Geoscientific Model Development, 2015, 8(10): 3151-3162.

[80] Xue L, Gu R, Wang T, et al. Oxidative capacity and radical chemistry in the polluted atmosphere of Hong Kong and Pearl River Delta region: Analysis of a severe photochemical smog episode. Atmospheric Chemistry and Physics, 2016, 16(15): 9891-9903.

第7章 基于"外场实验室"的颗粒物表界面多相反应研究

苏杭[1]，王俏巧[2]，聂玮[3]，程鹏[2]，程雅芳[4]

[1]中国科学院大气物理研究所，[2]暨南大学，[3]南京大学，[4]德国马克斯普朗克化学研究所

　　我国大范围大气细颗粒物超标问题已经严重影响到人民的生活和身体健康。大气颗粒物的多相反应是细颗粒生成和灰霾形成的潜在重要途径，但当前研究对于大气颗粒物多相反应作用机制的认识还非常有限。

　　本章针对当前大气颗粒物多相反应机制研究中存在的科学问题，拟将外场观测和实验室动力学研究技术相结合，以实际大气多相反应动力学参数和增量反应性为突破口，以揭示我国大气颗粒物表面的多相反应机制及其对二次气溶胶生成的贡献为目标，通过设计基于超级站的"外场实验室"的技术手段，在多相反应动力学、气溶胶多相反应协同效应、多相过程的环境气候效应 3 个方面开展研究工作。本研究将使更多的实验室研究走进外场观测的大型实验，将更有效地利用我国各个超级站的现有资源，促进对大气化学和多相化学机理的深入认识。

7.1 研究背景

　　随着工业化和城市化进程的加快，我国的细颗粒物（$PM_{2.5}$）污染形势日趋严峻，以 2013 年冬季华北的历史性大范围灰霾污染为代表[1]，污染的区域性凸显且持续时间较长的极端污染事件频发[2-7]，在危害人民身体健康的同时也给国民经济的可持续发展带来严峻挑战。研究表明灰霾的主要元凶是大气中的细颗粒物（$PM_{2.5}$）。这些细颗粒物主要是由排放的气态污染物经过二次化学转化生成[8,9]，但目前对二次转化机制的认识还存在很大不足[10]。

　　颗粒物表界面多相反应被认为是影响二次颗粒物生成的重要途径之一[11]。一方面颗粒物的表界面的多相反应可以将挥发性前体物转化为低挥发性的组分进入颗粒相[12,13]；另一方面大气中的活性气态污染物易于被颗粒物吸附/吸收，并在

颗粒物表面或主体内发生系列的物理化学反应(可逆吸附或不可逆转化)从而影响气态污染物的浓度,继而改变大气化学过程并影响颗粒物生成[14,15]。因此,了解大气环境条件下气体在颗粒物表面的多相反应机制对探索气溶胶在大气中的形成转化、揭示灰霾成因和制定针对性控制对策具有重要意义。

7.1.1 国内外研究现状及发展动态

国内外学者在颗粒物表界面多相反应领域已开展了较为广泛的研究。其中大部分研究集中在沙尘气溶胶、黑碳(烟炱)气溶胶和有机气溶胶方面:

(1)沙尘气溶胶表面的多相反应在大气化学中具有重要作用[16]。研究中往往采用几种常见的代表性矿物,如撒哈拉矿尘、亚利桑那测试矿尘和中国黄土等,或采用高纯度的矿物模型组分,如 $CaCO_3$、Al_2O_3、SiO_2、CaO、Fe_2O_3 等[16,17]。反应的气体研究对象以无机物为主,包括 HNO_3[18-21]、N_2O_5[22-25]、NO_2[26]、NO_3[27]、SO_2[26,28] 和 O_3[29,30] 等,有机物反应有关的报道相对较少[31]。

(2)黑碳气溶胶由于其在气候和健康方面的重要影响而受到广泛关注[32]。研究主要涉及的气态组分包括 NO_2、NO_3、N_2O_5、HNO_3、$HONO$、O_3 和 OH[33-46]。尽管一些研究表明黑碳的表面活性会迅速丧失[46],但光照能加速表面反应[47,48],从而维持一定的反应速率。

(3)有机气溶胶在大气环境中既可以固态、半固态形式[49]又可以液态形式存在,故有机气溶胶相关的反应既可能发生在颗粒物表面也可扩散至颗粒物主体相。文献中曾用非均相反应和多相反应不同的名称区分颗粒表面和颗粒液相反应,本研究中采用广义的概念,统称其为多相反应(表界面多相反应)。研究表明多相反应可改变有机颗粒物组分,对颗粒物的"老化(aging)"发挥着重要作用[50,51]。相关研究主要集中在大气中活性较高的物种,如 O_3 可以与不饱和有机气溶胶(烯烃,PAHs 等)反应而被摄入[38,44,50,52-60];OH 自由基具有更高的反应活性,从而可与有机物气溶胶发生快速反应导致有机物功能基团的破坏[37,61-65];此外对有机气溶胶摄取 NO_3 和 N_2O_5 的实验也发现了相对湿度、颗粒相态和组分对多相摄取反应的影响[54,66-72]。其中一个重要的发现是 O_3 与有机颗粒物表面反应生成长寿命活性中间体,从而增加对 NO_2 的摄取,这种多污染气体存在下的复杂效应对多相化学研究提出了挑战[73]。

我国科学家通过实验室实验、野外观测和模式模拟 3 种方式对气溶胶多相过程进行了较为广泛的研究,取得了一系列代表性成果。实验室的研究方法主要针对沙尘和黑碳气溶胶[5,74-82]。而目标性反应气体主要涉及 O_3[83,84]、NO_2[85,86]、SO_2[87-91]、过氧化物(过氧化氢和过氧自由基)[82,92]和部分有机物[87,93-99]。朱彤等

对大气气态污染物 NO_2、SO_2、O_3、甲醛在 $CaCO_3$、高岭石、蒙脱石、NaCl、海盐、Al_2O_3 和 TiO_2 等大气主要颗粒物表面的反应进行了系统的反应动力学和机制研究[5,78]。He 等发现 NO_2 和 NH_3 在矿物质表面 SO_2 多相氧化过程中存在的协同效应获得了广泛关注[75,100]，是近年来大气多相化学研究中的突出进展，协同效应的存在也对基于简单反应体系研究结果的普适性提出了挑战。此外，还有部分针对黑碳多相光化学过程和老化过程的研究[101]。Ge 等在更接近于我国实际大气环境的条件下，还研究了 NO_2 在中国沙尘颗粒物以及 $CaCO_3$-$(NH_4)_2SO_4$ 混合颗粒物上的多相过程（我国大气环境下沙尘颗粒实际上极易与硫酸盐等二次污染物混合）[102,103]。

鉴于我国高气溶胶污染的环境特点，除实验室控制实验以外，还有一批以野外观测和数据统计分析为基础的多相过程研究工作，其中最有代表性的是沙尘表面的二次气溶胶生成和大气亚硝酸气（HONO）的多相反应源。沙尘表面的多相过程涉及硫酸盐、硝酸盐和二次有机气溶胶的生成[104-106]。而 HONO 多相生成过程的研究也涉及沙尘[106]、黑碳[107]、生物质燃烧颗粒物[108]、灰霾颗粒物[109,110]等不同种类的界面。在实验结果的基础上，很多研究组还采用模式模拟的手段评估多相反应对于大气化学的影响（如 NO_2 在界面生成 HONO 的过程[111-114]以及 N_2O_5 多相水解过程[115]），结果显示在我国高气溶胶污染的环境下，多相过程对大气二次气溶胶的生成以及大气氧化能力有潜在的显著影响。此外在二次有机气溶胶的形成方面，也有相关的理论分析报道[116,117]。

以往研究者在该领域的工作主要探索或实现了以下目标：1) 活性气态物种在颗粒物表面或主体相内摄入（可逆吸附和不可逆化学转化）的定性判定和定量测量。摄入系数是反映气体和颗粒物反应可能性的重要动力学参数，不同环境因素（如光照、温度和相对湿度等）对该参数表现出不同程度的影响。对于大气中常见活性气态物种在不同颗粒物表面的摄入系数已有了较系统的研究基础和文献参考。2) 颗粒物表面多相反应机理的定性推测和判定。颗粒物表面活性反应位点的存在通常被认为是反应的前提，随着反应的进行表面活性位点数目逐渐减少（表面饱和过程）从而造成反应速率的下降（摄入系数降低）。不同的颗粒物组分/活性气态物种具有不同的表面活性基团/结构特性，从而表现出不同的反应机理。3) 二次有机气溶胶成核及生长现象的深入理解和理论的不断完善。不同环境条件下二次有机气溶胶的形成及转化是目前大气化学领域的研究热点，对颗粒物表界面多相反应的研究将不断深化对二次有机气溶胶的形成及转化的认识。

7.1.2　存在的主要问题及研究的科学思路

尽管对颗粒物表界面多相反应已有了较广泛和深入的研究，同时对该类反应的动力学和机理也有了较深刻的认识和理解，但针对以往的研究仍存在以下亟须解决的问题：

（1）以往的研究多集中在实验室条件下进行，单次实验操作往往局限于对单一活性气态物种在颗粒物表界面的反应进行研究。在真实环境条件下颗粒物与多种活性气体同时相互作用，在反应过程和机制方面可能会表现出协同或抑制效应进而影响到颗粒物表界面的动力学过程，从而使实验室内的研究不具有代表性。

（2）"相关性并不证明因果关系"，外场观测统计分析获得的相关性并不能完全证明相关机制的存在，这使得难以根据实际大气中观测的结果进行参数化。

（3）大气中颗粒物组成和形态多样，并在大气化学过程中可经历连续的转化和性质改变。这对颗粒物相关反应过程动力学和机制探索提出了新的挑战。大气中挥发性有机化合物是二次有机气溶胶的重要成因和来源，同时也积极参与初次排放颗粒物的化学转化过程，而目前对挥发性有机物与颗粒物之间的反应研究和理论认识仍需进一步提高。

针对以上研究过程中存在的问题，本研究在颗粒物表界面多相反应领域的工作可参照以下思路展开：

（1）改进和优化反应测试体系，采用差分动力学室外测量和室内实验相结合的方式，通过对比可体现真实环境条件下多组分之间的协同/抑制效应。

（2）明确常用测量技术的适用范围和应用局限，寻求优势互补。同时对基本动力学参数的测量建立标准的方法体系。

（3）实行长期动态观测，特别是利用灰霾等实际大气过程下的特殊环境条件实时追踪颗粒物的反应状态，将有助于从理论层面增强对大气重污染形成及演变过程的理解。

7.2　研究目标与研究内容

针对实验室简单体系与实际复杂大气体系中多相化学反应的差异问题，本研究拟以实际大气多相反应动力学参数和增量反应性为突破口，通过环境大气动力学测量系统这一研究平台，揭示我国大气细颗粒物表面的多相反应机制及其环境气候效应。

7.2.1　研究目标

（1）将外场观测技术和实验室动力学研究技术相结合，研究典型污染物在实际大气复杂体系下的多相反应。

（2）揭示不同污染类型（气溶胶类型）和环境变量对气溶胶多相化学过程的影响，确定环境条件下对气溶胶多相反应具有显著协同效应的重要前体物。

（3）建立环境多相反应动力学参数的数据库，为集成本研究和未来环境多相反应研究成果提供数据平台支持，为建立普遍适用的多相反应化学表观机制提供数据基础。

7.2.2　研究内容

1. 环境差分反应系统的设计和搭建

传统动力学研究通常采用简单组分的反应体系，为更好地反映实际大气多相反应的过程，本研究设计了将动力学研究体系与外场观测体系相结合的研究方法。该方法将实验室动力学研究装置与实际大气外场观测相结合，将环境复杂组分大气或者环境气溶胶组分引入反应装置，从而获得实际大气状态下的多相反应动力学参数。外场观测站点的测量系统可以为动力学实验装置提供气体/气溶胶的初始化学成分，通过测量经过反应装置前后组分的变化，可以获得气体在气溶胶界面的摄取系数（uptake coefficient）和气溶胶增量反应性（单位前体物的增加导致的气溶胶浓度变化）等动力学参数。在反应气体方面，将选取二次气溶胶前体物中的 NO_2、SO_2、O_3、NH_3 和几种代表性 VOCs 作为研究对象。

2. 环境要素和气溶胶类型对多相反应的影响研究

多相反应过程十分复杂，不但取决于气溶胶化学成分，还受其相态和混合态以及环境温度、湿度和光照等多种要素影响。为了更好地区分多种因素的影响，项目拟选择不同地区典型季节不同污染特点的气溶胶类型作为研究对象，分析气溶胶组成差异对多相反应的影响。通过多种统计分析方法，分析环境要素对多相反应过程的影响，并在典型污染来临期间设计加强观测实验，通过设置多套平行系统，重点研究温度、相对湿度和光照对于摄取系数或增量反应性的影响。

3. 多相反应模型参数化及其环境气候效应评估

基于本研究所获得的多相过程相关的基础数据，提炼适用于典型污染过程的参数化方案，为中尺度气象-污染模型 WRF-Chem 开发相应的多相反应模块，通过数值模拟评估多相反应的环境气候效应。

7.3　研究方案

本研究拟采用的主要研究方法和总体技术路线如图 7.1 所示，所采用的研究方法包括动力学综合实验、外场观测实验和数值模拟 3 个方面。所涉及的具体研究方法、手段和关键技术说明如下。

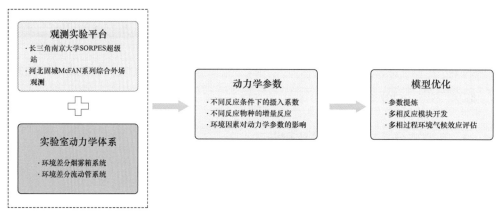

图 7.1 技术路线示意图

7.3.1 环境差分动力学测量系统的搭建和调试

环境差分动力学测量方法是指利用环境复杂组分大气代替实验室内简单组分标气，通过流动管和烟雾箱等技术对实际大气多相化学反应机制和动力学参数进行研究的方法。其中"差分"强调的是指该方法通过平行测量系统间气态前体物或颗粒态浓度的差值来计算相关动力学参数（摄取系数和颗粒物增量反应性）。项目拟对以下两类测量系统进行改进和应用。

1. 环境流动管测量系统

流动管测量方法是通过测量层流状态下颗粒物气态前体物通过流动管前后的浓度差异，通过求解特定边界条件的纳维-斯托克斯方程获得流动管涂层表面反应摄取系数的方法。本研究采用环境大气作为载气和测量对象，通过多通道流动管测量装置及开发的目标气体补气系统，控温、干燥/加湿和遮光系统，并针对进入流动管前后大气成分的同步测量，探索环境状态下各种物理化学参数对于多相摄取系数的影响。传统流动管只能研究固态物种的摄取，为进一步研究相态变化（如潮解后颗粒物从固态变为液滴）对多相反应的影响，本研究设计了转动流动管以维持管表面的液膜，进而对液态颗粒物表面的摄取系数进行测量。层流状态是对摄取系数的准确计算的前提，项目设计可变层流引导管，保证不同物种（测量设备流量不同）测量中流动管内的层流状态。

2. 环境差分烟雾箱系统

如何定量环境大气中的二次气溶胶的化学生成速率及多相反应的贡献是气溶

胶生成研究中的难点。环境大气二次气溶胶的浓度变化除受化学过程影响外,还受到物理输送(垂直和水平传输)等过程的影响,因此化学反应及多相反应的贡献无法通过观测的浓度信息直接获得。本研究因此建立了环境烟雾箱的方法,将环境大气引入封闭的烟雾箱中,排除了复杂的物理输送过程的影响,可以(在对壁损失等因素进行定量校正后)从浓度变化直接获得化学反应贡献的生成率。由于环境实际大气组分的复杂性,为使得环境烟雾箱的结果具有普遍意义,本研究提出气溶胶增量反应性的概念:在平行烟雾箱中通入环境大气和不同浓度的目标气体,通过二者颗粒物生成速率的差异,定量获得该气体的增量反应性。

7.3.2　基于外场观测平台的环境多相化学动力学研究

本研究提出的"外场实验室"的基本运行原则是在尽量维持外场观测正常任务的基础上,额外获得所关注的多相反应动力学信息。多年测量经验表明,目前超级站配备的大多数测量仪器均具有很高的时间分辨率,即使把该分辨率降低一半(如每小时只进行半小时测量),也可以保证大多数测量任务(获得测量参数的日均值和日变化与高分辨率下的结果没有显著性差异)。因此,在观测中通过自动控制阀的切换,使得仪器在一半的时间内测量环境大气成分,一半的时间测量通过动力学反应系统后的浓度。这种方法一方面保证了超级站的基本任务;另一方面可以通过插值等数学方法重构环境大气全时段数据——相当于获得了进入反应器的初始浓度,通过与反应后浓度的比较获得所需的动力学参数。插值的使用会引入一定的不确定性,但该不确定性随着仪器分辨率(自动阀切换频率)的提高和测量样本量的增大(延长测量总时间)而降低,不会影响对结果的分析。基于"外场实验室"的动力学测量系统和方法已经在北京大学张远航教授组织的 2016 年北京地区冬季灰霾形成机制联合观测实验和北京大学邵敏教授组织的 2015 年大气挥发性有机物(VOCs)夏季观测中得到了应用。

7.3.3　模型参数化和数值模拟

数值模式是帮助定量认识所观测的相关物理化学过程的基本工具,也是最终将实验获得的颗粒物多相反应机制用于认识更大范围空气污染定量影响的主要手段。基于"外场实验室"获得的摄取系数和增量反应性结果,本研究将识别出对于气体和气溶胶收支具有潜在影响的反应机制,尤其是协同效应和各种环境因素对多相反应的影响,并在此基础上根据 WRF-Chem 的模型架构开发相应的多相反应模块。WRF-Chem 是目前广泛应用的区域空气质量模式,可以在模拟中考虑污染过程与气象的双向反馈,适合对于污染地区典型重污染事件的模拟。

7.4 主要进展与成果

7.4.1 环境差分烟雾箱的搭建和测试

多相反应是二次颗粒物生成的重要途径之一。因此，了解实际环境条件下的多相反应路径机制和环境因子对于揭示云雾过程对颗粒物和气态污染物湿沉降以及颗粒物对于云雾过程的反馈作用具有重要意义。以往针对颗粒物多相反应的研究多基于实验室条件下的烟雾箱实验，单次实验往往局限于对单一活性气态物种的多相反应进行研究。真实环境条件下反应物种和环境因子的复杂性远远高于实验室条件，雾滴可能与多种活性气体同时作用，在反应过程和机制方面表现出协同或抑制效应，同时受到环境因子的影响。因此实验室条件的研究结果可能是缺乏代表性的。

本研究设计了将动力学研究体系与外场观测体系相结合的研究方法。此方法将实验室常用的烟雾箱系统与大气外场观测相结合，将环境中成分复杂的颗粒物和气体组分引入反应装置，通过控制某种（或某几种）前体物浓度或温度、湿度、光照等环境因子，测量经过反应后颗粒物和气体组分的变化，从而获得摄取系数和增量反应性（单位前体物增加导致的颗粒物浓度变化）等反应动力学参数。

图 7.2 示意了传统实验室研究方法和我们设计的环境烟雾箱的区别。基于传统实验室烟雾箱的研究大多针对一种反应性气体和简单的溶液体系，通过测定气态前体物的浓度 x_1 增加导致的颗粒态物种浓度 y 的变化得到增量反应性 $\frac{\Delta y}{\Delta x_1}$，在这种设定下，其他可能参与或影响反应的气态或溶液内物种浓度为 0 或定值。那么，所得到的增量反应性 $\frac{\Delta y}{\Delta x_1}$ 事实上只适用于其他物种 $x_i(i=2,3,4,\cdots)$ 在特定浓度的条件，即 $\left.\frac{\Delta y}{\Delta x_1}\right|_{x_2=0,x_3=0,x_4=0,\cdots}$。而实际环境条件下，影响某个多相反应的物种浓度 x_i 并不为 0 而且可能是随时间变化的，即 $x_i=x_i(t)$，这就导致实验室条件下得到的反应动力学参数并不适用于实际大气环境条件，从而导致多相反应相关参数化的失真，造成颗粒物湿沉降模拟的精度下降。而在环境烟雾箱中，云雾滴连同环境中反应性气体和未活化颗粒物一起被引入烟雾箱，所有影响多相反应的关键物种浓度 x_i 与实际大气浓度保持一致，且随时间变化。通过控制感兴趣的前体物浓度 x_i 即可得到实际环境条件下颗粒态物种浓度 y 的变化，从而得到增量反应性 $\left.\frac{\Delta y}{\Delta x_1}\right|_{x_2(t),x_3(t),x_4(t),\cdots}$。并且得到反应动力学参数与其他关键物种浓度的关系，从而

更好地揭示影响颗粒物二次生成和沉降的关键物种和环境条件,以及对相关反应动力学参数进行更精细的参数化以提高模式模拟精度。

图 7.2　传统实验室和环境烟雾箱的研究方法对比

环境差分烟雾箱主体结构如图 7.3 所示,烟雾箱系统包含一个反应烟雾箱和一个对照参考烟雾箱,由真空泵维持烟雾箱中的循环。包含气溶胶的环境空气以相同的流量进入反应烟雾箱和参考烟雾箱,同时反应烟雾箱中根据不同实验目的通入不同的反应性气体,烟雾箱中的颗粒物理化学特性和反应性气体浓度由下游的一系列高时间分辨率在线仪器监测。为了使用同一套监测仪器同时监测反应烟雾箱和参考烟雾箱,本研究自行研发了自动气路切换装置,在保证尽可能低的颗粒物和气体损失率的前提下实现监测仪器在反应烟雾箱和参考烟雾箱之间按预定计划自动切换监测。

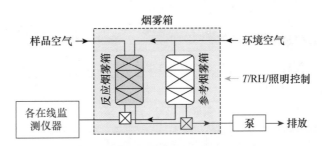

图 7.3　环境差分烟雾箱主体结构和流路

环境差分烟雾箱系统最终定型并投入 2018 年底和 2019 年底在河北固城开展的实际大气实验(图 7.4)。首先对差分烟雾箱系统中反应烟雾箱和参考烟雾箱的平行性进行了一系列测试。图 7.5(a)展示了通入环境空气时两个烟雾箱中的温度随时间的变化,可以看到,两个烟雾箱中的温度略低于环境温度,但平行性良好,在 12 h 内差异小于 0.2℃。图 7.5(b)展示了反应烟雾箱和参考烟雾箱中相对湿度对比。在这个测试中,我们从 21：00 到次日 7：00 对环境烟雾箱进行加湿。可以看到,两个烟雾箱的加湿效率存在一定差异,初时烟雾箱内相对湿度上升速度略有不同,但在约 2.5 h 后,烟雾箱中的相对湿度达到相对稳定的水平,此时两个烟雾箱中相对湿度差异可以维持在 5％以内。

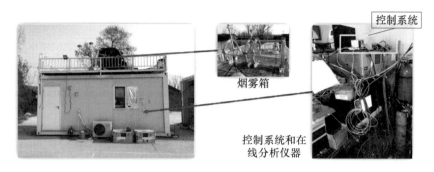

图7.4　安置于观测方仓顶部的环境烟雾箱(摄于2018年11月27日,河北固城)

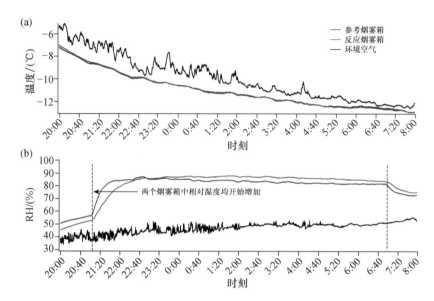

图7.5　双烟雾箱体系实验条件平行性比较：(a)烟雾箱中温度随时间变化；(b)相对湿度随时间变化

图7.6展示了反应烟雾箱和参考烟雾箱中气溶胶数浓度谱分布的对比情况。可以看到,通入环境空气后,两个烟雾箱中的气溶胶数谱非常吻合,但浓度显著低于环境中的气溶胶浓度(约为50%),说明两个烟雾箱中气溶胶颗粒物的损失率较为一致。在通入反应性气体后,可以在反应烟雾箱中观测到明显的颗粒物增长,数谱峰值逐渐偏离参考烟雾箱中的数谱峰值。从这些测试可以看到,烟雾箱系统中的两个烟雾箱特性较为一致,与温湿度变化的响应以及颗粒物的损失率都比较吻合,因此可用于差分实验。

本研究基于环境差分烟雾箱系统在固城冬季开展了一系列实验。实验中采用环境大气作为载气和测量对象,通过改变反应条件,测试颗粒物粒径、质量及组分变化。高湿下硫酸盐的液相生成是硫酸盐气溶胶二次生成的主要途径之一,相对湿度决定了气溶胶颗粒物含水量,因此会对硫酸盐生成率产生影响。为了量化这

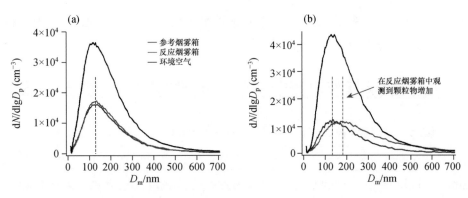

图 7.6　双烟雾箱体系实验条件平行性比较：(a) 实验开始前烟雾箱中的颗粒物数浓度谱分布对比；(b) 实验开始后谱分布对比

一影响，在环境体系下，我们在反应烟雾箱中额外通入 SO_2、NO_2 和 NH_3，通过改变烟雾箱中的相对湿度模拟硫酸盐的生成率变化。实验结果如图 7.7(a)所示，可以看到，相对湿度在 50% 以下时，硫酸盐生成率接近于 0，随着相对湿度上升，硫酸盐生成率也显著上升，在 86% 相对湿度下生成率达到约 17.5 $\mu g\ m^{-3}\ h^{-1}$。生成率随相对湿度的变化可以用指数函数较好地拟合。基于实测的气溶胶数谱分布和利用化学组分计算的吸湿性参数，本研究估算了不同相对湿度下烟雾箱中的气溶胶

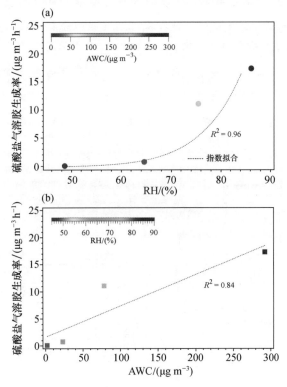

图 7.7　硫酸盐气溶胶生成率与(a)相对湿度和(b)液态含水量的关系

含水量，并分析了硫酸盐生成率与气溶胶含水量的关系。从图 7.7(b)中可以看到，硫酸盐生成率随着气溶胶含水量升高而上升，表现为近似线性关系。

7.4.2 多相过程动力学参数的量化和评估

1. 基于差分流动管系统获得环境条件下 VOCs 的土壤摄取系数

大气挥发性有机物(VOCs)、NO_2、SO_2、N_2O_5、O_3、H_2O_2 等大气活性气体在大气化学中扮演着重要的角色，通常以二次污染前体物或大气氧化剂的角色影响甚至控制二次污染的生成，因此也是环境大气多相过程的主要参与者。这些活性气体在气溶胶表面或地表的摄取系数直接影响它们在地气系统的交汇循环过程，同时也是多相反应过程中关键的动力学参数。

以 VOCs 为例，土壤的排放和沉积被认为是大气痕量气体的重要的源和汇，但是目前对土壤中 VOCs 的交换特性和非均相化学的认识还不够。本研究基于一种新的差分涂层壁流动管系统，探索了北京城市背景环境中 13 种挥发性有机物在环境空气条件下的土壤-大气双向交换的长时间变化特征。本实验利用灭菌土壤，从而能够解析与生物活性无关的物理化学过程和异相/多相反应。与以往研究不同的是，本研究首次将流动管系统置于城市大气环境中，不仅可以获得真实环境条件下的 VOCs 吸收系数，还可鉴别多种环境因素对吸收系数的影响。如图 7.8 所示，覆有土壤涂层流动管和参照流动管的系统置于采样箱中，与外界大气相通。VOCs 物种通过流动管，直接与土壤发生相互作用，出流动管后再经 PTR-MS 实时测量(时间分辨率为 1 h)，进而获取各种 VOCs 在土壤表面的摄取系数。

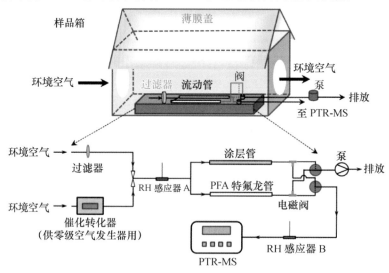

图 7.8 VOCs 吸收效率实验示意图

研究发现绝大多数 VOCs 在土壤表面表现为正的摄取系数,即气体被吸收后保持在土壤中或被转换为其他物种,平均吸收系数在 $10^{-7} \sim 10^{-6}$ 范围内,对应的沉积速度为 0.0013~0.01 cm s^{-1},土壤表面阻抗为 98~745 s cm^{-1}。其中,苯乙烯和甲醛有最高的吸收系数(10^{-6} 量级)。然而,甲酸的长期平均排放量约为 6×10^{-3} nmol m^{-2} s^{-1},表明它是在其他 VOCs 异相氧化后形成并释放的。单一种类 VOCs 的土壤-大气交换可能受多个因素的影响,包括其表面反应引起的降解/消耗、其他种类 VOCs 的竞争性吸收或异相形成/积聚。总体研究结果表明,受分子特性和环境条件的影响,土壤中的物理化学过程和异相氧化,以及土壤沙尘可以作为大气中 VOCs 的汇和源。

2. 主要反应性气体在气溶胶表面和地表吸附的相对重要性

本研究同时针对 O$_3$、NO$_2$、SO$_2$、N$_2$O$_5$、HNO$_3$ 和 H$_2$O$_2$ 这 6 种大气活性气体,探索了它们在不同环境、不同气溶胶类型和大气混合层高度下被气溶胶表面和地表吸附的相对重要性。为了更有效比较,引入了等价吸收效率(γ_{eqv}):该等价吸收效率下,气体的气溶胶吸附与地表干沉降通量相等。当实际气溶胶吸收效率 $\gamma_{eff} > \gamma_{eqv}$ 时,气溶胶吸附较干沉降更重要。研究选取了城市、农业用地、亚马逊森林和水体 4 种典型环境,计算了不同气溶胶(矿物气溶胶、黑碳、固态和液态有机气溶胶,以及海盐 5 种类型)表面积浓度和干沉降速率下的 γ_{eqv}。

研究发现 γ_{eqv} 随着干沉降速率的增加而升高,随气溶胶表面积浓度的增加而降低。在亚马逊森林地区可达到 10^{-2},而在污染城市地区可低至 10^{-5}。以 O$_3$ 为例:其在液态有机气溶胶上的吸附与在城市地区的地表沉降在相似水平(图 7.9)。

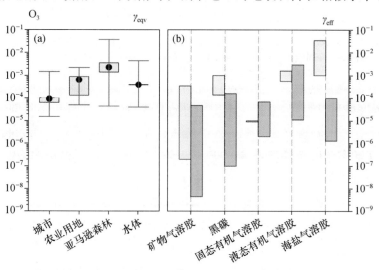

图 7.9　(a) O$_3$ 在不同地区的等价吸附效率(γ_{eqv})和 (b) 实验室测量所得 O$_3$ 的气溶胶有效吸附效率(γ_{eff})

该结果表明当前的大气模型中，O_3 在液态有机气溶胶上的多相化学过程，特别是在高相对湿度和液态有机气溶胶环境中（如亚马逊森林和中国华南地区），可能被显著低估。综合其他活性气体的等价吸收效率结果，发现以下过程的气溶胶吸附与干沉降过程同等重要：N_2O_5 在所有类型的气溶胶，HNO_3 和 SO_2 在矿物和海盐气溶胶，H_2O_2 在矿物气溶胶，NO_2 在海盐气溶胶，以及 O_3 在液态有机气溶胶上的吸附。该研究结果指出，当前大气模型需要考虑增加这些过程的气溶胶吸附过程。

3. 壁涂层流动管系统表面粗糙度和局部湍流对气体吸附和动力学研究的影响

鉴于目前广泛应用于多相反应动力学研究的壁涂层流动管系统可能因涂层壁的粗糙度诱发湍流而产生额外的气体吸附，从而高估气体吸收效率，本项目研究了含涂层流动管反应器中表面粗糙度和局部湍流对气体吸附和动力学研究的影响。根据层流边界层理论和考虑涂层反应管中的具体流动情况，提出了临界高度 δ_c 的概念。当管壁涂层的几何厚度低于临界高度时（$\delta_g < \delta_c$），层流状态得到满足，从而符合扩散校正方法的前提使用条件。当 $\delta_g > \delta_c$ 时，局部湍流的发生能增强气体在涂层表面的物质交换，使扩散校正方法失效。利用该临界高度与已发表的流动管实验室研究的参数进行比较，发现大多数实验中的涂层厚度小于临界高度 δ_c，显示表面粗糙度对层流的影响可以忽略。但少数实验中的涂层厚度明显大于 δ_c，可能对层流模式造成影响。该研究也表明，可通过优化流动管设计参数和运行条件（例如，管径、长度和气流速度）调节临界高度，从而确保层流条件不受影响。

7.4.3 气溶胶多相过程关键影响因素的甄别和量化

1. 气溶胶相态对多相化学的影响

颗粒物相态已被认为是控制大气多相化学和 $PM_{2.5}$ 形成的关键因素，但由于受温度、湿度等环境影响，很难在模型中进行精确模拟。以苯并芘为例，其在大气中主要是通过与臭氧的多相反应得到降解并去除。目前模式中采用的相关反应速率常数为实验室常温条件下获得，一般采用假定不变的相态和反应速率，这与大气中的实际情况不符。此外模式对其在颗粒相中的扩散效应的考虑也过于简单，导致模拟结果与观测事实间存在巨大差异，特别是在偏远地区（例如北极），模拟与观测的差距可达几个量级。本研究为此开发了精细的动力学方案，以更好地表示颗粒物相态在区域和全球模型中的效应。通过使用重要的致癌性大气污染成分苯并芘作为示踪剂，本研究首次实现了实际大气中对颗粒物相态区域和全球影响的定量验证。

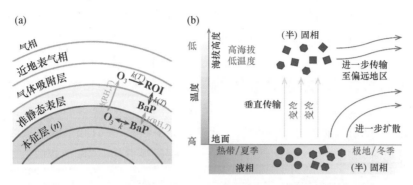

图 7.10 （a）改进的 WRF-Chem 模式中所采用的气溶胶多层动力学化学
模型；(b) 环境温度和湿度对于苯并芘生命时间和长距离传输的影响

为了更好地描述苯并芘的大气分布与传输过程,本研究基于气溶胶多层动力学化学模式 KM-SUB 的模拟结果,考虑环境温度和湿度对于气溶胶相态和反应速率的影响,对 WRF-Chem 模式中有机物多相反应模块进行了改进[图 7.10(a)]。结果显示考虑颗粒物相态的新参数化方案极大地改善了多尺度模型的性能(可高达几个量级),在源区和偏远区域(北极)都能得到与观测值一致的结果。模拟结果还显示实际高空大气的低温和低湿会显著减缓颗粒有机物中的多相反应(从过去认为的几个小时增加到几十天),显著增加颗粒有机物的大气寿命,更有利于其远距离传输扩散[图 7.10(b)]。因此正确考虑温度、湿度对颗粒物多相过程的影响对于污染物大气行为过程的评估具有重要意义。

2. 气溶胶吸湿性及其影响因子

气溶胶的吸湿性表征气溶胶颗粒吸收水分并在亚饱和及过饱和条件下增长的能力,它不仅影响颗粒的光学性能,而且决定了云凝结核活化形成云滴的能力以及云的寿命,进而间接影响气候。以有机气溶胶为例,有研究表明,二次有机气溶胶的 κ 增加 50%,可导致预测的云凝结核(CCN)浓度增加多达 40%。如果 κ_{OA} 从 0.05 增加到 0.15,全球平均气溶胶辐射强迫将减少约 1 W m^{-2}。尽管有机气溶胶吸湿性非常重要,但由于有机气溶胶的化学组成极其复杂,因此尚未很好地表征 κ_{OA}。

本研究基于加湿浊度计观测系统,结合在线化学组分等观测,在 McFAN 综合外场实验中针对华北冬季有机组分吸湿性变化及其影响因素开展研究。结果表明,PM$_1$ 和 PM$_{10}$ 的 $\kappa_{f(RH)}$(基于颗粒物光散射测量推算的 κ)范围为 0.02～0.27 和 0.03～0.26,相应的平均值分别为 0.12 和 0.12。说明颗粒物的吸湿性通常较低,这可能与有机物的大量贡献有关。

此外,κ_{OA}[图 7.11(b)]显示出明显的昼夜变化特征,早晨(约 7:30)的 κ_{OA} 达到一天当中的最小值(0.02),并在 14:30 左右迅速增加至最大值(0.16)。因此,在一天的 7 h 内,有机气溶胶颗粒的吸水能力从几乎疏水变为中等吸湿。这是在华北地区首次观察到 κ_{OA} 如此明显的昼夜变化。本研究发现,OA 中 OOA 的质量分数的日变化与 κ_{OA} 的昼夜变化非常相似[$R=0.8$;图 7.11(a)和(c)],这表明 OOA 很可能是冬季 κ_{OA} 的决定因素。κ_{OA} 和 f_{OOA} 的平均日变化之间的相关系数为 0.95,这表明 f_{OOA} 的变化驱动了 κ_{OA} 的显著日变化。κ_{OA} 显著的昼夜变化特征表明,迫切需要对华北地区 κ_{OA} 的时空变化进行更多研究,并且还需要在化学传输模型中更好地对 κ_{OA} 进行参数化,以评估 OA 对辐射强迫和 CCN 的影响。

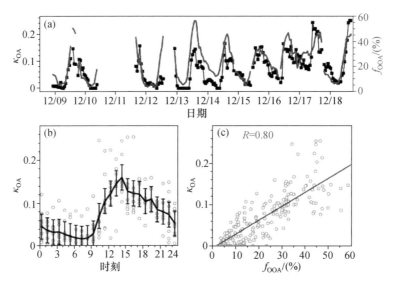

图 7.11　(a) 观测期间计算的 κ_{OA} 及 OOA 质量分数的时间序列;(b) 平均日变化特征及(c) κ_{OA} 与 OOA 质量分数关系的散点图

3. 氨基酸的吸湿性及其对混合气溶胶颗粒中硫酸铵吸水率的影响

氨基酸可由生物源大量释放,在大气中广泛存在,是气溶胶中重要的含氮组分。目前只有少数研究探索氨基酸的吸湿特性,且主要针对单个氨基酸颗粒的吸湿性,缺乏对氨基酸与无机化合物的混合物的吸湿性的了解。因此,本研究采用自主安装的吸湿串联差动分析仪(HTDMA)系统测量了 3 种氨基酸(包括天冬氨酸、谷氨酰胺和丝氨酸)及其与硫酸铵的混合物的吸湿特性,以探索气溶胶中无机化合物和有机化合物之间的相互作用。

实验结果表明在相对湿度 RH 等于 9%~90% 范围内,硫酸铵单颗粒在 RH=79% 左右潮解,3 种氨基酸的单颗粒则表现出连续的吸湿增长,并未出现潮解转变。但是在硫酸铵与天冬氨酸或谷氨酰胺以 1∶3 的质量比混合的情况下,观察到明显的相比,且对应的潮解点(分别为 RH=72% 和 74%)要低于纯硫酸铵的潮解点。随着氨基酸含量的增加,氨基酸-硫酸铵混合物则表现出连续吸水的状态,表明这些混合颗粒物处于液体状态。因此,氨基酸对硫酸铵的相态具有明显的影响,并且可能潜在地影响混合颗粒的吸湿行为。

与之相对应,同样以 1∶3 质量比混合的丝氨酸-硫酸铵混合颗粒则没有明显的潮解发生。不同氨基酸-硫酸铵混合结果的差异表明气溶胶中无机化合物和有机化合物之间的相互作用因物种而异。这一研究结果表明,热力学模型需考虑分子的多样性,才能准确表征含不同组分的气溶胶的吸湿性。

7.4.4　多相过程的环境效应评估

1. 基于实际观测揭示高空大气黑碳的分布和老化过程

颗粒物表界面多相反应被认为是二次颗粒物生成的重要途径之一,因此也是气溶胶老化的主要途径。黑碳(BC)是气溶胶中的主要吸光组分。大气中的 BC 可通过直接吸收太阳辐射,产生制暖效应。有研究认为 BC 的直接辐射强迫效应要高于甲烷,是仅次于 CO_2 的第二大制暖污染物。考虑到 BC 的大气寿命远低于温室气体,减排 BC 可能是短期内缓解全球变暖趋势的有效措施。BC 的直接辐射强迫效应主要取决于 BC 大气含量及其吸光效率,后者又进一步依赖 BC 的形态、混合状态等特征。研究表明大气老化过程中,非均相反应等大气过程会使新排放到大气的 BC 逐渐从外混状态向内混状态改变,一方面可以提高黑碳的吸湿性,成为云凝结核(CCN)进入云中,导致其湿沉降去除通量增加;另一方面可通过透镜效应使 BC 吸光效率增大 1~3 倍非均相反应。此外,由于太阳辐射衰减较小,云层后向散射的辐射增加,高空 BC 的辐射强迫效率比近地面 BC 强很多(最高可达 10 倍)。尽管目前有不少针对 BC 外表包裹层对提高 BC 吸光效率的研究,但是大部分研究都只针对近地面和对流层内与多相反应相联系的黑碳老化过程,对流层上部和平流层内还缺乏实际观测资料,高层大气环境下黑碳的老化速度目前还是未知的问题。

本研究利用搭载在洲际民航客机上的气溶胶观测系统对对流层上部和平流层底部的黑碳气溶胶进行了为期 14 个月的观测。这次观测主要是对 BC 的数量、大小以及混合状态等进行长期观测,观测的地点主要集中在海拔约 10~12 km 处。观测发现在对流层上部和平流层底经常存在生物质燃烧(BB)烟羽[图 7.12(a)],这些羽流中的平均黑碳质量浓度(约 140 ng m^{-3})比背景浓度(约 6 ng m^{-3})高 20倍以上,峰值浓度超过 100 倍(高达约 720 ng m^{-3})。观测发现在平流层底部,几乎所有的黑碳颗粒都包覆有较厚的包裹层,显示出较高的老化程度。在生物质燃烧羽流中,黑碳颗粒的平均包裹层厚度约为 150 nm,高于背景空气中黑碳 125 nm 的包裹层厚度。

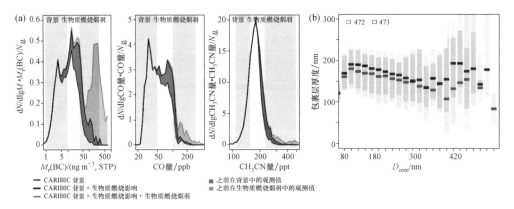

图 7.12 （a）观测得到的高层大气黑碳、CO 和 CH_3CN 浓度分布；（b）两次相邻观测（航班 472 和 473）得到的黑碳包裹层厚度变化，实线指示包裹层中值厚度，阴影显示 25% 和 75% 分位包裹层厚度

在一次洲际往返航班任务中，飞机相隔约 10 h 两次飞入同一生物质燃烧烟羽，第二次观测到的黑碳包裹层厚度较第一次观测结果有显著增加[图 7.12（b）]，粒径增长率约为 1 nm h^{-1}，表明在平流层低温环境中，黑碳仍存在显著的老化过程，这也是对于高空黑碳老化过程的首次实地观测结果。高空黑碳颗粒的高浓度和高包裹层厚度的观测结果表明，地面森林大火等生物质燃烧释放的黑碳气溶胶可能在平流层底部诱导强烈的局部加热，并可能对气候的区域辐射强迫产生重大影响。本研究计算表明，在欧洲和北美观测到的生物质燃烧烟羽可能导致大气顶部 BC 直接年平均辐射强迫增加 0.08 W m^{-2}。一方面，BC 的加热效应增加了平流层最低处的空气浮力，增强生物质燃烧烟羽的自升力；另一方面，它会在烟羽下方形成一个倒转，抑制了大气层之间的交换。基于观测结果，本研究推导出，由于生物质燃烧烟羽导致的加热速率增加速度约为 0.07 K d^{-1}，在极端情况下可以达到 0.44 K d^{-1}。

2. 二氧化钛对大气活性氯的潜在贡献

伴随城市化进程的加速，尤其是环保、节能型新城的建设过程中，TiO_2 的使用大幅度增加（图 7.13）。这些 TiO_2 的大量使用可能会影响大气化学过程。本研究探索了负载 KCl 的 TiO_2 的大气化学行为，发现在光照条件下负载 KCl 的 TiO_2 可以大量地释放活性氯（包括 Cl_2、ClO 等），这些活性氯将会在很大程度上影响城市大气的氧化能力。进一步在上海市中心进行了针对活性氯的强化观测，发现 Cl_2 的峰值出现在中午，且与 Cl_2 在 TiO_2 非均相光化学的生成存在显著相关，存在典型的光化学来源。这些结果都表明 TiO_2 在城市大气中的作用越来越不可忽略。

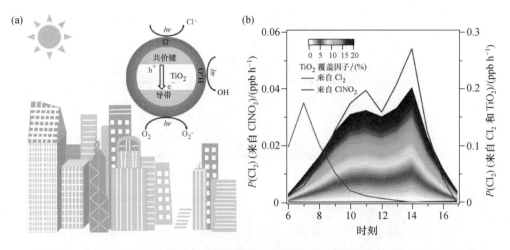

图 7.13　(a) Cl_2 的 TiO_2 非均相光化学生成示意图;(b) 上海城区 Cl_2 的潜在来源分析

3. 海盐对硝酸盐浓度及其直接辐射强迫的影响

硝酸盐是大气颗粒物的主要组分之一。有研究认为大气硝酸盐的直接辐射强迫可高达 $-0.4 \sim -1.3$ W m^{-2},是 20 世纪末最主要的制冷气溶胶。硝酸盐的前体物,包括 NO_x 和气态 HNO_3 都主要源自人为活动排放,但是硝酸盐二次生成的过程会涉及其在海盐表面的非均相摄取。因此海盐的存在可以增加硝酸盐质量(质量增加效应),从而增强硝酸盐的制冷效应。但是海盐还可以改变硝酸盐的粒径谱分布,从积聚模态向粗颗粒模态转变(粒径谱再分布效应),进而降低消光效率,削弱其直接辐射强迫效应(DRF$_{硝酸盐}$)。目前大多数研究都忽略了海盐导致的粒径谱再分布效应,因此本研究采用 WRF-Chem 探索海盐表面非均相摄取产生的质量增加效应和粒径谱再分布效应的竞争关系,并评估其对 DRF$_{硝酸盐}$ 的影响。

研究发现考虑海盐排放及其对硝酸盐的粒径谱再分布效应,模型可以成功重现观测到的硝酸盐在粗细粒子间的质量分布。当气团受海盐影响时,硝酸盐在粗颗粒模态的质量分数可增加 5.5 倍,在细粒子模态的质量分数则减少 20%。同时,海盐导致的硝酸盐粒径谱再分布效应对硝酸盐的光学性质及其直接辐射强迫的影响存在显著的空间分布差异:在内陆污染区域,粒径谱再分布效应占主导,考虑海盐排放最终会减少 AOD$_{硝酸盐}$;在海洋区域,质量增加效应占主导,考虑海盐排放会增加 AOD$_{硝酸盐}$。研究进一步提出可用 RNS ($[NO_3^-]/[Na^+]$,mol mol^{-1})这个参数来表征上述两个效应的竞争关系(图 7.14):1) RNS<1,一般在海洋区域,质量增加效应占主导,AOD$_{硝酸盐}$ 增加;2) $1<$RNS<30,粒径谱再分布效应可减少 AOD$_{硝酸盐}$ $10\% \sim 20\%$,超越质量增加效应,最终导致 AOD$_{硝酸盐}$ 减少;3) RNS>30,两个效应都无显著影响。总的来说,考虑海盐导致的粒径谱再分布效应可减少全球范围 $10\% \sim 20\%$ 的 AOD$_{硝酸盐}$。

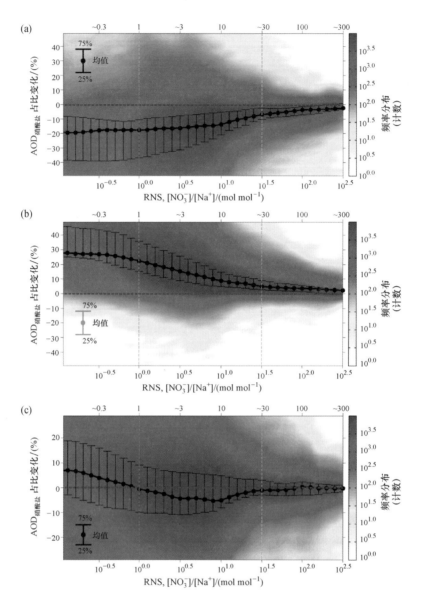

图 7.14 欧洲区域硝酸盐粒径谱再分布效应强度与 RNS(细粒子硝酸盐和总钠的摩尔比例)的关系：(a) 粒径谱再分布效应导致的 AOD 变化；(b) 质量增加效应导致的 AOD 变化；(c) 净效应导致的 AOD 变化

7.4.5 外场观测技术研发

1. 分粒径气溶胶单颗粒荧光测量系统

荧光强度和光谱是大气气溶胶颗粒物的重要物理特征之一，可以反映颗粒物的化学组分等重要信息，已广泛应用于生物气溶胶识别与定量。由于单颗粒气溶胶荧光强度很低,传统方法一般都是将气溶胶样品采集到滤膜上积累一定量后利用荧光光谱仪离线分析其荧光光谱。此类方法虽然可以得到样品荧光光谱,但无法区别荧光颗粒与非荧光颗粒,也无法给出粒径等信息,且时间分辨率较低。近年来也有单颗粒荧光在线测量设备问世,但一般都只能给出单颗粒荧光强度,无法给出完整光谱和粒径信息。

本研究搭建了分粒径气溶胶单颗粒荧光测量系统(S2FS,图 7.15)。S2FS 系统由空气动力学颗粒物粒径分析仪和高分辨率超快荧光光谱仪组成,可连续在线测量样气中每个颗粒物在 355 nm 激发光下的荧光光谱,波长范围 370～610 nm(512 档),可涵盖主要生物气溶胶的荧光发射波长范围。对于强荧光颗粒物(例如花粉),S2FS 可给出每个颗粒物的荧光光谱;对于弱荧光颗粒物,S2FS 基于 100～3000 个颗粒物测量可给出其平均荧光光谱。系统和实验方法建立完成后已进行了实验室测试,其测量与离线荧光光谱仪有非常高的一致性。在实际大气环境测试中发现,实际环境气溶胶细粒子和粗粒子中分别有 2.8% 和 8.9% 为荧光颗粒物,荧光光谱通常在 440 nm 出现峰值。S2FS 系统和实验方法的建立和应用为气溶胶观测研究提供了一个新的维度。

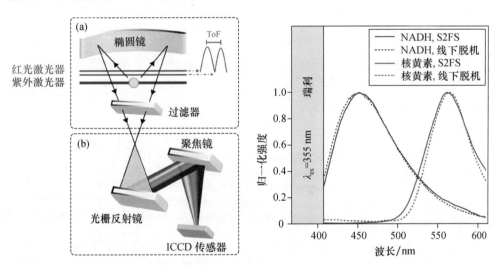

图 7.15　(a) 分粒径气溶胶单颗粒荧光测量系统原理图;(b) 测量结果与离线荧光光谱仪测量的对比

2. 基于 pH 试纸直接测量气溶胶液滴的 pH

对大气环境气溶胶酸度(pH)的直接测量目前始终是大气学科中的一个重大挑战。先前有研究者提出可以用 pH 试纸直接测量气溶胶液滴的 pH。本研究在这个方法的基础上进行了一系列改进,从而实现了气溶胶液滴 pH 的高精度测量。在测量时,首先利用撞击采样器将气溶胶液滴采集到 pH 试纸上(或者将收集到的水溶液用移液枪转移到 pH 试纸上），待试纸显色稳定后，用手机或相机拍摄显色后的 pH 试纸以及比对卡。然后在 Adobe Photoshop 软件中截取每个 pH 试纸显色范围中心的 100×100 像素区域的 RGB 数据（图 7.16）。样本的 pH 可表示为 RGB 三个通道的线性方程：

$$pH_{预测值} = a * R_{标准} + b * G_{标准} + c * B_{标准}$$

其中 a、b 和 c 是方程系数，可以由 pH 试纸附带的比对卡或者标定缓冲溶液测试结果拟合得到。作为验证，本研究测试了一系列 pH 已知的缓冲溶液，发现基于该 RGB 模式，采用多种 pH 试纸均可以较好地估计出样本的 pH。进一步，通过测试与环境颗粒物组分类似的样本发现，有一种 pH 试纸可以较好地给出样本 pH，即使在吸光性气溶胶（例如黑碳）存在的情况下也较少受到干扰（误差小于 0.5 个 pH 单位），因此可以用于实际大气环境颗粒物的观测。在实际大气观测中，需要在 pH 试纸上采集至少约 180 μg 或 0.1 μL 的样品，使用本研究自行研发的撞击采样器大约需要 4 h 采样时间，如果使用大流量采样器，可将采样时间缩短到 1 h 以内，因此可用于较高时间分辨率的环境气溶胶 pH 观测。

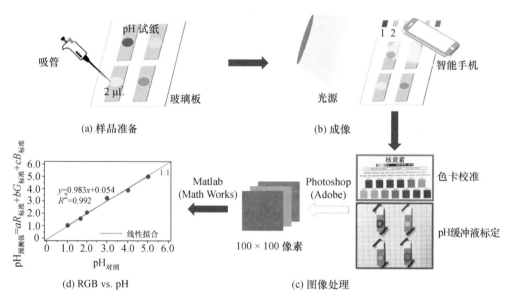

图 7.16 采用 pH 试纸测量气溶胶液滴 pH 的方法流程

7.4.6 本项目资助发表论文（按时间倒序）

（1）Xu Z, Nie W, Liu Y, et al. Multifunctional products of isoprene oxidation in polluted atmosphere and their contribution to SOA. Geophysical Research Letters，2021，48(1)：e2020GL089276.

（2）Zhang Y, Tao J, Ma N, et al. Predicting cloud condensation nuclei number concentration based on conventional measurements of aerosol properties in the North China Plain. Sci Total Environ，2020，719：137473.

（3）Xu W，Kuang Y，Liang L，et al. Dust-dominated coarse particles as a medium for rapid secondary organic and inorganic aerosol formation in highly polluted air. Environ Sci Technol，2020，54(24)：15710-15721.

（4）Tao J，Kuang Y，Ma N，et al. Secondary aerosol formation alters CCN activity in the North China Plain. Atmospheric Chemistry and Physics，2021，21(9)：7409-7427.

（5）Sun Y，He Y，Kuang Y，et al. Chemical differences between PM_1 and $PM_{2.5}$ in highly polluted environment and implications in air pollution studies. Geophysical Research Letters，2020，47(5)：e2019GL086288.

（6）Sun P，Nie W，Wang T，et al. Impact of air transport and secondary formation on haze pollution in the Yangtze River Delta：In situ online observations in Shanghai and Nanjing. Atmospheric Environment，2020，225：117350.

（7）Luo Q，Hong J，Xu H，et al. Hygroscopicity of amino acids and their effect on the water uptake of ammonium sulfate in the mixed aerosol particles. Sci Total Environ，2020，734：139318.

（8）Li Y，Nie W，Liu Y，et al. Photoinduced production of chlorine molecules from titanium dioxide surfaces containing chloride. Environmental Science & Technology Letters，2020，7(2)：70-75.

（9）Li G，Su H，Ma N，et al. Multifactor colorimetric analysis on pH-indicator papers：An optimized approach for direct determination of ambient aerosol pH. Atmospheric Measurement Techniques，2020，13(11)：6053-6065.

（10）Li G，Su H，Ma N，et al. Multiphase chemistry experiment in fogs and aerosols in the North China Plain (McFAN)：Integrated analysis and intensive winter campaign 2018. Faraday Discuss，2020，226：207-222.

（11）Kuang Y，He Y，Xu W，et al. Distinct diurnal variation in organic aerosol hygroscopicity and its relationship with oxygenated organic aerosol. Atmospheric Chemistry and Physics，2020，20(2)：865-880.

（12）Kuang Y，He Y，Xu W，et al. Photochemical aqueous-phase reactions induce rapid daytime formation of oxygenated organic aerosol on the North China Plain. Environ Sci Technol，2020，54(7)：3849-3860.

（13）Chen Y，Cheng Y，Ma N，et al. Natural sea-salt emissions moderate the climate force of anthropogenic nitrate. Atmospheric Chemistry and Physics，2020，20(2)：771-786.

（14）杨闻达，张曼曼，李慧蓉，等. 一种气态亚硝酸制备技术的研发. 环境化学，2019，38(11)：2498-2504.

（15）张曼曼，李慧蓉，杨闻达，等. 基于 DTT 法测量广州市区 $PM_{2.5}$ 的氧化潜势. 中国环境科学，2019，39(6)：2258-2266.

（16）Zhang M，Klimach T，Ma N，et al. Size-resolved single-particle fluorescence spectrometer for real-time analysis of bioaerosols：Laboratory evaluation and atmospheric measurements. Environ Sci Technol，2019，53（22）：13257-13264.

（17）Xu Z，Liu Y，Nie W，et al. Evaluating the measurement interference of wet rotating-denuder—ion chromatography in measuring atmospheric HONO in a highly polluted area. Atmospheric Measurement Techniques，2019，12（12）：6737-6748.

（18）Wang X，Ma N，Lei T，et al. Effective density and hygroscopicity of protein particles generated with spray-drying process. Journal of Aerosol Science，2019，137：105441.

（19）Wang X，Binder K，Chen C，et al. Second inflection point of water surface tension in the deeply supercooled regime is revealed by entropy anomaly and surface structure using molecular dynamics simulations. Phys Chem Chem Phys，2019，21（6）：3360-3369.

（20）Liu Y，Nie W，Xu Z，et al. Semi-quantitative understanding of source contribution to nitrous acid（HONO）based on 1 year of continuous observation at the SORPES station in eastern China. Atmospheric Chemistry and Physics，2019，19（20）：13289-13308.

（21）Li M，Su H，Li G，et al. Relative importance of gas uptake on aerosol and ground surfaces is characterized by equivalent uptake coefficients. Atmospheric Chemistry and Physics，2019，19（16）：10981-11011.

（22）Li G，Cheng Y，Kuhn U，et al. Physicochemical uptake and release of volatile organic compounds by soil in coated-wall flow tube experiments with ambient air. Atmospheric Chemistry and Physics，2019，19（4）：2209-2232.

（23）古颖纲，虞小芳，杨闻达，等. 广州市天河区 2016 年雨季挥发性有机物污染特征及来源解析. 环境科学，2018，39（6）：2528-2537.

（24）Zhang Y，Zhang Q，Cheng Y，et al. Amplification of light absorption of black carbon associated with air pollution. Atmospheric Chemistry and Physics，2018，18（13）：9879-9896.

（25）Zhang Y，Li X，Li M，et al. Reduction in black carbon light absorption due to multi-pollutant emission control during APEC China 2014. Atmospheric Chemistry and Physics，2018，18（14）：10275-10287.

（26）Xu Z，Nie W，Chi X，et al. Ozone from fireworks：Chemical processes or measurement interference? Sci Total Environ，2018，633：1007-1011.

（27）Sun P，Nie W，Chi X，et al. Two year online measurement of fine particulate nitrate in western Yangtze River Delta：Influences of thermodynamics and N_2O_5 hydrolysis. Atmospheric Chemistry and Physics，2018，18（23）：17177-17190.

（28）Mu Q，Shiraiwa M，Octaviani M，et al. Temperature effect on phase state and reactivity controls atmospheric multiphase chemistry and transport of PAHs. Science Advances，2018，4（3）：2375-2548.

（29）Li G，Su H，Kuhn U，et al. Technical note：Influence of surface roughness and local turbulence on coated-wall flow tube experiments for gas uptake and kinetic studies. Atmospheric Chemistry and Physics，2018，18(4)：2669-2686.

（30）He P，Alexander B，Geng L，et al. Isotopic constraints on heterogeneous sulfate production in Beijing haze. Atmospheric Chemistry and Physics，2018，18(8)：5515-5528.

（31）Ditas J，Ma N，Zhang Y，et al. Strong impact of wildfires on the abundance and aging of black carbon in the lowermost stratosphere. Proc Natl Acad Sci USA，2018，115(50)：E11595-E11603.

参 考 文 献

[1] Zheng G J，Duan F K，Su H，et al. Exploring the severe winter haze in Beijing：The impact of synoptic weather，regional transport and heterogeneous reactions. Atmospheric Chemistry and Physics，2015，15(6)：2969-2983.

[2] Chan C K，Yao X. Air pollution in mega cities in China. Atmospheric Environment，2008，42(1)：1-42.

[3] Tie X X，Cao J J. Aerosol pollution in China：Present and future impact on environment. Particuology，2009，7(6)：426-431.

[4] He K B，Yang F M，Ma Y L，et al. The characteristics of $PM_{2.5}$ in Beijing，China. Atmospheric Environment，2001，35(29)：4959-4970.

[5] 朱彤,尚静,赵德峰. 大气复合污染及灰霾形成中非均相化学过程的作用. 中国科学:化学，2010，40(12)：1731-1740.

[6] 贺泓，王新明，王跃思，等. 大气灰霾追因与控制. 中国科学院院刊，2013，3(1)：344-352.

[7] Wang Z F，Li J，Wang Z，et al. Modeling study of regional severe hazes over mid-eastern China in January 2013 and its implications on pollution prevention and control. Science China—Earth Sciences，2014，57(1)：3-13.

[8] Huang R J，Zhang Y，Bozzetti C，et al. High secondary aerosol contribution to particulate pollution during haze events in China. Nature，2014，514(7521)：218-222.

[9] Guo S，Hu M，Zamora M L，et al. Elucidating severe urban haze formation in China. Proc Natl Acad Sci USA，2014，111(49)：17373-17378.

[10] Zhang R，Wang G，Guo S，et al. Formation of urban fine particulate matter. Chem Rev，2015，115(10)：3803-3855.

[11] Poschl U，Shiraiwa M. Multiphase chemistry at the atmosphere-biosphere interface influencing climate and public health in the anthropocene. Chemical Reviews，2015，115(10)：4440-4475.

[12] Poschl U. Atmospheric aerosols：Composition，transformation，climate and health effects. Angew Chem Int Ed Engl，2005，44(46)：7520-7540.

[13] Cappa C. Atmospheric science：Unexpected player in particle formation. Nature，2016，533(7604)：478-479.

[14] George C，Ammann M，D'Anna B，et al. Heterogeneous photochemistry in the atmosphere. Chem Rev，2015，115(10)：4218-4258.

[15] Rossi M J. Heterogeneous reactions on salts. Chem Rev，2003，103(12)：4823-4882.

[16] Kolb C E，Cox R A，Abbatt J P D，et al. An overview of current issues in the uptake of atmospheric trace gases by aerosols and clouds. Atmospheric Chemistry and Physics，2010，10(21)：10561-10605.

[17] Usher C R，Michel A E，Grassian V H. Reactions on mineral dust. Chem Rev，2003，103 (12)：4883-4940.

[18] Seisel S，Borensen C，Vogt R，et al. The heterogeneous reaction of HNO_3 on mineral dust and gamma-alumina surfaces：A combined Knudsen cell and DRIFTS study. Physical Chemistry Chemical Physics，2004，6(24)：5498-5508.

[19] Liu Y，Gibson E R，Cain J P，et al. Kinetics of heterogeneous reaction of $CaCO_3$ particles with gaseous HNO_3 over a wide range of humidity. J Phys Chem A，2008，112(7)：1561-1571.

[20] Sullivan R C，Moore M J，Petters M D，et al. Timescale for hygroscopic conversion of calcite mineral particles through heterogeneous reaction with nitric acid. Phys Chem Chem Phys，2009，11(36)：7826-7837.

[21] Vlasenko A，Huthwelker T，Gaggeler H W，et al. Kinetics of the heterogeneous reaction of nitric acid with mineral dust particles：An aerosol flowtube study. Phys Chem Chem Phys，2009，11(36)：7921-7930.

[22] Mogili P K，Kleiber P D，Young M A，et al. N_2O_5 hydrolysis on the components of mineral dust and sea salt aerosol：Comparison study in an environmental aerosol reaction chamber. Atmospheric Environment，2006，40(38)：7401-7408.

[23] Wagner C，Hanisch F，Holmes N，et al. The interaction of N_2O_5 with mineral dust：Aerosol flow tube and Knudsen reactor studies. Atmospheric Chemistry and Physics，2008，8 (1)：91-109.

[24] Wagner C，Schuster G，Crowley J N. An aerosol flow tube study of the interaction of N_2O_5 with calcite，Arizona dust and quartz. Atmospheric Environment，2009，43 (32)：5001-5008.

[25] Karagulian F，Santschi C，Rossi M J. The heterogeneous chemical kinetics of N_2O_5 on $CaCO_3$ and other atmospheric mineral dust surrogates. Atmospheric Chemistry and Physics，2006，6(5)：1373-1388.

[26] Ullerstam M，Johnson M S，Vogt R，et al. DRIFTS and Knudsen cell study of the heterogeneous reactivity of SO_2 and NO_2 on mineral dust. Atmospheric Chemistry and Physics，2003，3(6)：2043-2051.

[27] Karagulian F，Rossi M J. The heterogeneous chemical kinetics of NO_3 on atmospheric mineral dust surrogates. Phys Chem Chem Phys，2005，7(17)：3150-3162.

[28] Santschi C, Rossi M J. Uptake of CO_2, SO_2, HNO_3 and HCl on calcite ($CaCO_3$) at 300 K: Mechanism and the role of adsorbed water. J Phys Chem A, 2006, 110 (21): 6789-6802.

[29] Hanisch F, Crowley J N. Ozone decomposition on Saharan dust: An experimental investigation. Atmospheric Chemistry and Physics, 2003, 3(1): 119-130.

[30] Karagulian F, Rossi M J. The heterogeneous decomposition of ozone on atmospheric mineral dust surrogates at ambient temperature. International Journal of Chemical Kinetics, 2006, 38(6): 407-419.

[31] Falkovich A H, Schkolnik G, Ganor E, et al. Adsorption of organic compounds pertinent to urban environments onto mineral dust particles. Journal of Geophysical Research: Atmospheres, 2004, 109(D2).

[32] Bond T C, Doherty S J, Fahey D W, et al. Bounding the role of black carbon in the climate system: A scientific assessment. Journal of Geophysical Research: Atmospheres, 2013, 118(11): 5380-5552.

[33] Longfellow C A, Ravishankara A R, Hanson D R. Reactive and nonreactive uptake on hydrocarbon soot: HNO_3, O_3, and N_2O_5. Journal of Geophysical Research: Atmospheres, 2000, 105(D19): 24345-24350.

[34] Saathoff H, Naumann K H, Riemer N, et al. The loss of NO_2, HNO_3, NO_3/N_2O_5, and $HO_2/HOONO_2$ on soot aerosol: A chamber and modeling study. Geophysical Research Letters, 2001, 28(10): 1957-1960.

[35] Stadler D, Rossi M J. The reactivity of NO_2 and HONO on flame soot at ambient temperature: The influence of combustion conditions. Physical Chemistry Chemical Physics, 2000, 2(23): 5420-5429.

[36] Arens F, Gutzwiller L, Baltensperger U, et al. Heterogeneous reaction of NO_2 on diesel soot particles. Environ Sci Technol, 2001, 35(11): 2191-2199.

[37] Bertram A K, Ivanov A V, Hunter M, et al. The reaction probability of OH on organic surfaces of tropospheric interest. Journal of Physical Chemistry A, 2001, 105 (41): 9415-9421.

[38] Pöschl U, Letzel T, Schauer C, et al. Interaction of ozone and water vapor with spark discharge soot aerosol particles coated with benzo[a]pyrene: O_3 and H_2O adsorption, benzo[a]pyrene degradation, and atmospheric implications. The Journal of Physical Chemistry A, 2001, 105(16): 4029-4041.

[39] Salgado M S, Rossi M J. Flame soot generated under controlled combustion conditions: Heterogeneous reaction of NO_2 on hexane soot. International Journal of Chemical Kinetics, 2002, 34(11): 620-631.

[40] Esteve W, Budzinski H, Villenave E. Relative rate constants for the heterogeneous reactions of OH, NO_2 and NO radicals with polycyclic aromatic hydrocarbons adsorbed on car-

bonaceous particles. Part 1: PAHs adsorbed on 1-2 μm calibrated graphite particles. Atmospheric Environment, 2004, 38(35): 6063-6072.

[41] Aubin D G, Abbatt J P. Interaction of NO$_2$ with hydrocarbon soot: Focus on HONO yield, surface modification, and mechanism. J Phys Chem A, 2007, 111(28): 6263-6273.

[42] Karagulian F, Rossi M J. Heterogeneous chemistry of the NO$_3$ free radical and N$_2$O$_5$ on decane flame soot at ambient temperature: Reaction products and kinetics. J Phys Chem A, 2007, 111(10): 1914-1926.

[43] McCabe J, Abbatt J P D. Heterogeneous loss of gas-phase ozone on n-hexane soot surfaces: Similar kinetics to loss on other chemically unsaturated solid surfaces. Journal of Physical Chemistry C, 2009, 113(6): 2120-2127.

[44] Shiraiwa M, Garland R M, Pöschl U. Kinetic double-layer model of aerosol surface chemistry and gas-particle interactions (K2-SURF): Degradation of polycyclic aromatic hydrocarbons exposed to O$_3$, NO$_2$, H$_2$O, OH and NO$_3$. Atmospheric Chemistry and Physics, 2009, 9(24): 9571-9586.

[45] Ammann M, et al. Heterogeneous production of nitrous acid on soot in polluted air masses. Nature, 1998, 395: 157-160.

[46] Kalberer M, Ammann M, Arens F, et al. Heterogeneous formation of nitrous acid (HONO) on soot aerosol particles. J Geophys Res, 1999, 104: 13825-13832.

[47] Styler S A, Brigante M, D'Anna B, et al. Photoenhanced ozone loss on solid pyrene films. Phys Chem Chem Phys, 2009, 11(36): 7876-7884.

[48] Monge M E, D'Anna B, Mazri L, et al. Light changes the atmospheric reactivity of soot. Proc Natl Acad Sci USA, 2010, 107(15): 6605-6609.

[49] Shiraiwa M, Ammann M, Koop T, et al. Gas uptake and chemical aging of semisolid organic aerosol particles. Proc Natl Acad Sci USA, 2011, 108(27): 11003-11008.

[50] Rudich Y. Laboratory perspectives on the chemical transformations of organic matter in atmospheric particles. Chem Rev, 2003, 103(12): 5097-5124.

[51] Rudich Y, Donahue N M, Mentel T F. Aging of organic aerosol: Bridging the gap between laboratory and field studies. Annu Rev Phys Chem, 2007, 58: 321-352.

[52] de Gouw J A, Lovejoy E R. Reactive uptake of ozone by liquid organic compounds. Geophysical Research Letters, 1998, 25: 931-934.

[53] Moise T, Rudich Y, Rousse D, et al. Multiphase decomposition of novel oxygenated organics in aqueous and organic media. Environ Sci Technol, 2005, 39(14): 5203-5208.

[54] Moise T, Rudich Y. Reactive uptake of ozone by aerosol-associated unsaturated fatty acids: Kinetics, mechanism, and products. Journal of Physical Chemistry A, 2002, 106(27): 6469-6476.

[55] Morris J W, Davidovits P, Jayne J T, et al. Kinetics of submicron oleic acid aerosols with ozone: A novel aerosol mass spectrometric technique. Geophysical Research Letters, 2002,

29(9)：71-1-71-4.

[56] Eliason T L，Aloisio S，Donaldson D J，et al. Processing of unsaturated organic acid films and aerosols by ozone. Atmospheric Environment，2003，37(16)：2207-2219.

[57] Broekhuizen K E，Thornberry T，Kumar P P，et al. Formation of cloud condensation nuclei by oxidative processing：Unsaturated fatty acids. Journal of Geophysical Research：Atmospheres，2004，109(D24).

[58] Katrib Y，Martin S T，Hung H M，et al. Products and mechanisms of ozone reactions with oleic acid for aerosol particles having core-shell morphologies. Journal of Physical Chemistry A，2004，108(32)：6686-6695.

[59] Kwamena N O A，Thornton J A，Abbatt J P D. Kinetics of surface-bound benzo[a]pyrene and ozone on solid organic and salt aerosols. Journal of Physical Chemistry A，2004，108(52)：11626-11634.

[60] Kwamena N O A，Earp M E，Young C J，Abbatt J P D. Kinetic and product yield study of the heterogeneous gas-surface reaction of anthracene and ozone. Journal of Physical Chemistry A，2006，110(10):3638-3646.

[61] Molina M J，Ivanov A V，Trakhtenberg S，Molina L T. Atmospheric evolution of organic aerosol. Geophysical Research Letters，2004，31(22).

[62] Kwan A J，Crounse J D，Clarke A D，et al. On the flux of oxygenated volatile organic compounds from organic aerosol oxidation. Geophysical Research Letters，2006，33(15).

[63] George I J，Vlasenko A，Slowik J G，et al. Heterogeneous oxidation of saturated organic aerosols by hydroxyl radicals：Uptake kinetics，condensed-phase products，and particle size change. Atmospheric Chemistry and Physics，2007，7(16):4187-4201.

[64] Vlasenko A，George I J，Abbatt J P D. Formation of volatile organic compounds in the heterogeneous oxidation of condensed-phase organic films by gas-phase OH. Journal of Physical Chemistry A，2008，112(7):1552-1560.

[65] Lambe A T，Miracolo M A，Hennigan C J，et al. Effective rate constants and uptake coefficients for the reactions of organic molecular markers (n-alkanes，hopanes，and steranes) in motor oil and diesel primary organic aerosols with hydroxyl radicals. Environmental Science & Technology，2009，43(23):8794-8800.

[66] Docherty K S，Ziemann P J. Reaction of oleic acid particles with NO_3 radicals：Products，mechanism，and implications for radical-initiated organic aerosol oxidation. Journal of Physical Chemistry A，2006，110(10):3567-3577.

[67] Knopf D A，Mak J，Gross S，Bertram A K. Does atmospheric processing of saturated hydrocarbon surfaces by NO_3 lead to volatilization? Geophysical Research Letters，2006，33(17).

[68] Gross S，Bertram A K. Reactive uptake of NO_3，N_2O_5，NO_2，HNO_3，and O_3 on three types of polycyclic aromatic hydrocarbon surfaces. Journal of Physical Chemistry A，2008，112(14):3104-3113.

[69] Gross S，Iannone R，Xiao S，Bertram A K. Reactive uptake studies of NO_3 and N_2O_5 on alkenoic acid，alkanoate，and polyalcohol substrates to probe nighttime aerosol chemistry. Physical Chemistry Chemical Physics，2009，11(36)：7792-7803.

[70] Cosman L M，Bertram A K. Reactive uptake of N_2O_5 on aqueous H_2SO_4 solutions coated with 1-component and 2-component monolayers. Journal of Physical Chemistry A，2008，112(20)：4625-4635.

[71] Cosman L M，Knopf D A，Bertram A K. N_2O_5 reactive uptake on aqueous sulfuric acid solutions coated with branched and straight-chain insoluble organic surfactants. Journal of Physical Chemistry A，2008，112(11)：2386-2396.

[72] Griffiths P T，Badger C L，Cox R A，et al. Reactive uptake of N_2O_5 by aerosols containing dicarboxylic acids：Effect of particle phase，composition，and nitrate content. Journal of Physical Chemistry A，2009，113(17)：5082-5090.

[73] Shiraiwa M，Sosedova Y，Rouviere A，et al. The role of long-lived reactive oxygen intermediates in the reaction of ozone with aerosol particles. Nature Chemistry，2011，3(4)：291-295.

[74] Ge M，Wu L，Tong S，et al. Heterogeneous chemistry of trace atmospheric gases on atmospheric aerosols：An overview. Science Foundation in China，2015，23(03)：62-80.

[75] He H，Wang Y，Ma Q，et al. Mineral dust and NO_x promote the conversion of SO_2 to sulfate in heavy pollution days. Scientific Reports，2014，4(1)：4172.

[76] Zhao Y，Chen Z，Shen X，Zhang X. Kinetics and mechanisms of heterogeneous reaction of gaseous hydrogen peroxide on mineral oxide particles. Environmental Science & Technology，2011，45(8)：3317-3324.

[77] Chen H，Hu D，Wang L，et al. Modification in light absorption cross section of laboratory-generated black carbon-brown carbon particles upon surface reaction and hydration. Atmospheric Environment，2015，116：253-261.

[78] 丁杰，朱彤. 大气中细颗粒物表面多相化学反应的研究. 科学通报，2003(19)：2005-2013.

[79] 马金珠，刘永春，马庆鑫，刘畅，贺泓. 大气非均相反应及其环境效应. 环境化学，2011，30(01)：97-119.

[80] 陈琦，朱彤，李宏军，丁杰，李怡. 大气颗粒物表面非均相化学反应的显微 Raman 光谱原位研究. 自然科学进展，2005(12)：1518-1522.

[81] 马庆鑫，马金珠，楚碧武，刘永春，赖承钺，贺泓. 矿质和黑碳颗粒物表面大气非均相反应研究进展. 科学通报，2015，60(02)：122-136.

[82] 葛茂发，刘泽，王炜罡. 二次光化学氧化剂与气溶胶间的非均相过程. 地球科学进展，2009，24(04)：351-362.

[83] 韩冲，刘永春，贺泓，等. 结构对 soot 与 O_3 非均相反应活性的影响. 第六届全国环境化学大会暨环境科学仪器与分析仪器展览会，2011，上海.

[84] 贾龙，葛茂发，徐永福，杜林，庄国顺，王殿勋. 大气臭氧化学研究进展. 化学进展，2006

(11):1565-1574.

[85] 张泽锋, 朱彤, 赵德峰, 李宏军. NO_2 在矿物颗粒物表面的非均相反应. 化学进展, 2009, 21(Z1):282-287.

[86] 叶春翔, 朱彤, 张泽锋, 李宏军, 等. 二氧化氮在海盐表面的非均相研究. 第十五届全国光散射学术会议, 2009, 河南郑州.

[87] 吴玲燕, 佟胜睿, 葛茂发. 大气中 SO_2 和 HCOOH 在 CaO 表面的耦合相互作用. 化学学报, 2015, 73(02):131-136.

[88] 李雷, 陈忠明, 丁杰, 朱彤, 张远航. SO_2 在 $CaCO_3$ 颗粒表面转化的 DRIFTS 研究. 光谱学与光谱分析, 2004 (12):1556-1559.

[89] 王晓, 尹勇, 陈建民, 等. SO_2 在大气气溶胶重要组分 $\alpha\text{-}Fe_2O_3$ 上的催化氧化反应机理及动力学研究. 第四届全国环境催化与环境材料学术会议, 2005, 北京.

[90] 尹勇, 王晓, 陈建民, 等. SO_2 与气溶胶典型氧化物复相反应研究. 第四届全国环境催化与环境材料学术会议, 2005, 北京.

[91] 张秋菊, 王晓, 尹勇, 陈建民, 等. SO_2 与 Fe_2O_3 复相反应的机理研究. 第四届全国环境催化与环境材料学术会议, 2005, 北京.

[92] 赵岳, 申晓莉, 陈忠明, 黄道, 等. 大气过氧化氢在清洁和老化的矿质颗粒物表面非均相反应动力学与机理. 第六届全国环境化学大会暨环境科学仪器与分析仪器展览会, 2011, 上海.

[93] Liu Q, Wang Y, Wu L, et al. Temperature dependence of the heterogeneous uptake of acrylic acid on Arizona test dust. Journal of Environmental Sciences, 2017, 53:107-112.

[94] Donaldson M A, Berke A E, Raff J D. Uptake of gas phase nitrous acid onto boundary layer soil surfaces. Environmental Science & Technology, 2014, 48(1):375-383.

[95] Li H J, Zhu T, Zhao D F, et al. Kinetics and mechanisms of heterogeneous reaction of NO_2 on $CaCO_3$ surfaces under dry and wet conditions. Atmospheric Chemistry and Physics, 2010, 10(2):463-474.

[96] 徐冰烨, 朱彤, 唐孝炎, 丁杰, 李宏军. 甲醛在 $\alpha\text{-}Al_2O_3$ 颗粒物表面的非均相反应研究. 高等学校化学学报, 2006(10):1912-1917.

[97] 刘永春, 刘俊锋, 贺泓, 余运波, 薛莉. 羰基硫在矿质氧化物上的非均相氧化反应. 科学通报, 2007(05):525-533.

[98] 刘泽, 王炜罡, 葛茂发, 等. 3-甲基-3-丁烯基-1-醇与硫酸溶液的非均相反应研究. 中国化学会第 27 届学术年会, 2010, 福建厦门.

[99] 王文兴, 束勇辉, 李金花. 煤烟粒子中 PAHs 光化学降解的动力学. 中国环境科学, 1997 (02):2-7.

[100] Yang W, He H, Ma Q, et al. Synergistic formation of sulfate and ammonium resulting from reaction between SO_2 and NH_3 on typical mineral dust. Physical Chemistry Chemical Physics, 2016, 18(2):956-964.

[101] Han C, Liu Y, He H. Heterogeneous photochemical aging of soot by NO_2 under simula-

ted sunlight. Atmospheric Environment，2013，64：270-276.

[102] Zhou L，Wang W，Hou S，et al. Heterogeneous uptake of nitrogen dioxide on Chinese mineral dust. Journal of Environmental Sciences，2015，38：110-118.

[103] Hou S Q，Tong S R，Zhang Y，et al. Heterogeneous uptake of gas-phase acetic acid on the surface of Al_2O_3 particles：Temperature effects. Chemistry—An Asian Journal，2016，11(19)：2749-2755.

[104] Wang G H，Cheng C L，Huang Y，et al. Evolution of aerosol chemistry in Xian，inland China，during the dust storm period of 2013—Part 1：Sources，chemical forms and formation mechanisms of nitrate and sulfate. Atmospheric Chemistry and Physics，2014，14(21)：11571-11585.

[105] Wang G，Cheng C，Meng J，et al. Field observation on secondary organic aerosols during Asian dust storm periods：Formation mechanism of oxalic acid and related compounds on dust surface. Atmospheric Environment，2015，113：169-176.

[106] Nie W，Wang T，Xue L K，et al. Asian dust storm observed at a rural mountain site in southern China：Chemical evolution and heterogeneous photochemistry. Atmospheric Chemistry and Physics，2012，12(24)：11985-11995.

[107] Xu Z，Wang T，Wu J，et al. Nitrous acid (HONO) in a polluted subtropical atmosphere：Seasonal variability，direct vehicle emissions and heterogeneous production at ground surface. Atmospheric Environment，2015，106：100-109.

[108] Nie W，Ding A J，Xie Y N，et al. Influence of biomass burning plumes on HONO chemistry in eastern China. Atmospheric Chemistry and Physics，2015，15(3)：1147-1159.

[109] Hou S，Tong S，Ge M，An J. Comparison of atmospheric nitrous acid during severe haze and clean periods in Beijing，China. Atmospheric Environment，2016，124：199-206.

[110] Tong S，Hou S，Zhang Y，et al. Exploring the nitrous acid (HONO) formation mechanism in winter Beijing：Direct emissions and heterogeneous production in urban and suburban areas. Faraday Discussions，2016，189：213-230.

[111] Li Y，An J，Min M，et al. Impacts of HONO sources on the air quality in Beijing，Tianjin and Hebei Province of China. Atmospheric Environment，2011，45(27)：4735-4744.

[112] Tang Y，An J，Li Y，Wang F. Uncertainty in the uptake coefficient for HONO formation on soot and its impacts on concentrations of major chemical components in the Beijing-Tianjin-Hebei region. Atmospheric Environment，2014，84：163-171.

[113] Zhang L，Wang T，Zhang Q，et al. Potential sources of nitrous acid (HONO) and their impacts on ozone：A WRF-Chem study in a polluted subtropical region. Journal of Geophysical Research：Atmospheres，2016，121(7)：3645-3662.

[114] 安俊岭，李颖，汤宇佳，陈勇，屈玉. HONO 来源及其对空气质量影响研究进展. 中国环境科学，2014，34(02)：273-281.

[115] Li Q，Zhang L，Wang T，et al. Impacts of heterogeneous uptake of dinitrogen pentoxide

and chlorine activation on ozone and reactive nitrogen partitioning：Improvement and application of the WRF-Chem model in southern China. Atmospheric Chemistry and Physics，2016，16(23)：14875-14890.

[116] 王振亚，郝立庆，张为俊. 二次有机气溶胶形成的化学过程. 化学进展，2005（04）：732-739.

[117] 王振亚，郝立庆，张为俊. 二次有机气溶胶的气体/粒子分配理论. 化学进展，2007（01）：93-100.

第8章 大气复合污染背景下含氮化合物的闭合观测与模拟研究

林伟立[1]，叶春翔[2]，葛宝珠[3]，金军[1]，左澎[2]，冉靓[3]

[1] 中央民族大学，[2] 北京大学，[3] 中国科学院大气物理研究所

NO_x 高强度排放与我国目前面临复杂的大气复合污染紧密相关。本章针对大气中活性含氮化合物的变化特征进行含氮活性化合物的闭合观测，结合数值模式模拟研究其对大气氧化性和二次颗粒物生成的贡献。本章完善和开发了多种活性含氮化合物的测量技术，包括分别基于热解 TD 和长光路差分吸收光谱 LOPAP 技术的不同类 iNO_z（$\sum PNs$、$\sum ANs$、HNO_3、pNO_3）或分子水平的 HNO_3、HONO 在线测量技术，颗粒物中有机硝酸酯的测量技术，NO_3/N_2O_5 在线测量技术和臭氧生成速率在线测量技术等，完善了大气中 NH_3 测量的质量控制方法，合成了多种有机硝酸酯标准物质。在北京先后进行了 3 次外场综合观测，实现了含氮化合物的闭合观测和臭氧生成速率在线测量，为后续科学研究提供了重要的工具。通过 NO_x、PANs、NH_3 等长期观测数据分析以及气象铁塔的 O_3/NO_2 等的分层观测，进一步认识到 NO_x 对我国今后大气污染控制、城市里局地光化学生成对 O_3 污染的重要性，以及需要加强对大气中 NH_3 的认识等。在实验室研究了吸附态（表面）硝酸的光解，发现表面硝酸盐的反应吸收谱带红移，光吸收显著增强，光解速率比气态硝酸快 $1\sim4$ 个数量级，可快速转化生成 HONO 和 NO_x。这个过程在室外会改变氮氧化物的分配和时空分布，影响大气氧化性，在室内也可产生额外/增加的室内 HONO 暴露风险。结合观测与模型研究发现硝酸铵是影响控制北京及周边地区冬季污染期间气溶胶含水量多少的重要因子，在污染前期硝酸盐起决定性作用；而在污染最严重时期，由于大气氨从富氨状态转为贫氨状态，气溶胶含水量受铵根离子控制。气溶胶含水量的多少与 S 和 N 的二次转化成二次无机气溶胶的效率有直接的关系，对大气氨的控制可以在重污染期间有效地减少细颗粒物的形成。该机制的认识可以为华北地区气溶胶污染的控制提供新思路。大部分模式分别高估和低估了我国东北地区和南方地区的氧化性氮沉降，同时几乎普

遍低估了还原性氮沉降的模拟，表明含氮化合物关键理化过程还有进一步研究的空间。

8.1　研究背景

现阶段，我国大气污染形成机制已经从煤烟型污染演变为以光化学污染和细颗粒物污染为主的大气复合型污染。夏秋季的光化学污染（以臭氧 O_3 和二次细颗粒物为主）和冬春季的霾过程（以 $PM_{2.5}$ 污染为主）从城市向区域蔓延，光化学污染和霾过程二者同时出现的频率有增多趋势。对此，政府和社会需要科学的应对策略，但是大气复合污染的成因至今仍存在相当大的不确定性和未知的地方。

8.1.1　大气氮循环影响大气氧化性和二次气溶胶生成

大气中的活性含氮化合物，包括气相中一氧化氮 NO、二氧化氮 NO_2、氨气 NH_3、三氧化氮自由基 NO_3、五氧化二氮 N_2O_5、亚硝酸 HONO、硝酸 HNO_3、过氧酰基硝酸酯 PANs 和有机硝酸酯 $RONO_2$，以及颗粒相中硝酸盐 NO_3^-、铵盐 NH_4^+ 和 $RONO_2$ 等，是大气污染中重要的痕量成分。大气氮循环，即活性氮氧化物的排放、转化和再活化等过程（图 8.1），决定了大气氧化性和颗粒物中含氮组分的生成，并在二次有机气溶胶 SOA 生成和污染区域化等污染现象中起到关键的作用[1]，是大气复合污染形成机制中重要的一部分。

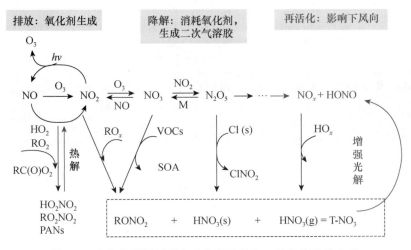

图 8.1　大气氮循环过程与大气氧化性和二次气溶胶的生成

首先，排放到大气中的 NO_x（NO 和 NO_2），在光照条件下参与 $NO\text{-}NO_2\text{-}O_3$ 循环，通过与大气自由基 $HO_x\text{-}RO_x$ 循环耦合和 HONO 生成等过程决定大气氧化性。

日落后，NO_x 与 O_3 反应生成的 NO_3 和 N_2O_5 等是夜间化学的主要氧化剂。

其次，NO_x 与大气中挥发性有机物 VOCs 发生一系列光化学反应，生成以 O_3、HONO、HNO_3、PANs 和 $RONO_2$ 等为主的二次气态污染物和二次细颗粒物，造成光化学污染[2]。其中，NO_x 通过化学反应转化为"相对稳定高氧化态氮 T-NO_3"（包括 HNO_3、NO_3^-、气态和颗粒态 $RONO_2$ 等）及其他光化学反应产物。例如，NO_2+OH 反应生成 HNO_3，N_2O_5 非均相水解生成 NO_3^-，RO_2+NO 和 NO_3 +VOCs 反应生成 $RONO_2$ 和二次气溶胶等过程，既降解 NO_x，消耗大气氧化剂，又直接生成 T-NO_3 和伴随生成二次有机气溶胶 SOA 等二次污染物。

最后，值得强调的是，T-NO_3 中 NO_3^- 快速光解再活化生成 NO_x 和 HONO，一方面可再次影响下风向大气氧化性，另一方面可改变气溶胶的化学组成。

8.1.2 华北地区 NO_x 高强度排放背景下大气氮循环

随着我国经济的持续发展和污染控制措施的实施，大气中 SO_2 的人为排放量和浓度水平都逐渐下降[3-5]。而在 2013 年以前 30 年里，NO_x 排放量增加了 50% 以上[6]，NO_x 浓度存在持续上升趋势[7,8]。与之伴随的是大气氧化性同时增强。华北地区上甸子区域大气本底站观测表明，人为排放对年平均区域本底 O_3 浓度的贡献可超过 20 ppb[9]，使得华北区域 O_3 本底浓度增幅显著超过北半球其他地区[10]。另一方面，PM_{10} 中 $PM_{2.5}$ 的比例升高和 $PM_{2.5}$ 中硝酸盐比例升高。在华北地区，$PM_{2.5}$ 占 PM_{10} 的比例由早期的不足 50% 上升到现在的高于 60% 细颗粒物中的化学组分；北京 2013 年以前 $PM_{2.5}$ 中硝酸盐的含量远低于硫酸盐，但 2013 年硝酸盐含量（17%）已经超过了硫酸盐含量（16%），重污染过程中其含量可占到 20%～30%（北京市环境状况公报，2014）[11-13]。

NO_x 等高强度排放导致 NO_x 高环境浓度和增强的大气氧化性；而高环境浓度的 NO_x 和增强的大气氧化性可共同促进二次污染物（如 PANs 和二次气溶胶）的生成和转化速率。例如，在光化学污染和重度霾期间，作为光化学反应指示剂的 PANs，其浓度显著升高[14,15]，并出现了高浓度臭氧和高浓度气溶胶同步共存的现象[16]。

可见，华北地区 NO_x 高强度排放背景下的大气氮循环不但直接决定了大气氧化性，还共同促进了二次污染物（包括二次气溶胶）的生成速率，对光化学污染和霾过程的形成具有重要作用。因此，华北地区大气氮循环的研究不仅对大气复合污染形成机制具有普遍的科学意义，也对解决华北地区当前一次污染物高排放强度下棘手的空气质量问题具有现实意义。

8.1.3　大气氮循环研究取得进展，但仍存在不足

1. 有机硝酸酯是重要的"相对稳定高氧化态氮 T-NO$_3$"

在生物源 VOCs 主导的环境中，气态和颗粒态 RONO$_2$ 为 NO$_y$ 的重要组分[17-19]。其主要生成途径有二：一是昼间光化学途径，主要通过 RO$_2$＋NO 的副反应生成，与 O$_3$ 的生成相互竞争；二是夜间化学途径，主要通过 NO$_3$ 在 VOCs 双键上的加成反应生成。昼夜 RONO$_2$ 生成均伴随着二次气溶胶的生成[20,21]。初级 RONO$_2$ 的生成速率有较多的实验室测量数据支持，并得到较好的模拟[22-24]。二级和多级 RONO$_2$ 的生成及降解决定着 RONO$_2$ 的环境浓度和分布，但缺乏观测和实验室的深入研究。

目前为数不多的 RONO$_2$ 生成机理研究集中在生物源 VOCs 的氧化上，仅有小部分涉及了人为源 VOCs。RONO$_2$ 的生成不但与氧化剂类型有关，也与前体物 VOCs 的种类有关[19]。烯烃和长链芳香烃等氧化均能以较高产率生成 RO-NO$_2$[25-27]。Lee 等[19]的研究表明人为源 VOCs 氧化生成的 RONO$_2$ 是当地二次气溶胶的主要组分。在中国 48 个城市大气中 C$_1$～C$_5$ 气态有机硝酸酯的测量以及收支平衡分析表明，化学生成是低碳数 RONO$_2$ 的主要来源[28-31]，其他来源包括海洋排放和生物质燃烧等。虽然低碳数 RONO$_2$ 仅占 NO$_y$ 的 10%，但是长链烯烃和芳香烃氧化生成 RONO$_2$ 的产率更高，且产物更倾向于分配在颗粒物相中[18,22-24]。在中国城市环境的高氧化性和强人为 VOCs 和 NO$_x$ 排放背景下，长链 RONO$_2$ 可能快速生成。但是，至今缺乏长链有机硝酸酯的外场观测数据。

2. 夜间 N$_2$O$_5$ 化学在 HNO$_3$/NO$_3^-$ 生成中的重要性

一般认为，"NO$_2$＋OH"气相反应是 HNO$_3$ 生成的"主导"途径。但是模式模拟与外场观测的比对揭示了 HNO$_3$/NO$_3^-$ 的模拟结果仍存在较大误差[32-34]，这说明 HNO$_3$/NO$_3^-$ 的收支平衡分析尚存在较大的不确定性。

夜间 N$_2$O$_5$ 在气溶胶表面水解生成 HNO$_3$/NO$_3^-$，其重要性在国内外的外场观测和模式研究中得到证实[35-39]。外场研究通过夜间硝酸盐的浓度或者硝酸盐增长速率与 N$_2$O$_5$ 浓度或者 N$_2$O$_5$ 水解速率的相关性来说明 N$_2$O$_5$ 非均相水解作为硝酸盐来源的重要性。模式研究则假设 N$_2$O$_5$ 摄取系数，并利用计算或者测量得到的 N$_2$O$_5$ 浓度以及气溶胶表面积浓度来说明 N$_2$O$_5$ 非均相水解作为硝酸盐来源的重要性。N$_2$O$_5$ 摄取系数受不同气象条件和气溶胶物理化学性质影响[39,40]。国内环境下的 N$_2$O$_5$ 摄取系数可能不同于国外的结果。此外，N$_2$O$_5$ 化学存在未知的垂直分布特征[35,37]。因此，准确定量硝酸盐的 N$_2$O$_5$ 非均相水解来源需要结合地面

和高空的摄取系数测量，并据此发展适合当地大气环境的参数化方案。

3. 氮氧化物再活化能否影响 NO_x 区域浓度？

以往认为 NO_x 通过各种氧化途径生成 HNO_3/NO_3^- 后，干湿沉降是最终的汇。但是 Ye 等[41]在采样膜流动舱实验中测定的颗粒态硝酸盐光解生成 HONO 和 NO_x 的速率常数，要比 HNO_3 的光解速率常数高 2～3 个数量级；并在清洁海洋边界层中观测到 HONO 原位生成速率与海盐气溶胶中 NO_3^- 的光解速率成正比；最后通过模式模拟发现只有加入新的硝酸盐光解机理，海洋边界层的 HONO 和 NO_x 收支才能达到平衡[41,42]。硝酸盐光解速率常数随环境条件变化多达 1 个数量级[43]。在正午光强下的光解寿命约为半小时，而 HNO_3/NO_3^- 沉降寿命是 1～2 天，因此 HNO_3/NO_3^- 是 NO_x 的储库分子，而不是最终的汇。再活化过程有助于 NO_x 的远距离传输，进而影响下风向地区的大气氧化性和二次气溶胶生成等。

颗粒态 HNO_3/NO_3^- 的光解实质上是光参与的表面或者多相过程，会受到气溶胶本身物理化学性质的影响[44,45]。例如，气溶胶中光敏物质对光的吸收增强了 HNO_3/NO_3^- 的光解[44,46]。显然，悬浮气溶胶颗粒与堆积态气溶胶的光解存在差异，膜采样的测量结果可能低估实际大气中颗粒态硝酸盐的光解速率[43]。不同针对 HNO_3/NO_3^- 的光解影响因素的假设并未得到合理的检验。最后，在北京与华北地区互为污染物传输下风向的区域污染背景下，NO_x 再活化对区域 NO_x 浓度，及对区域大气氧化性和二次气溶胶生成等的影响程度如何是兼具科学性和现实意义的问题。

文献综述结果表明，大气氮循环研究在若干方面都取得了重要进展，例如天然源 VOCs 主导下有机硝酸酯的生成机制和夜间 N_2O_5 化学的重要性均得到进一步确认，以及发现和证实了颗粒态 HNO_3/NO_3^- 的快速光解促进了 NO_x 再活化机制。然而，1) NO_x 转化和再活化在 T-NO_3 源汇中的重要性，2) NO_x 转化和再活化对大气氧化性和二次气溶胶生成的作用及贡献等科学问题尚未得到有效的回答，尤其是华北地区高强度人为排放背景下大气氮循环的定量研究，还存在明显不足。例如，人为源 VOCs 主导环境下有机硝酸酯的重要性、N_2O_5 非均相摄取速率以及 HNO_3/NO_3^- 光解速率的影响因素尚需要更深入的研究工作。

4. 大气氮循环"综合闭合分析"的必要性

大气中活性氮氧化物种类多，物种之间可快速互相转化，存在交叉关联。例如 NO_x 通过多种化学通道生成 T-NO_3，其中 $HNO_3/NO_3^-/RONO_2$ 之间不仅可相互转化，而且 NO_3^- 也可再活化生成 NO_x 和 HONO。若仅测量 $HNO_3/NO_3^-/RO$-NO_2 中某一类物种的浓度，无法准确定量其生成和降解速率。若把 T-NO_3 看作一个整体,按照自上而下的方法,依据 T-NO$_3$ 浓度观测则可计算 NO$_x$ 转化为 T-NO$_3$ 的速率,但仍然难以定量多种化学通道的相对贡献。因此,需要结合自下而上的方法,从反应物的全面测量和反应机制的全面调查入手,计算各化学通道的化学反应速率。特别是针对表面过程参与的含氮化合物化学转化,由于其机制复杂,影响因素多且不易表征,需要设计控制实验模拟其反应过程。同时,在已有大气氮循环的模式分析基础上,补充具有潜在重要性的夜间 HNO$_3$/NO$_3^-$ 生成、长链 RONO$_2$ 昼夜生成,以及 NO$_x$ 再活化等反应机理,完善大气氮循环机理,并应用到外场闭合观测和实验室模拟结果的综合分析上。

5. 测量方法的进展为大气氮循环综合闭合分析提供了可能性

大气中含氮化合物种类繁多,且可互相转化。有些关键物种寿命短、浓度低,以动态平衡的方式同时存在于气相和颗粒相中。这给闭合测量带来了挑战。大气中含氮化合物,尤其是分子水平上的采样、定性、定量测量,易受干扰和仪器灵敏度的限制,是比较复杂和困难的。另一方面,同一含氮物种存在不同的测量方法和原理,且优缺点各异。

总活性氮氧化物 NO$_y$ = "NO$_x$" + "$\sum$ PNs"(包括 HONO、NO$_3$、N$_2$O$_5$、过氧硝酸和过氧硝酸酯等) + 总有机硝酸酯 "$\sum$ ANs" + 总无机硝酸和硝酸盐 "$\sum$ HNO$_3$/NO$_3^-$"。不同类别 NO$_y$ 具有差异的热不稳定性。分类 NO$_y$ 测量可利用其不同的热稳定性,通过差分热解(thermal dissociation,TD)并测量热解产物 NO$_2$ 的方法来获得[47]。差分热解法一方面依赖于高效稳定的热解效率,另一方面依赖于高精度和高灵敏度的 NO$_2$ 测量[47-50]。目前,NO$_2$ 测量通常采用不易受化学干扰影响[51]的光腔衰荡光谱(cavity ring-down spectroscopy,CRDS)或激光诱导荧光(laser-induced fluorescence,LIF)或腔衰荡相迁移光谱法(cavity-attenuated phase shift spectroscopy,CAPS)来替代传统化学发光法。在有些含氮化合物分子水平测量技术缺失的现实条件下,分类 NO$_y$ 测量可弥补含氮化合物浓度闭合研究的一些缺陷。

NO$_x$、HONO 和 PANs 的测量相对成熟。原位 NO$_3$ 和 N$_2$O$_5$ 测量技术主要是 CRDS 或 CEAS(cavity-enhanced absorption spectroscopy)。该技术理论上不须标定,但密闭腔内 NO$_3$ 和 N$_2$O$_5$ 的壁损失会导致负的测量误差,须尽量缩短气体在腔体内的停留时间。此外,滤膜及其上积累的颗粒物也会造成 NO$_3$ 和 N$_2$O$_5$ 的额外损失[52,53],须及时更换滤膜。

HNO$_3$/NO$_3^-$、气态和颗粒态 RONO$_2$ 是重要的 NO$_y$。碘离子源化学离子质谱(ICIMS)是经验证、可靠的气态 HNO$_3$ 测量方法[54]。在采样系统中 HNO$_3$ 的壁损失和 NO$_3^-$ 的挥发分别会带来负的和正的测量误差,可通过使用惰性采样管和快速采样(ms 量级)来减少误差[55]。HO$_2$NO$_2$、NO$_3$、N$_2$O$_5$ 等带来的化学干扰可以忽略[54,56,57]。ICIMS 配置高分辨飞行时间质谱检测仪以及气溶胶采样装置（FIGAERO），可实现气态和颗粒态 $RONO_2$ 的同时测量。由于不是所有 $RONO_2$ 都有标准样品，ICIMS 的定性以及标定仍然存在较多限制。与其他仪器比对，例如离线采样膜耦合 UPLC-QiToF-MS 和 UPLC-QQQ-MS，可提供衡量 ICIMS 数据质量的方法[58-60]。

6. 关键科学问题和本研究的意义

NO_x 的转化和再活化决定了大气氧化性；华北平原人为污染物高强度排放背景下，一次污染物（NO_x 和人为源 VOCs，作为反应物）和氧化剂（作为另一反应物）的双高浓度，必然导致二次污染物，特别是二次气溶胶的快速生成。这说明大气氮循环不仅对光化学污染有直接的贡献，而且对霾过程有深远的影响。NO_x 再活化延长了其环境寿命和传输距离，可能是污染区域化的推动机制之一。因此，定量理解大气氮循环中的关键反应兼具普遍科学性和现实意义。由于含氮化合物多变繁杂，具有针对性的含氮化合物综合闭合分析对于大气氮循环的研究是十分必要的；齐全、高质量的相关测量技术是综合闭合分析的基础。

大气中含氮化合物综合闭合分析拟解决的关键科学问题包括：

（1）夜间 N_2O_5 化学对 HNO_3/NO_3^- 生成的贡献如何？

（2）在城市大气污染背景下，气态和颗粒态有机硝酸酯昼夜生成的重要性如何？

（3）在华北地区，NO_x 再活化对区域 NO_x 浓度的影响如何？

（4）上述大气氮循环中关键化学过程对大气氧化性和二次气溶胶生成的影响如何？

8.2　研究目标与研究内容

8.2.1　研究目标

定量描述边界层内 HNO_3/NO_3^- 昼夜生成的相对重要性及反应速率的影响因素，量化 HNO_3/NO_3^- 生成对 T-NO_3 的贡献。

获取低碳数有机硝酸酯和长链有机硝酸酯环境浓度的时空分布特征，量化昼夜有机硝酸酯生成的相对重要性和对 T-NO_3 的贡献。

获取准实际环境条件下颗粒态硝酸盐光解速率常数及其影响因素，定量评价 NO_x 再活化对区域 NO_x 浓度的影响。

建立和优化大气氮循环"综合闭合分析"方法，综合量化大气氮循环过程中氮氧化物转化和再活化对 O_3 和二次气溶胶生成的影响。

从而回答：在大气复合污染和 NO_x 高强度排放背景下，氮氧化物转化和再活

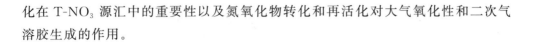

化在 T-NO$_3$ 源汇中的重要性以及氮氧化物转化和再活化对大气氧化性和二次气溶胶生成的作用。

8.2.2　研究内容

本章采用大气氮循环的综合闭合分析,来定量研究氮氧化物的转化和再活化途径及其环境效应。

1. HNO$_3$/NO$_3^-$ 昼夜转化的综合闭合分析

通过对气溶胶粒径分布谱、NO$_x$、N$_2$O$_5$、NO$_3$、HNO$_3$ 和 NO$_3^-$ 等的直接测量和 HO$_x$-RO$_x$ 的模拟获得 HNO$_3$/NO$_3^-$ 昼夜转化途径中主要反应物、生成物,以及相关物种的环境浓度的时空分布,按自上而下和自下而上两种方法计算 HNO$_3$/NO$_3^-$ 昼夜转化速率。在准实际环境条件下模拟 N$_2$O$_5$ 在气溶胶表面的非均相水解反应,总结其参数化方案。完善 NO$_x$-HNO$_3$/NO$_3^-$ 化学转化机制,并结合外场观测数据和参数化方案,综合定量评估 HNO$_3$/NO$_3^-$ 昼夜转化的相对重要性,重点量化 N$_2$O$_5$ 非均相化学速率及其对硝酸盐生成的作用。

2. 有机硝酸酯 RONO$_2$ 昼夜转化的综合闭合分析

通过对 VOCs、NO$_x$、N$_2$O$_5$、NO$_3$、气态和颗粒态 RONO$_2$ 等的直接测量和 HO$_x$-RO$_x$ 的模拟获得 RONO$_2$ 昼(夜)转化通道"RO$_2$+NO"("VOCs+NO$_3$")中主要反应物、生成物,以及相关物种的环境浓度时空分布,从自上而下和自下而上两个途径计算 RONO$_2$ 昼夜转化速率。同时,利用 RONO$_2$ 分子水平的测量数据,验证和发展若干典型人为源 VOCs 昼夜间生成 RONO$_2$ 的机理和速率。完善 RO-NO$_2$ 生成和降解化学机制,并结合外场观测数据,重点量化 RONO$_2$ 在 NO$_y$ 中的比重,并综合定量评估 RONO$_2$ 昼夜转化的相对重要性,检验碳键机理对典型人为源 VOCs 生成 RONO$_2$ 机理和速率的预测。

3. NO$_x$ 再活化的综合闭合分析

通过对 HONO、NO$_x$、N$_2$O$_5$、NO$_3$、HNO$_3$/NO$_3^-$、HO$_x$-RO$_x$、光解速率等的直接测量和模拟,获得 NO$_x$ 和 HONO 收支平衡分析中主要物种环境浓度的时空分布。在准实际环境条件下模拟颗粒物中硝酸盐光解,测量其速率常数,研究其影响因素并总结参数化方案。完善大气氮循环化学机制,并结合外场观测数据和实验室模拟结果,获得可靠的随化学环境变化的 NO$_3^-$ 光解速率,综合定量评估 NO$_3^-$ 光解对城市和背景地区 NO$_x$ 和 HONO 的重要性。

4. 大气氮循环对大气氧化性和二次气溶胶生成作用的综合闭合分析

完善大气氮循环机理,并应用于数值模式(NAQPMS)中,结合新建 N$_2$O$_5$ 非均相水解和硝酸盐非均相光解的参数化方案,以及外场观测数据提供的从前体物、反应中间产物再到最终产物等较为完整的约束条件，综合闭合分析大气氮循环过程，及其对大气氧化性（如 O_3 生成）和二次气溶胶生成的作用。在 T-NO_3 总体源汇分析基础上，尝试利用气固 T-NO_3 观测结果，验证硝酸铵气-粒分配动态变化并评价它在重污染过程中的作用。利用源追踪技术和过程分析技术等分析硝酸盐、铵盐等二次生成产物的来源，定量化地跟踪分析从 NO_x、NH_3 到硝酸盐和铵盐的转化过程，佐证 T-NO_3 收支平衡分析。

8.3　研究方案

　　全面的含氮化合物外场"闭合"观测可提供"环境浓度"上的闭合；结合实验室模拟和模式综合分析，可以提供"转化途径"上的闭合。最后通过综合闭合分析，准确、全面表征大气含氮化合物在源汇过程中的变化和相互联系，定量各主要化学通道速率及定量评估其在大气复合污染机制中的作用。因此，完善大气氮循环机理，并通过外场闭合观测-实验室环境模拟-模式综合分析等 3 种研究手段的交互验证来建立大气氮循环"综合闭合分析"的研究策略，这对于定量研究 NO_x 转化和再活化过程的相对重要性是适宜和十分必要的。

8.3.1　总体思路与技术路线

　　（1）建立综合闭合分析方法：完善大气氮循环机理，并补充到现有模式中构建大气氮循环中转化、再活化及其环境效应研究的研究策略；并围绕科学问题和依据模式模拟参数需求来设计和组织外场闭合观测和实验室模拟研究。

　　（2）实施闭合观测和实验室模拟：建立包括 NO_3、N_2O_5、HNO_3、NO_3^- 和 $RONO_2$ 等的氮氧化物闭合观测技术，并应用于外场闭合观测；搭建环境流动管体系等进行 N_2O_5 非均相水解和 NO_3^- 光解实验室模拟研究。

　　（3）进行综合闭合分析：利用测得的主要含氮化合物和其他污染物的浓度时空分布及 NO_x 转化和再活化过程的参数化条件等来约束模式，以提高模式模拟质量，量化 NO_x 的主要转化途径、再活化过程及其对大气氧化性和二次气溶胶生成的影响。

　　图 8.2 是研究的技术路线。

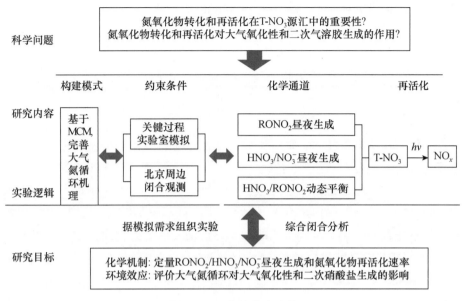

图 8.2　研究的技术路线

8.3.2　研究方法和实验手段

1. 含氮化合物的闭合观测技术和质量控制方法

"闭合"观测是指通过对大气中主要活性含氮化合物的准确和同步测量,实现其浓度水平上的闭合。针对含氮化合物种类繁杂的特点,本研究采用了多种测量技术。目前关于 PANs、HONO、NO、NO_2、分类 NO_y、NH_3,以及颗粒物中的硝酸盐、铵盐等的观测手段已经比较成熟,而准确、高灵敏度的 NO_3、N_2O_5、气态硝酸和长链有机硝酸酯的测量手段相对缺乏。通过建立包括一般含氮化合物和 NO_3、N_2O_5、HNO_3 及长链有机硝酸酯等 4 类关键含氮化合物的闭合观测技术,并辅以 O_3、H_2O_2 等光化学产物和一次污染物 VOCs 等的观测技术,实现含氮化合物的闭合观测。对于 NO_3、N_2O_5、HNO_3、NH_3 等黏滞性物种,和硝酸铵等存在快速气-粒分配的物种,观测中将采用缩短采样停留时间和减少活性表面等方式来降低测量误差。同时,针对 NO_3、N_2O_5、HNO_3 和 $RONO_2$ 的测量,通过仪器比对实验和标准样品测试实验,以消除化学干扰、采样误差等带来的影响,保证数据质量。仪器比对在统一标准(实验室)和同一采样环境(外场实际环境)等情景下进行。建立的大气中含氮化合物的闭合测量技术能为综合闭合分析提供必要的和至关重要的支撑。

2. 实验室模拟

实验室测得的动力学参数能够合理运用到实际大气环境中是至关重要的,这将依赖于环境流动管体系提供的准实际环境模拟条件及所配备的全面测量和表征技术，以及对关键环境因素（如光照等）的弹性控制和大流量进样能力。对关键非均相/多相过程的测量与模拟技术能够为参数化方案提供高质量的基础数据。同时配置含氮化合物闭合观测技术，在北京地区高气溶胶浓度条件下，实现气态和颗粒态反应物、中间物及产物的全面、灵敏监测。

3. 建立和应用综合闭合分析技术

建立综合闭合分析技术：如何利用有限的外场观测和实验模拟来推进对大气氮循环及其对大气复合污染影响的科学认识？通过完善大气氮循环机理、利用闭合观测数据和实验室模拟结果作为模式约束条件等 3 个举措，提高模式模拟的质量，进而从点到面量化 NO_x 转化和再活化在 $T-NO_3$ 收支中的重要性，并准确评估其对大气氧化性和二次气溶胶生成的影响。借助成熟的嵌套网格空气质量预报数值模式（NAQPMS）进行模拟计算，辅助污染来源在线追踪解析方法来定量评估污染物区域输送的影响、热力学平衡模式来验证硝酸铵气-粒分配动态变化并评价它在重污染过程中的作用，以及过程分析方法来模拟和识别大气氮循环关键过程及其相对贡献，实现综合闭合分析。

8.4 主要进展与成果

8.4.1 含氮活性化合物闭合测量技术和质量控制方法

大气中活性含氮化合物包括 NO、NO_2、NO_3、N_2O_5、$HONO$、HNO_3、颗粒态有机硝酸和硝酸酯、PANs、NH_3、NO_y 等，涉及要素众多，其浓度复杂多变且存在相互转化，部分关键物种浓度低，因此对若干物种的准确测量具有相当挑战性。对不同物种的测量技术，包括反应物、中间体和产物的闭合观测及其质量保证是大气氮氧化物循环研究的一个难题。因此，本研究一方面在已有测量技术的基础上，加强了质量控制方法的研究，通过发展和改进部分测量技术（如 TD-CRDS、TD-BBCES）、引用新的测量技术（如 EESI-APi-ToF）、加强各种测量方法与经典方法的对比与验证等，来减少测量误差，保证数据质量，实现主要含氮化合物浓度水平上的闭合观测。另一方面，分类 NO_y 浓度和具体含氮化合物分子水平浓度的平行测量、主要活性氮氧化物的闭合测量，以及对同一物种使用两种或者多种技术比对测量的策略，提供了对数据的交叉校验能力。此外，由于华北地区 NO_y 的浓度水平较高，某种程度上降低了测量灵敏度上的要求，有利于实现更多分子水平上的定性定量测量。表 8-1 是不同含氮化合物的测量技术、优缺点、质量控制方法的简要总结。建立的大气中含氮化合物的闭合测量技术能为综合闭合分析提供必要的和至关重要的技术支撑。下面对一些主要的技术进展进行简要总结。

表 8-1　含氮化合物测量技术与质量控制方法

测量要素	测量原理与方法	检测限	优缺点	干扰因素与解决方案	质量控制方法	备注
NO	化学发光法	50 ppt (120 s)	● 零票可忽略 ● 跨票需定期定量检查 ● 易得 NO 标准源 ● 易得纯净 NO 零气	● 稳定的低真空度 ● 高流量 O_3 反应气减少 CO_2 和 H_2O 荧光淬灭 ● 干空气除 NO_2	● 至少每周一次的跨检查 ● 更频繁的多点校准	有成熟商品化仪器
NO_2	钼转化炉(325℃)+ 化学发光法(NO$_x$),减 NO 获得 NO_2	50 ppt (120 s)	● 会存在虚高的 NO_2 零点 ● 跨票需定期定量 ● 不易得 NO_2 标准源 ● 不易得纯净 NO_2 零气	● 部分 iNO_2 会转化,NO_2 高估 ● 钼炉记忆效应不好消失,零点参考清洁空气值或同机 NO 零点 ● 可用 NO_2 渗透管,但线性范围受限 ● 高效吸附的活性炭	● 至少每周一次的多点校准 ● 450℃焙烧转化炉>24 h ● 定期清洗或更换转化炉 ● 气相滴定法生成 NO_2,要控制好 O_3 的量	有成熟商品化仪器
	紫外光解转化+化学发光法(NO$_x$),差减 NO 获得 NO_2	<10 ppt	● 日跨票<2% ● NO_2 光解效率低,且受空气中臭氧浓度变化影响 ● 不易得 NO_2 标准源 ● 不易得纯净 NO_2 零气	● NO_2 光解平衡受样气中 O_3 浓度影响 ● 光强度变化影响光解效率 ● 可用 NO_2 渗透管,但线性范围受限 ● 高效吸附的活性炭	● 定期确定不同臭氧浓度下的 NO_2 光解效率 ● 尽量使仪器,包括臭氧仪器响应系数接近 1 ● 气相滴定法生成 NO_2,要控制好 O_3 的量	有成熟商品化仪器
	光腔衰荡法(CRDS)	50 ppt	● 直接测量 NO_2 ● 准绝对测量方法 ● 跨票小 ● 不易得 NO_2 标准源 ● 不易得纯净 NO_2 零气	● 用 Nafion 管预先除去气中水汽 ● 可用 NO_2 渗透管,但线性范围受限 ● 高效的活性炭,自动零点调整	● 观测仍需 NO_2 标准气进行比对和标定 ● 定期更换内部活性炭 ● 气相滴定法生成 NO_2,要控制好 O_3 的量	有成熟商品化仪器

续表

测量要素	测量原理与方法	检测限	优缺点	干扰因素与解决方案	质量控制方法	备注
NO_2	宽带腔增强吸收光谱(CEAS/BBCES)	<10 ppt	● 直接测量 NO_2 ● 准绝对测量方法 ● 跨漂小 ● 运行时需通入高纯 N_2 进行高频光学背景测量	● NO_2 测量波段内存在乙二醛、O_3 吸收干扰，通过对乙二醛、O_3 光谱拟合以排除干扰 ● 长时间运行时，镜面反射率会出现变化，利用 N_2 和 CO_2 可对镜面反射率进行标定	● 每10 min进行一次光学背景测量 ● 每周对镜面反射率进行标定	合作自制仪器
NO_3	光腔衰荡法(CRDS)	<20 ppt	● 准绝对测量方法 ● NO_3/N_2O_5 标准不易得	● 在662 nm处具有光吸收，其他污染物会形成干扰 ● 通过频繁的背景测量去除干扰	● 合成纯 N_2O_5 ● 稳定 GPT 滴定法可用 ● 干参数测试 ● 滤膜自动更换	自制仪器
N_2O_5	热解+光腔衰荡法(TD-CRDS)	<20 ppt	● 目前无成熟商品化仪器 ● 系统体积大			
HONO	长光路差分吸收光谱技术(LOPAP)	3 ppt	● NO_2 存在干扰 ● 有成熟商品化仪器 ● 国内多家自主开发 ● 基于湿化学方法，稳定性较差	采用双通道检测，利用差减法可最大限度排除 NO_2 等干扰	● 每次更换反应试剂时使用亚硝酸根标准溶液标定灵敏度 ● 试剂流速不稳定，至少2天标定一次	● LOPAP为自制仪器 ● 二者进行了比对实验
	CEAS	80 ppt	● HONO 与 NO_2 同时测量 ● 通过迭代算法，降低对光强变化敏感性依赖，增强了稳定性	● HONO 在采样管中可能存在损耗和二次生成 ● 通过减少气体在采样管中的停留时间，加热采样管等措施降低采样干扰	● 镜面反射率和有效腔长每周标定一次 ● 每小时走零校正背景光强	

续表

测量要素	测量原理与方法	检测限	优缺点	干扰因素与解决方案	质量控制方法	备注
HNO₃	差分热解（TD）＋宽带腔增强吸收光谱(BBCES)法	200 ppt	●测量准确度受到前端热解过程和后端 NO₂ 测量仪器的共同影响 ●对后端 NO₂ 测量仪器一致性要求高	●不同流量、温度下的 HNO₃ 热解效率不同，需在运行条件下标定 HNO₃ 热解效率 ●不同通道差减时可能出现负值，平行性测试 ●将采样管路加热至 50℃ 防止 HNO₃ 吸附	●每 24 h 利用固定浓度 NO₂ 对系统进行单点标定 ●每小时向系统通入 N₂ 进行零点测量	●无成熟商品化仪器 ●自制仪器
	TD＋CRDS	＜50 ppt	●热解转化 NO₂ 效率可高于 94% ●检测限取决于后续 NO₂ 仪器	●石英管、铬酸洗涤后 ●合适的流量、热解长度和稳定的温度 ●高 NO₂ 背景信号及波动可导致负值发生	定期双路平行性检查	
	LOPAP	51 ppt	●整合湿化学采样方法 ●HONO,NO₂ 存在干扰 ●仪器基于湿化学方法，稳定性较差	●平行运行 LPAP-HONO,校正 HONO,NO₂ 干扰 ●采样单元外置、减少采样使用、降低 HNO₃ 在采样管中的吸附损耗	●更换反应试剂时使用亚硝酸根标准溶液标定灵敏度,使用硝酸根标准溶液标定硝酸根还原效率 ●至少 2 天标定一次	●自制仪器 ●同时测量 HONO,NO,HNO₃
PANs	GC/ECD 气相色谱法	50 ppt	●RSD≤3% ●PANs 标准源实时发生,产率 92%±3%,在 30 ppb 比较稳定 ●光源需要一定的稳定性	●≈1 ppm 的 NO 标气 ●需要丙酮反应气	一周或两周一次校准	有成熟商品化仪器

续表

测量要素	测量原理与方法	检测限	优缺点	干扰因素与解决方案	质量控制方法	备注
PNs	TD-BBCES	200 ppt	● 总量测量 ● 测量准确度受到前端热解过程和后端共用的 NO₂ 测量仪器的影响 ● 对后端 NO₂ 测量仪器一致性要求高 BBCES 一致性要求高	● 不同流量、温度下的 PNs 热解效率不同，需对运行条件下的 PNs 热解效率进行标定 ● 对两路 NO₂ 测量平行性要求高，不同通道出现负值时可能出现负值	● 每 24 h 利用固定浓度 NO₂ 对系统进行单点标定 ● 每小时向系统通入 N₂ 进行零点测量	自制仪器
ANs	TD-BBCES	200 ppt	● 总量测量 ● 测量准确度受到前端热解过程和后端共用的 NO₂ 测量仪器的影响 ● 对后端 NO₂ 测量仪器一致性要求高 BBCES 一致性要求高	● 不同流量、温度下的 ANs 热解效率不同，需对运行条件下的 ANs 热解效率进行标定 ● 对两路 NO₂ 测量平行性要求高，不同通道出现负值时可能出现负值	● 每 24 h 利用固定浓度 NO₂ 对系统进行单点标定 ● 每小时向系统通入 N₂ 进行零点测量	自制仪器
颗粒态 ONs	GC-MS/MS	$0.1 \sim 1.0$ pg m^{-3}	● 离线方法 ● 时间分辨率>12 h ● 需要标准物质	● 严格的 PM$_{2.5}$ 采样流程 ● 合成有机硝酸酯标准物质	● 建立了提取和仪器分析方法 ● 回收率保证	
颗粒态有机硝酸	萃取式电喷雾电离-长飞行时间质谱(EESI-ToF-MS)	<1 ng m^{-3}	● 无热分解 ● 时间分辨率高(1 s) ● 物种测量 ● 高背景 ● 不同物种灵敏度存在差异 ● 需要标准物质	合成有机硝酸酯标准物质辅助定性	建立了仪器和数据分析方法	

续表

测量要素	测量原理与方法	检测限	优缺点	干扰因素与解决方案	质量控制方法	备注
总 NO_y	外置钼炉转化+化学发光法	<0.5 ppb	● iNO_z 的转化效率可能不一致 ● NO 标气 ● NO_y 可存在虚假零点	● 有机物对转化效率有影响 ● 高浓度 CO 对 NO_2 有负响应 ● 氮化物和胺也有影响 ● 100 ppb 的 NH_3 可增加 2.6 ppb 的 NO_y ● 转化炉外置，减少 HNO_3 的吸附	● 至少每周一次的跨点检查 ● 更频繁的多点校准 ● 450℃零气焙烧转化炉>24 h ● 保持真空度 ● 进气管路尽可能短，减少 HNO_3 吸附	有成熟商品化仪器
X-NO_2	650℃热解+CRDS 等 NO_2 测量仪	50 ppt	● 精度和检测限取决于后续的 NO_2 分析仪 ● 与[NO_y-NO]的结果有很好的一致性	● 可作为独立的 NO_y-NO 测量 ● 石英管，铬酸洗涤后 ● 合适的流量和稳定的温度 ● 热解长度	与 NO_2 测量仪一致	自制转化炉
NH_3	离轴积分腔输出光谱(OAICOS)	<0.3 ppb (10 s)	● 准绝对测量方法 ● 跨漂小 ● 标准源可用混合气或渗透管	● 管路易吸附 NH_3 ● 管路加热与否不是决定因素 ● 湿度快速变化影响大	标定时需足够的稳定时间	有成熟商品化仪器
NH_3	热(催化)转化-化学发光法	<2 ppb	标准源可用混合气或渗透管	● 转换效率 88%~98% ● 易溶于水，易吸附表面 ● HNO_3 和烷基硝酸盐有不同的转化效率	● 特殊的进样管 ● 经常检查转化效率 ● 标定时需足够的稳定时间	有成熟商品化仪器

1. X-NO₂ 的测量技术及质量控制方法

大部分的 NO_y（$=NO+NO_2+HNO_3+HONO+HO_2NO_2+NO_3+N_2O_5+PNs+ONs+pNO_3$）[①]通过加热可热解为 NO_2 和伴随自由基 X，即

$$X\text{-}NO_2 + 热量 \longrightarrow X + NO_2 \tag{8.1}$$

每一类活性含氮化合物热解所需的温度差异较大（例如 RO_2NO_2 和 N_2O_5 热解温度在 200℃，$RONO_2$ 在 400℃，HNO_3 在 650℃附近），每一类化合物的解离温度范围窄，且在相应温度下可完全解离。当前，直接测量 NO_2 的技术（如光腔衰荡、腔增强光谱吸收等）得到了快速的发展，其检测限和稳定性非常好。通过增设管路和加热装置，不仅可以测得 HNO_3，还可以同时测量 RO_2NO_2（和 N_2O_5）和 $RONO_2$ 等其他类活性氮化合物浓度。

外场研究表明，总 X-NO₂ 与传统 NO_y 钼转化炉法测量（$[NO_y]-[NO]$）的小时均值之间有很好的一致性，其线性斜率（0.974 ± 0.003）偏差小于 3%，$R^2=0.998$，$p<0.001$，$N=1286$，小时均值在 $0\sim140$ ppb 之间。可见 X-NO₂ 这种测量方法具有很好的可行性。

大气中硝酸（HNO_3）的生成是排放到空气中氮氧化物（NO_x）的主要沉降途径，对降水酸化、二次细颗粒物中硝酸盐的形成以及在联系光化学污染和霾形成等大气复合污染过程具有重要作用。获得高时间分辨率、准确的大气硝酸测量数据对研究和认识大气中氮氧化物的循环机理是十分必要和迫切的。尽管大气中的 HNO_3 有众多的测量方法，但是不同测量方法存在这样或那样的不足。由于硝酸在物体表面上存在强的黏滞性，且容易受到颗粒物中 NH_4NO_3 热分解的影响，准确和高时间分辨率的 HNO_3 测量一直是现代大气测量技术的一种挑战，这在一定程度上制约了 HNO_3 在大气化学过程中的作用机制研究。鉴于直接测量方法存在较大的困难，将 HNO_3 转化为易测量的物质（如 NO、NO_2、HNO_2、NO_3^- 等），从而提高测量时间分辨率的间接测量方法成为当前 HNO_3 测量的优选。根据现代激光测量 NO_2 技术在检测限和测量稳定性方面的优势，本研究探索了将 HNO_3 快速转化为 NO_2 进行间接测量的方法。在实验室建立和评估了 HNO_3 标准源发生系统，对影响热解效率的因素、双通道平行性等进行测试和优化，并建立了标定方法（图 8.3）。在优化的条件下，HNO_3 热解转化效率可高于 94%，结合光腔衰荡光谱（CRDS）技术测量 NO_2 这一技术途径得到检测限为 14 ppt，时间分辨率可达到分钟级别，实现了高时间分辨率的 HNO_3 在线测量。

进一步，利用热解-宽带腔增强二氧化氮分析仪系统（TD-BBCES）对 iNO_z 进行综合表征。即根据不同 iNO_z 热稳定性的差异，使 iNO_z 在不同温度下热解产生

---

① PNs：peroxyacyl nitrates，过氧酰基硝酸酯；ONs：organic nitrates，有机硝酸酯；pNO_3：particulate nitrates，颗粒硝酸盐。

NO_2，利用 BBCES 检测 NO_2 浓度，进而通过不同通道间的 NO_2 浓度差减，分别得到 $\sum PNs$、$\sum ANs$、HNO_3、pNO_3 等 iNO_z 的浓度。图 8.4 展示了 NO_y 的分子水平及分类观测结果。

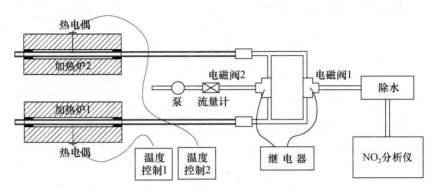

图 8.3　TD-CRDS 测量硝酸的示意图

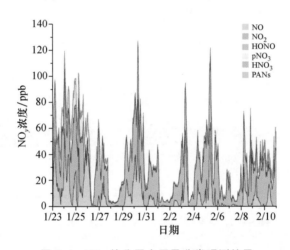

图 8.4　NO_y 的分子水平及分类观测结果

2. 有机硝酸酯的测定

有机硝酸酯（ONs）是大气中一类活性含氮化合物的总称，也是大气中氮氧化物（NO_x）的一类重要的汇。其主要通过 OH、NO_3 自由基和 VOCs 的氧化过程产生。ONs 不仅消耗大气中的氧化剂，也可能在后续反应中释放 NO_x，从而影响光化学反应以及臭氧的生成。另外，有研究表明 ONs 对颗粒相中的有机物有一定的贡献。ONs 因其前体物 VOCs 的不同而种类众多，在城市地区和郊区可存在不同种类的组成和分布。

由于有机硝酸酯的标准样品很难直接获得，本研究合成了多种有机硝酸酯标准样品（表 8-2）。合成的有机硝酸酯样品利用核磁共振波谱仪（$^1H/^{13}C$ NMR），并辅以气相色谱-三重四极杆质谱（GC-MS/MS）进行结构特征定性，建立了合成物质的核磁共振氢谱及碳谱的数据。利用合成的标样建立了基于 GC-MS/MS 的颗粒相（PM$_{2.5}$）中有机硝酸酯的检测方法，选择并优化了碳链长度为 7～12 的直链烷基硝酸酯以及甲苯基、乙苯基和对二甲苯基硝酸酯的定性定量离子对，并优化了仪器方法参数，验证了该方法的可重复性。

表 8-2　合成的有机硝酸酯样品

序号	标样英文名称	分子式	分子结构	相对分子质量
1	heptyl nitrate	$C_7H_{15}NO_3$		161.20
2	octyl nitrate	$C_8H_{17}NO_3$		175.23
3	nonyl nitrate	$C_9H_{19}NO_3$		189.25
4	decyl nitrate	$C_{10}H_{21}NO_3$		203.29
5	undecyl nitrate	$C_{11}H_{23}NO_3$		217.31
6	dodecyl nitrate	$C_{12}H_{25}NO_3$		231.33
7	tridecyl nitrate	$C_{13}H_{27}NO_3$		245.36
8	tetradecyl nitrate	$C_{14}H_{29}NO_3$		259.38
9	pentadecyl nitrate	$C_{15}H_{31}NO_3$		273.41
10	hexadecyl nitrate	$C_{16}H_{33}NO_3$		287.44
11	tolyl nitrate	$C_7H_7NO_3$		153.14
12	phenethyl nitrate	$C_8H_9NO_3$		167.16
13	p-xylyl nitrate	$C_8H_9NO_3$		167.16

序号	标样英文名称	分子式	分子结构	相对分子质量
14	benzyl nitrate	$C_7H_7NO_3$		153.04
15	azido(phenyl) methyl nitrate	$C_7H_6N_4O_3$		194.04
16	1-phenylpropyl nitrate	$C_9H_{11}NO_3$		181.07
17	1，2，3，4-tetra-hydronaphthalen-1-yl nitrate	$C_{10}H_{11}NO_3$		386.15
18	1-(p-tolyl) eth-yl nitrate	$C_9H_{11}NO_3$		181.07
19	1-(4-bromophe-nyl) ethyl nitrate	$C_8H_8BrNO_3$		244.97
20	1-(o-tolyl)ethyl nitrate	$C_9H_{11}NO_3$		181.07
21	3-(nitrooxy)-3-phenylpropyl 4-methylbenzene sulfonate	$C_{16}H_{17}NO_6S$		351.08
22	3-(3，3-dimeth-yl-2-oxobutoxy)-1-phenylpropyl nitrate	$C_{15}H_{21}NO_5$		295.14

序号	标样英文名称	分子式	分子结构	相对分子质量
23	3-chloro-1-phenylpropyl nitrate	$C_9H_{10}ClNO_3$		430.07
24	1,4-phenylene bis (ethane-1,1-diyl) dinitrate	$C_{10}H_{12}N_2O_6$		256.21
25	3-(nitrooxy)-3-phenylpropyl acetate	$C_{11}H_{13}NO_5$		239.22

本研究检测了北京市大气 $PM_{2.5}$ 样本中 17 种 ONs 单体的浓度水平，总 ONs 的浓度在 $0.23 \sim 11.2$ ng m^{-3} 之间，平均浓度为 1.05 ng m^{-3}。其中，有 11 种 ONs 的检出率大于 70%，说明 ONs 在北京市 $PM_{2.5}$ 样品中广泛存在。在直链烷基硝酸酯中，$\sum C_8 \sim C_{12}$ 直链烷基硝酸酯的平均浓度为 0.16 ng m^{-3}，而 $\sum C_{13} \sim C_{16}$ 直链烷基硝酸酯的平均浓度为 0.33 ng m^{-3}，$C_{13} \sim C_{16}$ 直链烷基硝酸酯各单体浓度显著高于 $C_8 \sim C_{12}$ 直链烷基硝酸酯的浓度（$p < 0.05$），因此在今后的研究中值得关注颗粒相中相对长链的 $C_{13} \sim C_{16}$ 直链烷基硝酸酯。大部分 ONs 单体的季均浓度在冬季出现峰值，在夏季出现最低值。$C_8 \sim C_{12}$ 直链烷基硝酸酯在夏季的平均占比最高，为 90.0%；$C_{13} \sim C_{16}$ 直链烷基硝酸酯在冬季的平均占比最高，为 81.8%。总体上，$C_8 \sim C_{12}$ 和 $C_{13} \sim C_{16}$ 直链烷基硝酸酯总浓度均为冬季显著大于夏季（$p < 0.01$），这可能与冬季北京市 $C_8 \sim C_{36}$ 化石燃料燃烧导致烷烃排放量高有关。而季节组成的差异与 $C_8 \sim C_{12}$ 直链烷基硝酸酯和 $C_{13} \sim C_{16}$ 直链烷基硝酸酯在冬夏季的浓度和检出率的不同有关。昼夜方面，未发现直链烷基硝酸酯存在显著的昼夜浓度差异。

部分烷基硝酸酯单体与颗粒相 NO_3^- 有着较类似的浓度变化趋势。冬季 $C_8 \sim C_{16}$ 烷烃较难以挥发，因此气相中可能难以生成较长链的 $C_8 \sim C_{16}$ 直链烷基硝酸酯。烷烃可以在金属催化剂存在下直接与硝酸反应生成烷基硝酸酯。因此推测 $C_8 \sim C_{16}$ 直链烷基硝酸酯可能更多来源于非均相反应生成的硝酸盐和颗粒物表面的烷烃的反应。个别单体由于检出率或浓度相对较低，导致其浓度的变化趋势不具有明显的规律性，因此需要进一步探究其生成的影响因素。

以上结果表明,在中国城市环境的高氧化性和强人为 VOCs 和 NO$_x$ 排放背景下,确实有长链 RONO$_2$ 生成。本研究首次在分子水平上提供了中国大城市空气中长链有机硝酸酯的外场观测数据。

然而,对 PM$_{2.5}$ 样品(2018 年 9 月至 2019 年 8 月,昼夜采样)的分析发现,甲苯基硝酸酯(tolyl nitrate)、乙苯基硝酸酯(phenethyl nitrate)及对二甲苯基硝酸酯(p-xylyl nitrate)这几种芳香烃类硝酸酯基本没检出。有研究表明,芳香烃氧化生成 RONO$_2$ 的产率更高,且产物更倾向于分配在颗粒物相中。然而,本研究在实际测量中并没有获得芳香烃类硝酸酯。实际上芳香烃在大气中的 VOCs 中占有较大的比例,因此,重新审视一下有机硝酸酯的卤代烃取代反应合成途径,此方法主要取代末尾 C 原子位置生成硝酸酯。即早期主要利用溴代正烷烃和溴代芳香烃与硝酸银来制备烷基有机硝酸酯标准样品,即

$$RBr(Cl) + AgNO_3 \longrightarrow RONO_2 + AgBr(Cl) \downarrow$$

然而在实际空气中的 VOCs 里,此末位取代类型的卤代芳香烃很少(或者人们将之忽略了?)。而芳香烃最活泼的位点往往不在末位 C 上。因此,本研究进一步采用电子转移途径的合成方法,模拟大气中自由基反应环境,攻击最活泼位点,更好地契合大气中芳香族有机硝酸酯生成途径的方式合成对应的有机硝酸酯标准物质,并应用于实际的检测中。此方法是在 N-羟基邻苯二甲酰亚胺(NHPI)催化剂/硝酸铈铵(Ce(NH$_4$)$_2$(NO$_3$)$_6$,CAN)试剂体系下直接进行硝基化的反应。在第一步,NHPI 被 CAN 中 Ce(Ⅳ)氧化成高活性的邻苯二酰亚胺 N-氧自由基(PINO)。然后,由于其在起始分子 1 中的键能最低,PINO 在此位置发生自由基转移,生成苄基自由基 A。这一步从 PINO 再生 NHPI 是其催化行为。自由基 A 被 Ce(Ⅳ)氧化失去电子,得到苄基阳离子 B,硝酸盐阴离子与阳离子反应,最终生成相应硝酸酯作为最终产物(图 8.5)。PM$_{2.5}$ 中若检出芳香烃有机硝酸酯,将弥补人为源 VOCs 对 PM$_{2.5}$ 贡献的认知。

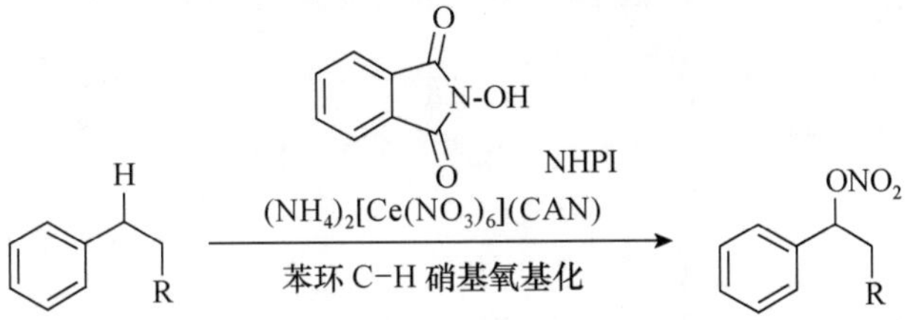

图 8.5 电子转移法合成有机硝酸酯原理

除了离线采样并利用 GC-MS/MS 测量 ONs 外,本研究还利用萃取式电喷雾电离-长飞行时间质谱(extractive electrospray ionization long-time-of-flight mass spectrometer,EESI-LToF-MS,下面简称 EESI)建立在线测量 ONs 的方法。EESI 可以提

供在线、高时间分辨率(秒)、接近分子水平 ONs 的测量。该方法在大气压下连续进样,气溶胶粒子进入 EESI 后与产生的带电液滴的喷雾(含 100 ppm NaI 的体积比 1:1 的乙腈水溶液)碰撞,气溶胶粒子里可溶性成分进而被萃取出来,随着液滴的蒸发而电离,最终形成待测物质和单个钠离子结合的方式($M^- Na^+$)进入质谱分析仪中分析。测量过程没有涉及热分解或电离引起的碎裂,匹配的 LToF 质谱仪在离子质荷比(m/z)大于 150 时,实现了接近 10 000 Th^{-1} 的质量分辨率,实现了对某些有机硝酸酯的分离,因此,可在线解析近分子水平的颗粒相有机硝酸酯。

于 2021 年 1 月 15 日至 2 月 6 日在北京大学理科楼顶应用 EESI 进行了外场测量。采用 TofWare 软件(版本 3.2.3;Tofwerk AG,Switzerland)对质谱数据进行高分辨率峰拟合,包括质量定标、仪器参数优化(例如,峰形、峰宽)和高分辨率峰簇拟合。实际分子峰信号是通过从环境信号中减去背景信号获得的。通过初步数据的处理,已经在颗粒相中找到了部分单萜烯硝酸酯及其相关氧化产物,如表 8-3 所示。图 8.6 是 2021 年 1 月 21—28 日测得的颗粒相单萜烯氧化产物时间序列变化。其中,$C_9H_{14}O_4$ 强度最高,比其他物质高出一个数量级,该物质也是单萜烯氧化的特征产物之一,且污染日里浓度相对较高。

表 8-3　EESI 测量的单萜烯氧化产物

分子式	生成途径	参考文献
$C_8H_{12}O_4$	单萜烯＋OH, 单萜烯 O_3	[61,62] [63]
$C_{10}H_{16}O_3$	单萜烯＋OH, 单萜烯 O_3	[61,63] [63]
$C_9H_{14}O_4$	单萜烯＋OH, 单萜烯 O_3	[61,64] [63]
$C_7H_8O_4$	单萜烯＋OH	MCMv3.3.1
$C_8H_{13}NO_6$	单萜烯＋OH＋NO_x, 单萜烯＋NO_3	[65,66]
$C_8H_{11}NO_7$	单萜烯＋OH＋NO_x, 单萜烯 O_3＋NO_3	[65,67]
$C_{10}H_{15}NO_6$	单萜烯＋OH＋NO_x, 单萜烯 O_3＋NO_3	[68,69] [70]
$C_{10}H_{17}NO_5$	单萜烯＋OH＋NO_x, 单萜烯 O_3＋NO_3	MCMv3.3.1
$C_{10}H_{17}NO_4$	单萜烯＋OH＋NO_x, 单萜烯＋NO_3	MCMv3.3.1
$C_{10}H_{15}NO_4$	单萜烯＋OH＋NO_x, 单萜烯＋NO_3	MCMv3.3.1
$C_{10}H_{15}NO_7$	单萜烯＋NO_3	MCMv3.3.1
$C_{10}H_{15}NO_5$	单萜烯＋NO_3	MCMv3.3.1

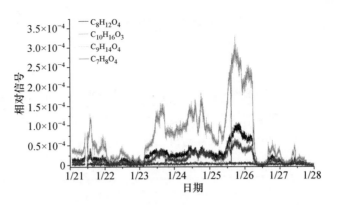

图 8.6　颗粒相单萜烯氧化产物时间序列变化

3．HONO 和 HNO₃ 的 LOPAP 测量技术

应用湿化学取样和光学检测方法,本研究自主设计并集成了一套在线测量气态亚硝酸(HONO)、气态硝酸(HNO₃)、颗粒态亚硝酸盐(pNO₂)和颗粒态硝酸盐(pNO₃)浓度的装置(图 8.7)。此装置使用纯水作为吸收液,利用气液之间的扩散和对颗粒的拦截碰撞并洗脱的方式,依次将气态 HONO/ HNO₃ 和颗粒态 pNO₂/ pNO₃ 收集。本测量系统由两路采样单元、四路染色和四路检测单元组成。其中 HONO 和 pNO₂ 共用一路采样单元,HNO₃ 和 pNO₃ 共用一路采样单元,气体采样和颗粒物采样依次串联进行。采样后,HONO 和 pNO₂ 转变为亚硝酸根(NO₂⁻),与染色单元中磺胺-盐酸萘乙二胺溶液进行混合,形成偶氮燃料。HNO₃ 和 pNO₃ 经采样后先被转变为硝酸根(NO₃⁻),然后再经过 Cu-Cd 小柱被还原为(NO₂⁻),与染色单元中磺胺-盐酸萘乙二胺溶液进行混合,形成偶氮燃料。后续利用四通道长光程吸收光谱法进行测量。经过多次实验和调试,本测量系统不仅便宜、灵敏、紧凑、灵活,而且在常规大气环境条件下,干扰较小,采样过程减少了气体或气溶胶的壁损失。

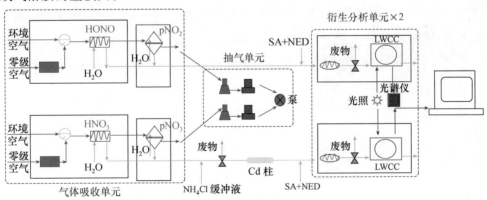

图 8.7　在线测量气态亚硝酸(HONO)、气态硝酸(HNO₃)、颗粒态亚硝酸盐(pNO₂)和颗粒态硝酸盐(pNO₃)浓度的装置流程图

　　为了验证并优化 LOPAP 测量体系，本研究在实验室内开展了一系列条件实验。首先确定了最佳衍生反应时间约为 5 min；其次，优化选取 0.6 g L^{-1} 靛蓝三磺酸钾作为干扰物质 O$_3$ 的吸收试剂，且对 pNO$_2$ 几乎无吸收，从而发展了 LOPAP 测量 pNO$_2$ 的技术；再次，反应液使用 4.5 mmol L^{-1} 磺胺-0.45 mmol L^{-1} 盐酸萘乙二胺-0.03 mol L^{-1} 盐酸混合溶液，其中反应液中磺胺浓度低于商业化 LOPAP 所用浓度的 10 倍、酸度低于 30 倍，仪器灵敏度可达 1～2 pptv（/0.001 Abs，540 nm），与商业化仪器相当。低试剂用量提高了仪器操作的安全性，增强了仪器在偏远地区测量的可利用性。

　　将两套自行搭建的 LOPAP 系统放置于相同环境中测量 HONO，两套系统测量结果具有高度的一致性，相关性 $R^2>0.99$，绝对值相差 2% 左右，不超过仪器测量的最大不确定度（18%）。结果表明，利用本系统能够同时获得多组可靠的 iNO$_z$ 浓度，这进一步拓展了 LOPAP 的使用空间，除大气测量外，本系统还可应用于梯度法、箱法的活性氮通量测量。

　　与其他光学测量技术（如 NO$_x$ 化学发光仪）测量结果进行了比对，发现两者在 pNO$_2$ 浓度>0.5 ppbv 时具有良好的相关性，LOPAP 测量技术在低浓度 pNO$_2$ 检测方面表现出更低检测限的优越性。综上，LOPAP 测量技术能够实现对物种的高效率捕集（气体捕集效率大于 97%，颗粒态捕集效率大于 50%），在一定的气/液流速比下，对 HONO、pNO$_2$、HNO$_3$ 和 pNO$_3$ 的检测限分别为 3、9、51 和 12 pptv，仪器不确定度分别为 18%、25%、78% 和 65%。经多次观测证明本套系统对 HONO 和 pNO$_2$ 的测量具有较好的稳健性，对 HNO$_3$ 和 pNO$_3$ 的测量还需要进一步优化（图 8.8）。

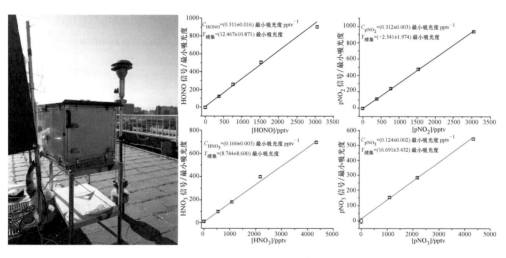

图 8.8　LOPAP 测量系统及其标定结果

4. NO₃/N₂O₅ 测量技术

夜间大气化学在整个大气环境化学循环过程中是必不可少的。NO₃ 自由基作为夜间大气环境化学循环的主要物种,控制着氮氧化物(NO_x)和挥发性有机物(VOCs)的去除和转化,对夜间硝酸盐和二次有机气溶胶的生成具有重要的贡献,是当前我国大气复合污染研究的重要内容之一。由于大气中 NO₃ 和 N₂O₅ 具有浓度水平低和活性高等特点,当前对其准确测量仍存在较大的挑战。本研究基于光腔衰荡光谱技术搭建了一套 NO₃ 和 N₂O₅ 测量系统,在实验室里进行了严格的测试、标定。建立自动 NO 动态滴定零点测量模块,校正其他气体吸收带来的干扰。考虑了温度变化对激光光谱漂移及实际测量 NO₃ 吸收截面的影响和订正方法。利用已知浓度和吸收截面的臭氧气体标定了有效吸收腔长;通过发生标准 N₂O₅ 气体标定了气路损失。利用 N₂O₅ 标准源分别对 NO₃ 在腔内的气路损失和滤膜损失进行系统测量,2 μm 孔径滤膜损失为 9%,气路损失为 14%,不确定性在 25% 范围内。本系统测量的时间分辨率可低于 1 s,检测限为 2 pptv。图 8.9 是一次大气中 N₂O₅ 的测量结果,白天 N₂O₅ 浓度在 0 附近,夜间特别是上半夜 N₂O₅ 浓度高峰最大值为 687 pptv。

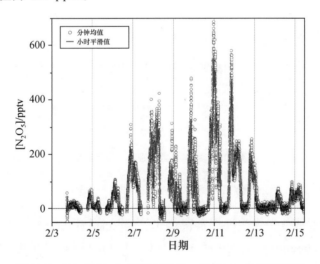

图 8.9　NO₃ 和 N₂O₅ 测量系统和一次 N₂O₅ 的测量结果

5. NH₃ 的测定及质量控制

采用了两种不同的方法(化学发光法和离轴积分腔光谱技术)进行大气中 NH₃ 的测量,进行了大量的测试和比对实验,研究了 NH₃ 测量过程的质量控制,获得了大量准确可靠的数据,发表了多篇论文(Lan et al,2021;Zhang et al,2021,张小艺等,2021;Pu et al,2020)。本研究过程中发现采用激光法自动监测大气中的 NH₃ 时,H₂O 与 NH₃ 浓度变化的相关性非常好,湿度快速变化时 NH₃ 浓度变化有一定的滞后效应。于 2018 年 8 月 23 日至 26 日,在实验室进行了两个分析仪的比对测量(图 8.10),二者相关系数 $r=0.949(n=5316)$。由于水汽对化学发光法不会造成影响,二者的一致性表明水汽也不是激光技术测量 NH_3 的干扰。由于 NH_3 在表面有很强的吸附,在环境条件的变化下,NH_3 可挥发到大气或者从大气吸附到表面。以往研究总认为温度变化为主要影响因素,但有证据表明水汽才是影响吸附和解析过程最重要的因子。当空气中水汽含量增加时,有助于 NH_3 解吸到大气中。这个过程可能跟 NH_3 和 H_2O 的结合有关,大气中可能存在气态 $NH_3 \cdot H_2O$ 化合物,只有这样才能解释这个现象。这个过程可能正是模式低估测量值的一个重要过程,但这需要更深入的分析研究。

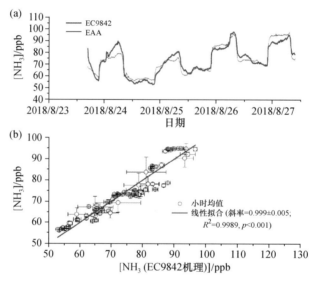

图 8.10　两种不同原理 NH_3 测量比对

6. 臭氧生成速率测量系统

活性氮的循环与光化学过程紧密相关,本研究设计了一套实时测量臭氧生成速率(ozone production rate,OPR)的装置(图 8.11),以研究光化学过程在活性氮循环以及大气细颗粒形成过程中的作用。OPR 测量原理是基于两个平行流动室(即反应流动室和参比流动室)$O_x(NO_2+O_3)$ 的不同测量(ΔO_x)。两个流动室均由 0.05 mm FEP 特氟龙膜制作而成。反应流动室暴露于光照下模拟环境光化学反应;参比流动室外围置于一铝制框架支撑滤光膜(聚醚亚胺膜,0.25 mm 厚),用于阻隔低于 400 nm 的波长和抑制臭氧光解产生 OH 自由基,并减少 HONO 和甲醛光解产生的 HO_x。第 1 版本的 OPR 测量系统于 2019 年 1—2 月在北京大学理科楼顶进行了实验,发现冬季 POX 范围在 $-5 \sim 60$ ppb h^{-1};后续于 2019 年 4 月 20 日—5 月 20 日以及 6 月 10 日—7 月 10 日间在青藏高原城市站拉萨和背景站纳木错完成臭氧光化学生成观测。在受人为活动影响大的拉萨城区,臭氧有明显的光化学生成,中午最高,约 10 ppb h^{-1}。而在清洁的纳木错地区,并没有观测到明显的臭氧光化学生成。这与仪器的检测限未达到清洁地区的最高臭氧光化学生成产率有关。

早期的版本使用特氟龙膜建立腔室,由于膜易受风力影响,腔内气流易发生变化以及容易漏气等,导致测量存在误差以及系统在外场存在一定的脆弱性。根据前面的经验,目前已经更新到第 2 版本的 OPR 测量系统。新的版本改为镀特氟龙膜的石英管,以保证系统的稳定性。通过对气体停留时间、检测限、不确定性等和误差项、O$_3$ 和 NO$_2$ 壁损失、O$_x$ 测量一致性、HONO 生成速率等进行综合表征,制定了 OPR 测量系统的质量保证和质量控制方法。于 2021 年 1 月 2—25 日在北京大学理科楼顶进行了 OPR 外场测量。OPR 系统的检测限为 5.42 ppbv h^{-1},不确定度为 ±12%。2021 年 1 月北京大学站点观测得到 $P(O_x)$ 在正午的平均峰值为 28.0 ppbv h^{-1},与 Baier 等人使用 MOPS v2 测得的休斯顿秋季 $P(O_3)$ 峰值相近。特别是,在光化学活跃的白天,OPR 系统测量的 O$_3$ 光化学生成大于环境 O$_3$ 变化,说明北京冬季 O$_3$ 光化学仍然十分活跃,这也从另外一个角度说明,光化学反应二次污染 PANs 为什么能在冬季出现高值的原因。臭氧生成速率的在线测量也可以用于表征北京冬季光化学过程对二次颗粒物的生成有多大贡献,但这需要进一步的实验设计。

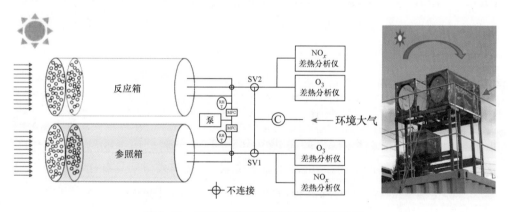

图 8.11　OPR 系统示意图和外置箱实际图

8.4.2　活性含氮化合物的长期变化特征

1. 区域背景地区 NO$_x$ 的长期变化特征

近几十年来,中国的空气污染物排放量一直在快速变化。然而,人们对区域背景氮氧化物和二氧化硫的长期变化知之甚少。本研究基于 WMO/GAW 观测研究长三角（YRD）和华北平原（NCP）区域背景 NO_x 的长期变化趋势。

YRD 背景地区临安站 NO_x 的年平均混合比在 2006—2011 年期间增加，然后以 0.78 ppb a^{-1} 的水平显著下降（-5.16% a^{-1}，$p<0.01$），YRD 地区的总 NO_x 排放量以及工业排放量的变化与年度 NO_x 混合比的变化显著相关。2011—2016 年 NO_x 的显著减少突出了 YRD 地区减少 NO_x 排放的相关控制措施的有效性。

NCP 背景地区上甸子站 NO_x 浓度在 2005—2010 年达到峰值（16.9 ppb），然后在 2010—2016 年间呈现极其显著的下降趋势（-4.5% a^{-1}，$R^2=0.95$，$p<0.01$）的波动。2010 年以后，年平均 NO_x 混合比与华北地区年 NO_x 排放量呈显著相关（$R^2=0.94$，$p<0.01$）。北京及周边地区在 NCP 减排时对 SDZ 地表 NO_x 混合比的影响小于 SO_2。然而由于车辆排放物对 NO_x 的贡献增加，下一步加强 NO_x 排放控制对空气质量的改善是十分必要的。机动车数量的增加导致交通中氮氧化物排放量的增加。本研究支持了先前研究的结论，即过去几十年为控制 NCP 地区的 NO_x 和 SO_2 所采取的措施总体上是成功的，但今后应加强氮氧化物排放控制。

2. 过氧乙酰硝酸酯

在城区和华北背景地区长期进行了过氧乙酰硝酸酯（PAN）的监测，研究了华北背景地区 PAN 长期变化特征。对 2015 年 8 月至 2019 年 2 月期间连续监测的 PAN、O_3 和 NO_x 等浓度的数据分析结果显示，PAN 月平均浓度范围为 0.33～2.41 ppb，平均值为 0.94 ppb，春季高，冬季低。较强的紫外线辐射、较长的寿命和较高的背景浓度是导致春季 PAN 浓度升高的主要原因。

此外，首次通过大气引流系统获得距地 210 m 和 3 m 处的 PAN 的浓度水平。就 2018 年 9 月平均而言，夜间距地 210 m 处的 PAN 的浓度水平比距地 3 m 处的浓度水平高出 5%～20%。结合模式分析结果表明，夜间相对高的温度和 NO 浓度不利于地面 PAN 的形成，夜间高处 VOCs 和 O_3 的弱反应也能产生 PAN。白天对流混合均匀，上下层 PAN 的浓度差异非常小；夜间残留层具有相对高的 PAN 浓度，模式模拟结果表明，目前这种情况在华北地区具有普遍性。

3. 大气中 NH_3 的变化特征

氨（NH_3）是大气中的主要碱性气体，对大气细颗粒物（$PM_{2.5}$）的形成有重要作用。北京目前关于 NH_3 的研究相对较少。本研究自 2018 年 1 月 13 日到 2019 年 1 月 13 日，在北京城区和郊区使用在线氨分析仪对大气 NH_3 进行了连续的同步观测，并分析其变化特征及影响因素。城区与郊区 NH_3 浓度变化具有显著的相关性，且具有相似的季节变化特征，表现为春夏季高和秋冬季低的特征。但二者在日变化特征上差异较大，特别是在夏季城区和郊区表现出相反的日变化特征，这表明

两地 NH_3 来源有所区别。NH_3 日均值浓度变化与温度和相对湿度呈现显著正相关，与风速呈现负相关。

通过在线监测北京市海淀区室内和室外 NH_3 浓度，用以了解室内外氨气含量差异、变化特征及其影响因素。室内 NH_3 浓度通常高于室外，NH_3 日均值浓度室内比室外平均高出 257%（3%～595%）。室内 NH_3 与室外 NH_3 浓度的季节变化类似，均表现为夏季高、冬季低的特点，其日均值之间具有显著的相关性。通过建立数学模型估算得到室内 NH_3 源对大气环境中 NH_3 的排放量贡献为 $0.09\sim1.11$ Gg NH_3-N a^{-1}，约占北京市总排放量的 0.1%～1.5%，与工业、生物质燃烧、土壤等排放量相近，低于交通排放（5.20%）。由于城区集中大部分的建筑，室内 NH_3 对城区大气 NH_3 的直接贡献可能具有一定的意义，值得进一步研究。相关论文见 Zhang et al，Indoor Air，2021。

4. 气象塔垂直测量

建立了天津 255 米气象铁塔高空引流系统，实现了高层（220 m）和低层（3 m）气态污染物的同步观测。观测结果表明，高层和低层 O_3 和 NO_x 浓度日变化特征基本一致，浓度变化有较明显的分层特征，且不同层间的浓度具有明显的日夜差异。白天低层 O_3 浓度高于高层的，但在夜间低层 O_3 浓度则低于高层的。通常低层 NO_2 浓度高于高层的，白天二者浓度接近，但夜晚浓度差距增大。低层 NO 浓度高于高层的，在白天差异最大，夜晚最小。夜间高层和低层 O_x 的浓度差异很小，白天低层 O_x 值大。天津城区低层臭氧前体物 NO_x 浓度比高层的高，白天光化学生成 O_3（O_x）在近低层面比高层显著，表明夏季城区 O_3 受局地光化学生成的影响为主，从 7 时到 14 时低层 O_3 浓度平均上升了 50 ppb，高层平均上升了 46 ppb。与 2010 年夏季观测数据相比，尽管 2018 年 NO_x 浓度显著降低，但 O_3 浓度却有所增加，2018 年夏季臭氧生成效率（O_x/iNO_z）为 6.0 ± 0.4。研究结果见 Zhang et al，Aerosol Air Qual Res，2020．

8.4.3　实验室模拟

表面硝酸光解比其气相过程快 1～4 个数量级，因此可以快速转化光化学惰性的硝酸为活性的气态亚硝酸（HONO）和 NO_x（＝NO+NO_2），改变氮氧化物的分配和时空分布，影响大气氧化性。实验室模拟研究的主要贡献总结为三方面：1）表面硝酸光解本质是表面催化过程，表现为光解速率常数随硝酸覆盖度依照经典催化理论所预测的速率下降；2）表面硝酸光解表现出明显的基质效应：吸附水、共存生色团和还原剂（活泼氢）既影响反应的途径，又改变光解速率常数和产物产率（HONO/NO_2 比）；3）集成表面硝酸光解机理，既能完美解释所观测的实验现象，也提供了一种简单的、基于机理的表面硝酸参数化方案。接下来的研究将原位测量表征表面硝酸和颗粒态硝酸光解速率常数及其主要影响因素，优化验证机理机制和参数化，量化评估该反应在大气氮循环和大气复合污染机制中的重要性。研究结果见 Ye et al, Scientific Report, 2019。

在 605 nm 的可见光下，模拟了硝酸盐在气溶胶粒子和室内表面的光化学行为。发现，在可见光下，亚硝酸（HONO）的生成量显著增加；与气态硝酸相比，表面硝酸盐的反应吸收谱带红移，光吸收显著增强，导致 HONO 生成量增加，是潜在的室内 HONO 的产生和积累源。通过在室外过滤紫外线模拟室内环境验证，得到与太阳辐射同步的室内 HONO 积累现象，也证实了可见光对 HONO 生成的诱导源。因此，可见光在室内光化学中的作用也是至关重要的，例如可产生的额外/增加的室内 HONO 暴露风险。研究结果见 Wang et al, Indoor Air, 2023。

8.4.4　模式模拟与综合分析

前人研究表明气溶胶含水量与气溶胶增长之间存在正反馈机制，但是对于在一定相对湿度条件下气溶胶含水量的增长机制尚不明确。在北京地区冬季重度污染事件过程中，获取了连续的小时分辨率的大气 NH_3 浓度、气溶胶化学组分浓度以及衡量气体浓度数据，并结合气溶胶热平衡过程 ISORROPIA Ⅱ 箱模型以及三维欧拉扩散数值模式 NAQPMS，研究大气氨在气溶胶酸度、含水量以及二次无机气溶胶生成过程中的作用机制。结果表明硝酸铵是影响北京及周边地区冬季污染期间气溶胶含水量多少的重要因子，在污染前期硝酸盐起决定性作用；而在污染最严重时期，由于大气氨从富氨状态转为贫氨状态，气溶胶含水量受铵根离子控制。而气溶胶含水量的多少与 S 和 N 二次转化成二次无机气溶胶的效率有直接的关系，对大气氨的控制可以在重污染期间有效地减少细颗粒物的形成。该机制的认识可以为华北地区气溶胶污染的控制提供新思路。研究结果见 Ge et al, Earth and Space Science, 2019。

我国 COVID-19 期间二次空气污染物的高浓度引起了人们极大的关注。在防控期间（2019 年 1 月 24 日至 2 月 15 日）北京城区测得的日平均 PANs 浓度达到 4 ppb，其平均值是防控前（1 月 1 日至 23 日）的 2～3 倍，也是我们的长期测量（2016—2019 年）历史最高纪录。GEOS-Chem 模拟表明，在防控期间，光化学显著增强了 2 倍。气象变化，特别是更高温度风辐合变化是 PANs 光化学生成增强的主要原因，而化学非线性反馈也起着一定的作用。与臭氧和 $PM_{2.5}$ 不同，PANs 的形成依赖于不太复杂的环境 NO_x 与挥发性有机化合物（VOCs）之间的光化学，这为研究 COVID-19 期间的冬季光化学提供了一种新的方法。研究结果见 Qiu et al, GRL, 2021。

依托中国科学院大气物理研究所和日本亚洲空气污染研究中心共同主办的第三届亚洲多模式比较计划(MICS-Asia Ⅲ),在统一的排放清单、气象场以及出边界条件下,详细地评估了包括 CMAQ、WRF-Chem 以及 NAQPMS 等模式对我国大气沉降的模拟能力。结果表明,大部分模式能够基本上表征我国氮和氨沉降的时空变化特征。然而对于不同地区的评估发现,模式分别高估和低估我国东北地区和南方地区的氧化性氮沉降,同时几乎普遍低估了还原性氮沉降的模拟。此外,结合各模式对 O_3、$PM_{2.5}$、NH_3、排放源清单以及污染与气象/气候相互作用等方面模拟能力和存在的问题,探讨影响空气质量模拟的关键理化过程,促进模式的进一步发展。研究结果见 Ge et al,Environmental Pollution,2021。

8.4.5　本项目资助发表论文(按时间倒序)

(1) Yin Q Q, Ma Q L, Lin W L, et al. Measurement report: Long-term variations in surface NO_x and SO_2 from 2006 to 2016 at a background site in the Yangtze River Delta region, China. Atmospheric Chemistry and Physics, 2022, 22(1):1015-1033.

(2) Liu X L, Ran L, Lin W L, et al. Measurement report: Variations in surface SO_2 and NO_x mixing ratios from 2004 to 2016 at a background site in the North China Plain. Atmos Chem Phys, 2022, 22: 7071-7085.

(3) 安士键,马志强,林伟立. 大气硝酸测量方法研究进展. 中国环境监测,2022,38(2): 67-78.

(4) Lan Z R, Lin W L, Pu W W, et al. Measurement report: Exploring NH_3 behavior in urban and suburban Beijing: Comparison and implications. Atmospheric Chemistry and Physics, 2021, 21(6):4561-4573.

(5) Zhang X Y, Lin W L, Ma Z Q, Xu X B. Indoor NH_3 variation and its relationship with outdoor NH_3 in urban Beijing. Indoor Air, 2021, 31:2130-2141.

(6) Tan Q X, Ge B Z, Xu X B. Increasing impacts of the relative contributions of regional transport on air pollution in Beijing: Observational evidence. Environmental Pollution, 2021, 292B: 118407.

(7) 张小艺,林伟立,马志强,徐晓斌. 室内氨气浓度变化特征及其环境意义. 环境化学,2021,40(10):3270-3278.

(8) Ge B Z, Xu D H, Wild O, et al. Inter-annual variations of wet deposition in Beijing from 2014—2017: Implications of below-cloud scavenging of inorganic aerosols. Atmospheric Chemistry and Physics, 2021, 21(12):9441-9454.

(9) Zhang T T, Lin W L, Ran L, et al. Dual-height distribution of ozone and nitrogen oxides during summer in urban Tianjin: An observational study. Aerosol and Air Quality Research, 2020, 20:2159-2169.

(10) Zhang X Y, Chen Y J, Qin Y H, Lin W L. Change in SO_4^{2-}, NO_3^- and NH_4^+ levels in $PM_{2.5}$ in Beijing from 1999 to 2016. J Environ Sci Curr Res, 2020, 3(18), doi: 10.24966/ESCR-5020/100018.

(11) Chen Y J，Ma Q L，Lin W L，et al. Measurement report：Long-term variations in carbon monoxide at a background station in China's Yangtze River Delta region. Atmospheric Chemistry and Physics，2020，20(20)：15969-15982.

(12) Xu J，Xu X B，Lin W L，et al. Understanding the formation of high-ozone episodes at Raoyang，a rural site in the North China Plain. Atmospheric Environment，2020，240：117797.

(13) Pu W W，Ma Z Q，Jeffery L，et al. Regional transport and urban emissions are important ammonia contributors in Beijing，China. Environmental Pollution，2020，265：115062.

(14) Zhang G，Xia L J，Zang K P，et al. The abundance and inter-relationship of atmospheric peroxyacetyl nitrate (PAN)，peroxypropionyl nitrate (PPN)，O_3，and NO_y during the wintertime in Beijing，China. Science of the Total Environment，2020，718：137388.

(15) Yao X，Ge B，Yang W，et al. Affinity zone identification approach for joint control of $PM_{2.5}$ pollution over China. Environmental Pollution，2020，265：115086.

(16) Qiu Y L，Ma Z A，Li K，et al. Markedly enhanced levels of peroxyacetyl nitrate (PAN) during COVID-19 in Beijing. Geophysical Research Letters，2020，47(19)：e2020GL089623.

(17) Ge B Z，Itahashi S，Sato K，et al. Model inter-comparison study for Asia (MICS-Asia) phase Ⅲ：Multimodel comparison of reactive nitrogen deposition over China. Atmospheric Chemistry and Physics，2020，20(17)：10587-10610.

(18) Qiu Y L，Ma Z Q，Lin W L，et al. A study of peroxyacetyl nitrate at a rural site in Beijing based on continuous observations from 2015 to 2019 and the WRF-Chem model. Frontiers of Environmental Science & Engineering，2020，14(4)：71.

(19) Yang X H，Luo F X，Li J Q，et al. Alkyl and aromatic nitrates in atmospheric particles determined by gas chromatography tandem mass spectrometry. Journal of the American Society for Mass Spectrometry，2019，30：2762-2770.

(20) Ye C X，Zhang N，Gao H L，Zhou X L. Matrix effect on surface-catalyzed photolysis of nitric acid. Scientific Reports，2019，9：4351.

(21) Qiu Y L，Lin W L，Li K，et al. Vertical characteristics of peroxyacetyl nitrate (PAN) from a 250 m tower in northern China during September 2018. Atmospheric Environment，2019，213：55-63.

(22) Xiao H Z，Wang W S，Sun Y S，et al. Pd/Cu-catalyzed cascade C_{sp}^3—H arylation and intra-molecular C—N coupling：A one-pot synthesis of 3，4-2H-quinolinone skeletons. Organic Letters，2019，21(6)：1668-1671.

(23) Fang Y H，Ye C X，Wang J X，et al. Relative humidity and O_3 concentration as two pre-requisites for sulfate formation. Atmospheric Chemistry and Physics，2019，19(19)：12295-12307.

(24) Ge B Z，Xu X B，Ma Z Q，et al. Role of ammonia on the feedback between AWC and inorganic aerosol formation during heavy pollution in the North China Plain. Earth and Space Science，2019，6(9)：1675-1693.

参 考 文 献

[1] Seinfeld J H and Pandis S N. Atmospheric chemistry and physics: From air pollution to climate change. New York: John Wiley & Sons, Inc, 2006.

[2] Haagen-Smit A J and Fox M M. Ozone formation in photochemical oxidation of organic substances. Ind Eng Chem, 1956, 48: 1484-1487.

[3] Lu Z, Streets D G, Zhang Q, et al. Sulfur dioxide emissions in China and sulfur trends in East Asia since 2000. Atmos Chem Phys, 2010, 10: 6311-6331.

[4] Lin W L, Xu X B, Ma Z Q, et al. Characteristics and recent trends of surface SO_2 at urban, rural, and background sites in North China: Effectiveness of control measures. J Environ Sci, 2012, 24: 34-49.

[5] Qi H X, Lin W L, Xu X B, et al. Significant downward trend of SO_2 observed from 2005 to 2010 at a background station in the Yangtze Delta region, China. Sci China Chem, 2012, 55: 1451-1458.

[6] Liu X J, Zhang Y, Han W X, et al. Enhanced nitrogen deposition over China. Nature, 2013, 494: 458-463.

[7] Richter A, Burrows J P, Nub H, et al. Increase in tropospheric nitrogen dioxide over China observed from space. Nature, 2005, 437: 129-132.

[8] Mijling B, van der A R J, and Zhang Q. Regional nitrogen oxides emission trends in East Asia observed from space. Atmos Chem Phys, 2013, 13: 12003-12012.

[9] Lin W L, Xu X B, Zhang X L, Jie T. Contributions of pollutants from North China Plain to surface ozone at the Shangdianzi GAW Station. Atmos Chem Phys, 2008, 8: 5889-5898.

[10] Ma Z Q, Xu J, Quan W J, et al. Significant increase of surface ozone at a rural site, north of eastern China. Atmos Chem Phys, 2016, 16: 3969-3977.

[11] Guo S, Hu M, Zamora M L, et al. Elucidating severe urban haze formation in China. PNAS, 2014, 111: 17373-17378.

[12] Sun Y, Jiang Q, Wang Z, et al. Investigation of the sources and evolution processes of severe haze pollution in Beijing in January 2013. J Geophys Res Atmos, 2014, 119: 4380-4398.

[13] Yang Y R, Liu X G, Qu Y, et al. Characteristics and formation mechanism of continuous hazes in China: A case study during the autumn of 2014 in the North China Plain. Atmos Chem Phys, 2015, 15: 8165-8178.

[14] Zhang H, Xu X, Lin W, Wang Y. Wintertime peroxyacetyl nitrate (PAN) in the megacity Beijing: Role of photochemical and meteorological processes. J Environ Sci, 2014, 26: 83-96.

[15] 贾诗卉. 华北地区臭氧与 PAN 的同步观测与分析. 中国气象科学研究院硕士研究生学位

论文,2015.

[16] 马志强,孟燕军,林伟立. 气象条件对北京地区一次光化学烟雾与霾复合污染事件的影响. 气象科技进展,2013,3(2):59-61.

[17] Day D A，Dillon M B，Wooldridge P J，et al. On alkyl nitrates，O_3，and the "missing NO_y". J Geophys Res，2003,108(D16)：4501，doi:10.1029/2003JD003685.

[18] Fry J L，Draper D C，Barsanti K C，et al. Secondary organic aerosol formation and organic nitrate yield from NO_3 oxidation of biogenic hydrocarbons. Environ Sci Technol，2014,48：11944-11953.

[19] Lee L，Wooldridge P J，deGouw J，et al. Particulate organic nitrates observed in an oil and natural gas production region during wintertime. Atmos Chem Phys，2015,15：9313-9325.

[20] Boyd C M，Sanchez J，Xu L，et al. Secondary organic aerosol formation from the β-pinene ＋NO_3 system：Effect of humidity and peroxy radical fate. Atmos Chem Phys，2015,15：7497-7522.

[21] Ng N L，Brown S S，Archibald A T，et al. Nitrate radicals and biogenic volatile organic compounds：Oxidation，mechanisms，and organic aerosol. Atmos Chem Phys，2017,17：2103-2162.

[22] Zhang J，Dransfield T，Donahue N M. On the mechanism for nitrate formation via the peroxy radical ＋ NO reaction. J Phys Chem A，2004，108：9082-9095.

[23] Kerdouci J，Picquet-Varrault B，and Doussin J F. Prediction of rate constants for gas-phase reactions of nitrate radical with organic compounds：A new structure-activity relationship. Chem Phys Chem，2010,11：3909-3920.

[24] Kerdouci J，Picquet-Varrault B，and Doussin J F. Structure-activity relationship for the gas-phase reactions of NO_3 radical with organic compounds：Update and extension to aldehydes. Atmos Environ，2014,84：363-372.

[25] Jordan C E，Ziemann P J，Griffin R J，et al. Modeling SOA formation from OH reactions with C_8-C_{17} n-alkanes. Atmos Environ，2008，42：8015-8026.

[26] Lim Y B and Ziemann P J. Chemistry of secondary organic aerosol formation from OH radical-initiated reactions of linear，branched，and cyclic alkanes in the presence of NO_x. Aerosol Sci Technol，2009,43：604-619.

[27] Matsunaga A and Ziemann P J. Yields of β-hydroxynitrates，dihydroxynitrates，and trihydroxynitrates formed from OH radical-initiated reactions of 2-methyl-1-alkenes. Proc Natl Aca Sci USA，2010,107：6664-6669.

[28] Simpson I J，Wang T，Guo H，et al. Long-term atmospheric measurements of C_1-C_5 alkyl nitrates in the Pearl River Delta region of southeast China. Atmos Environ，2006,40：1619-1632.

[29] Lyu X P，Ling Z H，Guo H，et al. Re-examination of C_1-C_5 alkyl nitrates in Hong Kong using an observation-based model. Atmos Environ，2015,120：28-37.

[30] Ling Z H，Guo H，Simpson I J，et al. New insight into the spatiotemporal variability and source apportionments of C_1-C_4 alkyl nitrates in Hong Kong. Atmos Chem Phys，2016，16：1-16.

[31] Wang M，Shao M，Chen W，et al. Measurements of C_1-C_4 alkyl nitrates and their relationships with carbonyl compounds and O_3 in Chinese cities. Atmos Environ，2013，81：389-398.

[32] Heald C L，Collett J L，Lee T，et al. Atmospheric ammonia and particulate inorganic nitrogen over the United States. Atmos Chem Phys，2012，12：10295-10312.

[33] Henderson B H，Pinder R W，Crooks J，et al. Combining Bayesian methods and aircraft observations to constrain the $HO + NO_2$ reaction rate. Atmos Chem Phys，2012，12：653-667.

[34] Seltzer K M，Vizuete W，Henderson B H. Evaluation of updated nitric acid chemistry on ozone precursors and radiative effects. Atmos Chem Phys，2015，15：5973-5986.

[35] Pathak R K，Wu W S，and Wang T. Summertime $PM_{2.5}$ ionic species in four major cities of China：Nitrate formation in an ammonia-deficient atmosphere. Atmos Chem Phys，2009，9：1711-1722.

[36] Pathak R K，Wang T，Wu W S. Nighttime enhancement of $PM_{2.5}$ nitrate in ammonia-poor atmospheric conditions in Beijing and Shanghai：Plausible contributions of heterogeneous hydrolysis of N_2O_5 and HNO_3 partitioning. Atmos Environ，2011，45(5)：1183-1191.

[37] Brown S S，Dubé W P，Yee J T，et al. Nighttime chemistry at a high altitude site above Hong Kong. J Geophys Res Atmos，2016，121：2457-2475.

[38] Tao Y，Ye X，Ma Z，et al. Insights into different nitrate formation mechanisms from seasonal variations of secondary inorganic aerosols in Shanghai. Atmos Environ，2016，145：1-9.

[39] Wang H，Lu K，Tan Z，et al. Model simulation of NO_3，N_2O_5 and $ClNO_2$ at a rural site in Beijing during CAREBeijing-2006. Atmos Res，2017，196：97-107.

[40] Chang W L，Brown S S，Stutz J，et al. Evaluating N_2O_5 heterogeneous hydrolysis parameterizations for CalNex 2010. J Geophys Res：Atmos，2016，121(9)：5051-5070.

[41] Ye C，Zhou X，Pu D，et al. Rapid cycling of reactive nitrogen in the marine boundary layer. Nature，2016，532：489-491.

[42] Ye C，Dwayne E H，and Lisa K W. Evaluation of novel routes for NO_x formation in remote regions. Environ Sci Technol，2017a，51 (13)：7442-7449.

[43] Ye C，Zhang N，Gao H，and Zhou X. Photolysis of particulate nitrate as a source of HONO and NO_x. Environ Sci Technol，2017b，51 (12)：6849-6856.

[44] Handley S R，Clifford D，Donaldson D J. Photochemical loss of nitric acid on organic films：A possible recycling mechanism for NO_x. Environ Sci Technol，2007，41：3898-3903.

[45] Zhu C Z，Xiang B，Zhu L，Cole R. Determination of absorption cross sections of surface-adsorbed HNO_3 in the $290\sim330$ nm region by Brewster angle cavity ring-down spectroscopy. Chem Phys Lett，2008，458：373-377.

[46] Ye C, Gao H, Zhang N, and Zhou X. Photolysis of nitric acid and nitrate on natural and artificial surfaces. Environ Sci Technol, 2016, 119: 4309-4316.

[47] Day D A, Wooldridge P J, Dillon M B, et al. A thermal dissociation laser-induced fluorescence instrument for in situ detection of NO_2, peroxy nitrates, alkyl nitrates, and HNO_3. J Geophys Res, 2002,107: 4046, doi:10. 1029/2001jd000779.

[48] Paul D, Furgeson A, and Osthoff H D. Measurements of total peroxy and alkyl nitrate abundances in laboratory-generated gas samples by thermal dissociation cavity ring-down spectroscopy. Rev Sci Instrum, 2009, 80: 114101, doi:10. 1063/1. 3258204.

[49] Thieser J, Schuster G, Schuladen J, et al. A two-channel thermal dissociation cavity ring-down spectrometer for the detection of ambient NO_2, RO_2NO_2 and $RONO_2$. Atmos Meas Tech, 2016,9: 553-576.

[50] Caroline C W, J Andrew N, Patrick R V, et al. Evaluation of the accuracy of thermal dissociation CRDS and LIF techniques for atmospheric measurement of reactive nitrogen species. Atmos Meas Tech, 2017, 10: 1911-1926.

[51] O'Keefe A. Integrated cavity output analysis of ultra-weak absorption. Chem Phys Lett, 1998,293: 331-336.

[52] Dorn H P, Apodaca R L, Ball S M, et al. Inter-comparison of NO_3 radical detection instruments in the atmosphere simulation chamber SAPHIR. Atmos Meas Tech, 2013,6: 1111-1140.

[53] Fuchs H, Simpson W R, Apodaca R L, et al. Comparison of N_2O_5 mixing ratios during NO_3Comp 2007 in SAPHIR. Atmos Meas Tech, 2012, 5: 2763-2777.

[54] Abida O, Mielke L H, Osthoff H D. Observation of gas-phase peroxynitrous and peroxynitric acid during the photolysis of nitrate in acidified frozen solutions. Chem Phys Lett, 2011,511: 187-192.

[55] Zondlo M A, Mauldin R L, Kosciuch E, et al. Development and characterization of an airborne-based instrument used to measure nitric acid during the NASA Transport and Chemical Evolution over the Pacific field experiment. Journal of Geophysical Research, 2003, 108 (108):1461-1475.

[56] Slusher D L, Huey L G, Tanner D J, et al. A thermal dissociation-chemical ionization mass spectrometry (TD-CIMS) technique for the simultaneous measurement of peroxyacyl nitrates and dinitrogen pentoxide. J Geophys Res: Atmos, 2004,109: D19315, doi:10. 1029/2004JD004670.

[57] Wang X, Wang T, Yan C, et al. Large daytime signals of N_2O_5 and NO_3 inferred at 62 amu in a TD-CIMS: Chemical interference or a real atmospheric phenomenon? Atmos Meas Tech, 2014,7: 1-12.

[58] Angove D, Fookes C, Hynes R, et al. The characterization of secondary organic aerosol formed during the photodecomposition of 1, 3-butadiene in air containing nitric oxide. At-

mos Environ，2006，40：4597-4607.

[59] Perraud V，Bruns E A，Ezell M J，et al. Identification of organic nitrates in the NO_3 radical initiated oxidation of -pinene by atmospheric pressure chemical ionization mass spectrometry. Environ Sci Technol，2010，44：5887-5893.

[60] Draper D C，Farmer D K，Desyaterik Y，and Fry J L. A qualitative comparison of secondary organic aerosol yields and composition from ozonolysis of monoterpenes at varying concentrations of NO_2. Atmos Chem Phys，2015，15：12267-12281.

[61] Fang Z，He C，Li Y Y，et al. Fractionation and characterization of dissolved organic matter (DOM) in refinery wastewater by revised phase retention and ion-exchange adsorption solid phase extraction followed by ESI FT-ICR MS. Talanta，2017，162：466-473.

[62] Mutzel A，Rodigast M，Iinuma，Y，et al. Monoterpene SOA-contribution of first-generation oxidation products to formation and chemical composition. Atmospheric Environment，2016，130：136-144.

[63] Yasmeen F，Szmigielski R，Vermeylen R，et al. Mass spectrometric characterization of isomeric terpenoic acids from the oxidation of α-pinene，β-pinene，d-limonene，and Δ^3-carene in fine forest aerosol. Journal of Mass Spectrometry，2011，46(4)：425-442.

[64] Glasius M，Lahaniati M，Calogirou A，et al. Carboxylic acids in secondary aerosols from oxidation of cyclic monoterpenes by ozone. Environmental Science & Technology，2000，34(6)：1001-1010.

[65] Lee B H，Mohr C，Lopez-Hilfiker F D，et al. Highly functionalized organic nitrates in the southeast United States：Contribution to secondary organic aerosol and reactive nitrogen budgets. Proceedings of the National Academy of Sciences of the United States of America，2016，113(6)：1516-1521.

[66] Nah T，Sanchez J，Boyd C M，et al. Photochemical aging of alpha-pinene and beta-pinene secondary organic aerosol formed from nitrate radical oxidation. Environmental Science & Technology，2016，50(1)：222-231.

[67] Carslaw N. A mechanistic study of limonene oxidation products and pathways following cleaning activities. Atmospheric Environment，2013，80：507-513.

[68] Boyd C M，Sanchez J，Xu L，et al. Secondary organic aerosol formation from the β-pinene $+NO_3$ system：Effect of humidity and peroxy radical fate. Atmospheric Chemistry and Physics，2015，15(13)：7497-7522.

[69] Massoli P，Stark H，Canagaratna M R，et al. Ambient measurements of highly oxidized gas-phase molecules during the Southern Oxidant and Aerosol Study (SOAS) 2013. Acs Earth and Space Chemistry，2018，2(7)：653-672.

[70] Schwantes R H，Emmons L K，Orlando J J，et al. Comprehensive isoprene and terpene gas-phase chemistry improves simulated surface ozone in the southeastern US. Atmospheric Chemistry and Physics，2020，20(6)：3739-3776.

第9章　气候变化背景下光化学活跃区大气氧化性演变对近地面臭氧污染的影响研究

袁自冰[1]，杨雷峰[2]，黄健[3]，杜毅[4]，赵恺辉[5]

[1] 华南理工大学，[2] 生态环境部华南环境科学研究所，

[3] 桂林电子科技大学，[4] 成都大学，[5] 云南大学

目前，在大气颗粒物污染得到初步改善的大背景下，我国主要城市群臭氧污染日益严重，成为重要的大气复合污染问题之一。由全球气候变化导致的气温上升会加剧臭氧光化学反应的生成，使得臭氧控制更具挑战性。臭氧与细颗粒物（$PM_{2.5}$）协同控制是我国"十四五"期间大气污染防控的核心问题。

为了遏制臭氧污染持续恶化的势头，需要制定科学有效的臭氧防控策略，臭氧敏感性识别是制定臭氧污染控制策略的前提条件。本章以我国重要的光化学活跃区长江三角洲为研究区域，以臭氧敏感性识别为主线，从历史、当前和未来 3 个维度，利用不同技术手段定量识别了长三角地区大气臭氧敏感性的长期变化趋势（图9.1）。首先，通过建立 EKMA 转置的臭氧生成敏感性双维互验模型，以上海市为研究对象揭示了历史臭氧敏感性长期变化趋势；其次，将温度因素纳入排放源清单动态体系，在不同环境温度下对汽油车和非工业溶剂挥发性有机物（VOCs）蒸发排

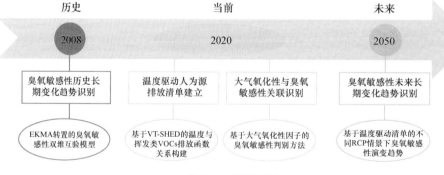

图 9.1　研究主线

放进行现场采样与分析,构建温度与 VOCs 排放因子和排放源谱的函数关系,阐明温度对 VOCs 排放特征的影响;再次,根据长三角地区大气 HO_2/OH 因子与臭氧敏感性的显著关联性,构建了基于大气氧化性因子的臭氧敏感性判别新方法;最后,将温度对 VOCs 排放特征的影响纳入本地化的三维空气质量模型中,应用基于大气氧化性 HO_2/OH 因子的臭氧敏感性判别方法,揭示大气氧化性未来演变趋势,识别 2030—2050 年长三角地区不同气候变化背景下臭氧敏感性的时空变化特征。研究成果阐明了我国典型光化学活跃区臭氧敏感性向 NO_x 控制转移这一长期变化趋势,提出了在"双碳"愿景下我国城市群实现臭氧与细颗粒物($PM_{2.5}$)协同控制的可行路径,增进了重大研究计划科研成果对我国臭氧和 $PM_{2.5}$ 协同控制的指导作用,具有重要的科学意义和应用价值。

9.1　研究背景

2013 年 9 月,国务院颁布了《大气污染防治行动计划》(简称"大气十条"),开启了我国大气污染防治的新纪元。之后,我国的大气污染防治取得了举世瞩目的成就。2013—2020 年,全国 74 个重点城市年均细颗粒物($PM_{2.5}$)浓度降幅超过 40%。以长江三角洲为例,二氧化硫、二氧化氮和可吸入颗粒物(PM_{10})的平均浓度由 2006 年的 44、43、98 $\mu g\ m^{-3}$ 分别下降到 2020 年的 7、29、56 $\mu g\ m^{-3}$。这说明长三角地区对一次污染物的防控措施卓有成效。然而,以臭氧为代表的二次污染物浓度却不降反升。2019 年,长三角臭氧年平均浓度值达到 165 $\mu g\ m^{-3}$(标况 180 $\mu g\ m^{-3}$),较 2013 年上升了 27.7%。由于臭氧对人体健康和农作物、植被等都有严重的危害,制定有效的臭氧控制对策势在必行。因此,长三角地区在重点进行颗粒物防控的同时也需要将臭氧防控摆在重要位置。长远来讲,臭氧将成为长三角地区大气复合污染防控的重点和难点。

由于臭氧与其前体物(VOCs 和 NO_x)的高度非线性关系,识别臭氧与前体物敏感性是制定科学有效的前体物控制策略以降低臭氧浓度的前提条件[1]。当 NO_x 浓度相对较高时,臭氧防控应聚焦于 VOCs 减排,此时臭氧敏感性为"VOCs 控制"(VOCs-limited)或"VOCs 敏感"(VOCs-sensitive);当 VOCs 浓度相对较高时,臭氧防控应聚焦于 NO_x 减排,此时臭氧敏感性为"NO_x 控制"(NO_x-limited)或"NO_x 敏感"(NO_x-sensitive)[2]。目前,常用的臭氧敏感性识别方法包括光化学指示因子法[3]、基于观测模型法(OBM)[4]、三维空气质量模型法[5]和卫星遥感法[6]等。

9.1.1 历史维度识别臭氧敏感性

在臭氧敏感性识别的主要研究方法中，由于清单适用时段和计算资源等方面的限制，三维空气质量模型通常只适用于短期或个案的臭氧敏感性变化分析；OBM 和光化学指示因子法针对的是单个或少量站点，空间代表性有限，且通常缺乏 VOCs 或其指示物种的长期观测资料；卫星反演产品虽然具有较高的时间和空间覆盖率，但是其空间分辨率较低，且存在由柱浓度反演近地面浓度带来的误差。因此，为了准确识别臭氧敏感性历史长期演变特征进而评估前体物减排对臭氧防控的成效，需要建立臭氧敏感性新的评估方法。

有研究发现部分挥发类排放源 VOCs 排放量与温度之间存在明显的正相关，如汽油挥发、溶剂挥发、生物源排放等，且该类排放源主导组分，如甲苯、二甲苯、异戊二烯等反应活性较高，臭氧生成潜势较强[7,8]。VOCs 对臭氧的影响主要体现在大气中 OH 自由基的氧化作用产生 RO_2，而所有 VOCs 物种与 OH 自由基反应速率的总和称为 VOCs 总活性(volatile organic compounds reactivity，VOCR)，温度的升高一方面可以提高光化学反应速率，同时也可以使得 VOCs 排放总量增加，两个角度均能够使 VOCR 升高，因此温度可以用来指示 VOCR 的高低。基于这种思路 Pusede 等人[7]使用臭氧、NO_x 和环境温度数据建立了臭氧敏感性识别概念模型，将温度划分为 3 个温度区间，分别代表 VOCs 高(高 VOCR)、中(中 VOCR)、低(低 VOCR)活性，在概念模型的左侧臭氧超标率或者臭氧生成随 NO_x 浓度的升高而升高(NO_x 控制)，但是 VOCR 的变化对臭氧生成的影响较小。随着 NO_x 的增多臭氧生成到达了峰值，之后臭氧生成随 NO_x 浓度的升高而下降(VOCR 控制)，在峰值附近可以看到臭氧生成对两种前体物都比较敏感，此时臭氧生成处于过渡区。根据臭氧超标率的变化情况便可以推断出臭氧敏感性在概念模型中的位置。

Pusede 等人[7]研究发现加州圣华金谷中部以及北部属于 VOCR 控制区，而南部部分区域对 VOCR 的敏感性较弱，1999—2010 年随着时间变化对 NO_x 敏感性均有增强的趋势，包括 VOCR 控制区转向过渡区或者 NO_x 控制区。这种利用常规观测数据识别不同站点长期范围内臭氧敏感性的方法和思路具有很好的空间移植性，为其他区域臭氧敏感性的研究提供了便利性。然而，尽管该方法结合了温度和 NO_x 两个维度对敏感性进行识别，却难以对臭氧与前体物的敏感性的时间演化进行定量。本研究对该方法进行了优化，考虑到不同敏感性条件下臭氧生成对两种前体物的响应关系不同，从温度和 NO_x 两个维度单独对敏感性进行了量化识别并予以相互验证，从而提升了臭氧敏感性识别结果的准确性。

9.1.2　当前维度识别臭氧敏感性

识别当前臭氧污染事件中的臭氧敏感性,通常采用三维空气质量模型法或 OBM 法。三维空气质量模型法识别臭氧敏感性存在两个主要问题:一是人为源 VOCs 排放清单并未体现温度变化的影响,需要建立温度驱动的人为源 VOCs 排放清单;二是通常采用的敏感性实验法需要大量的计算资源,时效性差,而响应曲面法(RSM)不确定性相对较大,需要建立快速准确的臭氧敏感性识别方法。

温度对汽油挥发、溶剂挥发、农业排放、天然源等 VOCs 排放源的影响较为显著,排放量与温度之间呈指数性上升关系,温度升高可导致大气中有机物含量显著上升,甚至引发臭氧敏感性的转变。前人研究发现大气中甲酸的含量随温度呈指数性上升[7],Paulot 等人[8]推测甲酸的主要来源为溶剂挥发源或二次形成。Rubin 等人[9]发现气温每增长 1℃,机动车汽油挥发的 VOCs 增长 6.5%±2.5%。通过理论计算,Xiong 等人[10]得出了建筑材料 VOCs 挥发量与环境温度之间的函数关系。天然源的异戊二烯、单萜烯、倍半萜烯等的排放量也随温度呈指数性上升[11,12],但上升速率在 35℃ 以上开始下降[13]。Guenther 等人[14]应用 MEGAN 模型的模拟结果发现,到 2100 年温度上升会导致全球异戊二烯排放量增大 2 倍以上。LaFranchi 等人[15]和 Pusede 等人[16]通过对美国加州 Sacramento 和 Bakersfield 地区臭氧和 NO_x 的测量,识别了臭氧、NO_x 与温度之间的非线性关系。有趣的是,这种非线性关系与 EKMA 曲线非常类似,说明这些地区温度与大气 VOCs 浓度之间存在显著的相关性。这也为基于长期观测数据(臭氧、NO_x 和温度)研究臭氧敏感性提供了新的思路。

由此可见,温度升高会对污染源排放产生显著的影响。由于臭氧污染事件通常发生在高温时段,未体现温度影响的“静态”清单会显著低估高温条件下人为源挥发类 VOCs 的排放量,对臭氧敏感性判断带来不确定性,影响臭氧防控策略制定的科学性和有效性。

已有研究表明,光化学指示因子可以用来快速识别臭氧随其前体物排放变化的敏感性。O_3/NO_y、H_2O_2/HNO_3、O_3/HNO_3、O_3/iNO_z 判定臭氧敏感性的阈值分别在 4~6、0.2~2.4、8~10、18~22 的范围内[3,17]。然而,由于这些指标没有考虑到大气氧化性,而大气氧化性又是臭氧生成的重要驱动力,因而无法描绘臭氧与前体物的复杂非线性关系,导致在识别臭氧敏感性时存在很大不确定性。目前的研究更多聚焦于大气氧化性变化对于臭氧生成的影响。Xue 等[18]使用基于主化学反应机制(master chemical mechanism,MSM)的光化学盒子模型研究了瓦里关臭氧与 HO_x 自由基的关系,结果表明以与 HO_x 相关的反应主导着该地区 2003 年春、夏末的臭氧产量。Mao 等[19]在 2010 年使用 OH 和 HO_2 观测数据来检验自由基和臭氧生成之间的关系，他们注意到较高的臭氧产生量通常与较高的 OH 产生量和较长的 OH 链长有关。因此，基于大气氧化性的臭氧敏感性指示因子可以提高臭氧敏感性的指示效果。

9.1.3 未来维度识别臭氧敏感性

识别未来臭氧敏感性的长期变化趋势，需要考虑前体物排放变化和气候变化的共同影响。气候变化导致的气温升高使得光化学反应速率加快，也会导致人为源挥发性 VOCs（如溶剂挥发、汽油挥发等）和天然源 VOCs 排放量的增加，增强大气氧化性和臭氧生成速率，进而推高臭氧峰值。

由政府间气候变化专门委员会（Intergovernmental Panel on Climate Change，IPCC）第五次评估报告（AR5）发布的代表性浓度路径情景（representative concentration pathways，RCP）常用来评估未来排放和气候变化下臭氧水平的变化。RCP 是一系列综合的浓缩和排放情景，以描述未来人口、社会经济、科学技术、能源消耗和土地利用等方面发生变化时，温室气体、反应性气体等的排放量，用作 21 世纪人类活动影响下气候变化预测模型的输入参数[20]。RCP 情景共有 4 个情景，包括 RCP2.6、RCP4.5、RCP6.0 和 RCP8.5，分别代表在 2100 年温室气体辐射强迫水平达到 2.6、4.5、6.0 和 8.5 W m^{-2}[21]。近年来，已有大量研究使用这些 RCP 排放情景去评估未来排放和/或气候变化对臭氧污染的影响。例如，Gao 等[22]利用空气研究与播报模型-区域多尺度空气质量（weather research and forecasting model/community multiscale air quality，WRF-CMAQ）模型模拟了 RCP4.5 和 RCP8.5 情景下美国在 2000—2060 年的臭氧变化。结果表明，在 RCP4.5 情景下 2057—2059 年相较于 2001—2004 年夏季臭氧下降了 6～10 ppbv；在 RCP8.5 情景下几乎整个美国大陆冬季臭氧都增加了 3～10 ppbv。Moghani 等[23]在 RCP8.5 情景下比较了气候和排放变化对美国 2050 年臭氧浓度的相对贡献。结果表明，仅气候变化会使 2050 年 MDA8 臭氧浓度增加 3.6 ppb，而气候和排放共同作用下臭氧水平将下降 7.2 ppb。Zhu 等[24]总结已有研究成果，发现将来气候变化对臭氧的影响远小于将来排放变化对臭氧的影响，尤其是在我国臭氧重污染区。

此外，以前研究主要集中于气候变化条件下臭氧浓度的预测，但对未来臭氧敏感性变化的研究较为缺乏。国外已有研究表明，在将来的 RCP8.5 情景下（S2030 或 S2050），整个欧洲尤其是法国西部的 NO_x 控制区将进一步扩大，因此，NO_x 减排对改善欧洲的空气质量越来越重要[25]。然而，我国该方面的研究尚处于起步阶段。长三角作为我国典型的光化学活跃区，臭氧污染严重且臭氧气候补偿效应显著，气候变化可能会导致臭氧敏感性发生改变，进而影响臭氧最优的防控策略以及臭氧和 $PM_{2.5}$ 协同控制，需要对气候变化背景下臭氧敏感性长期变化趋势进行深入研究。

9.2　研究目标与研究内容

臭氧敏感性识别是臭氧污染防控策略制定的前提条件。本章以我国臭氧污染敏感性长期变化特征为主线，从历史、现今和未来 3 个维度，利用不同技术手段定量识别了气候变化背景下长三角地区大气氧化性演变对近地面臭氧敏感性的影响。

9.2.1　研究目标

（1）构建描述臭氧、NO_x 及环境温度关系的概念模型，识别臭氧敏感性历史变化趋势特征。

（2）将温度因素纳入排放源清单动态体系，在不同环境温度下对 VOCs 排放进行现场采样与分析，阐明温度对挥发源 VOCs 排放特征的影响。

（3）揭示大气氧化性与臭氧敏感性之间的关联性，构建基于大气氧化性指示因子的臭氧敏感性判别方法。

（4）在本地化的三维空气质量模型中应用未来不同 RCP 排放清单，揭示长三角地区的大气氧化性和臭氧敏感性演变特征。

9.2.2　研究内容

1. 构建了基于观测数据的臭氧、NO_x 及温度关系的概念模型，识别臭氧敏感性历史变化趋势

本研究提出了基于臭氧、NO_x 和温度观测数据的臭氧敏感性长期变化趋势识别的新方法，简便易行，解决了我国绝大多数地区无 VOCs 长期观测数据这一问题，为阐明臭氧敏感性长期变化趋势、厘清排放变化对臭氧污染的影响提供了科学依据。本研究使用上海市典型站点 2008—2019 年 4—10 月测量的臭氧和 NO_x 浓度以及大气温度小时数据进行概念模型构建。

2. 识别温度对汽油挥发和溶剂挥发 VOCs 排放的影响

以机动车汽油挥发及非工业溶剂 VOCs 挥发为研究对象，识别温度对挥发类 VOCs 排放源排放特征的影响，在不同环境温度下对机动车汽油挥发及非工业溶剂进行样品采集与分析，获得挥发源 VOCs 排放与环境温度的函数关系，将温度因素纳入排放源清单动态体系，获得两类排放源与温度相关的 VOCs 化学组分动态排放清单。

3. 基于大气氧化性因子识别不同气候情景下臭氧敏感性的时空变化特征

利用覆盖长三角多站点臭氧及地面前体物监测数据,利用 WRF-CMAQ 模式开展一系列敏感性实验,阐明大气氧化性与近地面臭氧和前体物非线性响应关系的关联性,量化基于大气氧化性的指示因子识别臭氧敏感性的阈值,建立基于大气氧化性的指示因子与臭氧敏感性之间的函数关系。利用不同 RCP 排放清单构建长三角本地化的空气质量模拟系统,模拟 2030—2050 年每十年臭氧污染事件的臭氧和 HO_x 浓度变化趋势;利用大气氧化性的指示因子 HO_2/OH 与臭氧敏感性的函数关系,分析气候变化对长三角臭氧污染策略的影响。

9.3　研究方案

9.3.1　构建 EKMA 转置的臭氧生成敏感性双维互验模型

传统的 EKMA 图显示了功能空间中 NO_x 和 VOCs 浓度的臭氧等值线图,然而,很少地方能够进行长期连续的 VOCs 监测,因此本研究将臭氧等值线图转换为 VOCR 等值线图,该等值线图位于 NO_x 和臭氧浓度的函数空间中,如图 9.2 所示。

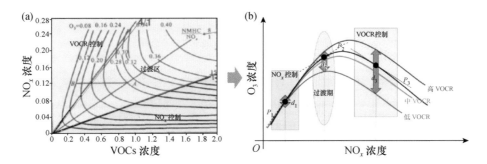

图 9.2　NO_x 和臭氧浓度函数空间中臭氧(a) EKMA 等值线图到(b) VOCR 等值线图的转换
蓝色、黄色和灰色区域分别代表两个功能空间中 VOCR 控制、过渡区和 NO_x 控制。红色、绿色和蓝色曲线分别代表高、中和低 VOCR 等值线,黑色曲线代表所有条件下的平均 VOCR 等值线

本研究选择了两个参数分别表示臭氧对 NO_x 和 VOCs 反应活性(VOCR)的敏感性。一个是特定氮氧化物浓度下平均 VOCR 等值线的斜率 P。当 $P_1 > \frac{1}{2}P_{max}$ 时,臭氧随着 NO_x 浓度的增加而显著增加,处于 NO_x 控制;当 $0 < P_2 < \frac{1}{2}P_{max}$ 时,臭氧对 NO_x 浓度变化的敏感性较小,并且随着 VOCR 的增加开始增加,臭氧的形成

处于过渡期；当 $P_3 < 0$ 时，表明硝酸根效应变得显著，臭氧形成处于 VOCR 控制。另一个参数是臭氧从低 VOCR 到高 VOCR 增加的幅度 d。首先定义 3 个温度范围($<25℃$,$25\sim30℃$,$>30℃$)来分别表示低(L)、中(M)和高(H)VOCR。当 $d_1 < \frac{1}{2}d_{max}$ 时，臭氧水平对 VOCR 变化不敏感，表明 VOCR 过量，因此处于 NO_x 控制状态；当 $\frac{1}{2}d_{max} < d_2 < \frac{3}{4}d_{max}$ 时，臭氧形成处于过渡状态；当 $d_3 > \frac{3}{4}d_{max}$ 时，臭氧形成处于 VOCR 控制[26,27]。两参数识别的臭氧敏感性可以互验，确保了臭氧敏感性识别结果的准确性。

9.3.2　不同温度下机动车汽油挥发试验

本研究选取国Ⅴ汽油、国Ⅵ汽油和 E10 乙醇汽油对轻型汽油车开展不同温度下的挥发试验。试验车辆的主要信息见表 9-1。3 种汽油均为中石化公司提供的市售汽油，试验汽油的主要指标见表 9-2。

表 9-1　试验车辆信息

生产商	车型	排量/L	里程/(10^4 km)	油箱容积/L	整备质量/kg
尼桑	Paladin	2.338	17.7	73	1815

表 9-2　试验汽油的主要指标

指标	国Ⅴ	国Ⅵ	E10
研究法辛烷值(RON)	92.2	93.9	92.2
马达法辛烷值(MON)	85.4	89.4	87.1
10%蒸发温度/(℃)	57.0	54.6	55.2
50%蒸发温度/(℃)	92.4	102.3	100.9
90%蒸发温度/(℃)	150.8	155.5	161.0
烯烃含量/(%,V/V)	10.0	15.2	13.0
芳香烃含量/(%,V/V)	25.0	29.0	32.0
硫含量/(mg kg^{-1})	5.5	3.5	1.0
苯含量/(%,V/V)	0.6	0.4	0.1
乙醇含量/(%,V/V)	0	0	9.8
蒸气压/kPa	48.3	58.3	58.2

不同温度下机动车汽油挥发试验是在可变温的蒸发密闭室(VT-SHED)内开展，如图 9.3 所示。整体试验流程按照《轻型汽车污染物排放限值及测量方法(中国第五阶段)》(GB 18352.5—2013)[28]中的规定进行。蒸发排放试验开始前，需要对车辆的炭罐进行预处理。需要先将炭罐清空，然后以 40 g h^{-1} 的流量吸附 50% 丁烷和 50% 氮气的混合气，直到炭罐的碳氢化合物(HC)排放量达到 2 g 时停止。

试验温度分别为 25、27.5、30、32.5、35、37.5 和 40℃。每个温度下的试验时间

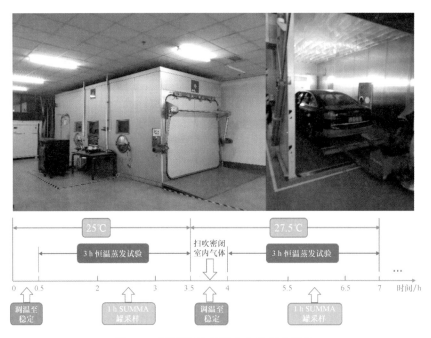

图 9.3 不同温度机动车汽油挥发试验

为 3 h,温度变化控制在±0.1℃以内。试验过程中试验车辆排放的总碳氢化合物(THC)由气体分析仪(MEXA-1160TFL-L)测量。在每个温度下开始测试后 1 h,使用 6 L 的真空 SUMMA 罐采集 VT-SHED 内气体。采样流量为 100 mL min^{-1},采样时间为 1 h。为了消除上一个温度试验的干扰,每个温度试验结束后都会对 VT-SHED 内的空气进行几分钟的吹扫,直到背景浓度稳定。根据 EPA 的 TO-15[29]和 PAMS[30](光化学评估监测站)方法,使用气相色谱-质谱/火焰离子化检测器(GC-MS/FID)对 VOCs 样品进行分析[31,32]。

9.3.3 不同温度下非工业溶剂挥发试验

选取市面常见的建筑涂料,包括水性漆和油性漆,设定 25、40、50、60、70℃五个温度进行挥发试验。Tedlar 采样袋使用前经多次高纯氮气冲洗,冲洗后充满高纯氮气备用。称取 10～15 g 产品,快速装入带有特氟龙材质内垫片螺旋盖的 40 mL 棕色 VOA 玻璃瓶中。将 VOA 玻璃瓶、Tedlar 采样袋及抽样注射器置于恒温箱中 2 h。在恒温箱中采用带鲁尔阀的气密性进样针抽取 VOA 玻璃瓶中 0.2～0.4 mL 顶空蒸气样品并注入 Tedlar 采样袋,在室温放置 2 h 后进行 GC-MS/FID 分析(图 9.4)。

气体样品分析主要参照 EPA 推荐的 TO-14 及 TO-15 方法[32],样品经过低温冷阱预浓缩后,采用 GC-MS/FID 分析 C$_2$～C$_{12}$ 的 VOCs。样品分析包括样品预浓

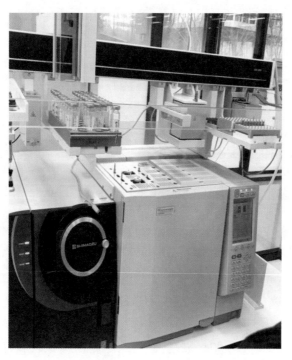

图 9.4　不同温度下非工业溶剂挥发试验

缩、色谱分离和定性定量检测 3 个过程。首先,经高纯氮气稀释后的气体样品以氮气为载气,进入 ENTECH7100 预浓缩仪三级冷阱。一级冷阱为充满玻璃微珠的液氮冷阱,集阱温度控制为 $-180\,℃$,解析温度为 $10\,℃$,载气流速为 $150\ \text{mL min}^{-1}$;二级冷阱填充 Tenax-TA,集阱温度控制为 $-50\,℃$,解析温度为 $180\,℃$,载气流速为 $10\ \text{mL min}^{-1}$;三级冷阱集阱温度控制为 $-170\,℃$,解析温度为 $80\,℃$,载气流速与二级冷阱一致。经一级冷阱处理后,样品中的部分水汽能被去除;二级冷阱主要去除样品中的二氧化碳;三级冷阱主要是提高样品中各 VOCs 成分的分离和出峰效果。经预浓缩后,气体样品进入气相色谱-质谱检测仪/火焰离子化检测器联用系统进行色谱分离。气体样品先经 DB-1 毛细管($60\ \text{m}×0.32\ \text{mm}×1.0\ \mu\text{m}$)进行分离,分为两路分别进入质谱检测仪和火焰离子化检测器,分别对 $C_4 \sim C_{10}$ 的 VOCs 和 $C_2 \sim C_3$ 的 VOCs 进行检测。质谱检测系统以高纯氦气为载气(纯度大于 99.99%),载气流速为 $4.0\ \text{mL min}^{-1}$,恒流模式。操作过程为:初始温度为 $10\,℃$,保持 3 min,先以 $5\,℃\ \text{min}^{-1}$ 的速率迅速升温到 $120\,℃$,然后减缓升温速率,以 $10\,℃\ \text{min}^{-1}$ 升温到 $250\,℃$,保持 20 min;采用 SCAN 模式,离子化方式为电子碰撞(EI,70 eV);火焰离子化检测器操作温度为 $285\,℃$,以氢气和干洁空气为载气,载气流速分别为 $40\ \text{mL min}^{-1}$ 及 $400\ \text{mL min}^{-1}$,氮气为补偿气体,流速控制为 $50\ \text{mL min}^{-1}$。目标化合物根据停留时间、质谱及峰面积分别进行定性分析。经色谱分离的目标化合物采用工作曲线外标法进行定量。工作曲线采用 5 个稀释的标准气体（"标气"）和加湿零气的混合气体进行绘制。标气分别稀释至 0.5、1、5、15 和 30 ppbv 进行工作曲线的绘制。标气采用 PAMS 标气（Spectra Gases Inc，New Jwresy，USA）及美国加州大学尔湾分校 Blake 研究组专门配制的标气。分析步骤与样品分析相同，目标化合物在校准曲线中的相关系数为 0.992~0.999。芳香烃分析的准确度和精度均为 10%；烷烃分析的准确度为 12%~14%，精度为 15%；烯烃分析的准确度为 13%~15%，精度为 15%。

9.3.4 搭建 WRF/SMOKE/CMAQ 模型

本研究使用的 WRF/SMOKE/CMAQ 模型系统采用三层网格区域嵌套的方式模拟臭氧浓度。最外层的区域 1（D1）包含了东亚、东南亚以及西北太平洋地区，空间分辨率为 27 km；区域 2（D2）覆盖了我国大部分的中东部地区，空间分辨率为 9 km；最内层的区域 3（D3）则为本研究的目标区域长三角，该区域包括上海、江苏、安徽、浙江，空间分辨率为 3 km。模拟区域为了避免化学传输模型模拟过程中气象边界场的干扰，WRF 的模拟区域略大于 CMAQ 的模拟区域，两者分别如表 9-3 和表 9-4 所示。为了提高模拟结果的准确性和可靠性，将外层模拟结果用作内层模拟的初始场条件。

表 9-3　WRF 模拟区域格点参数设置

名称	格点数		左下角起始格点	
	n_x	n_y	x 方向	y 方向
27 km（D1）	240	200	1	1
9 km（D2）	238	223	121	52
3 km（D3）	223	202	117	74

表 9-4　CMAQ 模拟区域格点参数设置

名称	格点数		左下角起始格点	
	n_x	n_y	x 方向	y 方向
27 km（D1）	237	197	1	1
9 km（D2）	235	220	1	1
3 km（D3）	220	199	1	1

本研究模型系统 WRF/SMOKE/CMAQ 以 36°N 和 105°E 为中心的兰伯特等角投影（Lambert-conformal projection），并且在 20°N 和 50°N 时具有两个真实的投影纬度，作为基本的投影坐标。美国国家大气研究中心（National Center for Atmospheric Research，NCAR）提供的最新版本的 WRFv3.9 用于本研究，其初始气象数据场采用美国国家环境预测中心（National Centers for Environmental Prediction，NCEP）提供的精度为 1°×1° 的全球最终再分析数据 FNL（final operational global analysis data)，下垫面数据则采用美国宇航局（National Aeronautics and Space Administration，NASA）提供的中分辨率成像光谱仪（moderate-resolution imaging spectroradiometer，MODIS）数据。本研究使用的排放清单为上海市的人为排放源初始数据，将采用基准年为 2017 年的排放清单，经由 SMOKE（sparse matrix operator kernel emissions）时空分配、物种分配之后成为时间分辨率为小时量级的网格化排放数据。此排放清单涵盖工业源、面源、道路移动源、电厂、船舶以及机场源共计 7 大人为源的污染物年际排放总量。上海市以外区域则采用清华大学建立的 2017 年 MEIC 清单，以及由日本国立环境研究院开发的亚洲清单 REAS（regional emission inventory in Asia）。除人为源外，天然源 VOCs（BVOCs）排放则由 MEGAN（model of emissions of gases and aerosols from nature）模型计算得出。本研究利用美国环保署资助和研发的 CMAQ v5.0.2 模拟研究区域的臭氧污染。CMAQ 模型系统主要包括计算晴空光解速率的 JPROC 模块、生成模拟区域污染物初始浓度场的 ICON 模块、生成模拟区域污染物边界浓度场的 BCON 模块和作为核心的光化学传输 CCTM 模块。研究所选用的化学机制为 CB05，气溶胶机制为 AE05。详细的模型描述及参数设置见 Ou 等人的研究工作[5]。

　　为了评估排放变化的影响，本研究设置了 13 组情景试验，包括 1 个基础情景和 12 个未来情景。2017 年的排放作为基础情景分别与 2030—2050 年 4 个 RCP 情景进行比较。本研究以 2017 年 7 月为模拟时段，所有的模拟均使用 2017 年 7 月的气象条件作为驱动。本研究的目标是评估 2030—2050 年不同 RCP 排放情景下未来臭氧空气质量的变化，因此，假设未来排放情景的气象条件与 2017 年保持一致。

9.3.5　量化臭氧敏感性和评估臭氧敏感性指示因子识别效果

　　为了获取 EKMA 曲线，本研究设计了 40 个 VOCs 以及 NO_x 的减排情景用于敏感性试验当中，如图 9.5 所示，其中包含 1 个基础排放情景、39 个减排情景。"A"点代表的是 VOCs 以及 NO_x 的排放分别减少 10%。由于天然源排放的 BVOCs 几乎不可控，因此本次研究控制的 VOCs 都为人为源所排放的 AVOCs（anthropogenic VOCs）。由于上海的空气质量较易受周边省市排放影响，此次减排的前体物范围集中在 D2 范围内的长三角区域；采取了控制变量的原则，所有情景下的气象条件保持不变；由于臭氧污染目前主要关注的是污染事件，因此本研究敏感性分析也主要揭示的是臭氧峰值与前体物之间的响应关系。为了量化臭氧敏感性，本研究将 T 值定义为响应 10% NO_x 排放量减少和 10% AVOCs 排放量减少的臭氧变化之间的比率[33]。T 值小于 0 表示 AVOCs 控制区，0～2 表示过渡区，高于 2 表示 NO_x 控制区。

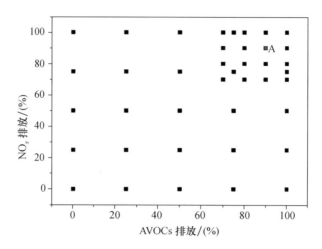

图 9.5　敏感性试验中臭氧前体物排放控制情景方案

　　本研究通过引入两个因子定量评估不同光化学指示因子识别臭氧敏感性的性能，由两个因素证明，即不同臭氧敏感性之间的重叠百分比（P）和重叠的天数［公式（9.1）］。

$$P = \frac{O_{\max} - O_{\min}}{T_{\max} - T_{\min}} \tag{9.1}$$

其中，$O_{\max}$ 和 $O_{\min}$ 分别代表不同因子重叠区域的最大值与最小值，$T_{\max}$ 和 $T_{\min}$ 分别代表不同因子的最大值与最小值。重叠区域越小，位于重叠区域中的天数越少，则代表该光化学指示因子识别臭氧敏感性的效果越好。

9.3.6　未来排放清单预测

　　在 RCP2.6、RCP4.5、RCP6.0 和 RCP8.5 情景下，2010—2050 年每十年的全球人为 NO_x、一氧化碳（CO）、非甲烷挥发性有机化合物（NMVOCs）、二氧化硫（SO_2）、氨（NH_3）和甲烷（CH_4）排放数据从如下网址获取：https://tntcat.iiasa.ac.at/RcpDb/dsd? Action=htmlpage&page=download。RCP 提供 12 种人类源排放物质，包括地面运输、船舶、航空、能源生产和分销、溶剂、废物管理和处置、工业燃烧、住宅、商业燃料使用、农业、农业废物燃烧、生物质燃烧（草原燃烧和森林燃烧）。该数据通常为全球模式提供排放输入，由于稀释作用，较粗糙的空间网格分辨率（0.5°×0.5°）通常会导致白天臭氧浓度高估[34]。为了获得更为详细的本地和区域变化的信息，本研究采用如下方法对未来人为排放进行预测。

　　首先，基于 2010—2020 年 4 个 RCP 的排放趋势，利用线性插值的方法预测出 4 个 RCP 情景在 2017 年在长三角的排放。其次，将得到的 4 个 RCP 在 2017 年的排放分别与 2030—2050 年 4 个 RCP 同一污染物的排放进行比较，从而得到不同

RCP 和不同年份下不同污染物的比例因子。最后,将该比例因子应用于 2017 年中国高分辨率排放清单(MEIC,http://www.meicmodel.org)和 2017 年上海高分辨率本地排放清单,从而创建出 2030—2050 年 4 个 RCP 排放清单。本研究将这些排放清单分别命名为 2030RCP2.6、2030RCP4.5、2030RCP6.0、2030RCP8.5、2040RCP2.6、2040RCP4.5、2040RCP6.0、2040RCP8.5、2050RCP2.6、2050RCP4.5、2050RCP6.0 和 2050RCP8.5。值得注意的是,这只是将当前排放量预测到未来的一种方法,并没有考虑到未来土地使用和植被等方面的变化。此外,本研究假设未来的排放时空分布与 2017 年相同。

9.4　主要进展与成果

9.4.1　基于双维度互验的臭氧敏感性长期演变特征识别

1. 臭氧、氮氧化物和温度响应关系识别

本研究首先探索了 2008—2019 年间 NO_x 和臭氧浓度之间的关系,计算每 5% 的平均氮氧化物浓度,并确定相应的平均臭氧浓度。如图 9.6 所示,臭氧随着温度的升高表现出升高→稳定→下降→升高的趋势,结合温度和 NO_x 浓度之间的关系,发现当温度较低时,随着温度的升高臭氧的浓度逐渐增加。这是因为温度较低时 VOCR 相对也较低,NO_x 含量相对较多,大气环境中 OH 自由基与 NO_x 的反应占主导地位,升高温度使得 VOCs 排放增多,从而可以提供更多的 OH 自由基与 NO_x 反应产生更多的臭氧,这种情况一般发生在清晨或者秋冬季 NO_x 含量相对较高的情况下。随着太阳辐射和温度水平的升高,植物的光合作用增强,BVOCs 等的排放量增加,臭氧的浓度逐渐升高,当温度升高至 26℃ 左右时,臭氧对温度继续升高的敏感性显著下降,而当温度继续升高到近 31℃ 后臭氧随着温度

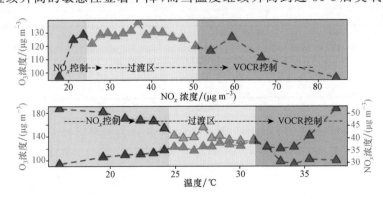

图 9.6　上海市区域臭氧浓度与 NO_x 浓度和温度之间的关系(臭氧:红色;NO_x:紫色)

继续升高表现出下降→上升的趋势。这是因为此时温度较高，VOCs 特别是 BVOCs 排放量增加导致了 VOCR 较高，NO_x 相对来说比较少，臭氧生成由过渡区转到了 NO_x 控制区，虽然此时随着温度的升高 VOCR 会继续升高，但是浓度相对较少的 NO_x 是控制臭氧生成的关键前体物，在温度高于 35℃时 NO_x 浓度随温度的升高而升高。臭氧在不同情况下随 NO_x 以及温度的变化的状况在一定程度上说明了上海市区域温度是可以被用来指示 VOCR 的变化的。

2. 臭氧敏感性的识别和互验

结合 VOCR 等值线图，可从 P 和 d 出发估算臭氧敏感性，以及验证两个维度中臭氧敏感性的异同。同样地，计算每 5% 的平均氮氧化物的平均值并确定在 VOCR 条件下相应的平均臭氧浓度。如图 9.7 所示，P 是在平均氮氧化物浓度下的平均 VOCR 等值线的斜率（紫色虚线），d 是在平均氮氧化物浓度下 H（<25℃）和 L（>30℃）等值线之间的臭氧浓度差（紫色粗线）。表 9-5 列出了各站点的实际 P 值和 d 值，以及由这两个维度推断的臭氧敏感性。紫色虚线在上海闵行、青浦和黄埔都是一致向下的，这表明臭氧敏感性是由 VOCR 控制的。相比之下，浦东和金山的 P 值远低于 P_{max} 的一半，臭氧敏感性处于过渡区，表明 VOCs 在浦东和金山中的浓度相对较高，对温度变化更敏感。同时，从温度的维度思考，在青浦和闵行，紫色粗线的长度非常接近 H 和 L 等值线之间的最大距离（d_{max}），表明这里敏

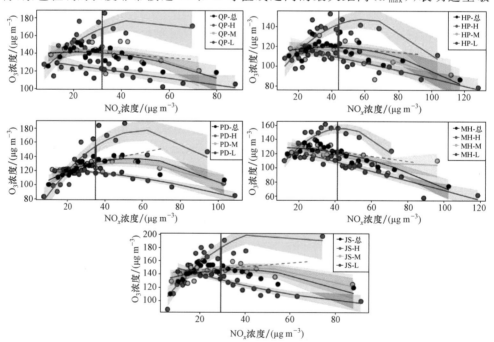

图 9.7 上海市(SH)区域臭氧浓度在不同 VOCR 水平下随 NO_x 浓度的变化

绿色虚线的斜率表示臭氧对 NO_x（P）的敏感性，紫色粗线的长度表示臭氧对 T（d）的敏感性

感性是受 VOCs 控制的；而其他站点小于最大值的 $3/4$，则表明是臭氧敏感性位于过渡区。

在表 9-5 中可以发现，从 NO_x 和温度两个维度来看，5 个站点中有 4 个具有相同的臭氧敏感性。唯一的例外是黄埔站，从 NO_x 角度分析臭氧敏感性是处于 VOCR 控制区，而从温度角度来看是处于过渡区。然而很容易发现，黄埔的 P 值仅为略微负值，这表明臭氧敏感性非常接近过渡区。因此，可以确定，由氮氧化物和温度维度估计的臭氧敏感性结果基本一致，且可以相互验证，同时也证明了用温度作为 VOCR 的替代物的合理性。

表 9-5　上海 5 个站点的 P 和 d（单位：$\mu g\ m^{-3}$）值以及推断的臭氧敏感性

站点	P	P_{max}	臭氧敏感性	d	d_{max}	臭氧敏感性
青浦（QP）	-0.18	—	VOCR 控制	46.3	60.2	VOCR 控制
黄埔（HP）	-0.07	—	VOCR 控制	30.3	45.6	过渡区
浦东（PD）	0.62	1.72	过渡区	42.1	60.2	过渡区
闵行（MH）	-0.44	—	VOCR 控制	47.4	51.3	VOCR 控制
金山（JS）	0.22	0.82	过渡区	49.2	93.7	过渡区

从 NO_x 和温度两个维度识别臭氧敏感性的空间分布来看，两者具有高度空间一致性。上海市区域中部偏西区域对 VOCR 更加敏感，中部对 NO_x 的敏感性增强，而东部区域属于 NO_x 控制区。这是因为对于上海市来说，VOCs 排放热点集中在中部城区，NO_x 排放集中在城区及其东部，与此同时上海市西部被 NO_x 排放量很大的江浙区域所包围，使得西部区域 $NO_x/VOCR$ 较大[35]，而东部区域 $NO_x/VOCR$ 较小，使得上海市区域自西向东臭氧敏感性由 VOCR 控制向 NO_x 控制转变。

3. 臭氧敏感性长期时空变化特征

通过两个维度相互验证的臭氧敏感性估算，以此检验在 12 年期间臭氧敏感性的时间演变，进而分析其与长三角实施的污染控制措施的关联。为了保持长期趋势，同时最大限度地减少由气象变化引起的短期波动，将 12 年分为 4 个时间段（2008—2010 年、2011—2013 年、2014—2016 年和 2017—2019 年）进行时间演变分析。除了 2017—2019 年期间的浦东站点外，其他站点的臭氧敏感性都是 VOCR 控制和过渡性的。虽然浦东站点位于一个高科技和居民区，植被覆盖率相对高于市中心，但这种臭氧敏感性向氮氧化物控制的转变标志着上海在氮氧化物控制方面取得了显著进展。

同时，金山站的臭氧敏感性呈现出不同的趋势：从 2008—2016 年的过渡区到 2017—2019 年的 VOCR 控制。金山站位于石化工业区附近，接收大量来自石化行业排放的挥发性有机化合物。而金山站臭氧敏感性向 VOCR 控制的转变，反映了上海石化行业在 VOCs 排放控制方面取得的巨大成就。

整体来说 4 个时间段西部偏向 VOCR 控制，东部更偏过渡区。随着时间的变化整体在前 3 个时间段里的变化不明显，但是 2017—2019 时间段和前 3 个时间段相比东部以过渡区为主的区域变为了 NO_x 控制区，因此在臭氧敏感性上近些年上海市的前体物减排工作影响的区域主要为东部区域，对西部的影响较小。这很可能的原因是西部受江浙一带 NO_x 排放的影响，抵消了上海市内部 NO_x 的减排效果。针对这种情况上海市西部臭氧污染防控需以 VOCs 减排为主，中部及东部需进行以 NO_x 控制为主或者协同控制策略的减排，此外上海市的臭氧污染防控需要注意靠近西部区域江浙一带前体物排放的影响。

接着本研究进一步分析了 3 个温度区间[＜25℃（L）、25～30℃（M）和＞30℃（H）]范围内臭氧敏感性长期的时空演变特征。在 L 条件下臭氧生成基本上均属于 VOCR 控制，随着温度的升高向过渡区和 NO_x 控制区转变；M 条件下西部和东部区域分别以 VOCR 控制和过渡区为主；而 H 条件下大部分区域变为了过渡区，特别需要指出的是此时的 2017—2019 年时间段市中心、西部和南部区域变为了 NO_x 控制。提醒在 L 条件下臭氧污染防控需以 VOCs 控制为主；M 条件下西部依然需要以 VOCs 控制为主，东部区域则需要 VOCs 和 NO_x 协同控制；而 H 条件下则需要从以往前体物协同控制的思路转变到加强 NO_x 的控制上来，以降低臭氧浓度。

随着时间的推移臭氧敏感性在 L 条件下没有明显的变化；而 M 条件下西部区域对 VOCR 的敏感性增强，东部区域原来为 VOCR 控制的区域变为了过渡区，即东部区域对 NO_x 敏感性增强；H 条件下变化状况和 M 条件下有相似之处，西部由过渡区向 VOCR 控制区变化，而东部由过渡区向 NO_x 控制区变化。因此上海市以 NO_x 为主的减排措施使得东部区域臭氧敏感性对 NO_x 更加敏感，而西部区域由于受具有较多 NO_x 排放的江苏、浙江城市的影响，在本地 VOCs 的减排环境下臭氧敏感性对 VOCR 的敏感性增强，特别需要注意的是金山站点由过渡区转变为了 NO_x 控制区，所以尽管整体上该站点 VOCs 有下降的趋势，但是在 L 条件下 VOCR 控制区比例有上升的趋势。这些结果表明，随着减排措施的实施臭氧的敏感性会发生变化，臭氧污染防控需要因时因地制宜，同时需要与外部区域进行合作以最大限度地控制臭氧污染。

9.4.2 温度对挥发源 VOCs 排放特征的影响

1. 汽油挥发

（1）不同温度下机动车汽油挥发 THC 排放

本研究首先探讨了温度对 3 种汽油挥发 THC 排放的影响。如图 9.8 所示，汽油挥发 THC 排放量随着温度的升高而增加。在 25℃时，使用国 V、国 Ⅵ 和 E10 汽油的

THC 排放量分别为 61.8、152.4 和 84.0 mg h^{-1},在 30℃时分别增加到 211.9、555.6 和 423.7 mg h^{-1},在 40℃时分别达到 1588.7、1870.8 和 2242.3 mg h^{-1}。国 V、国 VI 和 E10 汽油在 30℃时的 THC 排放分别是 25℃时的 3.4、3.6 和 5.0 倍,而 40℃时分别为 25℃时的 25.7、12.3 和 26.7 倍。

如图 9.8 所示,在所有温度下国 V 汽油的排放一直是三类汽油中最低的,这是由于国 V 燃油的蒸气压(RVP)明显低于国 VI 和 E10 汽油。本研究中国 VI 和 E10 汽油的 RVP 值比较接近,因此它们的挥发 THC 排放量整体上相差不大。当温度在 25～32.5℃之间时,3 种汽油中国 VI 汽油的排放量最高。E10 汽油的挥发排放在达到 35℃时开始超过国 VI 汽油,在 40℃时的排放约为国 VI 汽油的 1.2 倍。E10 汽油在所有温度下都表现出最高的增幅(某一温度下排放量与 25℃时排放量的比值),E10 排放量的快速增加是由于汽油在较高温度下与低含量的乙醇之间存在"近共沸"效应[36-38]。国 V 汽油挥发排放在 25～32.5℃之间的增幅与国 VI 汽油接近,而在 35℃时明显升高,达到 40℃时与 E10 汽油的增幅相当。这可能是由于国 V 汽油中相对分子质量较大的芳香烃和含氧 VOCs(oxygenated volatile organic compounds,OVOCs)含量高于国 VI 汽油,而国 VI 汽油中轻组分的烷烃和烯烃含量更高。通常来讲,大多数相对分子质量较大的组分沸点较高[39],导致其在低温下蒸发较少,只有达到一定温度时才会大量挥发。

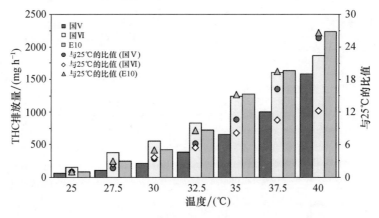

图 9.8 不同温度下机动车汽油挥发 THC 排放及其增幅

(2) 汽油挥发 THC 排放量与温度的函数关系

根据理想气体状态方程[40],汽油挥发 THC 排放量可表示为

$$E_{evap} = \frac{MV_m P_f}{RT} \qquad (9.2)$$

其中,E_{evap} 为每小时的汽油挥发排放量,M 为挥发排放物的平均相对分子质量,V_m 为整车体积(L),P_f 为汽油的蒸气压(kPa),R 为摩尔气体常数,T 为环境温度(K)。

Clausius-Clapeyron 方程可用来描述温度与蒸气压之间的关系[40,41],具体表示如下：

$$P_f = P_r \cdot \exp\left\{\frac{\Delta H_m}{R}\left(\frac{1}{T_r} - \frac{1}{T}\right)\right\} \qquad (9.3)$$

其中，P_r 为汽油的雷氏蒸气压 RVP(kPa)；ΔH_m 为汽油挥发的摩尔焓（J mol^{-1}）；T_r 为汽油 RVP 定义的温度，311 K。

因此，结合公式(9.2)和(9.3)，汽油挥发 THC 排放量 E_{evap} 和环境温度 T 的函数关系可表示为

$$E_{evap} = \frac{M \cdot \exp(-N/T)}{T} \qquad (9.4)$$

其中，M 和 N 为拟合曲线的参数，分别描述拟合曲线的大小和曲率（即随着温度升高排放的增加幅度）。本研究采用此公式来建立汽油挥发排放量与环境温度之间的函数关系。

使用公式(9.4)中的形式建立了温度与 3 种汽油 THC 挥发排放之间的函数关系，拟合曲线如图 9.9 所示，其函数关系由以下方程表示：

国 V：

$$E_{evap} = \frac{2.3 \times 10^{28} \cdot e^{-1.6 \times 10^4 / T}}{T} \qquad (9.5)$$

国 Ⅵ：

$$E_{evap} = \frac{3.6 \times 10^{21} \cdot e^{-1.1 \times 10^4 / T}}{T} \qquad (9.6)$$

E10：

$$E_{evap} = \frac{1.7 \times 10^{25} \cdot e^{-1.4 \times 10^4 / T}}{T} \qquad (9.7)$$

如图 9.9 所示，汽油 THC 挥发排放的回归曲线曲率大小为国V＞E10＞国Ⅵ。国V汽油的回归曲线在 25～40℃ 的温度范围内最低，然而它的曲率最大。相应地，其

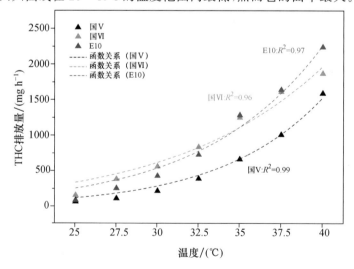

图 9.9　温度与机动车汽油挥发 THC 排放的函数关系

回归方程中 N 值(1.6×10^4)也最大,表明随着温度升高,国 V 汽油排放增长最快。相比之下,国Ⅵ和 E10 汽油的拟合曲线较为相似。国Ⅵ汽油在 35℃以下时排放略高,超过 35℃时 E10 汽油排放更高。国Ⅵ汽油拟合曲线的曲率和对应的 N 值(1.1×10^4)最小,表明 3 种汽油中国Ⅵ汽油的 THC 排放对温度变化最不敏感。

（3）汽油挥发 VOCs 组分的温度依赖性

本研究中汽油挥发 VOCs 共测得 66 种,包括烷烃 29 种,烯烃 11 种,芳香烃 16 种和 OVOCs 10 种。本研究探索了这 4 个组分在不同温度下的排放浓度变化,并建立了每个组分挥发排放与温度的函数关系。

当温度从 25℃升高到 40℃时,烷烃、烯烃、芳香烃和 OVOCs 的挥发排放量分别增加了 14.3、17.3、9.0 和 6.0 倍。25℃时烷烃的挥发排放浓度为 78.34 mg h^{-1},明显高于烯烃(18.98 mg h^{-1})、芳香烃(31.17 mg h^{-1})和 OVOCs(23.94 mg h^{-1})。这是由于烷烃中 RVP 值较高的轻组分含量最高,在 25~40℃之间其排放明显高于其他组分。值得注意的是,烯烃在 25℃时的挥发排放明显低于芳香烃,随着温度升高,差距逐渐缩小,甚至当温度达到 35℃时其挥发排放反超了芳香烃。这表明相比于芳香烃,烯烃的挥发性对温度更敏感。这种现象可能是由于烯烃的分子间作用力较小,随着温度的升高更容易挥发。由于 E10 汽油组成中含氧组分的含量较高,因此其 OVOCs 的排放浓度与烯烃和芳香烃相当。而国 V 和国Ⅵ汽油中 OVOCs 的排放浓度随温度升高的增幅则明显低于其他组分。图 9.10 显示了 3 种汽油在不同温度下 4 种 VOCs 组分的质量分数。总的来说,随着温度的升高,3 种汽油中烷烃和烯烃的贡献逐渐增加,而芳香烃和 OVOCs 的比例逐渐减少。以国

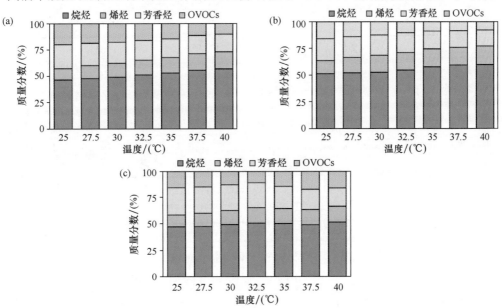

图 9.10　不同温度下(a)国 V 汽油、(b)国Ⅵ汽油和(c)E10 汽油各组分的质量分数

Ⅴ汽油为例，随着温度从 25℃ 升高到 40℃，烷烃和烯烃的贡献分别从 46.8％ 和 10.6％ 增加到 57.0％ 和 16.1％，而芳香烃和 OVOCs 的贡献分别从 22.7％ 和 19.8％ 下降到 16.7％ 和 10.2％。

这种现象可能是由于汽油中不同 VOCs 组分的蒸气压之间存在差异造成的。蒸气压和温度之间的关系可以理解为液体中的分子逃离液体的吸引力进入气相。随着温度升高，具有较高蒸气压的烷烃和烯烃更容易逃脱液体的吸引力而进入气相[40]。因此，与芳香烃和 OVOCs 相比，温度升高将导致烷烃和烯烃的挥发排放增幅更大。

（4）汽油中各 VOCs 组分挥发排放与温度的函数关系

图 9.11 显示了不同 VOCs 组分与温度之间的函数关系，回归方程见表 9-6。值得注意的是，同一 VOCs 组分中国Ⅴ汽油的回归曲线始终是最低的，唯一的例外是 40℃ 时的 OVOCs。对于烷烃和烯烃，国Ⅵ和 E10 汽油的回归曲线较相似，但对于芳香烃和 OVOCs 的回归曲线差异很大，尤其是在温度达到 35℃ 时。这主要是由于 E10 汽油中芳香烃和乙醇的含量较高。

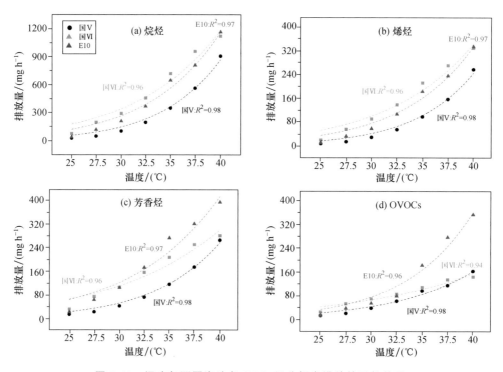

图 9.11　温度与不同汽油各 VOCs 组分挥发排放的函数关系

从汽油类型的角度来看，与前述的 THC 排放量一致，烷烃、烯烃和芳香烃的回归曲线曲率大小为国Ⅴ＞E10＞国Ⅵ。OVOCs 的回归曲线中 E10 汽油的曲率最大，这是因为 E10 汽油中含氧组分的含量最高，更倾向于在较高温度下挥发。从组分的角度来看，对于国Ⅴ和国Ⅵ汽油，烷烃和烯烃的曲率高于芳香烃和 OVOCs。

表 9-6　温度与不同汽油各组分挥发排放的函数关系

	国 V	国 Ⅵ	E10
烷烃	$E=\dfrac{1.2\times10^{29}\cdot e^{-1.7\times10^{4}/T}}{T}$	$E=\dfrac{2.0\times10^{22}\cdot e^{-1.2\times10^{4}/T}}{T}$	$E=\dfrac{2.1\times10^{25}\cdot e^{-1.4\times10^{4}/T}}{T}$
烯烃	$E=\dfrac{7.7\times10^{28}\cdot e^{-1.7\times10^{4}/T}}{T}$	$E=\dfrac{5.7\times10^{21}\cdot e^{-1.2\times10^{4}/T}}{T}$	$E=\dfrac{1.2\times10^{25}\cdot e^{-1.4\times10^{4}/T}}{T}$
芳香烃	$E=\dfrac{2.1\times10^{26}\cdot e^{-1.5\times10^{4}/T}}{T}$	$E=\dfrac{3.4\times10^{18}\cdot e^{-1.0\times10^{4}/T}}{T}$	$E=\dfrac{4.1\times10^{21}\cdot e^{-1.2\times10^{4}/T}}{T}$
OVOCs	$E=\dfrac{4.6\times10^{22}\cdot e^{-1.3\times10^{4}/T}}{T}$	$E=\dfrac{1.9\times10^{16}\cdot e^{-0.8\times10^{4}/T}}{T}$	$E=\dfrac{1.6\times10^{26}\cdot e^{-1.5\times10^{4}/T}}{T}$

（5）不同温度下汽油挥发 VOCs 各组分的排放特征

为了更详细地描述温度对机动车汽油挥发 VOCs 排放特征的影响,本研究计算了 3 种汽油不同温度下汽油挥发 VOCs 排放的质量分数。当温度升高时,3 种汽油的烷烃和烯烃占比均逐渐增多,而芳香烃和 OVOCs 的占比则呈下降趋势。以国 V 汽油为例,当温度从 25℃升高到 40℃时,烷烃和烯烃的组分占比分别从 46.8% 和 10.6%增至 57.0% 和 16.1%,而芳香烃和 OVOCs 则分别从 22.7% 和 19.8%降至 16.7% 和 10.2%。这种现象很可能是由于不同 VOCs 组分的 RVP 存在差异所致。RVP 值较高的烷烃和烯烃对温度变化更敏感,温度上升将导致其挥发排放量比芳香烃和 OVOCs 更大。

（6）汽油挥发大气反应性的温度关联性

大气中存在成千上万种 VOCs,它们具有不同的大气反应性,对光化学臭氧生成有着不同的贡献[41]。本研究利用 OH 自由基去除速率(L_{OH})来表征机动车汽油挥发排放的大气反应性,具体公式如下:

$$L_{OH} = \sum_{i=1}^{n}[VOC]_i \times k_i^{OH} \tag{9.8}$$

其中,L_{OH} 为 OH 自由基去除速率(s^{-1}),$[VOC]_i$ 为 VOCs 物种 i 的质量浓度(ppb),k_i^{OH} 为大气中 VOCs 物种 i 与 OH 自由基的反应速率常数。

如图 9.12 所示,随着温度的升高汽油挥发 VOCs 的大气反应性急剧增加。对于国 V、国 Ⅵ 和 E10 汽油,40℃时的 L_{OH} 分别是 25℃时的 31.8、13.0 和 29.0 倍。L_{OH} 的温度依赖性与 THC 排放的温度依赖性相似,表明大气反应性的温度依赖性主要由排放的变化引起,而不是由 OH 反应速率的变化驱动,这与 Pusede 等人[7]的研究结果一致。此外,在 35℃时使用 E10 汽油仅比使用国 Ⅵ 汽油的 L_{OH} 高 0.12%,而达到 40℃时则增加到 16.9%。这表明 E10 汽油的大力推广将导致大气反应性增强,尤其是在夏季高温条件下增加臭氧污染的可能性。

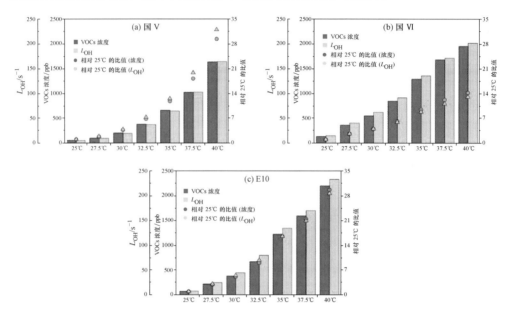

图 9.12 不同类型汽油的 VOCs 排放和大气反应性的温度依赖性

　　分析图 9.12 和图 9.13,可以发现在 4 种 VOCs 组分中,烯烃是大气反应性的主要贡献者。虽然烯烃挥发排放的组分占比不到 20%,但其 L_{OH} 的贡献在夏季高温时高达 70% 以上。与排放的温度依赖性相似,烯烃对 L_{OH} 的贡献也随着温度的升高而迅速增加,如图 9.13 所示。国 V、国 VI 和 E10 汽油中烯烃对 L_{OH} 的贡献分别从 25℃ 时的 62.0%、67.3% 和 58.9% 增加到 40℃ 时的 76.0%、74.1% 和

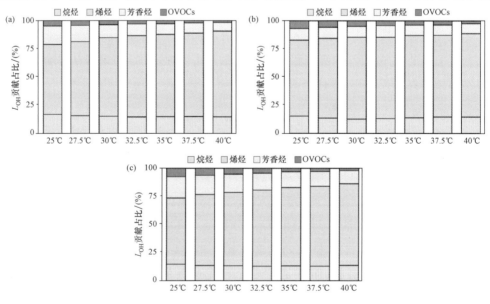

图 9.13 不同温度下(a)国 V 汽油、(b)国 VI 汽油和(c)E10 汽油各组分的大气反应性贡献

72.8％。本研究表明随着温度升高,烯烃对于大气反应性的重要性逐渐增大,从而在夏季高温条件下对臭氧生成有着更大的贡献。

汽油中烯烃含量过高不仅会加速光化学臭氧的生成,也容易在发动机的进气系统中形成沉积物,进而影响发动机的效率。因此,各国的汽油标准对烯烃的含量都有限制。目前,我国最新的汽油标准(GB 17930—2016)[42]中烯烃含量的限制为18％,远高于美国的 11.5％。中国汽油中烯烃含量高的原因是我国石油加工行业普遍使用裂解和催化重整工艺。据报道,挥发排放 VOCs 的组成主要是由汽油成分决定的[43,44],因此未来的控制措施应该聚焦于降低油品中烯烃的含量。

2. 非工业溶剂挥发

温度对非工业溶剂挥发排放的影响如图 9.14 所示。在涂料表面温度为 25℃时,水性漆和油性漆的 VOCs 挥发排放分别为 5.4 和 637.0 $\mu g\ m^{-3}$;在表面温度为 40℃时分别为 14.0 和 1367.0 $\mu g\ m^{-3}$;达到 70℃时分别为 76.5 和 5692.0 $\mu g\ m^{-3}$,表明温度会对非工业溶剂的挥发排放产生显著的影响。水性漆挥发排放随温度升高的增幅较油性漆更明显,水性漆和油性漆的挥发排放量在表面温度为 40℃时分别为 25℃时的 2.6 和 2.2 倍,70℃时分别为 25℃时的 14.2 和 8.9 倍。同一温度下,油性漆的挥发排放远高于水性漆(57.3～118.5 倍),表明使用水性漆代替油性漆可以有效减少 VOCs 的排放。同一温度下油性漆和水性漆挥发排放的比值随着温度升高呈现出先降低后升高的趋势,由 25℃时的 118.5 倍到 50℃时的 57.3 倍,再到 70℃时的 74.4 倍。

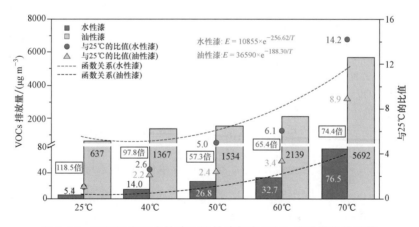

图 9.14　不同温度下水性漆和油性漆挥发 VOCs 排放量及其增幅

3. 温度对 VOCs 网格化排放量的影响

由前文所述,温度与机动车汽油挥发和非工业溶剂挥发这两类挥发源 VOCs 排放密切相关,温度的轻微变化会显著影响 VOCs 排放量,然而现有的人为源排放清单中并未体现温度的影响。本研究将建立起来的温度与挥发源 VOCs 排放量之间的函数关系对上海市人为源排放清单数据进行扰动，如图 9.15 以及表 9-7 所示。发现当温度从 25℃升高到 40℃时，上海市人为源 VOCs 排放量由 28.76 万吨上升到 41.90 万吨，增加了 46.5%。两类挥发源 VOCs 在人为源 VOCs 中的占比从 25℃时的 18.0% 上升到 40℃时的 43.7%。两类挥发源 VOCs 排放超过 50 吨 km^{-2} 的区域占比由 25℃时的 1.7% 上升到 40℃时的 14.0%。这些结论充分表明挥发源 VOCs 排放随着温度升高增加明显，在人为源排放中的贡献随温度升高越来越大。因此在日后排放清单估算时应该考虑温度的影响，以精确识别排放对臭氧生成的贡献。

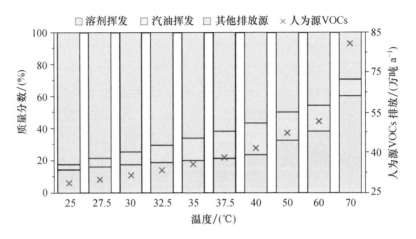

图 9.15　不同温度下各类排放源对人为源排放清单的贡献

表 9-7　温度与不同汽油各组分挥发排放的函数关系

温度/(℃)	25	30	35	40
汽油挥发/万吨	0.95	2.49	4.95	8.28
溶剂挥发/万吨	4.23	5.67	7.31	10.04
人为源 VOCs 排放/万吨	28.76	31.73	35.83	41.90
挥发源>50 吨 km^{-2} 区域占比	1.7%	2.7%	7.7%	14.0%
VOCs/NO$_x$>3 的区域占比	16.5%	18.1%	19.8%	22.6%

另外本研究初步认为上海市人为源排放清单的 VOCs 与 NO$_x$ 的比值小于 3 为 VOCs 控制区，比值大于 3 为 NO$_x$ 控制区。上海市比值大于 3 的区域占比由 25℃时的 16.5% 上升到 40℃时的 22.6%。即考虑了温度对人为排放的影响后，温度从 25℃升高到 40℃，约 6.1% 区域的臭氧生成敏感性从 VOCs 控制向 NO$_x$ 控制偏移，这凸显了构建温度驱动 VOCs 排放清单的重要性。

本研究定量阐明了环境温度对机动车汽油挥发和非工业溶剂挥发这两类挥发源排放特征的影响，建立了环境温度与排放之间的函数关系。这对于构建温度驱动的 VOCs 排放清单、降低 VOCs 排放清单的不确定性，进而提高大气光化学过程模拟的准确性和污染防控策略的有效性具有重要的科学意义和应用前景。

9.4.3　基于大气氧化性因子的臭氧敏感性判别方法构建

前人研究已发现不合理的前体物减排策略会导致臭氧浓度不降反升,因此准确识别臭氧敏感性是制定科学有效臭氧防控策略的前提与基础。传统指示因子虽然较为简便,但未能考虑臭氧的复杂光化学反应过程,为臭氧敏感性识别带来不确定性,且无法用于预测未来臭氧敏感性变化趋势。因此本章基于导致臭氧与其前体物之间非线性关系根本原因的大气氧化性判别臭氧敏感性,以期弥补基于大气氧化性识别臭氧敏感性研究的不足。

1. 2017 年 7 月长三角典型污染过程模拟

图 9.16 给出了 2017 年 7 月整月长三角地区上海、南京、杭州、合肥的臭氧浓度及平均日变化情况,臭氧日最大 8 小时滑动平均(MDA8)浓度在 2017 年 7 月全月分别有 21、12、11、8 天超过 160 $\mu g\ m^{-3}$($\approx$80 ppbv)的国家 Ⅱ 级标准,其中 7 月 22 日在上海观测到的最高水平为 160.5 ppbv。本研究选取上海、南京、杭州和合肥作为 4 个代表城市研究长三角臭氧污染特征,并选取相关系数(R)、均方根误差(RMSE)和平均偏差(MB)等统计参数评估模型模拟效果。4 个地表站点的模拟臭氧的统计评估如表 9-8 所示。总体而言,该模型在臭氧模拟中表现出良好的性能,相关系数(R)在 0.65～0.83 范围内,RMSE 在 16.2～23.9 ppbv 范围内,MB 在 -0.02～8.6 ppbv 范围内,这远大于美国环保署的推荐值[45]。然而,人们注意到夜间臭氧的高估和白天的低估。臭氧峰值的低估主要与排放的不确定性和高估的风速有关。夜间地表臭氧的高估主要与边界层高度低估与排放源清单的不确定性有关[46,47]。

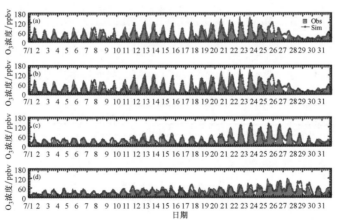

图 9.16　2017 年 7 月地面模拟(红线)地面臭氧浓度与实测值(阴影)对比:(a)上海;(b)南京;(c)杭州;(d)合肥

表 9-8　上海、南京、杭州、合肥站点的臭氧浓度 WRF-CMAQ 模式模拟结果与观测的
相关系数（R）、均方根误差（RMSE）、平均偏差（MB）

	R	RMSE/ppbv	MB/ppbv
上海	0.75	23.9	8.6
南京	0.77	16.2	1.4
杭州	0.83	16.9	−0.02
合肥	0.65	17.9	6.0

2. 大气氧化性与臭氧变化之间的关联性

HO_x 自由基对于臭氧光化学反应起到重要作用。上一小节表明 2017 年 7 月长三角地区遭受了较为严重的臭氧污染，并且在研究背景当中已经阐述了大气氧化性在臭氧生成过程中扮演着重要作用。由于臭氧峰值的防控对于臭氧短期快速下降以及长期臭氧达标都有非常重要的作用，因此本研究进一步探究了大气氧化性与臭氧的时空变化特征。

图 9.17 比较了 2017 年 7 月上海、南京、杭州和合肥的模拟 HO_x 和臭氧浓度变化特征。在此期间 4 个站点臭氧和 HO_x 浓度最大值分别达到 100 ppbv 和 0.06 ppbv，且 HO_x 和臭氧浓度的日变化具有高度一致性，表明强的大气氧化性可以加速臭氧光化学反应。此外，在 7 月 12 日至 17 日期间观察到了低 HO_x 浓度和高臭氧浓度的例外情况。这可能与高浓度臭氧区域传输有关，由于 HO_x 自由基比臭氧具有更高的反应性和更短的化学寿命，因此当高浓度臭氧被传输到目标区域时，HO_x 受传输影响较小。总体而言，HO_x 与臭氧浓度变化具有很强的关联性，表明 HO_x 自由基在臭氧光化学反应中起着关键作用，并显示了识别臭氧敏感性的巨大潜力。

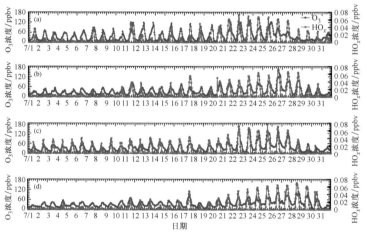

图 9.17　2017 年 7 月地面模拟地面臭氧浓度（蓝线）与 HO_x 浓度（红线）对比：（a）上海；（b）南京；（c）杭州；（d）合肥

3. 大气氧化性与臭氧敏感性变化的关系

前人研究表明自由基反应与臭氧光化学反应具有密切联系,臭氧光化学反应受 HO_2+NO 和 RO_2+NO 两大反应影响。在 VOCs 控制区,由于 NO_x 浓度较高,HO_2+NO 反应主导臭氧光化学反应,NO 与 HO_2 反应生成 NO_2,并进一步与 O_2 反应生成臭氧。因此,HO_2 浓度降低,OH 浓度升高,使得 HO_2/OH 比值降低。相反,当臭氧敏感性处于 NO_x 控制区时,由于 VOCs 浓度较高,通过 $RO+O_2$ 和 $OH+VOCs$ 反应产生大量 HO_2 自由基,进而导致 HO_2/OH 比值升高。因此,本研究认为可以应用 HO_2/OH 比值作为指示因子识别臭氧敏感性。

如前文所述,本研究首先设计了一系列敏感性实验定量识别臭氧敏感性。图 9.18 比较了 2017 年 7 月 WRF-CMAQ 模拟 T 值与 HO_2/OH 比值变化特征,T 值在此期间存在明显变化,表明臭氧敏感性在长三角 4 个代表站点具有明显的空间和时间异质性,因此也进一步指出了构建臭氧敏感性快速识别方法的重要性。进一步比较四站点的 T 值和 HO_2/OH 比值发现,在 2017 年 7 月整月,HO_2/OH 比值和臭氧敏感性变化在 4 个代表站点均存在很强的关联性。在上海、南京、杭州、合肥的相关系数分别达到 0.86、0.87、0.86、0.83。这也表明 HO_2/OH 指标不仅可用于识别臭氧敏感性,还可用于量化臭氧对其前体物的敏感程度。

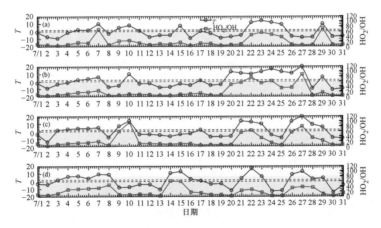

图 9.18　2017 年 7 月 WRF-CMAQ 模拟 T 值(蓝线)与 HO_2/OH 比值(红线)对比:(a) 上海;(b) 南京;(c) 杭州;(d) 合肥

背景色代表不同臭氧敏感性。红色:VOCs 控制区;绿色:过渡区;蓝色:NO_x 控制区

本研究进一步估算了 HO_2/OH 指示因子在不同代表城市识别臭氧敏感性的阈值。如表 9-9 所示,当 HO_2/OH 比值小于 11～12 时,臭氧敏感性位于 VOCs 控制区;介于 12～16 时表明臭氧敏感性位于过渡区;大于 16 时处于 NO_x 控制区。而采用 HO_2/OH 指标识别臭氧敏感性时,误差个例的百分比小于 23%,表明 HO_2/OH 是可以很好地被用于识别臭氧敏感性的良好指标。值得说明的是,误差

个例百分比在杭州过渡区达到 100%，这主要是由于位于过渡区的天数较少。综上所述，本研究认为使用 HO_2/OH 比值可以很好地用于快速识别臭氧敏感性。

表 9-9　HO_2/OH 指示因子识别不同臭氧敏感性的阈值分布和误差个例的百分比（括号内数值）

站点	NO_x 控制区	过渡区	VOCs 控制区
上海	>16（3%）	12～16（0%）	<12（0%）
南京	>17（0%）	11～17（0%）	<11（0%）
杭州	>16（23%）	12～16（100%）	<12（6%）
合肥	>16（6%）	12～16（0%）	<12（7%）

本研究进一步探究了 4 个代表站点 HO_2/OH 比值与 T 值的定量关系，如图 9.19 所示，二者相关性（R^2）达到了 0.72，表明 HO_2/OH 指示因子在长三角 4 个代表站点均与臭氧敏感性存在紧密联系，并建立了如下函数关系：

$$T = -0.0058 \times (HO_2/OH)^2 + 0.76 \times (HO_2/OH) - 10 \qquad (9.9)$$

根据 HO_2/OH 指示因子与臭氧敏感性的函数关系，本研究提出了一种定量识别臭氧敏感性强弱的新方法，基于已建立的函数关系，可以快速准确识别臭氧敏感性的强弱。研究结果对于制定动态臭氧防控策略具有重要科学意义。

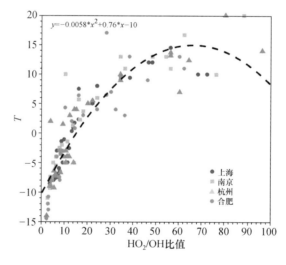

图 9.19　2017 年 7 月 HO_2/OH 比值和 T 值散点图（灰色虚线：拟合线）

4. HO_2/OH 与其他指示因子的臭氧敏感性识别效果对比

目前国内外学者已经提出了一系列光化学指示因子用于识别臭氧敏感性。因此本研究进一步比较了 HO_2/OH 与其他常用因子在指示臭氧敏感性方面的效果。如图 9.20 所示，相比于其他指示因子，HO_2/OH 比值在每个控制区的重叠部分最小，表明 HO_2/OH 因子可以很好地区分不同臭氧敏感性。然而，其他指标在 NO_x 控制区、过渡区、VOCs 控制区具有很高的重叠部分，表明这些因子无法准确区分不同的控制区。此外本研究还基于前文定义的两个量化臭氧敏感性的指标，进一步计算了每一个因子在不同控制区的重叠百分比和重叠天数，如表 9-10 所示。

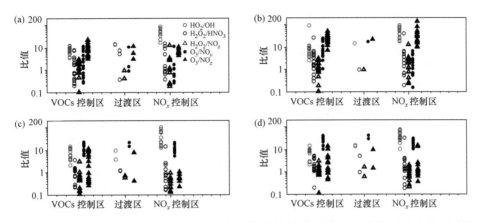

图 9.20　2017 年 7 月不同指示因子识别臭氧敏感性效果对比：(a)上海；(b)南京；(c)杭州；(d)合肥(红色：HO_2/OH 指示因子；黑色：其余指示因子)

表 9-10　上海、南京、杭州、合肥不同指示因子的重叠区域百分比和
位于重叠区域的天数(括号内数值)

站点	HO_2/OH	H_2O_2/HNO_3	H_2O_2/NO_z	O_3/NO_y	O_3/NO_z
上海	3%(1)	48.3%(24)	23.5%(27)	30.9%(17)	67.7%(21)
南京	1.6%(2)	65.7%(29)	22.5%(25)	22.4%(27)	31.3%(28)
杭州	2%(4)	24.6%(27)	29.3%(28)	8.6%(10)	91.4%(28)
合肥	5.7%(2)	15.8%(25)	64.4%(25)	93%(26)	91.6%(28)

　　结果表明在所有的指示因子中，HO_2/OH 指标识别臭氧敏感性的效果最佳，在上海、南京、杭州和合肥重叠百分比为 1.6%～5.7%，重叠天数为 1～4 天。相比之下，其他因子在识别臭氧敏感性方面表现不佳，重叠区域百分比较高(H_2O_2/HNO_3 为 15.8%～65.7%，H_2O_2/NO_z 为 22.5%～64.4%，O_3/NO_y 为 22.4%～93%，O_3/NO_z 为 31.3%～91.6%)，重叠天数较多(H_2O_2/HNO_3 为 24～29 天，H_2O_2/NO_z 为 25～27 天，O_3/NO_y 为 10～27 天，O_3/NO_z 为 21～28 天)。因此，本研究结果表明，这种基于大气氧化能力的指示因子相比于传统臭氧敏感性指示因子，可以更加准确地识别臭氧敏感性，这对于制定科学有效的动态臭氧控制策略具有重要意义。

　　总体而言，目前常用的臭氧敏感性判定方法(如：EBM、OBM)在时空代表性和计算资源方面仍然存在较大局限性，不适用于快速准确识别臭氧敏感性，进而无法服务于制定臭氧防控策略。本研究基于 HO_2/OH 与臭氧敏感性的显著关联性,构建了基于大气氧化性的指示因子与臭氧敏感性的函数关系,且臭氧敏感性识别效果优于传统指示因子,为长三角地区快速识别臭氧敏感性提供了一种新的思路。本研究成果将为长三角地区制定精细化臭氧动态控制策略提供科学支撑,并且可以很好地服务于臭氧敏感性未来变化趋势预测。

9.4.4 未来排放变化对长三角臭氧敏感性的影响

1. 4 个 RCP 情景下的排放变化

对未来臭氧前体物排放变化的认识将有助于了解未来臭氧污染状况。图 9.21 为 2010—2050 年我国 NO_x 和 VOCs 在 4 个 RCP 情景下的排放变化趋势。由图可知,2010—2050 年我国 NO_x 和 VOCs 排放变化经历了相似的变化模式,即 RCP2.6、RCP4.5 和 RCP8.5 情景均在 2020 年或 2030 年出现峰值,之后开始逐渐减少,而 RCP6.0 情景下的 NO_x 和 VOCs 排放均呈逐年上升趋势。如图 9.21(a) 所示,对于 NO_x,在 RCP2.6、RCP4.5 和 RCP8.5 情景下 2050 年相较于 2017 年的排放分别减少了 53.6%、62.7% 和 50.4%,RCP6.0 情景则增加了 59.4%。如图 9.21(b)所示,对于 VOCs,在 RCP2.6、RCP4.5 和 RCP8.5 情景下 2050 年相较于 2017 年的排放分别减少了 58.9%、48.5% 和 9.9%,RCP6.0 情景下则增加了 54.4%。

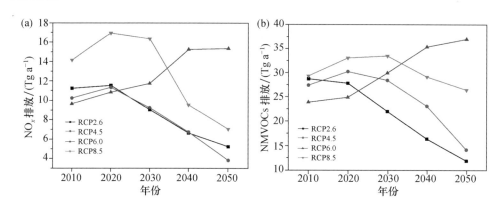

图 9.21　2010—2050 年我国 NO_x 和 VOCs 在 4 个 RCP 情景下的排放变化

基于 2017 年本地排放清单和比例因子,本研究进一步预测了 2017—2050 年上海地区的 NO_x、VOCs、CO 和 NH_3 的排放变化趋势。图 9.22 为 2017—2050 年 4 个 RCP 情景下上海人为源排放变化趋势。由图可知,上海地区的 NO_x 和 VOCs 排放变化与全国排放变化趋势基本相似。对于 NO_x[图 9.22(a)],在 RCP2.6、RCP4.5 和 RCP8.5 情景下,2050 年相较于 2017 年 NO_x 排放分别减少了 21.6%、25.4% 和 29.4%,而 RCP6.0 情景下 2050 年的 NO_x 排放量与 2017 年较为接近。

对于 VOCs[图 9.22(b)],在 RCP2.6 和 RCP4.5 情景下呈下降趋势,2050 年相较于 2017 年分别降低了 31.3% 和 24.1%,而 RCP6.0 和 RCP8.5 的 VOCs 排放则呈逐年上升趋势,2050 年相较于 2017 年分别升高了 210% 和 75.7%。CO[图 9.22(c)]在 RCP6.0 情景下呈上升趋势,在其他 3 个情景下均呈下降趋势。NH_3[图 9.22(d)]在 4 个 RCP 情景下均呈上升趋势,且 RCP2.6 情景下的上升幅度最大。

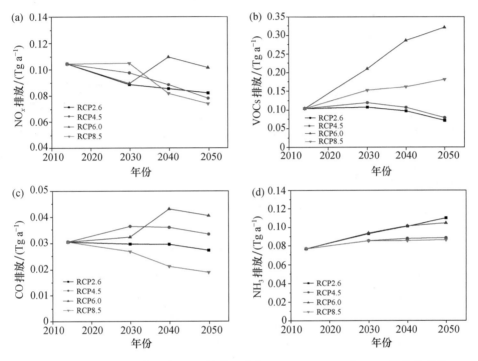

图 9.22　2017—2050 年 4 个 RCP 情景下上海 NO_x、VOCs、CO 和 NH_3 的排放变化

2. 未来情景下臭氧和大气氧化性变化特征

(1) 臭氧和 HO_x 浓度在不同 RCP 情景和不同年份下的时间变化

首先,本研究利用 2017 年的气象数据和臭氧浓度观测数据对 WRF-CMAQ 模型模拟结果进行评估。结果表明,各站点温度(风速)的平均 NMB(normalized mean bias)和 NME(normalized mean error)分别为 -6.9%(42.7%)和 13.7%(67.2%),臭氧的 NMB 和 NME 分别为 -11.1% 和 46.7%,与其他研究的结果基本吻合[33]。综上所述,WRF-CMAQ 模拟结果能够较好地反映实际大气情况,为之后的分析提供较为可靠的气象场和污染物浓度结果。本研究选择青浦站点作为代表性站点,用于阐述不同 RCP 情景和不同年份下臭氧和 HO_x 自由基浓度的时间变化。图 9.23 为不同 RCP 情景和不同年份下臭氧和 HO_x 浓度的时间序列图。

由图 9.23(a)可知,不同 RCP 情景的臭氧浓度大小顺序为:RCP6.0＞RCP

8.5＞RCP4.5＞RCP2.6。在 RCP2.6、RCP4.5 和 RCP8.5 情景下，2050 年月平均最大滑动 8 小时（MDA8）臭氧浓度相较于基础情景 2017 年分别减少了 15.3、15.2 和 14.9 ppbv，而 RCP6.0 情景下则增加了 9.2 ppbv。该现象的原因是 RCP2.6、RCP4.5 和 RCP8.5 情景下，2050 年我国大部分地区的人为源 VOCs 和 NO_x 排放显著降低，臭氧前体物的减少削弱了臭氧峰值；而 RCP6.0 情景下臭氧前体物浓度显著增加，从而导致臭氧浓度增加。不同 RCP 情景下长三角臭氧浓度的变化量与 Zhu 等[39]的研究结果基本一致。未来排放变化不仅影响臭氧浓度，也会对对流层大气氧化剂产生影响。作为最活跃的氧化剂，HO_x 自由基在二次污染物的形成过程中起着重要作用[48]。由图 9.23（b）可知，不同 RCP 情景下的 HO_x 浓度水平大小顺序为：RCP6.0＞RCP4.5＞RCP8.5＞RCP2.6。更高的前体物排放通常具有更高的自由基浓度，因而 RCP6.0 情景下的 HO_x 浓度最高，RCP2.6 情景下的浓度最低。同时，本研究也发现 RCP8.5 情景下的 HO_x 浓度小于 RCP4.5 情景，主要是因为 RCP8.5 情景下具有较高的 CH_4 排放，有利于自由基的消耗，从而导致相对较低的自由基浓度[48]。

基于我国 2020 年臭氧前体物的实际排放情况来看，NO_x 和 VOCs 分别排放了 19.8 Tg a^{-1} 和 25.6 Tg a^{-1}[49]，同时在"碳达峰、碳中和"愿景下，接下来几十年我国将采取更严格的减排措施，预计未来臭氧前体物排放趋势更接近 RCP2.6 排放情景。因此，本研究进一步探讨了 RCP2.6 排放情景在不同年份（2030—2050 年）下的臭氧浓度和 HO_x 自由基浓度变化。由图 9.23（c）可知，2030—2050 年 RCP2.6 情景的月平均 MDA8 臭氧浓度逐渐减小，2030 年、2040 年和 2050 年月平均 MDA8 臭氧浓度相较于基础情景 2017 年分别减少了 5.9、10.8 和 15.3 ppbv，

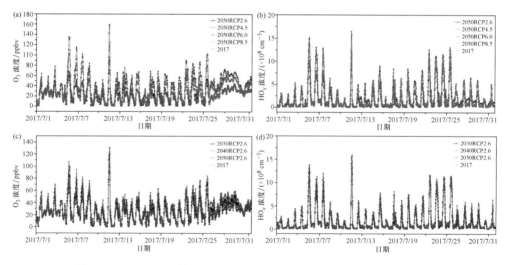

图 9.23　不同 RCP 情景和不同年份下臭氧和 HO_x 浓度的时间序列图

主要原因是臭氧前体物的持续减排导致臭氧浓度逐渐减小。由图 9.23(d)可知，HO_x 浓度展现出与臭氧浓度相似的变化趋势。2030 年、2040 年和 2050 年月平均 MDA8 的 HO_x 浓度相较于基础情景 2017 年分别减少了 0.7×10^8、1.1×10^8 和 1.4×10^8 cm^{-3}，表明随着 NO_x、VOCs 和 CO 等前体物的减少，生成自由基的"原料"不断减少，因此 HO_x 自由基浓度也随之减小。

（2）臭氧在不同 RCP 情景和不同年份的空间变化

除时间变化外，臭氧浓度分布有着显著的空间变化规律。2017 年长三角地区的高臭氧污染主要分布于上海、苏州-无锡-常州-南京经济走廊地带以及浙江北部等地区，主要原因为该区域人口众多，工业发达，汽车拥有量大，导致了强的臭氧前体物排放[33]。对于未来臭氧浓度变化，本研究发现，相较于 2017 年，2030 年 RCP2.6、RCP4.5 和 RCP8.5 情景下臭氧超标区域整体呈现减少的趋势，其中 RCP2.6 情景下的臭氧浓度降幅最大，尤其是 2040 年和 2050 年臭氧减少区域进一步扩大，主要原因为臭氧前体物的排放量显著削减。其次，2030—2050 年，长三角 RCP6.0 情景下的臭氧浓度呈明显升高趋势。臭氧浓度升高的原因一方面是本地前体物排放升高造成臭氧污染；另一方面则是长三角夏季盛行南风，来自浙江和福建等地的臭氧及其前体物的长距离传输，使得长三角地区形成严重的臭氧污染。

此外，本研究还发现长三角臭氧浓度分布存在一定的空间差异性。例如，相较于 2017 年，在 RCP2.6 情景下，2030 年川沙站点的臭氧浓度略微升高，而其他站点均表现为降低；在 RCP4.5 和 RCP8.5 情景下，2030 年静安、川沙和浦东站点均表现出升高，其他站点表现为降低。可能的原因是前体物减少，尤其是 NO_x 减少，减少了 OH、HO_2 和 NO_3 等自由基的消耗，从而增强了大气氧化性和抬升了臭氧浓度[50]。在 RCP6.0 情景下，2030 年南京和苏州臭氧浓度出现了略微降低。综上，臭氧浓度空间分布特征通常与风向有关，其次与本地前体物排放有关。

3. 不同 RCP 情景下臭氧敏感性的时空变化特征

基于前文研究发现，基于大气氧化性的指示因子（HO_2/OH）与臭氧敏感性之间存在密切的关联性，即 HO_2/OH 比值可作为判断臭氧敏感性的重要指示因子。2017 年 VOCs 控制区主要分布于交通和工业发达的城市核心区，该区域具有较高的 NO_x 排放。与此相反，NO_x 控制区主要分布于生物源排放（BVOCs）较高的乡村地区，该区域具有高的植被覆盖率。过渡区通常位于城乡接合部。此结果与其他人的研究结论基本一致[51]。不同臭氧敏感性在长三角地区的网格百分比占比如表 9-11 所示。

表 9-11　不同臭氧敏感性在长三角地区的网格百分比占比

情景	NO_x 控制区	VOCs 控制区	过渡区
2017	45.9%	47.3%	6.8%
2050RCP2.6	70.8%	26.5%	2.7%
2050RCP4.5	72.0%	25.4%	2.6%
2050RCP6.0	40.1%	53.7%	6.2%
2050RCP8.5	64.2%	31.3%	4.5%

对于未来臭氧敏感性变化,本研究发现 2050 年 RCP2.6、RCP4.5 和 RCP8.5 情景下 NO_x 控制的网格百分比占比相较于 2017 年分别增加了 24.9%、26.1% 和 18.3%,意味着在 RCP2.6、RCP4.5 和 RCP8.5 情景下,长三角大部分区域将由 VOCs 控制区转变为 NO_x 控制区,未来长三角臭氧敏感性将进入 NO_x 控制区。该现象的主要原因是 2050 年我国 NO_x 排放下降幅度远高于 NMVOCs 的下降幅度,例如,2010—2050 年我国 NO_x 排放在 RCP4.5 情景下降了 62.7%,而 VOCs 仅下降了 47.5%。较低的 NO_x 排放削弱了 HO_2 自由基的消耗,从而抬升了 HO_2/OH 比值,因此,长三角臭氧敏感性逐渐向 NO_x 控制区转变。与此相反,对于 RCP6.0 情景,VOCs 控制区由 2017 年的 47.3% 增加至 2050 年的 53.7%,预示着未来长三角地区的 VOCs 控制区将进一步扩大。究其原因,主要是 RCP6.0 情景下的 NO_x 排放增长幅度高于 NMVOCs 的增长幅度(相较于 2010 年,2050 年我国 NO_x 排放增加了 59.4%,NMVOCs 排放增加了 54.4%),更高的 NO_x 排放增强了 HO_2 自由基的消耗,导致 HO_2/OH 比值降低,因此,长三角臭氧敏感性逐渐向 VOCs 控制区转变。

本研究利用 WRF-SMOKE-CMAQ 模型研究了 2030—2050 年 4 个 RCP 排放情景下长三角臭氧敏感性的变化。未来情景下,RCP6.0 可使臭氧浓度持续升高,RCP2.6、RCP 4.5 和 RCP 8.5 情景可使臭氧浓度下降。基于大气氧化性的指示因子 HO_2/OH 与臭氧敏感性的函数关系,发现 RCP6.0 情景使 VOCs 控制区面积进一步扩大,而 RCP2.6、RCP4.5 和 RCP8.5 情景使臭氧敏感区主要进入 NO_x 控制区。在"碳达峰、碳中和"愿景下,我国 VOCs 和 NO_x 排放趋势接近 RCP2.6 情景。若无进一步强化控制措施,江苏、浙江可在 2030 年左右实现臭氧浓度下降,上海在 2040 年左右实现臭氧浓度下降,长三角大部进入 NO_x 控制区。长三角臭氧浓度呈逐渐下降趋势,NO_x 控制区逐渐扩大,进一步说明了强化 NO_x 排放控制对于臭氧污染长期改善的重要性。

9.4.5　小结

本研究应用多种技术手段,从历史、当前、未来 3 个维度对长三角臭氧敏感性长期变化趋势进行了识别分析。长三角地区臭氧敏感性过往以 VOCs 控制为主，随着一系列污染控制措施的推行，臭氧敏感性向过渡区偏移，高温时段已进入 NO_x 控制。如果考虑温度对人为源 VOCs 的影响，臭氧敏感性进一步向 NO_x 控制偏移。在未来"双碳"愿景下进行的四大结构调整可以达致 NO_x 大幅减排，使臭氧敏感性持续移向 NO_x 控制。臭氧敏感性进入 NO_x 控制可以实现臭氧与 $PM_{2.5}$ 协同控制，发挥"减污降碳"的协同效应。

9.4.6　本项目资助发表论文（按时间倒序）

（1）Huang J，Yuan Z B，Duan Y S，et al. Quantification of temperature dependence of vehicle evaporative volatile organic compound emissions from different fuel types in China. Science of the Total Environment，2022，813：152661.

（2）Xu D N，Yuan Z B，Wang M，et al. Multi-factor reconciliation of discrepancies in ozone-precursor sensitivity retrieved from observation- and emission-based models，Environmental International，2022，158：106952.

（3）Yang L F，Yuan Z B，Luo H H，et al. Identification of long-term evolution of ozone sensitivity to precursors based on two-dimensional mutual verification. Science of the Total Environment，2021，760：143401.

（4）Zhao K H，Luo H H，Yuan Z B，et al. Identification of close relationship between atmospheric oxidation and ozone formation regimes in a photochemically active region. Journal of Environmental Sciences，2021，102：373-383.

（5）Zhao K H，Hu C，Yuan Z B，et al. A modeling study of the impact of stratospheric intrusion on ozone enhancement in the lower troposphere over the Hong Kong regions，China. Atmospheric Research，2021，247：105158.

（6）Luo H H，Yang L F，Yuan Z B，et al. Synoptic condition-driven summertime ozone formation regime in Shanghai and the implication for dynamic ozone control strategies. Science of the Total Environment，2020，745：141130.

（7）Md Shakhaoat H，Christopher H F，Peter K K L，et al. Combined effects of increased O_3 and reduced NO_2 concentrations on short-term air pollution health risks in Hong Kong. Environmental Pollution，2020，doi：10.1016/j. envpol. 2020. 116280.

（8）Zhang X G，Jimmy C H F，Alexis K H L，et al. Air quality and synergistic health effects of ozone and nitrogen oxides in response to China's integrated air quality control policies during 2015—2019. Chemosphere，2020，doi：10.1016/j. chemosphere. 2020. 129385.

（9）Wang R C，Yuan Z B，Zheng J Y，et al. Characterization of VOCs emissions from construction machinery and river ships in the Pearl River Delta of China. Journal of Environmental Sciences，2020，96：138-150.

（10）Yang L F，Luo H H，Yuan Z B，et al. Quantitative impacts of meteorology and precursor emission changes on the long-term trend of ambient ozone over the Pearl River Delta, China, and implications for ozone control strategy. Atmospheric Chemistry and Physics, 2019, 19 (20): 12901-12916.

(11) Lin X H, Yuan Z B, Yang L F, et al. Impact of extreme meteorological events on ozone in the Pearl River Delta, China. Aerosol and Air Quality Research, 2019, 19(6): 1307-1324.

(12) Ou J M, Zheng J Y, Yuan Z B, et al. Reconciling discrepancies in the source characterization of VOCs between emission inventories and receptor modeling. Science of the Total Environment, 2018, 628-629: 697-706.

参 考 文 献

[1] Turnock S T, Wild O, Dentener F J, et al. The impact of future emission policies on tropospheric ozone using a parameterised approach. Atmospheric Chemistry and Physics, 2018, 18(12): 8953-8978.

[2] Sillman S, West J J. Reactive nitrogen in Mexico City and its relation to ozone-precursor sensitivity: Results from photochemical models. Atmospheric Chemistry and Physics, 2009, 9 (11): 3477-3489.

[3] Sillman S. The use of NO_y, H_2O_2 and HNO_3 as indicators for O_3-NO_x-VOC sensitivity in urban locations. J Geophys Res, 1995, 100: 175-188.

[4] Cardelino C A, Chameides W L. An observation-based model for analyzing ozone precursor relationships in the urban atmosphere. J Air Waste Manag Assoc, 1995, 45: 161-180, doi: 10. 1080/10473289. 1995. 10467356.

[5] Ou J M, Yuan Z B, Zheng J Y, et al. Ambient ozone control in a photochemically active region: Short-term despiking or long-term attainment? Environ Sci Technol, 2016, 50: 5720-5728.

[6] Jin X M, Holloway T. Spatial and temporal variability of ozone sensitivity over China observed from the ozone monitoring instrument. Journal of Geophysical Research: Atmospheres, 2015, 120(14): 7229-7246.

[7] Pusede S E and Cohen R C. On the observed response of ozone to NO_x and VOC reactivity reductions in San Joaquin Valley California 1995—present. Atmospheric Chemistry and Physics, 2012, 31(18): 311-315.

[8] Paulot F, Wunch D, Crounse J D, et al. Importance of secondary sources in the atmospheric budgets of formic and acetic acids. Atmospheric Chemistry and Physics, 2010, 11(5): 24435-24497.

[9] Rubin J I, et al. Temperature dependence of volatile organic compound evaporative emissions from motor vehicle. Journal of Geophysical Research: Atmospheres, 2006, doi: 10.

1029/2005JD006458.

[10] Xiong J Y, Wei W J, Huang S D, et al. Association between the emission rate and temperature for chemical pollutants in building materials: General correlation and understanding. Environmental Science and Technology, 2013, 47: 8540-8547.

[11] Guenther A B, Patrick R, Harley C, et al. Isoprene and monoterpene emission rate variability: Model evaluations and sensitivity analyses. Journal of Geophysical Research: Atmospheres, 1993, 98: 609-617.

[12] Ormeno E, Gentner D R, Fares S, et al. Sesquiterpenoid emissions from agricultural crops: Correlations to monoterpenoid emissions and leaf terpene content. Environmental Science and Technology, 2010, 44(10): 3758-3764.

[13] Pacifico F, Harrison S P, Jones C D, et al. Isoprene emissions and climate. Atmospheric Environment, 2013, 43(39): 6121-6135.

[14] Guenther A, Karl T, Harley P, et al. Estimates of global terrestrial isoprene emissions using MEGAN (model of emissions of gases and aerosols from nature). Atmospheric Chemistry and Physics, 2006, 6: 3181-3210.

[15] LaFranchi B W, Goldstein A H, Cohen R C. Observations of the temperature dependent response of ozone to NO_x reductions in the Sacramento, CA urban plume. Atmospheric Chemistry and Physics, 2011, 11(14): 6259-6299.

[16] Pusede S E, Gentner D R, Wooldridge P J, et al. On the temperature dependence of organic reactivity, nitrogen oxides, ozone production, and the impact of emission controls in San Joaquin Valley, California. Atmospheric Chemistry and Physics, 2014, 14(7): 3373-3395.

[17] Sillman S, He D. Some theoretical results concerning O_3-NO_x-VOC chemistry and NO_x-VOC indicators. J Geophys Res: Atmos, 2002, 107: 1-26.

[18] Xue L K, Wang T, Guo H, et al. Sources and photochemistry of volatile organic compounds in the remote atmosphere of western China: Results from the Mt Waliguan Observatory. Atmospheric Chemistry and Physics, 2013, 13(17): 8551-8567.

[19] Mao J, Ren X, Chen S, et al. Atmospheric oxidation capacity in the summer of Houston 2006: Comparison with summer measurements in other metropolitan studies. Atmospheric Environment, 2010, 44(33): 4107-4115.

[20] Moss R H, Edmonds J A, Hibbard K A, et al. The next generation of scenarios for climate change research and assessment. Nature, 2010, 463(7282): 747-756.

[21] Li K, Liao H, Zhu J, et al. Implications of RCP emissions on future $PM_{2.5}$ air quality and direct radiative forcing over China. Journal of Geophysical Research: Atmospheres, 2016, 121(21): 12913-12985.

[22] Gao Y, Fu J S, Drake J B, et al. The impact of emission and climate change on ozone in the United States under representative concentration pathways (RCPs). Atmospheric Chemistry and Physics, 2013, 13(18): 9607-9621.

[23] Moghani M, Archer C L. The impact of emissions and climate change on future ozone concentrations in the USA. Air Quality, Atmosphere & Health, 2020, 13(12): 1465-1476.

[24] Zhu J, Liao H. Future ozone air quality and radiative forcing over China owing to future changes in emissions under the representative concentration pathways (RCPs). Journal of Geophysical Research: Atmospheres, 2016, 121(4): 1978-2001.

[25] Lacressonnière G, Peuch V H, Vautard R, et al. European air quality in the 2030s and 2050s: Impacts of global and regional emission trends and of climate change. Atmospheric Environment, 2014, 92: 348-358.

[26] Sillman S and He D. Some theoretical results concerning O_3-NO_x-VOC chemistry and NO_x-VOC indicators. Journal of Geophysical Research: Atmospheres, 2002, doi: 10.1029/2001JD001123.

[27] Sillman S and West J J. Reactive nitrogen in Mexico City and its relation to ozone-precursor sensitivity: Results from photochemical models. Atmospheric Chemistry & Physics Discussions, 2009, 9(11): 20501-20536.

[28] 环境保护部. 轻型汽车污染物排放限值及测量方法(中国第五阶段). GB 18352.5—2013. 北京: 中国环境科学出版社, 2013.

[29] US Environmental Protection Agency. Determination of volatile organic compounds (VOCs) in air collected in specially-prepared canisters and analyzed by gas chromatography/mass spectrometry (GC/MS), 1999a.

[30] US Environmental Protection Agency. Photochemical assessment monitoring stations (PAMS), 1999b.

[31] Liu Y, Shao M, Lu S, et al. Source apportionment of ambient volatile organic compounds in the Pearl River Delta, China: Part Ⅱ. Atmospheric Environment, 2008, 42(25): 6261-6274.

[32] Mo Z, Shao M, Lu S, et al. Process-specific emission characteristics of volatile organic compounds (VOCs) from petrochemical facilities in the Yangtze River Delta, China. Science of the Total Environment, 2015, 533: 422-431.

[33] Luo H H, Yang L F, Yuan Z B, et al. Synoptic condition-driven summertime ozone formation regime in Shanghai and the implication for dynamic ozone control strategies. Sci Total Environ, 2020, 745: 141130, doi: 10.1016/j.scitotenv.2020.141130.

[34] Pfister G G, Walters S, Lamarque J F, et al. Projections of future summertime ozone over the US. Journal of Geophysical Research: Atmospheres, 2014, 119(9): 5559-5582.

[35] Li L, et al. Source apportionment of surface ozone in the Yangtze River Delta, China in the summer of 2013. Atmospheric Environment, 2016, 144: 194-207.

[36] Silva R D, Catalua R, Menezes E W D, et al. Effect of additives on the antiknock properties and Reid vapor pressure of gasoline. Fuel, 2005, 84(7-8): 951-959.

[37] Dai P, Ge Y, Lin Y, et al. Investigation on characteristics of exhaust and evaporative emis-

sions from passenger cars fueled with gasoline/methanol blends. Fuel, 2013, 113:10-16.

[38] Zhang M, Ge Y, Wang X, et al. An assessment of how bio-E10 will impact the vehicle-related ozone contamination in China. Energy Reports, 2020, 6: 572-581.

[39] Zhu S, Luo F, Huang W, et al. Comparison of three fermentation strategies for alleviating the negative effect of the ionic liquid 1-ethyl-3-methylimidazolium acetate on lingo cellulosic ethanol production. Applied Energy, 2017, 197:124-131.

[40] Atkins P W. Physical Chemistry. Sixth Edition. Oxford: Oxford University Press, 1998.

[41] Carter W P L. Development of ozone reactivity scales for volatile organic compounds. Air & Waste, 1994, 44(7): 881-899.

[42] 国家能源局. 车用汽油标准. GB 17930—2016. https://openstd. samr. gov. cn/bzgk/gb/newGbInfo? hcno=C45A3554980A86E41F5AA4C6F3D48DC1.

[43] Duffy B L, Nelson P F, Ye Y, et al. Speciated hydrocarbon profiles and calculated reactivities of exhaust and evaporative emissions from 82 in-use light-duty Australian vehicles. Atmos Environ,1999, 33: 291-307.

[44] Siegl W O, Guenther M T, Henney T. Identifying sources of evaporative emissions using hydrocarbon profiles to identify emission sources. SAE Technical Paper Series, 2000, No 2000-01-1139.

[45] Emery C, Liu Z, Russell A G, et al. Recommendations on statistics and benchmarks to assess photochemical model performance. J Air Waste Manage, 2017, 67: 582-598, doi:10. 1080/10962247. 2016. 1265027.

[46] Sharma S, Khare M. Photo-chemical transport modelling of tropospheric ozone: A review. Atmos Environ, 2017, 159: 34-54, doi:10. 1016/j. atmosenv. 2017. 03. 047.

[47] Zhao K, Bao Y, Huang J, et al. A high-resolution modeling study of a heat wave-driven ozone exceedance event in New York City and surrounding regions. Atmos Environ, 2019, 199: 368-379, doi:10. 1016/j. atmosenv. 2018. 10. 059.

[48] Kim M J, Park R J, Ho C, et al. Future ozone and oxidants change under the RCP scenarios. Atmospheric Environment, 2015, 101: 103-115.

[49] Lu K, Guo S, Tan Z, et al. Exploring atmospheric free-radical chemistry in China: The self-cleansing capacity and the formation of secondary air pollution. National Science Review, 2019, 6(3): 579-594.

[50] Zhu S, Poetzscher J, Shen J, et al. Comprehensive insights into O_3 changes during the COVID-19 from O_3 formation regime and atmospheric oxidation capacity. Geophysical Research Letters, 2021,doi: 10. 1029/2021GL093668.

[51] Lu H, Lyu X, Cheng H, et al. Overview on the spatial-temporal characteristics of the ozone formation regime in China. Environmental Science: Processes & Impacts, 2019, 21 (6): 916-929.

第 10 章　中国大气复合污染生成的关键化学过程集成研究

胡敏[1]，陆克定[1]，郭松[1]，葛茂发[2]，王韬[3]，宋宇[1]，吴志军[1]，李歆[1]，
李卫军[4]，王志彬[4]，尚冬杰[1]，汤丽姿[1]

[1] 北京大学，[2] 中国科学院化学研究所，[3] 香港理工大学深圳研究院，[4] 浙江大学

我国典型城市群地区的大气污染非常复杂，其主要特征包括强氧化性和高细粒子共存，被称为"大气复合污染"。已有研究表明，国外传统大气化学理论难以准确描述我国大气污染的实际情况，而国内不同区域的研究成果也未能充分彼此借鉴，亟须在大气氧化性和大气复合污染形成的化学机制方面开展集成研究，形成科学共识并参与到对流层大气化学机制方案制定方面的国际竞争。本章基于我国近年来在大气复合污染化学机制研究方面的综合外场观测数据，集成国内外相关反应动力学研究成果，针对自由基化学、新粒子生成与颗粒物演变、非均相化学反应开展集成研究，围绕臭氧污染和颗粒物污染成因解析提出相应大气化学反应机制的中国方案，在区域和全球模式框架下进行验证和应用，为区域污染防控和短寿命大气污染物的气候变化应对提供核心科技支撑。

10.1　研究背景

我国典型城市群地区的大气污染非常复杂，这主要是由于我国以煤为主的能源结构和快速发展的重化工与交通排放混合造成，其形成机理远比历史上的燃煤排放造成的"伦敦烟雾"和交通源排放导致的洛杉矶"光化学烟雾"复杂。北京大学大气化学研究团队于 20 世纪末首次提出了"大气复合污染"的概念模型用于解释我国城市群区域的空气污染现象[1]，然其具体理论内涵仍待发展建立。作为二次污染前体物的一次污染物排放强度大、浓度高，又受到不利气象条件影响，在大气复合污染理论的建立过程中，大气自由基化学、新粒子生成致霾和多相化学过程等是亟待突破的科学难题。我国大气复合污染形成的化学机制具有区域乃至全球效

应,是全球大气化学研究的热点和科学前沿。

在国家自然科学基金重大研究计划资助下,本研究覆盖了大气氧化性与自由基化学、新粒子生成与颗粒物演变机制、大气颗粒物表界面的多相反应机制等 3 个关键研究方向。已有研究表明,不仅国外的传统理论难以准确描述我国大气污染的实际情况,不同区域的研究成果也未能充分彼此借鉴,亟须在大气氧化性和大气复合污染形成的化学机制方面开展集成研究,形成科学共识。

10.1.1　大气氧化性与自由基化学

在重大研究计划框架下,在大气氧化性和大气自由基化学领域继续资助 5 个重点项目,分别覆盖了过氧自由基化学中的关键反应过程、长三角大气氧化性、HONO 土壤排放机制研究、森林地区挥发性有机物与二次污染的关系、卤素自由基的源汇机制等五方面研究主题。同期基金委在本领域还资助了若干重点、国际合作、面上、青年和优青项目,针对 HO_x 化学、NO_3 化学、HONO 化学、含氧有机物(OVOCs)化学、自由基化学反应中间体的检测等开展研究。在研究区域上覆盖了我国京津冀、长三角和珠三角三大典型城市群区域,在自由基物种上覆盖了 OH、HO_2、RO_2、NO_3 和活性卤素自由基等,在自由基化学的关键前体物和反应中间体上覆盖了 HONO、N_2O_5、PAN、H_2O_2、HCHO、乙二醛等关键物种。现有研究中发现的主要问题包括:OH 自由基的非传统再生机制[2],RO_x 自由基来源机制缺失[3],OH 自由基总反应性缺失[4,5],NO_3-N_2O_5 去除机制[6],HONO 来源机制[7,8]等。

10.1.2　新粒子生成与颗粒物演变机制

新粒子生成在内的二次颗粒物生成机制方面,国家自然科学基金重大研究计划 4 个项目被继续资助,分别覆盖了复合污染下大气成核与增长的机制及环境影响、机动车排放的二次颗粒物生成、长三角与珠三角大气非均相化学过程对霾污染的贡献、珠三角大气颗粒相有机胺的形成和演化、海盐气溶胶对沿海复合污染的贡献以及基于数值模式的二次颗粒物生成机制研究等几个方面的研究主题。在成核机制方面,对气态硫酸、无机氨、有机胺、高氧化态多官能团有机物(HOMs)等前体物与颗粒物生成速率的关系均有所覆盖;在颗粒物增长方面,对气相反应与凝结过程生成二次有机物、非均相反应生成硫酸盐和硝酸盐也进行了相应的研究;在研究技术上,重要前体物浓度以及颗粒物理化性质(化学组成、吸湿性、含水量等)的测量,二次颗粒物生成的数值模拟等技术手段也分别被完善。现有研究中的主要难点包括:污染大气中高效成核的机制[9,10],颗粒物初始增长中 HOMs 的贡献[11,12]，新粒子持续增长对霾污染的贡献[13]。

10.1.3 大气颗粒物表界面多相反应机制

重大研究计划框架下，在大气颗粒物表界面的多相反应机制方面，布局了 8 个重点项目，分别覆盖了气溶胶物理化学综合表征、二次有机气溶胶界面反应与液相氧化生成机制、重污染期间硫酸盐和硝酸盐形成的大气化学机制、不同来源颗粒物的表面和内层结构特征以及颗粒物表界面快速催化多相反应机制等。现有多相过程研究中发现的主要问题包括：硫酸盐的多相生成机制，H_2O_2、O_3、NO_2、TMI 等不同通道的贡献比例仍有争论[14,15]；气相氧化与多相过程在硝酸盐生成中的贡献，主要是我国不同区域以及污染条件下颗粒物表面 N_2O_5 的多相摄取系数的量化[16]；颗粒物的混合态、相态[17]以及酸度[16,18,19]等关键物理化学参数的量化及其对表界面多相反应影响的微观物理化学过程。二次有机气溶胶液相生成机制是国际性的研究难题[20]，在大气复合污染条件下机制并不清楚，可能更为复杂。

10.2 研究目标与研究内容

我国大气环境复杂，明确我国大气复合污染形成的化学机制对于控制大气污染至关重要。本研究针对大气复合污染形成中，多元前体物气相反应-臭氧污染-新粒子生成-增长-二次颗粒物组分生成的全过程进行集成研究，最终提出大气复合污染关键化学机制的中国方案。

10.2.1 研究目标

（1）梳理我国典型城市群区域复合污染过程中的环境条件与典型大气自由基的化学行为，参考国内外烟雾箱研究结果，对我国大气自由基化学外场观测实验开展集成分析，厘清 HO_x、NO_3 等大气自由基化学反应过程中的关键反应通道，梳理其中关键活性含氮含氧物种的源汇机制，形成对流层大气自由基化学反应机制的中国方案，提升大气自由基及其反应活性的模型模拟精准度，在动力学模型框架下开展大气氧化性的定量表征。

（2）辨识参与成核的前体物并明确促使快速成核的关键物种和机制；弄清驱动新粒子初始生成和后续增长的化学和物理机制；参数化新粒子生成与持续快速增长并致霾的关键化学过程。

（3）梳理现有重点研发计划支持的相关研究项目成果以及国内外最新研究进

展,归纳和总结我国典型污染大气条件下多界面多相反应机制并形成参数化方案。

（4）针对我国大气复合污染关键科学问题之一的光化学烟雾污染,通过深入分析和挖掘现有的研究成果,并对其进行凝练和验证,构建我国独特环境下的光化学污染形成的关键化学机制。

（5）运用数值模式和诊断分析技术,评价大气自由基反应、新粒子生成与增长、表界面多相反应机制等方面新的研究成果对我国重点区域典型大气细颗粒物污染发生-发展-消散过程中颗粒物模态分布变化、二次组分生成的影响,识别二次气溶胶生成过程中的关键化学过程和机制。

10.2.2　研究内容

1. 大气氧化性与自由基化学

针对我国复合污染过程中大气自由基关键来源转化反应通道以及关键活性含氮含氧物种源汇机制开展集成研究,系统梳理我国城市地区大气自由基及其相关前体物的大气化学研究综合观测数据,定量表征自由基浓度和大气氧化性水平;识别我国典型城市地区复合大气污染条件下大气自由基关键来源、转化过程的强度及构成;集成分析关键活性前体物 HONO 和 $ClNO_2$ 的来源转化机制;构建适配于盒子模型的醛类化合物氢转移机制,集成量化异戊二烯、芳香烃和醛类化合物降解过程中氢转移化学对自由基来源转化机制的贡献;构建 OH 自由基氧化芳香烃化合物的大气氧化反应新机理;更新夜间 NO_3 自由基与不饱和 VOCs 化学反应机理,检验和发展大气自由基化学机制;揭示大气氧化性内涵并构建大气氧化性定量表征方法,系统评估我国典型城市群地区大气氧化性强度、来源构成、季节差异和氧化致霾潜势。

2. 新粒子生成与颗粒物演变机制

针对我国人为源占主导的大气复合污染条件下新粒子生成和增长的机制以及颗粒物在二次转化过程中理化特征的演变开展集成研究,弄清新粒子生成关键前体物如气态硫酸、氨气、有机物（有机胺、高氧化态有机物 HOMs 等）对新粒子生成和增长的贡献;明确新粒子生成和增长的限制因素,定量关键化学过程与新粒子生成和增长的关系;揭示颗粒物增长过程中理化特征的演变规律,识别何种理化特征的演变有利于颗粒物的快速增长,利用特性演变将新粒子生成与后续增长进行关联,最终参数化新粒子生成-增长-致霾的全过程。

大气中二次有机气溶胶（SOA）生成有气相生成-凝结和液相过程两种主要化学路径。研究内容包括:不同人为源与生物源前体物生成 SOA 的产率研究、光化学驱动的 SOA 气相氧化研究、半/中等挥发性有机物气相氧化是 SOA 重要来源的相关研究、不同人为源排放生成 SOA 的潜势与演变规律研究、液相氧化生成 SOA 在我国大气中普遍存在的规律研究、一次有机气溶胶的液相氧化也是大气 SOA 重要来源的相关研究。

硝酸盐生成也是大气细颗粒物的重要来源，我国硝酸盐污染成因的化学机制已经大体明晰，即 OH 自由基和 NO₃ 自由基共同主导的氧化过程导致硝酸盐的生成。但是目前仍然存着一些科学细节需要进一步完善。本研究主要从硝酸盐的夜间和日间生成来分别探讨其生成机理。

3. 大气颗粒物表界面多相反应机制

针对我国典型重污染发生发展中的多相反应过程，从气态分子到颗粒物态产物转化过程中表界面多相化学反应机制出发，梳理并明确大气污染发生发展过程中重要的气态活性分子、颗粒物作为反应载体的关键物理化学性质、气态分子与颗粒物之间的关键动力学、多相反应的重要产物。结合区域光化学数值模式和实验室机制研究，综合考虑了气相氧化、液相反应以及表界面催化过程，发现了气溶胶表界面锰离子催化是硫酸盐生成的重要机制。研究阐明了我国灰霾期间硫酸盐爆发增长的核心化学机制。针对二次有机气溶胶的关键来源中等挥发性有机物，对测量技术、外场观测、实验室机制以及模式模拟等进行了总结。针对气溶胶关键特性——吸湿特性、光学特性、混合状态等颗粒物的物理特性进行了梳理，涵盖现有模型、测量技术、参数以及不同大气环境下的外场结果。通过集成已有研究，形成了针对大气颗粒物表界面多相过程的系统化关键数据。

4. 关键化学机制对臭氧生成的影响

针对影响我国臭氧污染的关键化学过程和机制开展集成研究，总结我国地面臭氧浓度和前体物丰度的变化，揭示臭氧与前体物非线性化学机制的时空分布特征；梳理卤素化学及活性氮化学等关键化学过程对地面臭氧生成的影响机制，阐明研究中存在的不足并针对新型化学过程未来的研究方向提出建议；优化活性氮化学的参数化方案，利用化学传输模型验证参数化方案的模拟性能；揭示气象和化学驱动因子对臭氧长期变化趋势的影响，查明新冠疫情期间我国典型区域大气臭氧浓度变化及主要驱动过程，定量评估活性氮化学对区域臭氧和光化学污染的影响；针对我国大气臭氧防治未来的研究以及政策制定提出建议，为我国大气光化学和臭氧污染调控对策研究提供科学依据和理论基础。

5. 关键化学机制对 PM₂.₅ 生成的影响

针对我国颗粒物污染的关键化学过程和机制开展了集成研究，收集整理大气新粒子成核与增长速率参数化公式或动力学模型，以及硫酸盐、硝酸盐、二次有机气溶胶生成速率的参数化方法；利用化学传输模型验证参数化方案对我国颗粒物二次组分的模拟效果,集成模式模拟研究结果,总结了我国气相反应、非均相反应等关键化学过程对 $PM_{2.5}$ 中重要二次组分的贡献,对其中主要化学通道进行了识别,在此基础上形成了对我国二次颗粒物污染成因具有普适性的认知,并提出未来研究的主要方向。

10.3　研究方案

本研究采用理论分析、实验观测和数值模拟相结合的方法,对我国大气复合污染生成的关键化学过程包括大气氧化性与自由基化学、新粒子生成与颗粒物演变机制、大气颗粒物表界面多相反应机制、关键化学机制对臭氧生成的影响、关键化学机制对 $PM_{2.5}$ 生成的影响进行集成研究(图 10.1)。

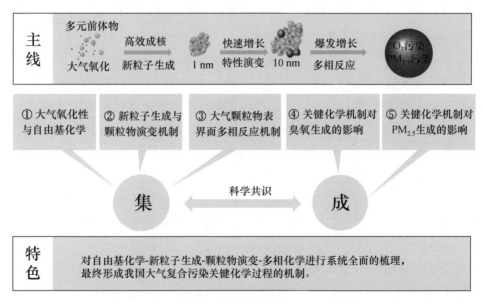

图 10.1　技术路线

10.3.1　大气氧化性与自由基化学

梳理重大研究计划中关于自由基化学和大气氧化性方面项目的研究成果,基于我国京津冀、珠三角和长三角等典型城市群区域大气自由基化学观测实验结果,依托动力学模型系统基于闭合实验发展建立适用于我国复合污染条件下的大气化学反应机制。具体研究方法包括:

基于观测数据约束的动力学模型系统(OBM),使用国际上最先进的大气化学反应机制,基于数值闭合实验研究思路,针对具有不同 VOCs 浓度、NO_x 浓度和细颗粒物浓度的大气过程开展从自由基浓度、化学行为到反应速率的闭合研究。结合已有的反应动力学和量化计算研究成果,给出高 VOCs 低 NO_x 区间 OH 自由基非传统再生机制的参数化方案、高 NO_x 区间 HONO 来源机制的参数化方案、高 NO_x 区间有机过氧自由基初级来源的参数化方案,建立适用于我国复合污染条件下的大气自由基化学机制,从原理上提高模型的模拟和预报精度。

通过比较 OH 总反应性的测量值($k_{OH,meas}$)、基于 OH 反应物(NO_x、HNO_2、CO、CH_4、VOCs 等)测量浓度的计算值($k_{OH,calc}$)、模型模拟值($k_{OH,model}$)三者之间的差异,明确 OH 自由基反应活性缺失是源自测量物种缺失还是模型机理缺陷。利用大气化学模式综合分析在线 GC-MS/FID、PTR-ToF-MS 对各类挥发性有机物、氧化中间态产物、超低挥发性有机物的观测结果,识别对活性缺失贡献较大的关键物种,通过闭合实验分析,验证、补充和优化这些关键物种的来源与转化机制,进而改善模式对 OH 自由基去除速率的模拟效果,提升 HO_x 自由基浓度模拟的精度,系统评估 OH 活性缺失对大气复合污染形成的影响。根据浓度、反应活性、气溶胶生成潜势等指标,识别我国典型大气污染条件下的关键 OVOCs 物种,通过过程分析和敏感性测试,厘清各 OVOCs 的生消途径、产率及其影响因素,结合烟雾箱实验研究成果,探讨导致 OVOCs 模拟值与观测值出现差异的主要原因,明确其对 HO_x 自由基循环再生的影响,改进和优化现有的 OVOCs 化学反应机理。

基于 N_2O_5 和相关参数的测量,采用拟稳态分析方法、产物增长拟合法或者迭代模型方法来准确定量 N_2O_5 非均相反应对 NO_3-N_2O_5 的去除贡献。在准确定量 N_2O_5 非均相反应对 NO_3-N_2O_5 化学体系的去除贡献的前提下,基于闭合实验对 NO_3 与不饱和 VOCs 反应机理进行验证和发展。系统解析 NO_3 自由基氧化不饱和 VOCs 的二次产物,系统集成 NO_3 和 RO_2 的反应,评估上述反应对 NO_3 反应活性的贡献。对 NO_3 和不饱和 VOCs(尤其是生物源 VOCs)反应的产物进行识别和定量,重点梳理 NO_3 自由基和 α-蒎烯、β-蒎烯等化学反应以及产物产率等方面的研究,并集成该系列反应和 RO_2 与 NO 反应生成有机硝酸的反应机制。

10.3.2 新粒子生成与颗粒物演变机制

梳理重大研究计划中已有的关于新粒子生成与颗粒物演化机制项目的研究成果,总结出具有共识性的新粒子生成与增长的关键化学机制、颗粒物增长过程中理化特征的演变规律,利用烟雾箱模拟和模式模拟对共识性的机制进行验证,再将新机制加入模型中定量表征新粒子生成、增长至致霾全过程。具体研究方法包括:

总结已有项目中基于长期的新粒子生成外场观测的结果,对新粒子发生频率、新粒子致霾概率、新粒子生成特征等进行数据和综合分析,评估大气氧化性、气态污染物和气象条件对新粒子核化效率和增长速率的贡献,弄清我国大气复合污染条件下新粒子生成的发生条件与导致我国大气中高效核化和快速增长的原因。并与国际上清洁地区的研究成果进行综合分析比较,揭示我国强大气氧化性的大气复合污染条件下新粒子生成的特征。

总结和进一步挖掘和分析综合外场观测数据,并结合实验室模拟结果,梳理目前对我国新粒子生成与增长的机制的认识,识别何种气态前体物包括气态硫酸、无机氨、有机物(有机胺、HOMs 等)对新粒子生成和增长的贡献,厘清污染条件下新粒子生成的限制因素。

综合新粒子生成和增长机制,将不同气态前体物对新粒子生成和增长的定量贡献加入模型中(量子化学模型,如 ACDC 等;盒子模式,如 MALTE BOX 等),提出我国大气复合污染条件下新粒子生成的参数化方案。

梳理我国污染条件下颗粒物演变机制的研究,尤其针对新生成颗粒物进一步增长过程中特性的演变规律,识别有利于颗粒物进一步增长的特性演变(如氧化态、吸湿性的演变使得新生成颗粒物表面更容易发生凝结、吸附和进一步的多相反应),弄清和进一步量化表征这些特性的演变对颗粒物浓度爆发性增长的贡献,参数化表征颗粒物的演变过程。

10.3.3　大气颗粒物表界面多相反应机制

梳理现有重点研发计划支持的相关研究项目成果以及国内外最新研究进展,基于前体物浓度、反应途径、温度、湿度、表界面与颗粒相性质,归类总结关键的多相反应过程的摄取系数,形成模型可用的参数化方案。耦合化学传输模型评估硫酸盐、硝酸盐、铵盐、二次有机气溶胶多相生成机制。具体研究方法包括:

归纳和总结我国典型污染大气条件下多界面多相反应机制并形成参数化方案。基于我国京津冀等典型区域大气颗粒物的观测实验结果,结合化学反应模型,甄别适合我国大气复合污染条件下的动力学参数与多相反应机制,评估不同反应途径在不同阶段和不同区域重污染形成中的作用。

10.3.4　关键化学机制对臭氧生成的影响

分析整理我国典型区域已开展的有关大气光化学污染、臭氧与前体物关系的观测和模式的研究成果,凝练我国特殊环境下光化学污染和臭氧生成的关键化学机制,改进和完善现有的大气化学传输模式中臭氧生成的化学机制,开展数值模式模拟研究,建立典型区域各类前体物和化学机制与光化学污染形成的响应关系。具体研究方法包括:

搜集和整理在我国典型区域如华北、长三角和珠三角开展的光化学污染相关的观测和模拟结果，对不同地区光化学污染及其主要前体物的关系进行分析。并结合课题承担单位获得的我国典型地区长期的臭氧观测资料，与欧美国家相关研究结果相对比，揭示光化学污染及其前体物的长期变化趋势和主要影响因素。

以专题研讨会形式，联系和组织重大研究计划中光化学污染相关的项目研究团队，跟踪和挖掘各团队在光化学污染形成机制方面的研究资料和成果，通过与各团队的及时沟通和定时交流来探讨影响各地区光化学污染形成的关键过程，综合各项目在实验室、野外观测和模式研究方面的资料和结果，整合国内外臭氧反应机制的最新进展，凝练我国特殊环境下光化学污染和臭氧生成的关键化学机制。

基于凝练和总结的光化学污染关键化学过程，改进和完善大气化学传输模型（包括 WRF-Chem 和 WRF-CMAQ）中的相关模块，并结合改善的关键前体物（如：BVOCs、氯化物、HONO 等）排放清单，评估优化后的模型对我国光化学污染和臭氧的模拟效果。利用改进和验证后的模型，围绕我国区域排放和区域污染，针对典型区域进行一系列敏感性数值模拟，分析影响不同区域臭氧生成的关键物种及化学过程，量化臭氧浓度对各类前体物的响应关系，量化新的化学机制与传统机制对我国光化学污染和臭氧生成的影响。

10.3.5 关键化学机制对 $PM_{2.5}$ 生成的影响

基于本研究对我国在大气自由基反应机制、新粒子生成机制、表界面多相反应机制等方面新近研究成果的总结和集成，运用数值模式模拟的技术方法，评估上述各方面重要集成成果对我国重点区域典型大气细颗粒物污染的颗粒物模态分布变化、二次组分生成的影响，识别二次气溶胶生成过程中的关键化学过程和机制。具体研究方法包括：

大气化学机制集成结果的模式参数化：针对重要自由基物种的来源及氧化机制、新粒子生成机制及后续增长主要驱动因子、多相反应上获得的关键过程与参数，结合当前主流大气化学传输模式（例如 Models-3/CMAQ、CAMx 或 WRF-Chem 模式）在相关方面的参数设置和模拟方法，通过对比分析和评估，建立气相化学模块、气溶胶模块等关键模型构件的化学机制参数化方案，将集成研究结果纳入大气化学传输模式的技术体系中。

$PM_{2.5}$ 污染生成关键化学机制的模拟诊断分析：针对我国重点地区（例如京津冀）的典型 $PM_{2.5}$ 污染过程进行数值模拟，利用高时间分辨和粒径分辨的 $PM_{2.5}$ 化学组分、物理性质、光学性质以及同步气态污染物和气象观测参数进行模式模拟效果评估，运用模式诊断分析的技术手段（如标记法、质量平衡分析、过程分析、敏感性分析等），针对二次颗粒物的主要组分（硫酸盐、硝酸盐、有机物等），识别出在其化学转化生成过程中的关键化学过程和生成机制。

　　大气化学机制集成结果对我国 $PM_{2.5}$ 污染模拟的定量与科学评估：通过模式的标准大气化学机制设置与纳入集成结果新方案的模式模拟结果比较和诊断分析，系统评估大气化学机制集成结果对 $PM_{2.5}$ 污染过程模拟效果的影响，清晰诊断污染发生-发展-消散过程中新粒子发生、细颗粒物吸湿增长、表界面和多相化学反应等过程所导致的颗粒物模态变化与 $PM_{2.5}$ 快速质量增长的关键驱动因素。

10.4　主要进展与成果

10.4.1　大气氧化性与自由基化学

1. HO_x 自由基外场观测和浓度水平

　　图 10.2 总结了已有的在城市地区开展的自由基综合观测实验，其中上半部分为我国开展的实验，主要位于珠三角、京津冀、长三角以及成渝地区等典型四大城市群地区；下半部分为国外开展的观测实验，主要围绕发达国家的城市地区开展。从对比图可以看出，我国 OH 自由基外场测量开始时间相较于欧美发达国家较晚，2006 年在我国珠三角和华北平原首次进行了两次外场综合观测实验，随后在华北平原、长三角以及成渝地区相继开展了十余次外场综合观测实验。其中，在2016—2018 年期间，还先后开展了 4 次北京冬季 HO_x 自由基观测实验，获取了宝贵的自由基外场观测数据。

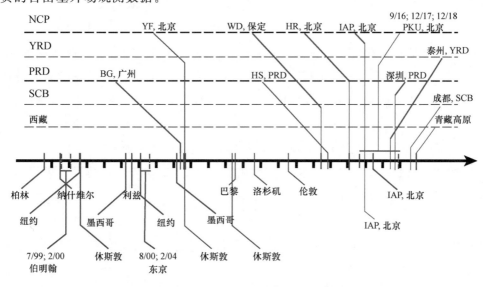

图 10.2　国内外城市地区包含 HO_x 自由基测量的外场综合观测实验时间发展线

如图 10.3 所示,我国城市地区夏季 OH 自由基平均峰值浓度水平在 $(5 \sim 14) \times 10^6$ cm^{-3} 范围内,HO$_2$ 自由基平均峰值浓度水平在 $(3 \sim 18) \times 10^8$ cm^{-3} 范围内;冬季 OH 自由基峰值浓度水平在 $(1.7 \sim 3.1) \times 10^6$ cm^{-3} 范围内,HO$_2$ 自由基平均峰值浓度水平在 $(3 \sim 9) \times 10^7$ cm^{-3} 范围内。与国外城市地区外场观测对比,我国城市地区 HO$_x$ 自由基浓度水平整体较高,特别是我国冬季 OH 自由基浓度水平显著高于国外城市地区,表明了我国大气复合污染条件下氧化性增强的特征。

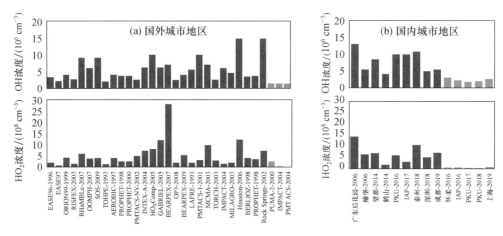

图 10.3　国内外城市地区 HO$_x$ 自由基外场综合观测实验中 OH 和 HO$_2$ 自由基浓度对比

红色柱代表夏季观测结果,蓝色柱代表冬季观测结果

2. HO$_x$ 自由基来源机制研究

综合我国城市地区的自由基外场观测结果来看,无论是光热条件较好的夏季还是光热条件较差的冬季,光解反应均是最重要的自由基初级来源过程,包括 HONO 光解、臭氧光解、HCHO 以及其他羰基类化合物光解等。其中 HONO 光解是最重要的自由基初级来源过程,约贡献 20%～85% 的自由基初级来源速率。此外,臭氧光解反应在夏季也有重要贡献,约贡献 7%～17% 的自由基初级来源速率。冬季由于光热条件和水汽浓度均不足,臭氧光解的贡献基本可以忽略不计 (<1%)。由于醛类和羰基类化合物大多来自光氧化二次生成,因此在夏季的贡献要显著高于冬季。除此之外,臭氧烯烃反应对自由基初级来源也有一定贡献,且在冬季的相对贡献略高于夏季。从总的反应速率来看,夏季自由基初级来源速率约是冬季自由基初级来源速率的 2～5 倍。

上述结论均是基于现有模式模拟分析得出的结果。事实上,通过对比观测和模拟结果发现,在高 NO$_x$ 条件下,模型严重低估了过氧自由基浓度,且低估程度随 NO$_x$ 浓度升高愈发严重。在冬季重污染过程中,模型可能低估数十倍 HO$_2$ 自由基浓度。基于我国城市地区的冬季外场观测原位测量结果开展自由基收支闭合分析,在重度污染天,未知自由基来源速率约为已知来源速率的 2～3 倍,大气强氧化性的主要气相来源是这些未知自由基初级来源和 HONO 光解过程。进一步研究表明,这些未知自由基初级来源过程与 NO 排放以及光解过程密切相关。

关于未知来源的本质,目前仍不十分清楚,但最新研究表明,以硝酰氯为代表的活性卤素化合物(reactive halogen species,RHS)可能是大气自由基的新来源过程。近年来基于我国站点的观测发现了较高浓度的 $ClNO_2$,其来源主要与人类生产和生活的排放有关——氮氧化物转化形成五氧化二氮(N_2O_5),后者能在颗粒物表面发生非均相反应。如果颗粒物中还有游离态的氯离子,则此过程能够活化颗粒物中的氯,进而生成 $ClNO_2$。$ClNO_2$ 则能够发生光解反应,形成 Cl 自由基(其氧化能力较 OH 自由基高 1～2 个数量级),对大气中的痕量气体实现快速氧化(尤其是对烷烃类物种),因此能够有效增加大气氧化性。除 $ClNO_2$ 外,研究表明其他活性卤素化合物(BrCl 等)也可能对城市地区大气氧化性有重要作用。

3. HO_x 自由基转化机制研究

(1) OH 非传统再生机制

Hofzumahaus 等人于 2006 年在广东后花园观测中提出,低 NO 条件下存在一种 OH 自由基非传统再生机制可解释 OH 的低估,即存在一种物质 X,与 NO 作用类似,可将 RO_2 转化为 HO_2,继而将 HO_2 转化为 OH,从而实现 OH 的再生(RO_2 →HO_2,HO_2→OH),在再生 OH 的同时不影响 HO_2 的产生,同时由于没有 NO_2 的生成,因此该机制也不会额外产生臭氧[21]。

研究结果表明,X 机制可普遍解释我国京津冀、珠三角、长三角和成渝地区四大典型城市群的 OH 自由基低估问题,但不同观测中所需要的 X 物质浓度有所不同,不同观测中所需的 X 浓度在 0.1～0.85 ppb 范围内。通过归一化化学坐标系分析法,对全球十余个高 VOCs 地区的 OH 观测结果进行集成分析发现,这种非传统再生机制在我国典型地区和不同季节普遍存在,并且在国外几个综合观测实验中得到验证。

研究探究了我国 7 次夏秋季外场综合观测实验中 OH 非传统再生机制与 k_{VOCs}/k_{NO}、k_{AVOCs}/k_{NO}、k_{BVOCs}/k_{NO} 以及 k_{OVOCs}/k_{NO} 间的相关关系(图 10.4)。结果表明,X 与 k_{OVOCs}/k_{NO} 之间存在非常强的相关关系,X 与 k_{BVOCs}/k_{NO} 之间相关关系一般,而 X 与 k_{AVOCs}/k_{NO} 之间几乎无相关关系。说明 X 机制除与 NO 浓度相关之外,与氧化态挥发性有机物(OVOCs)间也存在一定的相关关系,这为 OH 非传统再生机制的形式探究提供了重要依据。

(2) 氢转移化学

近年来,研究者提出过氧自由基可通过自氧化过程再生 OH 和 HO_2 自由基,在一定程度上可解决自由基未知来源缺失的问题。

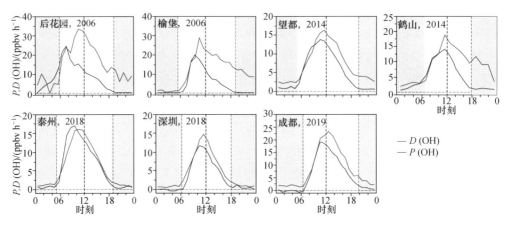

图 10.4　我国 7 次夏秋季外场观测中 OH 生成速率和去除速率比对

综合异戊二烯、芳香烃和醛类衍生的过氧自由基自氧化机制，结合数次我国城市地区夏季 OH 自由基外场观测结果，开展模型情景分析，对自由基浓度及来源贡献进行定量探究。如图 10.5，在 OH 自由基来源缺失相对较小的环境条件下，异戊二烯和醛类衍生的过氧自由基自氧化机理基本可全部解释 OH 自由基未知来源，其中以醛类衍生的过氧自由基自氧化通道为主导。在 OH 自由基未知来源缺失相对较大的环境条件下，自氧化机制仅可解释其中一小部分 OH 未知来源，如后花园和榆垡两次观测中，依然存在接近 90% 的未知来源未被自氧化机制所解释。因此，不同环境条件下自氧化机理对 OH 自由基未知来源的贡献是不同的。

（3）芳香烃氧化机制

大气中芳香族化合物氧化的起始是由 OH 自由基的反应主导的，反应主要分为摘氢和加成两种途径。摘氢途径占比较小，是芳香醛类化合物的主要生成途径。加成途径占比较大，产物 C-yl 烷基自由基又可以和 O_2 发生摘氢和加成两种反应。当 C-yl 烷基自由基与 O_2 发生摘氢反应时，会形成酚类化合物。当 C-yl 烷基自由基与 O_2 发生多次加成反应时，会产生大量的 RO_2 自由基，这些 RO_2 自由基可以与 NO、HO_2 和 RO_2 自由基发生双分子反应形成 RO 自由基、有机硝酸酯、过氧化物、醌类化合物等，部分双环 RO_2 还可以进行分子内氢转移形成更高氧化态、低挥发性的 HOMs。双分子反应产生的 RO 自由基的汇主要是由烷氧基环氧化和环断裂之间的竞争决定的。而 RO 环断裂产生的烷氧基自由基后续不仅可以分解形成小分子醛类化合物，也可以通过 1,5-醛类氢转移反应和一氧化碳损失（CO-loss）反应生成烯酮-烯醇化合物和低碳化合物。

以 MCMv331 机理为基础框架，本研究加入了形成多羟基化合物、烷氧自由基环氧化、双环过氧自由基分子内氢转移、醛类化合物氢转移、CO-loss 生成低碳产物等反应过程（图 10.6），输入烟雾箱实验实测的氧化产物的产率，构建成一套以

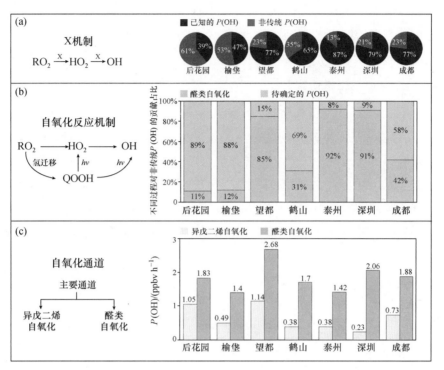

图 10.5　(a) OH 非传统再生机制(X 机制)示意图,以及我国夏秋季外场观测实验中,低 NO 区间(10:00—16:00)闭合实验下 OH 自由基已知来源和未知来源的相对占比;(b) 以醛类自氧化反应为主导的自由基非传统再生机制示意图,以及我国夏秋季外场观测实验中,低 NO 区间(10:00—16:00)醛类衍生的过氧自由基自氧化机制在 OH 未知来源中的贡献占比;(c) 主要的自氧化通道,以及我国夏秋季外场观测实验中,低 NO 区间(10:00—16:00)异戊二烯和醛类自氧化机制下的 OH 自由基生成速率比

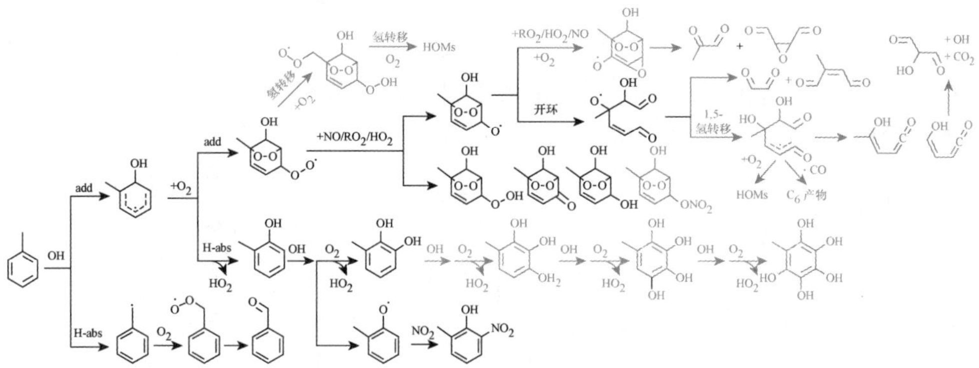

图 10.6　梳理更新后的芳香烃氧化机理(以甲苯为例)

注:深色表示 MCMv331 机理,浅色表示新机理

OH 自由基主导的芳香烃大气氧化反应新机理,根据其反应产物主要分为醛通道、酚通道、双环 RO$_2$ 通道和环氧化物通道。更新的芳香烃氧化机理提升了现阶

段对芳香烃中 OH 氧化再生的认识，发现在低 NO_x 条件下，1,5-醛类化合物氢转移对自由基再生的重要性，可为后续复合污染条件下的大气中芳香烃氧化过程提供模型机理支撑（图 10.6）。

4. NO₃ 自由基化学研究

NO_3 自由基是一种强氧化剂，能够与多种 VOCs 发生反应，包括烯烃、芳香烃、含氧化合物和还原性硫化物（图 10.7）。NO_3 自由基与 VOCs 反应是提供夜间大气氧化性的主要途径，它通过进攻有机物的未饱和 C—C 双键或与二甲基硫（DMS）发生摘氢反应，是生物源挥发性有机物（BVOCs）去除的重要途径。BVOCs 通常拥有一个甚至多个不饱和功能团，所以它们对于 NO_3 自由基和 O_3 的氧化更敏感。部分萜烯类物种与 NO_3 自由基反应速率甚至超过其与 OH 自由基的反应速率。

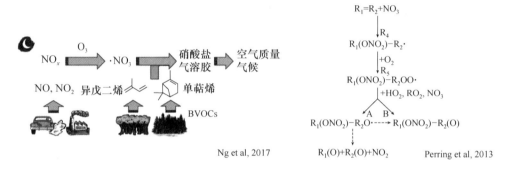

图 10.7　NO₃ 与不饱和挥发性有机物反应概念图

常见的 BVOCs（例如异戊二烯、单萜烯）通过 NO_3 氧化反应的 SOA 产率比 OH 和 O_3 氧化的产率高[22-28]。其中单萜烯是 NO_3 反应生成 SOA 的重要来源，文献中的产率都超过了 20%（α-蒎烯除外，α-蒎烯有更大的羰基化合物产率而非有机硝酸盐）。异戊二烯的 SOA 产率相比单萜烯大幅降低（2%～24%），而倍半萜烯（如 β-石竹烯）的产率相比单萜烯要高很多（86%～150%）[29,30]。NO_3 与 β-蒎烯加成反应所产生的 RO_2 自由基会进一步通过自氧化、与其他 RO_2 碰并及单分子终止等反应通道生成多类 SOA。

对于实际大气的 NO_3 总反应活性包括间接测量和直接测量两种方法。在 1998 年开展的 Berliner Ozonexperiment（BERLIOZ）外场研究中，NO_3 与 VOCs 的同时测量实现了第一次评估 NO_3、OH 和 O_3 收支对比[31]。作为半郊区半森林地区的地面测量，NO_3 的浓度最高值为 70 ppt，根据稳态法计算的大气寿命在 20～540 s。研究发现 NO_3 最重要的两个去除通道为与烯烃的反应（单萜烯主导）和 N_2O_5 的非均相反应。在这次研究中，第一次计算 NO_3 对 VOCs 和烯烃的氧化占总氧化通道（NO_3＋OH＋O_3）的 28% 和 31%。其他一些研究讨论了 NO_3-

BVOCs 化学在污染地区的作用。发现在污染地区,NO_3-BVOCs、NO_3/N_2O_5 的非均相摄取、NO_3-AVOCs 都很重要[32,33]。Chen 等人[34]等通过模型计算夜间 VOCs 的氧化比例发现,在 NO_x/KO_3 大于 0.2×10^7 ppbv s^{-1} 的情况下,NO_3 主导了 VOCs 的氧化过程;低于此条件时,臭氧主导了 VOCs 的氧化过程。NO_3 总反应活性的外场直接测量还较为有限,仅有 Liebmann 开展了 3 次外场观测,在针叶林的环境中,单萜烯主导了 NO_3 的反应活性(夜晚占 70%,白天占 40%),主要物种为 α-蒎烯、β-蒎烯、莰烯、柠檬烯和莰烯[35-37]。

5. 大气氧化性定量表征

大气是氧化性介质,低氧化态物种在大气中通过各种过程逐步走向高氧化态,然后被地气交换过程(干沉降和湿沉降)清除。这种属性通常称为大气氧化性或大气自净能力,表现为自由基(OH、NO_3、Cl 等)和 O_3 等氧化还原性物质的能力,主要用自由基浓度、OH 去除速率和污染物去除速率来表征。

OH 自由基作为对流层大气最重要的氧化剂,其浓度通常被用作评估大气氧化性的重要指标。但仅从自由基浓度水平出发,并不能看出我国大气氧化能力与欧美等发达国家有明显的差异,且与二次污染程度的差异不十分匹配。对此,大气氧化性可由大气中还原性污染物通过大气氧化剂(OH、NO_3 和 O_3 等)氧化被去除进而生成二次污染物的速率进行表征:

$$\text{大气氧化性} \approx [OH] \times k_{OH} + [O_3] \times k_{O_3} + [NO_3] \times k_{NO_3} + \cdots \quad (10.1)$$

对流层中绝大多数还原性气体的氧化去除都是通过与 OH 自由基的反应通道完成的(图 10.8)。进一步地,O_3 是 OH 自由基的氧化产物,NO_3 自由基是 O_3 的氧化产物。因此在对流层尺度上来讲,还原性污染物的去除速率可用 OH 自由基氧化速率来简化表征,它是由 OH 自由基的浓度水平($[OH]$)及其与气态污染物的反应活性之和(k_{OH},$k_{OH} = \sum [P_i] \times k_{OH+P_i}$,$P_i$ 代表气态污染物)的乘积来确定的。

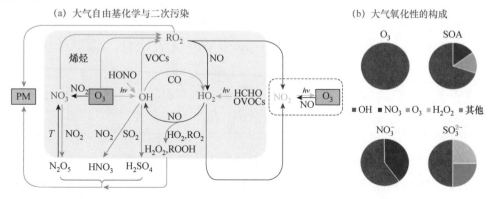

图 10.8　(a) 大气自由基化学与二次污染生成机制概念图和(b) 大气氧化性构成示意图

结合近年来在我国城市地区开展的夏秋季和冬季 OH 自由基综合观测实验结果，对我国冬夏季的大气氧化性进行深入剖析，重点探讨了在不同污染特征（夏季臭氧和冬季颗粒物）及不同光热条件下我国大气氧化性的气相来源的强度及其构成差异。结果表明，在我国大气复合污染条件下，无论冬季还是夏季均存在大气强氧化性。HONO、O_3 等光解的高强度自由基初级来源和自由基快速光化学循环放大能力共同维持了夏季大气强氧化性，冬季则是自由基快速去除速率和污染物复杂多相反应共同维持了冬季污染过程中的大气强氧化性。目前已清楚地认识到大气氧化性的重要作用，但对大气氧化性科学内涵和定量表征的研究还十分薄弱，需选择典型区域开展更加深入全面的研究。

10.4.2 新粒子生成与颗粒物演变机制

1. 大气复合污染条件下新粒子生成与增长机制

（1）新粒子成核机制

新粒子生成过程是指大气中气态污染物通过氧化、凝结等过程形成分子簇，并进一步增长至较大尺寸，贡献高数浓度颗粒物的过程，具有重要的空气质量和全球气候影响。目前的研究普遍认为气态硫酸（H_2SO_4，或 SA）是参与成核和增长过程的关键物种，但是很多研究结果表明只有硫酸往往很难解释实际大气环境中发生的新粒子生成（NPF）现象，一些模拟计算和烟雾箱模拟结果也表明了其他物种如无机氨、有机胺和挥发性有机物的参与。根据参与成核物种的不同，国际上有几种理论用于解释大气中的成核事件（表 10-1）。已有研究表明酸-碱成核是城市大气下的关键成核机制；对于郊区大气，有机酸在成核过程中发挥重要作用。

表 10-1　大气成核理论的概述

成核理论	参与物种	代表文献
二元均相成核	$H_2O + H_2SO_4$	[38,39]
三元均相成核	$H_2O + H_2SO_4 + NH_3$	[40]
离子参与成核	$H_2O + H_2SO_4 + 离子$	[41,42]
碘参与成核	$H_2O + H_2SO_4 + IO_x$	[43-45]
有机胺参与成核	$H_2O + H_2SO_4 + 胺$	[46]
VOCs 氧化产物参与成核	$H_2O + H_2SO_4 + O_x-Org$	[42,47]

酸-碱成核机制被认为是城市大气下新粒子成核的关键机制。酸具体指气态硫酸（H_2SO_4），碱包括无机氨（NH_3）和有机胺，有机胺中以二甲胺（DMA）为代表。CLOUD 烟雾箱实验发现当加入 3～100 ppt 的 DMA 后，气态硫酸的成核能力达

到实际外场观测的结果[46]。Yao 等人[10]首次在中国大气环境证明了该机制:在机动车尾气等人为源排放作用下,我国大气中 DMA 浓度可以达到 10~40 ppt,这一浓度与 CLOUD 烟雾箱实验接近,且气态硫酸与成核速率之间的相关关系也与 CLOUD 烟雾箱中 10 ppt 下的结果一致,说明气态硫酸-DMA 的成核机制是上海城市大气中的重要成核机制[10]。北京地区的观测结果也显示了酸碱分子簇与成核速率的较好相关性,表明酸-碱成核在北京大气成核中的关键作用[48]。Cai 等人[49]使用北京和上海的外场观测结果,结合实验室模拟以及模式模拟发现,中性 H_2SO_4-碱成核的第一个和速率限制步骤(在经典成核理论中通常称为形成"临界簇"的步骤)是形成 $(H_2SO_4)_1(胺)_1$ 分子簇,而不是形成和随后稳定的 $(H_2SO_4)_2$ 分子簇。

　　有机物参与成核也是我国大气主要的成核机制之一。Guo 等人[50]采用外场观测结合准实际大气烟雾箱实验发现,我国大气复合污染条件下具有极强的新粒子生成潜势,已存在颗粒物抑制新粒子发生。机动车排放有机物的二次转化是新粒子高效生成和快速增长的主要原因,而不是酸和碱主导的成核机制(图 10.9)。若不控制机动车尾气中的有机物排放,其导致的 NPF 过程对城市大气污染有重要影响。

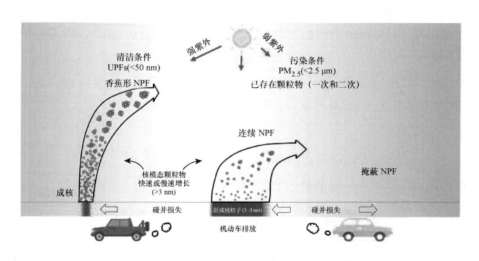

图 10.9　城市大气中的 NPF 机制示意图[50]

　　多项烟雾箱和理论计算研究表明,有机酸也可以参与新粒子成核[51]。Lu 等人[52]使用密度泛函理论结合大气团动力学代码,采用大气相关浓度的 SA、DMA 和三氟乙酸(TFA,一种常见的大气全氟羧酸)模拟团簇的形成和生长,结果表明 TFA 的存在导致了复杂的团簇形成途径,NPF 速率提高了 2.3 倍。Fang 等人[53]发现我国华北地区郊区的高成核速率不能被 DMA/NH_3 参与成核机制所解释,

CI-APi-ToF 的结果表明二元羧酸(SUA)参与成核的重要初始步骤是 SUA 分子与第二个硫酸分子(SA)竞争以添加到 SA・DMA 簇中,形成 SUA・SA・DMA 簇,进而提出 SUA 可能是郊区环境下促进新粒子成核的重要物种。

(2) 新粒子增长机制

复合污染条件下的新粒子增长研究结果表明气态硫酸主导颗粒物初始增长,有机物主导后续增长,其中人为源有机物的贡献非常重要[54]。城市大气下的新粒子增长机制的研究主要包括外场观测和烟雾箱实验。在外场观测中主要采用两种研究手段,一是用质谱直接测量新粒子的颗粒物组分,判断不同物种在增长中的贡献;二是和国外清洁大气研究类似,利用质谱测量气相硫酸和氧化有机物(OOMs)的浓度,结合挥发性,代入增长动力学模型计算不同物种对增长的贡献。

Li 等人[55]利用热脱附化学电离质谱仪(TD-CIMS)直接测量了小粒径颗粒物的化学组分,发现北京城市新粒子生成过程中的 8～40 nm 颗粒主要是有机物($\approx$ 80%)和硫酸盐($\approx$ 13%)的贡献,其余的来自碱化合物、硝酸盐和氯化物(图 10.10)。随着颗粒尺寸的增加,硫酸盐的分数降低,而缓慢解吸的有机物和硝酸盐的分数增加。Yan 等人[54]对北京城市大气观测结果表明,硫酸和碱分子的快速成簇引发了 NPF 事件,OOMs 进一步帮助新形成的颗粒朝着与气候和健康相关的尺寸生长。Qiao 等人[56]对北京 4 个季节的新粒子生成天的 OOMs 进行了长期观测,结果表明 OOMs 凝结贡献了总增长速率的 60%。通过比较计算的冷凝增长速率和观察到的颗粒生长速率,发现硫酸及其簇是小于 3 nm 颗粒生长的主要贡献者,OOMs 显著促进了 3～25 nm 颗粒物的增长。然而在北京冬季,3 nm 以上的颗粒物的生长未完全闭合,有待进一步研究。

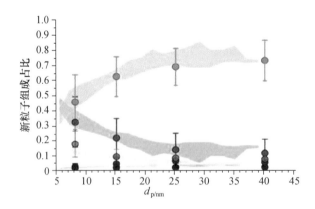

图 10.10 测量和模拟粒径分辨的颗粒组成和增长速率[55]

其中区域为模拟值,标记为实测值,从上而下分别为慢速热解的有机物、硫酸、估算的碱、快速热解的有机物和硝酸盐

（3）新粒子生成环境效应

新粒子生成是气相到颗粒相的二次转化过程,新粒子生成产生的大量核模态颗粒物经过凝结、碰并等方式不断长大后,可以推动颗粒物质量浓度的上升,进而影响区域环境。

Kulmala 等人[57]基于在北京的综合观测和 Kulmala 等人[58]气溶胶动力学模式模拟发现,几乎所有的霾污染事件都来自新粒子生成。霾污染天中 $80\% \sim 90\%$ 的气溶胶质量（$PM_{2.5}$）是通过大气反应形成的,而新粒子形成过程贡献的霾颗粒物数浓度超过 65%。在北京典型大气环境下,新粒子生成可以贡献超过 $100\ \mu g\ m^{-3}$ 的 $PM_{2.5}$ 质量浓度,和超过 $10^3\ cm^{-3}$ 的霾颗粒物（$>100\ nm$）。这些研究指出,可以通过针对性减少新粒子生成的气相前体物（主要是二甲胺、氨气）和进一步减少 SO_2 排放来实现空气质量的改善。此外,减少人为有机和无机前体物排放将减慢新形成的颗粒的增长速率,从而减少霾的形成。

为了控制大气颗粒物污染,我国政府采取了《大气污染防治行动计划》和《蓝天保卫战》等一系列污染防控政策。在一次减排背景下,大气污染物包括 SO_2、CO、BC 和一次排放颗粒物浓度显著下降,导致新粒子生成的源与汇同时下降,使得新粒子生成事件的频率与强度的变化具有较大不确定性。Shang 等人[59]对 2013—2019 年北京冬季颗粒数尺寸分布（PNSD）进行源解析,发现与一次排放相关的因素持续减少。但由于 NPF 和二次氧化的强度增加,从 2017 年到 2019 年,它们分别增加了 56% 和 70%。NPF 成核速率在 2017—2019 年增加,增长速率无明显变化（图 10.11）,这与 PMF 的结果一致。表明在空气质量持续改善的情况下,NPF 可能在城市大气污染中发挥重要作用。Tang 等人[60]通过 2020 年疫情期间在北京市区进行的测量以及与同期数据进行比较,观察到一次爱根核模态粒子的减少。然而,2020 年与 2019 年同期,NPF 事件的频率、生成速率和增长速率保持稳定。

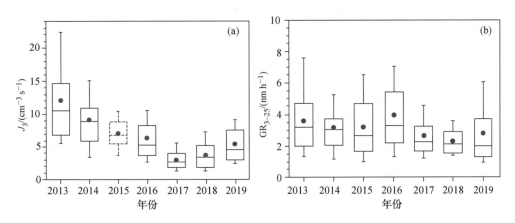

图 10.11 2013—2019 年冬季成核速率（J_3）、增长速率（$GR_{3\sim25}$）[59]

因此，与一次排放产生的颗粒相比，NPF事件产生的＞25 nm颗粒将在霾污染形成"种子"中发挥更重要的作用。这一发现强调了在未来制定污染缓解政策时理解NPF机制的重要性。

2. 二次有机气溶胶气相生成机制

基于目前对二次有机气溶胶（SOA）的研究基础，可以将SOA的生成途径大致分成三类：气相氧化转化通过气-粒分配生成SOA的途径、非均相摄取结合液相反应生成SOA的途径、一次有机气溶胶（POA）的液相老化转化生成SOA的途径（图10.12）。已有研究表明，气相氧化是大气SOA的最主要生成途径，一般可以占我国大气中总SOA的50%～90%；液相SOA的生成途径包括氧化反应和非氧化反应，普遍认为氧化反应是主导的反应途径。研究发现在京津冀重污染过程中液相SOA占比增加，可以占到总SOA的50%左右。

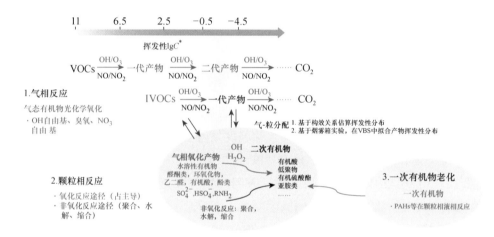

图10.12　大气二次有机气溶胶生成机制

（1）光化学驱动的二次有机气溶胶气相氧化

光化学氧化是驱动气态前体物转化生成SOA的重要因素。生物源和人为源排放到大气中的挥发性有机物（VOCs）会被氧化剂（OH自由基、O_3、NO_3自由基）氧化，氧化后的产物氧化态逐步提高，挥发性逐步降低，并且大气中NO_x的存在及参与也会影响产物的挥发性分布。因此，具有更低挥发性的产物会通过气-粒分配过程，凝结到大气中已有的颗粒物的表面生成SOA。近些年来，大量研究表明，只基于VOCs的氧化过程并不能解释SOA的生成量，一些中等挥发性有机物（IVOCs）的氧化转化对SOA的生成具有不可忽视的贡献，甚至超过了VOCs对SOA的贡献。

（2）半/中等挥发性有机物（S/IVOCs）气相光氧化是 SOA 的重要来源

研究发现，VOCs 气相光化学氧化仅能解释测量得到的 SOA 的一部分，S/IVOCs 被认为是 SOA 生成的重要前体物。现有研究主要包括模拟典型源排放的 S/IVOCs 对 SOA 生成的贡献，通过外场观测测量实际大气中 S/IVOCs 的组成，并估算 S/IVOCs 氧化对 SOA 的贡献，以及空气质量模型模拟 S/IVOCs 氧化对 SOA 的贡献。

在源排放研究中，对于机动车排放 S/IVOCs 对 SOA 贡献的研究较为系统。研究表明我国机动车排放 S/IVOCs 对 SOA 的潜在贡献更大。我国外场测量 S/IVOCs 的研究较少，仅有的结果表明，我国实际大气中 S/IVOCs 氧化是 VOCs 氧化贡献 SOA 的 56%～141%。在长三角地区夏季，考虑萘和甲基萘两种 S/IVOCs 后，SOA 的解释比例可以从 25% 提高到 40%。有研究将 S/IVOCs 排放清单加入模型中，并利用 VBS 模型估算不同源 S/IVOCs 氧化对区域 SOA 生成的贡献。CMAQ 模型模拟研究发现，IVOCs 贡献我国东部约一半以上的 SOA（$\approx 5 \ \mu g \ m^{-3}$）；RAQMS 模型模拟表明，SVOCs 和 IVOCs 分别贡献了京津冀地区约 40% 和 9% 的 SOA；CAMx 模型模拟长三角地区的结果表明，估算 S/IVOCs 排放时，排放因子低于基于 POA 的方法，并且 SOA 产率低估约 5 倍；针对珠三角地区的 WRF-Chem 模型模拟结果表明，考虑 S/IVOCs 后，模拟的区域内 SOA 平均浓度增长了 161%。

（3）不同人为源排放生成二次有机气溶胶的潜势与演变规律

近些年来，基于气溶胶质谱仪（AMS）的数据及源解析结果表明，餐饮源和机动车源排放的 POA 已经成为超大城市有机气溶胶最主要的来源（图 10.13）。除排放大量的 POA 外，机动车和餐饮也会排放大量的有机气态前体物，对 SOA 的生成也具有重要的贡献。

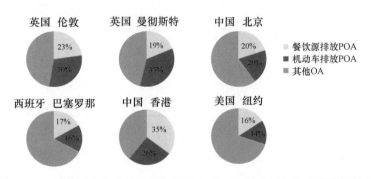

图 10.13　各大城市中餐饮排放和机动车的一次排放对有机气溶胶的贡献

除机动车排放和餐饮排放外，生物质和生物燃料的燃烧，如森林大火和秸秆燃烧等的排放对全球的 SOA 也具有非常重要的贡献，最高贡献可以达到 70%[61]。

生物质燃烧类型例如秸秆燃烧在全球范围内，在所有的燃烧类型中占比约为10％，而在亚洲地区升高到34％，尤其在我国更高（＞60％）[62,63]。Cheng等人[64]发现在我国长三角的秋收季节，秸秆的露天燃烧对区域空气质量产生重要影响，其排放的有机碳可以占到总有机碳的70％。

（4）液相氧化生成二次有机气溶胶在我国大气环境中普遍存在

环境大气中的液相（aqueous phase）反应，是以气溶胶液态水作为介质发生的化学反应。气溶胶液态水中液相反应的反应物，除了已存在于湿气溶胶中的物质外，还有通过摄取进入湿气溶胶中的前体物。前体物包括以OH自由基、HO_2自由基、O_3、NO_3自由基、有机过氧自由基（RO_2）等为主的氧化剂和各种人为源和生物源排放的挥发性有机化合物，以及它们在大气中的气相氧化产物，如萜烯、醛酮酸类化合物、酚类化合物等。这些前体物被湿气溶胶摄取的过程是液相反应的第一步。前体物经过摄取进入湿气溶胶后，与气溶胶中已存在的化学物质经过一系列液相化学反应生成液相SOA（aqSOA）。如图10.14所示，当前对aqSOA生成机制的研究还仅限于某几种反应类型，一般按照是否有自由基参与aqSOA生成，分为自由基氧化反应过程和非自由基反应过程，其中以自由基氧化反应过程为主导。自由基在液相中的氧化反应机制主要有3种，分别为饱和化合物的氢摘取，以及在不饱和化合物和芳香族化合物碳碳双键上的亲电加成、电子转移。非自由基的液相反应有半缩醛低聚反应、羟醛缩合反应、酸催化反应等。

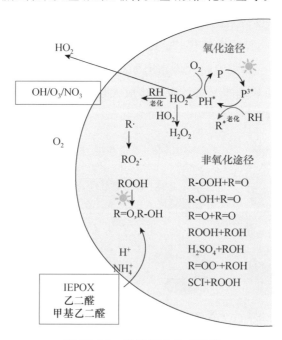

图10.14　液相SOA生成途径

外场观测证明了液相反应参与 SOA 的生成。孙业乐团队[65]使用 AMS 在北京夏秋冬 3 个季节进行观测,结合正矩阵因子分析对有机气溶胶进行源解析。结果发现当 RH 大于 60％时,气溶胶液态水含量随 RH 呈线性增加,表明在高 RH 水平下液相过程的潜在影响。同时,OA 中高氧化态氧化性有机气溶胶的质量占比也随 RH 的增加而增加,且 SOA 的氧碳比随着 RH 升高明显增大,O/C_{SOA} 在高 RH 水平下比低 RH 水平下增长更快。综合这些因素认为,液相过程对于高氧化态 SOA 的生成十分重要。

随着技术的发展,基于实际大气外场观测,逐步实现了特定液相反应产物的定量。如大量研究基于 UHPLC-Orbitrap MS 等多种质谱技术定量识别出大气中典型的液相氧化途径产物:有机硫酸酯和硝基有机硝酸酯类物质。大量实验室研究观察到乙二醛、甲基乙二醛和乙醛在液相快速显著地生成有机酸。因此,有机酸尤其是草酸,被认为是外场观测中液相化学的示踪剂。由于乙二醛和甲基乙二醛是液相过程生成低挥发性 SOA 的重要前体物,因此较多研究也通过乙二醛和甲基乙二醛离子碎片与解析出的 SOA 相关性来判别 SOA 的液相生成。颗粒物硫酸盐通常被认为是通过 SO_2 液相氧化生成的,也常作为 aqSOA 的外部示踪。除颗粒物硫酸盐之外,气溶胶液态水是与颗粒物液相过程紧密相关的重要参数。作为液相反应的代表物种,有机硫酸酯也被大量用于指征 SOA 的液相生成。胡敏课题组[66]基于上述判别方法的基础上,建立了有机气溶胶液相生成识别方法,并定量了北京 2017 年和 2018 年冬季亚微米 OA 中的 aqSOA。研究发现,重污染条件下 aqSOA 可占 SOA 的 50％ 以上。aqSOA 对 2017 年冬季和 2018 年冬季的 OA 质量贡献分别高达 30.3％和 43.2％。

3. 大气硝酸盐气相生成机制

硝酸盐气溶胶主要来自氮氧化物的氧化生成,它的反应机理白天和夜间有较大差异[67]。如图 10.15 所示,白天主要是 NO_2 与 OH 自由基发生均相反应生成气态 HNO_3,并与气态 NH_3 发生反应生成 NH_4NO_3[68],气态硝酸也可和其他碱性物质反应,如与粗粒子中的 $CaCO_3$、$MgCO_3$ 或是海盐颗粒中的 NaCl 等碱性盐类发生反应,生成 $Ca(NO_3)_2$、$Mg(NO_3)_2$、$NaNO_3$ 等。夜间主要是 NO_2 与 O_3 反应生成 NO_3 自由基,再与 NO_2 反应产生 N_2O_5,气态 N_2O_5 溶解在潮湿颗粒物及悬浮小液滴表面的液相环境后,可迅速发生非均相水解反应生成 HNO_3,当气溶胶含氯离子时会同时产生 $ClNO_2$[69]。

我国硝酸盐污染成因的化学机制已经大体明晰,即 OH 自由基和 NO_3 自由基共同主导的氧化过程导致了硝酸盐的生成。但仍存在一些科学细节需要进一步完善,比如 N_2O_5 非均相反应的动力学机制以及气-粒分配过程的颗粒物酸碱性等机制都会影响硝酸盐的生成。在污染协同调控方面,在 $PM_{2.5}$ 和臭氧协同控制的背

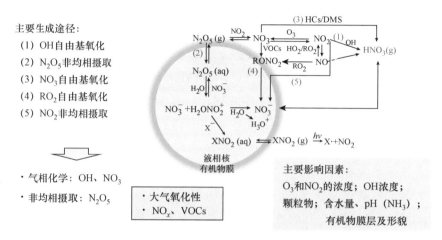

主要生成途径：

(1) OH自由基氧化

(2) N_2O_5非均相摄取

(3) NO_3自由基氧化

(4) RO_2自由基氧化

(5) NO_2非均相摄取

·气相化学：OH、NO_3

·非均相摄取：N_2O_5

·大气氧化性

·NO_x、VOCs

主要影响因素：

O_3和NO_2的浓度；OH浓度；

颗粒物；含水量、pH（NH_3）；

有机物膜层及形貌

图 10.15　硝酸盐化学生成机制汇总

景下，我国硝酸盐污染控制比较合理的研究思路是开展 NO_x、VOCs 以及氨气的协同控制，才能从来源和去除上同时获得降低硝酸盐浓度的最大增益。但是由于不同城市地区的大气组分结构和气象条件的差异，针对不同的环境条件具体的削减比例还有待进一步研究。

10.4.3　大气颗粒物表界面多相反应机制

1. 大气重污染硫酸盐快速形成的化学原理

经典硫酸盐生成的机制主要包括气相氧化反应和液相氧化反应。气相主要通过二氧化硫气体与 OH 自由基的反应生成，液相反应包括云或雾中 S(Ⅳ) 与过氧化氢、臭氧，以及氧气在过渡金属离子催化条件下的反应。近年来全球范围大气化学学者提出了若干新的硫酸盐生成机制，或者针对传统生成机制的新认识（图 10.16）。研究主要集中在气溶胶液态水中发生的液相反应上。Cheng 等[70]、Wang 等[71]提出二氧化氮在气溶胶液态水中氧化 S(Ⅳ) 为我国硫酸盐生成的主要途径。Liu 等[72]基于传统的气溶胶液态水中过氧化氢氧化 S(Ⅳ) 途径，证实了离子强度对于该反应的促进效果，推论过氧化氢氧化途径是硫酸盐生成的重要贡献途径。Ye 等[73]观察到高湿条件下含有腐殖酸和过渡金属离子的气溶胶在光照条件下可生成过氧化氢，其对灰霾期间的硫酸盐生成具有重要贡献。另外，Song 等[74]提出 S(Ⅳ) 会与甲醛在气溶胶液态水中发生反应，生成的产物羟甲基磺酸盐（HMS）在使用离子色谱作为测量手段时无法与硫酸盐有效区分，外场结果高估大气颗粒物中的硫酸盐浓度。

然而，在综合考虑上述机理的基础上，灰霾期间硫酸盐的数值模型模拟结果与外场观测值之间仍存在着较大的差距，表明仍然缺失硫酸盐生成的关键途径和机制[70]。

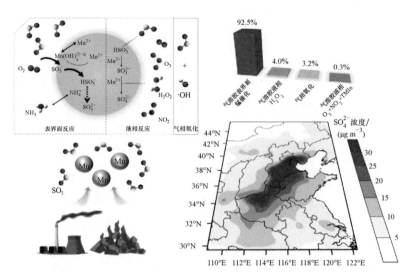

图 10.16　大气重污染硫酸盐快速形成的化学原理

2. 二次有机气溶胶液相形成的关键化学过程及其光学特性研究

（1）中等挥发性有机物的研究

长链烷烃是重要的 IVOCs，直链、支链和环烷烃等长链烷烃生成 SOA 的产率随碳原子数的增加而增加[75-80]。对于给定的碳原子数，SOA 产率遵循环烷烃＞直链烷烃＞支链烷烃的顺序[75,81,82]，该顺序主要由烷氧自由基中间体的分解程度和所得产物的性质决定[75]。

近年来，Lamkaddam 等[83]的研究表明湿度可降低高 NO_x 条件下正十二烷烃生成 SOA 的产率，因为水含量的增加会使低挥发性产物的酸催化脱水反应速率变慢。Li 等[84]在室外烟雾箱中研究了两种人为源前体物 1,3,5-三甲苯和正十二烷混合后被 OH 自由基氧化生成的 SOA 的产率及化学组成，发现混合后的 SOA 的质量浓度均大于基于 1,3,5-三甲苯与正十二烷单独反应的 SOA 产率的线性相加值，并且混合前体物生成的 SOA 中具有两种前体物单独被氧化生成的 SOA 中所不具有的一些产物。说明在复合污染条件下有机物的氧化反应过程会更加复杂，需加强该方面的研究。

盖鑫磊团队[85]通过分析 2016 年北京冬季重霾期间的观测数据，发现高湿度条件下，化石燃料排放的 POA 可以在液相中快速氧化转化为 SOA，液相 SOA 粒径会发生快速地增长；进一步通过对有机气溶胶质谱图及化学组成变化的分析表明，POA 中的多环芳烃的氧化及其开环反应可能是这类液相 SOA 生成的主要机制；研究还发现液相氧化过程中，有机气溶胶的吸光性出现先增强后减弱的趋势。Gilardoni 等[86]利用示踪物在液相和气相中的生成时间、元素组成变化和粒径分布等信息，直接观测到了生物质燃烧排放在液相中生成的 SOA。通过估算发现，经该途径产生的 SOA 占到了欧洲总的有机气溶胶量的 $4\%\sim20\%$。

（2）生物源与人为源挥发性有机物的实验室研究

已针对人为源（如甲苯、间二甲苯）和生物源（如异戊二烯、柠檬烯）挥发性有机化合物生成的 SOA 开展相关研究工作，内容包括不同氧化剂和无机物（OH 自由基、NO_x、O_3、NO_3 自由基、SO_2）、相对湿度、温度、种子气溶胶等。基于现有的研究结果，氧化产物在气相和颗粒相之间的分配过程会影响 SOA 的光学性质。此外，相对湿度和温度条件都会影响 SOA 的化学成分及其相应的 RI 值。在 OH、O_3、NO_3 条件下进行异戊二烯氧化实验，发现氧化过程对 SOA 的散射特性影响不大，而在 OH 氧化条件下，SO_2 的存在可以显著增强 SOA 在短可见波长和紫外波长的光吸收。在 O_3 和 NO_3 条件下，这一现象不明显，这表明在估计异戊二烯衍生 SOA 的辐射效应时，应考虑氧化过程。

在城市地区，AVOCs 在 SOA 的生成中发挥着重要作用，并且受到环境条件的影响。以芳香化合物为例，Jiang 等[87]指出提升 NO_x 浓度可诱导 OH 自由基浓度的升高，从而促进呋喃 SOA 的形成。Yang 等[88]则发现 1,3,5-三甲苯 SOA 的质量浓度与 NO_x 浓度呈非线性关系，高浓度 NO_x 的存在会显著抑制 SOA 的产生。这归因于 RO_2 自由基倾向于同 NO 反应生成 NO_2 和 RO 自由基，RO 自由基则分解为高挥发性的小分子化合物，不利于 SOA 的产生。与 NO_x 不同，SO_2 对 SOA 形成的作用较为单一，它可引发酸性无机硫酸盐的生成，从而通过酸催化的非均相反应显著提高芳香化合物生成 SOA 的产率。当 SO_2 与 NH_3 复合时，两种无机气体的协同作用使二次硫酸盐、铵盐以及 SOA 的产量大大增加，加深了二次气溶胶形成的复杂性[89]。同时 NH_3 对光氧化过程中含氮生色团的形成具有明显促进作用，有机产物在近紫外区域和可见光范围内表现出明显的吸收，这可能促使某些区域的气溶胶吸光性增强，并增强气候辐射强迫[90]。高湿度环境下，无机盐会驱动气溶胶液态水（ALW）的产生。ALW 可作为极性、水溶性有机物由气相向颗粒相分配的媒介，促进非均相反应的发生，促进 SOA 质量浓度的增加[87]。

有研究发现，不同人为污染物对不同 BVOCs 的 SOA 生成有着不同程度的影响，并且与单一污染物的影响不同，两种污染物共存还会产生复合作用[91]。烟雾箱研究表明，NO_2 对两种单萜烯臭氧化 SOA 的生成都具有促进作用，但该促进作用在 β-蒎烯臭氧化过程中更加显著。在一定的 SO_2 浓度下，NO_2 浓度的增加能够协同增加气溶胶产率，但是 NH_3 却对气溶胶生成产生了抑制作用。利用高分辨质谱分析颗粒物组成发现，NO_2 和 SO_2 的存在使得这些单萜烯成为大气中含氮和含硫化合物的潜在贡献者。对于 γ-萜烯的研究发现，SO_2 在 SOA 生成中的作用还与湿度有关[92]。湿度和 SO_2 共同影响了克里吉中间体的反应路径、气溶胶液态水含量及酸度等,从而引发 SOA 产率对湿度的非线性依赖。同时相对湿度的提高增强了有机硫酸酯的生成,并且高相对湿度条件下还有利于高氧化态有机硫酸的生成。

3. 湿度、相态等气溶胶物理特性对多相过程的影响

气溶胶吸湿、相态等物理特性在大气多相化学和细粒子生成中扮演着重要角色。图 10.17 展示了大气氧化过程对气溶胶环境的影响[93] 以及大气气溶胶吸湿性及其对环境的影响,系统地从气相大气氧化机制、二次颗粒形成、气溶胶吸湿特性等方面进行了总结。

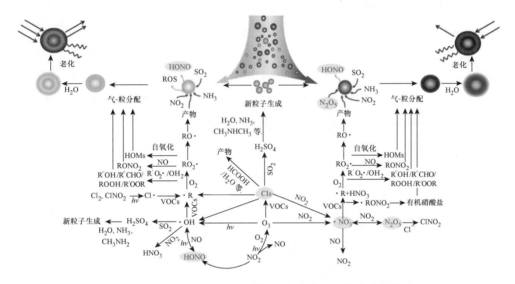

图 10.17　大气氧化剂及其对气溶胶形成和环境效应的影响

苏杭团队[94]将相态、扩散率和反应速率的温度湿度影响的动力学机制耦合进化学传输模式中,解决了以往模式中从源区到输送受体区域苯并芘模拟的不准确问题。研究发现低温和低湿会显著增加苯并芘的大气生命时间,使苯并芘在大气中的传输距离更远。

王韬团队[95] 定量测定了 N_2O_5 在我国华北地区气溶胶表面的摄取系数及 $ClNO_2$ 产率,发现非均相过程对硝酸盐生成及氯活化对大气氧化性具有显著影响。付洪波团队[96]发现矿物颗粒物经历云雾过程后,颗粒物中铁的形态由惰性的铝硅铁转向活性更高的无定形铁及纳米铁氧化物,从而提高了矿物颗粒非均相反应能力。表明重污染天气中,矿物颗粒非均相氧化能力随着表面活性成分的提高,促进了二次无机细粒子的形成。杜林团队[97]利用界面光谱技术,从分子水平上研究了液相气溶胶中无机离子与表面有机物的相互作用以及表面不同有机物的热力学性质,并进一步模拟了大气棕碳物质参与的表面有机膜的光化学反应,分析了有机物的光敏化反应机理及其大气意义。

10.4.4 关键化学机制对臭氧生成的影响

1. 我国大气光化学污染与前体物关系及区域特征

臭氧是光化学烟雾的标志性污染物之一，主要由 NO_x 和 VOCs 等一次污染物在阳光照射下发生复杂的光化学反应形成。NO_x 和 VOCs 的相对丰度是控制臭氧光化学生成的关键因素。本研究总结了我国典型区域臭氧浓度和前体物丰度的长期变化趋势，分析了 2013—2021 年的全国环境空气质量监测数据，查明了臭氧与前体物非线性关系的时空分布特征，发现近年来 NO_x 减排使得农村地区的臭氧浓度下降，并促使郊区的臭氧生成机制由 VOCs 控制区转变为 NO_x-VOCs 混合控制区，而城市地区臭氧浓度则呈持续上升趋势，且中心城市仍处于 VOCs 控制区。

2. 影响我国光化学污染形成的关键化学过程和机制

本研究系统梳理了影响我国光化学污染形成的关键化学过程和机制，总结了活性氮化学和卤素化学对臭氧生成的影响机制，指出了这些新型化学过程研究中存在的不足。在此基础上，基于实验室研究进一步优化了活性氮化学的参数化方案，显著改善了区域空气质量模型对活性氮氧化物和臭氧等污染物的模拟效果。

（1）地面臭氧的光化学生成过程和机制

对流层臭氧主要由原子氧和分子氧（O_2）结合产生，NO_2 在波长≤424 nm 处的光解是对流层原子氧的主要来源，而臭氧生成以后会快速和 NO 反应重新生成 NO_2。上述循环过程在清洁大气条件下不涉及其他化学物质，此时反应会导致空循环。然而，密集的人类活动极大地扰动了这一循环平衡状态，并通过促进"RO_x 循环"（$RO_x=OH+HO_2+RO_2$）和"NO_x 循环"导致了臭氧净生成以及随之而来的臭氧积累。

在污染地区，化石燃料燃烧、汽车尾气排放、油品和溶剂挥发等活动会将大量的臭氧前体物（NO_x 和 VOCs）排入大气中。在阳光的照射下，NO_x 和 VOCs 等一次污染物会发生复杂的光化学反应生成臭氧等二次污染产物。光照条件下，OH 引发 VOCs 降解并生成 RO_2，RO_2 可以快速将 NO 转化为 NO_2（NO_x 循环）并生成 RO；RO 随后与 O_2 发生摘氢反应生成 HO_2（NO_x 循环），HO_2 同样可以快速将 NO 转化为 NO_2（NO_x 循环）并生成 OH 继续参与 RO_x 循环。因此，每发生一次 RO_x 循环会有两分子 NO 被氧化为 NO_2，NO_2 会进一步通过 NO_x 循环产生两分子臭氧，并伴随着 NO 的循环利用。这种复杂的循环机制使得臭氧与其前体物之间呈现高度非线性的关系，且非常依赖于 NO_x 和 VOCs 的相对丰度。一般而言，城市地区 NO_x/VOCs 比例较高，臭氧生成主要受 VOCs 控制，此时 NO_x 排放量的

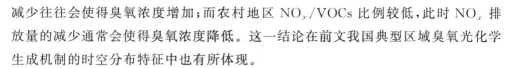

减少往往会使得臭氧浓度增加；而农村地区 $NO_x/VOCs$ 比例较低，此时 NO_x 排放量的减少通常会使得臭氧浓度降低。这一结论在前文我国典型区域臭氧光化学生成机制的时空分布特征中也有所体现。

（2）活性氮化学和卤素化学对臭氧生成的影响

除 O_3-NO_x-VOCs 的光化学反应机制之外，一些活性物种也会通过影响"RO_x 循环"和"NO_x 循环"来影响臭氧生成。例如 HONO 和 $ClNO_2$ 光解会同时影响自由基和 NO_x 丰度，Cl_2 和 BrCl 等活性卤素物种的光解会提高自由基水平。

HONO 的光解作为 OH 自由基的重要来源已成为普遍的共识。迄今为止，已有的研究表明，在我国的许多城市和农村地区，无论是夏季还是冬季，白天的 HONO 浓度都非常高（数量级为几个 ppb）。在我国南方的光化学事件中，HONO 的光解作用在清晨主导了 OH 自由基的生成，在中午贡献了 $40\%\sim50\%$ 的 OH 自由基浓度。类似地，HONO 光解在我国华北地区的一个农村地区主导了 OH 自由基的来源，并且是施肥后 O_3 光解产率的近 5 倍[98]。在我国观测的高 HONO 浓度（>10 ppb）主要归因于 NO_2 在地面和气溶胶表面的非均相反应，以及硝酸盐（NO_3^-）气溶胶的光解。然而，实际大气条件下的动力学参数仍然不确定（即 NO_2 吸收系数、HONO 产量和 NO_3^- 光解速率）。

其他可以产生 O_3 的自由基是 Cl 或溴（Br）原子。环境中的 $ClNO_2$ 是 Cl 自由基的潜在来源（也是 NO_2 的储蓄库）。对 2013—2014 年观测的 $ClNO_2$ 的模拟表明，$ClNO_2$ 光解产生的 Cl 使我国南方冬季边界层顶的白天 O_3 产量增加了 41%，使我国华北地区受污染的农村地区（望都）的白天 O_3 产量增加了 13%[99]。此后，$ClNO_2$ 在我国更多地点/季节被测量，并进行了更多的模型研究。

分子氯（Cl_2）是一种潜在的重要光解 Cl 来源。2014 年夏季，在华北平原的望都县一处受污染的农村场地观察到 Cl_2 混合比高达 400 ppt，相应的箱模型计算表明 Cl_2 和 $ClNO_2$ 使 O_3 产率提高了 19%。另一项于冬季燃煤期间在望都开展的外场实验也观测到了极高浓度的氯化溴（BrCl）和 Cl_2。根据观测约束模型的计算表明，Cl 和 Br 原子共同增加了观测期间 50% 的总 O_x（O_3+NO_2）（图 10.18）[100]。另一项研究报告称，香港受污染的沿海地区存在前所未有的 Cl_2 浓度（高达 1 ppb），如此高浓度的 Cl_2 使 O_x 白天的产量增加了 16%[101]。然而，现有的化学传输模型无法解释观察到的白天 Cl_2 或 BrCl 浓度，因为它们缺乏适当的化学机制和化学动力学信息。尽管如此，几项化学传输模型的研究已尝试检查先前已知的 Cl 源对大气氧化能力和 O_3 的影响浓度，并强调了卤素化学在对流层底层的潜在重要性。

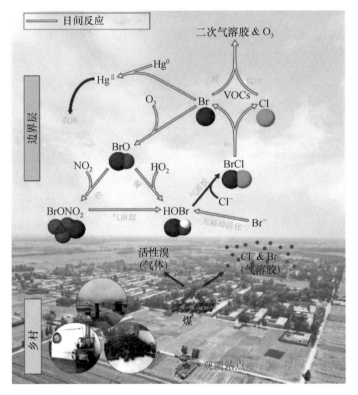

图 10.18　卤素化学对华北平原地区臭氧生成的影响机制

（3）活性氮化学参数化方案的优化

活性氮物种在特定环境下会对臭氧生成产生不可忽视的影响，但是其在模型中的参数化方案仍存在较大的不确定性。为进一步改进对活性氮化学和臭氧等二次污染物的模拟效果，本研究结合文献调研结果和实验室研究结果对活性氮化学的参数化方案进行了优化。

一方面，是对全球 N_2O_5 观测及摄取系数集成及参数化优化。近年来，化学电离质谱仪（CIMS）技术的开发实现了对 N_2O_5 和 $ClNO_2$ 的同时测量。中国也开展了大量的 N_2O_5 和 $ClNO_2$ 观测，并证实了活性氮化学在城市地区[102]、农村地区[103]和高山站点[6]等不同环境中的重要性。本研究结合观测资料和化学箱模型分析了 $ClNO_2$ 生成机制及其对区域臭氧生成的影响。结果表明 2017 年在中国广州鹤山站点观测到 8 ppbv 的 $ClNO_2$ 的最高浓度，较高的颗粒态氯盐、NO_3 生成速率和 N_2O_5 摄取速率共同导致了污染天高浓度 $ClNO_2$ 的生成。该高浓度的 $ClNO_2$ 可带来下风向平均 17.6% 的臭氧浓度的增加。N_2O_5 非均相摄取是重要的夜间 NO_x 去除途径和夜间硝酸盐的主要来源。本项目集成了 N_2O_5 的多站点观测（广东鹤山、山东泰山、河北望都、香港大帽山），结合流动管实验改进了 N_2O_5 摄取系数的参数化方案。如图 10.19所示，优化后的参数化方案能够很好地再现 N_2O_5 摄取系数的量级以及变化，显著改进了 WRF-CMAQ 模式对氮氧化物的模拟。

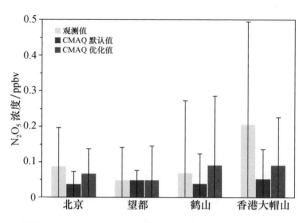

图 10.19　CMAQ 模拟的 2017 年 12 月 N₂O₅ 浓度与中国 4 个站点冬季观测结果对比

另一方面,是对 HONO 生成的关键化学机制的参数化方案集成及优化。本研究建立了中国不同地区的 HONO 土壤排放的数据库,开发了施肥及未施肥期间 HONO 土壤排放的参数化方案,并集成了以往研究中 NO₂ 在各种不同表面的摄取系数。结果表明,北方土壤的 HONO 排放高于南方土壤,这归因于北方广阔的农田分布以及长期施肥对北方土壤氮含量的增加作用。长期施肥增加了产生 HONO 的基因丰度,并且对北方的促进作用高于南方。NO₂ 在不同表面的非均相反应是 HONO 的重要来源,对大气光化学产生有着显著影响。针对 NO₂ 摄取系数存在很大不确定性这一科学问题,本研究集成了 NO₂ 在不同表面的摄取系数。综合考虑 HONO 的一次汽车排放和土壤排放、NO 均相反应生成、相对湿度依赖和光促进的 NO₂ 非均相转化、颗粒态 NO_3^- 光解以及沉降到表面的 NO_3^- 光解,集成了适用于区域传输模式的不同 HONO 源的参数化方案,如表 10-2 所示。

表 10-2　不同 HONO 源的参数化方案总结

源	HONO 形成反应	参　　数
汽车排放[104]		汽油机:0.8%NO$_x$ 运输来源; 柴油机:2.3%NO$_x$ 运输来源
均相反应[104]	NO+OH ⟶ HONO	CMAQ 模型默认值
NO₂+地表+$h\nu$+RH[104]	NO₂+地表+$h\nu$+RH ⟶ HONO	夜间:$k=5\times10^{-5}\times f_{RH}\times\dfrac{S}{V}$ 白天:$k=1\times10^{-3}\times f_{RH}\times\dfrac{S}{V}\times\dfrac{\text{光强度}}{400}$ $f_{RH}=\begin{cases}\dfrac{RH}{50} & (RH<50)\\[2mm]\dfrac{RH}{10}-4 & (50\leqslant RH\leqslant80)\\[2mm]4 & (RH\geqslant80)\end{cases}$

续表

源	HONO 形成反应	参 数
颗粒态 NO_3^- + $h\nu$ [104,105]	NO_3^- + $h\nu \longrightarrow$ HO-NO	$J_{PNO_3} = \dfrac{\dfrac{6.1\times10^{-4}\times\ln(1+4.4\times10^{-1}[pNO_3])}{[pNO_3]}-3.5\times10^{-5}}{7\times10^{-7}}$ $\times J_{HNO_3\text{-}CMAQ}$
沉降的 NO_3^- + $h\nu$ [104,106]	NO_3^- + $h\nu \longrightarrow$ HO-NO	$J_{DNO_3} = \dfrac{\dfrac{8.5\times10^{-4}}{2.5\times10^7\times D_{HNO_3}}\ln(1+2.5\times10^7\times D_{HNO_3})+3.0\times10^{-6}}{7\times10^{-7}}$ $\times J_{HNO_3\text{-}CMAQ}$
土壤排放 [107]		$F_{emis} = \dfrac{1}{R_a(HONO)+R_b(HONO)+R_{soil}(HONO)}\times$ $\dfrac{F_{N,max(HONO)}(T_0,SWC_C)\cdot g(SWC)_{(HONO)}}{\dfrac{Q}{A}\cdot\dfrac{M_N}{V_m}}\times$ $\exp\left[\left(\dfrac{-E_a}{R}\right)\cdot\left(\dfrac{1}{T}-\dfrac{1}{T_0}\right)\right]$

3. 不同过程和机制对我国臭氧污染的影响

本研究总结并深入分析了气象和化学驱动因素对我国臭氧浓度长期变化趋势和疫情期间变化趋势的影响,发现不适当的前体物减排是导致臭氧浓度上升的重要原因。如图 10.20 所示,NO_x、一次颗粒物和 SO_2 等污染物排放量的降低以及 VOCs 排放量的增加导致我国城市臭氧浓度增加,但是各个城市的主导原因存在差别。在北京和成都,一次颗粒物和 SO_2 排放量的大幅降低是导致臭氧浓度增加的主要原因;而在上海和广州,NO_x 排放量的下降和 VOCs 排放量的增加是导致臭氧浓度增加的主要原因。2022 年疫情防控期间上海市臭氧浓度上升,主要是因为 VOCs 浓度的降低无法抵消 NO 的滴定效应。尽管防控期间交通和工业部门的排放量大幅下降,但上海市中心仍处于 VOCs 控制区,而郊区则从 VOCs 控制区过渡至 NO_x-VOCs 混合控制区。

本研究开展数值模拟验证了自主构建的活性氮化学参数化方案的性能,发现优化后的活性氮化学参数化方案能够较好地再现观测到的 HONO 浓度,显著改善区域空气质量模型对氮氧化物和臭氧等污染物的模拟效果。同时,活性氮氧化物的化学过程会增大船舶排放对自由基和区域臭氧生成的影响。考虑 HONO 与 $ClNO_2$ 的相关过程后,船舶排放对海洋边界层内氧化性自由基的影响增加了 2~3 倍。而氧化性的增加进一步增加了船舶排放对臭氧以及 $PM_{2.5}$ 的贡献,其中船舶排放对臭氧的贡献从 9％增加到 21％,对 $PM_{2.5}$ 的贡献从 7％增加到 10％。

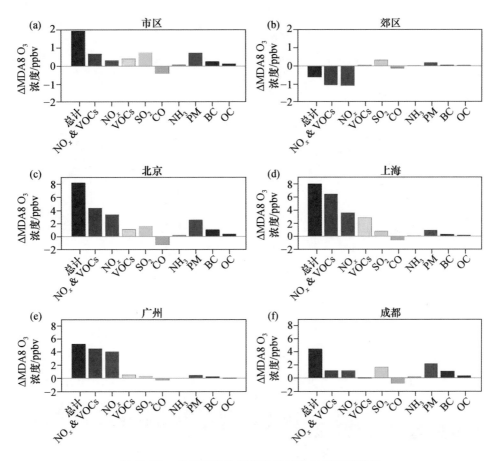

图 10.20　主要污染物变化引起的臭氧浓度的变化

10.4.5　关键化学机制对 PM₂.₅ 生成的影响

1. 大气复合污染中二次颗粒物生成关键过程总结

本研究梳理了我国"国十条"执行以来大气颗粒物化学组成特征变化,发现硝酸盐逐渐超越硫酸盐成为主导的二次无机组分,而二次有机气溶胶始终在颗粒物组分中占有较大比例。在秋冬季节,颗粒物污染积累过程中,往往以一次排放为主因,其中燃煤、生物质燃烧各占 20% 左右,为关键排放源;以静稳的气象条件、升高的相对湿度、降低的边界层高度等为促进条件;以二次颗粒物组分生成为驱动因素。进一步梳理了颗粒物污染过程中的关键化学机制,其中在污染过程早期,气相氧化过程、核化、凝结为主导机制,而在颗粒物浓度积累至一定程度、大气辐射下降后,云中过程和颗粒物表面的非均相过程则主导了二次颗粒物生成过程,且二次无机盐浓度-颗粒物含水量-非均相过程强度之间存在正反馈循环(图 10.21)[108]。

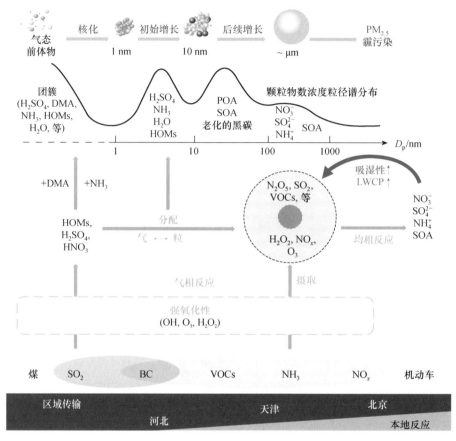

图 10.21　京津冀秋冬季颗粒物污染积累的关键化学过程[108]

本研究进一步梳理了以京津冀为主的我国典型区域霾污染发生的物理机制及各类化学组分的生成机制。颗粒物污染过程往往以新粒子生成为开端，高效的大气成核过程提供了大量核模态(<25 nm)颗粒物"种子"，进而在持续的静稳天气下，污染物的气-粒转化过程使得其粒径增长，抬升颗粒物质量浓度。在颗粒物粒径增长过程中，新生成颗粒物的吸湿性逐渐增强，二次无机盐组分上升，新鲜的黑碳气溶胶在表层包裹上一次、二次有机组分，即"老化"过程。大气成核以酸碱成核机制为主，城市地区的主导物种为气态硫酸、二甲胺等。在硫酸盐生成方面，云雾水滴、颗粒物表面液态水中的液相生成过程相对 OH 自由基氧化生成气态硫酸的气相氧化过程更为重要，液相反应的氧化机制包括过氧化氢、NO_2、过渡金属、BC 等颗粒物表面催化等，主导机制仍有争议。硝酸盐生成过程包括 OH 自由基氧化生成气态硝酸的气相过程以及氮氧化物同臭氧、氯自由基反应生成的 N_2O_5、$ClNO_2$ 等物质被摄取在颗粒物表面发生的非均相过程。二次有机气溶胶方面，梳理了人为源、生物源典型物种的气相氧化过程，以及液相反应贡献的相关证据，例如可作为吸光棕碳的有机硫酸盐、有机硝酸盐等。同时梳理了使用正交因子矩阵

（PMF）、分子示踪物等方法进行的源解析结果,认为该过程中有机组分氧化程度逐渐上升。在黑碳老化方面,梳理了典型大气环境中黑碳老化过程的包裹层厚度、质量吸光系数等关键参数变化,及其吸光作用导致的边界层下降等影响(图 10.22)[109]。

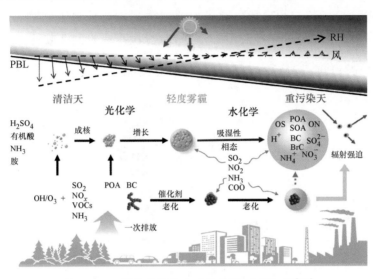

图 10.22　颗粒物污染生成的物理、化学过程[109]

在二次有机气溶胶液相生成方面,本研究梳理了典型气态有机物的非均相摄取机制以及非均相摄取系数的影响因素,总结了液相反应包括醛类向羧酸转化、低聚化等自由基反应,以及半缩醛生成、亚胺生成、羟醛缩合等非自由基反应,同时总结了当前液相二次有机气溶胶研究的主要方法和亟待发展的内容(图 10.23)[110]。

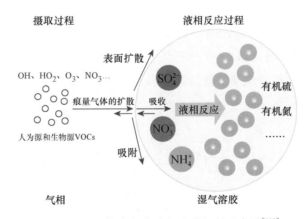

图 10.23　颗粒有机物液相生成机制示意图[110]

大气中棕碳具有较强的吸光能力,其生成机制也是大气颗粒物二次组分研究中的关键内容。如图 10.24 所示,本研究梳理了以往大气棕碳的研究进展,总结得出大气颗粒物中 BrC 的主要类别包括有机溶剂(甲醇)提取的碳质组分、水溶性有机碳及类腐殖质;分子水平上,硝基芳香烃和含氮杂环有机物是 BrC 的主要发色团。BrC 的来源包括生物质等不完全燃烧一次排放和挥发性有机物氧化二次生成；二次生成途径主要包括人为源芳香烃氧化生成硝基芳香烃等含氮组分，以及羰基化合物与铵盐/有机胺反应生成含氮杂环组分或低聚物。前体物和反应条件影响二次生成 BrC 的组成和吸光性质；BrC 在大气传输过程中还会发生"光漂白"现象。在分子水平上识别和阐明 BrC 的发色团、二次生成机制及其演变过程是未来该领域的重点研究方向[111]。

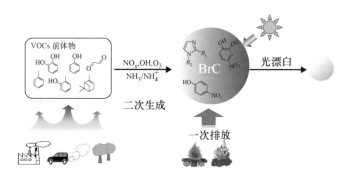

图 10.24　大气棕碳来源及二次转化机制示意图[111]

在大气主要吸光物质——黑碳气溶胶的老化机制方面，本研究汇总了国内外基于外场观测、实验室模拟得出的老化过程对黑碳气溶胶混合态（形貌与化学组成）、吸光性、吸湿性等性质的影响，得出伴随着老化过程的进行，黑碳颗粒物由初始的外混态向内混态转变，形貌由枝杈状结构经填充-塌缩-持续被包裹的过程逐渐演变成近似球形的核壳结构（图 10.25）[112]。黑碳颗粒物中的化学组分在排放初期会受到共同排放组分的影响，并在老化过程中表现出二次组分增加的趋势。由于包裹物在黑碳外层累积，老化过程会导致黑碳颗粒物吸光性增强，但增强倍数受到包裹物厚度、形貌和化学组分的共同影响。并且，在讨论颗粒物群体的吸光增强倍数时，黑碳颗粒物之间混合态的非均一性也需要纳入考虑。

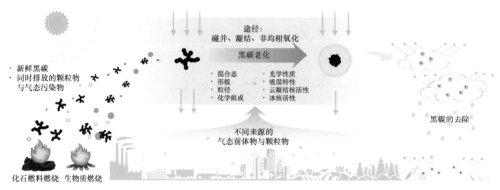

图 10.25　老化过程对黑碳气溶胶性质的影响[112]

2．二次颗粒物生成关键过程的参数化方案

（1）新粒子生成参数化

目前大部分空气质量与气候模型中所采用的成核模块都是基于经典成核理论推导得出的硫酸-水二元均相成核、硫酸-水-氨三元均相成核机制[113]。为解决经典成核理论造成的模拟偏差问题，陆续发展出基于观测数据拟合结果推导的符合理论考虑的经验公式的方法，如硫酸动力学成核与活化成核机制，和基于量子化学计算校正经典成核理论的方法。除外场观测外，以 CLOUD 烟雾箱为代表的实验室模拟新粒子成核研究也发展出多种成核机制的经验参数化公式，如中性和离子诱导下的硫酸二元成核、硫酸-氨三元成核、硫酸-有机物三元成核、有机物单独成核等。表 10-3 给出了除经典成核理论以外的成核机制参数化或模型表征研究进展。

表 10-3　成核机制参数化公式或模型

成核机制	参数化公式或模型	参考文献
硫酸动力学成核	$J = k\,SA^2$	[115]
硫酸活化成核	$J = k\,SA$	[116]
中性和离子诱导下硫酸二元成核	由量子化学校正的经典成核理论推导得出 $\rho(n_a, n_w) = \rho_{ref} \exp \dfrac{-\Delta W^{ref}(n_a, n_w)}{k_B T}$	[117]
中性和离子诱导下硫酸二元成核	$J = k_{b,n}(T)SA^{P_{b,n}} + k_{b,i}(T)SA^{P_{b,i}}[n_-]$	[118]
中性和离子诱导下硫酸-氨三元成核	$J = k_{t,n}(T)f_n([NH_3,SA])SA^{P_{t,n}} + k_{t,i}(T)f_i([NH_3, SA])SA^{P_{t,i}}[n_-]$	[118]
中性下硫酸-有机物三元成核	$J = k\,SA^p[BioO_x\text{-}Org]^q$	[119]
中性和离子诱导下有机物单独成核	$J = a_1[HOM]^{a_2 + a_5/[HOM]} + a_3[HOM]^{a_4 + a_5/[HOM]}[n_\pm]$	[120]
硫酸-氨-硝酸成核	大气团簇动力学模型 ACDC	[121]
硫酸-氨成核（甲基硫酸氢盐生成的影响）	大气团簇动力学模型 ACDC	[122,123]
硫酸-氨成核（丙二酸诱导）	大气团簇动力学模型 ACDC	[124]
硫酸-氨-甘氨酸成核	大气团簇动力学模型 ACDC	[125]
硫酸-氨-天冬氨酸成核	大气团簇动力学模型 ACDC	[126]
硫酸-二甲胺成核	大气团簇动力学模型 ACDC	[127]
硫酸-二甲胺成核	酸碱化学反应模型	[114]
硫酸-二甲胺-丁二酸成核	大气团簇动力学模型 ACDC	[128]

成核机制	参数化公式或模型	参考文献
硫酸-二甲胺-三氟乙酸成核	大气团簇动力学模型 ACDC	[129]
碘酸单独成核、碘酸-硫酸或氨二元成核	大气团簇动力学模型 ACDC	[130]
碘酸-二甲胺成核	大气团簇动力学模型 ACDC	[131]
碘酸-甲磺酸成核	大气团簇动力学模型 ACDC	[132]
亚碘酸单独成核	大气团簇动力学模型 ACDC	[132]
硫酸-二甲胺-亚甲磺酸/甲磺酸成核	大气团簇动力学模型 ACDC	[132,133]
硫酸-二甲胺-羟基甲磺酸成核	大气团簇动力学模型 ACDC	[134]
甲磺酸-碱-碱（氨、甲胺、二甲胺）成核	大气团簇动力学模型 ACDC	[135]

上述不同成核机制的参数化公式虽然模型应用方便，节省算力，但并不能描述具体的成核动力学过程，因而也限制了对新粒子生成事件过程的模拟；基于精细成核机制的过程模型则可实现对新粒子生成事件过程的模拟。例如，使用酸碱化学反应模型可以较好地模拟北京城市环境大气新粒子生成事件中硫酸分子簇的浓度，并可通过调整模型参数研究硫酸单体浓度和凝结汇水平等因素对新粒子生成速率的影响，有助于理解城市污染环境大气下新粒子生成特征[114]。大气团簇动力学模型（atmospheric cluster dynamics code，ACDC）以量化计算得到的分子簇蒸发系数和碎片化系数为输入，模拟分子动力学过程，该模型的出现极大地促进了多种前体物参与成核的机制的研究。

大部分空气质量与气候模型中并未采用增长模块，对于由成核新形成的颗粒物，采用直接分配到特定粒径段中的方法处理；而对于 SOA 生成过程，则采用传统的瞬时平衡吸附分配理论处理[113]。然而，对于刚成核形成的新粒子，可凝结蒸汽向颗粒相的传质实际上是动态过程，例如受到开尔文效应的影响，传统的瞬时平衡吸附分配理论不再适用，需要采用动力学增长模型加以描述。此外，由于气态硫酸浓度无法解释观测到的新粒子增长速率，且近些年研究表明具有极低挥发性的高氧化度有机物（HOMs）在新粒子生成及增长中具有重要作用[120,136,137]，有机物参与新粒子增长的相关研究变得十分重要。将动力学增长模型与挥发性分级（VBS）相结合，可考察不同粒径下，受开尔文效应影响，可凝结有机物所应满足挥发性区间的范围和不同挥发性区间有机物对于增长速率的贡献[138]。表 10-4 给出了近年来提出的与增长机制相关的参数化公式或模型。

表 10-4　增长机制参数化公式或模型

增长机制	参数化公式或模型	参考文献
有机物凝结增长	VBS-有机物动力学增长模型	[138]
1.7～3 nm 粒径范围内因有机物凝结增长	$GR=kD_p[HOM]^p$	[137]
有机物气-粒分配平衡	将 VBS 有机气溶胶模组纳入 NAQPMS＋APM 三维大气传输模型中	[139]
气体凝结增长	NPF ON/OFF 模型：由两种单分散气溶胶(增长模态和积聚模态)、两种气体(一种气体可凝结在两种单分散气溶胶上,另一种气体仅可凝结在增长模态上)组成的体系中,由两气体凝结导致的增长	[140]

（2）硫酸盐生成参数化

SO_2 在颗粒相的多相氧化是指 SO_2 与颗粒物之间的相互作用,既可以发生在颗粒物的表面,也可以发生在颗粒物体相的液相介质中,包括 SO_2 在颗粒相水中溶解、解离成 H^+、HSO_3^- 和 SO_3^{2-},以及后续氧化过程。涉及的液相氧化剂包括 H_2O_2、O_3、TMI 催化的 O_2 氧化、甲基过氧化氢、过氧乙酸等。近年还提出了 NO_2、有机过氧化物（ROOH）、硝酸盐的光解产物,以及在海洋大气中的次卤酸（HOCl 和 HOBr）等氧化剂（图 10.26）[141]。

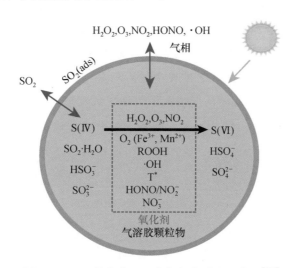

图 10.26　颗粒物中 SO_2 多相氧化过程示意图[141]

本研究通过将汇总后的硫酸盐生成机制加入 WRF-Chem 空气质量传输模型,评估了硫酸盐生成的主导机制。主要对气溶胶表界面锰催化反应、气溶胶液相反应、云雾液相反应和气相反应中的硫酸盐产率进行比较分析。结果表明,除 H_2O_2 氧化外,其他气溶胶液相反应的硫酸盐产率都较低。其中,气溶胶液相 O_3 氧化、NO_2 氧化和铁催化反应主要受含水量和酸度的限制;气溶胶液相铁锰联合催化和锰催化反应主要受气溶胶液相高离子强度的抑制。气溶胶液相 H_2O_2 氧化反应的速率在高离子强度下大幅提升，导致硫酸盐的产率比较可观，但该反应伴随着硫酸盐生成将会消耗 H_2O_2，大气中较低的 H_2O_2 含量可能无法支撑该反应持续发生。

研究结果表明，在 WRF-Chem 模型中加入气溶胶表界面锰催化反应后，极大地改善了模式中硫酸盐的低估，表明气溶胶表界面锰催化反应可能在重污染期间硫酸盐的化学生成中起到了重要作用。模拟结果显示气溶胶表界面锰催化反应在所有个例中都是硫酸盐生成的最主要机制，占比高达 87.3%～96.5%。相比之下，气溶胶液相 H_2O_2 氧化反应在硫酸盐生成中的占比为 0.9%～9.3%，不同个例之间差别较大，与各个例中 H_2O_2 浓度相关。气相氧化的占比在各个例中差别不大（2.4%～3.9%）。液相 O_3 氧化和液相 NO_2 氧化在各个例中占比均较低，分别为 0.1%～0.2% 和 0～0.3%。对于气溶胶液相过渡金属催化氧化的 3 个途径，锰催化的占比为 0～0.2%，铁催化的占比为 0～0.1%，铁锰联合催化的占比为 0～0.3%。

（3）硝酸盐生成参数化

我国硝酸盐污染成因的化学机制主要为 OH 自由基和 NO_3 自由基共同主导的氧化过程。基于区域大气化学机制 2.0 版（regional atmospheric chemical mechanism version 2，RACM2）的零维化学盒子模型在模拟近地面可溶性硝酸盐的化学生成时，主要考虑了 $OH+NO_2$ 和 N_2O_5 的非均相水解两个反应途径（表 10-5）[142]。但是目前仍然存在一些科学细节需要进一步完善，比如 N_2O_5 非均相反应的动力学机制以及气-粒分配过程中的颗粒物酸碱性等机制都会影响硝酸盐的生成。现阶段 N_2O_5 非均相反应摄取系数是导致定量研究硝酸盐生成机制贡献的重要不确定性来源之一，已有研究表明 N_2O_5 摄取系数变化幅度可以在 10^{-4}～10^{-1} 量级，该反应过程会受到颗粒物的形貌、颗粒物含水量、硝酸盐含量、氯盐以及有机物含量的影响。

表 10-5　硝酸盐生成参数化机制

硝酸盐生成途径	参数化公式或模型	参考文献
气相氧化： $OH+NO_2+M \longrightarrow HNO_3(g)+M$	$P(HNO_3)=k_{OH+NO_2}[OH][NO_2]$	[142]
N_2O_5 非均相摄取： $N_2O_5+H_2O/Cl^-(p) \longrightarrow (2-\varphi)NO_3^-(p)$ $+\varphi ClNO_2$	$P(pNO_3)=\dfrac{(2-\varphi)\cdot \gamma c S_a}{4}[N_2O_5]$ $\gamma-N_2O_5$ 摄取系数 $c-$平均分子速率 S_a-环境气溶胶表面积	[142]

（4）二次有机气溶胶生成参数化

SOA 的参数化方案主要有两条途径：一是基于气态前体物出发，补充新的前体物种类,更新不同条件下生成 SOA 的通道及相应的产率;二是从 SOA 本身的性质出发,获得某类 SOA 的指纹特征,从而在真实大气测定的有机物结果中对其进行定量识别[143]。主要的 SOA 生成参数化机制如表 10-6 所示。

表 10-6　二次有机气溶胶生成参数化机制

SOA 生成参数化	公式、模型、参数改进	参考文献
在 WRF-Chem 模块中优化 S/IVOCs 反应参数及增补生成 SOA 的反应通道	细化物种分类,优化反应参数;考虑 OH 通道的 SOA 产率与 NO$_x$ 相关;增补 NO$_3$、O$_3$ 氧化通道	[143]
以实验室特征质谱图作为参考,利用矩阵运算识别 SOA 的来源与浓度	实验室模拟得到人为源(机动车与餐饮源)SOA 的特征质谱图,结合 AMS 外场观测数据,利用 ME-2 模型进行源 SOA 的定性与定量	[144-147]
建立 SOA/POA(y)与等效光化学龄(t)之间的经验公式	建立中国汽油车 SOA 浓度估算的经验公式: $$y = a - b \times \ln(t + c)$$ 上式中的 a、b、c 又受 OA 浓度与 NO$_x$ 浓度的影响	[148]
建立多台在线质谱测量结果的综合矩阵分析方法,识别 SOA 来源与浓度	基于 AMS 与 TAG-GC-MS 的同步在线测量,将结果拼合得到综合的质谱碎片矩阵,再利用 PMF 方法实现对餐饮源 SOA 的识别	[149]

　　虽然已经提出了具有实操性的多种 SOA 参数化方案,但仍然存在一定的不确定性。基于气态前体物对 SOA 的估算方法,往往只能考虑单一或简单体系的 SOA 产率结果,未来还需要开展更多复杂体系、生物源与人为源混合体系的实验,以对中间参数进行补充和完善。基于 SOA 本身性质出发的估算方法,难以全面考虑不同时空下的不同源与氧化条件所造成的 SOA 性质差异,未来需要把 SOA 复杂的时空变异性纳入模型运转的考量之中。

10.4.6　本项目资助发表论文(按时间倒序)

(1) Zhang Z, Zhu W, Hu M, et al. Secondary organic aerosol formation in China from urban-lifestyle sources: Vehicle exhaust and cooking emission. Science of the Total Environment, 2023, 857(Pt 1): 159340.

(2) Shang D, Hu M, Tang L, et al. Significant effects of transport on nanoparticles during new particle formation events in the atmosphere of Beijing. Particuology, 2023, 80: 1-10.

(3) Zhang Y, Fan J, Song K, et al. Secondary organic aerosol formation from semi-volatile and intermediate volatility organic compounds in the Fall in Beijing. Atmosphere, 2023, 14(1): atmos14010094.

（4）Tang L，Hu M，Shang D，et al. High frequency of new particle formation events driven by the summer monsoon in the central Tibetan Plateau，China. Atmospheric Chemistry and Physics，2023，23（7）：4343-4359.

（5）Xiong C，Kuang B，Zhang F，et al. Direct observation for relative-humidity-dependent mixing states of submicron particles containing organic surfactants and inorganic salts. Atmospheric Chemistry and Physics，2023，23（15）：8979-8991.

（6）Liu H，Pei X，Zhang F，et al. Relative humidity dependence of growth factor and real refractive index for sea salt/malonic acid internally mixed aerosols. Journal of Geophysical Research：Atmosphere，2023，128（6）：2022JD037579.

（7）Yang S，Li X，Zeng L，et al. Development of multi-channel whole-air sampling equipment onboard an unmanned aerial vehicle for investigating volatile organic compounds' vertical distribution in the planetary boundary layer. Atmospheric Measurement Techniques，2023，16（2）：501-512.

（8）Zhou J，Xiong C，Pei X，et al. Optical properties and cloud condensation nuclei activity of brown carbon containing α-dicarbonyls and reduced nitrogen compounds. Atmospheric Research，2023，293：106935.

（9）Xu Z，Zou Q，Jin L，et al. Characteristics and sources of ambient volatile organic compounds （VOCs）at a regional background site，YRD region，China：Significant influence of solvent evaporation during hot months. Science of the Total Environment，2023，857：159674.

（10）Chen X R，Xia M，Wang W H，et al. Fast near-surface $ClNO_2$ production and its impact on O_3 formation during a heavy pollution event in South China. Science of the Total Environment，2023，858：159998.

（11）Wan Z，Song K，Zhu W，et al. A closure study of secondary organic aerosol estimation at an urban site of Yangtze River Delta，China. Atmosphere，2022，13（10）：atmos13101679.

（12）Xiong C，Chen X Y，Ding X L，et al. Reconsideration of surface tension and phase state effects on cloud condensation nuclei activity based on the atomic force microscopy measurement. Atmospheric Chemistry and Physics. 2022，22（24）：16123-16135.

（13）Zhang F，Yu X Y，Wang Z B. Analytical advances to study the air-water interfacial chemistry in the atmosphere. Trends in Environmental Analytical Chemistry，2022，36：e00182.

（14）Wang T，Xue L K，Feng Z Z，et al. Ground-level ozone pollution in China：A synthesis of recent findings on influencing factors and impacts. Environmental Research Letters，2022，17（6）：063003.

（15）Shang D，Tang L，Fang X，et al. Variations in source contributions of particle number concentration under long-term emission control in winter of urban Beijing. Environmental Pollution，2022，304：119072.

（16）Kuang B Y，Zhang F，Shen J S，et al. Chemical characterization，formation mechanisms and source apportionment of $PM_{2.5}$ in North Zhejiang Province：The importance of secondary formation and vehicle emission. Science of the Total Environment，2022，851：158206.

(17) Li M，Hu M，Walker J，et al. Source apportionment of carbonaceous aerosols in diverse atmospheric environments of China by dual-carbon isotope method. Science of the Total Environment，2022，806(Pt 2)：150654.

(18) Xiao Y，Hu M，Li X，et al. Aqueous secondary organic aerosol formation attributed to phenols from biomass burning. Science of the Total Environment，2022，847：157582.

(19) Song K，Gong Y Z，Guo S，et al. Investigation of partition coefficients and fingerprints of atmospheric gas- and particle-phase intermediate volatility and semi-volatile organic compounds using pixel-based approaches. Journal of Chromatography A，2022，1665：462808.

(20) Song Y，Pei X Y，Liu H C，et al. Characterization of tandem aerosol classifiers for selecting particles：Implication for eliminating the multiple charging effect. Atmospheric Measurement Techniques，2022，15(11)：3513-3526.

(21) Xu R J，Li X，Dong H B，et al. Field observations and quantifications of atmospheric formaldehyde partitioning in gaseous and particulate phases. Science of the Total Environment，2022，808：152122.

(22) 张子睿，胡敏，尚冬杰，等. 2013—2020 年北京大气 $PM_{2.5}$ 和 O_3 污染演变态势与典型过程特征. 科学通报，2022(018)：1995-2007.

(23) Li W J，Teng X M，Chen X Y，et al. Organic coating reduces hygroscopic growth of phase-separated aerosol particles. Environ Science & Technology，2021，55(24)：16339-16346.

(24) Tang L，Shang D，Fang X，et al. More significant impacts from new particle formation on haze formation during COVID-19 lockdown. Geophysical Research Letters，2021，48(8)：e2020GL091591.

(25) Wang Y J，Hu M，Hu W，et al. Secondary formation of aerosols under typical high-humidity conditions in wintertime Sichuan Basin，China：A contrast to the North China Plain. Journal of Geophysical Research：Atmosphere，2021，126(10)：2021JD034560.

(26) Ge M，Tong S，Wang W，et al. Important oxidants and their impact on the environmental effects of aerosols. Journal of Physical Chemistry A，2021，125(18)：3813-2825.

(27) Tan T，Hu M，Du Z，et al. Measurement report：Strong light absorption induced by aged biomass burning black carbon over the southeastern Tibetan Plateau in pre-monsoon season. Atmospheric Chemistry and Physics，2021，21(11)：8499-8510.

(28) Zhao G，Zhu Y，Wu Z，et al. Impact of aerosol-radiation interaction on new particle formation. Atmospheric Chemistry and Physics，2021，21(13)：9995-10004.

(29) Hu S，Zhao G，Tan T，et al. Current challenges of improving visibility due to increasing nitrate fraction in $PM_{2.5}$ during the haze days in Beijing，China. Environmental Pollution，2021，290：118032.

(30) Li X，Hu M，Wang Y J，et al. Links between the optical properties and chemical compositions of brown carbon chromophores in different environments：Contributions and formation

of functionalized aromatic compounds. Science of the Total Environment，2021，786：147418.

（31）Zhao G，Hu M，Fang X，et al. Larger than expected variation range in the real part of the refractive index for ambient aerosols in China. Science of the Total Environment，2021，779：146443.

（32）Song M D，Liu Y，Li X，et al. Advances on atmospheric oxidation mechanism of typical aromatic hydrocarbons. Acta Chimica Sinica，2021，79(10)：1214-1231.

（33）Zhang Z R，Zhu W F，Hu M，et al. Secondary organic aerosol from typical Chinese domestic cooking emissions. Environmental Science & Technology Letters，2021，8(1)：24-31.

（34）Fang X，Hu M，Shang D J，et al. Observational evidence for the involvement of dicarboxylic acids in particle nucleation. Environmental Science & Technology Letters，2020，7(6)：388-394.

（35）Wang Y J，Hu M，Wang Y C，et al. Comparative study of particulate organosulfates in contrasting atmospheric environments：Field evidence for the significant influence of anthropogenic sulfate and NO_x. Environmental Science & Technology Letters，2020，7(11)：787-794.

（36）Wang Y J，Hu M，Xu N，et al. Chemical composition and light absorption of carbonaceous aerosols emitted from crop residue burning：Influence of combustion efficiency. Atmospheric Chemistry and Physics，2020，20(22)：13721-13734.

（37）Li W J，Liu L，Xu L，et al. Overview of primary biological aerosol particles from a Chinese boreal forest：Insight into morphology，size，and mixing state at microscopic scale. Science of the Total Environment，2020，719：137520.

（38）Li X，Wang Y J，Hu M，et al. Characterizing chemical composition and light absorption of nitroaromatic compounds in the winter of Beijing. Atmospheric Environment，2020，237：117712.

（39）Shang D，Peng J，Guo S，et al. Secondary aerosol formation in winter haze over the Beijing-Tianjin-Hebei Region，China. Frontiers of Environmental Science & Engineering，2020，15(2)：34.

（40）王玉珏，胡敏，李晓，等. 大气颗粒物中棕碳的化学组成、来源和生成机制. 化学进展，2020，32(5)：627-641.

（41）谭天怡，郭松，吴志军，等. 老化过程对大气黑碳颗粒物性质及其气候效应的影响. 科学通报，2020，65(36)：4235-4250.

（42）肖瑶，吴志军，郭松，等. 大气气溶胶液态水中二次有机气溶胶生成机制研究进展. 科学通报，2020，65(28)：3118-3133.

（43）Wu Z J，Wang Y，Tan T Y，et al. Aerosol liquid water driven by anthropogenic inorganic salts：Implying its key role in haze formation over the North China Plain. Environ Science & Technology Letters，2018，5(3)：160-166.

参 考 文 献

［1］Shao M，Tang X，Zhang Y，et al. City clusters in China：Air and surface water pollution. Frontiers in Ecology and the Environment，2006，4(7)：353-361.

［2］Lu K D，Rohrer F，Holland F，et al. Observation and modelling of OH and HO₂ concentrations in the Pearl River Delta 2006：A missing OH source in a VOC rich atmosphere. Atmos Chem Phys，2012，12(3)：1541-1569.

［3］Tan Z，Fuchs H，Lu K，et al. Radical chemistry at a rural site (Wangdu) in the North China Plain：Observation and model calculations of OH，HO₂ and RO₂ radicals. Atmos Chem Phys，2017，17(1)：663-690.

［4］Yang Y，Shao M，Keßel S，et al. How the OH reactivity affects the ozone production efficiency：Case studies in Beijing and Heshan，China. Atmos Chem Phys，2017，17(11)：7127-7142.

［5］Lu K D，Hofzumahaus A，Holland F，et al. Missing OH source in a suburban environment near Beijing：Observed and modelled OH and HO₂ concentrations in summer 2006. Atmos Chem Phys，2013，13(2)：1057-1080.

［6］Wang Z，Wang W，Tham Y J，et al. Fast heterogeneous N₂O₅ uptake and ClNO₂ production in power plant and industrial plumes was observed in the nocturnal residual layer over the North China Plain. Atmos Chem Phys，2017，17(20)：12361-12378.

［7］Ye C，Zhou X，Pu D，et al. Rapid cycling of reactive nitrogen in the marine boundary layer. Nature，2016，532(7600)：489-491.

［8］Li X，Brauers T，Häseler R，et al. Exploring the atmospheric chemistry of nitrous acid (HONO) at a rural site in Southern China. Atmos Chem Phys，2012，12(3)：1497-1513.

［9］Wang Z，Wu Z，Yue D，et al. New particle formation in China：Current knowledge and further directions. Science of the Total Environment，2017，577：258-266.

［10］Yao L，Garmash O，Bianchi F，et al. Atmospheric new particle formation from sulfuric acid and amines in a Chinese megacity. Science，2018，361：278-281.

［11］Yu H，Zhou L，Dai L，et al. Nucleation and growth of sub-3 nm particles in the polluted urban atmosphere of a megacity in China. Atmos Chem Phys，2016，16(4)：2641-2657.

［12］Huang X，Zhou L，Ding A，et al. Comprehensive modelling study on observed new particle formation at the SORPES station in Nanjing，China. Atmos Chem Phys，2016，16(4)：2477-2492.

［13］Guo S，Hu M，Zamora M L，et al. Elucidating severe urban haze formation in China. Proceedings of the National Academy of Sciences，2014，111(49)：17373-17378.

［14］Cheng Y，Zheng G，Wei C，et al. Reactive nitrogen chemistry in aerosol water as a source of sulfate during haze events in China. Science Advances，2016，2(12)：e1601530.

[15] Hung H-M，Hsu M-N，and Hoffmann M R. Quantification of SO_2 oxidation on interfacial surfaces of acidic micro-droplets：Implication for ambient sulfate formation. Environmental Science & Technology，2018，52(16)：9079-9086.

[16] Wang G，Zhang F，Peng J，et al. Particle acidity and sulfate production during severe haze events in China cannot be reliably inferred by assuming a mixture of inorganic salts. Atmos Chem Phys，2018，18(14)：10123-10132.

[17] Wu Z，Wang Y，Tan T，et al. Aerosol liquid water driven by anthropogenic inorganic salts：Implying its key role in haze formation over the North China Plain. Environmental Science & Technology Letters，2018，5(3)：160-166.

[18] Guo H，Weber R J，and Nenes A. High levels of ammonia do not raise fine particle pH sufficiently to yield nitrogen oxide-dominated sulfate production. Scientific Reports，2017，7(1)：12109.

[19] Song S，Gao M，Xu W，et al. Fine-particle pH for Beijing winter haze as inferred from different thermodynamic equilibrium models. Atmos Chem Phys，2018，18(10)：7423-7438.

[20] Herrmann H，Schaefer T，Tilgner A，et al. Tropospheric aqueous-phase chemistry：Kinetics，mechanisms，and its coupling to a changing gas phase. Chemical Reviews，2015，115 (10)：4259-4334.

[21] Hofzumahaus A，Rohrer F，Lu K，et al. Amplified trace gas removal in the troposphere. Science，2009，324(5935)：1702-1704.

[22] Griffin R J，Cocker D R，Flagan R C，et al. Organic aerosol formation from the oxidation of biogenic hydrocarbons. Journal of Geophysical Research：Atmospheres，1999，104(D3)：3555-3567.

[23] Hallquist M，Wangberg I，Ljungstrom E，et al. Aerosol and product yields from NO_3 radical-initiated oxidation of selected monoterpenes. Environmental Science & Technology，1999，33(4)：553-559.

[24] Spittler M，Barnes I，Bejan I，et al. Reactions of NO_3 radicals with limonene and alpha-pinene：Product and SOA formation. Atmospheric Environment，2006，40：S116-S127.

[25] Fry J L，Kiendler-Scharr A，Rollins A W，et al. Organic nitrate and secondary organic aerosol yield from NO_3 oxidation of beta-pinene evaluated using a gas-phase kinetics/aerosol partitioning model. Atmospheric Chemistry and Physics，2009，9(4)：1431-1449.

[26] Fry J L，Kiendler-Scharr A，Rollins A W，et al. SOA from limonene：Role of NO_3 in its generation and degradation. Atmospheric Chemistry and Physics，2011，11（8）：3879-3894.

[27] Fry J L，Draper D C，Barsanti K C，et al. Secondary organic aerosol formation and organic nitrate yield from NO_3 oxidation of biogenic hydrocarbons. Environmental Science & Technology，2014，48(20)：11944-11953.

[28] Boyd C M, Sanchez J, Xu L, et al. Secondary organic aerosol formation from the beta-pinene+NO$_3$ system: Effect of humidity and peroxy radical fate. Atmospheric Chemistry and Physics, 2015, 15(13): 7497-7522.

[29] Bonn B and Moortgat G K. New particle formation during alpha- and beta-pinene oxidation by O$_3$, OH and NO$_3$, and the influence of water vapour: Particle size distribution studies. Atmospheric Chemistry and Physics, 2002, 2: 183-196.

[30] Bruns E A, Perraud V, Zelenyuk A, et al. Comparison of FTIR and particle mass spectrometry for the measurement of particulate organic nitrates. Environmental Science & Technology, 2010, 44(3): 1056-1061.

[31] Geyer A, Ackermann R, Dubois R, et al. Long-term observation of nitrate radicals in the continental boundary layer near Berlin. Atmospheric Environment, 2001, 35 (21): 3619-3631.

[32] Stutz J, Wong K W, Lawrence L, et al. Nocturnal NO$_3$ radical chemistry in Houston, TX. Atmospheric Environment, 2010, 44(33): 4099-4106.

[33] Brown S S, Dube W P, Peischl J, et al. Budgets for nocturnal VOC oxidation by nitrate radicals aloft during the 2006 Texas Air Quality Study. Journal of Geophysical Research: Atmospheres, 2011, 116: 15.

[34] Chen X R, Wang H C, Liu Y H, et al. Spatial characteristics of the nighttime oxidation capacity in the Yangtze River Delta, China. Atmospheric Environment, 2019, 208: 150-157.

[35] Liebmann J M, Schuster G, Schuladen J B, et al. Measurement of ambient NO$_3$ reactivity: Design, characterization and first deployment of a new instrument. Atmospheric Measurement Techniques, 2017, 10(3): 1241-1258.

[36] Liebmann J, Karu E, Sobanski N, et al. Direct measurement of NO$_3$ radical reactivity in a boreal forest. Atmospheric Chemistry and Physics, 2018, 18(5): 3799-3815.

[37] Liebmann J M, Muller J B A, Kubistin D, et al. Direct measurements of NO$_3$ reactivity in and above the boundary layer of a mountaintop site: Identification of reactive trace gases and comparison with OH reactivity. Atmospheric Chemistry and Physics, 2018, 18(16): 12045-12059.

[38] Weber R J, McMurry P H, Mauldin R L, et al. New particle formation in the remote troposphere: A comparison of observations at various sites. Geophys Res Lett, 1999, 26(3): 307-310.

[39] Kulmala M, Laaksonen A, and Pirjola L. Parameterizations for sulfuric acid/water nucleation rates. J Geophys Res, 1998, 103(D7): 8301-8307.

[40] Merikanto J, Napari I, Vehkamäki H, et al. Correction to "new parameterization of sulfuric acid-ammonia-water ternary nucleation rates at tropospheric conditions". Journal of Geophysical Research, 2009, doi: 10.1029/2006jd007977.

[41] Kirkby J, Curtius J, Almeida J, et al. Role of sulphuric acid, ammonia and galactic cosmic

rays in atmospheric aerosol nucleation. Nature, 2011, 476(7361): 429-433.

[42] Riccobono F, Schobesberger S, Scott C E, et al. Oxidation products of biogenic emissions contribute to nucleation of atmospheric particles. Science, 2014, 344(6185): 717-721.

[43] O Dowd C D, Makela J, Vakeva M, et al. Coastal new particle formation: Environmental conditions and aerosol physicochemical characteristics during nucleation bursts. J Geophys Res, 2002, 107(D19): 8107.

[44] Jimenez J L, Bahreini R, Cocker D R, et al. New particle formation from photooxidation of diiodomethane (CH_2I_2). J Geophys Res, 2003, 108(D10): 4318.

[45] Sipilä M, Sarnela N, Jokinen T, et al. Molecular-scale evidence of aerosol particle formation via sequential addition of HIO_3. Nature, 2016, 537(7621): 532-534.

[46] Almeida J, Schobesberger S, Kurten A, et al. Molecular understanding of sulphuric acid-amine particle nucleation in the atmosphere. Nature, 2013, 502(7471): 359-363.

[47] Roldin P, Ehn M, Kurten T, et al. The role of highly oxygenated organic molecules in the Boreal aerosol-cloud-climate system. Nat Commun, 2019, 10(1): 4370.

[48] Cai R, Yan C, Yang D, et al. Sulfuric acid-amine nucleation in urban Beijing. Atmos Chem Phys, 2021, 21(4): 2457-2468.

[49] Cai R, Yin R, Yan C, et al. The missing base molecules in atmospheric acid-base nucleation. National Science Review, 2022, 9(10): nwac137.

[50] Guo S, Hu M, Peng J, et al. Remarkable nucleation and growth of ultrafine particles from vehicular exhaust. Proceedings of the National Academy of Sciences, 2020, 117(7): 3427-3432.

[51] Zhang R, Suh I, Zhao J, et al. Atmospheric new particle formation enhanced by organic acids. Science, 2004, 304(5676): 1487-1490.

[52] Lu Y, Liu L, Ning A, et al. Atmospheric sulfuric acid-dimethylamine nucleation enhanced by trifluoroacetic acid. Geophysical Research Letters, 2020, 47(2): e2019GL085627.

[53] Fang X, Hu M, Shang D, et al. Observational evidence for the involvement of dicarboxylic acids in particle nucleation. Environmental Science & Technology Letters, 2020, 7(6): 388-394.

[54] Yan C, Yin R, Lu Y, et al. The synergistic role of sulfuric acid, bases, and oxidized organics governing new-particle formation in Beijing. Geophysical Research Letters, 2021, 48(7): e2020GL091944.

[55] Li X, Li Y, Cai R, et al. Insufficient condensable organic vapors lead to slow growth of new particles in an urban environment. Environmental Science & Technology, 2022, 56(14): 9936-9946.

[56] Qiao X, Yan C, Li X, et al. Contribution of atmospheric oxygenated organic compounds to particle growth in an urban environment. Environmental Science & Technology, 2021, 55(20): 13646-13656.

[57] Kulmala M, Dada L, Daellenbach K R, et al. Is reducing new particle formation a plausible solution to mitigate particulate air pollution in Beijing and other Chinese megacities? Faraday Discussions, 2021, 226: 334-347.

[58] Kulmala M, Cai R, Stolzenburg D, et al. The contribution of new particle formation and subsequent growth to haze formation. Environmental Science: Atmospheres, 2022, 2(3): 352-361.

[59] Shang D, Tang L, Fang X, et al. Variations in source contributions of particle number concentration under long-term emission control in winter of urban Beijing. Environmental Pollution, 2022, 304: 119072.

[60] Tang L, Shang D, Fang X, et al. More significant impacts from new particle formation on haze formation during COVID-19 lockdown. Geophysical Research Letters, 2021, 48 (8): e2020GL091591.

[61] Shrivastava M, Easter R C, Liu X, et al. Global transformation and fate of SOA: Implications of low-volatility SOA and gas-phase fragmentation reactions. Journal of Geophysical Research: Atmospheres, 2015, 120(9): 4169-4195.

[62] Andreae M O and Merlet P. Emission of trace gases and aerosols from biomass burning. Global Biogeochemical Cycles, 2001, 15(4): 955-966.

[63] Streets D G, Yarber K F, Woo J H, et al. Biomass burning in Asia: Annual and seasonal estimates and atmospheric emissions. Global Biogeochemical Cycles, 2003, 17(4): 1099.

[64] Cheng Z, Wang S, Fu X, et al. Impact of biomass burning on haze pollution in the Yangtze River delta, China: A case study in summer 2011. Atmospheric Chemistry and Physics, 2014, 14(9): 4573-4585.

[65] Xu W, Han T, Du W, et al. Effects of aqueous-phase and photochemical processing on secondary organic aerosol formation and evolution in Beijing, China. Environmental Science & Technology, 2017, 51(2): 762-770.

[66] Xiao Y, Hu M, Zong T, et al. Insights into aqueous-phase and photochemical formation of secondary organic aerosol in the winter of Beijing. Atmospheric Environment, 2021, 259: 118535.

[67] Griffith S M, Huang X H H, Louie P K K, et al. Characterizing the thermodynamic and chemical composition factors controlling $PM_{2.5}$ nitrate: Insights gained from two years of online measurements in Hong Kong. Atmospheric Environment, 2015, 122: 864-875.

[68] Seinfeld J H and Pandis S N. Atmospheric Chemistry and Physics: From Air Pollution to Climate Change. Hoboken: John Wiley & Sons, 2006.

[69] Finlayson-Pitts B, Ezell M, and Pitts J. Formation of chemically active chlorine compounds by reactions of atmospheric NaCl particles with gaseous N_2O_5 and $ClONO_2$. Nature, 1989, 337(6204): 241-244.

[70] Cheng Y F, Zheng G J, Wei C, et al. Reactive nitrogen chemistry in aerosol water as a

source of sulfate during haze events in China. Science Advances，2017，doi：10. 1126/sciadv. 1601530.

［71］ Wang G，Zhang R，Gomez M E，et al. Persistent sulfate formation from London Fog to Chinese haze. Proceedings of the National Academy of Sciences，2016，113（48）：13630-13635.

［72］ Liu T，Clegg S L，and Abbatt J P D. Fast oxidation of sulfur dioxide by hydrogen peroxide in deliquesced aerosol particles. Proceedings of the National Academy of Sciences of the U-nited States of America，2020，117(3)：1354-1359.

［73］ Ye C，Chen H，Hoffmann E H，et al. Particle-phase photoreactions of HULIS and TMIs establish a strong source of H_2O_2 and particulate sulfate in the Winter North China Plain. Environ Sci Technol，2021，55(12)：7818-7830.

［74］ Song S J，Gao M，Xu W Q，et al. Possible heterogeneous chemistry of hydroxymethane sulfonate（HMS）in northern China winter haze. Atmospheric Chemistry and Physics，2019，19(2)：1357-1371.

［75］ Lim Y B and Ziemann P J. Effects of molecular structure on aerosol yields from OH radi-cal-initiated reactions of linear，branched，and cyclic alkanes in the presence of NO_x. Environmental Science & Technology，2009，43(7)：2328-2334.

［76］ Lim Y B and Ziemann P J. Products and mechanism of secondary organic aerosol formation from reactions of n-alkanes with OH radicals in the presence of NO_x. Environmental Science & Technology，2005，39(23)：9229-9236.

［77］ Presto A A，Miracolo M A，Donahue N M，et al. Secondary organic aerosol formation from high-NO_x photooxidation of low volatility precursors：n-Alkanes. Environmental Science & Technology，2010，44(6)：2029-2034.

［78］ Wang D S and Hildebrandt R L. Chlorine-initiated oxidation of n-alkanes under high NO_x conditions：Insights into secondary organic aerosol composition and volatility using a FIGAERO-CIMS. Atmospheric Chemistry and Physics Discussions，2018，doi：10. 5194/acp-2018-443.

［79］ Lambe A T，Onasch T B，Croasdale D R，et al. Transitions from functionalization to frag-mentation reactions of laboratory secondary organic aerosol（SOA）generated from the OH oxidation of alkane precursors. Environmental Science & Technology，2012，46（10）：5430-5437.

［80］ Jordan C E，Ziemann P J，et al. Modeling SOA formation from OH reactions with C_8-C_{17} n-alkanes. Atmospheric Environment，2008，doi：10. 1016/j. atmosenv. 2008. 06. 017.

［81］ Loza C L，Craven J S，Yee L D，et al. Secondary organic aerosol yields of 12-carbon al-kanes. Atmospheric Chemistry and Physics，2014，14(3)：1423-1439.

［82］ Tkacik D S，Presto A A，Donahue N M，et al. Secondary organic aerosol formation from intermediate-volatility organic compounds：Cyclic，linear，and branched alkanes. Environmental Science & Technology，2012，46(16)：8773-8781.

[83] Lamkaddam H，Gratien A，Pangui E，et al. Role of relative humidity in the secondary organic aerosol formation from high-NO_x photooxidation of long-chain alkanes：n-Dodecane case study. ACS Earth and Space Chemistry，2020，4(12)：2414-2425.

[84] Li J，Li H，Li K，et al. Enhanced secondary organic aerosol formation from the photo-oxidation of mixed anthropogenic volatile organic compounds. Atmos Chem Phys，2021，21(10)：7773-7789.

[85] Wang J，Ye J，Zhang Q，et al. Aqueous production of secondary organic aerosol from fossil-fuel emissions in winter Beijing haze. Proceedings of the National Academy of Sciences，2021,118(8)：e2022179118.

[86] Gilardoni S，Massoli P，Paglione M，et al. Direct observation of aqueous secondary organic aerosol from biomass-burning emissions. Proc Natl Acad Sci USA，2016，113(36)：10013-10018.

[87] Jiang X，Tsona N T，Jia L，et al. Secondary organic aerosol formation from photooxidation of furan：Effects of NO_x and humidity. Atmospheric Chemistry and Physics，2019，19(21)：13591-13609.

[88] Yang Z，Tsona N T，Li J，et al. Effects of NO_x and SO_2 on the secondary organic aerosol formation from the photooxidation of 1,3,5-trimethylbenzene：A new source of organosulfates. Environ Pollut，2020，264：114742.

[89] Yang Z，Xu L，Tsona N T，et al. SO_2 and NH_3 emissions enhance organosulfur compounds and fine particle formation from the photooxidation of a typical aromatic hydrocarbon. Atmospheric Chemistry and Physics，2021，21(10)：7963-7981.

[90] Jiang X，Lv C，You B，et al. Joint impact of atmospheric SO_2 and NH_3 on the formation of nanoparticles from photooxidation of a typical biomass burning compound. Environmental Science：Nano，2020，7(9)：2532-2545.

[91] Xu L，Du L，Tsona N T，et al. Anthropogenic effects on biogenic secondary organic aerosol formation. Advances in Atmospheric Sciences，2021，38(7)：1053-1084.

[92] Xu L，Tsona N T，and Du L. Relative humidity changes the role of SO_2 in biogenic secondary organic aerosol formation. J Phys Chem Lett，2021，12(30)：7365-7372.

[93] Ge M，Tong S，Wang W，et al. Important oxidants and their impact on the environmental effects of aerosols. The Journal of Physical Chemistry A，2021，125(18)：3813-3825.

[94] Mu Q，Shiraiwa M，Octaviani M，et al. Temperature effect on phase state and reactivity controls atmospheric multiphase chemistry and transport of PAHs. Science Advances，2018，4(3)：eaap7314.

[95] Tham Y J，Wang Z，Li Q，et al. Heterogeneous N_2O_5 uptake coefficient and production yield of $ClNO_2$ in polluted northern China：Roles of aerosol water content and chemical composition. Atmos Chem Phys，2018，18(17)：13155-13171.

[96] Wang Z，Wang T，Fu H，et al. Enhanced heterogeneous uptake of sulfur dioxide on mineral particles through modification of iron speciation during simulated cloud processing. Atmos Chem Phys，2019，19(19)：12569-12585.

[97] Li S，Jiang X，Roveretto M，et al. Photochemical aging of atmospherically reactive organic compounds involving brown carbon at the air-aqueous interface. Atmos Chem Phys，2019，19(15)：9887-9902.

[98] Xue C、Ye C、Zhang C，et al. Evidence for strong HONO emission from fertilized agricultural fields and its remarkable impact on regional O_3 pollution in the Summer North China Plain. ACS Earth and Space Chemistry，2021，5(2)：340-347.

[99] Wang T，Tham Y J，Xue L，et al. Observations of nitryl chloride and modeling its source and effect on ozone in the planetary boundary layer of southern China. Journal of Geophysical Research：Atmospheres，2016，121(5)：2476-2489.

[100] Peng L，Xiao S，Gao W，et al. Short-term associations between size-fractionated particulate air pollution and COPD mortality in Shanghai，China. Environmental Pollution，2020，257：113483.

[101] Peng X，Wang T，Wang W，et al. Photodissociation of particulate nitrate as a source of daytime tropospheric Cl_2. Nature Communications，2022，13(1)：939.

[102] Wang H，Lu K，Chen X，et al. High N_2O_5 concentrations observed in urban Beijing：Implications of a large nitrate formation pathway. Environmental Science & Technology Letters，2017，4(10)：416-420.

[103] Tham Y J，Wang Z，Li Q，et al. Significant concentrations of nitryl chloride sustained in the morning：Investigations of the causes and impacts on ozone production in a polluted region of northern China. Atmospheric Chemistry and Physics，2016，16（23）：14959-14977.

[104] Fu X，Wang T，Zhang L，et al. The significant contribution of HONO to secondary pollutants during a severe winter pollution event in southern China. Atmospheric Chemistry Physics，2019，19(1)：1-14.

[105] Ye C，Zhang N，Gao H，et al. Photolysis of particulate nitrate as a source of HONO and NO_x. Environmental Science & Technology，2017，51(12)：6849-6856.

[106] Ye C，Gao H，Zhang N，et al. Photolysis of nitric acid and nitrate on natural and artificial surfaces. Environmental Science & Technology，2016，50(7)：3530-3536.

[107] Wang Y，Fu X，Wu D，et al. Agricultural fertilization aggravates air pollution by stimulating soil nitrous acid emissions at high soil moisture. Environ Sci Technol，2021，55(21)：14556-14566.

[108] Shang D，Peng J，Guo S，et al. Secondary aerosol formation in winter haze over the Beijing-Tianjin-Hebei Region，China. Frontiers of Environmental Science & Engineering，2020，15(2)：34.

[109] Peng J, Hu M, Shang D, et al. Explosive secondary aerosol formation during severe haze in the North China Plain. Environmental Science & Technology, 2021, 55（4）: 2189-2207.

[110] 肖瑶, 吴志军, 郭松, 等. 大气气溶胶液态水中二次有机气溶胶生成机制研究进展. 科学通报, 2020, 65(28): 17.

[111] 王玉珏, 胡敏, 李晓, 等. 大气颗粒物中棕碳的化学组成, 来源和生成机制. 化学进展, 2020, 32(5): 15.

[112] 谭天怡, 郭松, 吴志军, 等. 老化过程对大气黑碳颗粒物性质及其气候效应的影响. 科学通报, 2020, 65(36): 16.

[113] Semeniuk K and Dastoor A. Current state of aerosol nucleation parameterizations for air-quality and climate modeling. Atmospheric Environment, 2018, 179: 77-106.

[114] Cai R L, Yan C, Yang D S, et al. Sulfuric acid-amine nucleation in urban Beijing. Atmospheric Chemistry and Physics, 2021, 21(4): 2457-2468.

[115] Kuang C, McMurry P H, McCormick A V, et al. Dependence of nucleation rates on sulfuric acid vapor concentration in diverse atmospheric locations. Journal of Geophysical Research: Atmospheres, 2007, doi: 10.1007/978-1-4020-6475-3_11.

[116] Kulmala M, Lehtinen K E J, and Laaksonen A. Cluster activation theory as an explanation of the linear dependence between formation rate of 3 nm particles and sulphuric acid concentration. Atmospheric Chemistry and Physics, 2006, 6: 787-793.

[117] Merikanto J, Duplissy J, Maattanen A, et al. Effect of ions on sulfuric acid-water binary particle formation: 1. Theory for kinetic- and nucleation-type particle formation and atmospheric implications. Journal of Geophysical Research: Atmospheres, 2016, 121(4): 1736-1751.

[118] Dunne E M, Gordon H, Kurten A, et al. Global atmospheric particle formation from CERN CLOUD measurements. Science, 2016, 354(6316): 1119-1124.

[119] Riccobono F, Schobesberger S, Scott C E, et al. Oxidation products of biogenic emissions contribute to nucleation of atmospheric particles. Science, 2014, 344(6185): 717-721.

[120] Kirkby J, Duplissy J, Sengupta K, et al. Ion-induced nucleation of pure biogenic particles. Nature, 2016, 533(7604): 521.

[121] Liu L, Li H, Zhang H J, et al. The role of nitric acid in atmospheric new particle formation. Physical Chemistry Chemical Physics, 2018, 20(25): 17406-17414.

[122] Liu L, Zhong J, Vehkamaki H, et al. Unexpected quenching effect on new particle formation from the atmospheric reaction of methanol with SO_3. Proceedings of the National Academy of Sciences of the United States of America, 2019, 116(50): 24966-24971.

[123] Gao J M, Wang R, Zhang T L, et al. Effect of methyl hydrogen sulfate on the formation of sulfuric acid-ammonia clusters: A theoretical study. Journal of the Chinese Chemical Society, 2022, doi: 10.1002/jccs.202200148.

[124] Zhang H J，Li H，Liu L，et al. The potential role of malonic acid in the atmospheric sulfuric acid — Ammonia clusters formation. Chemosphere，2018，203：26-33.

[125] Li D F，Chen D P，Liu F Y，et al. Role of glycine on sulfuric acid-ammonia clusters formation：Transporter or participator. Journal of Environmental Sciences，2020，89：125-135.

[126] Liu J R，Liu L，Rong H，et al. The potential mechanism of atmospheric new particle formation involving amino acids with multiple functional groups. Physical Chemistry Chemical Physics，2021，23(17)：10184-10195.

[127] Yao L，Garmash O，Bianchi F，et al. Atmospheric new particle formation from sulfuric acid and amines in a Chinese megacity. Science，2018，361(6399)：278.

[128] Wang Z Q，Liu Y R，Wang C Y，et al. The nucleation mechanism of succinic acid involved sulfuric acid —Dimethylamine in new particle formation. Atmospheric Environment，2021，doi：10.1016/j. atmosenv. 2021. 118683.

[129] Lu Y Q，Liu L，Ning A，et al. Atmospheric sulfuric acid-dimethylamine nucleation enhanced by trifluoroacetic acid. Geophysical Research Letters，2020，47(2)：e2019GL085627.

[130] Rong H，Liu J R，Zhang Y J，et al. Nucleation mechanisms of iodic acid in clean and polluted coastal regions. Chemosphere，2020，doi：10.1016/j. chemosphere. 2020. 126743.

[131] Ning A，Liu L，Zhang S B，et al. The critical role of dimethylamine in the rapid formation of iodic acid particles in marine areas. Npj Climate and Atmospheric Science，2022，doi：10.1038/s41612-022-00316-9.

[132] Ning A，Liu L，Ji L，et al. Molecular-level nucleation mechanism of iodic acid and methanesulfonic acid. Atmospheric Chemistry and Physics，2022，22(9)：6103-6114.

[133] Ning A，Zhang H J，Zhang X H，et al. A molecular-scale study on the role of methanesulfinic acid in marine new particle formation. Atmospheric Environment，2020，doi：10.1016/j. atmosenv. 2020. 117378.

[134] Li H，Zhang X H，Zhong J，et al. The role of hydroxymethanesulfonic acid in the initial stage of new particle formation. Atmospheric Environment，2018，189：244-251.

[135] Chen D P，Wang W N，Li D F，et al. Atmospheric implication of synergy in methanesulfonic acid-base trimers：A theoretical investigation. Rsc Advances，2020，10(9)：5173-5182.

[136] Ehn M，Thornton J A，Kleist E，et al. A large source of low-volatility secondary organic aerosol. Nature，2014，506(7489)：476.

[137] Troestl J，Chuang W K，Gordon H，et al. The role of low-volatility organic compounds in initial particle growth in the atmosphere. Nature，2016，533(7604)：527.

[138] Stolzenburg D，Wang M Y，Schervish M，et al. Tutorial：Dynamic organic growth modeling with a volatility basis set. Journal of Aerosol Science，2022，doi：10.1016/j. jaerosci. 2022. 106063.

[139] Chen X S，Yang W Y，Wang Z F，et al. Improving new particle formation simulation by

coupling a volatility-basis set（VBS）organic aerosol module in NAQPMS plus APM. Atmospheric Environment，2019，204：1-11.

[140] Kulmala M，Dada L，Daellenbach K R，et al. Is reducing new particle formation a plausible solution to mitigate particulate air pollution in Beijing and other Chinese megacities? Faraday Discussions，2021，226：334-347.

[141] Liu T，Chan A W H，and Abbatt J P D. Multiphase oxidation of sulfur dioxide in aerosol particles：Implications for sulfate formation in polluted environments. Environmental Science & Technology，2021，55(8)：4227-4242.

[142] Goliff W S，Stockwell W R，and Lawson C V. The regional atmospheric chemistry mechanism，version 2. Atmospheric Environment，2013，68：174-185.

[143] Wu L，Ling Z，Shao M，et al. Roles of semivolatile/intermediate-volatility organic compounds on SOA formation over China during a pollution episode：Sensitivity analysis and implications for future studies. Journal of Geophysical Research：Atmospheres，2021，doi：10.1029/2020JD033999.

[144] Zhang Z，Zhu W，Hu M，et al. Secondary organic aerosol from typical Chinese domestic cooking emissions. Environmental Science & Technology Letters，2020，doi：10.1021/acs.estlett.0c00754.

[145] Zhu W，Guo S，Zhang Z，et al. Mass spectral characterization of secondary organic aerosol from urban cooking and vehicular sources. Atmospheric Chemistry and Physics，2021，21(19)：15065-15079.

[146] Zhang Z，Zhu W，Hu M，et al. Formation and evolution of secondary organic aerosols derived from urban-lifestyle sources：Vehicle exhaust and cooking emissions. Atmospheric Chemistry and Physics，2021，21(19)：15221-15237.

[147] Zhang Z，Zhu W，Hu M，et al. Secondary organic aerosol formation in China from urban-lifestyle sources：Vehicle exhaust and cooking emission. Science of the Total Environment，2023，857：159340.

[148] Tang R，Lu Q，Guo S，et al. Measurement report：Distinct emissions and volatility distribution of intermediate-volatility organic compounds from on-road Chinese gasoline vehicles：Implication of high secondary organic aerosol formation potential. Atmospheric Chemistry and Physics，2021，21(4)：2569-2583.

[149] Huang D D，Zhu S，An J，et al. Comparative assessment of cooking emission contributions to urban organic aerosol using online molecular tracers and aerosol mass spectrometry measurements. Environ Sci Technol，2021，55(21)：14526-14535.